海洋动力环境模拟数值算法及应用

王永学　任　冰　著

科 学 出 版 社
北　京

内 容 简 介

本书介绍了计算水动力学中几种经典数值计算方法的基本原理及其在海洋工程中的部分应用。全书分为4章，第1章为有限差分法，介绍了差分格式的基本原理、经典方程的差分格式、平面二维潮流泥沙模型、基于VOF方法的数值波浪水槽模型等；第2章为有限体积法，介绍了有限体积法的离散格式构造、基本算法及其在波浪数学模型中的应用；第3章为光滑粒子流体动力学方法，介绍了SPH方法的基本原理、改进算法及应用SPH方法模拟波浪与浮体的相互作用；第4章为边界单元法，介绍了建立边界积分方程的直接法与间接法、边界积分方程的离散与求解、波浪对大尺度直立墩群结构的作用及浮式防波堤运动响应的时域数值模型等。

本书可作为海洋动力学、海岸工程学和计算水动力学等领域的科研人员，以及高等学校相关专业的高年级本科生、研究生和教师的参考用书。

图书在版编目（CIP）数据

海洋动力环境模拟数值算法及应用/王永学，任冰著. —北京：科学出版社，2019.11

ISBN 978-7-03-052088-3

Ⅰ. ①海… Ⅱ. ①王… ②任… Ⅲ. ①海洋动力学-环境模拟 Ⅳ. ①P731.2

中国版本图书馆CIP数据核字（2017）第051170号

责任编辑：王 钰 王会明 / 责任校对：陶丽荣

责任印制：吕春珉 / 封面设计：东方人华平面设计部

科学出版社 出版

北京东黄城根北街16号

邮政编码：100717

http://www.sciencep.com

北京中科印刷有限公司 印刷

科学出版社发行 各地新华书店经销

*

2019年11月第 一 版 开本：B5（720×1000）

2019年11月第一次印刷 印张：24 1/4

字数：477 000

定价：168.00元

（如有印装质量问题，我社负责调换〈中科〉）

销售部电话 010-62136230 编辑部电话 010-62138978

前　言

海洋是人类新的空间资源、能源资源、化学资源和生物资源等的战略性开发基地。21 世纪是海洋经济全面发展的时代，海洋开发利用已成为全球高新技术的重要内容之一。随着高性能计算机、计算水动力学理论与数据可视化技术的迅猛发展，计算机数值模拟试验由于具有不受试验比例尺的限制，适合多因素、大范围、多方案的工程规划等优点，在模拟海岸和海洋工程领域的潮汐、波浪和海流等海洋动力环境因素的变化特征及其对工程影响方面的应用日益广泛。掌握模拟海洋动力环境数值算法的基本原理，熟练运用计算机进行数值模拟试验，已成为水利工程和海洋工程专业的研究生和青年科技工作者必备的基本技能。本书正是为适应这一需要撰写的，并力求能反映出近年来海岸工程数值模拟的最新成果和发展趋势。

本书内容分为 4 章，第 1 章为有限差分法，主要介绍差分格式的基本理论、差分格式的稳定性分析、常用一维与多维差分格式、平面二维潮流泥沙的数值模型、基于 VOF 方法的数值波浪水槽模型、波浪破碎过程的数值模拟等。第 2 章为有限体积法，主要介绍有限体积法离散的基本思想、对流扩散方程的离散格式构造、双曲型方程组的 Roe 格式、结构化网格与非结构化网格的有限体积法、台风浪场数值模型、离岸挡板式透空堤后波高分布数值模拟等。第 3 章为光滑粒子流体动力学方法（SPH），主要介绍 SPH 的基本理论、光滑函数的构造、流体动力学问题中的 SPH 算法、修正 SPH 算法、基于 SPH 方法的数值波浪水槽/水池、波浪与浮体的相互作用等。第 4 章为边界单元法，主要介绍建立边界积分方程的直接法与间接法、边界积分方程的离散与求解、大尺度结构物的波流力、波浪对大尺度直立墩群结构的作用、浮式防波堤运动响应的时域数值模型等。本书中关于大尺度结构的波流力、波浪与大尺度群墩结构的相互作用，以及基于 VOF 方法的数值波浪水槽模型等的应用实例是作者通过改进算法及自行编写计算程序完成的研究工作。

本书是作者多年来从事海洋动力环境要素与建筑物相互作用研究方向的科研工作成果，以及讲授研究生课程“土木工程数值计算方法”“海洋工程数值计算方法及应用”的教学工作经验的总结。前 3 章介绍离散计算域的数值方法，其顺序从结构化网格的有限差分法、非结构化网格的有限体积法到无网格的光滑粒子流体动力学方法；第 4 章介绍离散边界的边界单元法。每一章在介绍基本算法之后，会结合实际工程给出计算实例。本书力求能够精炼浓缩、通俗易懂地介绍海洋动力环境模拟中广泛应用的数值算法的基本原理，重点介绍如何针对具体工程问题来选择计算方法和设置边界条件等。

本书的撰写和出版得到了大连理工大学“新工科”系列精品教材出版基金的支持，在此表示衷心的感谢。本书的第 1 章、第 2 章和第 4 章由王永学主笔完成，第 3 章由任冰主笔完成。

由于作者水平所限，书中难免存在疏漏和不妥之处，切盼读者给予指正。

王永学　　2019年1月27日

目　　录

第 1 章　有限差分法

1.1　引　　言

1.1.1　有限差分法简介

许多描述流体力学问题的数学模型通常可归结为求解一些很复杂的非线性偏微分方程。由于大多数情况下无法应用经典的分析方法进行处理，因而产生了各种数值方法，如有限差分法（finite difference method，FDM）、有限体积法（finite volume method，FVM）、有限元法（finite element method，FEM）、光滑粒子流体动力学法（smoothed particle hydrodynamics，SPH）、边界单元法（boundary element method，BEM）等。

有限差分法是最早应用的数值方法，对简单几何区域中的流动与换热问题也是一种最容易实施的数值方法。其基本点是，将求解区域用与坐标轴平行的一系列网格线的交点所组成的点的集合来代替，在每个节点上，将控制方程中每一个导数用相应的差分表达式来代替，从而在每个节点上形成一个代数方程，每个方程中包括了本节点及其附近一些节点上的值。对附近节点上的值已知的显格式，可直接计算出数值解；对附近节点上的值未知的隐格式，求解这些代数方程就可获得所需的数值解。

早在 20 世纪初，Runge（1908）、Richardson（1910）和 Liebmann（1910）就提出了求解调和方程的五点差分离散格式和迭代解法。1928 年，Courant、Friedrichs 和 Lewy 在他们的著名论文《论数学物理方程的偏差分方程》中，第一次提出了差分方法的收敛性问题，并证明了双曲型方程的 CFL（Courant-Friedrichs-Lewy）条件，使对差分方法的认识达到了新的高度。但受到计算工具的限制，即使是十分简单的流体动力学模型，也难以得到满意的近似结果。

1946 年第一台电子计算机 ENIAC（electronic numerical integrator and computer，电子数字积分计算机）的问世，促进了有限差分法的发展。之后的十余年中，提出了各种差分格式。例如，Crank 和 Nicolson（1947）提出了算术平均隐格式；Peaceman 和 Rachford（1955）、Douglas 和 Rachford（1956）提出了交替方向法。理论研究在差分格式的相容性、收敛性和稳定性方面取得了卓有成效的进展，Lax（拉克斯）等价定理、von Neumann（冯·诺伊曼）稳定性分析及对人工黏性项的分析在理论和形式上都有了相当完美的结果。

有限差分法适用于求解抛物型与双曲型方程（初值问题），该方法易于构造所需要的格式，能够处理非光滑解的问题，已发展成为一套较完整的分析理论。由于流体力学问题大多属于抛物型与双曲型方程（初值问题），且具有非光滑解的特性，因此有限差分法至今仍是求解流体力学问题应用较广泛的数值方法，尽管其存在着不善于表现复杂的曲面边界等缺点。

1.1.2　模型方程

为方便对复杂流体力学方程的数值离散方法进行分析，常用一些能够反映典型流动特性的最简单形式的流体力学方程，来阐述离散方法的概念并建立相关的分析理论等，这些简单形式的方程称为模型方程。

依据偏微分方程的理论，二阶线性偏微分方程可分为双曲型方程、抛物型方程和椭圆型方程。设 $u(x, y)$为两个自变量 x, y 的函数，则关于 $u(x, y)$的二阶线性偏微分方程的一般形式可表示为

$$A\frac{\partial^2 u}{\partial x^2}+B\frac{\partial^2 u}{\partial x\partial y}+C\frac{\partial^2 u}{\partial y^2}+D\frac{\partial u}{\partial x}+E\frac{\partial u}{\partial y}+Fu=f(x,y) \tag{1.1.2.1}$$

式中，系数 A，B，…，F 都是 x，y 的函数。由判别式 B^2-4AC 可将方程（1.1.2.1）分为如下三类方程：

双曲型方程：$B^2-4AC>0$；

抛物型方程：$B^2-4AC=0$；

椭圆型方程：$B^2-4AC<0$。

双曲型方程和抛物型方程的定解问题为初值问题或初边值问题，首先要考虑差分格式的收敛性和稳定性。椭圆型方程的定解问题为边值问题，主要考虑差分格式及其解法。

1. 一维波动方程

波动方程是一种重要的偏微分方程，主要描述自然界中的各种波动现象，包括横波和纵波，如声波、光波和水波等。一维常系数波动方程可表示为

$$\frac{\partial^2 u}{\partial t^2}=a^2\frac{\partial^2 u}{\partial x^2},\ \ t\geqslant 0,\ \ -\infty<x<+\infty \tag{1.1.2.2}$$

式中，a 为常数，是波的传播速率。

令 $y=t$，对比式(1.1.2.1)，式(1.1.2.2)中各微分项的系数分别为 $A=a^2, B=0, C=-1, D=0, E=0$，判别式 $B^2-4AC>0$，故方程（1.1.2.2）是双曲型方程。

给定初始条件 $u(x,0)=\varphi(x)$，$u'(x,0)=g(x)$，其解为 d'Alembert（达朗贝尔）公式：

$$u(x,t)=\frac{1}{2}\left[\varphi(x+at)+\varphi(x-at)\right]+\frac{1}{2a}\int_{x-at}^{x+at}g(\xi)\mathrm{d}\xi$$

若令 $v_1 = \dfrac{\partial u}{\partial t}$，$v_2 = a\dfrac{\partial u}{\partial x}$，方程（1.1.2.2）可写成下面的形式：

$$\frac{\partial v_1}{\partial t} - a\frac{\partial v_2}{\partial x} = \frac{\partial^2 u}{\partial t^2} - a^2\frac{\partial^2 u}{\partial x^2} = 0 \tag{1.1.2.3}$$

根据 v_1，v_2 的定义，有

$$\frac{\partial v_2}{\partial t} - a\frac{\partial v_1}{\partial x} = \frac{\partial}{\partial t}\left(a\frac{\partial u}{\partial x}\right) - a\frac{\partial}{\partial x}\left(\frac{\partial u}{\partial t}\right) = 0 \tag{1.1.2.4}$$

两式相加与相减后可得到如下两个方程：

$$\left(\frac{\partial}{\partial t} - a\frac{\partial}{\partial x}\right)(v_1 + v_2) = 0$$

$$\left(\frac{\partial}{\partial t} + a\frac{\partial}{\partial x}\right)(v_1 - v_2) = 0$$

由此，方程 $\dfrac{\partial u}{\partial t} + a\dfrac{\partial u}{\partial x} = 0$ 可作为双曲型方程的最简单形式。

2. 一维对流方程

对流方程是最简单的双曲型偏微分方程。一维常系数对流方程可表示为

$$\frac{\partial u}{\partial t} + a\frac{\partial u}{\partial x} = 0,\ t \geqslant 0,\quad -\infty < x < +\infty \tag{1.1.2.5}$$

式中，u 代表物质的量；a 为常数，代表物质的运动速度。方程的物理意义是描述流体微团的物理量 u（如质量、动量和能量等）的宏观迁移和对流运动。

给定式（1.1.2.5）的初值 $u(x,0) = \varphi(x)$，则其解析解为

$$u(x,t) = \varphi(x - at),\quad t \geqslant 0,\quad -\infty < x < +\infty \tag{1.1.2.6}$$

令 $\xi = x - at$，有

$$\frac{\partial u}{\partial t} = \frac{\partial \varphi}{\partial \xi}\frac{\partial \xi}{\partial t} = -a\frac{\partial \varphi}{\partial \xi}$$

$$\frac{\partial u}{\partial x} = \frac{\partial \varphi}{\partial \xi}\frac{\partial \xi}{\partial x} = \frac{\partial \varphi}{\partial \xi}$$

$$\frac{\partial u}{\partial t} + a\frac{\partial u}{\partial x} = -a\frac{\partial \varphi}{\partial \xi} + a\frac{\partial \varphi}{\partial \xi} = 0$$

所以式（1.1.2.6）为一维常系数对流方程（1.1.2.5）的解。

由 $\dfrac{\mathrm{d}u}{\mathrm{d}t} = \dfrac{\partial u}{\partial t} + \dfrac{\partial u}{\partial x}\dfrac{\mathrm{d}x}{\mathrm{d}t}$，比较对流方程（1.1.2.5），可得当 $\dfrac{\mathrm{d}x}{\mathrm{d}t} = a$ 时，$\dfrac{\mathrm{d}u}{\mathrm{d}t} = 0$，即沿 $x-t$ 平面上斜率为 $1/a$ 的直线，u 的值保持不变。满足 $\mathrm{d}x/\mathrm{d}t = a$ 的直线族称为对流方程的特征线。若把 $u(x,0) = \varphi(x)$ 看作初始时刻 $t = 0$ 的波形，则其解表示这个波形以速度 a 单向传播，传播过程中其波形始终保持不变，如图 1.1.1 所示。

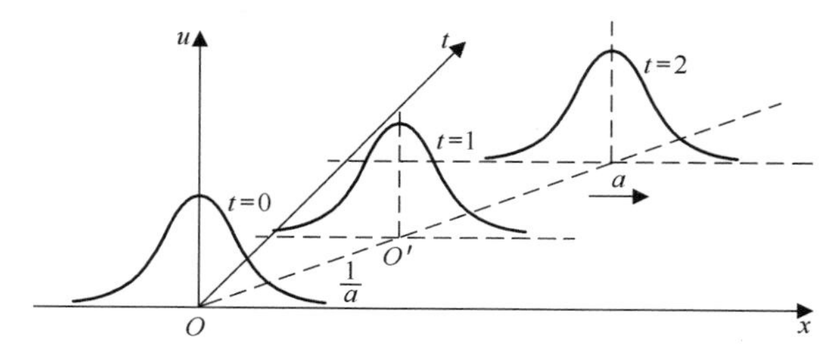

图 1.1.1　一维对流方程的物理意义示意图

3. 一维扩散方程

扩散方程用来描述扩散现象中的物质密度变化，通常也用来描述与扩散类似现象的一类偏微分方程。一维常系数扩散方程可表示为

$$\frac{\partial u}{\partial t}=\nu\frac{\partial^2 u}{\partial x^2},\quad \nu>0,\ t\geqslant 0,\ -\infty<x<+\infty \tag{1.1.2.7}$$

令 $y=t$，对比式（1.1.2.1），式（1.1.2.7）中各微分项的系数分别为 $A=\nu$，$B=0$，$C=0$，$D=0$，$E=-1$，判别式 $B^2-4AC=0$，故方程（1.1.2.7）是抛物型方程。方程（1.1.2.7）的物理意义是描述流体微团的物理量 u 依靠流体内的微观分子运动扩散到邻域的现象，ν为扩散系数。当用温度 T 代替 u 时为热传导方程，ν 取热传导系数 k。

给定初始条件 $u(x,0)=\varphi(x)$，用分离变量法，可求得上述初值问题的解为

$$u(x,t)=\frac{1}{\sqrt{4\pi\nu t}}\int_{-\infty}^{+\infty}\exp\left[-\frac{(x-\xi)^2}{4\nu t}\right]\varphi(\xi)\mathrm{d}\xi$$

抛物型方程解的特点是初始值的作用随时间衰减，波形尖峰消失，波形逐渐平滑化，如图 1.1.2 所示。因此对于抛物型方程，一个不均匀的初始分布，都将最后趋于均匀。虽然初始作用的影响随距离按指数规律衰减，但它可在瞬间影响到无穷远处。

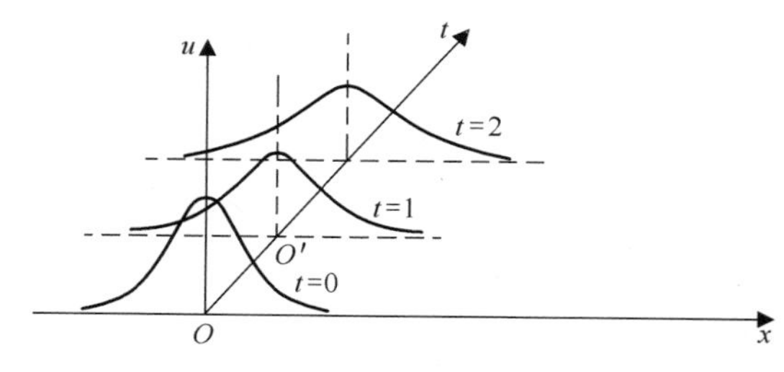

图 1.1.2　一维扩散方程的物理意义示意图

4. 二维 Laplace 方程

Laplace（拉普拉斯）方程，又称调和方程或位势方程，求解 Laplace 方程是流体力学等领域经常遇到的一类重要的数学问题。对如下的二维 Laplace 方程

$$\frac{\partial^2 u}{\partial x^2}+\frac{\partial^2 u}{\partial y^2}=0,\quad x,y\in\Omega \tag{1.1.2.8}$$

对比式（1.1.2.1），式（1.1.2.8）中各微分项的系数分别为 $A=1$，$B=0$，$C=1$，$D=0$，$E=0$，判别式 $B^2-4AC<0$，故方程（1.1.2.8）为椭圆型方程。椭圆型方程的定解问题是边值问题，即要求解出未知函数 u，使它在区域 Ω 内满足偏微分方程，并在区域的边界 S 上满足给定的边界条件。边界条件可以由下面三种方式给出：

1）第一类[Dirichlet（狄里克雷）型]边界条件：

$$u\big|_{S_1}=A(x,y)$$

2）第二类[Neumann（诺伊曼）型]边界条件：

$$\left.\frac{\partial u}{\partial n}\right|_{S_2}=B(x,y)$$

3）第三类（混合型）边界条件：

$$\left.\left(\frac{\partial u}{\partial n}+\sigma u\right)\right|_{S_3}=F(x,y),\quad \sigma=\sigma(x,y)\geqslant 0$$

1.1.3 范数

有限差分法中的差分格式相容性、收敛性和稳定性等都是通过范数（norm）是否趋于 0 来定义和考查的。范数是泛函分析中的基本概念，是一种定义在赋范线性空间中的函数，满足相应条件后的函数都可以称为范数。范数是对函数、向量和矩阵定义的一种度量形式，即通过范数可以测量两个函数、向量或矩阵之间的距离。

1. 线性空间

泛函分析中定义空间为具有一定内部结构的元素集合，即空间要有两个要素：一个是元素（不同元素构成不同的空间）；一个是内部结构（不同的内部结构构成不同的空间）。

设 E 为元素的集合，$\mathbf{K}$ 为数域（实数或复数），若 x,x_1,x_2,x_3 为 E 中的元素，满足下列所定义的加法与数乘运算，则称 E 为数域 $\mathbf{K}$ 上的线性空间（若 $\mathbf{K}$ 为实数域则称为实线性空间；若 $\mathbf{K}$ 为复数域则称为复线性空间）。

在元素集合 E 内规定加法运算记作“+”，且满足若 $x,x_1,x_2,x_3\in E$，则

$x_1+x_2 \in E$，及

$$x_1+x_2=x_2+x_1 \text{（交换律）}$$
$$(x_3+x_1)+x_2=x_3+(x_1+x_2) \text{（结合律）}$$
$$x+0=x \text{（0 为 } E \text{ 内的零元素）}$$
$$x+(-x)=0 \text{（} -x \text{ 为负元素）}$$

在元素集合 E 内规定数域 $\mathbf{K}$ 内的数 α，β 与 E 内元素 x 的乘积运算记作“·”，且满足若 $x\in E,\alpha\in\mathbf{K}$，则 $\alpha\cdot x\in E$，及

$$1\cdot x=x$$
$$\alpha(\beta x)=(\alpha\beta)x \text{（结合律）}$$
$$(\alpha+\beta)x=\alpha x+\beta x \text{（分配律）}$$
$$\alpha(x_1+x_2)=\alpha x_1+\alpha x_2 \text{（分配律）}$$

按照上述定义，实数的全体是实数域上的线性空间；三维矢量的全体，按照矢量的加法和数乘运算法则构成一个实线性空间；n 阶实向量和 n 阶实矩阵分别构成一个实线性空间；区间 $[a,b]$ 上的一切连续函数的全体 $C[a,b]$ 是实线性空间。

设 E_M 为数域 $\mathbf{K}$ 上的线性空间，$x_1,x_2,\cdots,x_N$ 为 E_M 中的 N 个元素，如果在数域 $\mathbf{K}$ 中有 N 个不全为零的数 $a_1,a_2,\cdots,a_N$，使下式成立：

$$a_1x_1+a_2x_2+\cdots+a_Nx_N=0 \tag{1.1.3.1}$$

则称元素 $x_1,x_2,\cdots,x_N$ 是线性相关的。如果式（1.1.3.1）仅在 $a_1,a_2,\cdots,a_N$ 全为零时成立，则称元素 $x_1,x_2,\cdots,x_N$ 是线性无关或线性独立的。

2. 线性赋范空间

如果对数域 $\mathbf{K}$（实数或复数）上的线性空间 E_M 中的任一个元素 x，都有一个与 x 相对应的实数 $\|x\|$，且实数 $\|x\|$ 满足下列范数公理：

1）$\|x\|\geqslant 0$，等式只在 $x=0$ 时成立（非负性）；

2）$\|ax\|=|a|\cdot\|x\|$，$a\in\mathbf{K}$，$x\in E_M$（齐次性）；

3）$\|x_1+x_2\|\leqslant\|x_1\|+\|x_2\|$，$x_1$，$x_2\in E_M$（三角不等式），

则称此线性空间 E_M 为线性赋范空间，而实数 $\|x\|$ 称为元素 x 的范数。

满足范数公理的 n 维向量 $x=\{x_i\}$ 的范数可有以下不同的形式：

L_1 范数：

$$\|x\|_1=\sum_{i=1}^{n}|x_i| \tag{1.1.3.2}$$

L_2 范数：

$$\|x\|_2=\left[\sum_{i=1}^{n}|x_i|^2\right]^{1/2} \tag{1.1.3.3}$$

L_p 范数：

$$\|x\|_p = \left[\sum_{i=1}^{n} |x_i|^p \right]^{1/p} \tag{1.1.3.4}$$

L_∞ 范数：

$$\|x\|_\infty = \max |x_i| \tag{1.1.3.5}$$

函数 $f(x) \in C[a,b]$ 常用的范数有 L_2 范数：

$$\|f(x)\|_2 = \left[\int_{-\infty}^{+\infty} [f(x)]^2 \, \mathrm{d}x \right]^{1/2} \tag{1.1.3.6}$$

和 L_∞ 范数：

$$\|f(x)\|_\infty = \max |f(x)| \tag{1.1.3.7}$$

n 阶方阵 $\boldsymbol{A}$ 可看成 n^2 维线性空间元素，它的范数还需具备另一个条件 $\|\boldsymbol{A} \cdot \boldsymbol{B}\| \leqslant \|\boldsymbol{A}\| \cdot \|\boldsymbol{B}\|$（$\boldsymbol{A}$，$\boldsymbol{B}$ 同为 n 阶方阵），定义其 L_2 与 L_∞ 范数分别为

$$\|\boldsymbol{A}\|_2 = \left[\rho(\boldsymbol{A}^* \boldsymbol{A}) \right]^{1/2} \tag{1.1.3.8}$$

$$\|\boldsymbol{A}\|_\infty = \max_i \sum_{j=1}^{n} |a_{ij}| \tag{1.1.3.9}$$

式中，$\boldsymbol{A}^* = \overline{\boldsymbol{A}}^{\mathrm{T}}$ 为 $\boldsymbol{A}$ 的共轭转置矩阵；$\rho(\boldsymbol{A}^* \boldsymbol{A})$ 为矩阵 $\boldsymbol{A}^* \boldsymbol{A}$ 的谱半径（矩阵 $\boldsymbol{A}^* \boldsymbol{A}$ 的绝对值最大的特征值）。如果 $\boldsymbol{A}$ 是正规矩阵（$\boldsymbol{A}^* \boldsymbol{A} = \boldsymbol{A} \boldsymbol{A}^*$），则 L_2 范数为

$$\|\boldsymbol{A}\|_2 = \rho(\boldsymbol{A})$$

3. 度量空间

利用范数可以诱导出度量。设 X 为一元素集合，若 X 中每一对元素 x 与 y 都对应着一个实数，记作 $\mathrm{d}(x,y)$，且满足下面三个条件：

1）$\mathrm{d}(x,y) \geqslant 0$（等式只在 $x=y$ 时成立）；

2）$\mathrm{d}(x,y) \leqslant \mathrm{d}(x,z) + \mathrm{d}(z,y)$；

3）$\mathrm{d}(x,y) = \mathrm{d}(y,x)$，

则称集合 X 为距离空间，称 $\mathrm{d}(x,y)$ 为元素 x 与 y 之间的距离。

在线性赋范空间 E_M 中必可引进距离 $\mathrm{d}(x,y) = \|x-y\|$ 成为一个距离空间，称为线性度量空间。因此范数可理解为普通 n 维向量空间 $\mathbf{R}^n$ 的向量长度概念的推广，是衡量 $\mathbf{R}^n$ 的元素大小的一种度量。x 的范数 $\|x\| = \mathrm{d}(x,0)$ 可认为是元素 x 与零元素之间的距离。

4. 内积空间

设 E_u 为数域 $\mathbf{K}$ 上的线性空间，若 E_u 中的任意一对元素，都对应着数域 $\mathbf{K}$ 中的一个数，记作 $\langle x,y \rangle$，并满足：

1）$\langle x,y \rangle = \overline{\langle y,x \rangle}$（其中"——"表示复共轭）；

2）$\langle \alpha x, y\rangle = \alpha\langle x, y\rangle$，$\alpha \in \mathbf{K}$；

3）$\langle x, y+z\rangle = \langle x, y\rangle + \langle x, z\rangle$；

4）$\langle x, x\rangle \geqslant 0$（当且仅当 $x=0$ 时等号成立），

则称此线性空间 E_u 为内积空间，称 $\langle x, y\rangle$ 为元素 x 与 y 的内积。

在内积空间 E_u 中，必可引进范数 $\|x\| = \sqrt{\langle x, x\rangle}$，由内积空间的定义，有

$$\|x\| = \sqrt{\langle x, x\rangle} \geqslant 0$$

$$\|ax\| = \sqrt{\langle ax, ax\rangle} = |a|\sqrt{\langle x, x\rangle} = |a|\cdot\|x\|$$

$$\|x_1 + x_2\| = \sqrt{\langle x_1 + x_2, x_1 + x_2\rangle} \leqslant \sqrt{\langle x_1, x_1\rangle} + \sqrt{\langle x_2, x_2\rangle} = \|x_1\| + \|x_2\|$$

内积空间 E_u 中的两个元素 x，y，若它们的内积 $\langle x, y\rangle = 0$，则称 x 与 y 正交。

5. 完备度量空间

设 X 为度量空间，$\{x_n\}$ 是 X 的元素序列，若有 $x_0 \in X$，使当 n 趋近于无穷时，距离 $\mathrm{d}(x_n, x_0)$ 趋于零，则称序列 $\{x_n\}$ 收敛于 x_0，或称 x_0 为序列 $\{x_n\}$ 的极限，记作 $x_n \to x_0$ 或 $\lim\limits_{n\to\infty} x_n = x_0$。在线性赋范空间 E_M 中，距离 $\mathrm{d}(x_n, x_0) = \|x_n - x_0\|$，因此当 $x_n \to x_0$ 时，必有 $\|x_n - x_0\| \to 0$，此时称序列 $\{x_n\}$ 依范数收敛。

距离空间 X 中的元素序列 $\{x_n\}$，若对任意 $\varepsilon > 0$，总有 $N > 0$ 存在，使当 $n, m > N$ 时，距离 $\mathrm{d}(x_m, x_n) < \varepsilon$，则称序列 $\{x_n\}$ 为基本序列或 Cauchy（柯西）序列。

如果度量空间 X 中的每一个基本序列都收敛于 X 中的一个元素，就称此度量空间 X 是完备的，或称 X 为完备度量空间。

线性赋范空间 E_M 引进距离 $\mathrm{d}(x, y) = \|x - y\|$ 成为线性度量空间，如果此度量空间是完备的，则称为 Banach（巴拿赫）空间。

内积空间 E_u 引进范数 $\|x\| = \sqrt{\langle x, x\rangle}$ 及距离 $\mathrm{d}(x, y) = \sqrt{\langle x-y, x-y\rangle}$ 成为线性度量空间，如果此度量空间是完备的，就称为 Hilbert（希尔伯特）空间，简称 H 型空间。

1.1.4　三对角线方程组的追赶法

求解对角占优的三对角线代数方程组的追赶法是有限差分法中求解隐格式所形成的代数方程组的常用方法。一维问题的隐式差分格式可直接形成三对角线代数方程组，多维问题的隐式差分格式可通过 ADI（alternating direction implicit，交替方向隐式）法等算法分解成多个三对角线代数方程组。矩阵系数为对角占优的三对角线代数方程组的一般形式为

$$
\begin{bmatrix}
b_1 & c_1 & & & & & \\
a_2 & b_2 & c_2 & & & & \\
 & & \cdots & & & & \\
 & & a_i & b_i & c_i & & \\
 & & & & \cdots & & \\
 & & & & a_{n-1} & b_{n-1} & c_{n-1} \\
 & & & & & a_n & b_n
\end{bmatrix}
\begin{bmatrix} x_1 \\ x_2 \\ \vdots \\ x_i \\ \vdots \\ x_{n-1} \\ x_n \end{bmatrix}
=
\begin{bmatrix} f_1 \\ f_2 \\ \vdots \\ f_i \\ \vdots \\ f_{n-1} \\ f_n \end{bmatrix}
\tag{1.1.4.1}
$$

或简写成

$$
\boldsymbol{Ax} = \boldsymbol{f} \tag{1.1.4.2}
$$

为保证系数矩阵 $\boldsymbol{A}$ 的 $\boldsymbol{LU}$ 分解存在且唯一，式（1.1.4.1）中的系数 a_i, b_i, c_i 应满足

$$
\begin{cases}
|b_1| > |c_1| > 0, \quad |b_n| > |a_n| > 0 \\
|b_i| \geqslant |a_i| + |c_i|, \quad a_i, c_i \neq 0, i = 2, 3, \cdots, n-1
\end{cases}
\tag{1.1.4.3}
$$

由系数矩阵 $\boldsymbol{A}$ 的特点，可以方便地利用矩阵的直接三角分解法来推导求解三对角线方程组（1.1.4.1）的计算公式。为此将矩阵 $\boldsymbol{A}$ 分解为下三角阵 $\boldsymbol{L}$ 与上三角阵 $\boldsymbol{U}$ 的乘积：

$$
\begin{bmatrix}
b_1 & c_1 & & & & & \\
a_2 & b_2 & c_2 & & & & \\
 & & \cdots & & & & \\
 & & a_i & b_i & c_i & & \\
 & & & & \cdots & & \\
 & & & & a_{n-1} & b_{n-1} & c_{n-1} \\
 & & & & & a_n & b_n
\end{bmatrix}
$$

$$
=
\begin{bmatrix}
\mu_1 & & & & & & \\
\lambda_2 & \mu_2 & & & & & \\
 & \cdots & & & & & \\
 & & \lambda_i & \mu_i & & & \\
 & & & \cdots & & & \\
 & & & & \lambda_{n-1} & \mu_{n-1} & \\
 & & & & & \lambda_n & \mu_n
\end{bmatrix}
\begin{bmatrix}
1 & \nu_1 & & & & & \\
 & 1 & \nu_2 & & & & \\
 & & \cdots & & & & \\
 & & & 1 & \nu_i & & \\
 & & & & \cdots & & \\
 & & & & & 1 & \nu_{n-1} \\
 & & & & & & 1
\end{bmatrix}
\tag{1.1.4.4}
$$

式（1.1.4.4）右端利用矩阵乘法，然后与左端比较，便可得出如下确定 $\boldsymbol{L}$ 与 $\boldsymbol{U}$ 的元素的公式：

$$
\begin{cases}
\nu_1 = c_1 / b_1 \\
\nu_i = c_i / (b_i - a_i \nu_{i-1}), \ i = 2, 3, \cdots, n-1
\end{cases}
\tag{1.1.4.5}
$$

$$\begin{cases}\mu_1 = b_1 \\ \mu_i = b_i - a_i\nu_{i-1},\ i = 2,3,\cdots,n\end{cases} \tag{1.1.4.6}$$

$$\lambda_i = a_i,\ i = 2,3,\cdots,n \tag{1.1.4.7}$$

实现 $\boldsymbol{A}$ 的 $\boldsymbol{LU}$ 分解后，求解方程组（1.1.4.1）等价于求解两个三角形方程组：

$$\begin{cases}\boldsymbol{Ly} = \boldsymbol{f} \\ \boldsymbol{Ux} = \boldsymbol{y}\end{cases} \tag{1.1.4.8}$$

求解方程组（1.1.4.8）的步骤如下：

第 1 步　用递推公式（1.1.4.5）和式（1.1.4.6）计算系数 ν_i 和 μ_i；

第 2 步　求解 $\boldsymbol{Ly} = \boldsymbol{f}$：

$$\begin{cases}y_1 = f_1 / \mu_1 = f_1 / b_1 \\ y_i = (f_i - a_i y_{i-1}) / \mu_i = (f_i - a_i y_{i-1}) / (b_i - a_i\nu_{i-1}),\ i = 2,3,\cdots,n\end{cases} \tag{1.1.4.9}$$

第 3 步　求解 $\boldsymbol{Ux} = \boldsymbol{y}$：

$$\begin{cases}x_n = y_n = f_n \\ x_i = y_i - \nu_i x_{i+1},\ i = n-1, n-2,\cdots,1\end{cases} \tag{1.1.4.10}$$

在以上算法中，计算 $\nu_1 \to \nu_2 \to \cdots \to \nu_{n-1}$ 及 $y_1 \to y_2 \to \cdots \to y_n$ 的过程称为“追”的过程；计算方程组的解 $x_n \to x_{n-1} \to \cdots \to x_1$ 的过程称为“赶”的过程。所以这种算法称为追赶法。

追赶法公式实际上就是将 Gauss（高斯）消去法用于求解三对角线方程组的结果。这时由于 $\boldsymbol{A}$ 特别简单，因此求解的计算公式也非常简单，而且计算量仅为 $(5n-4)$ 次乘除法。虽然增加了解一个方程组，但仅需增加 $(3n-2)$ 次乘除法运算。

在追赶法计算公式中没有使用几乎为零的数作除数，因此不会出现中间结果数量级的急剧增长和舍入误差的严重积累。在计算机编程中只需用三个一维数组将三条线数据 a_i, b_i, c_i 存储，以及需要两组工作单元以保存计算的中间结果和方程解。

1.2　差分格式的基本理论

1.2.1　差分格式的构造

有限差分法的基本思想是将微分方程定解问题中的导数用相应的差商近似代替，构造出该定解问题的差分格式。由高等数学中导数（微商）和差商的定义可知，当自变量的差分（增量）趋近于零时就可由差商得到导数，即差分和差商是用有限形式近似表示微分和导数。由于同一个偏导数可有多种差分近似，因此对同一个微分方程定解问题可以构造出多个不同的差分方程，它们的解都有可能是该定解问题的近似解。

有限差分法中的差分方程构造有 Taylor（泰勒）级数展开法、多项式插值法、待定系数法、特征线法、差分算子法、控制体积法等多种方法。本节主要介绍其中的 Taylor 级数展开法和控制体积法。

1. Taylor 级数展开法

Taylor 级数展开法以高等数学中的 Taylor 级数理论为依据，是构造差分格式最常用的方法。考虑下面的一维常系数对流方程及初值条件：

$$\begin{cases}\dfrac{\partial u}{\partial t}+a\dfrac{\partial u}{\partial x}=0\text{，}a\text{ 为常数，}t>0\text{，}-\infty<x<+\infty \\ u(x,0)=f(x)\end{cases} \quad (1.2.1.1)$$

首先对求解域进行离散化，为方便起见取均匀的矩形网格。在求解域 $x-t$ 平面（上半平面）画出两族平行于坐标轴的直线，建立的离散网格如图 1.2.1 所示。

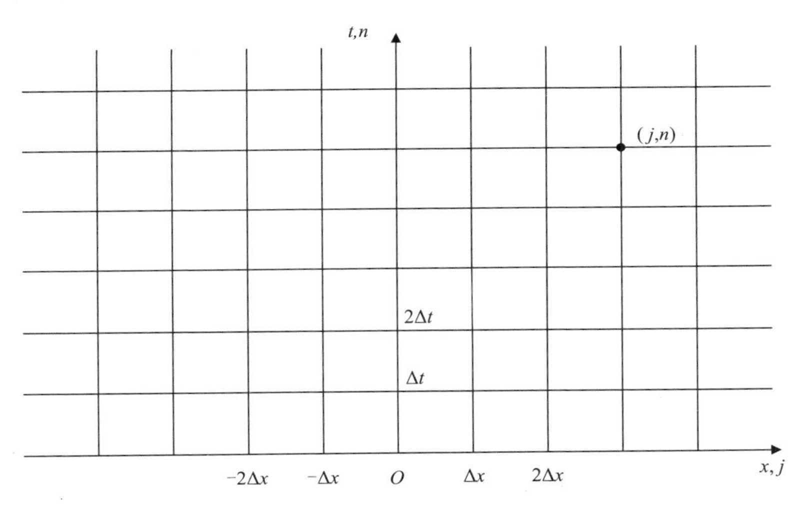

图 1.2.1　差分网格示意图

网格线的交点称为节点，对均匀的矩形网格，x 方向上网格之间的距离 Δx 称为空间步长，t 方向上网格之间的距离 Δt 称为时间步长，两族网格线可记为

$$x=x_j=j\Delta x\text{，}\quad j=0,\pm1,\pm2,\cdots$$

$$t=t_n=n\Delta t\text{，}\quad n=0,1,2,\cdots$$

网格节点 (x_j,t_n) 可记为 (j,n)，节点处的函数值记为

$$u_j^n=u(x_j,t_n)=u(j\Delta x,n\Delta t)$$

首先对函数 u 进行如下 Taylor 级数展开：

$$\begin{aligned}u_{j+1}^n&=u(x_j+\Delta x,t_n)\\&=u_j^n+(u_x)_j^n\Delta x+\frac{1}{2}(u_{xx})_j^n\Delta x^2+\frac{1}{6}(u_{xxx})_j^n\Delta x^3+O(\Delta x^4)\end{aligned} \quad (1.2.1.2)$$

$$\begin{aligned} u_{j-1}^n &= u(x_j - \Delta x, t_n) \\ &= u_j^n - (u_x)_j^n \Delta x + \frac{1}{2}(u_{xx})_j^n \Delta x^2 - \frac{1}{6}(u_{xxx})_j^n \Delta x^3 + O(\Delta x^4) \end{aligned} \quad (1.2.1.3)$$

上式中数学符号 $O(\Delta x^4)$ 代表 Δx 的 4 阶（同阶）量。

式（1.2.1.2）与式（1.2.1.3）相减后，两边同除以 $2\Delta x$，得

$$\frac{u_{j+1}^n - u_{j-1}^n}{2\Delta x} = (u_x)_j^n + \frac{1}{6}(u_{xxx})_j^n \Delta x^2 + O(\Delta x^3)$$

所以

$$\left(\frac{\partial u}{\partial x}\right)_j^n \cong \frac{u_{j+1}^n - u_{j-1}^n}{2\Delta x} + O(\Delta x^2) \quad (1.2.1.4)$$

式（1.2.1.4）为一阶偏导数的一阶中心差商表达式，具有 Δx^2 阶的截断误差（二阶精度），记为 $R = O(\Delta x^2)$。当 $\Delta x \to 0$ 时，$R \to 0$，差商与微商是相容的。

将式（1.2.1.2）的右端项 u_j^n 移到左端后，两边除以 Δx，得

$$\frac{u_{j+1}^n - u_j^n}{\Delta x} = (u_x)_j^n + \frac{1}{2}(u_{xx})_j^n \Delta x + O(\Delta x^2)$$

所以

$$\left(\frac{\partial u}{\partial x}\right)_j^n \cong \frac{u_{j+1}^n - u_j^n}{\Delta x} + O(\Delta x) \quad (1.2.1.5)$$

式（1.2.1.5）为一阶偏导数的一阶向前差商表达式，$R = O(\Delta x)$，具有一阶精度。当 $\Delta x \to 0$ 时，$R \to 0$，差商与微商是相容的。

同样，将式（1.2.1.3）的右端项 u_j^n 移到左端后，两边除以 $-\Delta x$，整理后得到一阶偏导数的一阶向后差商表达式

$$\left(\frac{\partial u}{\partial x}\right)_j^n \cong \frac{u_j^n - u_{j-1}^n}{\Delta x} + O(\Delta x) \quad (1.2.1.6)$$

将式（1.2.1.2）与式（1.2.1.3）相加，可以推出二阶偏导数的二阶中心差商表达式

$$\left(\frac{\partial^2 u}{\partial x^2}\right)_j^n = \frac{u_{j+1}^n - 2u_j^n + u_{j-1}^n}{\Delta x^2} + O(\Delta x^2) \quad (1.2.1.7)$$

式（1.2.1.7）具有二阶精度，$R = O(\Delta x^2)$，二阶中心差商与二阶微商也是相容的。同样，可以导出对时间偏导数的有限差分表达式。这样对于定解问题（1.2.1.1）可构造出对流方程的中心差分格式（1.2.1.8）、向前差分格式（1.2.1.9）或称右偏格式及向后差分格式（1.2.1.10）或称左偏格式。图 1.2.2 为三种基本差分格式所对应的节点示意图。

$$\begin{cases} u_j^{n+1} = u_j^n - \dfrac{a\Delta t}{2\Delta x}\left(u_{j+1}^n - u_{j-1}^n\right) \\ u_j^0 = f(x_j) \end{cases} \tag{1.2.1.8}$$

$$\begin{cases} u_j^{n+1} = u_j^n - a\dfrac{\Delta t}{\Delta x}\left(u_{j+1}^n - u_j^n\right) \\ u_j^0 = f(x_j) \end{cases} \tag{1.2.1.9}$$

$$\begin{cases} u_j^{n+1} = u_j^n - a\dfrac{\Delta t}{\Delta x}\left(u_j^n - u_{j-1}^n\right) \\ u_j^0 = f(x_j) \end{cases} \tag{1.2.1.10}$$

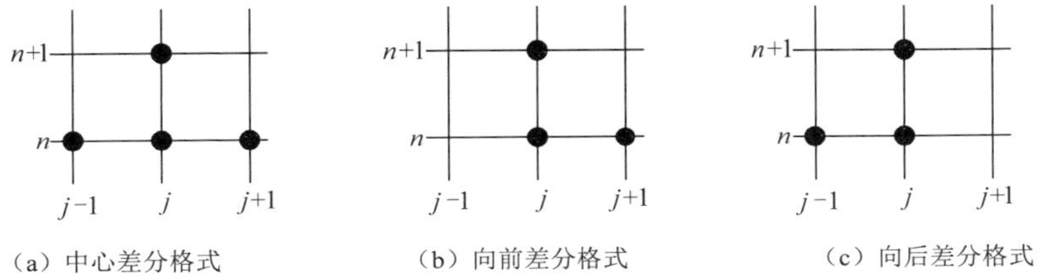

（a）中心差分格式　（b）向前差分格式　（c）向后差分格式

图 1.2.2　对流方程不同差分格式对应的节点

Taylor 级数展开法是基于 Taylor 级数理论的数学方法，不包含物理意义。从 Taylor 级数理论可知，函数需要在求解域内连续且有多阶导数，故一些存在奇点的函数无法展开为 Taylor 级数，即对于在物理上存在间断点情形，就不能采用 Taylor 级数展开法来构造间断点附近的差分格式。

2. 控制体积法

控制体积法是以物理量守恒规律为依据，直接建立离散的数学模型。仍以式（1.2.1.1）的一维对流问题为例，设流体以速度 a 沿 x 轴正方向流动。流体中某一物理量，如物质浓度 $u(x, t)$在流动中满足守恒定律。在空间位置 x_j 附近取一个控制体积，如图 1.2.3 所示，其体积用 V 表示。

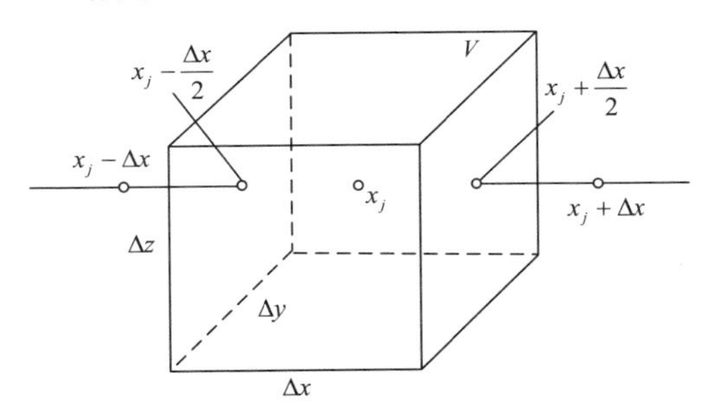

图 1.2.3　控制体积示意图

如果 V 中无源且不考虑扩散作用，那么在 V 中所含该物质的总量 F 应满足守恒律，即 F 的总增量应等于由对流流进 V 的 F 的净流量。把节点值近似地看作控制体积中的平均值，那么在 Δt 时间内 F 在控制体积 V 中的总增量为

$$\left[u(x_j,t_n+\Delta t)-u(x_j,t_n)\right]\Delta x\Delta y\Delta z \tag{1.2.1.11}$$

流进 V 的 F 的净通量为流入通量与流出通量的差，即

$$a\left[u\left(x_j-\frac{\Delta x}{2},t_n\right)-u\left(x_j+\frac{\Delta x}{2},t_n\right)\right]\Delta y\Delta z\Delta t \tag{1.2.1.12}$$

由守恒定律，得

$$\left[u(x_j,t_n+\Delta t)-u(x_j,t_n)\right]\Delta x=a\left[u\left(x_j-\frac{\Delta x}{2},t_n\right)-u\left(x_j+\frac{\Delta x}{2},t_n\right)\right]\Delta t \tag{1.2.1.13}$$

$$u(x_j,t_n+\Delta t)=u(x_j,t_n)-\frac{a\Delta t}{\Delta x}\left[u\left(x_j+\frac{\Delta x}{2},t_n\right)-u\left(x_j-\frac{\Delta x}{2},t_n\right)\right] \tag{1.2.1.14}$$

令界面上的 u 值取

$$u\left(x_j+\frac{\Delta x}{2},t_n\right)=\beta u_{j+1}^n+(1-\beta)u_j^n$$

$$u\left(x_j-\frac{\Delta x}{2},t_n\right)=\beta u_j^n+(1-\beta)u_{j-1}^n$$

式中，β 为权系数，代入式（1.2.1.14）中，得

$$u_j^{n+1}=u_j^n-\frac{a\Delta t}{\Delta x}\left[\beta u_{j+1}^n+(1-2\beta)u_j^n-(1-\beta)u_{j-1}^n\right] \tag{1.2.1.15}$$

式（1.2.1.15）中，令 $\beta=\frac{1}{2}$，得如下中心差分格式：

$$u_j^{n+1}=u_j^n-\frac{a\Delta t}{2\Delta x}\left(u_{j+1}^n-u_{j-1}^n\right)$$

令 $\beta=1$，得如下向前差分格式（右偏格式）：

$$u_j^{n+1}=u_j^n-a\frac{\Delta t}{\Delta x}\left(u_{j+1}^n-u_j^n\right)$$

令 $\beta=0$，得如下向后差分格式（左偏格式）：

$$u_j^{n+1}=u_j^n-a\frac{\Delta t}{\Delta x}\left(u_j^n-u_{j-1}^n\right)$$

控制体积法是直接从物理守恒定律出发的，因而所构造的差分格式为守恒型格式，它保证了物理量的守恒律。对某些物理上存在间断，但物理守恒定律仍然成立的情形，控制体积法更有意义。

1.2.2　差分格式的相容性

差分格式的相容性是指当空间步长 Δx 和时间步长 Δt 趋近于 0 时，差分方程

应当充分逼近微分方程。通常采用差分方程与微分方程的截断误差的范数是否趋于 0 来考查差分格式的相容性。

当用差分方程代替微分方程时，其截断误差与所取差分格式有关。对于足够小的 Δx，微分算子 L 和相应的差分算子 L_h 作用于所有充分光滑的函数 u，差分方程的截断误差（truncation error）$R(u)$ 的定义如下：

$$R(u)=L_h(u)-L(u) \tag{1.2.2.1}$$

若 $R=O(\Delta t^{p_1},\Delta x^{p_2})$，则称该差分格式对时间有 p_1 阶精度，对空间有 p_2 阶精度。截断误差 R 通常在离散化过程中得到，也可以通过对差分格式作 Taylor 级数展开得到。

当网格步长取无限小时，如 $\Delta x\to 0$，$\Delta t\to 0$，差分方程的截断误差也趋近于零，即 $\|R\|\to 0$，则称该差分方程与相应的微分方程是相容的（consistency）。当 Δx，Δt 独立地趋近于零时，有 $\|R\|\to 0$，则称该差分方程与相应的微分方程无条件相容，否则称为条件相容。相容性是偏微分方程与差分方程之间的关系，函数 u 是任意的光滑函数，不一定是偏微分方程的解。

下面以一维对流方程 $\dfrac{\partial u}{\partial t}+a\dfrac{\partial u}{\partial x}=0$ 为例，考查其向前差分格式和 Lax-Friedrichs（拉克斯-弗里德里希斯）格式的相容性。对一维对流方程的向前差分格式（1.2.1.9），其微分算子和差分算子分别为

$$L(u)=\frac{\partial u}{\partial t}+a\frac{\partial u}{\partial x} \tag{1.2.2.2}$$

$$L_h(u)=\frac{u_j^{n+1}-u_j^n}{\Delta t}+a\frac{\left(u_{j+1}^n-u_j^n\right)}{\Delta x} \tag{1.2.2.3}$$

将式（1.2.2.3）中的 u_j^{n+1} 与 u_{j+1}^n 在 (j,n) 点用 Taylor 级数展开，得

$$u_j^{n+1}=u_j^n+\left(u_t\right)_j^n\Delta t+\frac{1}{2}\left(u_{tt}\right)_j^n\Delta t^2+O\left(\Delta t^3\right)$$

$$u_{j+1}^n=u_j^n+\left(u_x\right)_j^n\Delta x+\frac{1}{2}\left(u_{xx}\right)_j^n\Delta x^2+O\left(\Delta x^3\right)$$

代入差分算子表达式（1.2.2.3），得

$$L_h(u)=\frac{u_j^{n+1}-u_j^n}{\Delta t}+a\frac{u_{j+1}^n-u_j^n}{\Delta x}=\frac{\partial u}{\partial t}+a\frac{\partial u}{\partial x}+\frac{\Delta t}{2}\frac{\partial^2 u}{\partial t^2}+\frac{a\Delta x}{2}\frac{\partial^2 u}{\partial x^2}+O\left(\Delta t^2,\Delta x^2\right)$$

其截断误差为

$$R=L_h(u)-L(u)=\frac{\Delta t}{2}\frac{\partial^2 u}{\partial t^2}+\frac{a\Delta x}{2}\frac{\partial^2 u}{\partial x^2}+O\left(\Delta t^2,\Delta x^2\right) \tag{1.2.2.4}$$

由式（1.2.2.4）知，当 $\Delta x\to 0$，$\Delta t\to 0$ 时，有 $\lim\limits_{\substack{\Delta t\to 0\\ \Delta x\to 0}}R=0$，所以一维对流方程的向前差分格式是无条件相容格式。

将一维对流方程中心差分格式（1.2.1.8）中的 u_j^n 用 $\left(u_{j+1}^n+u_{j-1}^n\right)/2$ 替代，即为

Lax-Friedrichs 格式，其微分算子和差分算子分别为

$$L(u)=\frac{\partial u}{\partial t}+a\frac{\partial u}{\partial x} \tag{1.2.2.5}$$

$$L_h(u)=\frac{u_j^{n+1}-\left(u_{j+1}^n+u_{j-1}^n\right)/2}{\Delta t}+a\frac{u_{j+1}^n-u_{j-1}^n}{2\Delta x} \tag{1.2.2.6}$$

将式（1.2.2.6）中的u_j^{n+1}，$\left(u_{j+1}^n+u_{j-1}^n\right)$，$\left(u_{j+1}^n-u_{j-1}^n\right)$在$(j,\ n)$点用 Taylor 级数展开，得

$$u_j^{n+1}=u_j^n+\left(u_t\right)_j^n\Delta t+\frac{1}{2}\left(u_{tt}\right)_j^n\Delta t^2+O\left(\Delta t^3\right)$$

$$u_{j+1}^n+u_{j-1}^n=2u_j^n+\left(u_{xx}\right)_j^n\Delta x^2+O\left(\Delta x^4\right)$$

$$u_{j+1}^n-u_{j-1}^n=2\left(u_x\right)_j^n\Delta x+\frac{1}{3}\left(u_{xxx}\right)_j^n\Delta x^3+O\left(\Delta x^5\right)$$

代入差分算子表达式（1.2.2.6），得

$$\begin{aligned}L_h(u)&=\frac{u_j^{n+1}-\left(u_{j+1}^n+u_{j-1}^n\right)/2}{\Delta t}+a\frac{u_{j+1}^n-u_{j-1}^n}{2\Delta x}\\&=\frac{\partial u}{\partial t}+a\frac{\partial u}{\partial x}+\frac{\Delta t}{2}\frac{\partial^2 u}{\partial t^2}-\frac{\Delta x^2}{2\Delta t}\frac{\partial^2 u}{\partial x^2}+\frac{a\Delta x^2}{6}\frac{\partial^3 u}{\partial x^3}+O\left(\Delta t^2,\frac{\Delta x^4}{\Delta t},\Delta x^4\right)\end{aligned}$$

其截断误差为

$$R=\frac{\Delta t}{2}\left(\frac{\partial^2 u}{\partial t^2}\right)_j^n-\frac{(\Delta x)^2}{2\Delta t}\left(\frac{\partial^2 u}{\partial x^2}\right)_j^n+\frac{a(\Delta x)^2}{6}\left(\frac{\partial^3 u}{\partial x^3}\right)_j^n+O\left(\Delta t^2,\frac{\Delta x^4}{\Delta t},\Delta x^4\right) \tag{1.2.2.7}$$

由式（1.2.2.7）知，当$\Delta x\to 0$，$\Delta t\to 0$时，有

$$\lim_{\substack{\Delta x\to 0\\ \Delta t\to 0}}R=\begin{cases}0, & \Delta t=O\left(\Delta x\right)\\ \dfrac{(\Delta x)^2}{2\Delta t}\left|\left(u_{xx}\right)_j^n\right|, & \Delta t=O\left(\Delta x^2\right)\end{cases} \tag{1.2.2.8}$$

由式（1.2.2.8）可知，当Δt与Δx^2为同阶无穷小时，Lax-Friedrichs 格式的截断误差不趋近于零，因而为条件相容格式。

1.2.3　差分格式的收敛性

差分方程的相容性保证了差分方程对微分方程的逼近，但不能保证差分格式的解逼近微分方程的解。差分格式的收敛性是指当空间步长Δx和时间步长Δt趋近于 0 时，差分格式的解应当充分逼近微分方程定解问题的精确解。差分格式的相容性并不能保证其收敛性，通常采用差分网格上任意节点的离散误差的范数是否趋近于 0 来考查差分格式的收敛性。对于解的逼近，方程的相容性是收敛性的必要条件但不是充分条件。

对于微分方程定解区域网格上的任意节点(j,n)，令$u(x_j,t_n)$表示微分方程的精确解，w_j^n表示第 n 时间层上精确满足差分格式的真解（差分格式的真解w_j^n仅是一个理论上的概念，实际上通过数值计算得到的解是差分格式的近似解u_j^n）。

差分格式在网格节点(j, n)上的离散误差（discretization error）定义为第 n 时间层上差分格式在该网格节点上的真解与微分方程的精确解之差，即

$$e_j^n = w_j^n - u\left(x_j, t_n\right) \tag{1.2.3.1}$$

如果对于微分方程定解区域网格上的任意一节点(j, n)，当网格步长趋近于零时，差分方程在该点的离散误差e_j^n也趋近于零，即有当$\Delta x \to 0$，$\Delta t \to 0$时，

$$\left\|e_j^n\right\| = \left\|w_j^n - u\left(x_j, t_n\right)\right\| \to 0 \tag{1.2.3.2}$$

则该差分方程的真解w_j^n收敛于其相应的微分方程定解问题的精确解$u(x_j,t_n)$，此时称此差分格式是收敛（convergence）的。其中，$\left\|e_j^n\right\|$是某种尺度的范数，$\left\|e_j^n\right\|$取L_2范数，即

$$\left\|e_j^n\right\| = \sqrt{\sum_{j=-\infty}^{+\infty}\left(e_j^n\right)^2} \tag{1.2.3.3}$$

时称为差分解平均收敛于精确解；取L_∞范数，即

$$\left\|e_j^n\right\| = \max\left|e_j^n\right| \tag{1.2.3.4}$$

时称为一致收敛。

下面以一维扩散方程的时间前、空间中心（forward time and central space，FTCS）差分格式为例，依据上述收敛性定义来考查其收敛性（陆金甫 等，1988）。

考虑下面的一维扩散方程及初值问题：

$$\begin{cases} \dfrac{\partial u}{\partial t} = \nu \dfrac{\partial^2 u}{\partial x^2} \\ u(x,0) = f(x) \end{cases} \tag{1.2.3.5}$$

其 FTCS 格式为

$$\frac{u_j^{n+1} - u_j^n}{\Delta t} = \frac{\nu}{\Delta x^2}\left(u_{j+1}^n - 2u_j^n + u_{j-1}^n\right) \tag{1.2.3.6}$$

式（1.2.3.6）可写成如下形式：

$$u_j^{n+1} = (1-2r)u_j^n + r\left(u_{j+1}^n + u_{j-1}^n\right),\quad r = \frac{\nu \Delta t}{(\Delta x)^2} \tag{1.2.3.7}$$

设w_j^n是差分格式的真解，则w_j^n满足如下差分方程：

$$w_j^{n+1} = (1-2r)w_j^n + r\left(w_{j+1}^n + w_{j-1}^n\right) \tag{1.2.3.8}$$

设$u(x_j,t_n)$是微分方程（1.2.3.5）的精确解，$\dfrac{\partial u}{\partial t}$与$\dfrac{\partial^2 u}{\partial x^2}$应用 Taylor 公式可表示为

$$\frac{\partial u}{\partial t} = \frac{u\left(x_j, t_{n+1}\right) - u\left(x_j, t_n\right)}{\Delta t} - \frac{\Delta t}{2}\left(\frac{\partial^2 u}{\partial t^2}\right)_j^{n+\theta_1} \tag{1.2.3.9}$$

$$\frac{\partial^2 u}{\partial x^2}=\frac{u\left(x_{j+1},t_n\right)-2u\left(x_j,t_n\right)+u\left(x_{j-1},t_n\right)}{\Delta x^2}-\frac{(\Delta x)^2}{12}\left(\frac{\partial^4 u}{\partial x^4}\right)_{j+\theta_2}^n \tag{1.2.3.10}$$

将式（1.2.3.9）与式（1.2.3.10）代入一维扩散方程（1.2.3.5），则精确解$u\left(x_j,t_n\right)$满足如下方程：

$$u\left(x_j,t_{n+1}\right)=(1-2r)u\left(x_j,t_n\right)+r\left[u\left(x_{j+1},t_n\right)+u\left(x_{j-1},t_n\right)\right]+\Delta t R_j^n \tag{1.2.3.11}$$

式中，R_j^n是差分格式的截断误差，且

$$R_j^n=\frac{\Delta t}{2}\left(\frac{\partial^2 u}{\partial t^2}\right)_j^{n+\theta_1}-\frac{\nu(\Delta x)^2}{12}\left(\frac{\partial^4 u}{\partial x^4}\right)_{j+\theta_2}^n$$

依据定义，式（1.2.3.8）与式（1.2.3.11）相减即为离散误差，即

$$\begin{aligned}e_j^{n+1}&=w_j^{n+1}-u\left(x_j,t_{n+1}\right)\\&=(1-2r)e_j^n+r\left(e_{j+1}^n+e_{j-1}^n\right)-\Delta t\cdot R_j^n\end{aligned} \tag{1.2.3.12}$$

首先讨论$0<r\leqslant\frac{1}{2}$的情形，此时有$1-2r\geqslant 0$。令e^n是集合e_j^n的上确界，M是集合R_j^n的上确界，即$e^n=\sup\limits_j\left|e_j^n\right|$，$M=\sup\limits_{j,n}\left|R_j^n\right|$，代入式（1.2.3.12）中，有

$$\begin{aligned}\left\|e_j^{n+1}\right\|&\leqslant(1-2r)\left\|e_j^n\right\|+r\left(\left\|e_{j+1}^n\right\|+\left\|e_{j-1}^n\right\|\right)+\Delta t\left\|R_j^n\right\|\\&\leqslant e^n+\Delta t\cdot M\end{aligned}$$

进而得到如下不等式：

$$e^{n+1}\leqslant e^n+\Delta t\cdot M \tag{1.2.3.13}$$

利用这个不等式递推可得到

$$e^n\leqslant e^0+n\Delta t\cdot M\leqslant e^0+t_n M$$

可以看到在初始时间层上有$u_j^0=f(x_j)$，$e_j^0=0$，$e^0=\sup\limits_j\left|e_j^0\right|=0$，因此只要假设初始值问题的解$u$对$t$的二阶偏导数和对$x$的四阶偏导数均有界，便有

$$\left|w_j^n-u\left(x_j,t_n\right)\right|\leqslant e^0+t_n M=t_n\cdot O(\Delta t,\Delta x^2) \tag{1.2.3.14}$$

当Δx，Δt趋近于零时，有$w_j^n\to u(x_j,t_n)$。因此，当$0<r\leqslant\frac{1}{2}$时，差分格式收敛。

为证明当$r>\frac{1}{2}$时差分格式是不收敛的，我们首先构造差分方程的显式解。设函数$u_a(x,t)=Re\left[\mathrm{e}^{\mathrm{i}kx-\omega t}\right]$，尝试用这种形式的函数作为网格函数（即在网格节点上的函数）。将u_a代入一维扩散方程（1.2.3.5），有

$$\frac{u_a\left(x_j,t_{n+1}\right)-u_a\left(x_j,t_n\right)}{\Delta t}-\nu\frac{u_a\left(x_{j+1},t_n\right)-2u_a\left(x_j,t_n\right)+u_a\left(x_{j-1},t_n\right)}{\Delta x^2}$$

$$
\begin{aligned}
&= u_a\left(x_j, t_n\right)\left(\frac{\mathrm{e}^{-\omega\Delta t}-1}{\Delta t} - \nu\frac{\mathrm{e}^{\mathrm{i}k\Delta x}-2+\mathrm{e}^{-\mathrm{i}k\Delta x}}{\Delta x^2}\right) \\
&= u_a\left(x_j, t_n\right)\frac{1}{\Delta t}\left\{\mathrm{e}^{-\omega\Delta t} - \left[(1-2r) + r\mathrm{e}^{\mathrm{i}k\Delta x} + r\mathrm{e}^{-\mathrm{i}k\Delta x}\right]\right\} \\
&= u_a\left(x_j, t_n\right)\frac{1}{\Delta t}\left[\mathrm{e}^{-\omega\Delta t} - \left(1 - 4r\sin^2\frac{k\Delta x}{2}\right)\right]
\end{aligned}
\quad (1.2.3.15)
$$

式中，$r = \dfrac{\nu\Delta t}{(\Delta x)^2}$。

由式（1.2.3.15）可知，若式的右端为零，则 u_a 成为差分方程的解。这时只需使 ω 与 k 满足

$$
\mathrm{e}^{-\omega\Delta t} = 1 - 4r\sin^2\frac{k\Delta x}{2} \quad (1.2.3.16)
$$

u_a 满足如下的初始条件：

$$
u_a(x,0) = Re\left[\mathrm{e}^{\mathrm{i}kx}\right] = \cos kx \quad (1.2.3.17)
$$

利用 $\mathrm{e}^{-\omega t} = \left(\mathrm{e}^{-\omega\Delta t}\right)^{t/\Delta t}$，所求差分方程的解 u_a 的表达式可以写成

$$
u_a(x,t) = \cos kx\left(1 - 4r\sin^2\frac{k\Delta x}{2}\right)^{t/\Delta t} \quad (1.2.3.18)
$$

函数 u_a 在网格节点上的值满足微分方程（1.2.3.5），并满足初始条件（1.2.3.17）。

从式（1.2.3.18）容易看出，对于使 $0 < r \leqslant \dfrac{1}{2}$ 的任何 Δx，Δt 及任何实数 k，均有 $|u_a(x,t)| \leqslant 1$；但是，若 $r > \dfrac{1}{2}$，则对某些 k 与 Δx，有 $\left|1 - 4r\sin^2\dfrac{k\Delta x}{2}\right| > 1$，并对充分大的 $t/\Delta t$，可使 $|u_a(x,t)|$ 达到任意大。

可以证明，只要初值函数 $f(x)$ 连续且有界，初值问题（1.2.3.5）便有唯一的有界解 u，而且解 u 在 $t > 0$ 时，对 x 和 t 有任意阶连续偏导数。因此，对于具有光滑有界的初始函数 f 的初值问题（1.2.3.5）来说，如果相应的一个差分格式的解是无界的，那么这个差分格式一定是不收敛的。上述讨论表明，当 $0 < r \leqslant \dfrac{1}{2}$ 时，对任何连续有界的初值函数 $f(x)$，差分格式（1.2.3.6）收敛，从而有有界解。然而，当 $r > \dfrac{1}{2}$ 时，确实存在这样的情形：初值函数 $f(x)$ 是光滑有界的，而差分格式（1.2.3.6）的解无界。

1.2.4 差分格式的稳定性

在有限差分法的具体运算中，差分格式的计算是逐层进行的。计算第 $n+1$ 时间层上的 u_j^{n+1} 时，需要用到第 n 时间层上的计算结果 u_j^n，计算中产生的误差（如

舍入误差）以及这种误差的传播、积累总是不可避免的，因而就要分析这种误差的传播情况（某一计算步的误差对以后各计算步的影响）。如果计算中误差的传播越来越大，以致差分格式的计算结果随着 n 的增大越来越偏离差分格式的真解，这样的计算格式是不稳定的。如果误差的传播是有界的，或越来越小，这样的计算才是稳定的。

1. 稳定性的定义

定义第 n 时间层上差分格式的近似解 u_j^n 与差分格式的真解 w_j^n 之差为舍入误差（round-off error）ε_j^n，即

$$\varepsilon_j^n = u_j^n - w_j^n \tag{1.2.4.1}$$

（1）按舍入误差有界来定义

如果存在正的常数 K，使当 $n\Delta t \leqslant t$ 时，一致地有

$$\left\|\varepsilon_j^n\right\| \leqslant K\left\|\varepsilon_j^0\right\| \tag{1.2.4.2}$$

则称差分格式是稳定的（stability）。

（2）按解的范数有界来定义

如果存在正的常数 K，使当 $n\Delta t \leqslant t$ 时，一致地有

$$\left\|u_j^n\right\| \leqslant K\left\|u_j^0\right\| \tag{1.2.4.3}$$

则称差分格式是稳定的。这个以初值为界的条件称为 von Neumann 稳定条件。它和微分方程解的稳定性定义是一样的。

稳定条件中，取 L_2 范数时称格式为平均稳定，取 L_∞ 范数时称格式为一致稳定。若 Δx 与 Δt 的选取需满足某种条件格式才稳定则称为条件稳定，否则称为无条件稳定或恒稳。

2. Lax 等价定理

对于适定的偏微分方程，由差分格式的基本理论可知，所构造的相应差分方程是否适用，需要满足相容性、收敛性和稳定性条件。Lax（1956）给出了相容性、收敛性和稳定性三者之间关系，即著名的 Lax 等价定理（Lax equivalence theorem）。该定理表述为，对一个适定的线性微分问题及一个与其相容的差分格式，如果该格式稳定则必收敛，不稳定则必不收敛（稳定性是收敛性的充分必要条件）。

根据 Lax 等价定理，在差分格式满足相容条件时，只要证明了差分格式的稳定性就保证了其收敛性，因而可把十分困难的收敛性证明转化成相对容易的相容性与稳定性的证明。但要注意 Lax 等价定理的适用条件：

1）适定的线性问题，对非线性问题没有这样简洁的关系；

2）相容的差分格式；

3）初值问题，包括周期性边界条件的初边值问题。

1.2.5　von Neumann 稳定性分析

差分格式的数值稳定性，早在 1928 年就由 Courant、Friedrichs 和 Lewy 等发现，并提出了关于双曲型方程差分格式稳定性的必要条件（简称 CFL 条件），此后他们在差分格式稳定性分析方面做了很多的研究工作。至今仍然是很重要、很普遍的 von Neumann 稳定性分析方法是 von Neumann 于 1950 年提出的（Charney, et al., 1950），该方法有比较完整、系统的数学理论基础，其证明需涉及泛函空间及算子理论。该方法在实际应用中可分为写误差传播方程、求放大因子 G、判别稳定性三个步骤。下面以一维对流方程 $\frac{\partial u}{\partial t}+a\frac{\partial u}{\partial x}=0$ 为例，介绍 von Neumann 稳定性分析方法的应用。

考查如下一维对流方程的后差格式：

$$u_j^{n+1}=u_j^n-\lambda\left(u_j^n-u_{j-1}^n\right),\quad \lambda=\frac{a\Delta t}{\Delta x}$$

（1）写误差传播方程

设在初始时间层$(t=0)$的每一节点上引入误差 ε_j^0，则初始值变成 $u_j^0+\varepsilon_j^0$，此初值所确定的差分方程的解不再是原来差分方程的解 u_j^n 而是 $u_j^n+\varepsilon_j^n$，ε_j^n 为误差传播至节点(j,n)时的值，这时 u_j^{n+1} 满足如下的差分格式：

$$u_j^{n+1}+\varepsilon_j^{n+1}=\left(u_j^n+\varepsilon_j^n\right)-\lambda\left(u_j^n+\varepsilon_j^n-u_{j-1}^n-\varepsilon_{j-1}^n\right)\tag{1.2.5.1}$$

从而得到 ε_j^{n+1} 满足的误差传播方程：

$$\varepsilon_j^{n+1}=\varepsilon_j^n-\lambda\left(\varepsilon_j^n-\varepsilon_{j-1}^n\right)\tag{1.2.5.2}$$

对于齐次线性方程，其误差传播方程与原差分方程形式上完全一样，只要将原差分格式中的变量换成误差即可。

（2）求放大因子 G

将误差 ε_j^n 表示成如下的简谐波形式：

$$\varepsilon_j^n=V^n\mathrm{e}^{\mathrm{i}kx_j}\tag{1.2.5.3}$$

式中，V^n 为简谐波的幅值；$\mathrm{i}=\sqrt{-1}$；k 为波数。同理，有

$$\varepsilon_j^{n+1}=V^{n+1}\mathrm{e}^{\mathrm{i}kx_j}$$

$$\varepsilon_{j-1}^n=V^n\mathrm{e}^{\mathrm{i}k\left(x_j-\Delta x\right)}=V^n\mathrm{e}^{\mathrm{i}kx_j}\mathrm{e}^{-\mathrm{i}k\Delta x}$$

将以简谐波形式表示的误差代入误差传播方程（1.2.5.2），得

$$V^{n+1}=V^n\left[1-\lambda\left(1-\mathrm{e}^{-\mathrm{i}k\Delta x}\right)\right]\tag{1.2.5.4}$$

将 $n+1$ 时间层上的误差幅值与 n 时间层上的误差幅值定义为放大因子 G，即

$$G=\frac{V^{n+1}}{V^n} \tag{1.2.5.5}$$

由式（1.2.5.4），可得一维对流方程后差格式的放大因子 G 为

$$G=\frac{V^{n+1}}{V^n}=(1-\lambda)+\lambda \mathrm{e}^{-\mathrm{i}k\Delta x} \tag{1.2.5.6}$$

（3）判别稳定性

由放大因子 G 的定义，可得如下稳定性判别准则：

1）$|G|\leqslant 1$，表示随着 n 的增加其误差的幅值减小或至少不增大，差分格式稳定；

2）$|G|>1$，表示随着 n 的增加其误差的幅值增大，差分格式不稳定。

利用公式 $\mathrm{e}^{\mathrm{i}\alpha}=\cos\alpha+\mathrm{i}\sin\alpha$ 、 $\sin\alpha=2\sin\frac{\alpha}{2}\cos\frac{\alpha}{2}$ 及 $1-\cos\alpha=2\sin^2\frac{\alpha}{2}$ ，对式（1.2.5.6）进行初等运算后得

$$\begin{aligned}G&=1-\lambda+\lambda\mathrm{e}^{-\mathrm{i}k\Delta x}\\&=1-\lambda+\lambda\cos k\Delta x-\mathrm{i}\lambda\sin k\Delta x\\&=1-\lambda(1-\cos k\Delta x)-\mathrm{i}\lambda\sin k\Delta x\\&=1-2\lambda\sin^2\frac{k\Delta x}{2}-\mathrm{i}2\lambda\cos\frac{k\Delta x}{2}\sin\frac{k\Delta x}{2}\end{aligned} \tag{1.2.5.7}$$

$$\begin{aligned}|G|^2&=\left(1-2\lambda\sin^2\frac{k\Delta x}{2}\right)^2+4\lambda^2\cos^2\frac{k\Delta x}{2}\sin^2\frac{k\Delta x}{2}\\&=1-4\lambda\sin^2\frac{k\Delta x}{2}+4\lambda^2\sin^2\frac{k\Delta x}{2}\\&=1-4\lambda(1-\lambda)\sin^2\frac{k\Delta x}{2}\end{aligned} \tag{1.2.5.8}$$

差分格式稳定的条件 $|G|\leqslant 1$ 等价于 $|G|^2\leqslant 1$，式（1.2.5.8）满足 $|G|^2\leqslant 1$ 的条件为

$$①\begin{cases}\lambda>0\\1-\lambda\geqslant 0\end{cases}\quad 或\quad ②\begin{cases}\lambda<0\\1-\lambda\leqslant 0\end{cases}$$

方程组①的解为 $0<\lambda\leqslant 1$，方程组②无解，因而得到后差格式的稳定性条件为

$$a>0,\quad \frac{a\Delta t}{\Delta x}\leqslant 1 \tag{1.2.5.9}$$

同理，对一维对流方程的前差格式：

$$u_j^{n+1}=u_j^n-\lambda\left(u_{j+1}^n-u_j^n\right)$$

可得到稳定性条件为

$$a<0,\quad -\frac{a\Delta t}{\Delta x}\leqslant 1 \tag{1.2.5.10}$$

式（1.2.5.9）和式（1.2.5.10）可统一表示为

$$\frac{|a|\Delta t}{\Delta x} \leqslant 1 \tag{1.2.5.11}$$

一维对流方程后差格式和前差格式的上述稳定性条件，也称为 Courant 条件或 CFL 条件。CFL 稳定性条件有如下的物理意义：

1）如果 a 是流速，则 $a\Delta t$ 是距离，$|a|\Delta t \leqslant \Delta x$ 表示物理量 u 在 Δt 时间内不能越过一个网格。

2）如果 a 是流速，后差格式要求 $a>0$ 表示流动由左向右，前差格式要求 $a<0$ 表示流动由右向左，即稳定的差分格式必须要用到上游的信息（与特征线方向一致）。由此可以推断出一维对流方程的中心差分格式是不稳定的。

为提高一维对流方程差分格式精度，Lax-Wendroff（拉克斯-温德罗夫）构造了一个二阶精度的两层差分格式。将 u_j^{n+1} 在(j, n)点用 Taylor 级数展开，即

$$u_j^{n+1} = u_j^n + (u_t)_j^n \Delta t + \frac{1}{2}(u_{tt})_j^n \Delta t^2 + O(\Delta t^3) \tag{1.2.5.12}$$

利用如下关系式：

$$\frac{\partial u}{\partial t} = -a\frac{\partial u}{\partial x}$$

$$\frac{\partial^2 u}{\partial t^2} = -a\frac{\partial}{\partial x}\left(\frac{\partial u}{\partial t}\right) = a^2\frac{\partial^2 u}{\partial x^2}$$

式（1.2.5.12）可写成

$$u_j^{n+1} = u_j^n - a\Delta t(u_x)_j^n + \frac{a^2\Delta t^2}{2}(u_{xx})_j^n + O(\Delta t^3) \tag{1.2.5.13}$$

采用中心差商逼近式中的一阶与二阶空间导数，略去高阶项，得到 Lax-Wendroff 格式：

$$u_j^{n+1} = u_j^n - \frac{\lambda}{2}(u_{j+1}^n - u_{j-1}^n) + \frac{\lambda^2}{2}(u_{j+1}^n - 2u_j^n + u_{j-1}^n), \quad \lambda = a\frac{\Delta t}{\Delta x} \tag{1.2.5.14}$$

对式（1.2.5.14）应用 von Neumann 方法分析该差分格式的稳定性，其误差传播方程为

$$\varepsilon_j^{n+1} = \varepsilon_j^n - \frac{1}{2}\lambda\left(\varepsilon_{j+1}^n - \varepsilon_{j-1}^n\right) + \frac{1}{2}\lambda^2\left(\varepsilon_{j+1}^n - 2\varepsilon_j^n + \varepsilon_{j-1}^n\right) \tag{1.2.5.15}$$

令 $\varepsilon_j^n = V^n e^{ikx_j}$，代入误差传播方程，得

$$V^{n+1} = V^n - \frac{1}{2}\lambda\left(e^{ik\Delta x} - e^{-ik\Delta x}\right)V^n + \frac{1}{2}\lambda^2\left(e^{ik\Delta x} - 2 + e^{-ik\Delta x}\right)V^n$$

放大因子 G 为

$$\begin{aligned}G=\frac{V^{n+1}}{V^n}&=1-\frac{1}{2}\lambda\left(\mathrm{e}^{\mathrm{i}k\Delta x}-\mathrm{e}^{-\mathrm{i}k\Delta x}\right)+\frac{1}{2}\lambda^2\left(\mathrm{e}^{\mathrm{i}k\Delta x}-2+\mathrm{e}^{-\mathrm{i}k\Delta x}\right)\\&=1-\frac{1}{2}\lambda\cdot 2\mathrm{i}\sin k\Delta x+\frac{1}{2}\lambda^2(2\cos k\Delta x-2)\\&=1-\lambda^2(1-\cos k\Delta x)-\mathrm{i}\lambda\sin k\Delta x\end{aligned}\tag{1.2.5.16}$$

利用公式 $\sin\alpha=2\sin\frac{\alpha}{2}\cos\frac{\alpha}{2}$，$1-\cos\alpha=2\sin^2\frac{\alpha}{2}$，有

$$G=1-2\lambda^2\sin^2\frac{k\Delta x}{2}-\mathrm{i}2\lambda\sin\frac{k\Delta x}{2}\cos\frac{k\Delta x}{2}\tag{1.2.5.17}$$

$$\begin{aligned}|G|^2&=\left(1-2\lambda^2\sin^2\frac{k\Delta x}{2}\right)^2+4\lambda^2\sin^2\frac{k\Delta x}{2}\cos^2\frac{k\Delta x}{2}\\&=1-4\lambda^2\sin^2\frac{k\Delta x}{2}+4\lambda^4\sin^4\frac{k\Delta x}{2}+4\lambda^2\sin^2\frac{k\Delta x}{2}\cos^2\frac{k\Delta x}{2}\\&=1-4\lambda^2\sin^2\frac{k\Delta x}{2}\left(1-\cos^2\frac{k\Delta x}{2}\right)+4\lambda^4\sin^4\frac{k\Delta x}{2}\\&=1-4\lambda^2\sin^4\frac{k\Delta x}{2}+4\lambda^4\sin^4\frac{k\Delta x}{2}\\&=1-4\lambda^2(1-\lambda^2)\sin^4\frac{k\Delta x}{2}\end{aligned}\tag{1.2.5.18}$$

令 $|G|^2\leqslant 1$，因为 $\lambda^2=\left(\frac{a\Delta t}{\Delta x}\right)^2>0$，所以要求上式中的（$1-\lambda^2$）满足 $1-\lambda^2\geqslant 0$，即 $\lambda^2\leqslant 1$，从而得 Lax-Wendroff 格式的稳定条件：

$$|\lambda|\leqslant 1,\ \text{即}\ \frac{|a|\Delta t}{\Delta x}\leqslant 1\tag{1.2.5.19}$$

Lax-Wendroff 格式是有二阶精度的二层格式，计算可逐层进行，稳定条件为

$$\Delta t\leqslant\frac{\Delta x}{|a|}$$

1.2.6 Hirt 稳定性分析

Hirt（希尔特）稳定性分析方法是一种直观判别的方法，目前还没有严格的理论。其基本思想是将差分格式应用 Taylor 级数展开后整理成微分方程的形式，通过物理上的合理解释来判别格式的稳定性。如果推导的结果不能给出其合理解释，就无法判别格式是否稳定，即该稳定性分析失效。Hirt 稳定性分析方法最显著的特点是可用于对非线性问题进行近似分析。

考虑一维对流扩散方程 $\frac{\partial u}{\partial t}+a\frac{\partial u}{\partial x}=\nu\frac{\partial^2 u}{\partial x^2}$ 的 FTCS 格式：

$$\frac{u_j^{n+1}-u_j^n}{\Delta t}=-a\frac{u_{j+1}^n-u_{j-1}^n}{2\Delta x}+\nu\frac{u_{j+1}^n-2u_j^n+u_{j-1}^n}{\Delta x^2} \tag{1.2.6.1}$$

将 u_j^{n+1} 与 $u_{j\pm1}^n$ 在(j,n)点用 Taylor 级数展开，得

$$u_j^{n+1}=u_j^n+(u_t)_j^n\Delta t+\frac{1}{2}(u_{tt})_j^n\Delta t^2+O(\Delta t^3) \tag{1.2.6.2}$$

$$u_{j\pm1}^n=u_j^n\pm(u_x)_j^n\Delta x+\frac{1}{2}(u_{xx})_j^n\Delta x^2+O(\Delta x^3) \tag{1.2.6.3}$$

代入差分格式（1.2.6.1），得

$$\begin{aligned}&\frac{1}{\Delta t}\left[\Delta t\left(\frac{\partial u}{\partial t}\right)_j^n+\frac{\Delta t^2}{2}\left(\frac{\partial^2 u}{\partial t^2}\right)_j^n+O(\Delta t^3)\right]\\&=-\frac{a}{2\Delta x}\left[2\Delta x\left(\frac{\partial u}{\partial x}\right)_j^n+O(\Delta x^3)\right]+\frac{\nu}{\Delta x^2}\left[\Delta x^2\left(\frac{\partial^2 u}{\partial x^2}\right)_j^n+O(\Delta x^4)\right]\end{aligned} \tag{1.2.6.4}$$

为方便起见，去掉式（1.2.6.4）的上下标后可写成

$$\frac{\partial u}{\partial t}+\frac{\Delta t}{2}\frac{\partial^2 u}{\partial t^2}=-a\frac{\partial u}{\partial x}+\nu\frac{\partial^2 u}{\partial x^2}+O(\Delta t^2,\Delta x^2) \tag{1.2.6.5}$$

由一维对流扩散方程 $\frac{\partial u}{\partial t}=-a\frac{\partial u}{\partial x}+\nu\frac{\partial^2 u}{\partial x^2}$，可推导出 $\frac{\partial^2 u}{\partial t^2}$ 的表达式如下：

$$\begin{aligned}\frac{\partial^2 u}{\partial t^2}&=-a\frac{\partial^2 u}{\partial t\partial x}+\nu\frac{\partial^3 u}{\partial t\partial x^2}\\&=-a\frac{\partial}{\partial x}\left(-a\frac{\partial u}{\partial x}+\nu\frac{\partial^2 u}{\partial x^2}\right)+\nu\frac{\partial^2}{\partial x^2}\left(-a\frac{\partial u}{\partial x}+\nu\frac{\partial^2 u}{\partial x^2}\right)\\&=a^2\frac{\partial^2 u}{\partial x^2}-2a\nu\frac{\partial^3 u}{\partial x^3}+\nu^2\frac{\partial^4 u}{\partial x^4}\end{aligned} \tag{1.2.6.6}$$

将式（1.2.6.6）代入式（1.2.6.5）中，得

$$\frac{\partial u}{\partial t}=-a\frac{\partial u}{\partial x}+\left(\nu-\frac{a^2\Delta t}{2}\right)\frac{\partial^2 u}{\partial x^2}+a\nu\Delta t\frac{\partial^3 u}{\partial x^3}-\frac{\nu^2\Delta t}{2}\frac{\partial^4 u}{\partial x^4}+O(\Delta t^2,\Delta x^2) \tag{1.2.6.7}$$

将式（1.2.6.7）保留到二阶精度，有

$$\frac{\partial u}{\partial t}=-a\frac{\partial u}{\partial x}+\nu_e\frac{\partial^2 u}{\partial x^2} \tag{1.2.6.8}$$

$$\nu_e=\nu-\frac{a^2\Delta t}{2} \tag{1.2.6.9}$$

式中，ν_e 为有效扩散系数。

式（1.2.6.8）的形式与一维对流扩散方程相同，但其扩散项的系数不同。由扩散问题的物理特征，式（1.2.6.8）的有效扩散系数应满足 $\nu_e\geqslant 0$，可得一维对流扩散方程的 FTCS 格式的稳定性条件为

$$\Delta t \leqslant \frac{2\nu}{a^2} \tag{1.2.6.10}$$

下面应用 Hirt 稳定性分析方法来考查一维对流方程 $\frac{\partial u}{\partial t}+a\frac{\partial u}{\partial x}=0$ 的中心差分格式的稳定性。一维对流方程的中心差分格式为

$$u_j^{n+1}=u_j^n-\frac{\lambda}{2}\left(u_{j+1}^n-u_{j-1}^n\right),\ \lambda=\frac{a\Delta t}{\Delta x}$$

将 u_j^{n+1} 与 $u_{j\pm1}^n$ 在(j,n)点的 Taylor 级数展开式（1.2.6.2）和式（1.2.6.3）代入中心差分格式，得

$$u_j^n+\Delta t\left(\frac{\partial u}{\partial t}\right)_j^n+\frac{\Delta t^2}{2}\left(\frac{\partial^2 u}{\partial t^2}\right)_j^n+O\left(\Delta t^3\right)=u_j^n-\frac{a\Delta t}{2\Delta x}\left[2\Delta x\left(\frac{\partial u}{\partial x}\right)_j^n+O\left(\Delta x^3\right)\right] \tag{1.2.6.11}$$

式（1.2.6.11）去掉上下标后可写成

$$\frac{\partial u}{\partial t}+\frac{\Delta t}{2}\frac{\partial^2 u}{\partial t^2}=-a\frac{\partial u}{\partial x}+O\left(\Delta t^2,\Delta x^2\right) \tag{1.2.6.12}$$

由一维对流方程 $\frac{\partial u}{\partial t}=-a\frac{\partial u}{\partial x}$，可推导出 $\frac{\partial^2 u}{\partial t^2}$ 的表达式如下：

$$\frac{\partial^2 u}{\partial t^2}=\frac{\partial}{\partial t}\left(-a\frac{\partial u}{\partial x}\right)=-a\frac{\partial^2 u}{\partial t\partial x}=-a\frac{\partial}{\partial x}\left(-a\frac{\partial u}{\partial x}\right)=a^2\frac{\partial^2 u}{\partial x^2} \tag{1.2.6.13}$$

将式（1.2.6.13）代入式（1.2.6.12），并保留到二阶精度，得

$$\frac{\partial u}{\partial t}+a\frac{\partial u}{\partial x}=-\frac{a^2\Delta t}{2}\frac{\partial^2 u}{\partial x^2} \tag{1.2.6.14}$$

式（1.2.6.14）的形式为一维对流扩散方程，同样由扩散问题的物理特征，式（1.2.6.14）的有效扩散系数应满足 $\nu_{\mathrm{e}}\geqslant 0$ 。而式（1.2.6.14）的有效扩散系数 $\nu_{\mathrm{e}}=-\frac{a^2\Delta t}{2}$ 恒小于零$(a\neq 0)$，因此一维对流方程的中心差分格式恒不稳定。

1.3 基本差分格式

1.3.1 一维问题基本差分格式

1. 四点显式格式

考虑下面的一维扩散方程及初值条件：

$$\begin{cases}\dfrac{\partial u}{\partial t}=\nu\dfrac{\partial^2 u}{\partial x^2}, & t>0,\ -\infty<x<+\infty,\ \nu>0\\ u(x,0)=f(x)\end{cases} \tag{1.3.1.1}$$

四点显式格式又称 FTCS 格式，其时间导数用 n 与 $n+1$ 时间层的向前差商逼近，空间导数用 n 时间层的二阶中心差商逼近。一维扩散方程（1.3.1.1）的差分格式为

$$\frac{u_j^{n+1}-u_j^n}{\Delta t}=\nu\frac{u_{j+1}^n-2u_j^n+u_{j-1}^n}{\Delta x^2} \tag{1.3.1.2}$$

$$u_j^{n+1}=u_j^n+r\left(u_{j+1}^n-2u_j^n+u_{j-1}^n\right) \tag{1.3.1.3}$$

式中，$r=\dfrac{\nu\Delta t}{\Delta x^2}$。

应用 von Neumann 稳定性分析，相应的误差传播方程为

$$\varepsilon_j^{n+1}=\varepsilon_j^n+r\left(\varepsilon_{j+1}^n-2\varepsilon_j^n+\varepsilon_{j-1}^n\right) \tag{1.3.1.4}$$

令 $\varepsilon_j^n=V^n\mathrm{e}^{\mathrm{i}kx_j}$，代入式（1.3.1.4），利用 $\cos\alpha=\dfrac{1}{2}\left(\mathrm{e}^{\mathrm{i}k\alpha}+\mathrm{e}^{-\mathrm{i}k\alpha}\right)$，可得差分格式的放大因子 G 为

$$\begin{aligned}G&=1+r\left(\mathrm{e}^{\mathrm{i}k\Delta x}-2+\mathrm{e}^{-\mathrm{i}k\Delta x}\right)\\&=1-2r\left(1-\cos k\Delta x\right)\\&=1-4r\sin^2\frac{k\Delta x}{2}\end{aligned} \tag{1.3.1.5}$$

由差分格式稳定的条件，式（1.3.1.5）满足 $|G|\leqslant 1$ 的条件为

$$\begin{cases}1-4r\sin^2\dfrac{k\Delta x}{2}\leqslant 1\\1-4r\sin^2\dfrac{k\Delta x}{2}\geqslant -1\end{cases} \tag{1.3.1.6}$$

式（1.3.1.6）第一个条件自然满足，由第二个条件得

$$-4r\sin^2\frac{k\Delta x}{2}\geqslant -2\quad \text{或}\quad r\sin^2\frac{k\Delta x}{2}\leqslant\frac{1}{2}$$

故四点显式格式的稳定性条件为 $r\leqslant\dfrac{1}{2}$，即要求 $\dfrac{\nu\Delta t}{\Delta x^2}\leqslant\dfrac{1}{2}$，这个要求是相当严格的。

2. 三层显式格式

三层显式格式即 Dufort-Frankel（杜福特-弗兰克尔）格式，其时间导数用 $n-1$ 与 $n+1$ 时间层的一阶中心差商逼近；空间导数用 n 时间层的二阶中心差商逼近，但其中 u_j^n 项用 $n-1$ 与 $n+1$ 时间层的平均值 $\dfrac{1}{2}\left(u_j^{n+1}+u_j^{n-1}\right)$ 代替。一维扩散方程（1.3.1.1）的三层显式格式为

$$\frac{u_j^{n+1}-u_j^{n-1}}{2\Delta t}=\nu\frac{u_{j+1}^n-\left(u_j^{n+1}+u_j^{n-1}\right)+u_{j-1}^n}{\Delta x^2} \tag{1.3.1.7}$$

$$u_j^{n+1}=\frac{2r}{1+2r}\left(u_{j+1}^n+u_{j-1}^n\right)+\frac{1-2r}{1+2r}u_j^{n-1} \tag{1.3.1.8}$$

式中，$r=\dfrac{v\Delta t}{\Delta x^2}$。

应用 von Neumann 稳定性分析，相应的误差传播方程为

$$\varepsilon_j^{n+1}=\frac{2r}{1+2r}\left(\varepsilon_{j+1}^n+\varepsilon_{j-1}^n\right)+\frac{1-2r}{1+2r}\varepsilon_j^{n-1}$$

$$V^{n+1}=\frac{2r}{1+2r}V^n\left(\mathrm{e}^{\mathrm{i}k\Delta x}+\mathrm{e}^{-\mathrm{i}k\Delta x}\right)+\frac{1-2r}{1+2r}V^{n-1}$$

$$(1+2r)V^{n+1}=4rV^n\cos k\Delta x+(1-2r)V^{n-1}$$

从而可得放大因子 G 满足如下的一元二次方程：

$$(1+2r)G^2-4r\cos(k\Delta x)G-(1-2r)=0 \tag{1.3.1.9}$$

所以

$$G=\frac{2r\cos k\Delta x\pm\sqrt{1-4r^2\sin^2 k\Delta x}}{1+2r} \tag{1.3.1.10}$$

在式（1.3.1.10）中，取$1-4r^2\sin^2 k\Delta x\geqslant 0$，有

$$|G|\leqslant\frac{|2r\cos k\Delta x|\pm\left(1-4r^2\sin^2 k\Delta x\right)^{\frac{1}{2}}}{1+2r}\leqslant\frac{1+2r}{1+2r}=1 \tag{1.3.1.11}$$

取$1-4r^2\sin^2 k\Delta x\leqslant 0$，有

$$G=\frac{2r\cos k\Delta x\pm\mathrm{i}\left(4r^2\sin^2 k\Delta x-1\right)^{\frac{1}{2}}}{1+2r}$$

所以

$$|G|^2=\frac{4r^2\cos^2 k\Delta x+4r^2\sin^2 k\Delta x-1}{(1+2r)^2}=\frac{4r^2-1}{4r^2+4r+1}\leqslant 1 \tag{1.3.1.12}$$

因此该格式是无条件稳定的，其缺点是条件相容，只有在 Δt 趋近于零的速度比 Δx 快时，该格式才与扩散方程相容。

3. 加权隐式格式

加权隐式格式的时间导数用 n 与 $n+1$ 时间层的向前差商逼近，空间导数用 n 和 $n+1$ 时间层的两个二阶中心差商的加权平均值来逼近，权系数分别为$(1-\theta)$和θ。一维扩散方程（1.3.1.1）的加权隐式格式可写为

$$\frac{u_j^{n+1}-u_j^n}{\Delta t}=v\theta\frac{u_{j+1}^{n+1}-2u_j^{n+1}+u_{j-1}^{n+1}}{\Delta x^2}+v(1-\theta)\frac{u_{j+1}^n-2u_j^n+u_{j-1}^n}{\Delta x^2} \tag{1.3.1.13}$$

$$u_j^{n+1}-u_j^n=\theta r\left(u_{j+1}^{n+1}-2u_j^{n+1}+u_{j-1}^{n+1}\right)+(1-\theta)r\left(u_{j+1}^n-2u_j^n+u_{j-1}^n\right) \quad (1.3.1.14)$$

式中，$r=\dfrac{\nu\Delta t}{\Delta x^2}$。

将 n+1 时间层的有关项移到等式左面，n 时间层的有关项移到等式右面，得

$$-\theta r\left(u_{j+1}^{n+1}+u_{j-1}^{n+1}\right)+(1+2\theta r)u_j^{n+1}=(1-\theta)r\left(u_{j+1}^n+u_{j-1}^n\right)+\left[1-2(1-\theta)r\right]u_j^n \quad (1.3.1.15)$$

式（1.3.1.15）在每个时间层只有三个未知数，因此可用追赶法解其差分方程。

现讨论其稳定性。式（1.3.1.15）的误差传播方程为

$$-\theta r\left(\varepsilon_{j+1}^{n+1}+\varepsilon_{j-1}^{n+1}\right)+(1+2\theta r)\varepsilon_j^{n+1}=(1-\theta)r\left(\varepsilon_{j+1}^n+\varepsilon_{j-1}^n\right)+\left[1-2(1-\theta)r\right]\varepsilon_j^n$$

令 $\varepsilon_j^n=V^n\mathrm{e}^{\mathrm{i}kx_j}$，代入误差传播方程，得

$$-\theta rV^{n+1}\left(\mathrm{e}^{\mathrm{i}k\Delta x}+\mathrm{e}^{-\mathrm{i}k\Delta x}\right)+(1+2\theta r)V^{n+1}=(1-\theta)rV^n\left(\mathrm{e}^{\mathrm{i}k\Delta x}+\mathrm{e}^{-\mathrm{i}k\Delta x}\right)+\left[1-2(1-\theta)r\right]V^n$$

从而可得差分格式的放大因子 G 为

$$\begin{aligned}G=\frac{V^{n+1}}{V^n}&=\frac{1-2(1-\theta)r+2(1-\theta)r\cos k\Delta x}{1+2\theta r-2\theta r\cos k\Delta x}\\&=\frac{1-2(1-\theta)r(1-\cos k\Delta x)}{1+2\theta r(1-\cos k\Delta x)}\\&=\frac{1-4(1-\theta)r\sin^2\dfrac{k\Delta x}{2}}{1+4\theta r\sin^2\dfrac{k\Delta x}{2}}\end{aligned} \quad (1.3.1.16)$$

令 $\xi=\sin^2\dfrac{k\Delta x}{2}\ (0\leqslant\xi\leqslant1)$，$f(\xi)=G$，有

$$f(\xi)=\frac{1-4(1-\theta)r\xi}{1+4\theta r\xi}=1-\frac{4r\xi}{1+4\theta r\xi},\quad 0\leqslant\xi\leqslant1 \quad (1.3.1.17)$$

求导得

$$\frac{\mathrm{d}f(\xi)}{\mathrm{d}\xi}=-\frac{4r}{(1+4\theta r\xi)^2}<0 \quad (1.3.1.18)$$

因此函数 $f(\xi)$ 是单调下降的，且 $f(0)=1$，$f(\xi)\leqslant1$ 自然满足稳定性条件 $|G|=|f(\xi)|\leqslant1$。由 $f(\xi)\geqslant-1$，得

$$G=1-\frac{4r\xi}{1+4\theta r\xi}\geqslant-1 \quad (1.3.1.19)$$

满足式（1.3.1.19）的条件为

$$2r\xi(1-2\theta)\leqslant1 \quad (1.3.1.20)$$

因为 $\xi=\sin^2\dfrac{k\Delta x}{2}$，在式（1.3.1.20）中取 $\xi=1$，有

$$2r(1-2\theta)\leqslant1 \quad (1.3.1.21)$$

当 $\theta \geqslant \dfrac{1}{2}$ 时，式（1.3.1.21）对任意 r 都成立，即一维扩散方程的加权隐式格式为恒稳格式；当 $\theta < \dfrac{1}{2}$ 时，由式（1.3.1.21）可得一维扩散方程的加权隐式格式的稳定性条件为

$$r \leqslant \frac{1}{2(1-2\theta)} \tag{1.3.1.22}$$

综上，一维扩散方程的加权隐式格式（1.3.1.13）对权系数 θ 取不同值的讨论如下：

1）$\theta = 0$ 时，格式为四点显示格式，稳定性条件为 $r \leqslant \dfrac{1}{2}$；

2）$0 < \theta < \dfrac{1}{2}$ 时，格式为条件稳定的隐式格式，稳定性条件为 $r \leqslant \dfrac{1}{2(1-2\theta)}$；

3）$\theta = \dfrac{1}{2}$ 时，格式为恒稳的平均隐式格式，又称 Crank-Nicolson（克兰克-尼科尔森）格式，对时间有二阶精度；

4）$\theta = 1$ 时，格式为恒稳的全隐格式，但对时间只有一阶精度。

虽然加权隐式格式比一般显式格式复杂，但因该格式可取较大的时间步长，故总的运算时间还是可节省的，且能得到精度较高的结果。

1.3.2　多维问题的特殊性

1. 显式格式

多维问题显式差分格式的稳定性要求，对差分网格步长的限制要比一维差分格式严格。例如，二维扩散方程：

$$\frac{\partial u}{\partial t} = \nu\left(\frac{\partial^2 u}{\partial x^2} + \frac{\partial^2 u}{\partial y^2}\right) \tag{1.3.2.1}$$

若采用 FTCS 格式，则差分方程为

$$\frac{u_{i,j}^{n+1} - u_{i,j}^{n}}{\Delta t} = \nu\left(\frac{u_{i+1,j}^{n} - 2u_{i,j}^{n} + u_{i-1,j}^{n}}{\Delta x^2} + \frac{u_{i,j+1}^{n} - 2u_{i,j}^{n} + u_{i,j-1}^{n}}{\Delta y^2}\right) \tag{1.3.2.2}$$

若仍采用 von Neumann 稳定性分析法，则其误差传播方程只需将差分方程中的 u 换成 ε 即可。对二维问题，其误差 $\varepsilon_{i,j}^{n}$ 的简谐波形式为

$$\varepsilon_{i,j}^{n} = V^n \mathrm{e}^{\mathrm{i}k_x x_i} \mathrm{e}^{\mathrm{i}k_y y_j} \tag{1.3.2.3}$$

式中，V^n 为简谐波的幅值；$\mathrm{i} = \sqrt{-1}$；k_x 为 x 方向的波数；k_y 为 y 方向的波数。

将误差的简谐波形式（1.3.2.3）代入误差传播方程，得放大因子为

$$G = 1 + r_x\left(\mathrm{e}^{\mathrm{i}k_x\Delta x} - 2 + \mathrm{e}^{-\mathrm{i}k_x\Delta x}\right) + r_y\left(\mathrm{e}^{\mathrm{i}k_y\Delta y} - 2 + \mathrm{e}^{-\mathrm{i}k_y\Delta y}\right)$$

$$=1+r_x\left(2\cos k_x\Delta x-2\right)+r_y\left(2\cos k_y\Delta y-2\right)$$
$$=1-4r_x\sin^2\frac{k_x\Delta x}{2}-4r_y\sin^2\frac{k_y\Delta y}{2} \tag{1.3.2.4}$$

式中，$r_x=\dfrac{\nu\Delta t}{\Delta x^2}$；$r_y=\dfrac{\nu\Delta t}{\Delta y^2}$。所以稳定性条件 $G\leqslant 1$ 自然满足。由 $G\geqslant -1$，得

$$1-4r_x\sin^2\frac{k_x\Delta x}{2}-4r_y\sin^2\frac{k_y\Delta y}{2}\geqslant -1 \quad 或 \quad r_x\sin^2\frac{k_x\Delta x}{2}+r_y\sin^2\frac{k_y\Delta y}{2}\leqslant\frac{1}{2}$$

从而得稳定性条件为

$$r_x+r_y\leqslant\frac{1}{2} \tag{1.3.2.5}$$

若取 $\Delta x=\Delta y$，则有

$$\frac{\nu\Delta t}{\Delta x^2}\leqslant\frac{1}{4} \tag{1.3.2.6}$$

比较一维扩散方程 FTCS 格式的稳定性条件 $\dfrac{\nu\Delta t}{\Delta x^2}\leqslant\dfrac{1}{2}$，一般来说，二维问题的显式差分格式允许的时间步长只是一维问题的一半。依此可以类推，三维问题允许的时间步长只是一维问题的 1/3，因此多维问题只能采用更小的时间步长，从而使计算工作量成倍地增加。

2. 隐式格式

多维空间隐式差分格式最后形成的代数方程组的求解要比一维问题困难。仍以二维扩散方程（1.3.2.1）为例，构造其全隐差分格式：

$$\frac{u_{i,j}^{n+1}-u_{i,j}^{n}}{\Delta t}=\nu\frac{u_{i+1,j}^{n+1}-2u_{i,j}^{n+1}+u_{i-1,j}^{n+1}}{\Delta x^2}+\nu\frac{u_{i,j+1}^{n+1}-2u_{i,j}^{n+1}+u_{i,j-1}^{n+1}}{\Delta y^2} \tag{1.3.2.7}$$

$$u_{i,j}^{n+1}-u_{i,j}^{n}=r_x\left(u_{i+1,j}^{n+1}-2u_{i,j}^{n+1}+u_{i-1,j}^{n+1}\right)+r_y\left(u_{i,j+1}^{n+1}-2u_{i,j}^{n+1}+u_{i,j-1}^{n+1}\right) \tag{1.3.2.8}$$

$$r_xu_{i-1,j}^{n+1}-(1+2r_x+2r_y)u_{i,j}^{n+1}+r_xu_{i+1,j}^{n+1}+r_yu_{i,j-1}^{n+1}+r_yu_{i,j+1}^{n+1}=-u_{i,j}^{n} \tag{1.3.2.9}$$

式中，$r_x=\dfrac{\nu\Delta t}{\Delta x^2}$；$r_y=\dfrac{\nu\Delta t}{\Delta y^2}$。

由式（1.3.2.9）可知，二维隐式差分格式得到的每个代数方程组含有 5 个 $n+1$ 时间层的节点未知量，从而可以类推三维格式有 7 个未知量。因方程组不再是三对角形式，无法用追赶法求解，故增加了求解方程组的工作量。

1.3.3　多维问题基本差分格式

1. 交替方向隐式法

交替方向隐式法（alternating direction implicit method，ADI 法）是一种显式

和隐式交替使用的方法，在求解二维抛物型方程时被广泛采用。

ADI 法求解二维问题的基本思想是将时间从 t_n 推进到时刻 t_{n+1} 时分成 $t_n \sim t_{n+1/2}$ 和 $t_{n+1/2} \sim t_{n+1}$ 两个时间步，前半步在 x 方向用隐式格式，y 方向用显式格式；后半步在 x 方向用显式格式，y 方向用隐式格式。

例如，对二维扩散方程 $\dfrac{\partial u}{\partial t} = \nu\left(\dfrac{\partial^2 u}{\partial x^2} + \dfrac{\partial^2 u}{\partial y^2}\right)$，Peaceman 和 Rachford（1955）提出了如下 ADI 法的差分格式：

$$\frac{u_{i,j}^{n+\frac{1}{2}} - u_{i,j}^{n}}{\frac{\Delta t}{2}} = \nu\left(\frac{\delta_x^2 u_{i,j}^{n+\frac{1}{2}}}{(\Delta x)^2} + \frac{\delta_y^2 u_{i,j}^{n}}{(\Delta y)^2}\right) \tag{1.3.3.1}$$

$$\frac{u_{i,j}^{n+1} - u_{i,j}^{n+\frac{1}{2}}}{\frac{\Delta t}{2}} = \nu\left(\frac{\delta_x^2 u_{i,j}^{n+\frac{1}{2}}}{(\Delta x)^2} + \frac{\delta_y^2 u_{i,j}^{n+1}}{(\Delta y)^2}\right) \tag{1.3.3.2}$$

式中，δ_x^2 和 δ_y^2 为如下定义的算子：

$$\delta_x^2 u_{i,j}^n = u_{i+1,j}^n - 2u_{i,j}^n + u_{i-1,j}^n$$

$$\delta_y^2 u_{i,j}^n = u_{i,j+1}^n - 2u_{i,j}^n + u_{i,j-1}^n$$

数值计算分两步完成，每步仅在一个方向采用隐式，得到的每个代数方程组仅含有三个 $n+1$ 时间层的节点未知量，所以可用追赶法求解。

令 $r_x = \dfrac{\nu\Delta t}{\Delta x^2}$ 和 $r_y = \dfrac{\nu\Delta t}{\Delta y^2}$，式（1.3.3.1）与式（1.3.3.2）可写成下面形式：

$$\left(1 - \frac{r_x}{2}\delta_x^2\right)u_{i,j}^{n+\frac{1}{2}} = \left(1 + \frac{r_y}{2}\delta_y^2\right)u_{i,j}^n \tag{1.3.3.3}$$

$$\left(1 - \frac{r_y}{2}\delta_y^2\right)u_{i,j}^{n+1} = \left(1 + \frac{r_x}{2}\delta_x^2\right)u_{i,j}^{n+\frac{1}{2}} \tag{1.3.3.4}$$

令 $\varepsilon_{i,j}^n = V^n \mathrm{e}^{\mathrm{i}\left(k_x x_i + k_y y_j\right)}$，代入式（1.3.3.3）对应的误差传播方程，得

$$\begin{aligned}\left(1 - \frac{r_x}{2}\delta_x^2\right)\varepsilon_{i,j}^{n+\frac{1}{2}} &= \left[1 - \frac{r_x}{2}\left(\mathrm{e}^{\mathrm{i}k_x\Delta x} - 2 + \mathrm{e}^{-\mathrm{i}k_x\Delta x}\right)\right]V^{n+\frac{1}{2}}\mathrm{e}^{\mathrm{i}k_x x_i}\mathrm{e}^{\mathrm{i}k_y y_j} \\ &= \left[1 - r_x\left(\cos k_x\Delta x - 1\right)\right]V^{n+\frac{1}{2}}\mathrm{e}^{\mathrm{i}k_x x_i}\mathrm{e}^{\mathrm{i}k_y y_j} \\ &= \left(1 + 2r_x\sin^2\frac{k_x\Delta x}{2}\right)V^{n+\frac{1}{2}}\mathrm{e}^{\mathrm{i}k_x x_i}\mathrm{e}^{\mathrm{i}k_y y_j}\end{aligned}$$

$$\begin{aligned}\left(1 + \frac{r_y}{2}\delta_y^2\right)\varepsilon_{i,j}^{n} &= \left[1 + \frac{r_y}{2}\left(\mathrm{e}^{\mathrm{i}k_y\Delta y} - 2 + \mathrm{e}^{-\mathrm{i}k_y\Delta y}\right)\right]V^{n}\mathrm{e}^{\mathrm{i}k_x x_i}\mathrm{e}^{\mathrm{i}k_y y_j} \\ &= \left[1 + r_y\left(\cos k_y\Delta y - 1\right)\right]V^{n}\mathrm{e}^{\mathrm{i}k_x x_i}\mathrm{e}^{\mathrm{i}k_y y_j}\end{aligned}$$

$$=\left(1-2r_y\sin^2\frac{k_y\Delta y}{2}\right)V^n\mathrm{e}^{\mathrm{i}k_x x_i}\mathrm{e}^{\mathrm{i}k_y y_j}$$

从而可求出式（1.3.3.3）的放大因子 G_1 为

$$G_1=\frac{V^{n+\frac{1}{2}}}{V^n}=\frac{1-2r_y\sin^2\dfrac{k_y\Delta y}{2}}{1+2r_x\sin^2\dfrac{k_x\Delta x}{2}} \tag{1.3.3.5}$$

同样可求出式（1.3.3.4）的放大因子 G_2 为

$$G_2=\frac{V^{n+1}}{V^{n+\frac{1}{2}}}=\frac{1-2r_x\sin^2\dfrac{k_x\Delta x}{2}}{1+2r_y\sin^2\dfrac{k_y\Delta y}{2}} \tag{1.3.3.6}$$

所以二维扩散方程的 ADI 格式的放大因子 G 为

$$|G|=|G_1\cdot G_2|\leqslant 1$$

因而二维扩散方程的 ADI 格式恒稳，其截断误差 $R=O(\Delta t^2,\Delta x^2,\Delta y^2)$。

Douglas 和 Rachford（1956）提出了另一种求解二维扩散方程的 ADI 法的差分格式：

$$\frac{u_{i,j}^{n+\frac{1}{2}}-u_{i,j}^n}{\Delta t}=\nu\left[\frac{\delta_x^2u_{i,j}^{n+\frac{1}{2}}}{(\Delta x)^2}+\frac{\delta_y^2u_{i,j}^n}{(\Delta y)^2}\right] \tag{1.3.3.7}$$

$$\frac{u_{i,j}^{n+1}-u_{i,j}^{n+\frac{1}{2}}}{\Delta t}=\nu\frac{\delta_y^2}{(\Delta y)^2}\left(u_{i,j}^{n+1}-u_{i,j}^n\right) \tag{1.3.3.8}$$

式（1.3.3.7）和式（1.3.3.8）可写成更容易理解的如下形式：

$$\frac{u_{i,j}^{n+\frac{1}{2}}-u_{i,j}^n}{\Delta t}=\nu\left[\frac{\delta_x^2u_{i,j}^{n+\frac{1}{2}}}{(\Delta x)^2}+\frac{\delta_y^2u_{i,j}^n}{(\Delta y)^2}\right] \tag{1.3.3.9}$$

$$\frac{u_{i,j}^{n+1}-u_{i,j}^n}{\Delta t}=\nu\left[\frac{\delta_x^2u_{i,j}^{n+\frac{1}{2}}}{(\Delta x)^2}+\frac{\delta_y^2u_{i,j}^{n+1}}{(\Delta y)^2}\right] \tag{1.3.3.10}$$

式（1.3.3.9）和式（1.3.3.10）与式（1.3.3.1）和式（1.3.3.2）相比，时间步$\Delta t/2$ 变化为Δt，后半步格式左端的 $u_{i,j}^{n+\frac{1}{2}}$ 变化为 $u_{i,j}^n$。

对三维扩散方程

$$\frac{\partial u}{\partial t}=\nu\left(\frac{\partial^2u}{\partial x^2}+\frac{\partial^2u}{\partial y^2}+\frac{\partial^2u}{\partial z^2}\right)$$

其 ADI 格式并不能由式（1.3.3.1）与式（1.3.3.2）的二维形式直接推广过来，Douglas（1962）提出了如下 ADI 法的差分格式：

$$\frac{u_{i,j,k}^{n+\frac{1}{3}}-u_{i,j,k}^{n}}{\Delta t}=\frac{1}{2}\nu\frac{\delta_x^2}{(\Delta x)^2}\left(u_{i,j,k}^{n+\frac{1}{3}}+u_{i,j,k}^{n}\right)+\nu\frac{\delta_y^2u_{i,j,k}^{n}}{(\Delta y)^2}+\frac{\delta_z^2u_{i,j,k}^{n}}{(\Delta z)^2} \quad (1.3.3.11)$$

$$\frac{u_{i,j,k}^{n+\frac{2}{3}}-u_{i,j,k}^{n}}{\Delta t}=\frac{1}{2}\nu\frac{\delta_x^2}{(\Delta x)^2}\left(u_{i,j,k}^{n+\frac{1}{3}}+u_{i,j,k}^{n}\right)+\frac{1}{2}\nu\frac{\delta_y^2}{(\Delta y)^2}\left(u_{i,j,k}^{n+\frac{2}{3}}+u_{i,j,k}^{n}\right)+\nu\frac{\delta_z^2u_{i,j,k}^{n}}{(\Delta z)^2} \quad (1.3.3.12)$$

$$\frac{u_{i,j,k}^{n+1}-u_{i,j,k}^{n}}{\Delta t}=\frac{1}{2}\nu\frac{\delta_x^2}{(\Delta x)^2}\left(u_{i,j,k}^{n+\frac{1}{3}}+u_{i,j,k}^{n}\right)+\frac{1}{2}\nu\frac{\delta_y^2}{(\Delta y)^2}\left(u_{i,j,k}^{n+\frac{2}{3}}+u_{i,j,k}^{n}\right)+\frac{1}{2}\nu\frac{\delta_z^2}{(\Delta z)^2}\left(u_{i,j,k}^{n+1}+u_{i,j,k}^{n}\right) \quad (1.3.3.13)$$

式中，δ_x^2，δ_y^2 和 δ_z^2 为如下定义的算子：

$$\delta_x^2u_{i,j,k}^{n}=u_{i+1,j,k}^{n}-2u_{i,j,k}^{n}+u_{i-1,j,k}^{n}$$

$$\delta_y^2u_{i,j,k}^{n}=u_{i,j+1,k}^{n}-2u_{i,j,k}^{n}+u_{i,j-1,k}^{n}$$

$$\delta_z^2u_{i,j,k}^{n}=u_{i,j,k+1}^{n}-2u_{i,j,k}^{n}+u_{i,j,k-1}^{n}$$

令 $r_x=\frac{\nu\Delta t}{\Delta x^2}$，$r_y=\frac{\nu\Delta t}{\Delta y^2}$，$r_z=\frac{\nu\Delta t}{\Delta z^2}$，式（1.3.3.11）～式（1.3.3.13）可写成下面的形式：

$$u_{i,j,k}^{n+\frac{1}{3}}-u_{i,j,k}^{n}=\frac{r_x}{2}\delta_x^2\left(u_{i,j,k}^{n+\frac{1}{3}}+u_{i,j,k}^{n}\right)+r_y\delta_y^2u_{i,j,k}^{n}+r_z\delta_z^2u_{i,j,k}^{n} \quad (1.3.3.14)$$

$$u_{i,j,k}^{n+\frac{2}{3}}-u_{i,j,k}^{n}=\frac{r_x}{2}\delta_x^2\left(u_{i,j,k}^{n+\frac{1}{3}}+u_{i,j,k}^{n}\right)+\frac{r_y}{2}\delta_y^2\left(u_{i,j,k}^{n+\frac{2}{3}}+u_{i,j,k}^{n}\right)+r_z\delta_z^2u_{i,j,k}^{n} \quad (1.3.3.15)$$

$$u_{i,j,k}^{n+1}-u_{i,j,k}^{n}=\frac{r_x}{2}\delta_x^2\left(u_{i,j,k}^{n+\frac{1}{3}}+u_{i,j,k}^{n}\right)+\frac{r_y}{2}\delta_y^2\left(u_{i,j,k}^{n+\frac{2}{3}}+u_{i,j,k}^{n}\right)+\frac{r_z}{2}\delta_z^2\left(u_{i,j,k}^{n+1}+u_{i,j,k}^{n}\right) \quad (1.3.3.16)$$

将式（1.3.3.14）中右边的 $u_{i,j,k}^{n+\frac{1}{3}}$ 移到左边，得

$$\left(1-\frac{r_x}{2}\delta_x^2\right)u_{i,j,k}^{n+\frac{1}{3}}=u_{i,j,k}^{n}+\frac{r_x}{2}\delta_x^2u_{i,j,k}^{n}+r_y\delta_y^2u_{i,j,k}^{n}+r_z\delta_z^2u_{i,j,k}^{n} \quad (1.3.3.17)$$

式（1.3.3.15）与式（1.3.3.14）相减后，将右边的 $u_{i,j,k}^{n+\frac{2}{3}}$ 移到左边，得

$$\left(1-\frac{r_y}{2}\delta_y^2\right)u_{i,j,k}^{n+\frac{2}{3}}=u_{i,j,k}^{n+\frac{1}{3}}-\frac{r_y}{2}\delta_y^2u_{i,j,k}^{n} \quad (1.3.3.18)$$

式（1.3.3.16）与式（1.3.3.15）相减后，将右边的 $u_{i,j,k}^{n+1}$ 移到左边，得

$$\left(1-\frac{r_z}{2}\delta_z^2\right)u_{i,j,k}^{n+1}=u_{i,j,k}^{n+\frac{2}{3}}-\frac{r_z}{2}\delta_z^2u_{i,j,k}^n \tag{1.3.3.19}$$

式（1.3.3.19）两边同乘$\left(1-\frac{r_y}{2}\delta_y^2\right)$，然后代入式（1.3.3.18）中消去$u_{i,j,k}^{n+\frac{2}{3}}$，得

$$\left(1-\frac{r_y}{2}\delta_y^2\right)\left(1-\frac{r_z}{2}\delta_z^2\right)u_{i,j,k}^{n+1}=u_{i,j,k}^{n+\frac{1}{3}}-\frac{r_y}{2}\delta_y^2u_{i,j,k}^n-\frac{r_z}{2}\delta_z^2u_{i,j,k}^n+\left(\frac{r_y}{2}\delta_y^2\right)\left(\frac{r_z}{2}\delta_z^2\right)u_{i,j,k}^n \tag{1.3.3.20}$$

式（1.3.3.20）两边同乘$\left(1-\frac{r_x}{2}\delta_x^2\right)$，然后代入式（1.3.3.17）中消去$u_{i,j,k}^{n+\frac{1}{3}}$，得

$$\begin{aligned}&\left(1-\frac{r_x}{2}\delta_x^2\right)\left(1-\frac{r_y}{2}\delta_y^2\right)\left(1-\frac{r_z}{2}\delta_z^2\right)u_{i,j,k}^{n+1}\\&=u_{i,j,k}^n+\frac{r_x}{2}\delta_x^2u_{i,j,k}^n+r_y\delta_y^2u_{i,j,k}^n+r_z\delta_z^2u_{i,j,k}^n\\&\quad+\left(1-\frac{r_x}{2}\delta_x^2\right)\left[-\frac{r_y}{2}\delta_y^2u_{i,j,k}^n-\frac{r_z}{2}\delta_z^2u_{i,j,k}^n+\left(\frac{r_y}{2}\delta_y^2\right)\left(\frac{r_z}{2}\delta_z^2\right)u_{i,j,k}^n\right]\end{aligned}$$

整理后得到

$$\begin{aligned}&\left(1-\frac{r_x}{2}\delta_x^2\right)\left(1-\frac{r_y}{2}\delta_y^2\right)\left(1-\frac{r_z}{2}\delta_z^2\right)u_{i,j,k}^{n+1}\\&=u_{i,j,k}^n+\frac{r_x}{2}\delta_x^2u_{i,j,k}^n+\frac{r_y}{2}\delta_y^2u_{i,j,k}^n+\frac{r_z}{2}\delta_z^2u_{i,j,k}^n+\left(\frac{r_y}{2}\delta_y^2\right)\left(\frac{r_z}{2}\delta_z^2\right)u_{i,j,k}^n\\&\quad+\left(\frac{r_x}{2}\delta_x^2\right)\left(\frac{r_y}{2}\delta_y^2\right)u_{i,j,k}^n+\left(\frac{r_x}{2}\delta_x^2\right)\left(\frac{r_z}{2}\delta_z^2\right)u_{i,j,k}^n-\left(\frac{r_x}{2}\delta_x^2\right)\left(\frac{r_y}{2}\delta_y^2\right)\left(\frac{r_z}{2}\delta_z^2\right)u_{i,j,k}^n\end{aligned} \tag{1.3.3.21}$$

对于三维问题，令$\varepsilon_{i,j,k}^n=V^n\mathrm{e}^{\mathrm{i}\left(k_xx_i+k_yy_j+k_zz_k\right)}$，则有

$$\begin{aligned}\left(1-\frac{r_x}{2}\delta_x^2\right)\varepsilon_{i,j,k}^{n+1}&=\left[1-\frac{r_x}{2}\left(\mathrm{e}^{\mathrm{i}k_x\Delta x}-2+\mathrm{e}^{-\mathrm{i}k_x\Delta x}\right)\right]V^{n+1}\mathrm{e}^{\mathrm{i}k_xx_i}\mathrm{e}^{\mathrm{i}k_yy_j}\mathrm{e}^{\mathrm{i}k_zz_k}\\&=\left[1-r_x\left(\cos k_x\Delta x-1\right)\right]V^{n+1}\mathrm{e}^{\mathrm{i}k_xx_i}\mathrm{e}^{\mathrm{i}k_yy_j}\mathrm{e}^{\mathrm{i}k_zz_k}\\&=\left(1+2r_x\sin^2\frac{k_x\Delta x}{2}\right)V^{n+1}\mathrm{e}^{\mathrm{i}k_xx_i}\mathrm{e}^{\mathrm{i}k_yy_j}\mathrm{e}^{\mathrm{i}k_zz_k}\end{aligned}$$

$$\begin{aligned}\left(1-\frac{r_y}{2}\delta_y^2\right)\varepsilon_{i,j,k}^{n+1}&=\left[1-\frac{r_y}{2}\left(\mathrm{e}^{\mathrm{i}k_y\Delta y}-2+\mathrm{e}^{-\mathrm{i}k_y\Delta y}\right)\right]V^{n+1}\mathrm{e}^{\mathrm{i}k_xx_i}\mathrm{e}^{\mathrm{i}k_yy_j}\mathrm{e}^{\mathrm{i}k_zz_k}\\&=\left(1+2r_y\sin^2\frac{k_y\Delta y}{2}\right)V^{n+1}\mathrm{e}^{\mathrm{i}k_xx_i}\mathrm{e}^{\mathrm{i}k_yy_j}\mathrm{e}^{\mathrm{i}k_zz_k}\end{aligned}$$

$$\left(1-\frac{r_z}{2}\delta_z^2\right)\varepsilon_{i,j,k}^{n+1}=\left[1-\frac{r_z}{2}\left(\mathrm{e}^{\mathrm{i}k_z\Delta z}-2+\mathrm{e}^{-\mathrm{i}k_z\Delta z}\right)\right]V^{n+1}\mathrm{e}^{\mathrm{i}k_xx_i}\mathrm{e}^{\mathrm{i}k_yy_j}\mathrm{e}^{\mathrm{i}k_zz_k}$$

$$=\left(1+2r_z\sin^2\frac{k_z\Delta z}{2}\right)V^{n+1}\mathrm{e}^{\mathrm{i}k_xx_i}\mathrm{e}^{\mathrm{i}k_yy_j}\mathrm{e}^{\mathrm{i}k_zz_k}$$

令 $a_x=2r_x\sin^2\frac{k_x\Delta x}{2}$，$a_y=2r_y\sin^2\frac{k_y\Delta y}{2}$，$a_z=2r_z\sin^2\frac{k_z\Delta z}{2}$，则有

$$\left(1-\frac{r_x}{2}\delta_x^2\right)\varepsilon_{i,j,k}^{n+1}=(1+a_x)V^{n+1}\mathrm{e}^{\mathrm{i}k_xx_i}\mathrm{e}^{\mathrm{i}k_yy_j}\mathrm{e}^{\mathrm{i}k_zz_k}$$

$$\frac{r_x}{2}\delta_x^2\varepsilon_{i,j,k}^{n+1}=(-a_x)V^{n+1}\mathrm{e}^{\mathrm{i}k_xx_i}\mathrm{e}^{\mathrm{i}k_yy_j}\mathrm{e}^{\mathrm{i}k_zz_k}$$

$$\left(1-\frac{r_y}{2}\delta_y^2\right)\varepsilon_{i,j,k}^{n+1}=(1+a_y)V^{n+1}\mathrm{e}^{\mathrm{i}k_xx_i}\mathrm{e}^{\mathrm{i}k_yy_j}\mathrm{e}^{\mathrm{i}k_zz_k}$$

$$\frac{r_y}{2}\delta_y^2\varepsilon_{i,j,k}^{n+1}=(-a_y)V^{n+1}\mathrm{e}^{\mathrm{i}k_xx_i}\mathrm{e}^{\mathrm{i}k_yy_j}\mathrm{e}^{\mathrm{i}k_zz_k}$$

$$\left(1-\frac{r_z}{2}\delta_z^2\right)\varepsilon_{i,j,k}^{n+1}=(1+a_z)V^{n+1}\mathrm{e}^{\mathrm{i}k_xx_i}\mathrm{e}^{\mathrm{i}k_yy_j}\mathrm{e}^{\mathrm{i}k_zz_k}$$

$$\frac{r_z}{2}\delta_z^2\varepsilon_{i,j,k}^{n+1}=(-a_z)V^{n+1}\mathrm{e}^{\mathrm{i}k_xx_i}\mathrm{e}^{\mathrm{i}k_yy_j}\mathrm{e}^{\mathrm{i}k_zz_k}$$

利用上面的 6 个式子，可得到式（1.3.3.21）所对应的误差传播方程为

$$\begin{aligned}&(1+a_x)(1+a_y)(1+a_z)V^{n+1}\\&=(1-a_x-a_y-a_z)V^n+a_ya_zV^n+a_xa_yV^n+a_xa_zV^n+a_xa_ya_zV^n\end{aligned}\tag{1.3.3.22}$$

三维扩散方程的 ADI 格式的放大因子 G 为

$$\begin{aligned}G&=\frac{1-a_x-a_y-a_z+a_xa_y+a_xa_z+a_ya_z+a_xa_ya_z}{(1+a_x)\cdot(1+a_y)\cdot(1+a_z)}\\&=\frac{1-a_x-a_y-a_z+a_xa_y+a_xa_z+a_ya_z+a_xa_ya_z}{1+a_x+a_y+a_z+a_xa_y+a_xa_z+a_ya_z+a_xa_ya_z}\end{aligned}\tag{1.3.3.23}$$

因为 $a_x=2r_x\sin^2\frac{k_x\Delta x}{2}\geqslant 0$，$a_y=2r_y\sin^2\frac{k_y\Delta y}{2}\geqslant 0$，$a_z=2r_z\sin^2\frac{k_z\Delta z}{2}\geqslant 0$，由式（1.3.3.23）可得

$$|G|\leqslant 1$$

因而式（1.3.3.11）～式（1.3.3.13）的三维扩散方程 ADI 格式恒稳，其截断误差 $R=O\left(\Delta t^2,\Delta x^2,\Delta y^2,\Delta z^2\right)$。

2. 算子分裂法

算子分裂法（operator factorization method）包含了时间分裂、方向分裂和物

理分裂等概念。下面介绍的分裂法是沿时间步长，将微分算子分解成几个隐式差分算子之和。每个算子可形成一个三对角矩阵方程，使之易于用追赶法求解。例如，对二维扩散方程 $\frac{\partial u}{\partial t}=\nu\left(\frac{\partial^2 u}{\partial x^2}+\frac{\partial^2 u}{\partial y^2}\right)$，可写成如下的分裂形式：

$$\begin{cases}\frac{1}{2}\frac{\partial u}{\partial t}=\nu\frac{\partial^2 u}{\partial x^2}\\ \frac{1}{2}\frac{\partial u}{\partial t}=\nu\frac{\partial^2 u}{\partial y^2}\end{cases} \tag{1.3.3.24}$$

将时间从 t_n 推进到时刻 t_{n+1} 时分成 $t_n\sim t_{n+1/2}$ 和 $t_{n+1/2}\sim t_{n+1}$ 两个时间步，在前半步沿 x 方向取平均隐式计算，在后半步沿 y 方向取平均隐式计算，则其差分格式为

$$\frac{1}{2}\frac{u_{i,j}^{n+\frac{1}{2}}-u_{i,j}^{n}}{\frac{\Delta t}{2}}=\frac{\nu}{2(\Delta x)^2}\delta_x^2\left(u_{i,j}^{n+\frac{1}{2}}+u_{i,j}^{n}\right) \tag{1.3.3.25}$$

$$\frac{1}{2}\frac{u_{i,j}^{n+1}-u_{i,j}^{n+\frac{1}{2}}}{\frac{\Delta t}{2}}=\frac{\nu}{2(\Delta y)^2}\delta_y^2\left(u_{i,j}^{n+\frac{1}{2}}+u_{i,j}^{n+1}\right) \tag{1.3.3.26}$$

式中，δ_x^2，δ_y^2 为如下定义的算子：

$$\delta_x^2 u_{i,j}^n=u_{i+1,j}^n-2u_{i,j}^n+u_{i-1,j}^n$$

$$\delta_y^2 u_{i,j}^n=u_{i,j+1}^n-2u_{i,j}^n+u_{i,j-1}^n$$

式（1.3.3.25）和式（1.3.3.26）可进一步写成

$$\left(1-\frac{r_x}{2}\delta_x^2\right)u_{i,j}^{n+\frac{1}{2}}=\left(1+\frac{r_x}{2}\delta_x^2\right)u_{i,j}^{n} \tag{1.3.3.27}$$

$$\left(1-\frac{r_y}{2}\delta_y^2\right)u_{i,j}^{n+1}=\left(1+\frac{r_y}{2}\delta_y^2\right)u_{i,j}^{n+\frac{1}{2}} \tag{1.3.3.28}$$

式中，$r_x=\frac{\nu\Delta t}{\Delta x^2}$；$r_y=\frac{\nu\Delta t}{\Delta y^2}$。

令 $\varepsilon_{i,j}^n=V^n\mathrm{e}^{\mathrm{i}k_x x_i}\mathrm{e}^{\mathrm{i}k_y y_j}$，代入式（1.3.3.27）对应的误差传播方程，可得放大因子 G_1 为

$$G_1=\frac{1-2r_x\sin^2\frac{k_x\Delta x}{2}}{1+2r_x\sin^2\frac{k_x\Delta x}{2}} \tag{1.3.3.29}$$

同样可求出式（1.3.3.28）的放大因子 G_2 为

$$G_2=\frac{1-2r_y\sin^2\frac{k_y\Delta y}{2}}{1+2r_y\sin^2\frac{k_y\Delta y}{2}} \tag{1.3.3.30}$$

所以二维扩散方程的算子分裂格式的放大因子 G 为

$$|G|=|G_1\cdot G_2|\leqslant 1$$

因而二维扩散方程的算子分裂法格式（1.3.3.25）和式（1.3.3.26）恒稳。由于采用了平均隐式，所以格式对时间和空间都有二阶精度。对于多维的情况，算子分裂法要比 ADI 法简单得多，它的每个分步都只与一个空间方向有关。

对三维扩散方程 $\frac{\partial u}{\partial t}=\nu\left(\frac{\partial^2 u}{\partial x^2}+\frac{\partial^2 u}{\partial y^2}+\frac{\partial^2 u}{\partial z^2}\right)$，其算子分裂形式的微分方程形式为

$$\begin{cases}\frac{1}{3}\frac{\partial u}{\partial t}=\nu\frac{\partial^2 u}{\partial x^2}\\ \frac{1}{3}\frac{\partial u}{\partial t}=\nu\frac{\partial^2 u}{\partial y^2}\\ \frac{1}{3}\frac{\partial u}{\partial t}=\nu\frac{\partial^2 u}{\partial z^2}\end{cases} \tag{1.3.3.31}$$

将时间从 t_n 推进到时刻 t_{n+1} 时，分成从 $t_n \sim t_{n+1/3}$，$t_{n+1/3}\sim t_{n+2/3}$ 和 $t_{n+2/3}\sim t_{n+1}$ 三个时间步长，若前 1/3 步在 x 方向取平均隐式差分格式，中间 1/3 步在 y 方向取平均隐式差分格式，后 1/3 步在 z 方向取平均隐式差分格式，则有

$$\frac{u_{i,j,k}^{n+\frac{1}{3}}-u_{i,j,k}^{n}}{\Delta t}=\frac{\nu}{2(\Delta x)^2}\delta_x^2\left(u_{i,j,k}^{n+\frac{1}{3}}+u_{i,j,k}^{n}\right) \tag{1.3.3.32}$$

$$\frac{u_{i,j,k}^{n+\frac{2}{3}}-u_{i,j,k}^{n+\frac{1}{3}}}{\Delta t}=\frac{\nu}{2(\Delta y)^2}\delta_y^2\left(u_{i,j,k}^{n+\frac{2}{3}}+u_{i,j,k}^{n+\frac{1}{3}}\right) \tag{1.3.3.33}$$

$$\frac{u_{i,j,k}^{n+1}-u_{i,j,k}^{n+\frac{2}{3}}}{\Delta t}=\frac{\nu}{2(\Delta z)^2}\delta_z^2\left(u_{i,j,k}^{n+1}+u_{i,j,k}^{n+\frac{2}{3}}\right) \tag{1.3.3.34}$$

式中，δ_x^2，δ_y^2 和 δ_z^2 为如下定义的算子：

$$\delta_x^2 u_{i,j,k}^n=u_{i+1,j,k}^n-2u_{i,j,k}^n+u_{i-1,j,k}^n$$
$$\delta_y^2 u_{i,j,k}^n=u_{i,j+1,k}^n-2u_{i,j,k}^n+u_{i,j-1,k}^n$$
$$\delta_z^2 u_{i,j,k}^n=u_{i,j,k+1}^n-2u_{i,j,k}^n+u_{i,j,k-1}^n$$

令 $r_x = \dfrac{\nu \Delta t}{\Delta x^2}$，$r_y = \dfrac{\nu \Delta t}{\Delta y^2}$，$r_z = \dfrac{\nu \Delta t}{\Delta z^2}$，式（1.3.3.32）～式（1.3.3.34）可写成下面的形式：

$$\left(1 - \frac{r_x}{2}\delta_x^2\right) u_{i,j,k}^{n+\frac{1}{3}} = \left(1 + \frac{r_x}{2}\delta_x^2\right) u_{i,j,k}^{n} \tag{1.3.3.35}$$

$$\left(1 - \frac{r_y}{2}\delta_y^2\right) u_{i,j,k}^{n+\frac{2}{3}} = \left(1 + \frac{r_y}{2}\delta_y^2\right) u_{i,j,k}^{n+\frac{1}{3}} \tag{1.3.3.36}$$

$$\left(1 - \frac{r_z}{2}\delta_z^2\right) u_{i,j,k}^{n+1} = \left(1 + \frac{r_z}{2}\delta_z^2\right) u_{i,j,k}^{n+\frac{2}{3}} \tag{1.3.3.37}$$

令 $\varepsilon_{i,j,k}^{n} = V^n \mathrm{e}^{\mathrm{i}k_x x_i} \mathrm{e}^{\mathrm{i}k_y y_j} \mathrm{e}^{\mathrm{i}k_z z_k}$，代入式（1.3.3.35）对应的误差传播方程，可得放大因子 G_1 为

$$G_1 = \frac{V^{n+\frac{1}{3}}}{V^n} = \frac{1 - 2r_x \sin^2 \dfrac{k_x \Delta x}{2}}{1 + 2r_x \sin^2 \dfrac{k_x \Delta x}{2}}, \quad r_x = \frac{\Delta t}{\Delta x^2} \tag{1.3.3.38}$$

同样，可求出式（1.3.3.36）的放大因子 G_2 和式（1.3.3.37）的放大因子 G_3 如下：

$$G_2 = \frac{V^{n+\frac{2}{3}}}{V^{n+\frac{1}{3}}} = \frac{1 - 2r_y \sin^2 \dfrac{k_y \Delta y}{2}}{1 + 2r_y \sin^2 \dfrac{k_y \Delta y}{2}}, \quad r_y = \frac{\Delta t}{\Delta y^2} \tag{1.3.3.39}$$

$$G_3 = \frac{V^{n+1}}{V^{n+\frac{2}{3}}} = \frac{1 - 2r_z \sin^2 \dfrac{k_z \Delta z}{2}}{1 + 2r_z \sin^2 \dfrac{k_z \Delta z}{2}}, \quad r_z = \frac{\Delta t}{\Delta z^2} \tag{1.3.3.40}$$

所以三维扩散方程的算子分裂格式的放大因子 G 为

$$|G| = |G_1 \cdot G_2 \cdot G_3| \leqslant 1$$

因而三维扩散方程的算子分裂法格式（1.3.3.32）～式（1.3.3.34）恒稳。在三维情况下，算子分裂法要比 ADI 方法简单得多，因为它的每一个分步都只与一个空间方向有关。

3. 预报-校正格式

预报-校正格式（predictor-corrector method）的基本思想是，从时刻 t_n 推进到时刻 t_{n+1} 时分成两步：首先用稳定性较好的一阶精度格式计算出 $t_{n+1/2}$ 时刻的近似解 $u_{i,j}^{n+\frac{1}{2}}$，然后在时间区间 (t_n, t_{n+1}) 上用二阶精度格式计算 t_{n+1} 时刻的近似值 $u_{i,j}^{n+1}$（陈材侃，1992；陆金甫 等，1988）。

仍以二维扩散方程$\frac{\partial u}{\partial t}=\nu\left(\frac{\partial^2 u}{\partial x^2}+\frac{\partial^2 u}{\partial y^2}\right)$为例。$t_n \sim t_{n+1/2}$时刻可采用算子分裂技巧来预报$u_{i,j}^{n+\frac{1}{2}}$，将$t_n \sim t_{n+1/2}$分成$t_n \sim t_{n+1/4}$和$t_{n+1/4} \sim t_{n+1/2}$两个时间步长，其预报格式为

$$\frac{1}{2}\frac{\tilde{u}_{i,j}-u_{i,j}^n}{\frac{\Delta t}{4}}=\frac{\nu}{(\Delta x)^2}\delta_x^2\tilde{u}_{i,j} \tag{1.3.3.41}$$

$$\frac{1}{2}\frac{u_{i,j}^{n+\frac{1}{2}}-\tilde{u}_{i,j}}{\frac{\Delta t}{4}}=\frac{\nu}{(\Delta y)^2}\delta_y^2 u_{i,j}^{n+\frac{1}{2}} \tag{1.3.3.42}$$

利用上述步骤得到的预测值$u_{i,j}^{n+\frac{1}{2}}$构造显示格式得到$u_{i,j}^{n+1}$，其校正格式为

$$\frac{u_{i,j}^{n+1}-u_{i,j}^n}{\Delta t}=\nu\left[\frac{1}{(\Delta x)^2}\delta_x^2+\frac{1}{(\Delta y)^2}\delta_y^2\right]u_{i,j}^{n+\frac{1}{2}} \tag{1.3.3.43}$$

为考查格式的稳定性，先将预报格式（1.3.3.41）与式（1.3.3.42）写成以下形式：

$$\left(1-\frac{r_x}{2}\delta_x^2\right)\tilde{u}_{i,j}=u_{i,j}^n, \qquad r_x=\frac{\nu\Delta t}{\Delta x^2}$$

$$\left(1-\frac{r_y}{2}\delta_y^2\right)u_{i,j}^{n+\frac{1}{2}}=\tilde{u}_{i,j}, \qquad r_y=\frac{\nu\Delta t}{\Delta y^2}$$

将以上两式写成

$$\left(1-\frac{r_x}{2}\delta_x^2\right)\left(1-\frac{r_y}{2}\delta_y^2\right)u_{i,j}^{n+\frac{1}{2}}=u_{i,j}^n \tag{1.3.3.44}$$

令$\varepsilon_{i,j}^n=V^n \mathrm{e}^{\mathrm{i}k_x x_i}\mathrm{e}^{\mathrm{i}k_y y_j}$，代入式（1.3.3.44）对应的误差传播方程，可得预报格式的放大因子G_1为

$$\begin{aligned}G_1&=\frac{1}{\left[1-\frac{r_x}{2}\left(\mathrm{e}^{\mathrm{i}k_x\Delta x}-2+\mathrm{e}^{-\mathrm{i}k_x\Delta x}\right)\right]\left[1-\frac{r_y}{2}\left(\mathrm{e}^{\mathrm{i}k_y\Delta y}-2+\mathrm{e}^{-\mathrm{i}k_y\Delta y}\right)\right]}\\&=\frac{1}{\left(1+2r_x\sin^2\frac{k_x\Delta x}{2}\right)\left(1+2r_y\sin^2\frac{k_y\Delta y}{2}\right)}\end{aligned} \tag{1.3.3.45}$$

将预报格式（1.3.3.44）代入校正格式（1.3.3.43）中，得

$$\begin{aligned}u_{i,j}^{n+1}&=u_{i,j}^n+\left(r_x\delta_x^2+r_y\delta_y^2\right)u_{i,j}^{n+\frac{1}{2}}\\&=\left[\left(1-\frac{r_x}{2}\delta_x^2\right)\left(1-\frac{r_y}{2}\delta_y^2\right)+\left(r_x\delta_x^2+r_y\delta_y^2\right)\right]u_{i,j}^{n+\frac{1}{2}}\end{aligned} \tag{1.3.3.46}$$

同样，可得到式（1.3.3.46）的放大因子G_2为

$$G_2=\left[1-\frac{r_x}{2}\left(\mathrm{e}^{\mathrm{i}k_x\Delta x}-2+\mathrm{e}^{-\mathrm{i}k_x\Delta x}\right)\right]\left[1-\frac{r_y}{2}\left(\mathrm{e}^{\mathrm{i}k_y\Delta y}-2+\mathrm{e}^{-\mathrm{i}k_y\Delta y}\right)\right]$$
$$+r_x\left(\mathrm{e}^{\mathrm{i}k_x\Delta x}-2+\mathrm{e}^{-\mathrm{i}k_x\Delta x}\right)+r_y\left(\mathrm{e}^{\mathrm{i}k_y\Delta y}-2+\mathrm{e}^{-\mathrm{i}k_y\Delta y}\right)$$
$$=\left(1+2r_x\sin^2\frac{k_x\Delta x}{2}\right)\left(1+2r_y\sin^2\frac{k_y\Delta y}{2}\right)-4\left(r_x\sin^2\frac{k_x\Delta x}{2}+r_y\sin^2\frac{k_y\Delta y}{2}\right)$$
$$=\left(1-2r_x\sin^2\frac{k_x\Delta x}{2}\right)\left(1-2r_y\sin^2\frac{k_y\Delta y}{2}\right)$$

（1.3.3.47）

所以二维扩散方程的预报-校正格式的放大因子 G 为

$$G=G_1G_2=\frac{\left(1-2r_x\sin^2\frac{k_x\Delta x}{2}\right)\left(1-2r_y\sin^2\frac{k_y\Delta y}{2}\right)}{\left(1+2r_x\sin^2\frac{k_x\Delta x}{2}\right)\left(1+2r_y\sin^2\frac{k_y\Delta y}{2}\right)}\tag{1.3.3.48}$$

这个公式与二维扩散方程的 ADI 格式的放大系数完全一样，恰好等于 x 与 y 方向上两个一维平均隐式格式的放大因子的乘积。因此预报-校正格式是恒稳的，且对时间和空间都具有二阶精度。

预报-校正格式的基本思想有广泛的应用，可以构造变系数或非线性偏微分方程的差分格式。

1.3.4　数值效应

1. 数值耗散与数值弥散

差分方程的数值效应是指在建立差分方程的过程中所引入的一些误差，使差分方程的解不能很好地逼近原微分方程所描述的物理现象，即使原系统的物理性质和规律遭到某种程度的歪曲和破坏。若在用差分方程逼近微分方程时所引入的误差使计算结果的幅值衰减和相速度发生变化，其作用相当于流体的物理耗散和弥散，这种虚假的物理效应称作数值耗散和数值弥散。

一维对流方程描述的是无耗散与无弥散的流体运动。若考查其全隐格式（陈材侃，1992）：

$$\frac{u_j^{n+1}-u_j^n}{\Delta t}+a\frac{u_{j+1}^{n+1}-u_{j-1}^{n+1}}{2\Delta x}=0\tag{1.3.4.1}$$

将式（1.3.4.1）中的 u_j^n， u_{j+1}^{n+1} 和 u_{j-1}^{n+1} 在 $(j,n+1)$ 点用 Taylor 级数展开，得

$$u_j^n=u_j^{n+1}-(u_t)_j^{n+1}\Delta t+\frac{1}{2}(u_{tt})_j^{n+1}\Delta t^2-\frac{1}{6}(u_{ttt})_j^{n+1}\Delta t^3+O(\Delta t^4)$$

$$u_{j+1}^{n+1}=u_j^{n+1}+\left(u_x\right)_j^{n+1}\Delta x+\frac{1}{2}\left(u_{xx}\right)_j^{n+1}\Delta x^2+\frac{1}{6}\left(u_{xxx}\right)_j^{n+1}\Delta x^3+O\left(\Delta x^4\right)$$

$$u_{j-1}^{n+1}=u_j^{n+1}-\left(u_x\right)_j^{n+1}\Delta x+\frac{1}{2}\left(u_{xx}\right)_j^{n+1}\Delta x^2-\frac{1}{6}\left(u_{xxx}\right)_j^{n+1}\Delta x^3+O\left(\Delta x^4\right)$$

将上述三个式子代入差分方程（1.3.4.1），为方便起见去掉上下标，整理后可得

$$\frac{\partial u}{\partial t}+a\frac{\partial u}{\partial x}=\frac{\Delta t}{2}\frac{\partial^2 u}{\partial t^2}-\frac{\Delta t^2}{6}\frac{\partial^3 u}{\partial t^3}-\frac{a\Delta x^2}{6}\frac{\partial^3 u}{\partial x^3}+O\left(\Delta t^3,\Delta x^3\right) \tag{1.3.4.2}$$

为讨论其数值耗散和数值弥散，现设法把式（1.3.4.2）右端对 t 的二阶偏导数项和三阶偏导数项转换成对 x 的偏导数项，即将式（1.3.4.2）写成

$$\frac{\partial u}{\partial t}=-a\frac{\partial u}{\partial x}+\frac{\Delta t}{2}\frac{\partial^2 u}{\partial t^2}-\frac{\Delta t^2}{6}\frac{\partial^3 u}{\partial t^3}-\frac{a\Delta x^2}{6}\frac{\partial^3 u}{\partial x^3}+O\left(\Delta t^3,\Delta x^3\right) \tag{1.3.4.3}$$

式（1.3.4.3）对 t 求一阶偏导数，得

$$\frac{\partial^2 u}{\partial t^2}=-a\frac{\partial}{\partial x}\left(\frac{\partial u}{\partial t}\right)+\frac{\Delta t}{2}\frac{\partial^2}{\partial t^2}\left(\frac{\partial u}{\partial t}\right)+\cdots \tag{1.3.4.4}$$

取式（1.3.4.3）中 $\partial u/\partial t$ 的前两项代入式（1.3.4.4），可得

$$\begin{aligned}\frac{\partial^2 u}{\partial t^2}&=-a\frac{\partial}{\partial x}\left(-a\frac{\partial u}{\partial x}+\frac{\Delta t}{2}\frac{\partial^2 u}{\partial t^2}\right)+\frac{\Delta t}{2}\frac{\partial^2}{\partial t^2}\left(-a\frac{\partial u}{\partial x}\right)+\cdots\\&=a^2\frac{\partial^2 u}{\partial x^2}-a\Delta t\frac{\partial}{\partial x}\left(\frac{\partial^2 u}{\partial t^2}\right)+\cdots\end{aligned} \tag{1.3.4.5}$$

式（1.3.4.5）对 x 求一阶偏导数，得

$$\frac{\partial}{\partial x}\left(\frac{\partial^2 u}{\partial t^2}\right)=a^2\frac{\partial^3 u}{\partial x^3}+\cdots \tag{1.3.4.6}$$

将式（1.3.4.6）代入式（1.3.4.5），则对 t 的二阶偏导数可转换成如下对 x 的偏导数：

$$\frac{\partial^2 u}{\partial t^2}=a^2\frac{\partial^2 u}{\partial x^2}-a^3\Delta t\frac{\partial^3 u}{\partial x^3}+\cdots \tag{1.3.4.7}$$

式（1.3.4.4）再对 t 求一阶偏导数，则对 t 的三阶偏导数可转换成如下对 x 的偏导数：

$$\begin{aligned}\frac{\partial^3 u}{\partial t^3}&=a^2\frac{\partial}{\partial x^2}\left(\frac{\partial u}{\partial t}\right)+\cdots\\&=a^2\frac{\partial}{\partial x^2}\left(-a\frac{\partial u}{\partial x}\right)+\cdots\\&=-a^3\frac{\partial^3 u}{\partial x^3}+\cdots\end{aligned} \tag{1.3.4.8}$$

将式（1.3.4.7）与式（1.3.4.8）代入式（1.3.4.2）中，得

$$\frac{\partial u}{\partial t}+a\frac{\partial u}{\partial x}=\frac{a^2\Delta t}{2}\frac{\partial^2 u}{\partial x^2}-\frac{a^3\Delta t^2}{3}\left(1+\frac{\Delta x^2}{2a^2\Delta t^2}\right)\frac{\partial^3 u}{\partial x^3}+O\left(\Delta t^3,\Delta x^3\right)$$
$$=\frac{a^2\Delta t}{2}\frac{\partial^2 u}{\partial x^2}-\frac{a^3\Delta t^2}{3\lambda^2}\left(\lambda^2+\frac{1}{2}\right)\frac{\partial^3 u}{\partial x^3}+O\left(\Delta t^3,\Delta x^3\right) \tag{1.3.4.9}$$

式中，$\lambda=\dfrac{a\Delta t}{\Delta x}$。

由 Hirt 稳定性分析，式（1.3.4.9）右端第一项的系数$\left(a^2\Delta t\right)/2\geqslant 0$，全隐差分格式（1.3.4.1）稳定。另由式（1.3.4.9）可知，空间的二阶导数项有耗散作用，而空间的三阶导数项有弥散作用，因而有二阶数值耗散系数和三阶数值弥散系数：

$$\nu_{\text{num}}=\frac{a^2\Delta t}{2} \tag{1.3.4.10}$$

$$\varepsilon_{\text{num}}=-\frac{a^3\Delta t^2}{3\lambda^2}\left(\frac{1}{2}+\lambda^2\right) \tag{1.3.4.11}$$

由以上分析可知，全隐格式（1.3.4.1）引进了对流方程所没有的耗散项和弥散项，使数值计算的幅值衰减与相速度发生了变化，即产生了阻尼误差和相位误差。这些虚假的物理效应，随着 Δt 与 Δx 的减小而减小。也就是说，较大的时间步长虽然不影响差分格式的稳定，但仍受到精度的限制。

若用数值格式计算有物理耗散的方程，如一维对流扩散方程：

$$\frac{\partial u}{\partial t}+a\frac{\partial u}{\partial x}=\nu\frac{\partial^2 u}{\partial x^2}$$

考查其 FTCS 格式：

$$\frac{u_j^{n+1}-u_j^n}{\Delta t}=-a\frac{u_{j+1}^n-u_{j-1}^n}{2\Delta x}+\nu\frac{u_{j+1}^n-2u_j^n+u_{j-1}^n}{\Delta x^2} \tag{1.3.4.12}$$

采用类似 Hirt 稳定性分析的方法，可得

$$\frac{\partial u}{\partial t}=-a\frac{\partial u}{\partial x}+\left(\nu-\frac{a^2\Delta t}{2}\right)\frac{\partial^2 u}{\partial x^2}+a\nu\Delta t\frac{\partial^3 u}{\partial x^3}-\frac{\nu^2\Delta t}{2}\frac{\partial^4 u}{\partial x^4}+O\left(\Delta t^2,\Delta x^2\right)$$

近似到三阶导数项，得

$$\frac{\partial u}{\partial t}=-a\frac{\partial u}{\partial x}+(\nu-\nu_{\text{num}})\frac{\partial^2 u}{\partial x^2}+\varepsilon_{\text{num}}\frac{\partial^3 u}{\partial x^3}$$

由上式可知，二阶数值耗散系数和三阶数值弥散系数分别为

$$\nu_{\text{num}}=\frac{a^2\Delta t}{2} \tag{1.3.4.13}$$

$$\varepsilon_{\text{num}}=a\nu\Delta t \tag{1.3.4.14}$$

差分格式（1.3.4.12）会带来数值耗散和数值弥散，假如数值耗散大于物理耗散，即$\nu_{\text{num}}>\nu$，则数值效应掩盖了物理本质。因此从稳定性分析和物理意义的角度考虑，都需要满足$\nu_{\text{num}}<\nu$。

2. 数值振荡

一维对流方程的全隐格式若选用过大的 Δt，则由分析表明其存在很大的数值耗散衰减，从而使时间步长 Δt 受到计算精度的限制。对一维对流方程的平均隐式格式若选用大的 Δt，则通过下面的分析可以看出，差分格式会产生解的短波分量的空间振荡和摆动，即数值振荡。

对如下的一维对流方程的 Crank-Nicolson 平均隐式格式（陈材侃，1992）：

$$\frac{u_j^{n+1}-u_j^n}{\Delta t}+\frac{a}{4\Delta x}\left(u_{j+1}^{n+1}-u_{j-1}^{n+1}+u_{j+1}^n-u_{j-1}^n\right)=0 \qquad (1.3.4.15)$$

其放大因子为

$$G=\frac{1-\frac{\mathrm{i}\lambda}{2}\sin k\Delta x}{1+\frac{\mathrm{i}\lambda}{2}\sin k\Delta x},\quad \lambda=\frac{a\Delta t}{\Delta x} \qquad (1.3.4.16)$$

由式（1.3.4.16），可得 $|G|=1$，所以格式稳定，计算的幅值无衰减，数值耗散系数为零。

考查式（1.3.4.16），若 Δt 取得很大，近似有 $\lambda \gg 1$。对于短波分量，如取波长 $L\approx 4\Delta x$（$k\Delta x\approx \pi/2$），则 $\sin k\Delta x\approx 1$，代入式（1.3.4.16）中取极限，得

$$\lim_{\lambda\to\infty} G=\lim_{\lambda\to\infty}\frac{1-\frac{\mathrm{i}\lambda}{2}}{1+\frac{\mathrm{i}\lambda}{2}}=\lim_{\lambda\to\infty}\frac{\frac{2}{\lambda}-\mathrm{i}}{\frac{2}{\lambda}+\mathrm{i}}=-1=\mathrm{e}^{\mathrm{i}\pi} \qquad (1.3.4.17)$$

由式（1.3.4.17）可知，短波分量的放大系数辐角 $\Delta\varphi=\pi$，说明经 Δt 时刻后同一 x 位置的短波分量的相位改变了 $180°$，短波分量产生了振荡。

对于长波分量，波数 k 很小，可近似取 $k\Delta x\approx 0$，则 $\sin k\Delta x\approx 0$，放大因子 $G\to 1$，即每推进一步 Δt，长波分量的相位改变很小，如图 1.3.1 所示。因此当取较大的时间步长时，平均隐式格式引起了短波分量的数值振荡。

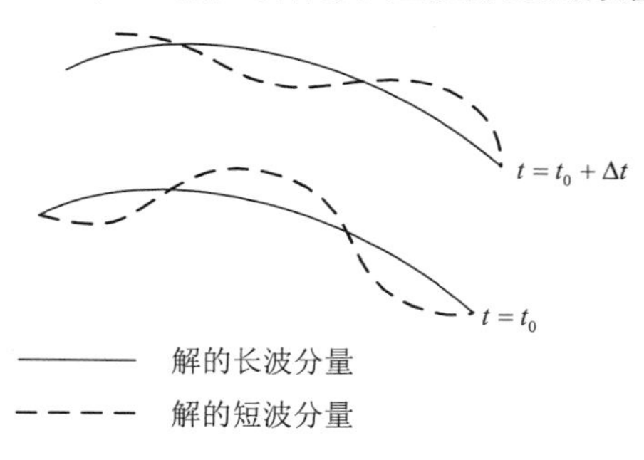

图 1.3.1　数值振荡示意图

考查一维扩散方程的 Crank-Nicolson 格式（陈材侃，1992）：

$$\frac{u_j^{n+1}-u_j^n}{\Delta t}=\frac{\nu}{2}\left(\frac{u_{j+1}^{n+1}-2u_j^{n+1}+u_{j-1}^{n+1}}{\Delta x^2}+\frac{u_{j+1}^n-2u_j^n+u_{j-1}^n}{\Delta x^2}\right) \tag{1.3.4.18}$$

其放大因子为

$$G=\frac{1-2r\sin^2\dfrac{k\Delta x}{2}}{1+2r\sin^2\dfrac{k\Delta x}{2}}，\quad r=\frac{\nu\Delta t}{\Delta x^2} \tag{1.3.4.19}$$

由式（1.3.4.19）可得$|G|\leqslant 1$，故格式稳定，计算的幅值无衰减，数值耗散系数为零。

考查式（1.3.4.19），若Δt取得很大，近似有$r\gg 1$。对于短波分量，如取波长$L\approx 2\Delta x\left(\dfrac{k\Delta x}{2}\approx\dfrac{\pi}{2}\right)$，则$\sin\dfrac{k\Delta x}{2}\approx 1$，代入式（1.3.4.19）中取极限，得

$$\lim_{r\to\infty}G=\lim_{r\to\infty}\frac{1-2r}{1+2r}=\lim_{r\to\infty}\frac{\dfrac{1}{2r}-1}{\dfrac{1}{2r}+1}=-1=\mathrm{e}^{\mathrm{i}\pi} \tag{1.3.4.20}$$

由式（1.3.4.20）可知，对短波分量，其放大系数的辐角$\Delta\varphi=\pi$，产生数值振荡。因$r\propto\Delta x^{-2}$，故当取同样的Δt与Δx时，扩散方程的 Crank-Nicolson 格式比对流方程的 Crank-Nicolson 格式更容易产生振荡。

上面的分析表明，一维对流方程或一维扩散方程的平均隐式格式都会引起短波分量的数值振荡。但值得注意的是，对流方程或扩散方程的全隐格式不会产生数值振荡。因为Δt取得很大时，$G\to 0$，其解会因大的数值耗散而不断衰减，短波分量也被衰减了。全隐格式的另一个特点是相速度减小。由对流方程的全隐格式，可得其相速度在长波时的展开表达式为

$$c_h=a-\frac{a^3\Delta t^2k^2}{3\lambda^2}\left(\frac{1}{2}+\lambda^2\right)$$

因此，若选用大的时间步长，则相速度减小较多，短波分量衰减较快，而长波分量相对衰减较慢。

1.4　Laplace 方程的差分格式

1.4.1　五点差分公式

考虑二维情形的 Laplace 方程边值问题：

$$\frac{\partial^2\phi}{\partial x^2}+\frac{\partial^2\phi}{\partial y^2}=0 \tag{1.4.1.1}$$

$$\phi\big|_{S_1}=A(x,y)$$

$$\left.\frac{\partial \phi}{\partial n}\right|_{S_2} = B(x,y)$$

其中，$A(x,y)$为边界S_1上的已知函数值；$B(x,y)$为边界S_2上的已知法向导数值。对内点(i,j)的二阶偏导数取中心差商，得

$$\frac{\phi_{i+1,j}-2\phi_{i,j}+\phi_{i-1,j}}{\Delta x^2}+\frac{\phi_{i,j+1}-2\phi_{i,j}+\phi_{i,j-1}}{\Delta y^2}=0 \qquad (1.4.1.2)$$

将式（1.4.1.2）中的$\phi_{i,j}$移到等式的右端，得

$$\Delta y^2\left(\phi_{i+1,j}+\phi_{i-1,j}\right)+\Delta x^2\left(\phi_{i,j+1}+\phi_{i,j-1}\right)=2\left(\Delta x^2+\Delta y^2\right)\phi_{i,j} \qquad (1.4.1.3)$$

从而可得到$\phi_{i,j}$的如下差分格式：

$$\phi_{i,j}=\frac{1}{2\left(\Delta x^2+\Delta y^2\right)}\left[\Delta y^2\left(\phi_{i+1,j}+\phi_{i-1,j}\right)+\Delta x^2\left(\phi_{i,j+1}+\phi_{i,j-1}\right)\right] \qquad (1.4.1.4)$$

如果取正方形网格$\Delta x=\Delta y=h$，则有

$$\phi_{i,j}=\frac{1}{4}\left(\phi_{i+1,j}+\phi_{i-1,j}+\phi_{i,j+1}+\phi_{i,j-1}\right) \qquad (1.4.1.5)$$

式（1.4.1.5）称为五点差分公式，即对正方形网格，内点(i,j)的函数值$\phi_{i,j}$等于其相邻四个点的函数值的平均值。将式（1.4.1.5）应用于所用内点可得求解$\phi_{i,j}$的线性方程组。

1.4.2　边界点插值

对 Laplace 方程边值问题，求解区域的边界通常不在网格点上，因而需采用插值方法以改进边界拟合的精度。

1. 第一类边界条件

设P点为最靠近边界线的网格点，与P点最靠近的边界线与网格线的交点为S，如图 1.4.1 所示。令$PS=\theta_x\Delta x$ $(0\leqslant\theta_x\leqslant 1)$，则可在$P$点左右的网格点$Q$与交点$S$之间作线性插值，来确定$P$点的函数值。

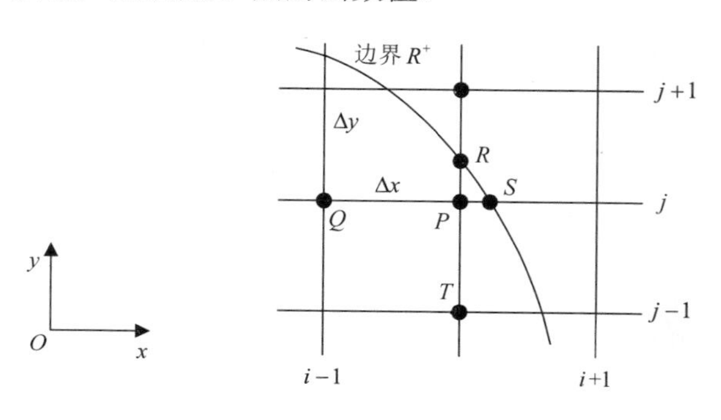

图 1.4.1　第一类边界插值点

由 $\dfrac{\phi_S-\phi_P}{\theta_x\Delta x}=\dfrac{\phi_P-\phi_Q}{\Delta x}$，得

$$\phi_P=\frac{\phi_S+\theta_x\phi_Q}{1+\theta_x}=\frac{A_S+\theta_x\phi_Q}{1+\theta_x} \tag{1.4.2.1}$$

若记 P 点的函数值为 $\phi_{i,j}$，令 $PR=\theta_y\Delta y\ (0\leqslant\theta_y\leqslant 1)$，在 P 点将其邻近的四个点 Q，T，S 与 R 应用 Taylor 级数展开为

$$\phi_Q=\phi_{i-1,j}=\phi_{i,j}-\Delta x\left(\frac{\partial\phi}{\partial x}\right)_{i,j}+\frac{\Delta x^2}{2}\left(\frac{\partial^2\phi}{\partial x^2}\right)_{i,j}+O(\Delta x^3)$$

$$\phi_T=\phi_{i,j-1}=\phi_{i,j}-\Delta y\left(\frac{\partial\phi}{\partial y}\right)_{i,j}+\frac{\Delta y^2}{2}\left(\frac{\partial^2\phi}{\partial y^2}\right)_{i,j}+O(\Delta y^3)$$

$$\phi_S=A_S=\phi_{i,j}+\theta_x\Delta x\left(\frac{\partial\phi}{\partial x}\right)_{i,j}+\frac{(\theta_x\Delta x)^2}{2}\left(\frac{\partial^2\phi}{\partial x^2}\right)_{i,j}+O(\Delta x^3)$$

$$\phi_R=A_R=\phi_{i,j}+\theta_y\Delta y\left(\frac{\partial\phi}{\partial y}\right)_{i,j}+\frac{(\theta_y\Delta y)^2}{2}\left(\frac{\partial^2\phi}{\partial y^2}\right)_{i,j}+O(\Delta y^3)$$

将 ϕ_Q 的 Taylor 级数展开式两边同乘 θ_x^2 后与 ϕ_S 的 Taylor 级数展开式相减，得

$$A_S-\theta_x^2\phi_{i-1,j}=(1-\theta_x^2)\phi_{i,j}+\theta_x(1-\theta_x)\Delta x\left(\frac{\partial\phi}{\partial x}\right)_{i,j}+O(\Delta x^3)$$

$$\frac{1}{\theta_x(1-\theta_x)\Delta x}\left[A_S-\theta_x^2\phi_{i-1,j}-(1-\theta_x^2)\phi_{i,j}\right]=\left(\frac{\partial\phi}{\partial x}\right)_{i,j}+O(\Delta x^2)$$

将 ϕ_Q 的 Taylor 级数展开式两边同乘 θ_x 后与 ϕ_S 的 Taylor 级数展开式相加，得

$$A_S+\theta_x\phi_{i-1.j}=(1+\theta_x)\phi_{i,j}+\theta_x(1+\theta_x)\frac{\Delta x^2}{2}\left(\frac{\partial^2\phi}{\partial x^2}\right)_{i,j}+O(\Delta x^3)$$

$$\frac{2}{\theta_x(1+\theta_x)\Delta x^2}\left[A_S+\theta_x\phi_{i-1,j}-(1+\theta_x)\phi_{i,j}\right]=\left(\frac{\partial^2\phi}{\partial x^2}\right)_{i,j}+O(\Delta x)$$

从而可得到 P 点的函数值 $\phi_{i,j}$ 对 x 的一阶与二阶偏导数 $\dfrac{\partial\phi}{\partial x}$，$\dfrac{\partial^2\phi}{\partial x^2}$ 分别为

$$\left(\frac{\partial\phi}{\partial x}\right)_{i,j}=\frac{1}{\theta_x(1-\theta_x)\Delta x}\left[A_S-(1-\theta_x^2)\phi_{i,j}-\theta_x^2\phi_{i-1,j}\right]+O(\Delta x^2) \tag{1.4.2.2}$$

$$\left(\frac{\partial^2\phi}{\partial x^2}\right)_{i,j}=\frac{2}{\theta_x(1+\theta_x)\Delta x^2}\left[A_S-(1+\theta_x)\phi_{i,j}+\theta_x\phi_{i-1,j}\right]+O(\Delta x) \tag{1.4.2.3}$$

同理，联立求解 ϕ_T 与 ϕ_R 的 Taylor 级数展开式，可得到 P 点的函数值 $\phi_{i,j}$ 对 y 的一阶与二阶偏导数 $\dfrac{\partial\phi}{\partial y}$，$\dfrac{\partial^2\phi}{\partial y^2}$ 分别为

$$\left(\frac{\partial\phi}{\partial y}\right)_{i,j}=\frac{1}{\theta_y(1-\theta_y)\Delta y}\left[A_R-(1-\theta_y^2)\phi_{i,j}-\theta_y^2\phi_{i,j-1}\right]+O\left(\Delta y^2\right) \quad (1.4.2.4)$$

$$\left(\frac{\partial^2\phi}{\partial y^2}\right)_{i,j}=\frac{2}{\theta_y(1+\theta_y)\Delta y^2}\left[A_R-(1+\theta_y)\phi_{i,j}+\theta_y\phi_{i,j-1}\right]+O\left(\Delta y\right) \quad (1.4.2.5)$$

2. 第二类边界条件

过 P 点作边界的外法线与边界线交于 N 点，与内部网格线交于 W 点，如图 1.4.2 所示。

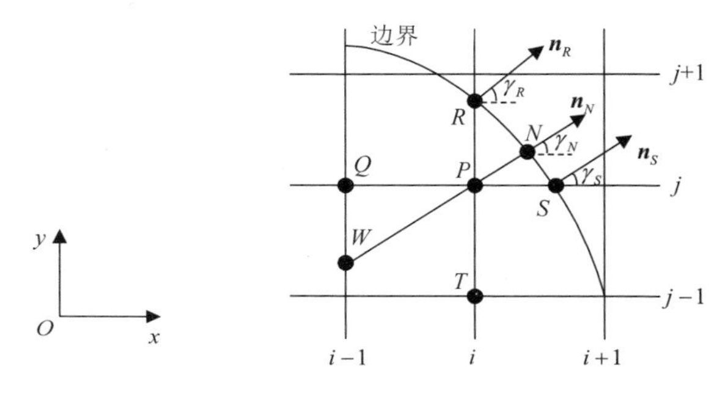

图 1.4.2　第二类边界插值点

令 $PW=\delta_1$， $PN=\delta_2$，则 N 点的外法线导数可近似取为

$$\left(\frac{\partial\phi}{\partial n}\right)_P=B_N=\frac{\phi_P-\phi_W}{\delta_1} \quad (1.4.2.6)$$

在边界线与网格线的交点 R 和 S 处，以及 N 点处，利用 Taylor 级数展开。对 R 点有

$$\phi_R=\phi(x_i,y_j+\theta_y\Delta y)=\phi_p+\theta_y\Delta y\left(\frac{\partial\phi}{\partial y}\right)_P+\frac{1}{2}(\theta_y\Delta y)^2\left(\frac{\partial^2\phi}{\partial y^2}\right)_P+O\left(\Delta y^3\right)$$

$$\left(\frac{\partial\phi}{\partial x}\right)_R=\left(\frac{\partial\phi}{\partial x}\right)_P+\theta_y\Delta y\left(\frac{\partial^2\phi}{\partial x\partial y}\right)_P+O\left(\Delta y^2\right)$$

$$\left(\frac{\partial\phi}{\partial y}\right)_R=\left(\frac{\partial\phi}{\partial y}\right)_P+\theta_y\Delta y\left(\frac{\partial^2\phi}{\partial y^2}\right)_P+O\left(\Delta y^2\right)$$

由 $\left(\frac{\partial\phi}{\partial n}\right)_R=B_R=\left(\frac{\partial\phi}{\partial x}\right)_R\cos\gamma_R+\left(\frac{\partial\phi}{\partial y}\right)_R\sin\gamma_R$，可得

$$\left(\frac{\partial\phi}{\partial n}\right)_R=B_R=\left[\left(\frac{\partial\phi}{\partial x}\right)_P+\theta_y\Delta y\left(\frac{\partial^2\phi}{\partial x\partial y}\right)_P\right]\cos\gamma_R$$

$$+\left[\left(\frac{\partial\phi}{\partial y}\right)_P+\theta_y\Delta y\left(\frac{\partial^2\phi}{\partial y^2}\right)_P\right]\sin\gamma_R+O\left(\Delta y^2\right) \quad (1.4.2.7)$$

对 S 点和 N 点应用同样的关系式：

$$\left(\frac{\partial\phi}{\partial n}\right)_S = B_S = \left(\frac{\partial\phi}{\partial x}\right)_S \cos\gamma_S + \left(\frac{\partial\phi}{\partial y}\right)_S \sin\gamma_S$$

$$\left(\frac{\partial\phi}{\partial n}\right)_N = B_N = \left(\frac{\partial\phi}{\partial x}\right)_N \cos\gamma_N + \left(\frac{\partial\phi}{\partial y}\right)_N \sin\gamma_N$$

亦可类似地写出如下方程：

$$\left(\frac{\partial\phi}{\partial n}\right)_S = B_S = \left[\left(\frac{\partial\phi}{\partial x}\right)_P + \theta_x\Delta x\left(\frac{\partial^2\phi}{\partial x^2}\right)_P\right]\cos\gamma_S + \left[\left(\frac{\partial\phi}{\partial y}\right)_P + \theta_x\Delta x\left(\frac{\partial^2\phi}{\partial x\partial y}\right)_P\right]\sin\gamma_S + O\left(\Delta x^2\right) \tag{1.4.2.8}$$

$$\begin{aligned}\left(\frac{\partial\phi}{\partial n}\right)_N = B_N = &\left[\left(\frac{\partial\phi}{\partial x}\right)_P + \delta_2\cos\gamma_N\left(\frac{\partial^2\phi}{\partial x^2}\right)_P + \delta_2\sin\gamma_N\left(\frac{\partial^2\phi}{\partial x\partial y}\right)_P\right]\cos\gamma_N \\ &+ \left[\left(\frac{\partial\phi}{\partial y}\right)_P + \delta_2\cos\gamma_N\left(\frac{\partial^2\phi}{\partial x\partial y}\right)_P + \delta_2\sin\gamma_N\left(\frac{\partial^2\phi}{\partial y^2}\right)_P\right]\sin\gamma_N \\ &+ O\left(\delta_2^2\right)\end{aligned} \tag{1.4.2.9}$$

以上三式包含$\left(\frac{\partial\phi}{\partial x}\right)_P$，$\left(\frac{\partial\phi}{\partial y}\right)_P$，$\left(\frac{\partial^2\phi}{\partial x^2}\right)_P$，$\left(\frac{\partial^2\phi}{\partial y^2}\right)_P$，$\left(\frac{\partial^2\phi}{\partial x\partial y}\right)_P$，另外加上$Q$，$T$两点与$P$点之间的Taylor展开式，即

$$\phi_Q = \phi_P - \Delta x\left(\frac{\partial\phi}{\partial x}\right)_P + \frac{(\Delta x)^2}{2}\left(\frac{\partial^2\phi}{\partial x^2}\right)_P + O(\Delta x^3) \tag{1.4.2.10}$$

$$\phi_T = \phi_P - \Delta y\left(\frac{\partial\phi}{\partial y}\right)_P + \frac{(\Delta y)^2}{2}\left(\frac{\partial^2\phi}{\partial y^2}\right)_P + O(\Delta y^3) \tag{1.4.2.11}$$

联立求解上面五个方程[式（1.4.2.7）～式（1.4.2.11）]，便可得出P点处的五个空间导数（用已知的边界值B_R，B_N，B_S及内节点函数值ϕ_Q，ϕ_T，ϕ_P表示的计算式）。

1.4.3　差分方程求解

1. 简单迭代法

应用式（1.4.1.5）的五点差分公式，可得到内点(i,j)的简单迭代格式为

$$\phi_{i,j}^{k+1} = \frac{1}{4}\left(\phi_{i-1,j}^k + \phi_{i+1,j}^k + \phi_{i,j-1}^k + \phi_{i,j+1}^k\right) \tag{1.4.3.1}$$

式中，k为迭代次数。迭代过程中边界点的迭代公式为

$$\phi_{i,j}^{k+1} = \phi_{i,j}^k \tag{1.4.3.2}$$

上述迭代过程中，无论迭代的初值如何选取都是收敛的，即当 $k \to \infty$ 时，$\phi_{i,j}^{k}$ 恒收敛于差分方程的边值问题的解 $\phi_{i,j}$。下面给出间接的证明。

将迭代公式（1.4.3.1）两边同减 $\phi_{i,j}^{k}$，得

$$\phi_{i,j}^{k+1} - \phi_{i,j}^{k} = \frac{1}{4}\left(\phi_{i-1,j}^{k} - 2\phi_{i,j}^{k} + \phi_{i+1,j}^{k}\right) + \frac{1}{4}\left(\phi_{i,j-1}^{k} - 2\phi_{i,j}^{k} + \phi_{i,j+1}^{k}\right)$$

等式两边同时除以 $h^2/4$，得

$$\frac{\phi_{i,j}^{k+1} - \phi_{i,j}^{k}}{h^2/4} = \frac{\phi_{i-1,j}^{k} - 2\phi_{i,j}^{k} + \phi_{i+1,j}^{k}}{h^2} + \frac{\phi_{i,j-1}^{k} - 2\phi_{i,j}^{k} + \phi_{i,j+1}^{k}}{h^2} \tag{1.4.3.3}$$

若令 $h^2/4 = \Delta t$，则此迭代公式就是原 Laplace 方程增加一个时间相关项后得到的非定常方程

$$\frac{\partial \phi}{\partial t} = \frac{\partial^2 \phi}{\partial x^2} + \frac{\partial^2 \phi}{\partial y^2} \tag{1.4.3.4}$$

的 FTCS 差分格式，这就是定常与非定常的相关性。

定常问题差分方程的迭代格式增加一个时间相关项后，方程便成为一个二维纯扩散方程 $(\nu = 1)$ 的 FTCS 格式。对等步长正方形网格 $\Delta x = \Delta y = h$，二维扩散方程的稳定性条件为

$$\frac{\Delta t}{h^2} \leqslant \frac{1}{4} \quad 或 \quad \Delta t \leqslant \frac{h^2}{4}$$

因此式（1.4.3.3）恒满足收敛条件，所以差分方程的迭代格式是收敛的。但同时也可看出，虽然收敛，但收敛得很慢。

2. *超松弛迭代法*

一般的松弛迭代法为 Gauss-Seidel（高斯-赛德尔）法，其迭代格式为

$$\phi_{i,j}^{k+1} = \frac{1}{4}\left(\phi_{i-1,j}^{k+1} + \phi_{i,j-1}^{k+1} + \phi_{i+1,j}^{k} + \phi_{i,j+1}^{k}\right) \tag{1.4.3.5}$$

与简单迭代格式（1.4.3.1）相比，迭代格式（1.4.3.5）的特点是，在迭代的计算过程中求得节点的新值之后旧值不需保留，从而可节省计算的存储量，加快收敛的速度。

将 Gauss-Seidel 迭代格式（1.4.3.5）写为如下增量形式：

$$\phi_{i,j}^{k+1} = \phi_{i,j}^{k} + \frac{1}{4}\left(\phi_{i-1,j}^{k+1} + \phi_{i,j-1}^{k+1} + \phi_{i+1,j}^{k} + \phi_{i,j+1}^{k} - 4\phi_{i,j}^{k}\right) = \phi_{i,j}^{k} + \Delta\phi_{i,j} \tag{1.4.3.6}$$

式中，$\Delta\phi_{i,j}$ 是第 k 次迭代到第 k+1 次迭代，节点(i, j)处的值 $\phi_{i,j}$ 的增量。

超松弛迭代法就是将增量 $\Delta\phi_{i,j}$ 乘因子 ω $(1<\omega<2)$，以达到加快迭代收敛速度的目的，即

$$\begin{aligned}\phi_{i,j}^{k+1} &= \phi_{i,j}^{k} + \omega\Delta\phi_{i,j} \\ &= \frac{\omega}{4}\left(\phi_{i-1,j}^{k+1} + \phi_{i,j-1}^{k+1} + \phi_{i+1,j}^{k} + \phi_{i,j+1}^{k}\right) + (1-\omega)\phi_{i,j}^{k}\end{aligned} \tag{1.4.3.7}$$

对于边长为 1 的正方形区域第一边值问题，采用等步长正方形网格的研究表明，其最佳超松弛因子为

$$\omega=\frac{2}{1+\sqrt{1-\mu^2}},\quad \mu=\cos\frac{\pi}{N}\approx 1-\frac{\pi^2}{2N^2} \tag{1.4.3.8}$$

式中，N^2 为网格的单元数。

3. 时间相关法

时间相关法是通过引进时间相关项，将边值问题变成初边值问题求解，将非定常解长时间的渐近极限作为定常解。前面已经证明，Laplace 方程差分问题的简单迭代格式实际上就是二维扩散方程的 FTCS 格式，只是取定值 $\Delta t=h^2/4$ 。下面讨论一个定常流动的输运方程

$$a\frac{\partial u}{\partial x}=\nu\frac{\partial^2 u}{\partial x^2} \tag{1.4.3.9}$$

该方程用中心差商可离散成

$$a\frac{u_{j+1}-u_{j-1}}{2\Delta x}=\nu\frac{u_{j+1}-2u_j+u_{j-1}}{\Delta x^2}$$

$$u_j=-\frac{a\Delta x}{4\nu}\left(u_{j+1}-u_{j-1}\right)+\frac{1}{2}\left(u_{j+1}+u_{j-1}\right)$$

它的简单迭代格式为

$$u_j^{k+1}=-\frac{a\Delta x}{4\nu}\left(u_{j+1}^k-u_{j-1}^k\right)+\frac{1}{2}\left(u_{j+1}^k+u_{j-1}^k\right) \tag{1.4.3.10}$$

两边同减去 u_j^k，得

$$u_j^{k+1}-u_j^k=-\frac{a\Delta x^2}{2\nu}\frac{u_{j+1}^k-u_{j-1}^k}{2\Delta x}+\frac{\Delta x^2}{2}\frac{u_{j+1}^k-2u_j^k+u_{j-1}^k}{\Delta x^2}$$

设时间步长 $\Delta t=\dfrac{\Delta x^2}{2\nu}$，则上式可表示为

$$\frac{u_j^{k+1}-u_j^k}{\Delta t}=-a\frac{u_{j+1}^k-u_{j-1}^k}{2\Delta x}+\nu\frac{u_{j+1}^k-2u_j^k+u_{j-1}^k}{\Delta x^2} \tag{1.4.3.11}$$

式（1.4.3.11）实际上就是非定常对流扩散方程

$$\frac{\partial u}{\partial t}+a\frac{\partial u}{\partial x}=\nu\frac{\partial^2 u}{\partial x^2} \tag{1.4.3.12}$$

的 FTCS 差分格式。该差分格式的稳定性条件为

$$2\nu\frac{\Delta t}{\Delta x^2}\leqslant 1 \text{ 及 } \Delta t\leqslant\frac{2\nu}{a^2}$$

将设定的时间步长 $\Delta t=\dfrac{\Delta x^2}{2\nu}$ 代入上述前一个稳定性条件，恒满足 $2\nu\dfrac{\Delta t}{\Delta x^2}=1$。

将时间步长$\Delta t=\dfrac{\Delta x^2}{2\nu}$代入后一个稳定性条件，可得定常问题迭代格式的收敛条件为$a\dfrac{\Delta x}{\nu}\leqslant 2$。

4. ADI 方法

利用 ADI 方法求解定常问题，可建立在时间相关法的基础上。以 Laplace 方程为例，Laplace 方程加上时间相关项后，其非定常方程为

$$\frac{\partial\phi}{\partial t}=\frac{\partial\phi^2}{\partial x^2}+\frac{\partial\phi^2}{\partial y^2} \tag{1.4.3.13}$$

对非定常方程（1.4.3.13）采用 ADI 方法求解，其交替方向隐式格式为

$$\frac{\phi_{i,j}^{k+\frac{1}{2}}-\phi_{i,j}^{k}}{\frac{\Delta t}{2}}=\frac{\phi_{i+1,j}^{k+\frac{1}{2}}-2\phi_{i,j}^{k+\frac{1}{2}}+\phi_{i-1,j}^{k+\frac{1}{2}}}{\Delta x^2}+\frac{\phi_{i,j+1}^{k}-2\phi_{i,j}^{k}+\phi_{i,j-1}^{k}}{\Delta y^2} \tag{1.4.3.14}$$

$$\frac{\phi_{i,j}^{k+1}-\phi_{i,j}^{k+\frac{1}{2}}}{\frac{\Delta t}{2}}=\frac{\phi_{i+1,j}^{k+\frac{1}{2}}-2\phi_{i,j}^{k+\frac{1}{2}}+\phi_{i-1,j}^{k+\frac{1}{2}}}{\Delta x^2}+\frac{\phi_{i,j+1}^{k+1}-2\phi_{i,j}^{k+1}+\phi_{i,j-1}^{k+1}}{\Delta y^2} \tag{1.4.3.15}$$

记$\theta=\dfrac{\Delta x}{\Delta y}$，则上述格式可写为

$$\phi_{i,j}^{k+\frac{1}{2}}=\phi_{i,j}^{k}+\frac{\Delta t}{2\Delta x^2}\left[\left(\phi_{i+1,j}^{k+\frac{1}{2}}-2\phi_{i,j}^{k+\frac{1}{2}}+\phi_{i-1,j}^{k+\frac{1}{2}}\right)+\theta^2\left(\phi_{i,j+1}^{k}-2\phi_{i,j}^{k}+\phi_{i,j-1}^{k}\right)\right] \tag{1.4.3.16}$$

$$\phi_{i,j}^{k+1}=\phi_{i,j}^{k+\frac{1}{2}}+\frac{\Delta t}{2\Delta x^2}\left[\left(\phi_{i+1,j}^{k+\frac{1}{2}}-2\phi_{i,j}^{k+\frac{1}{2}}+\phi_{i-1,j}^{k+\frac{1}{2}}\right)+\theta^2\left(\phi_{i,j+1}^{k+1}-2\phi_{i,j}^{k+1}+\phi_{i,j-1}^{k+1}\right)\right] \tag{1.4.3.17}$$

方程（1.4.3.16）在 x 方向取隐式、y 方向取显式，是关于$\phi_{i-1,j}^{k+\frac{1}{2}}$，$\phi_{i,j}^{k+\frac{1}{2}}$和$\phi_{i+1,j}^{k+\frac{1}{2}}$的三对角代数方程组；方程（1.4.3.17）在 x 方向取显式、y 方向取隐式，是关于$\phi_{i,j-1}^{k+1}$，$\phi_{i,j}^{k+1}$和$\phi_{i,j+1}^{k+1}$的三对角代数方程组。

1.5　平面二维潮流泥沙的数值模型

河口海岸泥沙输移问题涉及港口选址规划布置、航道整治、抛泥区选择、海岸线侵蚀、区域性填海设计、海洋结构物基础的安全等。随着经济的发展，污染物排放处置、滩涂促淤围垦和海洋环境保护等方面的问题日益突出，这些问题都与泥沙输运密切相关。

用数学模型来模拟河口海岸泥沙的输移是 20 世纪 60 年代发展起来的，由于

数学模型试验不存在物模试验比例尺的限制，因此在解决河口海岸泥沙运动问题方面成为一种广泛采用的试验方法。潮流是河口海岸带和海洋中的主要水动力条件之一，也是泥沙输移的最主要的动力因素。由于海岸河口地区水域属于宽浅型区域，即水平尺度远大于垂直尺度，水力参数（流速、水深等）在垂向变化远小于水平方向的变化，其流态可用垂向平均的参量来表示。因此可用将三维潮流运动方程进行沿水深积分得到的平面二维方程来近似描述潮流泥沙运动，大多数情况下平面二维模型具有足够的精度，可满足工程要求。

本节采用有限差分法求解平面二维潮流泥沙输移的数学模型。模型由三个部分组成，即水动力模型、泥沙输运模型和海岸演变模型。对水流运动方程组，采用交替方向显隐混合格式（ADI 法）进行求解；对悬沙运动方程，采用算子分裂法求解。本节最后以某海域为例，在潮流和含沙量的模拟结果与实测资料吻合良好的基础上，数值模拟了该海域的悬沙输移过程和海岸冲淤过程。

1.5.1　基本方程

1. 水流运动方程

采用非线性浅水环流方程组描述水流运动特性，取正交笛卡儿坐标系，如图 1.5.1 所示，(x, y)坐标面位于未扰动的平均海平面，z 轴垂直向上。

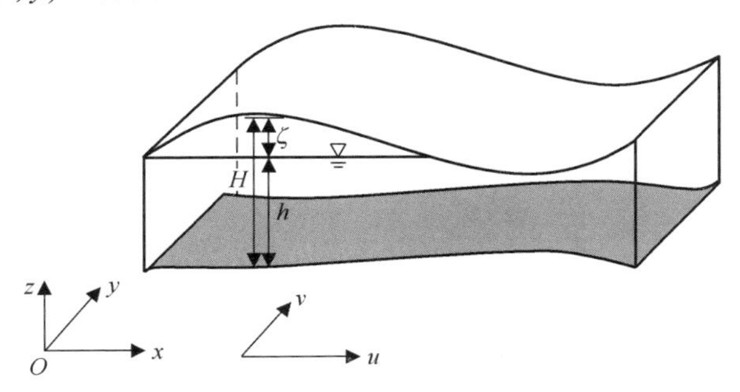

图 1.5.1　笛卡儿直角坐标系

在常密度、水深与波长之比为一小量，并且服从静水压力分布等假设下，沿水深平均的平面二维水流运动方程组可以表示为

$$\frac{\partial \zeta}{\partial t}+\frac{\partial\left[(\zeta+h)u\right]}{\partial x}+\frac{\partial\left[(\zeta+h)v\right]}{\partial y}=0 \tag{1.5.1.1}$$

$$\frac{\partial u}{\partial t}+u\frac{\partial u}{\partial x}+v\frac{\partial u}{\partial y}-fv$$

$$=-g\frac{\partial \zeta}{\partial x}-\tau_b u\frac{\sqrt{u^2+v^2}}{\zeta+h}+\frac{\partial}{\partial x}\left(N_x\frac{\partial u}{\partial x}\right)+\frac{\partial}{\partial y}\left(N_y\frac{\partial u}{\partial y}\right) \tag{1.5.1.2}$$

$$\frac{\partial v}{\partial t}+u\frac{\partial v}{\partial x}+v\frac{\partial v}{\partial y}+fu$$
$$=-g\frac{\partial \zeta}{\partial y}-\tau_b v\frac{\sqrt{u^2+v^2}}{\zeta+h}+\frac{\partial}{\partial x}\left(N_x\frac{\partial v}{\partial x}\right)+\frac{\partial}{\partial y}\left(N_y\frac{\partial v}{\partial y}\right) \quad (1.5.1.3)$$

式中，ζ为相对于某一基准面的水位（m）；h为相对于某一基准面的水深（m）；u，v分别为x，y方向的深度平均流速分量（m/s）：

$$u=\frac{1}{d+\zeta}\int_{-d}^{\zeta}\tilde{u}\mathrm{d}z\ ,\quad v=\frac{1}{d+\zeta}\int_{-d}^{\zeta}\tilde{v}\mathrm{d}z$$

其中，$\tilde{u}$，$\tilde{v}$分别为沿水深变化的流速分量；f为科氏力参数，$f=2\varpi\sin\phi$，其中$\varpi=\frac{4\pi}{86400}$，为地球自转速度，$\phi$为北半球纬度；$g$为重力加速度；$N_x$，$N_y$分别为$x$，$y$方向水流紊动黏性系数（$\mathrm{m}^2/\mathrm{s}$）；$\tau_b$为底部摩阻系数。

平面二维水流运动方程组[式（1.5.1.1）～式（1.5.1.3）]的初始条件及边界条件如下。

1）初始条件：

$$\zeta(x,y,t)\big|_{t=0}=\zeta_0(x,y)$$
$$u(x,y,t)\big|_{t=0}=u_0(x,y)$$
$$v(x,y,t)\big|_{t=0}=v_0(x,y)$$

2）固边界条件：

$$\boldsymbol{V}\times\boldsymbol{n}=0$$

式中，$\boldsymbol{n}$为陆域边界$\varGamma_2$的法向矢量；$\boldsymbol{V}$为流速矢量。

3）开边界条件：

$$\zeta(x,y,t)\big|_{\varGamma}=\zeta^*(x,y,t)\quad 或\quad \boldsymbol{V}(x,y,t)\big|_{\varGamma}=\boldsymbol{V}^*(x,y,t)$$

式中，$\zeta^*(\cdot),\boldsymbol{V}^*(\cdot)$分别为开边界$\varGamma_1$已知的潮位（m）和流速（m/s）。

2. 悬沙输移扩散方程

泥沙运动通常分为悬移质和推移质，其中悬移质泥沙悬浮在水体中，随着水流运动而发生对流扩散运动。平面二维悬沙输移扩散方程如下：

$$\frac{\partial c}{\partial t}+u\frac{\partial c}{\partial x}+v\frac{\partial c}{\partial y}=\frac{\partial}{\partial x}\left(D_x\frac{\partial c}{\partial x}\right)+\frac{\partial}{\partial y}\left(D_y\frac{\partial c}{\partial y}\right)+\frac{1}{H}F_s \quad (1.5.1.4)$$

式中，H为总水深，即$H=\zeta+h$；u,v分别为x,y方向的深度平均流速分量（m/s），由二维水流运动方程组确定；c为水深平均的含沙浓度（$\mathrm{kg/m^3}$）；D_x，D_y分别为x，y方向的悬沙紊动扩散系数（m^2/s）；F_s为源项函数。

源项函数F_s可以通过多种方法确定。本节采用如下的挟沙力法公式：

$$F_s=-\alpha_3\omega(k_1c^{\mathrm{sat}}-k_2c) \quad (1.5.1.5)$$

式中，α_3 为泥沙沉降概率；k_1 为挟沙力恢复饱和系数；k_2 为含沙量恢复饱和系数；ω 为泥沙沉速；c^{sat} 为饱和状态下的含沙量，也称为水流挟沙力。

平面二维悬沙输移扩散方程（1.5.1.4）的初始条件及边界条件如下。

1）初始条件：

$$c(x,y,t)\big|_{t=0} = c_0(x,y)$$

初始场依现场含沙量分布情况取定。含沙量初始值尽量不要给定为一个常数，应由实测含沙量内插得到，尽量给出一个比较准确的初始值。这是因为含沙量不像水流计算那样，前一时刻的含沙量会影响以后的含沙量，即所谓的前期含沙量影响。

2）固边界的法向泥沙通量为零，即

$$\frac{\partial c}{\partial \boldsymbol{n}} = 0$$

3）入流开边界条件：

$$c(x,y,t)\big|_{\Gamma} = c^*(x,y,t)$$

4）出流开边界条件：

$$\frac{\partial c}{\partial t} + u_n \frac{\partial c}{\partial \boldsymbol{n}} = 0$$

式中，c^*, u_n 分别为已知含沙量（$\mathrm{kg/m^3}$）和法向流速（m/s）。

3. 悬移质海岸变形方程

在泥沙运动过程中，悬移质、推移质和床沙之间的交换会引起冲淤变化。由悬移质变化引起的海岸变形称为悬移质海岸变形。平面二维悬移质海岸变形方程为

$$\rho_s \frac{\partial z}{\partial t} = \alpha_3 \omega\left(k_2 c - k_1 c^{\mathrm{sat}}\right) \tag{1.5.1.6}$$

式中，ρ_s 为泥沙干密度（$\mathrm{kg/m^3}$）；α_3 为泥沙沉降概率；k_1 为挟沙力恢复饱和系数；k_2 为含沙量恢复饱和系数；ω 为泥沙沉速；c 为含沙量；c^{sat} 为饱和状态下的含沙量（水流挟沙力）。

1.5.2　水流运动方程组的离散及求解

二维水流运动方程和悬沙运动方程的离散采用图 1.5.2 所示的交错差分网格，水深 h，水位 ζ，含沙量 c 均定义在网格中心，流速分量 u，v 分别布置在网格左右和上下两边。

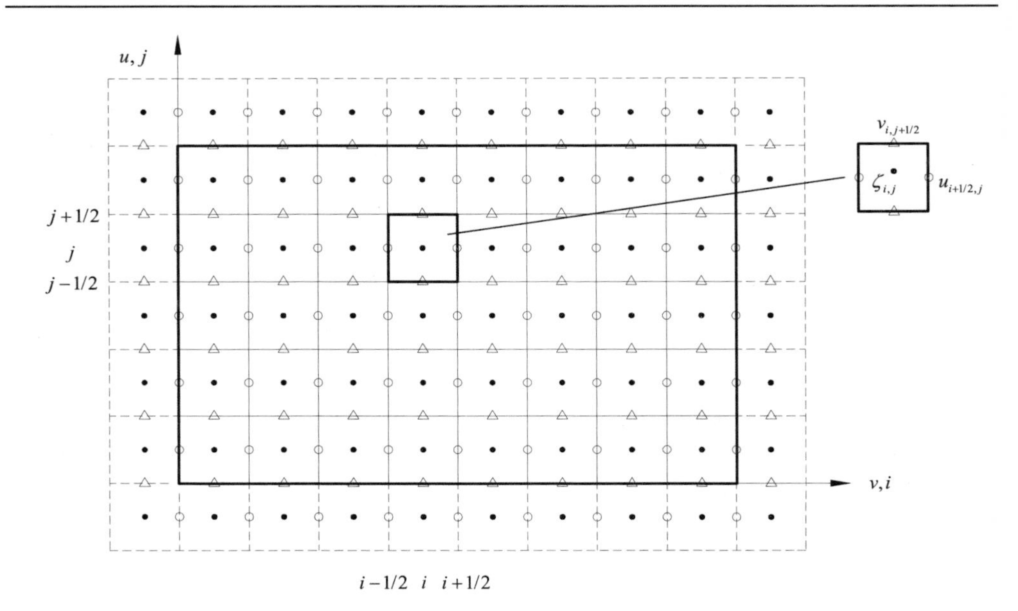

图 1.5.2　交错网格定义

水流运动方程组采用交替方向显隐混合格式（ADI 法）进行求解（中华人民共和国交通运输部，2010）。在对微分方程进行差分离散时，将任一时刻的时间步长 Δt 分为两个半步长，在前半个时间步长内，先将 x 方向动量方程与连续方程联立，对 u，ζ 进行隐式求解，再将求得的 u，ζ 值代入 y 方向的动量方程中，对 v 进行显示求解。在后半个时间步长内，则先将 y 方向动量方程与连续方程联立，对 v，ζ 进行隐式求解，再将求得的 v，ζ 值代入 x 方向的动量方程中，对 u 进行显示求解。

在前半个时间步长，即 $n\Delta t\to\left(n+\dfrac{1}{2}\right)\Delta t$ 时，联立式（1.5.1.1）与式（1.5.1.2）。水流连续方程式（1.5.1.1）在(i,j)点离散，水位 ζ 取隐式，x 方向的速度 u 取隐式、y 方向的速度 v 取显式，于是得到如下离散格式：

$$\frac{\zeta_{i,j}^{n+\frac{1}{2}}-\zeta_{i,j}^{n}}{\frac{1}{2}\Delta t}+\frac{(\zeta+h)_{i+\frac{1}{2},j}^{n}u_{i+\frac{1}{2},j}^{n+\frac{1}{2}}-(\zeta+h)_{i-\frac{1}{2},j}^{n}u_{i-\frac{1}{2},j}^{n+\frac{1}{2}}}{\Delta x}$$
$$+\frac{(\zeta+h)_{i,j+\frac{1}{2}}^{n}v_{i,j+\frac{1}{2}}^{n}-(\zeta+h)_{i,j-\frac{1}{2}}^{n}v_{i,j-\frac{1}{2}}^{n}}{\Delta y}$$
$$=0$$

上式两端同乘$\Delta t/2$ 后，将已知量移到等式的右端，得

$$\zeta_{i,j}^{n+\frac{1}{2}}+\frac{\Delta t}{2\Delta x}(\zeta+h)_{i+\frac{1}{2},j}^{n}u_{i+\frac{1}{2},j}^{n+\frac{1}{2}}-\frac{\Delta t}{2\Delta x}(\zeta+h)_{i-\frac{1}{2},j}^{n}u_{i-\frac{1}{2},j}^{n+\frac{1}{2}}$$

$$=\zeta_{i,j}^{n}-\frac{\Delta t}{2\Delta y}\left[(\zeta+h)_{i,j+\frac{1}{2}}^{n}v_{i,j+\frac{1}{2}}^{n}-(\zeta+h)_{i,j-\frac{1}{2}}^{n}v_{i,j-\frac{1}{2}}^{n}\right]$$

整理可得差分方程：

$$a_i u_{i-\frac{1}{2},j}^{n+\frac{1}{2}}+b_i\zeta_{i,j}^{n+\frac{1}{2}}+c_i u_{i+\frac{1}{2},j}^{n+\frac{1}{2}}=B_i \tag{1.5.2.1}$$

式中，

$$a_i=-\frac{\Delta t}{2\Delta x}(h+\zeta)_{i-\frac{1}{2},j}^{n}$$

$$b_i=1$$

$$c_i=\frac{\Delta t}{2\Delta x}(h+\zeta)_{i+\frac{1}{2},j}^{n}$$

$$B_i=\zeta_{i,j}^{n}-\frac{\Delta t}{2\Delta y}\left[(h+\zeta)_{i,j+\frac{1}{2}}^{n}v_{i,j+\frac{1}{2}}^{n}-(h+\zeta)_{i,j-\frac{1}{2}}^{n}v_{i,j-\frac{1}{2}}^{n}\right]$$

x 方向的动量方程式（1.5.1.2）在$\left(i+\frac{1}{2},\ j\right)$点离散，水位$\zeta$取隐式，$\left(i+\frac{1}{2},\ j\right)$点的速度$u_{i+\frac{1}{2},j}$取隐式，其他点的速度$u$与$v$取显式，为简单起见，考虑$N_x$，$N_y$为常数，于是得到如下离散格式：

$$\frac{u_{i+\frac{1}{2},j}^{n+\frac{1}{2}}-u_{i+\frac{1}{2},j}^{n}}{\frac{1}{2}\Delta t}+u_{i+\frac{1}{2},j}^{n+\frac{1}{2}}\frac{u_{i+\frac{3}{2},j}^{n}-u_{i-\frac{1}{2},j}^{n}}{2\Delta x}+v_{i+\frac{1}{2},j}^{n}\frac{u_{i+\frac{1}{2},j+1}^{n}-u_{i+\frac{1}{2},j-1}^{n}}{2\Delta y}-fv_{i+\frac{1}{2},j}^{n}$$

$$=-g\frac{\zeta_{i+1,j}^{n+\frac{1}{2}}-\zeta_{i,j}^{n+\frac{1}{2}}}{\Delta x}-\tau_b u_{i+\frac{1}{2},j}^{n}\frac{\sqrt{\left(u_{i+1/2,j}^{n}\right)^2+\left(v_{i+1/2,j}^{n}\right)^2}}{(\zeta+h)_{i+1/2,j}^{n}}$$

$$+N_x\left(\frac{u_{i+\frac{3}{2},j}^{n}-2u_{i+\frac{1}{2},j}^{n}+u_{i-\frac{1}{2},j}^{n}}{\Delta x^2}\right)+N_y\left(\frac{u_{i+\frac{1}{2},j+1}^{n}-2u_{i+\frac{1}{2},j}^{n}+u_{i+\frac{1}{2},j-1}^{n}}{\Delta y^2}\right)$$

上式两端同乘$\Delta t/2$后，得

$$u_{i+\frac{1}{2},j}^{n+\frac{1}{2}}-u_{i+\frac{1}{2},j}^{n}+u_{i+\frac{1}{2},j}^{n+\frac{1}{2}}\left(u_{i+\frac{3}{2},j}^{n}-u_{i-\frac{1}{2},j}^{n}\right)\frac{\Delta t}{4\Delta x}+v_{i+\frac{1}{2},j}^{n}\left(u_{i+\frac{1}{2},j+1}^{n}-u_{i+\frac{1}{2},j-1}^{n}\right)\frac{\Delta t}{4\Delta y}-\frac{\Delta t}{2}fv_{i+\frac{1}{2},j}^{n}$$

$$=-g\frac{\Delta t}{2\Delta x}\zeta_{i+1,j}^{n+\frac{1}{2}}+g\frac{\Delta t}{2\Delta x}\zeta_{i,j}^{n+\frac{1}{2}}-\frac{\Delta t}{2}\tau_b u_{i+\frac{1}{2},j}^{n}\frac{\sqrt{\left(u_{i+1/2,j}^{n}\right)^2+\left(v_{i+1/2,j}^{n}\right)^2}}{(\zeta+h)_{i+1/2,j}^{n}}$$

$$+\frac{\Delta t}{2}N_x\left(\frac{u^n_{i+\frac{3}{2},j}-2u^n_{i+\frac{1}{2},j}+u^n_{i-\frac{1}{2},j}}{\Delta x^2}\right)+\frac{\Delta t}{2}N_y\left(\frac{u^n_{i+\frac{1}{2},j+1}-2u^n_{i+\frac{1}{2},j}+u^n_{i+\frac{1}{2},j-1}}{\Delta y^2}\right)$$

整理后得差分方程：

$$\tilde{a}_i\zeta^{n+\frac{1}{2}}_{i,j}+\tilde{b}_i u^{n+\frac{1}{2}}_{i+\frac{1}{2},j}+\tilde{c}_i\zeta^{n+\frac{1}{2}}_{i+1,j}=\tilde{B}_i \quad (1.5.2.2)$$

式中，

$$\tilde{a}_i=-\frac{\Delta t}{2\Delta x}g$$

$$\tilde{b}_i=1+\frac{\Delta t}{4\Delta x}\left(u^n_{i+\frac{3}{2},j}-u^n_{i-\frac{1}{2},j}\right)$$

$$\tilde{c}_i=\frac{\Delta t}{2\Delta x}g$$

$$\begin{aligned}\tilde{B}_i=&u^n_{i+\frac{1}{2},j}-\frac{\Delta t}{4\Delta y}v^n_{i+\frac{1}{2},j}\left(u^n_{i+\frac{1}{2},j+1}-u^n_{i+\frac{1}{2},j-1}\right)+\frac{\Delta t}{2}f v^n_{i+\frac{1}{2},j}\\&-\frac{\Delta t}{2}\tau_b u^n_{i+\frac{1}{2},j}\frac{\sqrt{\left(u^n_{i+1/2,j}\right)^2+\left(v^n_{i+1/2,j}\right)^2}}{(\zeta+h)^n_{i+1/2,j}}+\frac{\Delta t}{2\Delta x^2}N_x\left(u^n_{i+\frac{3}{2},j}-2u^n_{i+\frac{1}{2},j}+u^n_{i-\frac{1}{2},j}\right)\\&+\frac{\Delta t}{2\Delta y^2}N_y\left(u^n_{i+\frac{1}{2},j+1}-2u^n_{i+\frac{1}{2},j}+u^n_{i+\frac{1}{2},j-1}\right)\end{aligned}$$

y 方向的动量方程（1.5.1.3）在 $\left(i,j+\frac{1}{2}\right)$ 点离散，采用显式格式，于是得到

$$\begin{aligned}&\frac{v^{n+\frac{1}{2}}_{i,j+\frac{1}{2}}-v^n_{i,j+\frac{1}{2}}}{\frac{1}{2}\Delta t}+u^{n+\frac{1}{2}}_{i,j+\frac{1}{2}}\frac{v^n_{i+1,j+\frac{1}{2}}-v^n_{i-1,j+\frac{1}{2}}}{2\Delta x}+v^{n+\frac{1}{2}}_{i,j+\frac{1}{2}}\frac{v^n_{i,j+\frac{3}{2}}-v^n_{i,j-\frac{1}{2}}}{2\Delta y}+fu^{n+\frac{1}{2}}_{i,j+\frac{1}{2}}\\&=-g\frac{\zeta^{n+\frac{1}{2}}_{i,j+1}-\zeta^{n+\frac{1}{2}}_{i,j}}{\Delta y}-\tau_b v^{n+\frac{1}{2}}_{i,j+\frac{1}{2}}\frac{\sqrt{\left(u^{n+1/2}_{i,j+1/2}\right)^2+\left(v^n_{i,j+1/2}\right)^2}}{(h+\zeta)^n_{i,j+1/2}}\\&+N_x\frac{v^n_{i+1,j+\frac{1}{2}}-2v^n_{i,j+\frac{1}{2}}+v^n_{i-1,j+\frac{1}{2}}}{\Delta x^2}+N_y\frac{v^n_{i,j+\frac{3}{2}}-2v^n_{i,j+\frac{1}{2}}+v^n_{i,j-\frac{1}{2}}}{\Delta y^2}\end{aligned}$$

上式两端同乘$\Delta t/2$ 后，将已知量移到等式的右端，整理后得差分方程：

$$v^{n+\frac{1}{2}}_{i,j+\frac{1}{2}}+\frac{\Delta t}{2}v^{n+\frac{1}{2}}_{i,j+\frac{1}{2}}\frac{v^n_{i,j+\frac{3}{2}}-v^n_{i,j-\frac{1}{2}}}{2\Delta y}+\frac{\Delta t}{2}\tau_b v^{n+\frac{1}{2}}_{i,j+\frac{1}{2}}\frac{\sqrt{\left(u^{n+1/2}_{i,j+1/2}\right)^2+\left(v^n_{i,j+1/2}\right)^2}}{(h+\zeta)^n_{i,j+1/2}}$$

$$= v^n_{i,j+\frac{1}{2}} - \frac{\Delta t}{2} u^{n+\frac{1}{2}}_{i,j+\frac{1}{2}} \frac{v^n_{i+1,j+\frac{1}{2}} - v^n_{i-1,j+\frac{1}{2}}}{2\Delta x} - \frac{\Delta t}{2} f u^{n+\frac{1}{2}}_{i,j+\frac{1}{2}} - \frac{\Delta t}{2\Delta y} g\left(\zeta^{n+\frac{1}{2}}_{i,j+1} - \zeta^{n+\frac{1}{2}}_{i,j}\right)$$

$$+ \frac{\Delta t}{2\Delta x^2} N_x \left(v^n_{i+1,j+\frac{1}{2}} - 2v^n_{i,j+\frac{1}{2}} + v^n_{i-1,j+\frac{1}{2}}\right) + \frac{\Delta t}{2\Delta y^2} N_y \left(v^n_{i,j+\frac{3}{2}} - 2v^n_{i,j+\frac{1}{2}} + v^n_{i,j-\frac{1}{2}}\right) \quad (1.5.2.3)$$

所以

$$v^{n+\frac{1}{2}}_{i,j+\frac{1}{2}} = \frac{F_{v1}}{E_{v1}}$$

式中，

$$E_{v1} = 1 + \frac{\Delta t}{4\Delta y}\left(v^n_{i,j+\frac{3}{2}} - v^n_{i,j-\frac{1}{2}}\right) + \frac{\Delta t}{2}\tau_b \frac{\sqrt{\left(u^{n+1/2}_{i,j+1/2}\right)^2 + \left(v^n_{i,j+1/2}\right)^2}}{(h+\zeta)^n_{i,j+1/2}}$$

$$F_{v1} = v^n_{i,j+\frac{1}{2}} - \frac{\Delta t}{4\Delta x} u^{n+\frac{1}{2}}_{i,j+\frac{1}{2}} \left(v^n_{i+1,j+\frac{1}{2}} - v^n_{i-1,j+\frac{1}{2}}\right) - \frac{\Delta t}{2} f u^{n+\frac{1}{2}}_{i,j+\frac{1}{2}} - \frac{\Delta t}{2\Delta y} g\left(\zeta^{n+\frac{1}{2}}_{i,j+1} - \zeta^{n+\frac{1}{2}}_{i,j}\right)$$

$$+ \frac{\Delta t}{2\Delta x^2} N_x \left(v^n_{i+1,j+\frac{1}{2}} - 2v^n_{i,j+\frac{1}{2}} + v^n_{i-1,j+\frac{1}{2}}\right) + \frac{\Delta t}{2\Delta y^2} N_y \left(v^n_{i,j+\frac{3}{2}} - 2v^n_{i,j+\frac{1}{2}} + v^n_{i,j-\frac{1}{2}}\right)$$

式（1.5.2.1）～式（1.5.2.3）中用到了不在其所定义节点处的水深 h，水位 ζ 及流速 u，v，可取其相邻节点的平均值，如

$$h_{i+1/2,j} = \frac{1}{2}\left(h_{i,j} + h_{i+1,j}\right)$$

$$\zeta^n_{i+1/2,j} = \frac{1}{2}\left(\zeta^n_{i,j} + \zeta^n_{i+1,j}\right)$$

$$h_{i-1/2,j} = \frac{1}{2}\left(h_{i-1,j} + h_{i,j}\right)$$

$$\zeta^n_{i-1/2,j} = \frac{1}{2}\left(\zeta^n_{i-1,j} + \zeta^n_{i,j}\right)$$

$$h_{i,j+1/2} = \frac{1}{2}\left(h_{i,j} + h_{i,j+1}\right)$$

$$\zeta^n_{i,j+1/2} = \frac{1}{2}\left(\zeta^n_{i,j} + \zeta^n_{i,j+1}\right)$$

$$h_{i,j-1/2} = \frac{1}{2}\left(h_{i,j-1} + h_{i,j}\right)$$

$$\zeta^n_{i,j-1/2} = \frac{1}{2}\left(\zeta^n_{i,j-1} + \zeta^n_{i,j}\right)$$

$$u^{n+1/2}_{i,j+1/2} = \frac{1}{4}\left(u^{n+1/2}_{i-1/2,j} + u^{n+1/2}_{i+1/2,j} + u^{n+1/2}_{i-1/2,j+1} + u^{n+1/2}_{i+1/2,j+1}\right)$$

$$v^n_{i+1/2,j} = \frac{1}{4}\left(v^n_{i,j-1/2} + v^n_{i+1,j-1/2} + v^n_{i,j+1/2} + v^n_{i+1,j+1/2}\right)$$

联立式（1.5.2.1）和式（1.5.2.2），采用追赶法按 x 方向逐行求解 $u_{i+\frac{1}{2},j}^{n+\frac{1}{2}}$，$\zeta_{i,j}^{n+\frac{1}{2}}$，然后利用式(1.5.2.3)，在 y 方向上，对于每一个固定的 i，通过显式计算得到 $v_{i,j+\frac{1}{2}}^{n+\frac{1}{2}}$。

完全类似，可以推出 $(n+1/2)\Delta t \to (n+1)\Delta t$ 的各个相应的表达式，只需将 x 和 y 对调，u 和 v 对调，n 变成 $n+1/2$，$n+1/2$ 变成 $n+1$ 等即可，这里不再重复。

1.5.3 悬沙输移扩散方程的离散及求解

悬沙输移扩散方程采用算子分裂法求解，即将悬沙输移扩散方程按 x，y 方向分裂成两个方程，在对微分方程进行差分离散时，将任一时刻的时间步长 Δt 分为两个半步长，在前半个时间步长内，求解 x 方向的方程，对 $c_{i,j}^{n+\frac{1}{2}}$ 进行隐式求解；在后半个时间步长内，求解 y 方向的方程，并将已求得的 $c_{i,j}^{n+\frac{1}{2}}$ 的值代入 y 方向的方程中，对 $c_{i,j}^{n+1}$ 进行隐式求解。

将悬沙输移扩散方程式（1.5.1.4）按 x，y 方向分裂成如下两个方程：

$$\frac{1}{2}\frac{\partial c}{\partial t}+u\frac{\partial c}{\partial x}-\frac{\partial}{\partial x}\left(D_x\frac{\partial c}{\partial x}\right)=\frac{1}{2H}F_s \tag{1.5.3.1}$$

$$\frac{1}{2}\frac{\partial c}{\partial t}+v\frac{\partial c}{\partial y}-\frac{\partial}{\partial y}\left(D_y\frac{\partial c}{\partial y}\right)=\frac{1}{2H}F_s \tag{1.5.3.2}$$

采用与离散水流运动方程组相同的交错网格（图 1.5.2），含沙量 c 定义在网格中心。水位 ζ，流速分量 u，v 采用求解二维水流运动方程组得到计算结果。首先在前半个时间步长，即 $n\Delta t \to \left(n+\dfrac{1}{2}\right)\Delta t$ 内，沿 x 方向离散求解式（1.5.3.1），对流项采用迎风格式，扩散项采用中心差分，考虑悬沙紊动扩散系数 D_x，D_y 为常值，得

$$\begin{aligned}&\frac{1}{2}\frac{c_{i,j}^{n+\frac{1}{2}}-c_{i,j}^{n}}{\Delta t/2}+\frac{u_{i,j}^{n}}{\Delta x}\left[\alpha\left(c_{i,j}^{n+\frac{1}{2}}-c_{i-1,j}^{n+\frac{1}{2}}\right)+(1-\alpha)\left(c_{i+1,j}^{n+\frac{1}{2}}-c_{i,j}^{n+\frac{1}{2}}\right)\right]\\&-\frac{D_x}{\Delta x^2}\left(c_{i+1,j}^{n+\frac{1}{2}}-2c_{i,j}^{n+\frac{1}{2}}+c_{i-1,j}^{n+\frac{1}{2}}\right)=\frac{1}{2H_{i,j}^{n}}F_s\end{aligned} \tag{1.5.3.3}$$

式中，$\alpha=\begin{cases}1, & u_{i,j}^{n}>0\\0, & u_{i,j}^{n}<0\end{cases}$，$u_{i,j}^{n}=\dfrac{1}{2}\left(u_{i-\frac{1}{2},j}^{n}+u_{i+\frac{1}{2},j}^{n}\right)$。

上式两端同乘Δt，若源项函数 F_s 采用如下挟沙力法的公式：

$$F_s=-\alpha_3\omega(k_1c^{\text{sat}}-k_2c)=-\alpha_3\omega k_1c^{\text{sat}}+\alpha_3\omega k_2c=F_{s1}+f_2c \tag{1.5.3.4}$$

将式（1.5.3.4）代入式（1.5.3.3），并将已知量移到等式的右端，可得到

$$
\begin{aligned}
& c_{i,j}^{n+\frac{1}{2}} + \frac{u_{i,j}^n \Delta t}{\Delta x}\left[\alpha\left(c_{i,j}^{n+\frac{1}{2}} - c_{i-1,j}^{n+\frac{1}{2}}\right) + (1-\alpha)\left(c_{i+1,j}^{n+\frac{1}{2}} - c_{i,j}^{n+\frac{1}{2}}\right)\right] \\
& - \frac{D_x \Delta t}{\Delta x^2}\left(c_{i+1,j}^{n+\frac{1}{2}} - 2c_{i,j}^{n+\frac{1}{2}} + c_{i-1,j}^{n+\frac{1}{2}}\right) - \frac{\Delta t f_2}{2H_{i,j}^n} c_{i,j}^{n+\frac{1}{2}} \\
= {} & c_{i,j}^n + \frac{\Delta t}{2}\frac{F_{s1}}{H_{i,j}^n}
\end{aligned}
$$

上式左端项 c 均为 $(n+1/2)\Delta t$ 时刻值，右端项 c 均为 $n\Delta t$ 时刻值，整理后，有

$$
\begin{aligned}
& -\frac{u_{i,j}^n \Delta t}{\Delta x}\alpha c_{i-1,j}^{n+\frac{1}{2}} - \frac{D_x \Delta t}{\Delta x^2} c_{i-1,j}^{n+\frac{1}{2}} + c_{i,j}^{n+\frac{1}{2}} + \frac{u_{i,j}^n \Delta t}{\Delta x}\left[\alpha c_{i,j}^{n+\frac{1}{2}} - (1-\alpha) c_{i,j}^{n+\frac{1}{2}}\right] \\
& + \frac{2D_x \Delta t}{\Delta x^2} c_{i,j}^{n+\frac{1}{2}} - \frac{\Delta t f_2}{2H_{i,j}^n} c_{i,j}^{n+\frac{1}{2}} + \frac{u_{i,j}^n \Delta t}{\Delta x}(1-\alpha) c_{i+1,j}^{n+\frac{1}{2}} - \frac{D_x \Delta t}{\Delta x^2} c_{i+1,j}^{n+\frac{1}{2}} \\
= {} & c_{i,j}^n + \frac{\Delta t}{2}\frac{F_{s1}}{H_{i,j}^h}
\end{aligned}
\tag{1.5.3.5}
$$

式（1.5.3.5）可写成如下形式：

$$
a_{i-1} c_{i-1,j}^{n+\frac{1}{2}} + a_i c_{i,j}^{n+\frac{1}{2}} + a_{i+1} c_{i+1,j}^{n+\frac{1}{2}} = B_j \tag{1.5.3.6}
$$

式中，

$$
\begin{aligned}
a_{i-1} &= -\frac{u_{i,j}^n \Delta t}{\Delta x}\alpha - \frac{D_x \Delta t}{\Delta x^2} \\
a_i &= 1 + \frac{u_{i,j}^n \Delta t}{\Delta x}(2\alpha - 1) + \frac{2D_x \Delta t}{\Delta x^2} - \frac{\Delta t f_2}{2H_{i,j}^n} \\
a_{i+1} &= \frac{u_{i,j}^n \Delta t}{\Delta x}(1-\alpha) - \frac{D_x \Delta t}{\Delta x^2} \\
B_j &= c_{i,j}^n + \frac{\Delta t}{2}\frac{F_{s1}}{H_{i,j}^n}
\end{aligned}
$$

在后半个时间步长，即 $\left(n+\frac{1}{2}\right)\Delta t \to (n+1)\Delta t$ 内，沿 y 方向离散求解式(1.5.3.2)，对流项采用迎风格式，扩散项采用中心差分，得

$$
\begin{aligned}
& \frac{1}{2}\frac{c_{i,j}^{n+1} - c_{i,j}^{n+\frac{1}{2}}}{\Delta t/2} + \frac{v_{i,j}^{n+\frac{1}{2}}}{\Delta y}\left[\beta\left(c_{i,j}^{n+1} - c_{i,j-1}^{n+1}\right) + (1-\beta)\left(c_{i,j+1}^{n+1} - c_{i,j}^{n+1}\right)\right] \\
& - \frac{D_y}{\Delta y^2}\left(c_{i,j+1}^{n+1} - 2c_{i,j}^{n+1} + c_{i,j-1}^{n+1}\right) = \frac{1}{2H_{i,j}^{n+\frac{1}{2}}} F_s
\end{aligned}
\tag{1.5.3.7}
$$

式中，$\beta=\begin{cases}1, & v_{i,j}^{n+\frac{1}{2}}>0\\ 0, & v_{i,j}^{n+\frac{1}{2}}<0\end{cases}$，$v_{i,j}^{n+\frac{1}{2}}=\frac{1}{2}\left(v_{i,j-\frac{1}{2}}^{n+\frac{1}{2}}+v_{i,j+\frac{1}{2}}^{n+\frac{1}{2}}\right)$。

上式两端同乘Δt，代入源项函数F_s的表达式（1.5.3.4），并将已知量移到等式的右端，可得到

$$\begin{aligned}&c_{i,j}^{n+1}+\frac{v_{i,j}^{n+\frac{1}{2}}\Delta t}{\Delta y}\left[\beta\left(c_{i,j}^{n+1}-c_{i,j-1}^{n+1}\right)+(1-\beta)\left(c_{i,j+1}^{n+1}-c_{i,j}^{n+1}\right)\right]\\&-\frac{D_y\Delta t}{\Delta y^2}\left(c_{i,j+1}^{n+1}-2c_{i,j}^{n+1}+c_{i,j-1}^{n+1}\right)-\frac{\Delta tf_2}{2H_{i,j}^{n+\frac{1}{2}}}c_{i,j}^{n+1}\\=\;&c_{i,j}^{n+\frac{1}{2}}+\frac{\Delta t}{2}\frac{F_{s1}}{H_{i,j}^{n+\frac{1}{2}}}\end{aligned}$$

上式左端项c均为$(n+1)\Delta t$时刻值，右端项c均为$(n+1/2)\Delta t$时刻值，整理后，有

$$\begin{aligned}&-\frac{v_{i,j}^{n+\frac{1}{2}}\Delta t}{\Delta y}\beta c_{i,j-1}^{n+1}-\frac{D_y\Delta t}{\Delta y^2}c_{i,j-1}^{n+1}+c_{i,j}^{n+1}+\frac{v_{i,j}^{n+\frac{1}{2}}\Delta t}{\Delta y}\left[\beta c_{i,j}^{n+1}-(1-\beta)c_{i,j}^{n+1}\right]\\&+\frac{2D_y\Delta t}{\Delta y^2}c_{i,j}^{n+1}-\frac{\Delta tf_2}{2H_{i,j}^{n+\frac{1}{2}}}c_{i,j}^{n+1}+\frac{v_{i,j}^{n+\frac{1}{2}}\Delta t}{\Delta y}(1-\beta)c_{i,j+1}^{n+1}-\frac{D_y\Delta t}{\Delta y^2}c_{i,j+1}^{n+1}\\=\;&c_{i,j}^{n+\frac{1}{2}}+\frac{\Delta t}{2}\frac{F_{s1}}{H_{i,j}^{n+\frac{1}{2}}}\end{aligned}\tag{1.5.3.8}$$

式（1.5.3.8）可写成如下形式：

$$a_{j-1}c_{i,j-1}^{n+1}+a_jc_{i,j}^{n+1}+a_{j+1}c_{i,j+1}^{n+1}=B_i\tag{1.5.3.9}$$

式中，

$$a_{j-1}=-\frac{v_{i,j}^{n+\frac{1}{2}}\Delta t}{\Delta y}\beta-\frac{D_y\Delta t}{\Delta y^2}$$

$$a_j=1+\frac{v_{i,j}^{n+\frac{1}{2}}\Delta t}{\Delta y}(2\beta-1)+\frac{2D_y\Delta t}{\Delta y^2}-\frac{\Delta tf_2}{2H_{i,j}^{n+\frac{1}{2}}}$$

$$a_{j+1}=\frac{v_{i,j}^{n+\frac{1}{2}}\Delta t}{\Delta y}(1-\beta)-\frac{D_y\Delta t}{\Delta y^2}$$

$$B_i = c_{i,j}^{n+\frac{1}{2}} + \frac{\Delta t}{2}\frac{F_{s1}}{H_{i,j}^{n+\frac{1}{2}}}$$

然后，可采用追赶法求解式（1.5.3.6）和式（1.5.3.9），得到 $n+1$ 时刻的悬沙浓度 $c_{i,j}^{n+1}$。

1.5.4　数值模型算例

珠江三角洲西侧的黄茅海区域是一个 NNW-SSE（北北西-南南东）走向的喇叭状河口湾，水域面积约 500km^2。图 1.5.3 所示为黄茅海地形图，海湾北窄南宽，湾顶与珠江水系的西江和潭江沟通。

黄茅海是一个以潮汐为主要动力的河口湾，潮汐系数 $F=1.36$（黄冲水文站统计资料），属于不正规半日混合潮类型，年平均潮差为 1.24m（黄冲水文站统计资料）。黄茅海的潮差虽然不大，但因纳潮量大，加上地形收缩作用，潮流动力作用比较强，湾内最大流速可达 2m/s 左右（辛文杰，1997）。

黄茅海水下地形呈现三滩一槽两通道的动力地貌格局，位于弯腰以南，在落潮冲刷槽与湾口峡间深槽之间的拦门沙浅滩，最小水深仅 2.8m（理论基准面以下），是崖门出海航道的主要整治区段。对海床沉积物的现场调查表明，黄茅海大部分水域以黏土质粉砂为主要沉积物，其粒径在 $d=0.01$mm 左右。海区悬移质平均含沙量为 0.02～0.33kg/m^3，最大实测含沙量可超过 1kg/m^3。由于风浪掀沙作用，在东、西边滩上常会有高含沙浑水出现。拦门沙浅滩水域因滞流点在此摆动而形成明显的最大混浊带，其规模随上游径流的来水含沙量及盐淡水混合强弱而变化（辛文杰，1997）。

数值计算模型范围包括整个黄茅海海湾，上边界始于湾顶上游河道，下边界延伸至外海 20m 水深处，左边界起于大襟岛，右边界至高兰岛处（图 1.5.4）。计算区域长度为 41.25km，宽度为 23.25km，计算网格为矩形网格，空间步长取 $\Delta x=\Delta y=500$m，南北方向为 x 轴方向，向南为正方向，东西方向为 y 轴方向，向东为正方向（李洪声，2006）。

模型验证采用 1992 年 7 月洪季大潮实测资料（辛文杰，1997），时间为 7 月 15 日 11 时至 7 月 16 日 12 时，包括三个测站的潮位（黄茅、荷包岛、三虎），六条垂线的流速、流向及含沙量全潮过程（垂线测点为 $S3\sim S8$）实测资料，实测资料采用珠江基面，具体的测点位置如图 1.5.3 所示。开边界处的潮位采用如下公式：

$$\xi = A_0 + \sum A_i[\cos(\omega_i t-\theta_i)] \tag{1.5.4.1}$$

式中，A_0 为平均海平面；A_i 为分潮振幅，ω_i 为分潮角速度；θ_i 为分潮相角。

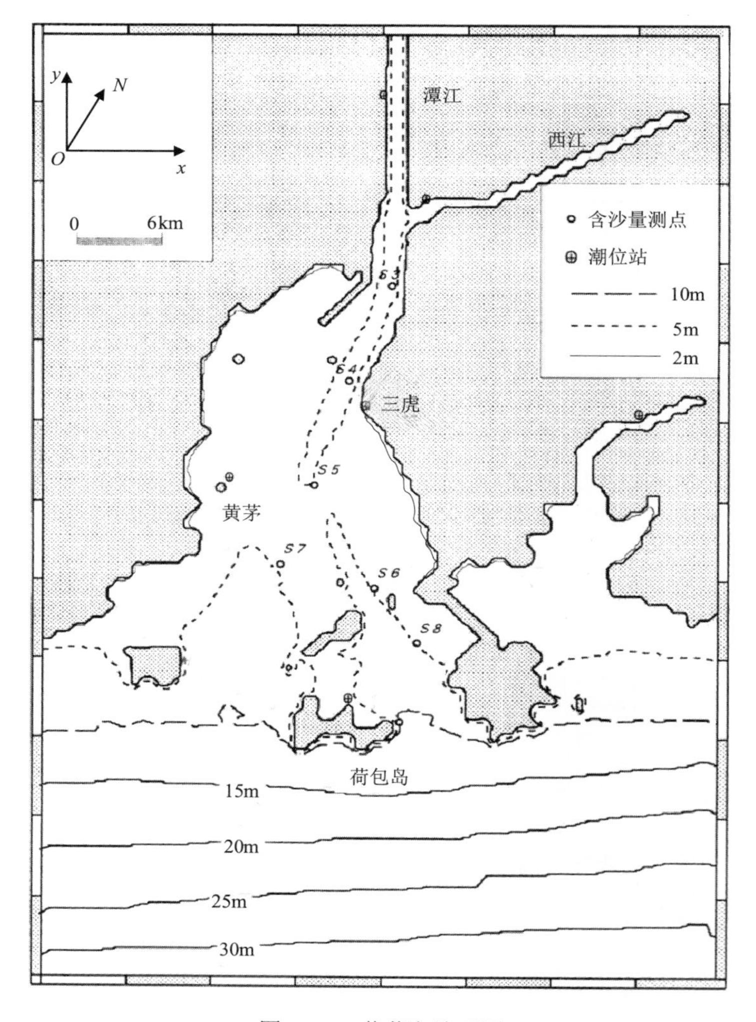

图 1.5.3　黄茅海地形图

数值模拟采用 M_2 分潮、S_2 分潮、k_1 分潮与 O_1 分潮，其南开边界、东开边界和西开边界通过荷包岛及黄茅潮位资料推得。下面以南边界为例做出说明。根据荷包岛处实测潮位资料，采用调和分析方法推算出该处的平均海平面、各分潮的平均半潮差（振幅）及分潮相角，并进行拟合后的对比，推算结果如表 1.5.1 所示。

对东开边界最靠北的点，取荷包岛处拟合过程函数。对于东西边界上的中间点，采用插值法给出。对上游河口处的开边界条件，由测点 $S3$ 的实测流速值给出。对于开边界的来沙条件参考黄茅海平均来沙量及测点的含沙量给出。

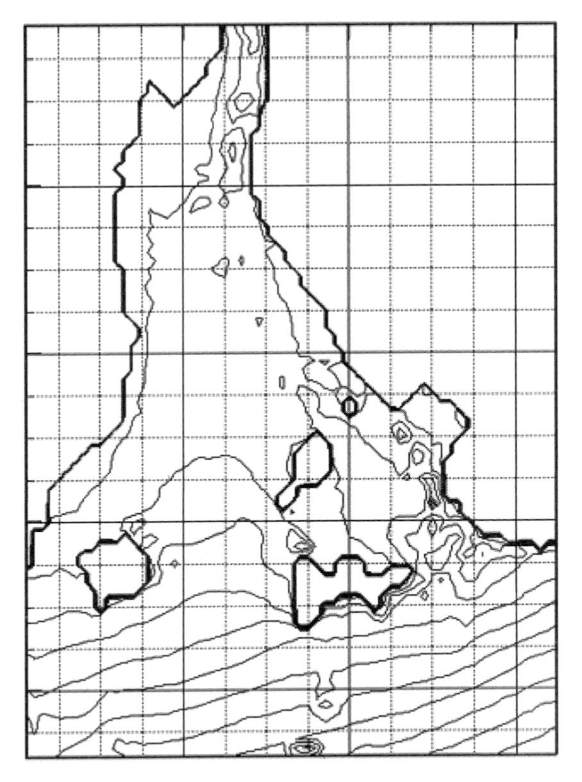

图 1.5.4　计算范围示意图

表1.5.1　荷包岛潮位分潮参数（$A_0=-0.5728\text{m}$）

分潮类型 \ 参数	A_i / m	ω_i /(°/ h)	θ_i /°
M_2 分潮	1.821478	28.98410	384.0087
S_2 分潮	1.027642	30.0000	188.5740
k_1 分潮	5.011471	15.04107	2.002411
O_1 分潮	4.684571	13.94304	174.4270

潮流时间步长为 $\Delta t=120\text{s}$ ，泥沙时间步长为 $\Delta t=720\text{s}$ 。泥沙粒径取该海域平均值 $d=0.01\text{mm}$ ，水温取 25℃，该区含盐度影响系数取 3.8。

1. 数模结果验证

潮位验证过程如图 1.5.5～图 1.5.7 所示，由图可知，三个潮位观测点的潮位 ξ 的模拟值与实测值符合得很好。代表性观测点 $S4$, $S7$ 的潮流流速 U 与 V 的验证过程如图 1.5.8 和图 1.5.9 所示，其中，U 为 x 方向的水深平均流速；V 为 y 方向的水深平均流速。由图可知流速模拟值与实测值吻合良好。图 1.5.10 和图 1.5.11 分别为落急时刻和涨急时刻的流场图，可反映出数值模型能够很好地复演该海域的潮流过程。

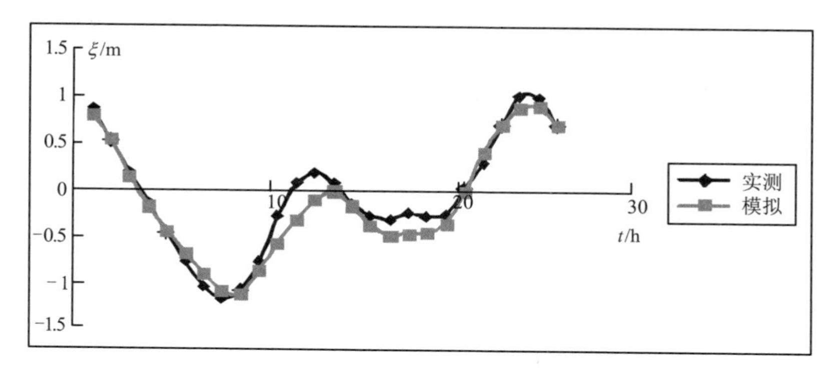

图 1.5.5　潮位过程线验证（三虎站）

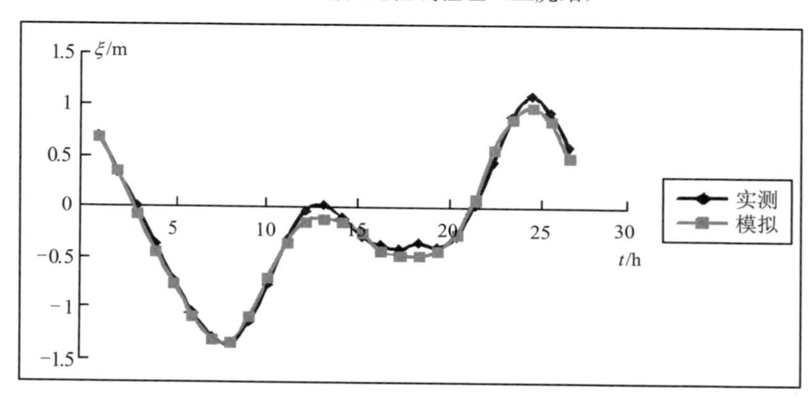

图 1.5.6　潮位过程线验证（黄茅站）

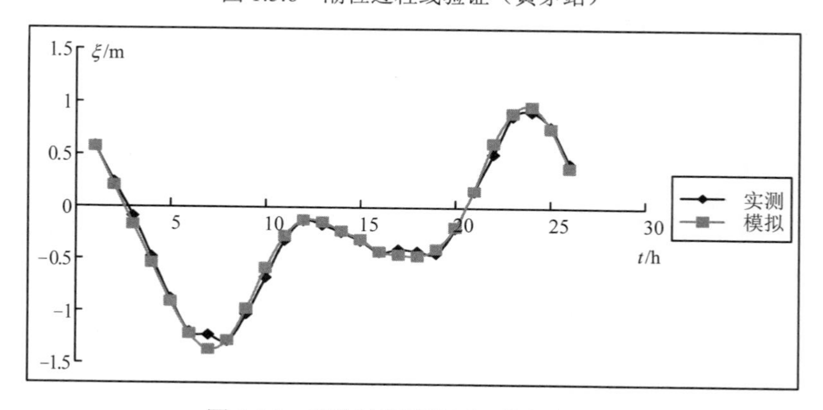

图 1.5.7　潮位过程线验证（荷包岛站）

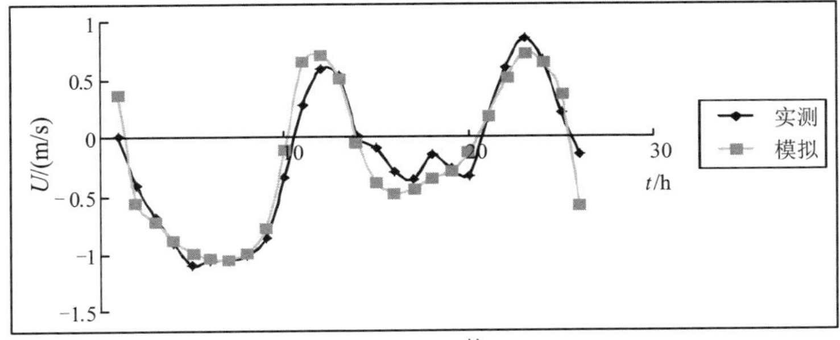

（a）S4的U

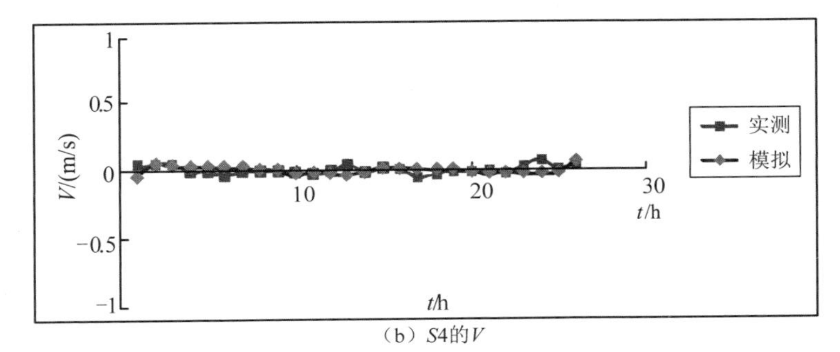

（b）S4的V

图 1.5.8　流速验证（S4 观测点）

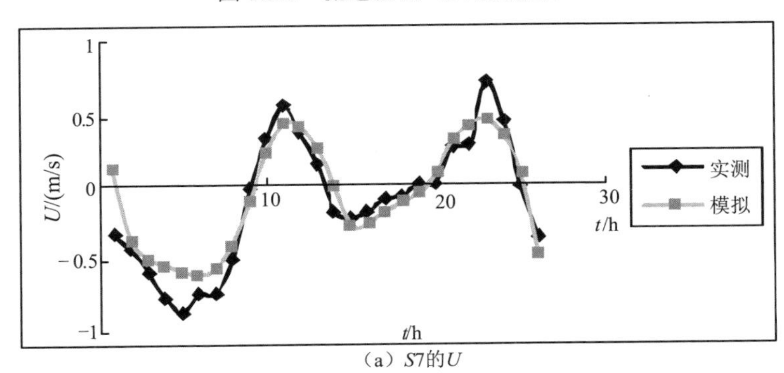

（a）S7的U

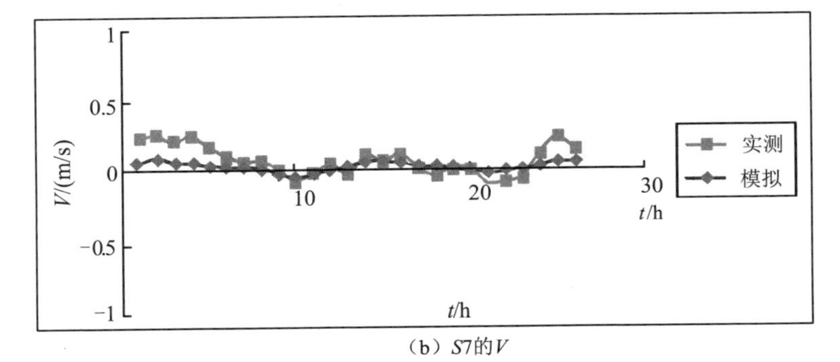

（b）S7的V

图 1.5.9　流速验证（S7 观测点）

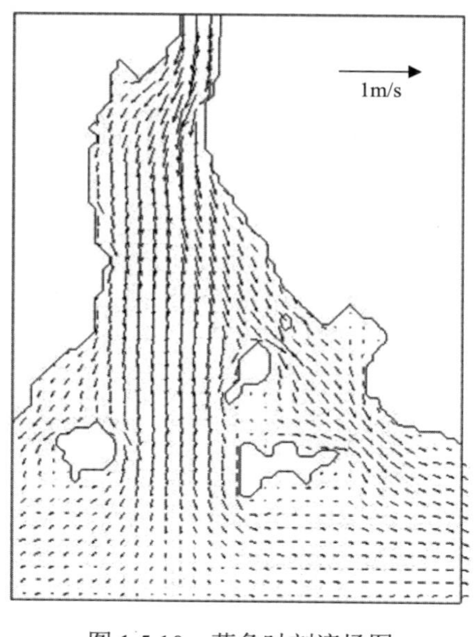

图 1.5.10　落急时刻流场图

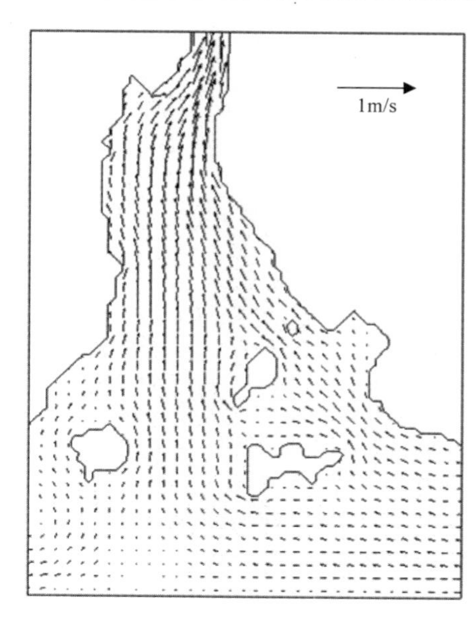

图 1.5.11　涨急时刻流场图

图 1.5.12 是 $S4$、$S5$、$S7$、$S8$ 观测点的含沙量 c 的过程线对比验证结果，由图可知模拟的含沙量变化趋势与实测资料较为符合。

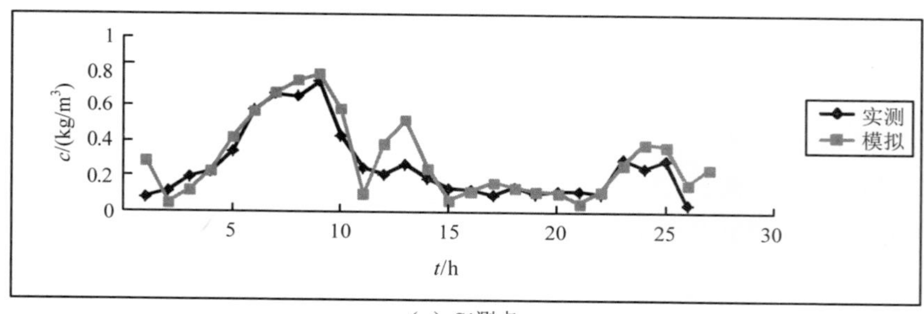

（a）$S4$测点

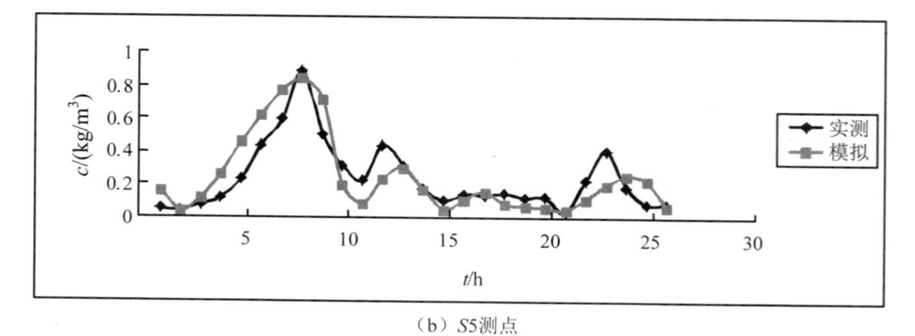

（b）$S5$测点

图 1.5.12　含沙量过程线验证

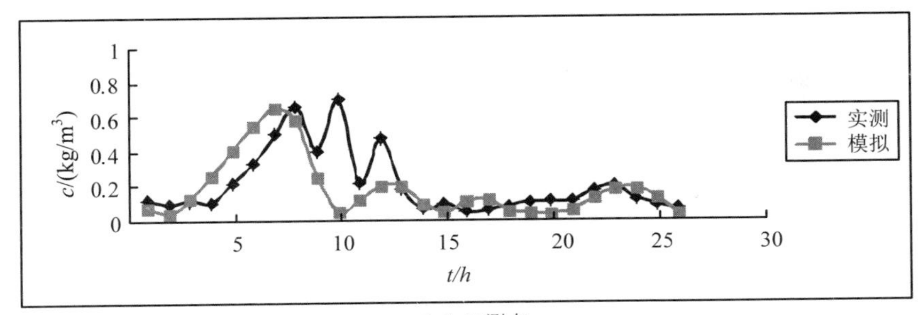

（a）S7测点

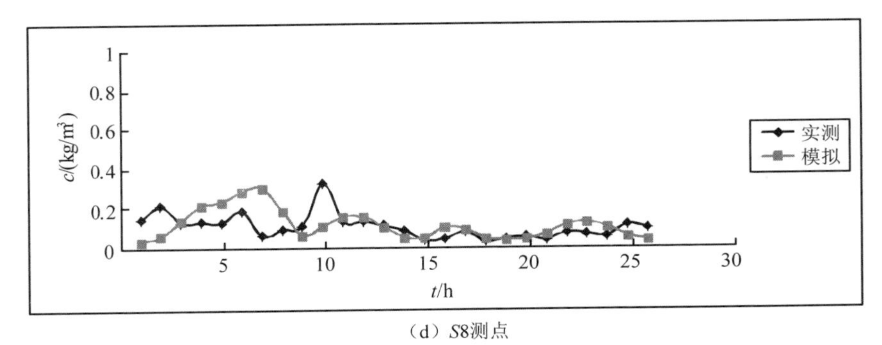

（d）S8测点

图 1.5.12（续）

2. 海床冲淤预测

在通过潮位、潮流、悬沙实测资料对数学模型进行验证的基础上，应用数值模型对黄茅海的海床冲淤变化进行预测。图 1.5.13 和图 1.5.14 为落急时刻和涨急时刻整个海域的含沙量分布，由图可以看出，在东西边滩上出现了高含沙水体，这与实际观测的结果也是一致的，因为东西边滩水深较小，波浪掀沙作用明显。

图 1.5.15 为潮流作用 30 天、45 天、60 天、90 天后的该海域海床冲淤量分布图，由图可以看出，在以深槽为中心的大部分范围内发生了淤积，在两侧浅滩发生了小范围的冲刷，这表明径流入海后由于流速减小，水流挟沙能力降低，其携带的泥沙在海湾内沉积，引起深槽附近的海床增长，这与河口演变的规律是一致的。

该海域海床由悬移质变化引起的地形变化预测可通过求解悬移质海岸变形方程式（1.5.1.6）得到。式（1.5.1.6）前半个时间步长和后半个时间步长的差分格式如下：

$$Z_{i,j}^{n+\frac{1}{2}}=Z_{i,j}^{n}+\frac{\Delta t}{2}\cdot\frac{\alpha_3\omega\left(k_2c_{i,j}^{n}-k_1c_{i,j}^{\text{sat}}\right)}{\rho_s} \qquad (1.5.4.2)$$

$$Z_{i,j}^{n+1} = Z_{i,j}^{n+\frac{1}{2}} + \frac{\Delta t}{2} \cdot \frac{\alpha_3 \omega \left(k_2 c_{i,j}^{n+\frac{1}{2}} - k_1 c_{i,j}^{\text{sat}} \right)}{\rho_s} \tag{1.5.4.3}$$

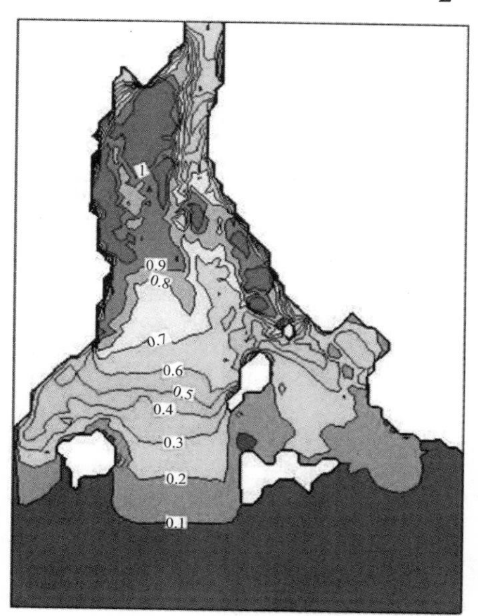

图 1.5.13　落急时刻含沙量分布图（单位：kg/m³）

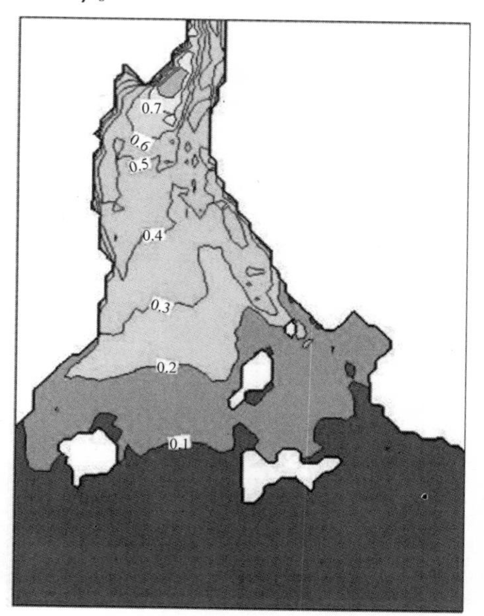

图 1.5.14　涨急时刻含沙量分布图（单位：kg/m³）

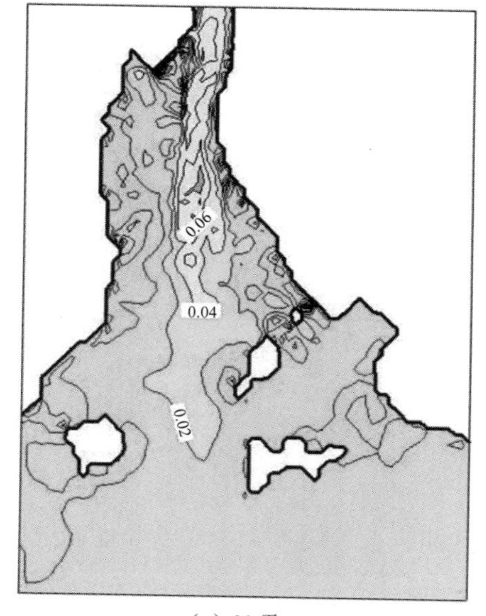

（a）30 天

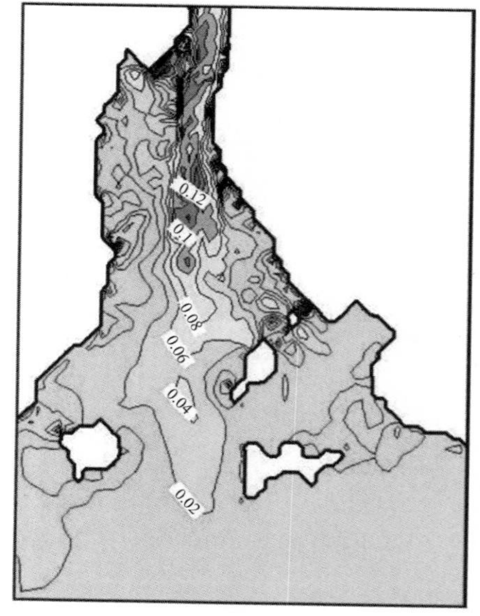

（b）45 天

图 1.5.15　潮流作用 30 天、45 天、60 天、90 天后的冲淤量预测（单位：m）

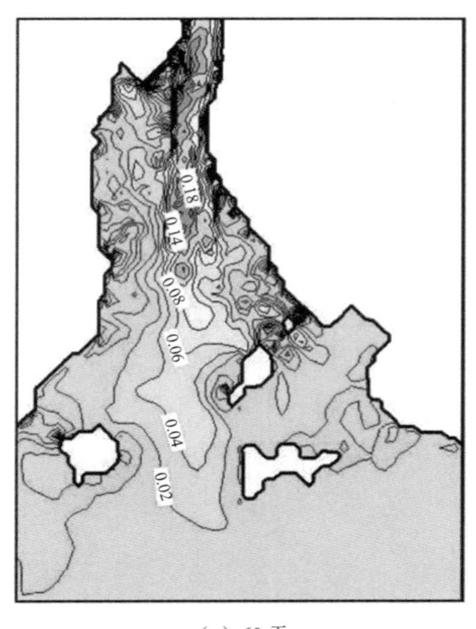

（c）60 天

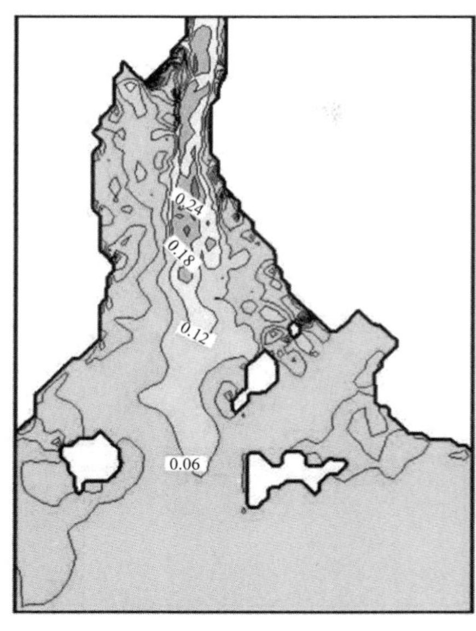

（d）90 天

图 1.5.15（续）

潮流作用 30 天、45 天、60 天、90 天后的该海域海床发生冲淤变化的地形预测结果如图 1.5.16 所示。

（a）30 天

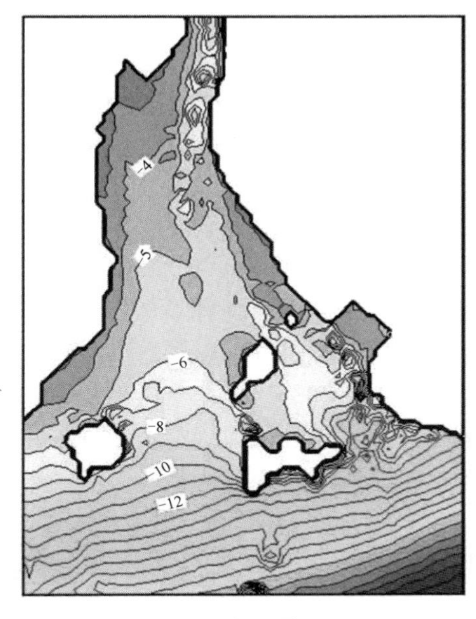

（b）45 天

图 1.5.16　潮流作用 30 天、45 天、60 天、90 天后的海底地形变化（单位：m）

（c）60 天

（d）90 天

图 1.5.16（续）

1.6　基于 VOF 方法的数值波浪水槽模型

VOF 方法（volume of fluid technique，流体体积）的基础是 Harlow 和 Welch（1965）在 20 世纪 60 年代提出的 MAC（the marker and cell，标记网格）方法。MAC 方法采用显式的 Eulerian（欧拉）有限差分形式，求解描述黏性不可压缩流体运动的 Navier-Stokes（纳维-斯托克斯，N-S）方程，较成功地处理了不可压缩黏性流体的瞬变自由表面流问题。MAC 方法应用交错网格（staggered grid），其主要特点是在含有流体的矩形单元内放置无质量的标记质点，当时间由 t 增加到 $t+\Delta t$ 时，首先通过求解有限差分形式的连续方程和动量方程得到新的速度场和压力场，然后计算出每个标记质点的新位置，这样新的自由表面就可以确定下来。除了收敛性是 MAC 方法的主要弱点外，对一定的流体问题，MAC 方法对自由表面条件的处理不够精确所引起的较大误差，有时会导致计算发散。此外追踪众多的标记质点需要大量的计算机存储单元和计算时间。

鉴于 MAC 方法的上述缺陷，Hirt 和 Nichols（1981）提出了处理具有自由表面问题的 VOF 方法。VOF 方法基于原始参数的 N-S 方程和连续方程，与 MAC 方法的主要区别是将 MAC 方法在每个单元中设置的多个标记点用一个表示该单元的流体体积函数 F 来代替。依据自由面附近网格中的 F 值可估计出自由面的法向、曲率等，从而可以给出自由面的较精细的描述。由于 VOF 方法能更简单和有效地追踪三维复杂的自由表面和多重自由表面，每个网格只要保存一个 F 值即可，从而大大降低了计算机的存储量，因而在求解自由表面流动问题方面得到了广泛的应用（王永学和 Su，1991；齐鹏 等，2000，2003；刘儒勋和舒其望，2003；刘儒勋和王志峰，2003；Ren et al., 2008；任效忠，2011；Wang et al., 2011）。

自 1981 年 Hirt 和 Nichols 提出 VOF 方法以来，为提高模拟强非线性流动的精度，国内外学者主要从方程的差分格式和自由界面重构方法方面对 VOF 方法进行了改进。1985 年，Torrey 等在 Hirt 的工作基础上，局部网格处理允许使用倾斜的边界，对求解压力的方法也进行了改进。1992 年，Lemos 在 VOF 法中引入了 k-ε紊流模型，并采用高阶差分格式提高了计算的稳定性和精度。在运动界面的追踪和重构方面，应用较多的有 Youngs（1982）提出的 PLIC（piecewise line interface calculation，分段线界面计算）方法，Ashgriz 和 Poo（1991）提出的 FLAIR（flux line-segment model for advection and interface reconstruction，平流和界面重建的通量线段模型）技术等。

本节采用 VOF 方法建立了数值波浪水槽模型（王永学，1993，1994a，1994b；邹志利 等，1996），依据波浪理论对水槽左端设置了适合 VOF 方法的可吸收式数值造波边界条件。应用所建立的数值波浪水槽模型，数值模拟了孤立波和周期波的破碎过程。

1.6.1 数值模型

1. 控制方程

VOF 方法的控制方程为不可压缩流体的 N-S 方程和连续性方程：

$$\frac{\partial u}{\partial t}+u\frac{\partial u}{\partial x}+v\frac{\partial u}{\partial y}=-\frac{1}{\rho}\frac{\partial p}{\partial x}+g_x+\nu\left(\frac{\partial^2 u}{\partial x^2}+\frac{\partial^2 u}{\partial y^2}\right) \quad (1.6.1.1)$$

$$\frac{\partial v}{\partial t}+u\frac{\partial v}{\partial x}+v\frac{\partial v}{\partial y}=-\frac{1}{\rho}\frac{\partial p}{\partial y}+g_y+\nu\left(\frac{\partial^2 v}{\partial x^2}+\frac{\partial^2 v}{\partial y^2}\right) \quad (1.6.1.2)$$

$$\frac{\partial}{\partial x}(\theta u)+\frac{\partial}{\partial y}(\theta v)=0 \quad (1.6.1.3)$$

式中，u，v 分别为 x 方向和 y 方向的速度；g_x，g_y 分别为 x 方向和 y 方向的体积加速度；p 为流体压力；ρ 为流体密度；ν 为流体运动学黏滞系数；θ 为部分单元体参数，其值为 0～1（对流体单元$\theta=1$）。

VOF 方法重构自由表面边界的基本思想是，对每一个单元体，将单元内流体所占有的体积与该单元可容纳的流体体积之比定义为流体体积函数 $F(x, y, t)$。由定义可知，当单元体内充满流体时，此单元体的 F 值为 1；而当单元体为空单元时，此单元体的 F 值为 0。单元体的 F 值在 0 与 1 之间为含有表面的单元体。这些单元或与自由表面相交，或含有比单元尺度小的气泡。自由表面单元的定义为

含有非零的 F 值，且与它相邻的单元中至少有一个是 F 值为零的空单元。这样对每个单元体只需要一个 F 函数的信息就可以构成流体区域。F 函数的控制方程在形式上可以写成：

$$\frac{\partial}{\partial t}(\theta F)+\frac{\partial}{\partial x}(\theta uF)+\frac{\partial}{\partial y}(\theta vF)=0 \qquad (1.6.1.4)$$

2. 有限差分格式

有限差分求解控制方程式（1.6.1.1）～式（1.6.1.3）的差分网格采用交错网格，其单元结构如图 1.6.1 所示。位于单元中心的变量 p，F 的下标用 (i,j) 表示，位于单元右侧面的水平速度 u 的下标用 $(i+1/2,j)$ 表示，而位于单元顶面的竖向速度 v 的下标用 $(i,j+1/2)$ 表示。$\mathrm{AR}_{i+1/2,j}$ 与 $\mathrm{AT}_{i,j+1/2}$ 是单元右侧面与顶面可通过流体部分的面积系数，$\mathrm{VC}_{i,j}$ 是单元可通过流体部分的体积系数，对于含有边界的单元（图 1.6.1），若单元右侧面不可通过流体部分的长度为Δb、单元顶面不可通过流体部分的长度为Δa，则单元几何参数 $\mathrm{AR}_{i+1/2,j}$，$\mathrm{AT}_{i,j+1/2}$ 与 $\mathrm{VC}_{i,j}$ 可按下式计算：

$$\mathrm{AR}_{i+1/2,j}=\frac{\Delta y_j-\Delta b}{\Delta y_j}=1-\frac{\Delta b}{\Delta y_j}$$

$$\mathrm{AT}_{i,j+1/2}=\frac{\Delta x_i-\Delta a}{\Delta x_i}=1-\frac{\Delta a}{\Delta x_i}$$

$$\mathrm{VC}_{i,j}=\frac{\Delta x_i\Delta y_j-\Delta a\Delta b/2}{\Delta x_i\Delta y_j}=1-\frac{1}{2}\frac{\Delta a\Delta b}{\Delta x_i\Delta y_j}$$

对于不含边界的单元，因 $\Delta a=\Delta b=0$，故上述单元几何参数 $\mathrm{AR}_{i+1/2,j}$，$\mathrm{AT}_{i,j+1/2}$ 与 $\mathrm{VC}_{i,j}$ 都为 1。

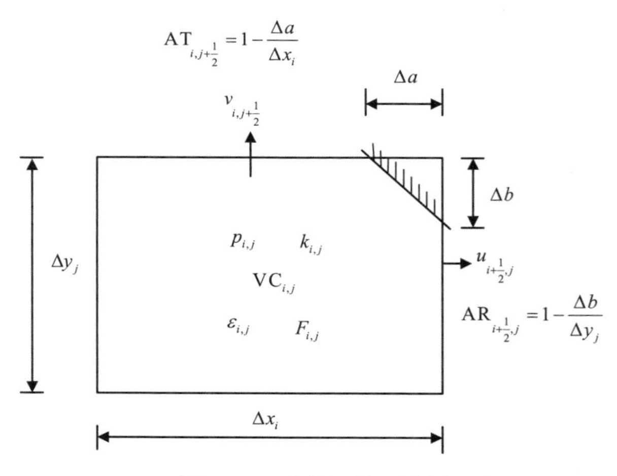

图 1.6.1　交错网格示意图

动量方程的时间项采用时间向前差分格式；对流项的离散采用一阶迎风格式

和二阶中心格式线性组合的偏心差分格式；黏性项采用中心差分格式。图 1.6.2 为离散 x 方向上动量方程的相关速度的位置示意图。

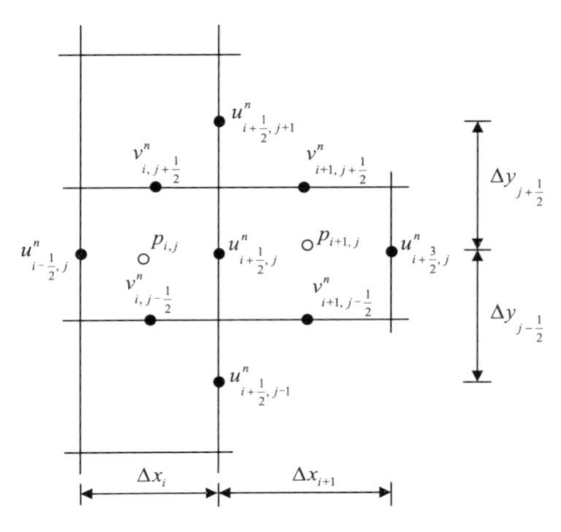

图 1.6.2　离散 x 方向上动量方程的相关速度的位置

x 方向上动量方程（1.6.1.1）在 $\left(i+\dfrac{1}{2},j\right)$ 点离散，其离散格式为

$$u^{n+1}_{i+\frac{1}{2},j}=u^n_{i+\frac{1}{2},j}+\Delta t\left[g_x-\left(p^{n+1}_{i+1,j}-p^{n+1}_{i,j}\right)/\rho\Delta x_{i+\frac{1}{2}}-\mathrm{FUX}-\mathrm{FUY}+\mathrm{VISX}\right] \quad (1.6.1.5)$$

$$\Delta x_{i+\frac{1}{2}}=\frac{1}{2}\left(\Delta x_i+\Delta x_{i+1}\right)$$

式中，FUX，FUY，VISX 的计算式如下：

$$\begin{aligned}\mathrm{FUX}=\frac{u^n_{i+\frac{1}{2},j}}{\Delta x_\alpha}\Bigg\{&\frac{\Delta x_{i+1}}{\Delta x_i}\left(u^n_{i+\frac{1}{2},j}-u^n_{i-\frac{1}{2},j}\right)+\frac{\Delta x_i}{\Delta x_{i+1}}\left(u^n_{i+\frac{3}{2},j}-u^n_{i+\frac{1}{2},j}\right)\\&+\alpha\cdot\mathrm{sgn}\left(u^n_{i+\frac{1}{2},j}\right)\left[\frac{\Delta x_{i+1}}{\Delta x_i}\left(u^n_{i+\frac{1}{2},j}-u^n_{i-\frac{1}{2},j}\right)-\frac{\Delta x_i}{\Delta x_{i+1}}\left(u^n_{i+\frac{3}{2},j}-u^n_{i+\frac{1}{2},j}\right)\right]\Bigg\}\end{aligned} \quad (1.6.1.6)$$

$$\Delta x_\alpha=\Delta x_{i+1}+\Delta x_i+\alpha\cdot\mathrm{sgn}\left(u^n_{i+\frac{1}{2},j}\right)\left(\Delta x_{i+1}-\Delta x_i\right)$$

其中，α 是控制迎风差分量的参数，当 $\alpha=0$ 时，差分方程式（1.6.1.6）为二阶精度的中心差分格式；当 $\alpha=1$ 时，差分方程退化成一阶精度的迎风格式。适当地选择 α 的值可以在保证数值计算稳定的同时，获得较高的计算精度。sgn() 是符号函数，其定义如下：

$$\mathrm{sgn}(u)=\begin{cases}1, & u>0\\ -1, & u<0\end{cases}$$

$$\mathrm{FUY}=\frac{v^{*}}{\Delta y_{\alpha}}\left\{\frac{\Delta y_{j+\frac{1}{2}}}{\Delta y_{j-\frac{1}{2}}}\left(u^{n}_{i+\frac{1}{2},j}-u^{n}_{i+\frac{1}{2},j-1}\right)+\frac{\Delta y_{j-\frac{1}{2}}}{\Delta y_{j+\frac{1}{2}}}\left(u^{n}_{i+\frac{1}{2},j+1}-u^{n}_{i+\frac{1}{2},j}\right)\right.$$

$$\left.+\alpha\cdot\mathrm{sgn}(v^{*})\left[\frac{\Delta y_{j+\frac{1}{2}}}{\Delta y_{j-\frac{1}{2}}}\left(u^{n}_{i+\frac{1}{2},j}-u^{n}_{i+\frac{1}{2},j-1}\right)-\frac{\Delta y_{j-\frac{1}{2}}}{\Delta y_{j+\frac{1}{2}}}\left(u^{n}_{i+\frac{1}{2},j+1}-u^{n}_{i+\frac{1}{2},j}\right)\right]\right\} \quad (1.6.1.7)$$

其中，

$$v^{*}=\frac{\Delta x_{i}\left(v^{n}_{i+1,j+\frac{1}{2}}+v^{n}_{i+1,j-\frac{1}{2}}\right)+\Delta x_{i+1}\left(v^{n}_{i,j+\frac{1}{2}}+v^{n}_{i,j-\frac{1}{2}}\right)}{2\left(\Delta x_{i}+\Delta x_{i+1}\right)}$$

$$\Delta y_{\alpha}=\Delta y_{j+\frac{1}{2}}+\Delta y_{j-\frac{1}{2}}+\alpha\cdot\mathrm{sgn}(v^{*})\left(\Delta y_{j+\frac{1}{2}}-\Delta y_{j-\frac{1}{2}}\right)$$

$$\Delta y_{j+\frac{1}{2}}=y_{j+1}-y_{j}=\frac{1}{2}\left(\Delta y_{j+1}+\Delta y_{j}\right)$$

$$\Delta y_{j-\frac{1}{2}}=y_{j}-y_{j-1}=\frac{1}{2}\left(\Delta y_{j}+\Delta y_{j-1}\right)$$

$$\mathrm{VISX}=\nu\left\{\frac{2}{\Delta x_{i}+\Delta x_{i+1}}\left[\frac{u^{n}_{i+\frac{3}{2},j}-u^{n}_{i+\frac{1}{2},j}}{\Delta x_{i+1}}-\frac{u^{n}_{i+\frac{1}{2},j}-u^{n}_{i-\frac{1}{2},j}}{\Delta x_{i}}\right]\right.$$

$$\left.+\frac{2}{\Delta y_{j-\frac{1}{2}}+\Delta y_{j+\frac{1}{2}}}\left[\frac{u^{n}_{i+\frac{1}{2},j+1}-u^{n}_{i+\frac{1}{2},j}}{\Delta y_{j+\frac{1}{2}}}-\frac{u^{n}_{i+\frac{1}{2},j}-u^{n}_{i+\frac{1}{2},j-1}}{\Delta y_{j-\frac{1}{2}}}\right]\right\} \quad (1.6.1.8)$$

图 1.6.3 为离散 y 方向动量方程的相关速度位置示意图。

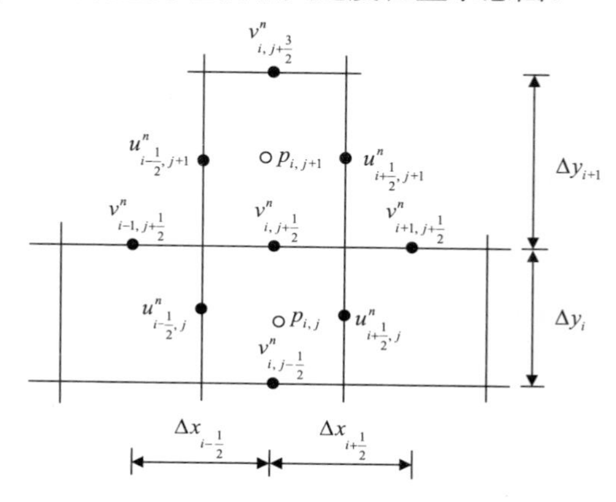

图 1.6.3　离散 y 方向动量方程的相关速度位置示意图

y 方向上动量方程（1.6.1.2）在 $\left(i, j+\frac{1}{2}\right)$ 点离散，其离散格式为

$$v^{n+1}_{i,j+\frac{1}{2}} = v^{n}_{i,j+\frac{1}{2}} + \Delta t\left[g_y - \left(p^{n+1}_{i,j+1} - p^{n+1}_{i,j}\right)/\rho\Delta y_{j+\frac{1}{2}} - \mathrm{FVX} - \mathrm{FVY} + \mathrm{VISY}\right] \quad (1.6.1.9)$$

$$\Delta y_{j+\frac{1}{2}} = \frac{1}{2}\left(\Delta y_j + \Delta y_{j+1}\right)$$

式中，FVX，FVY，VISY 的计算式如下：

$$\mathrm{FVX} = \frac{u^*}{\Delta x_v}\left\{\frac{\Delta x_{i+\frac{1}{2}}}{\Delta x_{i-\frac{1}{2}}}\left(v^n_{i,j+\frac{1}{2}} - v^n_{i-1,j+\frac{1}{2}}\right) + \frac{\Delta x_{i-\frac{1}{2}}}{\Delta x_{i+\frac{1}{2}}}\left(v^n_{i+1,j+\frac{1}{2}} - v^n_{i,j+\frac{1}{2}}\right)\right.$$
$$\left. + \alpha\cdot\mathrm{sgn}\left(u^*\right)\left[\frac{\Delta x_{i+\frac{1}{2}}}{\Delta x_{i-\frac{1}{2}}}\left(v^n_{i,j+\frac{1}{2}} - v^n_{i-1,j+\frac{1}{2}}\right) - \frac{\Delta x_{i-\frac{1}{2}}}{\Delta x_{i+\frac{1}{2}}}\left(v^n_{i+1,j+\frac{1}{2}} - v^n_{i,j+\frac{1}{2}}\right)\right]\right\} \quad (1.6.1.10)$$

其中，

$$\Delta x_v = \Delta x_{i+\frac{1}{2}} + \Delta x_{i-\frac{1}{2}} + \alpha\cdot\mathrm{sgn}\left(u^*\right)\left(\Delta x_{i+\frac{1}{2}} - \Delta x_{i-\frac{1}{2}}\right)$$

$$\Delta x_{i+\frac{1}{2}} = x_{i+1} - x_i = \frac{1}{2}\left(\Delta x_{i+1} + \Delta x_i\right)$$

$$\Delta x_{i-\frac{1}{2}} = x_i - x_{i-1} = \frac{1}{2}\left(\Delta x_i + \Delta x_{i-1}\right)$$

$$u^* = \frac{\Delta y_j\left(u^n_{i+\frac{1}{2},j+1} + u^n_{i-\frac{1}{2},j+1}\right) + \Delta y_{j+1}\left(u^n_{i+\frac{1}{2},j} + u^n_{i-\frac{1}{2},j}\right)}{2\left(\Delta y_j + \Delta y_{j+1}\right)}$$

$$\mathrm{FVY} = \frac{v^n_{i,j+\frac{1}{2}}}{\Delta y_v}\left\{\frac{\Delta y_{j+1}}{\Delta y_j}\left(v^n_{i,j+\frac{1}{2}} - v^n_{i,j-\frac{1}{2}}\right) + \frac{\Delta y_j}{\Delta y_{j+1}}\left(v^n_{i,j+\frac{3}{2}} - v^n_{i,j+\frac{1}{2}}\right)\right.$$
$$\left. + \alpha\cdot\mathrm{sgn}\left(v^n_{i,j+\frac{1}{2}}\right)\left[\frac{\Delta y_{j+1}}{\Delta y_j}\left(v^n_{i,j+\frac{1}{2}} - v^n_{i,j-\frac{1}{2}}\right) - \frac{\Delta y_j}{\Delta y_{j+1}}\left(v^n_{i,j+\frac{3}{2}} - v^n_{i,j+\frac{1}{2}}\right)\right]\right\} \quad (1.6.1.11)$$

其中，

$$\Delta y_v = \Delta y_{j+1} + \Delta y_j + \alpha\cdot\mathrm{sgn}\left(v^n_{i,j+\frac{1}{2}}\right)\left(\Delta y_{j+1} - \Delta y_j\right)$$

$$\mathrm{VISY} = \nu\left\{\frac{2}{\Delta x_{i-\frac{1}{2}} + \Delta x_{i+\frac{1}{2}}}\left[\frac{v^n_{i+1,j+\frac{1}{2}} - v^n_{i,j+\frac{1}{2}}}{\Delta x_{i+\frac{1}{2}}} - \frac{v^n_{i,j+\frac{1}{2}} - v^n_{i-1,j+\frac{1}{2}}}{\Delta x_{i-\frac{1}{2}}}\right]\right.$$

$$+\frac{2}{\Delta y_j+\Delta y_{j+1}}\left[\frac{v^n_{i,j+\frac{3}{2}}-v^n_{i,j+\frac{1}{2}}}{\Delta y_{j+1}}-\frac{v^n_{i,j+\frac{1}{2}}-v^n_{i,j-\frac{1}{2}}}{\Delta y_j}\right]\Bigg\} \quad (1.6.1.12)$$

连续方程（1.6.1.3）在 (i, j) 点离散，其离散格式为

$$\left(\frac{u^{n+1}_{i+\frac{1}{2},j}\mathrm{AR}_{i+\frac{1}{2},j}-u^{n+1}_{i-\frac{1}{2},j}\mathrm{AR}_{i-\frac{1}{2},j}}{\Delta x_i}+\frac{v^{n+1}_{i,j+\frac{1}{2}}\mathrm{AT}_{i,j+\frac{1}{2}}-v^{n+1}_{i,j-\frac{1}{2}}\mathrm{AT}_{i,j-\frac{1}{2}}}{\Delta y_j}\right)\Big/\mathrm{VC}_{i,j}=0 \quad (1.6.1.13)$$

x 方向上动量方程的离散方程式（1.6.1.5）、y 方向上动量方程的离散方程式（1.6.1.9）与连续方程的离散格式（1.6.1.13）构成一组隐式差分格式的方程组。

$$\begin{cases} u^{n+1}_{i+\frac{1}{2},j}=u^n_{i+\frac{1}{2},j}+\Delta t\left[g_x-\left(p^{n+1}_{i+1,j}-p^{n+1}_{i,j}\right)/\rho\Delta x_{i+\frac{1}{2}}-\mathrm{FUX}-\mathrm{FUY}+\mathrm{VISX}\right] \\ v^{n+1}_{i,j+\frac{1}{2}}=v^n_{i,j+\frac{1}{2}}+\Delta t\left[g_y-\left(p^{n+1}_{i,j+1}-p^{n+1}_{i,j}\right)/\rho\Delta y_{j+\frac{1}{2}}-\mathrm{FVX}-\mathrm{FVY}+\mathrm{VISY}\right] \\ \left(\dfrac{u^{n+1}_{i+\frac{1}{2},j}\mathrm{AR}_{i+\frac{1}{2},j}-u^{n+1}_{i-\frac{1}{2},j}\mathrm{AR}_{i-\frac{1}{2},j}}{\Delta x_i}+\dfrac{v^{n+1}_{i,j+\frac{1}{2}}\mathrm{AT}_{i,j+\frac{1}{2}}-v^{n+1}_{i,j-\frac{1}{2}}\mathrm{AT}_{i,j-\frac{1}{2}}}{\Delta y_j}\right)\Big/\mathrm{VC}_{i,j}=0 \end{cases} \quad (1.6.1.14)$$

3. 速度-压力修正迭代算法

根据 n 时间步的已知流场变量 $u^n_{i+\frac{1}{2},j}$，$v^n_{i,j+\frac{1}{2}}$ 与 $p^n_{i,j}$，可采用速度-压力修正迭代算法与求解压力 Poisson（泊松）方程两种方法来求解差分方程组（1.6.1.14），从而得到 $n+1$ 时间步的流场变量 $u^{n+1}_{i+\frac{1}{2},j}$，$v^{n+1}_{i,j+\frac{1}{2}}$ 与 $p^{n+1}_{i,j}$。以下主要介绍速度-压力修正迭代算法。

速度-压力修正迭代算法的主要思想是，根据 n 时间步的已知流场值，利用动量离散方程计算出 $n+1$ 时间步的流速估计值。这时的流速估计值一般不能满足连续方程（1.6.1.13），还需要经过速度-压力修正迭代过程。

速度-压力修正迭代过程的第一步是计算单元压强变化量 Δp，对内部流体单元压强变化量 Δp，有

$$\Delta p=-\frac{S}{\partial S/\partial p}=-S\beta \quad (1.6.1.15)$$

式中，S 为连续方程的右边不为零的源项；$\beta=\dfrac{1}{\partial S/\partial p}$，为与网格参数及时间步长有关的量，其计算表达式的推导如下。

将 x 方向上动量方程的离散格式与 y 方向上动量方程的离散格式分别改写成

如下形式：

$$u^{n+1}_{i+\frac{1}{2},j} = \tilde{u}_{i+\frac{1}{2},j} - \frac{\Delta t}{\rho \Delta x_{i+\frac{1}{2}}}\left(p^{n+1}_{i+1,j} - p^{n+1}_{i,j}\right) \tag{1.6.1.16}$$

$$v^{n+1}_{i,j+\frac{1}{2}} = \tilde{v}_{i,j+\frac{1}{2}} - \frac{\Delta t}{\rho \Delta y_{j+\frac{1}{2}}}\left(p^{n+1}_{i,j+1} - p^{n+1}_{i,j}\right) \tag{1.6.1.17}$$

式中，

$$\tilde{u}_{i+\frac{1}{2},j} = u^n_{i+\frac{1}{2},j} + \Delta t\left(g_x - \mathrm{FUX}^n - \mathrm{FUY}^n + \mathrm{VISX}^n\right)$$

$$\tilde{v}_{i,j+\frac{1}{2}} = v^n_{i,j+\frac{1}{2}} + \Delta t\left(g_y - \mathrm{FVX}^n - \mathrm{FVY}^n + \mathrm{VISY}^n\right)$$

$m=1$ 次迭代时，$u^{n+1}_{i+\frac{1}{2},j}$ 与 $v^{n+1}_{i,j+\frac{1}{2}}$ 的估计值取 $u^n_{i+\frac{1}{2},j}$ 与 $v^n_{i,j+\frac{1}{2}}$。经过第 m 次迭代后，由动量方程的离散格式（1.6.1.16）与（1.6.1.17），得 $u^{n+1}_{i+\frac{1}{2},j}$ 与 $v^{n+1}_{i,j+\frac{1}{2}}$ 的估计值 $u^{(m)}_{i+\frac{1}{2},j}$ 与 $v^{(m)}_{i,j+\frac{1}{2}}$ 可表示为

$$u^{(m)}_{i+\frac{1}{2},j} = \tilde{u}_{i+\frac{1}{2},j} - \frac{\Delta t}{\rho \Delta x_{i+\frac{1}{2}}}\left(p^{(m)}_{i+1,j} - p^{(m)}_{i,j}\right) \tag{1.6.1.18}$$

$$v^{(m)}_{i,j+\frac{1}{2}} = \tilde{v}_{i,j+\frac{1}{2}} - \frac{\Delta t}{\rho \Delta y_{j+\frac{1}{2}}}\left(p^{(m)}_{i,j+1} - p^{(m)}_{i,j}\right) \tag{1.6.1.19}$$

将第 m 次迭代的估计值 $u^{(m)}_{i+\frac{1}{2},j}$ 与 $v^{(m)}_{i,j+\frac{1}{2}}$ 代入连续方程，可得到连续方程右边不为零的源项 $S^{(m)}_{i,j}$ 满足：

$$\begin{aligned}&\mathrm{VC}_{i,j}\cdot S^{(m)}_{i,j}\\&=\frac{1}{\Delta x_i}\left(u^{(m)}_{i+\frac{1}{2},j}\mathrm{AR}_{i+\frac{1}{2},j} - u^{(m)}_{i-\frac{1}{2},j}\mathrm{AR}_{i-\frac{1}{2},j}\right) + \frac{1}{\Delta y_j}\left(v^{(m)}_{i,j+\frac{1}{2}}\mathrm{AT}_{i,j+\frac{1}{2}} - v^{(m)}_{i,j-\frac{1}{2}}\mathrm{AT}_{i,j-\frac{1}{2}}\right)\end{aligned} \tag{1.6.1.20}$$

第 m+1 次迭代时，$(i,\ j)$ 单元的压强值取最新的 $p^{(m+1)}_{i,j}$，其相邻单元的压强值取第 m 次迭代的值。循环变量 i，j 按照递增考虑，有

$$\begin{aligned}u^{(m+1)}_{i+\frac{1}{2},j} &= \tilde{u}_{i+\frac{1}{2},j} - \frac{\Delta t}{\rho \Delta x_{i+\frac{1}{2}}}\left(p^{(m)}_{i+1,j} - p^{(m+1)}_{i,j}\right)\\&= \tilde{u}_{i+\frac{1}{2},j} - \frac{\Delta t}{\rho \Delta x_{i+\frac{1}{2}}}\left[p^{(m)}_{i+1,j} - \left(p^{(m)}_{i,j} + \Delta p\right)\right]\\&= \tilde{u}_{i+\frac{1}{2},j} - \frac{\Delta t}{\rho \Delta x_{i+\frac{1}{2}}}\left(p^{(m)}_{i+1,j} - p^{(m)}_{i,j}\right) + \frac{\Delta t}{\rho \Delta x_{i+\frac{1}{2}}}\Delta p\end{aligned}$$

$$=u_{i+\frac{1}{2},j}^{(m)}+\frac{\Delta t}{\rho\Delta x_{i+\frac{1}{2}}}\Delta p \tag{1.6.1.21}$$

$$u_{i-\frac{1}{2},j}^{(m+1)}=\tilde{u}_{i-\frac{1}{2},j}-\frac{\Delta t}{\rho\Delta x_{i+\frac{1}{2}}}\left(p_{i,j}^{(m+1)}-p_{i-1,j}^{(m)}\right)$$

$$=\tilde{u}_{i+\frac{1}{2},j}-\frac{\Delta t}{\rho\Delta x_{i-\frac{1}{2}}}\left[\left(p_{i,j}^{(m)}+\Delta p\right)-p_{i-1,j}^{(m)}\right]$$

$$=\tilde{u}_{i+\frac{1}{2},j}-\frac{\Delta t}{\rho\Delta x_{i-\frac{1}{2}}}\left(p_{i,j}^{(m)}-p_{i-1,j}^{(m)}\right)-\frac{\Delta t}{\rho\Delta x_{i-\frac{1}{2}}}\Delta p$$

$$=u_{i-\frac{1}{2},j}^{(m)}-\frac{\Delta t}{\rho\Delta x_{i-\frac{1}{2}}}\Delta p \tag{1.6.1.22}$$

式中，$\Delta p=p_{i,j}^{(m+1)}-p_{i,j}^{(m)}$。

同理可以得出

$$v_{i,j+\frac{1}{2}}^{(m+1)}=v_{i,j+\frac{1}{2}}^{(m)}+\frac{\Delta t}{\rho\Delta y_{j+\frac{1}{2}}}\Delta p \tag{1.6.1.23}$$

$$v_{i,j-\frac{1}{2}}^{(m+1)}=v_{i,j-\frac{1}{2}}^{(m)}-\frac{\Delta t}{\rho\Delta y_{j-\frac{1}{2}}}\Delta p \tag{1.6.1.24}$$

将第 $m+1$ 次迭代的估计值 $u_{i+\frac{1}{2},j}^{(m+1)}$ 与 $v_{i,j+\frac{1}{2}}^{(m+1)}$ 代入连续方程，可得到连续方程右边不为零的源项 $S_{i,j}^{(m+1)}$ 满足：

$$\mathrm{VC}_{i,j}\cdot S_{i,j}^{(m+1)}=\frac{1}{\Delta x_i}\left[\left(u_{i+\frac{1}{2};j}^{(m)}+\frac{\Delta t\Delta p}{\rho\Delta x_{i+\frac{1}{2}}}\right)\mathrm{AR}_{i+\frac{1}{2},j}-\left(u_{i-\frac{1}{2};j}^{(m)}-\frac{\Delta t\Delta p}{\rho\Delta x_{i-\frac{1}{2}}}\right)\mathrm{AR}_{i-\frac{1}{2},j}\right]$$
$$+\frac{1}{\Delta y_j}\left[\left(v_{i,j+\frac{1}{2}}^{(m)}+\frac{\Delta t\Delta p}{\rho\Delta y_{j+\frac{1}{2}}}\right)\mathrm{AT}_{i,j+\frac{1}{2}}-\left(v_{i,j-\frac{1}{2}}^{(m)}-\frac{\Delta t\Delta p}{\rho\Delta y_{j-\frac{1}{2}}}\right)\mathrm{AT}_{i,j-\frac{1}{2}}\right] \tag{1.6.1.25}$$

式（1.6.1.25）与式（1.6.1.20）相减，得

$$\mathrm{VC}_{i,j}\left(S_{i,j}^{(m+1)}-S_{i,j}^{(m)}\right)$$
$$=\frac{1}{\Delta x_i}\left(\frac{\Delta t\Delta p}{\rho\Delta x_{i+\frac{1}{2}}}\mathrm{AR}_{i+\frac{1}{2},j}+\frac{\Delta t\Delta p}{\rho\Delta x_{i-\frac{1}{2}}}\mathrm{AR}_{i-\frac{1}{2},j}\right)+\frac{1}{\Delta y_j}\left(\frac{\Delta t\Delta p}{\rho\Delta y_{j+\frac{1}{2}}}\mathrm{AT}_{i,j+\frac{1}{2}}+\frac{\Delta t\Delta p}{\rho\Delta y_{j-\frac{1}{2}}}\mathrm{AT}_{i,j-\frac{1}{2}}\right) \tag{1.6.1.26}$$

式（1.6.1.26）整理后可写成

$$\frac{\Delta S}{\Delta p}=\frac{\Delta t}{\rho \mathrm{VC}_{i,j}}\left[\frac{1}{\Delta x_i}\left(\frac{1}{\Delta x_{i+\frac{1}{2}}}\mathrm{AR}_{i+\frac{1}{2},j}+\frac{1}{\Delta x_{i-\frac{1}{2}}}\mathrm{AR}_{i-\frac{1}{2},j}\right)+\frac{1}{\Delta y_j}\left(\frac{1}{\Delta y_{j+\frac{1}{2}}}\mathrm{AT}_{i,j+\frac{1}{2}}+\frac{1}{\Delta y_{j-\frac{1}{2}}}\mathrm{AT}_{i,j-\frac{1}{2}}\right)\right]$$

因而得到

$$\begin{aligned}\beta&=\frac{1}{\Delta S/\Delta p}\\&=\frac{\rho \mathrm{VC}_{i,j}}{\Delta t\left[\frac{1}{\Delta x_i}\left(\frac{1}{\Delta x_{i+\frac{1}{2}}}\mathrm{AR}_{i+\frac{1}{2},j}+\frac{1}{\Delta x_{i-\frac{1}{2}}}\mathrm{AR}_{i-\frac{1}{2},j}\right)+\frac{1}{\Delta y_j}\left(\frac{1}{\Delta y_{j+\frac{1}{2}}}\mathrm{AT}_{i,j+\frac{1}{2}}+\frac{1}{\Delta y_{j-\frac{1}{2}}}\mathrm{AT}_{i,j-\frac{1}{2}}\right)\right]}\\&=\frac{\rho \mathrm{VC}_{i,j}}{2\Delta t\left[\frac{1}{\Delta x_i}\left(\frac{\mathrm{AR}_{i+\frac{1}{2},j}}{\Delta x_{i+1}+\Delta x_i}+\frac{\mathrm{AR}_{i-\frac{1}{2},j}}{\Delta x_i+\Delta x_{i-1}}\right)+\frac{1}{\Delta y_j}\left(\frac{\mathrm{AT}_{i,j+\frac{1}{2}}}{\Delta y_{j+1}+\Delta y_j}+\frac{\mathrm{AT}_{i,j-\frac{1}{2}}}{\Delta y_j+\Delta y_{j-1}}\right)\right]}\end{aligned}\tag{1.6.1.27}$$

式（1.6.1.27）可写成下面的表达式：

$$\beta=\frac{1}{\partial S/\partial p}=\frac{\rho \mathrm{VC}_{i,j}}{2\Delta t\left(\lambda_{i+\frac{1}{2}}+\lambda_{i-\frac{1}{2}}+\zeta_{j+\frac{1}{2}}+\zeta_{j-\frac{1}{2}}\right)}\tag{1.6.1.28}$$

式中，

$$\lambda_{i+\frac{1}{2}}=\frac{\mathrm{AR}_{i+\frac{1}{2},j}}{\Delta x_i\left(\Delta x_{i+1}+\Delta x_i\right)}$$

$$\lambda_{i-\frac{1}{2}}=\frac{\mathrm{AR}_{i-\frac{1}{2},j}}{\Delta x_i\left(\Delta x_i+\Delta x_{i-1}\right)}$$

$$\zeta_{j+\frac{1}{2}}=\frac{\mathrm{AT}_{i,j+\frac{1}{2}}}{\Delta y_j\left(\Delta y_{j+1}+\Delta y_j\right)}$$

$$\zeta_{j-\frac{1}{2}}=\frac{\mathrm{AT}_{i,j-\frac{1}{2}}}{\Delta y_j\left(\Delta y_j+\Delta y_{j-1}\right)}$$

为了提高计算精度，通常在式（1.6.1.15）的压力修正方程中引入压力松弛因子$\omega(\omega>1)$，即

$$\Delta p=-S\beta\omega\tag{1.6.1.29}$$

对自由表面单元压强变化量Δp，通过自由表面单元应满足表面的动力边界条确定。自由表面单元的压强$p_{i,j}$由下式得到：

$$p_{i,j}=\left(1-\eta\right)p_{\mathrm{n}}+\eta p_{\mathrm{s}}\tag{1.6.1.30}$$

式中，p_{n} 为最接近自由表面法向方向的相邻流体单元（即插值单元）的压强；p_{s} 为自由表面处的压强，在自由表面处的压强为大气压强的情况下可以取零值；$\eta = d_{\mathrm{c}}/d$ 为插值因子，d_{c} 为自由表面单元中心到相邻流体单元（即插值单元）中心的距离，d 为自由表面到相邻流体单元（即插值单元）中心的距离。各参数的意义如图 1.6.4 所示。

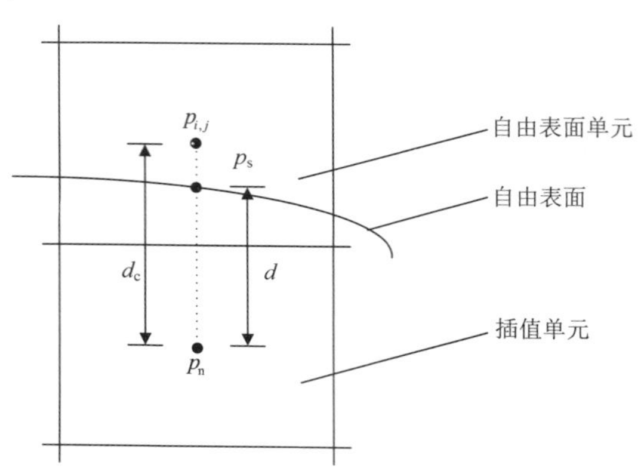

图 1.6.4　自由表面单元与压强插值单元

速度-压力修正迭代过程的第二步是通过式（1.6.1.29）计算的单元压强变化量 Δp 对单元的速度进行修正。由 $\beta = \dfrac{1}{\partial S / \partial p}$ 的推导过程可知，n+1 时间步的第 m 次迭代的 $u^{(m)}_{i+\frac{1}{2},j}$，$v^{(m)}_{i,j+\frac{1}{2}}$ 与第 m+1 次迭代的 $u^{(m+1)}_{i+\frac{1}{2},j}$，$v^{(m+1)}_{i,j+\frac{1}{2}}$ 之间有如下迭代关系：

$$u^{(m+1)}_{i+\frac{1}{2},j} = u^{(m)}_{i+\frac{1}{2},j} + \frac{\Delta t}{\rho \Delta x_{i+\frac{1}{2}}} \Delta p$$

$$u^{(m+1)}_{i-\frac{1}{2},j} = u^{(m)}_{i-\frac{1}{2},j} - \frac{\Delta t}{\rho \Delta x_{i-\frac{1}{2}}} \Delta p$$

$$v^{(m+1)}_{i,j+\frac{1}{2}} = v^{(m)}_{i,j+\frac{1}{2}} + \frac{\Delta t}{\rho \Delta y_{j+\frac{1}{2}}} \Delta p$$

$$v^{(m+1)}_{i,j-\frac{1}{2}} = v^{(m)}_{i,j-\frac{1}{2}} - \frac{\Delta t}{\rho \Delta y_{j-\frac{1}{2}}} \Delta p$$

式中，m 为迭代次数。迭代需进行到所有网格上的 S 都满足一定的精度要求为止。

速度-压力修正迭代计算是在充满流体的网格上进行的，表面网格的压强和速度根据边界条件来确定，而不必参加迭代。迭代过程收敛的条件是每个网格的连续方程右边不为零的源项 $S^{(m+1)}_{i,j} \to 0$。实际迭代过程的收敛可以用 $\left|S^{(m+1)}_{i,j}\right| < \varepsilon$ 对每个网格都成立来判定，ε为设定的迭代控制精度。

4. 稳定性条件

为使整个计算过程稳定，需要对单元的尺度和时间步长加以限制。单元尺度的选择必须对所有的独立变量都能反映出期望的空间变化。将局部线性化稳定性分析用于 N-S 方程，可以得到如下的限制条件。

1）Courant 条件：

$$\Delta t < \min\left(\frac{\Delta x_i}{\left|u_{i+\frac{1}{2},j}\right|},\frac{\Delta y_j}{\left|v_{i,j+\frac{1}{2}}\right|}\right) \tag{1.6.1.31}$$

即流体在 Δt 步长内不允许越过相邻单元，为保证一定的安全度，Δt 选取约为式（1.6.1.31）右端项的 1/4。

2）扩散稳定条件：

$$\nu\Delta t < \frac{1}{2}\left(\frac{1}{\Delta x_i^{\,2}}+\frac{1}{\Delta y_j^{\,2}}\right)^{-1} \tag{1.6.1.32}$$

即流体在一个时间步长内的扩散运动同样不能越过相邻单元。

3）参数 α 的限制条件。

当 Δt 的选取满足上面两个条件后，描述迎风差分量的参数 α 应满足：

$$\max\left\{\left|\frac{u_{i+\frac{1}{2},j}\Delta t}{\Delta x_i}\right|,\left|\frac{v_{i,j+\frac{1}{2}}\Delta t}{\Delta y_j}\right|\right\} < \alpha \leqslant 1 \tag{1.6.1.33}$$

通常选取 α 为式（1.6.1.33）左端项的 1.2～1.5 倍较为合适，否则会导致过量的数值光滑，降低计算精度。

1.6.2　自由表面追踪

Hirt 和 Nichols（1981）提出的 VOF 方法中，其流体输运计算采用了 donor-acceptor（供体–受体）的概念。虽然最初的格式与方法在今天看来比较粗糙，但其基本思想至今一直受到重视，特别是对自由水面的重构方法开创了新方向。下面介绍 Hirt 和 Nichols（1981）提出的 donor-acceptor 概念。

在 VOF 方法中，每一个单元体的流体体积函数 $F(x, y, t)$ 定义为单元内流体所占有的体积与该单元可容纳的流体体积之比。F 函数的控制方程为式（1.6.1.4），其传统意义上的差分形式为

$$\begin{aligned}F_{i,j}^{n+1} = F_{i,j}^{n} - \frac{\Delta t}{\mathrm{VC}_{i,j}}\Bigg[&\frac{1}{\Delta x_i}\left(\mathrm{AR}_{i+\frac{1}{2},j}u_{i+\frac{1}{2},j}^{n+1}F_{i,j}-\mathrm{AR}_{i-\frac{1}{2},j}u_{i-\frac{1}{2},j}^{n+1}F_{i-1,j}\right)\\&+\frac{1}{\Delta y_j}\left(\mathrm{AT}_{i,j+\frac{1}{2}}v_{i,j+\frac{1}{2}}^{n+1}F_{i,j}-\mathrm{AT}_{i,j-\frac{1}{2}}v_{i,j-\frac{1}{2}}^{n+1}F_{i,j-1}\right)\Bigg]\end{aligned} \tag{1.6.2.1}$$

依据 F 函数的定义可知，F 函数是不连续的阶梯函数，不能采用普通的差分格式，所以 VOF 方法中对 F 函数的输运采用施主单元和受主单元的方法，来保持其不连续的性质。以单元体的右侧边界面为例，在流动由左向右的情形下，左边的单元体失去 F 为施主单元体（donor cell），右边的单元体得到 F 为受主单元体（acceptor cell），如图 1.6.5 所示。

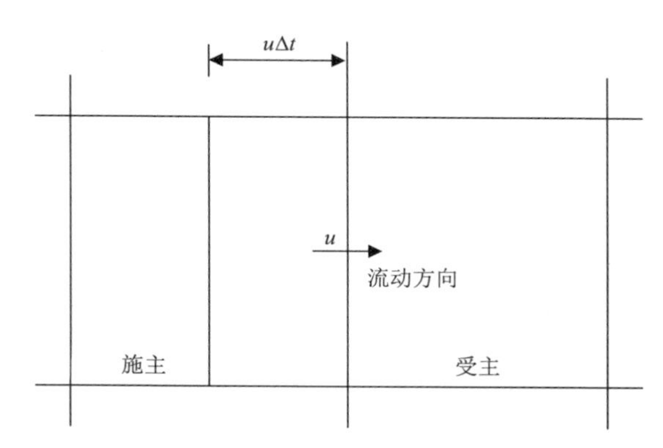

图 1.6.5　施主单元体和受主单元体示意图

施主单元和受主单元方法的基本概念是考虑在一个时间步长 Δt 内，通过单元体每一边界上的 F 量。以单元体的右侧边界面为例，若通过此边界面每单位面积上的液体与非液体的总和为 V_x，则 $V_x = u\Delta t$，其中，u 为边界面上的法向速度，u 的正负决定了哪一个单元体失去 F（施主单元体）和哪一个单元体得到 F（受主单元体）。通过单元体边界面的 F 通量取决于施主单元体和受主单元体内 F 值的分布。当流体流动方向主要是与自由表面垂直时，采用受主单元体的 F 值；而当流体流动方向主要是与自由表面相切时，采用施主单元体的 F 值。无论上述哪种情况，通过整个单元体右侧边界面的 F 通量都为通过单元体右侧边界面的单位面积通量 ΔF 乘以单元体右侧边界面的面积。

在时间 Δt 内，通过单元体右侧边界面的单位面积通量 ΔF 可表示为

$$\Delta F = \min\left(F_{\mathrm{AD}}\left|u\Delta t\right| + \mathrm{CF},\ F_{\mathrm{D}}\Delta x\right) \tag{1.6.2.2}$$

$$\mathrm{CF} = \max\left[\left(1.0 - F_{\mathrm{AD}}\right)\left|u\Delta t\right| - \left(1.0 - F_{\mathrm{D}}\right)\Delta x,\ 0.0\right] \tag{1.6.2.3}$$

式中，下角标 D 表示施主单元体；下角标 AD 表示或是施主单元体（D）或是受主单元体（A），由自由表面方向和流体的流动方向来综合确定。

式（1.6.2.2）取最小值的要求是防止计算的 F 通量超过施主单元体所能提供的最大流体量。而式（1.6.2.3）取最大值的要求是当计算的非流体量超过施主单元体所能提供的最大非流体量时，应考虑的附加 F 通量。

图 1.6.6 是 AD = D 情形的示意图。这时流体流动的方向主要是与自由表面相切，施主单元体的 F 值用于计算 F 的通量。施主单元体内可提供的最大非流体量

$(1.0-F_{\rm D})\Delta x_{\rm D}$ 大于施主单元体通过边界面的计算非流体量 $(1.0-F_{\rm D})|V_x|$，没有除 $F_{\rm D}|V_x|$ 以外的流体进入受主单元，由式（1.6.2.3）得 CF = 0。此时施主单元体所能提供的最大流体量 $F_{\rm D}\Delta x_{\rm D}$ 大于施主单元体通过边界面的计算 F 通量 $F_{\rm D}|V_x|$，由式（1.6.2.2），可得到 ΔF 为

$$\Delta F=\min\left(F_{\rm D}|u\Delta t|,F_{\rm D}\Delta x\right)=F_{\rm D}|V_x| \tag{1.6.2.4}$$

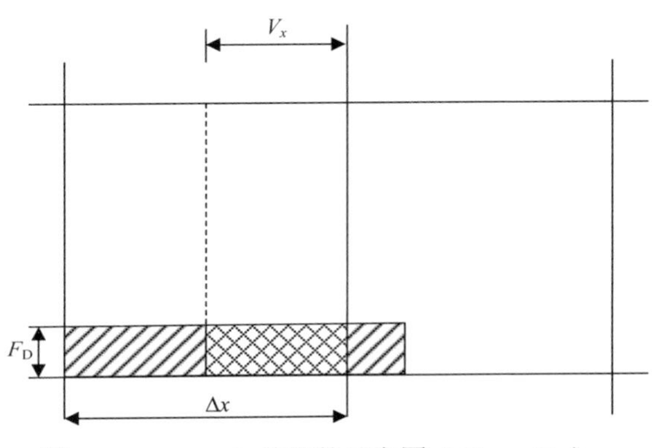

图 1.6.6　AD = D 情形的示意图（ $F_{\rm AD}=F_{\rm D}$ ）

图 1.6.7 是说明 AD = A 情形应用最小限制的示意图。这时流体流动方向主要是与自由表面垂直，受主单元体的 F 值用于计算 F 的通量。由于施主单元体内可提供的最大非流体量 $(1.0-F_{\rm D})\Delta x_{\rm D}$ 大于施主单元体通过边界面的计算非流体量 $(1.0-F_{\rm A})|V_x|$，没有除 $F_{\rm A}|V_x|$ 以外的流体进入受主单元，由式（1.6.2.3）得 CF = 0。施主单元体所能提供的最大流体量 $F_{\rm D}\Delta x_{\rm D}$ 小于施主单元体通过边界面的计算 F 通量 $F_{\rm A}|V_x|$，故需要应用式（1.6.2.2）的最小限制，从而可得 ΔF 为

$$\Delta F=\min\left(F_{\rm A}|V_x|,\ F_{\rm D}\Delta x_{\rm D}\right)=F_{\rm D}\Delta x_{\rm D} \tag{1.6.2.5}$$

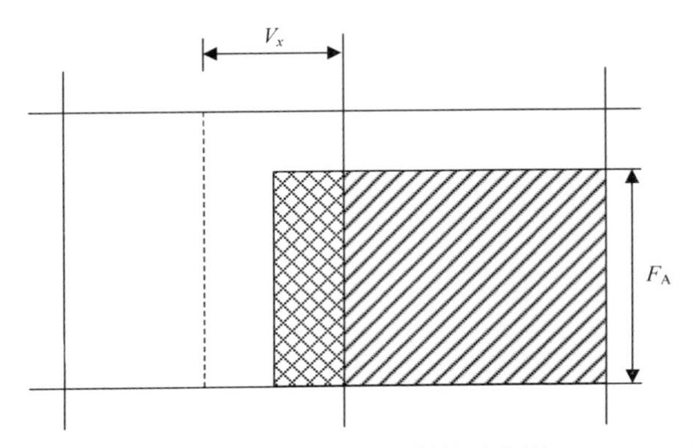

图 1.6.7　AD = A 情形应用最小限制的示意图（ $F_{\rm AD}=F_{\rm A}$ ）

图 1.6.8 是说明 AD = A 情形应用最大限制的示意图。这时流体流动方向主要

是与自由表面垂直，受主单元体的 F 值用于计算 F 的通量。由于施主单元体内可提供的最大非流体量 $(1.0-F_{\mathrm{D}})\Delta x_{\mathrm{D}}$ 小于施主单元体通过边界面的计算非流体量 $(1.0-F_{\mathrm{A}})|V_x|$，表明实际的 F 通量比 $F_{\mathrm{A}}|V_x|$ 多，此时需考虑 $F_{\mathrm{A}}|V_x|$ 以外的一部分流体量 CF 从施主单元体进入受主单元体，故需要应用式（1.6.2.3）的最大限制，从而可得 ΔF 为

$$\Delta F = F_{\mathrm{A}}|V_x| + \mathrm{CF} \tag{1.6.2.6}$$
$$\mathrm{CF} = (1.0-F_{\mathrm{A}})|u\Delta t| - (1.0-F_{\mathrm{D}})\Delta x_{\mathrm{D}}$$

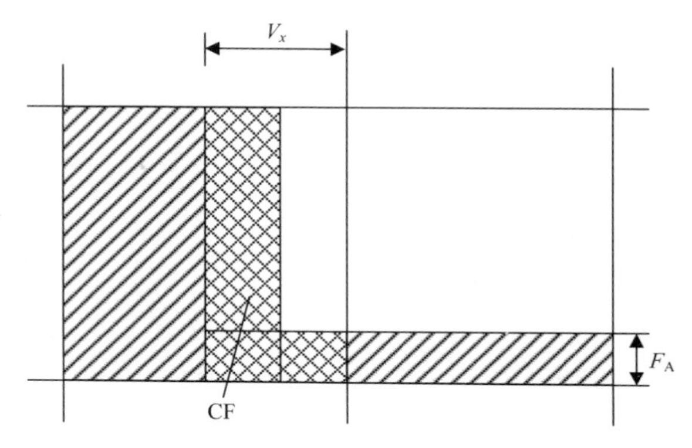

图 1.6.8　AD=A 情形应用最大限制的示意图（$F_{\mathrm{AD}}=F_{\mathrm{A}}$）

通过上述过程将某一边界面的单位面积通量 ΔF 计算出来后，乘以单元边界面的面积就得到了通过单元体该边界面的流体量。以单元体右侧边界面为例，这时新的施主单元体的 F 值为原来的值减去这一变化量，而新的受主单元体的 F 值为原来的值加上这一变化量，即

$$\begin{cases} F_{\mathrm{D}}^{n+1} = F_{\mathrm{D}}^{n} - \Delta F \\ F_{\mathrm{A}}^{n+1} = F_{\mathrm{A}}^{n} + \Delta F \end{cases} \tag{1.6.2.7}$$

式（1.6.2.7）的 F 值计算要应用到每个单元体的所有的边界面。将上述计算过程应用于整个计算区域内所有的单元体后，可得出每个单元体在新时刻的 F 值。由于截断误差与舍入误差的影响，一些内部流体单元在 $n+1$ 时刻的 F 值会出现略大于或略小于 1 的情况，一些自由表面流体单元在 $n+1$ 时刻的 F 值也会出现略大于或略小于 0 的情况，因此需要根据 F 函数的定义对每个单元体的 F 值进行如下调整。

首先根据单元体 (i,j) 在新时刻的 F 值，确定该单元体为内部流体单元或自由表面单元。设定一个控制精度 ε，若单元体 (i,j) 的 F 值满足 $1-\varepsilon<F_{i,j}<1+\varepsilon$，且与该单元体相邻的单元体没有空单元，则确定单元体 (i,j) 为内部流体单元，其 F 值重新设置为 $F_{i,j}=1$。若单元体 (i,j) 的 F 值满足 $F_{i,j}<\varepsilon$，则确定该单元体 (i,j) 为空单元，其 F 值重新设置为 $F_{i,j}=0$。若单元体 (i,j) 的 F 值满足 $F_{i,j}>1-\varepsilon$，且与

该单元体相邻的单元体至少有一个空单元，则确定单元体 (i,j) 为自由表面流体单元，其 F 值设置为 $F_{i,j}=1-\varepsilon$。上述调整过程中所引起的误差都要记录下来，反映在累积误差中。在通常的计算中，这一累积误差大多为总流体体积的 1%左右。

VOF 方法在流场计算中，在通过自由表面单元应满足表面的动力边界条件来确定自由表面单元压强的变化量 Δp 时，需要确定自由表面单元体的压强迭代单元体。为此 VOF 方法中引入单元体基本方向 NF(i, j)的值来标记单元体的类型和单元体中自由表面的基本方向，并以此来确定插值单元的位置，NF 所取的值与其对应的定义如表 1.6.1 所示。VOF 方法在应用施主单元和受主单元方法进行流体输运的计算中，也需要依据单元体基本方向 NF(i,j)的值，通过判断流体流动方向主要是与自由表面垂直还是与自由表面相切来确定采用受主单元体的 F 值还是采用施主单元体的 F 值。

表1.6.1 NF值的定义

NF 的值	单元体类型	定义及自由表面方向
0	流体单元体	没有任何空单元与其相邻
1	自由表面单元体	流体最可能位于该单元体的左面，插值单元位于当前单元体的左面
2	自由表面单元体	流体最可能位于该单元体的右面，插值单元位于当前单元体的右面
3	自由表面单元体	流体最可能位于该单元体的下面，插值单元位于当前单元体的下面
4	自由表面单元体	流体最可能位于该单元体的上面，插值单元位于当前单元体的上面
5	孤立非空单元体	含有流体，但与其相邻的单元体皆为空单元体
6	空单元体	不含流体

依据流体体积函数的定义，其单元体基本方向 NF(i,j) 值对应于表 1.6.1 中的 NF = 0，5，6 的情形是很容易确定的。当单元体 (i,j) 的 F 值为 1 时，设置其 NF 值为 0；当单元体 (i,j) 的 F 值为 0 时，设置其 NF 值为 6；当单元体 (i,j) 的 F 值在 0 与 1 之间，同时与其相邻的单元体皆为空单元体时，设置其 NF 值为 5。

单元体 (i,j) 含有非零的 F 值，且与它相邻的单元中至少有一个是 F 值为 0 的空单元的自由表面单元，其单元体基本方向 NF(i,j)值对应于表 1.6.1 中的 NF = 1，2，3，4 情形的算法如下。首先按照下面的定义计算两个偏微分 $\partial Y/\partial X$ 与 $\partial X/\partial Y$：

$$\frac{\partial Y}{\partial X}=\frac{2\left(Y_{i+1}-Y_{i-1}\right)}{\Delta x_{i+1}+2\Delta x_i+\Delta x_{i-1}} \tag{1.6.2.8}$$

$$\frac{\partial X}{\partial Y}=\frac{2\left(X_{j+1}-X_{j-1}\right)}{\Delta y_{j+1}+2\Delta y_j+\Delta y_{j-1}} \tag{1.6.2.9}$$

式中，

$$Y_{i+1}=F_{i+1,j-1}\Delta y_{j-1}+F_{i+1,j}\Delta y_j+F_{i+1,j+1}\Delta y_{j+1}$$

$$Y_{i-1}=F_{i-1,j-1}\Delta y_{j-1}+F_{i-1,j}\Delta y_j+F_{i-1,j+1}\Delta y_{j+1}$$

$$X_{j+1} = F_{i-1,j+1}\Delta x_{i-1} + F_{i,j+1}\Delta x_i + F_{i+1,j+1}\Delta x_{i+1}$$
$$X_{j-1} = F_{i-1,j-1}\Delta x_{i-1} + F_{i,j-1}\Delta x_i + F_{i+1,j-1}\Delta x_{i+1}$$

依据上面两个偏微分，可通过如下方法判别自由表面的基本方向。

当$\left|\frac{\partial Y}{\partial X}\right| < \left|\frac{\partial X}{\partial Y}\right|$时，认为流体流动的方向主要是相切于 F 表面。此情形若$\frac{\partial X}{\partial Y} < 0$，则定义 NF = 3（流体位于自由面的下面）；若$\frac{\partial X}{\partial Y} > 0$，则定义 NF = 4（流体位于自由面的上面）。图 1.6.9 为 NF = 3，4 情形的自由面基本方向示意图。

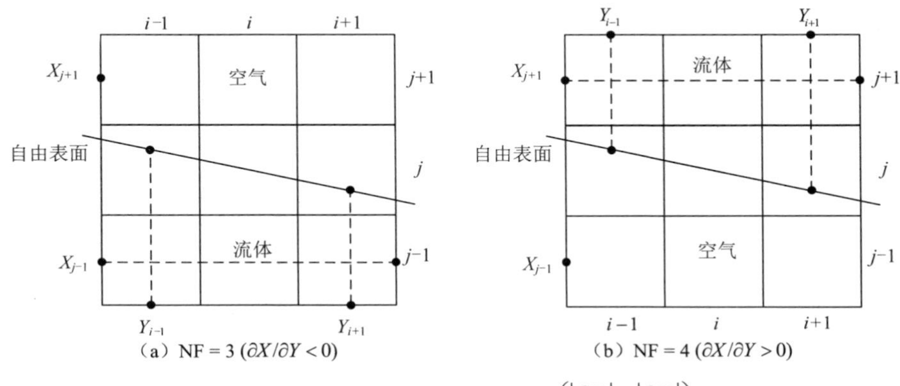

图 1.6.9　自由面基本方向示意图$\left(\left|\frac{\partial Y}{\partial X}\right| < \left|\frac{\partial X}{\partial Y}\right|\right)$

当$\left|\frac{\partial Y}{\partial X}\right| > \left|\frac{\partial X}{\partial Y}\right|$时，认为流体流动的方向主要是垂直于 F 表面。此情形若$\frac{\partial Y}{\partial X} < 0$，则定义 NF=1（流体位于自由面的左面）；若$\frac{\partial Y}{\partial X} > 0$，则定义 NF = 2（流体位于自由面的右面）。图 1.6.10 为 NF = 1，2 情形的自由面基本方向示意图。

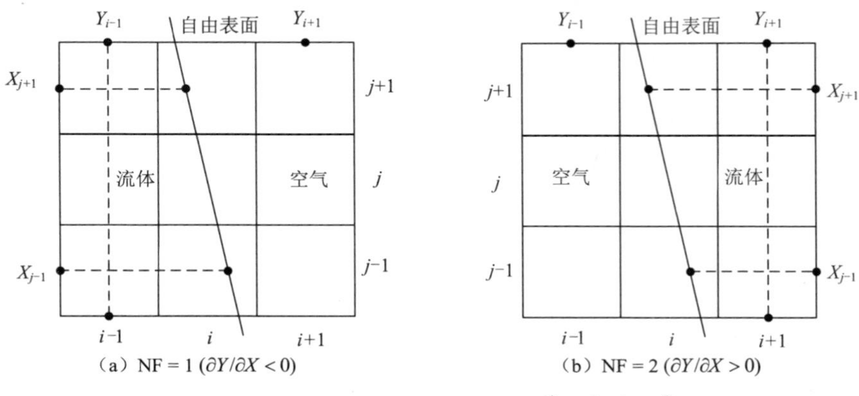

图 1.6.10　自由面基本方向示意图$\left(\left|\frac{\partial Y}{\partial X}\right| > \left|\frac{\partial X}{\partial Y}\right|\right)$

通过更新后的 F 值就可以确定出新的自由表面的位置，赋予新时刻的表面单元体自由表面的 NF 值，以便进行下一时刻的计算。

1.6.3　边界条件设置

VOF 方法处理边界条件的方法与普通差分方法相同，即通过在计算域周边附加一层虚拟网格单元，如图 1.6.11 所示。适当定义虚拟网格单元的边界条件，便可将应用于内部流体的差分方程同样地应用于边界单元体。

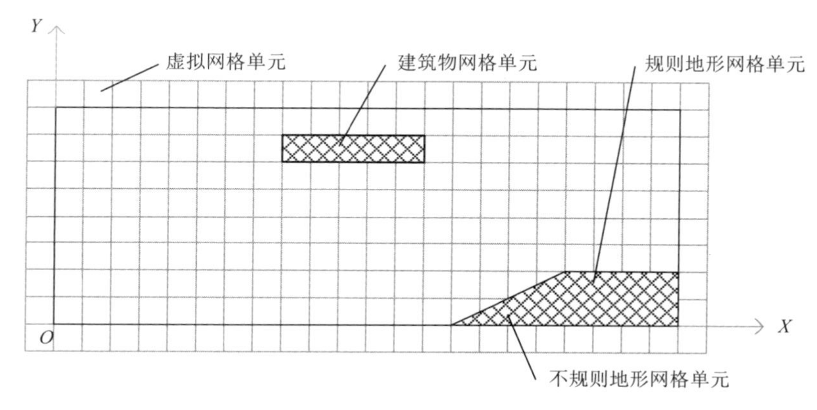

图 1.6.11　虚拟网格示意图

1. 规则固壁边界条件

规则固壁边界为与网格线重合的简单形状边界。规则壁面边界通常分为可滑流壁面边界和非滑流壁面边界两类，一般视壁面上的边界层对于网格尺度的相对厚薄而定，必要时可通过数值试验确定。Hirt 与 Nichols（1981）给出了可滑流直墙与无滑流直墙边界条件的设置。其处理思想是，令区域外虚构网格层的切向速度的大小等于区域内映像点的切向速度，符号视壁面是否为滑流壁面而分别取正或取负。虚构网格层中的压力可结合上面速度的处理方法由动量方程的差分方程直接推得。

以图 1.6.12 所示的计算域左端规则固壁边界单元$(1, j)$为例，单元$(0, j)$为区域外虚构网格单元，在滑流壁面上，切向流体速度的法向导数为零，法向流体速度等于物面移动速度的法向分量，式（1.6.3.1）为物面不动情形的可滑流壁面条件设置。

$$\begin{cases} u_{\frac{1}{2},j} = 0 \\ v_{0,j+\frac{1}{2}} = v_{1,j+\frac{1}{2}} \\ p_{0,j} = p_{1,j} \\ F_{0,j} = F_{1,j} \end{cases} \tag{1.6.3.1}$$

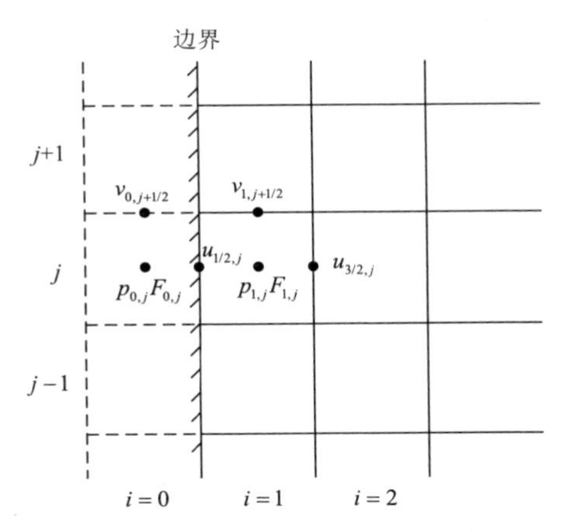

图 1.6.12　计算域左端为规则固壁边界示意图

在非滑流壁面上，流体质点速度等于物面移动速度，即切向和法向流体速度分别等于物面移动速度的切向分量和法向分量，式（1.6.3.2）为物面不动情形的非滑流壁面条件设置。

$$\begin{cases} u_{\frac{1}{2},j} = 0 \\ v_{0,j+\frac{1}{2}} = -v_{1,j+\frac{1}{2}} \\ p_{0,j} = p_{1,j} \\ F_{0,j} = F_{1,j} \end{cases} \tag{1.6.3.2}$$

2. 连续边界条件

连续边界条件通常分为流入边界和流出边界两类。在流入边界上，速度一般已给定。若流速垂直于该边界，则只要令法向速度等于给定值，虚构网格层上的切向速度等于区域内影像点的切向速度的负值，就能满足入流均匀的条件。

流出边界可分为具有指定出流速度的边界和以连续流动方式出流的边界。前一类边界的处理与均匀入流边界的处理方法相同。对后一类边界的处理，还没有统一的方法，一般通过数值试验来确定。式（1.6.3.3）为具有指定速度的连续边界条件设置，即边界面内外的法向速度和切向速度都相同。

$$\begin{cases} u_{\frac{1}{2},j} = u_{\frac{3}{2},j} \\ v_{0,j+\frac{1}{2}} = v_{1,j+\frac{1}{2}} \\ p_{0,j} = p_{1,j} \\ F_{0,j} = F_{1,j} \end{cases} \tag{1.6.3.3}$$

3. 不规则固壁边界条件

不规则固壁边界为与网格线不重合的任意形状边界，如基床边坡等不规则边界（图 1.6.13），可采用改进的部分单元体方法处理。

对图 1.6.13 所示的任意边界情形，若令边界线中点到单元底边的距离为η，边界线的法线方向为(n_x, n_y)，由边界面上中点的法向速度为零，可得到

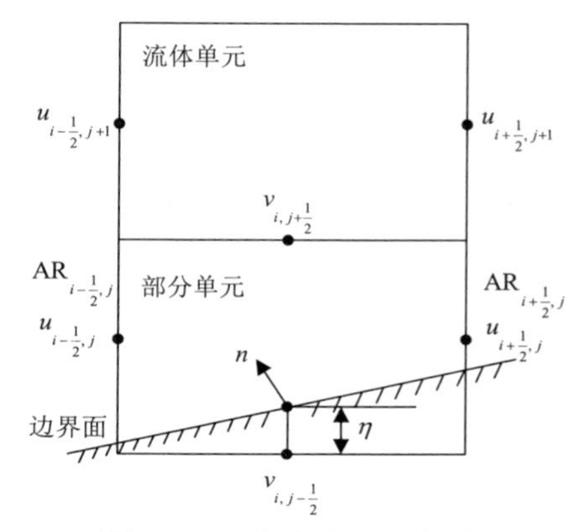

图 1.6.13　任意边界示意图

$$v_{i,j-\frac{1}{2}} = -\frac{1-\xi}{\xi}v_{i,j+\frac{1}{2}} - \frac{\left(u_{i+\frac{1}{2},j} + u_{i-\frac{1}{2},j}\right)n_x}{2\xi n_y} \tag{1.6.3.4}$$

式中，$\xi = \dfrac{\Delta y_j - \eta}{\Delta y_j}$。

当单元边界系数 $AR_{i+\frac{1}{2},j} < 0.5$ 时，意味着$u_{i+\frac{1}{2},j}$所在位置已在流场之外，此时可令

$$u_{i+\frac{1}{2},j} = u_{i+\frac{1}{2},j+1}, \quad AR_{i+\frac{1}{2},j} < 0.5$$

VOF 方法在应用上述改进的部分单元体方法处理不规则边界条件时，首先需要确定不规则边界在部分单元体中的位置。为此 VOF 方法中引入部分单元体基本方向 NB(*i*, *j*)的值来标记部分单元体的类型和部分单元体中边界面的基本方向，NB(*i*, *j*)所取的值与其对应的定义如表 1.6.2 所示。

表1.6.2　NB值的定义

NB 的值	单元体类型	定义及边界面方向
1	部分单元体	$AR_{i+1/2,j} = 0$，流体不能通过单元体的右面（流体在边界面左侧）
2	部分单元体	$AR_{i-1/2,j} = 0$，流体不能通过单元体的左面（流体在边界面右侧）
3	部分单元体	$AT_{i,j+1/2} = 0$，流体不能通过单元体的顶面（流体在边界面下方）
4	部分单元体	$AT_{i,j-1/2} = 0$，流体不能通过单元体的底面（流体在边界面上方）
−1	障碍物单元体	流体不能进入单元体的所有边界面

下面具体讨论不同朝向的不规则边界条件，及部分单元体速度边界条件的设置。

1）当流体在边界面上方（NB = 4）时，需要设置位于非流体区域的$v_{i,j-\frac{1}{2}}$值，

如图 1.6.14 所示。

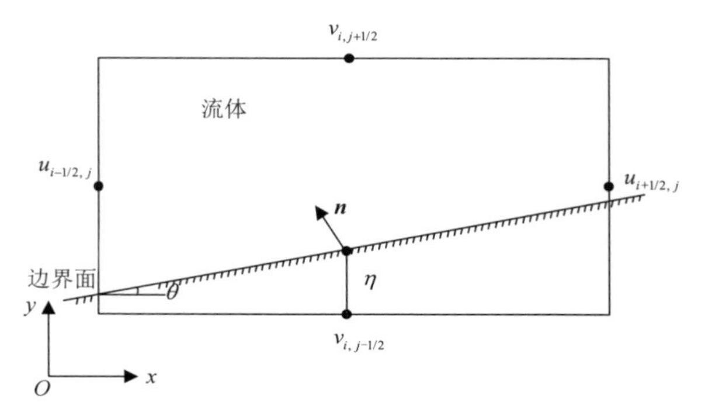

图 1.6.14　任意边界 NB = 4（流体在边界面上方）

若令η为边界线中点到单元底边的距离，θ为边界线与 x 轴正向的夹角，则边界线中点的速度分量$\bar{u}$ 和$\bar{v}$ 可表示为

$$\begin{cases}\bar{u}=\dfrac{1}{2}\left(u_{i+\frac{1}{2},j}+u_{i-\frac{1}{2},j}\right)\\ \bar{v}=\xi v_{i,j-\frac{1}{2}}+(1-\xi)v_{i,j+\frac{1}{2}}\end{cases} \tag{1.6.3.5}$$

边界线中点的法向速度u_n为

$$\begin{aligned}u_n&=\bar{u}n_x+\bar{v}n_y\\&=\frac{1}{2}\left(u_{i+\frac{1}{2},j}+u_{i-\frac{1}{2},j}\right)n_x+\left[\xi v_{i,j-\frac{1}{2}}+(1-\xi)v_{i,j+\frac{1}{2}}\right]n_y\end{aligned}$$

令$u_n=0$，得

$$v_{i,j-\frac{1}{2}}=-\frac{1-\xi}{\xi}v_{i,j+\frac{1}{2}}-\frac{n_x}{2\xi n_y}\left(u_{i+\frac{1}{2},j}+u_{i-\frac{1}{2},j}\right) \tag{1.6.3.6}$$

式中，

$$\xi=\frac{\Delta y-\eta}{\Delta y}$$

$$n_x=\cos(\boldsymbol{n},x)=\cos\left(\frac{\pi}{2}+\theta\right)=-\sin\theta=-\frac{\tan\theta}{\sqrt{1+\tan^2\theta}}$$

$$n_y=\cos(\boldsymbol{n},y)=\cos\theta=\frac{1}{\sqrt{1+\tan^2\theta}}$$

2）当流体在边界面下方（NB = 3）时，需要设置位于非流体区域的$v_{i,j+\frac{1}{2}}$值，如图 1.6.15 所示。

若令η为边界线中点到单元顶边的距离，θ为边界线与 x 轴正向的夹角，则边界线中点的速度分量$\bar{u}$ 和$\bar{v}$ 可表示为

$$
\begin{cases}
\bar{u} = \dfrac{1}{2}\left(u_{i+\frac{1}{2},j} + u_{i-\frac{1}{2},j}\right) \\
\bar{v} = \xi v_{i,j+\frac{1}{2}} + (1-\xi) v_{i,j-\frac{1}{2}}
\end{cases}
\tag{1.6.3.7}
$$

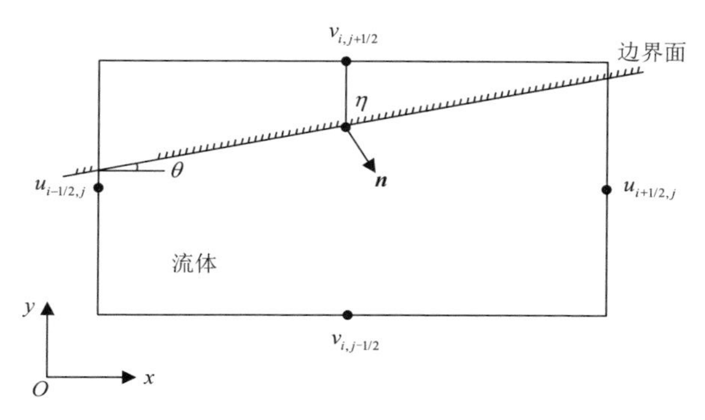

图 1.6.15　任意边界 NB = 3（流体在边界面下方）

同样由 $u_n = 0$，得

$$
v_{i,j+\frac{1}{2}} = -\frac{1-\xi}{\xi} v_{i,j-\frac{1}{2}} - \frac{n_x}{2\xi n_y}\left(u_{i+\frac{1}{2},j} + u_{i-\frac{1}{2},j}\right) \tag{1.6.3.8}
$$

式中，

$$
\xi = \frac{\Delta y - \eta}{\Delta y}
$$

$$
n_x = \cos(\boldsymbol{n}, x) = \cos\left(\frac{\pi}{2} - \theta\right) = \sin\theta = \frac{\tan\theta}{\sqrt{1+\tan^2\theta}}
$$

$$
n_y = \cos(\boldsymbol{n}, y) = \cos(\pi - \theta) = -\cos\theta = -\frac{1}{\sqrt{1+\tan^2\theta}}
$$

3）当流体在边界面右侧（NB = 2）时，需要设置位于非流体区域的 $u_{i-\frac{1}{2},j}$ 值，如图 1.6.16 所示。

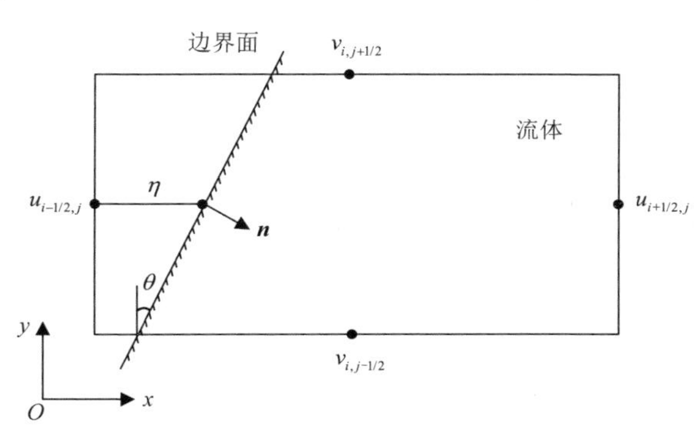

图 1.6.16　任意边界 NB = 2（流体在边界面右侧）

若令η为边界线中点到单元左边的距离，θ为边界线与y轴正向的夹角，则边界线中点的速度分量$\bar{u}$和$\bar{v}$可表示为

$$\begin{cases}\bar{u}=\xi u_{i-\frac{1}{2},j}+(1-\xi)u_{i+\frac{1}{2},j}\\ \bar{v}=\dfrac{1}{2}\left(v_{i,j+\frac{1}{2}}+v_{i,j-\frac{1}{2}}\right)\end{cases}\tag{1.6.3.9}$$

边界线中点的法向速度u_n为

$$\begin{aligned}u_n&=\bar{u}n_x+\bar{v}n_y\\&=\left[\xi u_{i-\frac{1}{2},j}+(1-\xi)u_{i+\frac{1}{2},j}\right]\cdot n_x+\frac{1}{2}\left(v_{i,j+\frac{1}{2}}+v_{i,j-\frac{1}{2}}\right)\cdot n_y\end{aligned}$$

令$u_n=0$，得

$$u_{i-\frac{1}{2},j}=-\frac{1-\xi}{\xi}u_{i+\frac{1}{2},j}-\frac{n_y}{2\xi n_x}\left(v_{i,j+\frac{1}{2}}+v_{i,j-\frac{1}{2}}\right)\tag{1.6.3.10}$$

式中，

$$\xi=\frac{\Delta x-\eta}{\Delta x}$$

$$n_x=\cos\theta=\frac{1}{\sqrt{1+\tan^2\theta}}$$

$$n_y=\cos\left(\frac{\pi}{2}+\theta\right)=-\sin\theta=-\frac{\tan\theta}{\sqrt{1+\tan^2\theta}}$$

4）当流体在边界面左侧（NB = 1）时，需要设置位于非流体区域的$u_{i+1,j}$值，如图 1.6.17 所示。

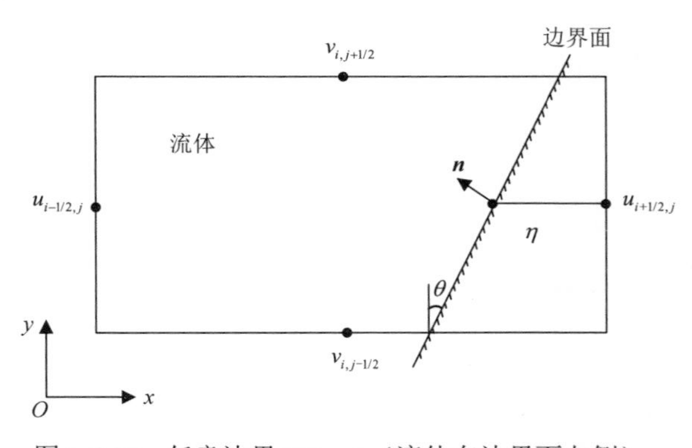

图 1.6.17　任意边界 NB = 1（流体在边界面左侧）

若令η为边界线中点到单元右边的距离，θ为边界线与y轴正向的夹角，则边界线中点的速度分量$\bar{u}$和$\bar{v}$可表示为

$$\begin{cases} \overline{u} = \xi u_{i+\frac{1}{2},j} + (1-\xi) u_{i-\frac{1}{2},j} \\ \overline{v} = \dfrac{1}{2}\left(v_{i,j+\frac{1}{2}} + v_{i,j-\frac{1}{2}}\right) \end{cases} \tag{1.6.3.11}$$

同样由 $u_n = 0$，得

$$u_{i+\frac{1}{2},j} = -\frac{1-\xi}{\xi} u_{i-\frac{1}{2},j} - \frac{n_y}{2\xi n_x}\left(v_{i,j+\frac{1}{2}} + v_{i,j-\frac{1}{2}}\right) \tag{1.6.3.12}$$

式中，

$$\xi = \frac{\Delta x - \eta}{\Delta x}$$

$$n_x = \cos(\pi - \theta) = -\cos\theta = -\frac{1}{\sqrt{1+\tan^2\theta}}$$

$$n_y = \cos\left(\frac{\pi}{2} - \theta\right) = \sin\theta = \frac{\tan\theta}{\sqrt{1+\tan^2\theta}}$$

1.6.4　主动吸收数值造波边界

随着计算技术的发展，建立数值波浪水槽用计算机模拟物模试验的应用前景越来越广阔（Kim et al.，1999）。与物模试验相比，数值波浪水槽的应用具有费用低、无触点流场测量、减少比例尺效应、消除物模中传感器尺寸及模型变形等因素对流场的影响，以及可获得较详细的流场信息等优点。但目前数值波浪水槽端部的反射问题，尤其是造波板的二次反射，限制了数值波浪水槽的实际应用。通常的处理方法如在二次反射波到达结构物之前停止试验，或将模型宽度设计得比水槽宽度小得多，但这样的数值模拟意味着需要大量地增加计算区域，从而会受到计算机内存及计算机速度的限制。近年来，可吸收式造波机在实验室波浪水槽中的实现（Bullock and Murton，1989；Gilbert，1978；Milgram，1970）为数值波浪水槽解决二次反射问题提供了新的途径。建立合适的数值造波机边界条件，使其能够在产生行进波的同时吸收到达造波板的反射波，从而有效地减少数值波浪水槽的有效长度，可节省大量的计算机资源，提高数模效率。

1. 造波边界条件的设置

应用 VOF 方法建立无反射造波数值波浪水槽模型，主要是水槽左端造波机边界条件和水槽右端开边界条件的设置。参照图 1.6.12 所示的计算域左端边界示意图，左端造波边界条件的设置如下：

$$\begin{cases} u_{\frac{1}{2},j} = U_m(t) \\ v_{0,j+\frac{1}{2}} = v_{1,j+\frac{1}{2}} \\ p_{0,j} = p_{1,j} \\ F_{0,j} = F_{1,j} \end{cases} \tag{1.6.4.1}$$

式中，$U_m(t)$ 为给定的速度条件，依据推板式造波理论确定。

2. 线性波数值造波

假设位于水槽左端的造波机为活塞式造波机，其推板做水平方向的运动，右端很远无波浪反射作用。由线性造波理论（Dean and Dalrymple，1984；Ursell et al., 1960），对于平衡位置在原点、冲程为 X_0、角频率为 ω 的活塞式造波机，其推板做简谐运动的速度为

$$U(t)=\frac{X_0\omega}{2}\cos\omega t \tag{1.6.4.2}$$

在水深为 d 的波浪水槽中距造波板 x 处的波面 η' 为

$$\eta'=\frac{X_0}{2}\left[\frac{4\sinh^2 kd}{2kd+\sinh 2kd}\cos\left(kx-\omega t\right)+\sum_{n=1}^{\infty}\frac{4\sin^2\mu_n d}{2\mu_n d+\sin 2\mu_n d}\mathrm{e}^{-\mu_n x}\sin\omega t\right] \tag{1.6.4.3}$$

式中，k 满足方程

$$kg\tanh kd-\omega^2=0 \tag{1.6.4.4}$$

μ_n 为下面方程的第 n 个根：

$$\mu_n g\tan\mu_n d+\omega^2=0 \tag{1.6.4.5}$$

$\sum$ 项为造波板产生的衰减立波，在离开造波板一定距离后很快就会衰减掉，而第一项是造波板所产生的波数为 k、频率为 ω 的行进波。

令式（1.6.4.3）中的 $x=0$，则得到造波板前的波面为

$$\eta'=\frac{W}{\omega}U(t)+\frac{L}{\omega}U\left(t-\frac{T}{4}\right) \tag{1.6.4.6}$$

式中，

$$W=\frac{4\sinh^2 kd}{2kd+\sinh 2kd} \tag{1.6.4.7}$$

$$L=\sum_{n=1}^{\infty}\frac{4\sin^2\mu_n d}{2\mu_n d+\sin 2\mu_n d} \tag{1.6.4.8}$$

若令 U_0 为普通造波机产生所需要的余弦波面 η_0 的推板运动速度，则有

$$U_0(t)=\frac{\eta_0\omega}{W} \tag{1.6.4.9}$$

下面给出基于线性造波理论的一种可吸收式造波边界的设置方法（王永学，1994a）。

对于可吸收式造波机，当反射波到达造波板时，其造波板除了产生行进波的运动外，还要产生一个与反射波幅值相等而相位相反的附加运动将反射波抵消。由式（1.6.4.6）可知，造波板产生的局部衰减立波 η_s 与推板运动速度 $U_s(t)$ 之间的关系为

$$U_s(t)=U\left(t-\frac{T}{4}\right)=\frac{\eta_s\omega}{L} \tag{1.6.4.10}$$

若令 η_s 为造波板前实际波面 η 与所需要的余弦波面 η_0 之差，可得到吸收式造波机的造波板运动速度 $U'_{\mathrm{m}}(t)$ 为

$$U'_{\mathrm{m}}(t)=\frac{\eta_0\omega}{W}-\frac{(\eta-\eta_0)\omega}{L} \tag{1.6.4.11}$$

但对 VOF 方法而言，依据式（1.6.4.11）设置左端可吸收造波速度边界条件时，在边界面内外出现流体交换。对波高为 H_0 的正弦波，在一个周期内进入水槽的净流体量 ΔQ 为

$$\Delta Q=\frac{\pi H_0X_0}{4} \tag{1.6.4.12}$$

式中，X_0 为造波机的冲程。这样随着数模过程的进行，计算域内的平均水面逐渐增高，与实际情形不符。

依据式（1.6.4.12），对 $U'_{\mathrm{m}}(t)$ 进行调整以保证在一个周期内进入水槽的净流体量 $\Delta Q=0$，可得到产生线性波的速度条件 $U_{\mathrm{m}}(t)$ 为

$$U_{\mathrm{m}}(t)=\begin{cases}U'_{\mathrm{m}}(t)\left(1-\dfrac{\pi H_0}{8d}\right), & U'_{\mathrm{m}}\geqslant 0\\ U'_{\mathrm{m}}(t)\left(1+\dfrac{\pi H_0}{8d}\right), & U'_{\mathrm{m}}<0\end{cases} \tag{1.6.4.13}$$

3. 浅水波数值造波

同样假设位于水槽左端的造波机为活塞式造波机，其推板做水平方向的运动，右端很远无波浪反射作用。在浅水条件下，波浪运动除满足 KdV（Korteweg-de Vries）方程外，在推板上应满足以下运动边界条件：

$$\frac{\mathrm{d}\xi}{\mathrm{d}t}=\overline{u}(\xi,t) \tag{1.6.4.14}$$

式中，ξ 为推板位移函数；$\overline{u}(\xi,t)$ 为 $x=\xi$ 处的水质点沿深度平均的水平速度。由连续方程可得浅水波沿深度平均的水平速度为

$$\overline{u}(x,t)=\frac{c\eta(x,t)}{d+\eta(x,t)} \tag{1.6.4.15}$$

式中，c 为波速；$\eta(x,t)$ 为波面；d 为水深。

将式（1.6.4.15）代入式（1.6.4.14），有

$$\frac{\mathrm{d}\xi}{\mathrm{d}t}=\frac{c\eta(\xi,t)}{d+\eta(\xi,t)} \tag{1.6.4.16}$$

令 $\eta(\xi,t)=Hf(\theta)[\theta=k(\xi-ct)]$，其中，$H$ 为波高，则有

$$\frac{\mathrm{d}\xi}{\mathrm{d}t}=\frac{\mathrm{d}\xi}{\mathrm{d}\theta}\frac{\mathrm{d}\theta}{\mathrm{d}t}=\frac{\mathrm{d}\xi}{\mathrm{d}\theta}\left(-kc+k\frac{\mathrm{d}\xi}{\mathrm{d}t}\right) \tag{1.6.4.17}$$

将式（1.6.4.14）代入式（1.6.4.17），有

$$\bar{u}(\xi,t)=k\frac{\mathrm{d}\xi}{\mathrm{d}\theta}\left[-c+\bar{u}(\xi,t)\right] \tag{1.6.4.18}$$

所以

$$\frac{\mathrm{d}\xi}{\mathrm{d}\theta}=\frac{\bar{u}}{k(\bar{u}-c)}=\frac{\dfrac{c\eta}{d+\eta}}{k\left(\dfrac{c\eta}{d+\eta}-c\right)}=-\frac{\eta}{kd}=-\frac{H}{kd}f(\theta) \tag{1.6.4.19}$$

对式（1.6.4.19）积分，可得造波板位移方程为

$$\xi=-\frac{H}{kd}\int_0^\theta f(\varphi)\mathrm{d}\varphi \tag{1.6.4.20}$$

1）对椭余波情形，其理论波面η_0（邹志利 等，1996；Wang et al., 1999）为

$$\eta_0=H\sum_{n=1}^{\infty}A_n\cos nk\left(x-ct\right)=Hf\left(\theta\right) \tag{1.6.4.21}$$

式中，

$$f(\theta)=\sum_{n=1}^{\infty}A_n\cos n\theta\;;\quad \theta=k\left(x-ct\right)$$

$$A_n=\frac{2\pi^2}{k^2K^2}\frac{nq^n}{1-q^{2n}}$$

$$q=\exp(-\pi K'/K)$$

假设k与k'为椭圆函数的模数；K为模数为k的第一类完全椭圆积分；E为模数为k的第二类完全椭圆积分；K'为模数为k'的第一类完全椭圆积分。当波高H和周期T给定时，k与k'可由下式确定：

$$T\sqrt{\frac{g}{d}}=4K\cdot k\sqrt{\frac{d}{3H}}\left\{1+\frac{H}{d}\left[-1+\left(2-\frac{3E}{K}\right)\frac{1}{k^2}\right]\right\}^{-1/2}$$

$$k'=(1-k^2)^{1/2}$$

将式（1.6.4.21）代入式（1.6.4.20），可得产生椭余波的推板位移函数ξ为

$$\begin{aligned}\xi&=-\frac{H}{kd}\int_0^\theta f(\varphi)\mathrm{d}\varphi\\&=-\frac{H}{kd}\int_0^\theta\sum_{n=1}^{\infty}\frac{A_n}{n}\mathrm{d}\sin n\varphi\\&=\frac{H}{kd}\sum_{n=1}^{\infty}\frac{A_n}{n}\sin nk(ct-\xi)\end{aligned} \tag{1.6.4.22}$$

2）对孤立波情形，其理论波面η_0为

$$\eta_0 = H\,\mathrm{sech}^2\left[k(x-ct)\right] = Hf(\theta) \tag{1.6.4.23}$$

式中，$f(\theta)=\mathrm{sech}^2\theta$；$\theta=k(x-ct)$；$k=\sqrt{\dfrac{3H}{4d^3}}$；$c=\sqrt{g(H+d)}$。

将式（1.6.4.23）代入式（1.6.4.20），可得产生孤立波的推板位移函数 ξ 为

$$\begin{aligned}\xi &= -\frac{H}{kd}\int_0^\theta f(\varphi)\mathrm{d}\varphi \\ &= -\frac{H}{kd}\int_0^\theta \mathrm{sech}^2\,\theta\mathrm{d}\theta \\ &= \frac{H}{kd}\tanh\left[k(ct-\xi)\right]\end{aligned} \tag{1.6.4.24}$$

若令 U_0 为产生所需要的浅水波波面 η_0 的推板运动速度，则有

$$U_0(t) = \frac{c\eta_0(\xi,t)}{d+\eta_0(\xi,t)} \tag{1.6.4.25}$$

因此，对于吸收式造波机，造波板的推板速度为

$$U_{\mathrm{m}}(t) = \frac{c\eta_0}{d+\eta_0} - \frac{c(\eta-\eta_0)}{d+(\eta_0-\eta)} \tag{1.6.4.26}$$

4. 随机波数值造波

随机波可看作一平稳随机过程，它可由 n 个不同周期和不同随机初相位的余弦波叠加而成，即

$$\eta'(t) = \sum_{i=1}^{n} a_i \cos\left(k_i x - \omega_i t + \varepsilon_i\right) \tag{1.6.4.27}$$

式中，$\eta(t)'$ 为数值波浪水槽中距离造波板 x 处的波面高度；a_i 为第 i 个组成波的振幅；k_i,ω_i 为第 i 个组成波的波数和圆频率；ε_i 为第 i 个组成波的初相位，此处取在$(0,2\pi)$范围内均布的随机数；x, t 分别表示位置和时间。

当 $x=0$ 时，由式（1.6.4.27）可得到造波板前的波面：

$$\eta(t) = \sum_{i=1}^{n} a_i \cos\left(-\omega_i t + \varepsilon_i\right) \tag{1.6.4.28}$$

设目标谱 $S_{\eta\eta}(\omega)$ 的能量主要分布在 $\omega_L \sim \omega_H$ 范围内，其余部分可忽略不计，把频率范围划分为 M 个区间，其间距为 $\Delta\omega_i = \omega_i - \omega_{i-1}$，取

$$\hat{\omega}_i = (\omega_{i-1}+\omega_i)/2 \tag{1.6.4.29}$$

$$a_i = \sqrt{2S_{\eta\eta}(\hat{\omega}_i)\Delta\omega_i} \tag{1.6.4.30}$$

则将代表 M 个区间内波能的 M 个余弦波动叠加起来，即得随机波的波面：

$$\eta(t) = \sum_{i=1}^{M} \sqrt{2S_{\eta\eta}(\hat{\omega}_i)\Delta\omega_i}\cos\left(\tilde{\omega}_i t + \varepsilon_i\right) \tag{1.6.4.31}$$

式中，$\tilde{\omega}_i$ 为第 i 个组成波的代表频率。

设 U_0 为造波机产生所需要的波面 $\eta(t)$ 的推板运动速度，则有

$$U_0(t) = \sum_{i=1}^{M} \frac{\tilde{\omega}_i \sqrt{2S_{\eta\eta}(\hat{\omega}_i)\Delta\omega_i} \cos\left(\tilde{\omega}_i t + \varepsilon_i\right)}{W_i} \tag{1.6.4.32}$$

式中，$W_i = \dfrac{4\sinh^2 k_i d}{\sinh 2k_i d + 2k_i d}$，为传递函数。

5. 开边界条件

对线性规则波数值波浪水槽，右端开边界条件可简单设置如下：

$$\begin{cases} u_{\text{imax}-\frac{1}{2},j} = U_{\text{open}} \\ v_{\text{imax},j+\frac{1}{2}} = v_{\text{imax}-1,j+\frac{1}{2}} \\ p_{\text{imax},j} = p_{\text{imax}-1,j} \\ F_{\text{imax},j} = F_{\text{imax}-1,j} \end{cases} \tag{1.6.4.33}$$

式中，下标 imax 为水槽右端边界外侧虚拟网格单元的编号，下标 imax − 1 为水槽右端边界内侧流体网格单元的编号；U_{open} 为右端开边界处给定的速度条件。

依据线性波浪理论，右端开边界的给定速度条件 U_{open} 可设置为

$$U_{\text{open}} = \frac{\partial\phi}{\partial x} = -\frac{k}{\omega}\frac{\partial\phi}{\partial t} = \frac{gk\eta}{\omega} \tag{1.6.4.34}$$

式中，g 为重力加速度；k 为波数；η 为开边界处的波面；ω 为波频率。

6. 数值算例

首先建立一个平底的二维波浪水槽模型，水槽左端为可吸收式数值造波机边界条件，水槽右端为直墙边界。水槽区域为 x 方向 175 个单元，y 方向 25 个单元，每个单元长 $\Delta x = 8\text{cm}$，宽 $\Delta y = 3\text{cm}$；水的密度 $\rho = 1\text{g/cm}^3$；重力加速 $g = 980\text{cm/s}^2$，运动黏滞系数 $\nu = 1.002 \times 10^{-2}\text{cm}^2/\text{s}$，迭代控制精度 $\varepsilon = 0.001$。

图 1.6.18 是以造波板前的波高 $H_0 = 15\text{cm}$，水深 $d = 50\text{cm}$，周期 $T = 1.5\text{s}$ 为输入参数的左端造波板速度随时间的变化过程。图中实线为可吸收式造波机的速度变化过程，随着到达造波板的反射波而改变；虚线为普通造波机的速度变化过程，与反射波无关，始终按余弦函数规律变化。造波板前波面随时间的变化过程如图 1.6.19 所示，由图可以明显地看出可吸收式造波机前的波面与反射波无关，按余弦波的规律变化；而普通造波机当反射波到达时可以明显见到二次反射影响，波高逐渐增大，导致波动过程不稳定。

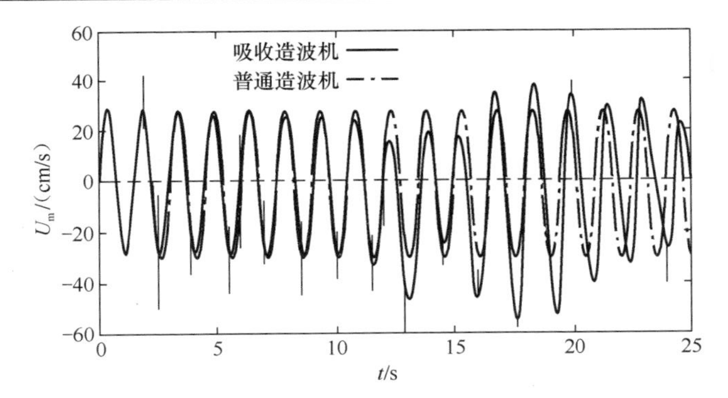

图 1.6.18　可吸收式造波机与普通造波机速度变化的比较

H_0=15cm，T = 1.5s，d = 50cm

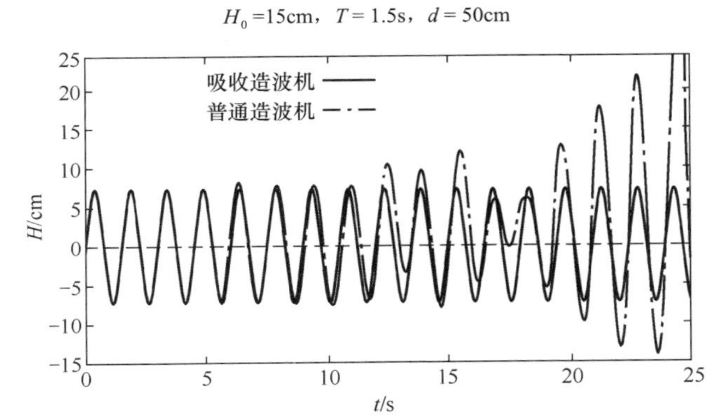

图 1.6.19　可吸收式造波机与普通造波机前波面变化的比较

H_0=15cm，T = 1.5s，d = 50cm

1.6.5　波浪破碎过程的数值模拟

1. 孤立波破碎过程的数值模拟与试验结果的比较

为检验数值波浪水槽模型的可靠性，在大连理工大学海岸和近海工程国家重点实验室的长 69m、高 1.8m、宽 2.0m 的波浪水槽中进行了物模试验工作（王永学，1994b）。水槽的一端装有闭环电液伺服控制的造波机系统，水槽另一端设有 1∶6 的碎石消能坡。图 1.6.20 为试验布置示意图，试验中的地形设计成三段，第一段是坡度 1∶4 的过渡段，中间是 1∶50 的缓坡段，第三段为 3m 长的水平段。孤立波的产生采用实验室研制的造波软件。试验中布置了 3 个荷兰 Delft（代尔夫特）水力实验室生产的 GHM 型浪高仪，1 号与 2 号浪高仪相距 5m，2 号与 3 号浪高仪相距 3m。直墙面上布置了 6 个压力传感器，如图 1.6.21 所示。压力传感器由实验室自制，其自振频率 f ≥250Hz。试验水深为 50cm、60cm 和 65cm，每个水深对应了两种波高，共 6 组波参数。

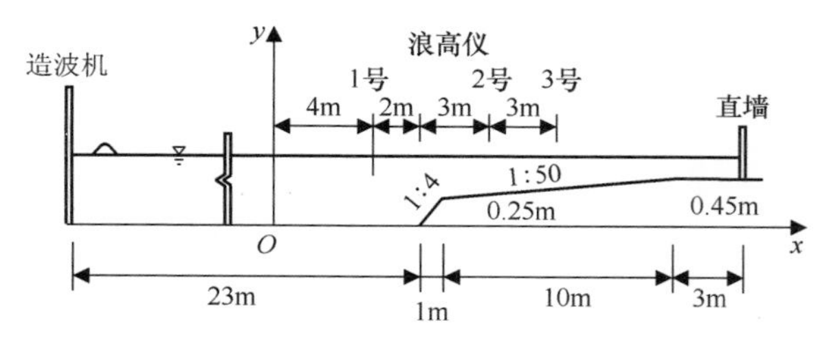

图 1.6.20　孤立波破碎过程模型试验布置示意图

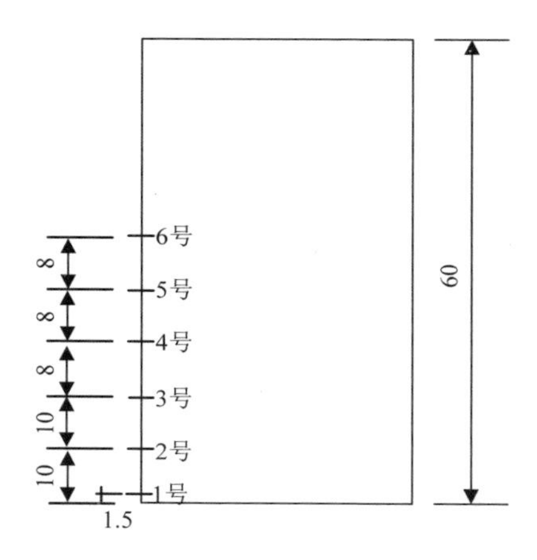

图 1.6.21　直墙面压力传感器位置（单位：cm）

数值计算区域由 x 方向 400 个单元、y 方向 50 个单元组成，每个单元的 $\Delta x=5\text{cm}$，Δy 采用变单元，直墙前水平段以下部分 $\Delta y=5\text{cm}$，以上部分 $\Delta y=3\text{cm}$。水的密度 $\rho=1.0\text{g/cm}^3$，重力加速度 $g_y=980\text{cm/s}^2$，运动黏滞系数 $\nu=1.002\times10^{-2}\text{cm}^2/\text{s}$，迭代控制精度 $\varepsilon=10^{-3}$。孤立波产生应用 Laitone 的二阶孤立波理论结果（Wiegel，1964）给出的初始波面、初始速度场及压力场，即

$$\frac{\eta}{d}=1+\frac{H}{d}\text{sech}^2kx_{i0}-\frac{3}{4}\left(\frac{H}{d}\right)^2\text{sech}^2kx_{i0}\left(1-\text{sech}^2kx_{i0}\right) \tag{1.6.5.1}$$

$$\frac{u}{\sqrt{gd}}=\frac{H}{d}\left[1+\frac{1}{4}\frac{H}{d}-\frac{3}{2}\frac{H}{d}\left(\frac{y_{j0}}{d}\right)^2\right]\text{sech}^2kx_{i1}+\left(\frac{H}{d}\right)^2\left[-1+\frac{9}{4}\left(\frac{y_{j0}}{d}\right)^2\right]\text{sech}^4kx_{i1} \tag{1.6.5.2}$$

$$\frac{v}{\sqrt{gd}}=\sqrt{3}\left(\frac{H}{d}\right)^{3/2}\frac{y_{j1}}{d}\text{sech}^2kx_{i0}\tanh^4kx_{i0}\cdot$$

$$\left\{1-\frac{3}{8}\frac{H}{d}-\frac{1}{2}\frac{H}{d}\left(\frac{y_{j1}}{d}\right)^2+\frac{H}{d}\left[-2+\frac{3}{2}-\left(\frac{y_{j1}}{d}\right)^2\right]\text{sech}^2kx_{i0}\right\} \tag{1.6.5.3}$$

$$\frac{p}{\rho g d}=\frac{\eta}{d}-\frac{y_{j0}}{d}-\frac{3}{4}\left(\frac{H}{d}\right)^2\left[\left(\frac{y_{j0}}{d}\right)^2-1\right]\left(\operatorname{sech}^2 kx_{i0}-3\operatorname{sech}^4 kx_{i0}\right) \quad (1.6.5.4)$$

式中，

$$k=\sqrt{\frac{3H}{4d^3}}\left(1-\frac{5}{8}\frac{H}{d}\right)$$

$$x_{i0}=x_i-x_0$$

$$x_{i1}=x_i-x_0+\frac{1}{2}\Delta x_i$$

$$y_{j0}=y_j$$

$$y_{j1}=y_j+\frac{1}{2}\Delta y_j$$

孤立波波峰初始时刻位于 1 号浪高仪处，其波高与试验中该浪高仪实测的波高值一致。数值计算得到的三个浪高仪位置（图 1.6.20）的波高结果与试验结果的比较如表 1.6.3 所示（表中 H 与 d 为 1 号浪高仪处的孤立波波高与水深）。由比较可见，试验与数值模拟（简称数模）结果符合较好，大部分情形误差在 8%以内。对波高 $H=10.8\text{cm}$，水深 $d=50\text{cm}$ 的情形，3 号浪高仪处的试验与数模结果相对误差为 11%。图 1.6.22 为波参数 $H=16\text{cm}$，$d=65\text{cm}$ 情形下试验与数模得到的波面过程线，其中实线是试验结果，虚线是数模结果。比较可见，试验与数模结果吻合较好。对波峰过后水面出现的扰动，试验与数模结果有所差别，原因可能是试验与数模产生孤立波的方式不同。

表1.6.3　孤立波的波高与波压力试验结果与数模结果的比较

工况	波高和水深/cm	试验和数模比较	波高 H/cm			波压强[$p/(\rho g)$]/cm					
			1 号	2 号	3 号	1 号	2 号	3 号	4 号	5 号	6 号
1	$H=10.8$	试验	10.8	12.6	14.6	13.9	13.0	2.02	0	0	0
	$d=50.0$	数模	10.8	11.9	16.3	12.3	4.04	—	0	0	0
2	$H=16.6$	试验	16.6	17.0	18.1	18.6	25.4	6.08	1.87	0	0
	$d=50.0$	数模	16.6	18.0	18.6	23.6	24.5	8.56	2.48	0	0
3	$H=11.0$	试验	11.0	11.1	13.0	20.3	19.3	20.4	15.2	1.11	0
	$d=60.0$	数模	11.0	11.8	13.2	17.5	18.3	21.1	14.5	2.06	0
4	$H=16.9$	试验	16.9	18.3	20.3	26.4	22.8	21.3	16.0	1.78	0
	$d=60.0$	数模	16.9	18.2	21.9	22.2	22.4	21.4	10.7	4.71	0
5	$H=11.0$	试验	11.0	11.1	12.6	24.9	21.4	27.5	19.2	4.67	4.17
	$d=65.0$	数模	11.0	11.8	12.8	26.1	26.0	27.6	20.9	13.0	8.40
6	$H=16.0$	试验	16.0	16.3	19.7	27.5	25.6	26.8	32.8	7.41	3.24
	$d=65.0$	数模	16.0	17.0	19.2	26.8	26.9	29.5	33.5	15.2	10.5

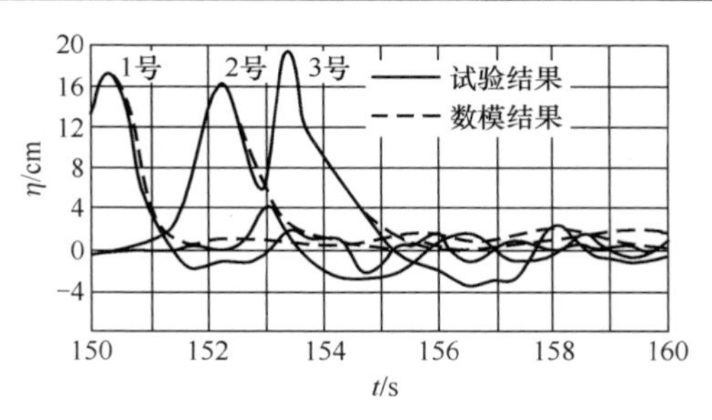

图 1.6.22　波面过程线（H=16cm，d=65cm）

数值计算得到的 6 个压力传感器位置（图 1.6.21）的破波压力峰值 $p/\rho g$ 也列于表 1.6.3 中。对 $d=50$cm 水深，静水面在 1 号测压点处；对 $d=60$cm 水深，静水面在 2 号与 3 号测压点之间；对 $d=65$cm 水深，静水面在 3 号测压点处。由比较可见，数模与试验结果较为符合。表 1.6.4 列出了试验与数模得到的波浪破碎位置（以图 1.6.20 中地形前趾到破碎点的水平距离表示）。数模中是以该位置处的最大水质点速度达到孤立波波速（理论波速 $c=\sqrt{g(d+H)}$ ）为波浪破碎判别标准。由比较可见，除 $H=11$cm，$d=65$cm 时波浪没有发生破碎外，其他情况试验与数模得到的波浪破碎位置基本一致。

表1.6.4　波浪破碎位置的试验与数模比较　（单位：cm）

试验与数模比较	$H=10.8$ $d=50.0$	H=16.6 d=50.0	H=11.0 d=60.0	H=16.9 d=60.0	H=11.0 d=65.0	H=16.0 d=65.0
试验	832	595	1220	975	—	1200
数模	793	598	1223	943	—	1208

2. 直墙式建筑物前孤立波破碎过程的数值模拟

直墙式建筑物前孤立波破碎过程的数值计算（Wang and Su，1992）采用的网格为 x 方向 180 个单元、y 方向 50 个单元，每个单元的$\Delta x=4$cm，$\Delta y=2$cm。假定基床是不透水的，基床外肩宽 $b=160$cm，边坡 $m=1:2$。基床外肩上部相对水深取 $d_1/d=0.60$，0.49，0.37 的中基床情形，d_1 是基床外肩上的水深。孤立波初始条件仍由 Laitone 的二阶孤立波理论给出，波峰初始时刻位于第 60 个网格中心（$x_0=240$cm）。水深取为 35cm，水的密度 $\rho=1.0\text{g/cm}^3$，重力加速度 $g_y=980\text{cm/s}^2$，运动黏滞系数 $\nu=1.002\times10^{-2}\text{cm}^2/\text{s}$，迭代控制精度 $\varepsilon=10^{-3}$。计算简图如图 1.6.23 所示。

首先对平底情形下孤立波在直墙前的传播过程进行数模。图 1.6.24 为 $H=10.5$cm ($H/d=0.3$)时不同时刻的波面。当 $t=0.8$s 时，波形仍没有发生变化。之后随着波浪逐渐接近直墙，波峰增高最后形成全反射。数模得到的孤立波在直墙面上的爬高 R_u 与 Street 和 Camfield（1966）的试验比较如图 1.6.25 所示，可见数模与试验结果是很吻合的。

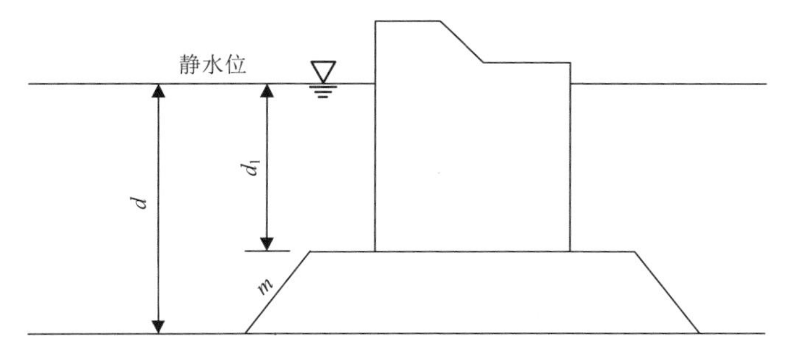

图 1.6.23　直墙式建筑物计算简图

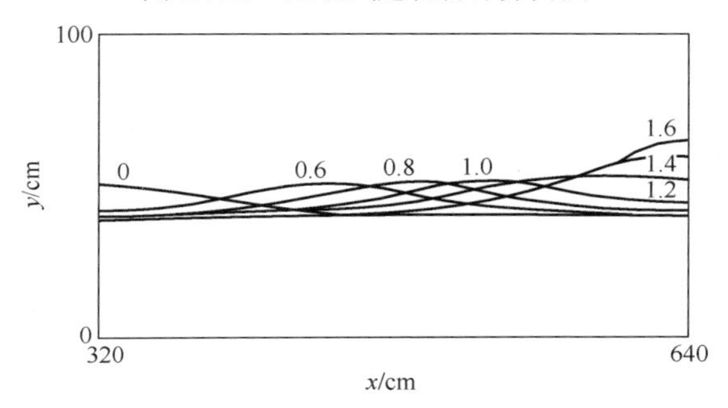

图 1.6.24　孤立波在直墙前的波面变化（H/d=0.3）

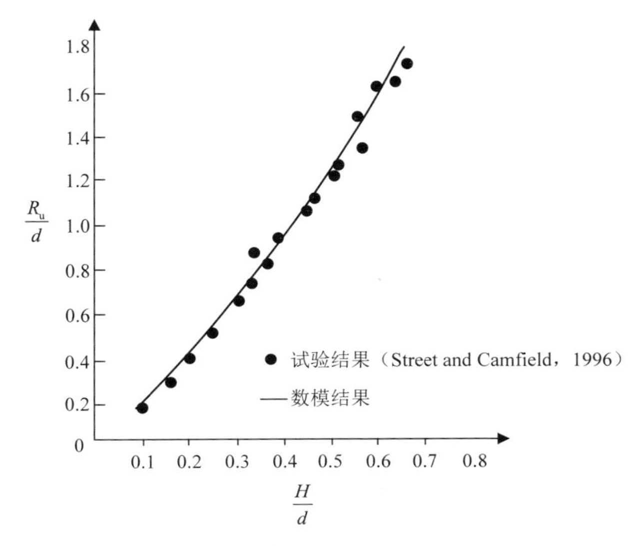

图 1.6.25　孤立波在直墙建筑物前的爬高 R_u（实线）与试验结果比较

在孤立波的波高 $H = 18.9\text{cm}(H/d = 0.54)$情形下，直墙面静水高度处的无量纲波压力峰值的计算结果与海港水文规范结果的比较列于表 1.6.5。在计算范围内，波态为近破波。波浪在直墙面附近破碎后在还没有较大耗散时就冲击到直墙上，尽管数模中忽略了紊流黏性的影响，但仍得到了较为合理的结果。由表 1.6.5 可以看出，随着基床厚度的增加，冲击压力增大。

表1.6.5　直墙面静水高度处的无量纲波压力峰值 $P_S/(\rho gH)$

d_1/d		0.60	0.49	0.37
$\frac{P_S}{\rho gH}$	计算结果	1.73	1.99	2.57
	规范结果	1.61	1.97	2.48

在波高 $H=27.3\text{cm}$，水深 $d=35\text{cm}$($H/d=0.78$)的孤立波的极限情形下，数模得到的波浪在直墙前破碎过程的流场变化、波面变化和波压力变化如图 1.6.26～图 1.6.28 所示。在此极限情形下，孤立波在初始时刻，波峰处水质点的速度已接

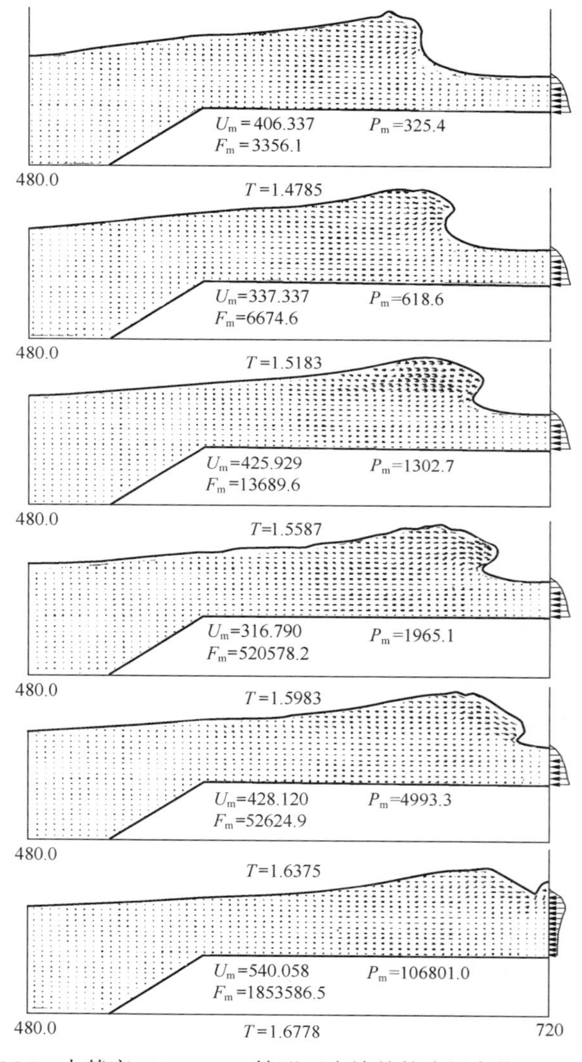

图 1.6.26　中基床($d_1/d=0.37$)情形下直墙前的流场变化($H/d=0.78$)

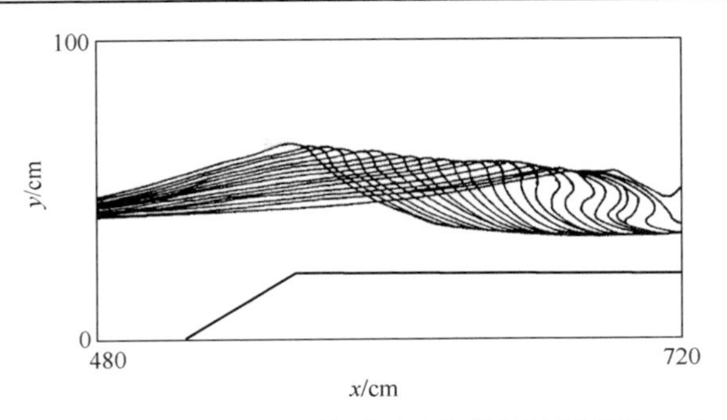

图 1.6.27　中基床($d_1/d = 0.37$)情形下直墙前的波面变化($H/d = 0.78$)

$t = 1.20\sim1.68$s，$\Delta t = 0.02$s

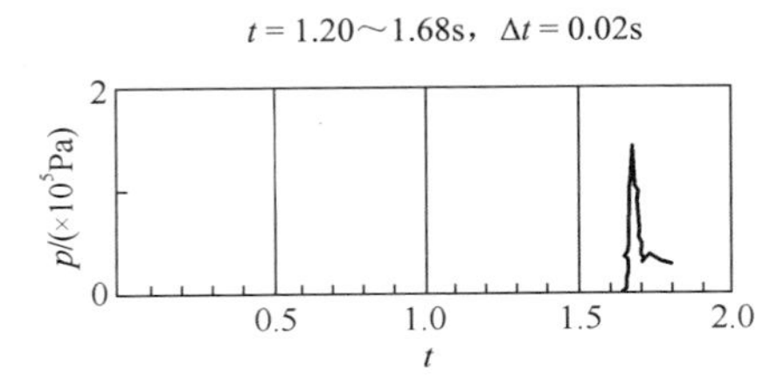

图 1.6.28　中基床($d_1/d = 0.37$)情形下直墙前静水面处的波压力历时曲线($H/d = 0.78$)

近波速（理论波速为 247cm/s），当波峰推进到基床边坡附近时，波峰处水质点的速度增大超过波速。随后波前沿迅速变陡、倾覆，经过很短的时间后在基床外肩上形成卷破波。此时直墙面上静水高度处的无量纲冲击压力及破碎波力峰值分别为 $p_{\max}/(\rho gH) = 5.32$ 和 $F_{\max}/(\rho gH\, d_1) = 8.70$ 。

3. 周期波破碎数值模拟

周期波破碎过程数值计算（Wang，1994）采用与孤立波破碎过程物理模型试验相同的地形（图 1.6.20）。试验地形设计成三部分，第一部分是坡度 1∶4 的过渡段，中间部分是 1∶50 的缓坡段，第三部分为 3m 长的水平段。数值试验沿水槽布置了 1 号、2 号与 3 号浪高采集点（图 1.6.20），直墙面上布置了 6 个压力采集点（图 1.6.21）。

周期波破碎数值计算区域由 x 方向 400 个单元、y 方向 30 个单元组成，每个单元的 $\Delta x = 5\text{cm}$ ，Δy 采用变单元，直墙前水平段以下部分 $\Delta y = 5\text{cm}$ ，以上部分 $\Delta y = 3\text{cm}$ 。水的密度 $\rho = 1.0\text{g/cm}^3$ ，重力加速度 $g_y = 980\text{cm/s}^2$ ，运动黏滞系数 $\nu = 1.002\times10^{-2}\,\text{cm}^2/\text{s}$ ，迭代控制精度 $\varepsilon = 10^{-3}$ 。数值波浪水槽中的周期波浪由水槽左端的主动吸收式造波边界产生，数值造波条件设置在离 1 号测波点 5.0m 位置处，1 号测波点作为数值波浪水槽产生的波要素的标定点。

试验中取了两个水深，共 6 组波参数列于表 1.6.6 中，表中 H 与 d 为 1 号浪高仪处的周期波的波高与水深，波周期取 $T = 1.54$s。由表 1.6.6 中 1～3 号共 3 个浪高采集点（图 1.6.20）、1～6 号共 6 个压力采集点（图 1.6.21）的物模试验与数模计算结果的比较可见，试验结果与数模结果符合较好。

表1.6.6 周期波物模试验的各测点波高、波压强与数模结果比较（周期T=1.54s）

工况	波高和水深/cm	试验和数模比较	波高 H/cm			波压强[$p/(\rho g)$]/cm					
			1号	2号	3号	1号	2号	3号	4号	5号	6号
1	H = 7.47	试验	7.47	7.86	7.59	7.78	8.10	4.63	0	0	0
	d = 60.0	数模	7.36	8.13	8.25	7.32	7.82	4.80	0	0	0
2	H = 10.5	试验	10.5	11.1	11.2	4.71	5.38	2.85	0	0	0
	d = 60.0	数模	10.2	11.3	11.5	4.94	5.54	3.07	0	0	0
3	H = 18.6	试验	18.6	16.5	9.34	5.89	6.04	4.13	0	0	0
	d = 60.0	数模	18.4	17.4	10.4	5.87	6.31	3.24	0	0	0
4	H = 10.2	试验	10.2	10.5	10.5	5.96	5.19	7.96	4.24	1.14	0
	d = 65.0	数模	10.1	10.8	10.8	8.04	8.37	9.63	3.44	0.74	0
5	H = 13.5	试验	13.5	14.0	14.4	7.26	6.82	10.34	4.50	—	0
	d = 65.0	数模	13.2	14.3	14.4	8.13	8.49	9.51	3.78	—	0

图 1.6.29 是 H = 10.5cm，T = 1.54s，d = 60cm 的情形下，数值模拟的波浪在 1∶50 缓坡顶部与水平段地形上的不同时刻波面变化曲线，时间段为 17.7s～18.3s。该工况下，水平段地形上的水深为 15cm，依据 Goda（1970）提出的破碎指标，破碎波高 H_b 约为 10.8cm；入射波传播到接近斜坡顶部时，由于浅水变形其波高已超过破碎波高，由图 1.6.29 可见波浪的破碎过程及破碎后形成次生波的过程。

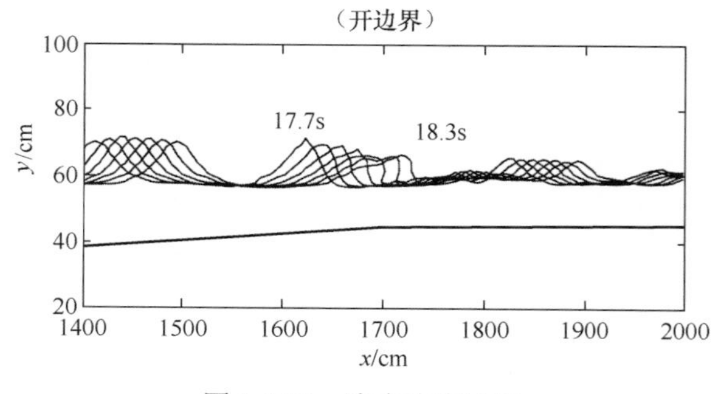

图 1.6.29 波浪破碎过程

H = 10.5cm，T = 1.54s，d = 60cm

图 1.6.30 是 H = 10.2cm，T = 1.54s，d = 65cm 的情形下，数值模拟的波浪在 1∶50 缓坡顶部与水平段地形上不同时刻的波面变化曲线，时间段为 16.0～16.6s。该工况下，水平段地形上的水深为 20cm，依据 Goda（1970）提出的破碎指标，破碎波高 H_b 约为 14.6cm；入射波传播到接近斜坡顶部时，其波高小于破碎波高，由图可见波浪没有发生破碎，而在水平段地形上向前传播。

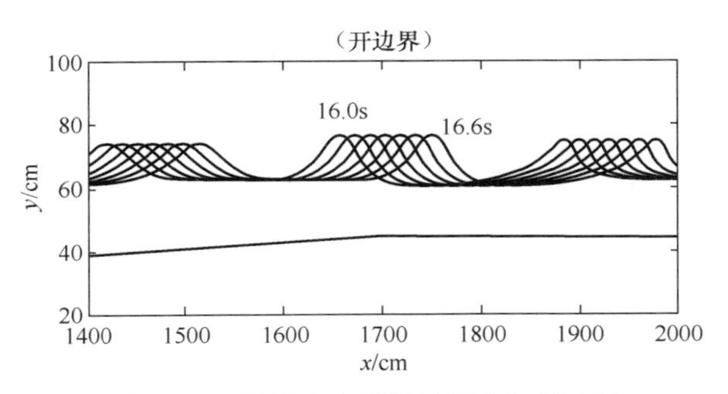

图 1.6.30　波浪在水平段地形上传播过程

H=10.2cm，T=1.54s，d=65cm

应用主动吸收数值波浪水槽模型对图 1.6.31 所示的某实际工程防波堤的破波压力分布进行计算（王永学和郭科，1999）。依据该防波堤所在水域的条件，按港口工程设计规范（简称港工规范），防波堤前的波浪形态属远破波。数模采用的波浪参数列于表 1.6.7。表中 d 为水深，H 为波高，T 为周期，L 为波长。数值计算区域为在 x 方向取 270 个等网格，在 y 方向取 23 个变网格。考虑破波压力的随机性，故数模中破波压力采用 $p_{1/3}$ 特征值。

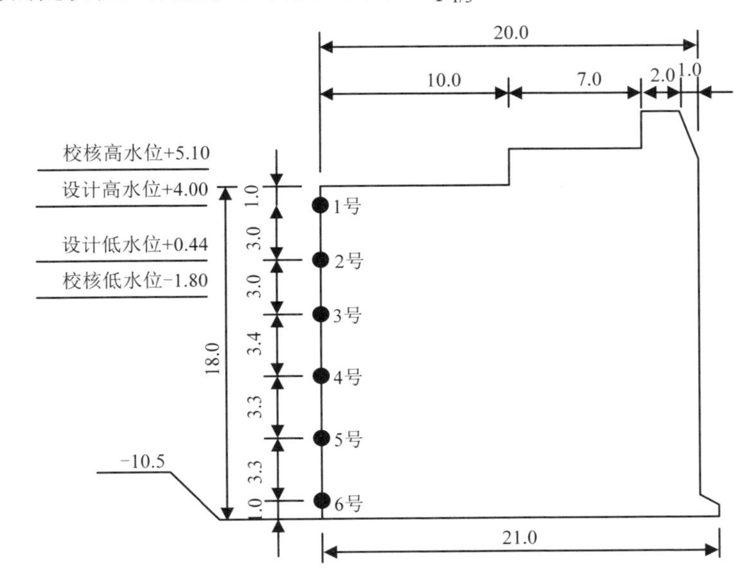

图 1.6.31　防波堤结构示意图（单位：m）

表1.6.7　某实际工程防波堤的原型波浪参数

组次	水位/m	d /m	H/m	T/s	L/m
1	校核高水位+5.10	15.6	8.5	9.4	102.4
2	设计高水位+4.00	14.5	8.5	9.4	99.7

续表

组次	水位/m	*d* /m	*H*/m	*T*/s	*L*/m
3	设计低水位+0.44	10.9	7.5	8.7	81.3
4	校核低水位-1.08	9.4	6.5	8.7	76.6

不同水位情形下，对于防波堤上波压力分布，利用数模、试验与港工规范得到的计算结果的比较如图 1.6.32 所示。由图可知，在设计低水位与校核低水位时，数模结果与试验结果十分接近；在校核高水位时，数模结果在试验结果与规范结果之间。物模试验工作在大连理工大学海岸和近海工程国家重点实验室的浑水水槽中进行。该水槽长 56m、宽 0.7m、深 1.0m，一端配有美国 AOC 公司生产的液压推板造波机，由微型计算机控制造波与数据采集处理；另一端装有消能装置。试验依据 Froude（弗劳德）相似准则进行，模型几何比例尺取为 1∶43。点压力测量采用北京水电科学研究院生产的 SG-200 型多点压力测量系统。

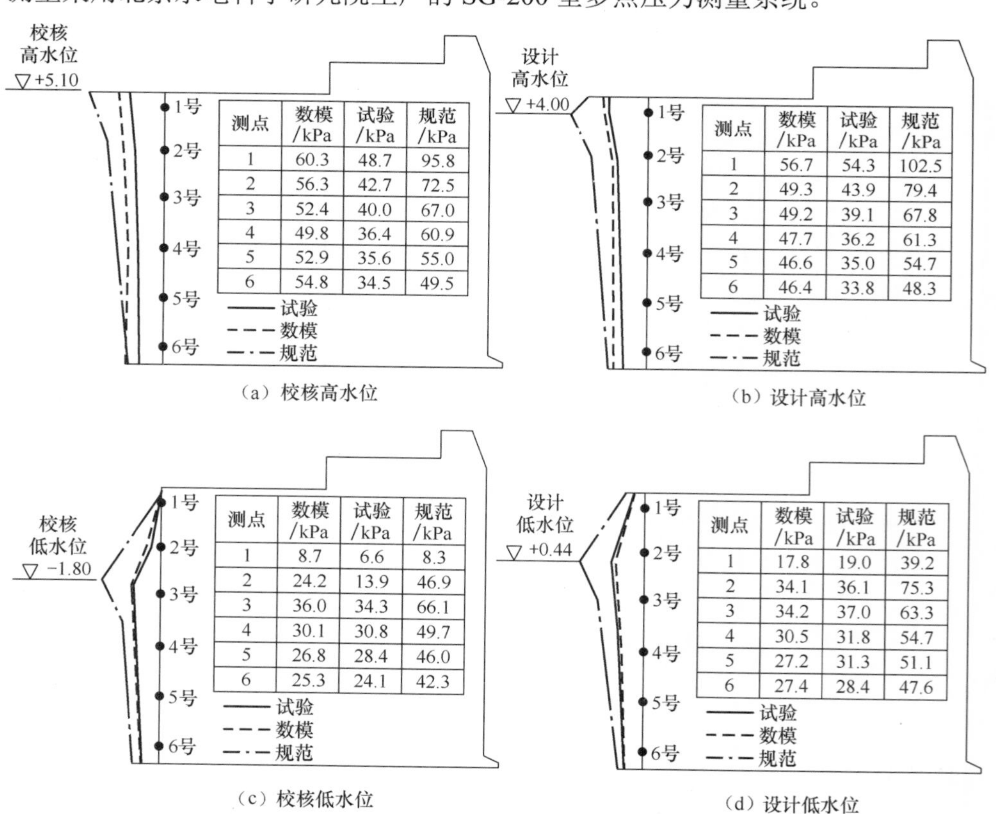

（a）校核高水位　　（b）设计高水位

（c）校核低水位　　（d）设计低水位

图 1.6.32　不同水位时防波堤各测点上的破波压力

1.6.6　浪溅区结构物波浪冲击作用的数值模拟

在近海和海岸工程中，位于浪溅区的结构物，如海上栈桥、码头和采油平台等的上部结构，当波浪在其底部传播时，由于波峰的冲击作用，常受到一个很大的冲击力峰值。而且当波浪离开结构物时所产生的负压力，对于混凝土结构的耐久性也是一个很大的威胁。由于波浪冲击过程涉及流体的强非线性、湍流、水气掺混等复杂过程，因此数值模拟该过程一直是计算水动力学的难点问题。

本节应用基于 VOF 方法建立的数值波浪水槽，对位于浪溅区的结构物所受的波浪冲击过程的流场变化特性进行了数值模拟（任冰和王永学，1999；王永学和任冰，1999；Ren and Wang，2004）。

1. 控制方程

假定结构物为刚性，固定于静水面之上，流体为不可压缩黏性流体，则波浪域的连续方程为

$$\frac{\partial u}{\partial x}+\frac{\partial v}{\partial y}=0 \tag{1.6.6.1}$$

考虑到波浪冲击结构物时会产生破碎现象，波浪破碎时的水质点运动会紊动掺混，因而需要考虑湍流模型。对非稳态 N-S 方程进行时间平均运算，得到紊流控制方程——雷诺方程，利用 k - ε 模型建立紊流脉动值附加项与其他时间均值之间的联系来封闭雷诺方程，作为波浪域的动量方程（雷诺方程）：

$$\begin{aligned}\frac{\partial u}{\partial t}+u\frac{\partial u}{\partial x}+v\frac{\partial u}{\partial y}&=g_x-\frac{1}{\rho}\frac{\partial p}{\partial x}+\nu\left(\frac{\partial^2 u}{\partial x^2}+\frac{\partial^2 u}{\partial y^2}\right)+\nu_t\left(\frac{\partial^2 u}{\partial x^2}+\frac{\partial^2 u}{\partial y^2}\right)\\&\quad+2\frac{\partial \nu_t}{\partial x}\frac{\partial u}{\partial x}+\frac{\partial \nu_t}{\partial y}\left(\frac{\partial u}{\partial y}+\frac{\partial v}{\partial x}\right)-\frac{2}{3}\frac{\partial k}{\partial x}\end{aligned} \tag{1.6.6.2}$$

$$\begin{aligned}\frac{\partial v}{\partial t}+u\frac{\partial v}{\partial x}+v\frac{\partial v}{\partial y}&=g_y-\frac{1}{\rho}\frac{\partial p}{\partial y}+\nu\left(\frac{\partial^2 v}{\partial x^2}+\frac{\partial^2 v}{\partial y^2}\right)+\nu_t\left(\frac{\partial^2 v}{\partial x^2}+\frac{\partial^2 v}{\partial y^2}\right)\\&\quad+2\frac{\partial \nu_t}{\partial y}\frac{\partial v}{\partial y}+\frac{\partial \nu_t}{\partial x}\left(\frac{\partial u}{\partial y}+\frac{\partial v}{\partial x}\right)-\frac{2}{3}\frac{\partial k}{\partial y}\end{aligned} \tag{1.6.6.3}$$

式中，u，v 分别为 x 和 y 方向的速度分量；p 为压力；ρ 为流体密度，ν为流体运动黏滞系数，$\nu_t=C_u\dfrac{k^2}{\varepsilon}$ 是紊动黏性系数。

k 方程与 ε 方程分别为

$$\frac{\partial k}{\partial t}+u\frac{\partial k}{\partial x}+v\frac{\partial k}{\partial y}=\left(\nu+\frac{\nu_t}{\sigma_k}\right)\left(\frac{\partial^2 k}{\partial x^2}+\frac{\partial^2 k}{\partial y^2}\right)+\frac{1}{\sigma_k}\left(\frac{\partial \nu_t}{\partial x}\frac{\partial k}{\partial x}+\frac{\partial \nu_t}{\partial y}\frac{\partial k}{\partial y}\right)$$
$$+2\nu_t\left[\left(\frac{\partial u}{\partial x}\right)^2+\left(\frac{\partial v}{\partial y}\right)^2\right]+\nu_t\left(\frac{\partial u}{\partial y}+\frac{\partial v}{\partial x}\right)^2-\varepsilon \quad (1.6.6.4)$$

$$\frac{\partial \varepsilon}{\partial t}+u\frac{\partial \varepsilon}{\partial x}+v\frac{\partial \varepsilon}{\partial y}=\left(\nu+\frac{\nu_t}{\sigma_\varepsilon}\right)\left(\frac{\partial^2 \varepsilon}{\partial x^2}+\frac{\partial^2 \varepsilon}{\partial y^2}\right)+\frac{1}{\sigma_\varepsilon}\left(\frac{\partial \nu_t}{\partial x}\frac{\partial \varepsilon}{\partial x}+\frac{\partial \nu_t}{\partial y}\frac{\partial \varepsilon}{\partial y}\right)$$
$$+2C_{\varepsilon1}\frac{\varepsilon}{k}\nu_t\left[\left(\frac{\partial u}{\partial x}\right)^2+\left(\frac{\partial v}{\partial y}\right)^2\right]+C_{\varepsilon1}\frac{\varepsilon}{k}\nu_t\left(\frac{\partial u}{\partial y}+\frac{\partial v}{\partial x}\right)^2-C_{\varepsilon2}\frac{\varepsilon^2}{k}$$

（1.6.6.5）

式中，各参数取值为$C_u=0.09$，$\sigma_k=1.0$，$\sigma_\varepsilon=1.3$，$C_{\varepsilon1}=1.43$，$C_{\varepsilon2}=1.92$。

2. 控制方程离散格式

（1）连续方程的离散格式

连续方程的离散格式见式（1.6.1.13）。为克服数值黏性的影响，本节在计算网格内点时采用三阶迎风差分格式来离散动量方程中的对流项，为处理边界简单，在边界网格点仍采用 1.6.1 节中的一阶迎风格式和二阶中心格式线性组合的偏心差分格式，黏性项仍采用 1.6.1 节中的中心差分格式。以x方向为例，动量方程的离散格式为

$$u^{n+1}_{i+\frac{1}{2},j}=u^{n}_{i+\frac{1}{2},j}+\delta t\left[g_x-\frac{2\left(p^{n+1}_{i+1,j}-p^{n+1}_{i,j}\right)}{\rho\left(\delta x_i+\delta x_{i+1}\right)}-\mathrm{FUX}_{i+\frac{1}{2},j}-\mathrm{FUY}_{i+\frac{1}{2},j}+\mathrm{VISX}_{i+\frac{1}{2},j}+\mathrm{TUBX}_{i+\frac{1}{2},j}\right]$$

（1.6.6.6）

计算内点的对流项采用三阶迎风格式，当$u_{i+\frac{1}{2},j}>0$时，

$$\mathrm{FUX}=\frac{u_{i+\frac{1}{2},j}}{\delta x_i}\left[u_{i+\frac{1}{2},j}+\phi_1^L\left(u_{i+\frac{1}{2},j}-u_{i-\frac{1}{2},j}\right)+\phi_2^L\left(u_{i+\frac{3}{2},j}-u_{i+\frac{1}{2},j}\right)\right.$$
$$\left.-u_{i-\frac{1}{2},j}-\phi_3^L\left(u_{i-\frac{1}{2},j}-u_{i-\frac{3}{2},j}\right)-\phi_4^L\left(u_{i+\frac{1}{2},j}-u_{i-\frac{1}{2},j}\right)\right] \quad (1.6.6.7)$$

当$u_{i+\frac{1}{2},j}<0$时，

$$\mathrm{FUX}=\frac{u_{i+\frac{1}{2},j}}{\delta x_{i+1}}\left[u_{i+\frac{1}{2},j}+(1-\phi_2^R)\left(u_{i+\frac{3}{2},j}-u_{i+\frac{1}{2},j}\right)-\phi_1^R\left(u_{i+\frac{5}{2},j}-u_{i+\frac{3}{2},j}\right)\right.$$
$$\left.-u_{i-\frac{1}{2},j}-(1-\phi_4^R)\left(u_{i+\frac{1}{2},j}-u_{i-\frac{1}{2},j}\right)+\phi_3^R\left(u_{i+\frac{3}{2},j}-u_{i+\frac{1}{2},j}\right)\right] \quad (1.6.6.8)$$

式中，

$$\phi_1^L=\frac{\delta x_i\delta x_{i+1}}{(\delta x_{i-1}+\delta x_i+\delta x_{i+1})(\delta x_{i-1}+\delta x_i)},\quad \phi_2^L=\frac{\delta x_i(\delta x_{i-1}+\delta x_i)}{(\delta x_{i-1}+\delta x_i+\delta x_{i+1})(\delta x_i+\delta x_{i+1})}$$

$$\phi_3^L=\frac{\delta x_{i-1}\delta x_i}{(\delta x_{i-2}+\delta x_{i-1}+\delta x_i)(\delta x_{i-2}+\delta x_{i-1})},\quad \phi_4^L=\frac{\delta x_{i-1}(\delta x_{i-2}+\delta x_{i-1})}{(\delta x_{i-2}+\delta x_{i-1}+\delta x_i)(\delta x_{i-1}+\delta x_i)}$$

$$\phi_1^R=\frac{\delta x_i\delta x_{i+1}}{(\delta x_i+\delta x_{i+1}+\delta x_{i+2})(\delta x_{i+1}+\delta x_{i+2})},\quad \phi_2^R=\frac{\delta x_{i+1}(\delta x_{i+1}+\delta x_{i+2})}{(\delta x_i+\delta x_{i+1}+\delta x_{i+2})(\delta x_i+\delta x_{i+1})}$$

$$\phi_3^R=\frac{\delta x_{i-1}\delta x_i}{(\delta x_{i-1}+\delta x_i+\delta x_{i+1})(\delta x_i+\delta x_{i+1})},\quad \phi_4^R=\frac{\delta x_i(\delta x_i+\delta x_{i+1})}{(\delta x_{i-1}+\delta x_i+\delta x_{i+1})(\delta x_{i-1}+\delta x_i)}$$

当网格右侧中心点的竖直速度 $v^*>0$ 时，

$$\begin{aligned}\mathrm{FUY}=\frac{v^*}{\delta y_{j-\frac{1}{2}}}\Bigg[&u_{i+\frac{1}{2},j}+\varphi_1^L\left(u_{i+\frac{1}{2},j}-u_{i+\frac{1}{2},j-1}\right)+\varphi_2^L\left(u_{i+\frac{1}{2},j+1}-u_{i+\frac{1}{2},j}\right)\\&-u_{i+\frac{1}{2},j-1}-\varphi_3^L\left(u_{i+\frac{1}{2},j-1}-u_{i+\frac{1}{2},j-2}\right)-\varphi_4^L\left(u_{i+\frac{1}{2},j}-u_{i+\frac{1}{2},j-1}\right)\Bigg]\end{aligned}\tag{1.6.6.9}$$

当 $v^*<0$ 时，

$$\begin{aligned}\mathrm{FUY}=\frac{v^*}{\delta y_{j+\frac{1}{2}}}\Bigg[&u_{i+\frac{1}{2},j}+(1-\varphi_2^R)\left(u_{i+\frac{1}{2},j+1}-u_{i+\frac{1}{2},j}\right)-\varphi_1^R\left(u_{i+\frac{1}{2},j+2}-u_{i+\frac{1}{2},j+1}\right)\\&-u_{i+\frac{1}{2},j-1}-(1-\varphi_4^R)\left(u_{i+\frac{1}{2},j}-u_{i+\frac{1}{2},j-1}\right)+\varphi_3^R\left(u_{i+\frac{1}{2},j+1}-u_{i+\frac{1}{2},j}\right)\Bigg]\end{aligned}\tag{1.6.6.10}$$

其中在网格右侧中心点的竖直速度 v^*，可由其相邻四点的竖直速度的平均得到：

$$v^*=\frac{\delta x_i\left(v_{i+1,j+\frac{1}{2}}+v_{i+1,j-\frac{1}{2}}\right)+\delta x_{i+1}\left(v_{i,j+\frac{1}{2}}+v_{i,j-\frac{1}{2}}\right)}{2(\delta x_i+\delta x_{i+1})}\tag{1.6.6.11}$$

式中，

$$\varphi_1^L=\frac{\delta y_{j-\frac{1}{2}}\delta y_{j+\frac{1}{2}}}{\left(\delta y_{j-\frac{3}{2}}+\delta y_{j-\frac{1}{2}}+\delta y_{j+\frac{1}{2}}\right)\left(\delta y_{j-\frac{3}{2}}+\delta y_{j-\frac{1}{2}}\right)}$$

$$\varphi_2^L=\frac{\delta y_{j-\frac{1}{2}}\left(\delta y_{j-\frac{3}{2}}+\delta y_{j-\frac{1}{2}}\right)}{\left(\delta y_{j-\frac{3}{2}}+\delta y_{j-\frac{1}{2}}+\delta y_{j+\frac{1}{2}}\right)\left(\delta y_{j-\frac{1}{2}}+\delta y_{j+\frac{1}{2}}\right)}$$

$$\varphi_3^L = \frac{\delta y_{j-\frac{3}{2}} \delta y_{j-\frac{1}{2}}}{\left(\delta y_{j-\frac{5}{2}} + \delta y_{j-\frac{3}{2}} + \delta y_{j-\frac{1}{2}}\right)\left(\delta y_{j-\frac{5}{2}} + \delta y_{j-\frac{3}{2}}\right)}$$

$$\varphi_4^L = \frac{\delta y_{j-\frac{3}{2}} \left(\delta y_{j-\frac{5}{2}} + \delta y_{j-\frac{3}{2}}\right)}{\left(\delta y_{j-\frac{5}{2}} + \delta y_{j-\frac{3}{2}} + \delta y_{j-\frac{1}{2}}\right)\left(\delta y_{j-\frac{3}{2}} + \delta y_{j-\frac{1}{2}}\right)}$$

$$\varphi_1^R = \frac{\delta y_{j-\frac{1}{2}} \delta y_{j+\frac{1}{2}}}{\left(\delta y_{j-\frac{1}{2}} + \delta y_{j+\frac{1}{2}} + \delta y_{j+\frac{3}{2}}\right)\left(\delta y_{j+\frac{1}{2}} + \delta y_{j+\frac{3}{2}}\right)}$$

$$\varphi_2^R = \frac{\delta y_{j+\frac{1}{2}} \left(\delta_{j+\frac{1}{2}} + \delta y_{j+\frac{3}{2}}\right)}{\left(\delta y_{j-\frac{1}{2}} + \delta y_{j+\frac{1}{2}} + \delta y_{j+\frac{3}{2}}\right)\left(\delta y_{j-\frac{1}{2}} + \delta y_{j+\frac{1}{2}}\right)}$$

$$\varphi_3^R = \frac{\delta y_{j-\frac{3}{2}} \delta y_{j-\frac{1}{2}}}{\left(\delta y_{j-\frac{3}{2}} + \delta y_{j-\frac{1}{2}} + \delta y_{j+\frac{1}{2}}\right)\left(\delta y_{j-\frac{1}{2}} + \delta y_{j+\frac{1}{2}}\right)}$$

$$\varphi_4^R = \frac{\delta y_{j-\frac{1}{2}} \left(\delta y_{j-\frac{1}{2}} + \delta y_{j+\frac{1}{2}}\right)}{\left(\delta y_{j-\frac{3}{2}} + \delta y_{j-\frac{1}{2}} + \delta y_{j+\frac{1}{2}}\right)\left(\delta y_{j-\frac{3}{2}} + \delta y_{j-\frac{1}{2}}\right)}$$

$$\mathrm{TUBX}_{i+\frac{1}{2},j} = \left[\nu_t\left(\frac{\partial^2 u}{\partial x^2} + \frac{\partial^2 u}{\partial y^2}\right) + 2\frac{\partial \nu_t}{\partial x}\frac{\partial u}{\partial x} + \frac{\partial \nu_t}{\partial y}\left(\frac{\partial u}{\partial y} + \frac{\partial v}{\partial x}\right) - \frac{2}{3}\frac{\partial k}{\partial x}\right]_{i+\frac{1}{2},j} \qquad (1.6.6.12)$$

在边界网格点的 FUX 和 FUY 见式（1.6.1.6）和（1.6.1.7），黏性项 VISX 见式（1.6.1.8）。

（2）k-ε 方程的离散格式

紊动动能 k 和紊动耗散率 ε 的值应该总是正值，而在 k 方程（1.6.6.4）和 ε 方程（1.6.6.5）中恒为负值的项 $-\varepsilon, -C_{\varepsilon 2}\dfrac{\varepsilon^2}{k^2}$ 可能导致 k 和 ε 出现负值，使 k 和 ε 失去物理意义，无法正常进行计算。因此不能采用显式格式来离散方程，应对其进行隐式线性化处理。对 k 方程进行隐式线性化处理的结果为

$$k_{i,j}^{n+1}=\frac{1}{1+\dfrac{2\varepsilon_{i,j}\delta t}{k_{i,j}}}\left[k_{i,j}+\delta t\left(-\mathrm{FKX}-\mathrm{FKY}+\mathrm{VISK}+\mathrm{SOUK}\right)_{i,j}\right] \tag{1.6.6.13}$$

式中，

$$\begin{aligned}\mathrm{FKX}_{i,j}=\left(u\frac{\partial u}{\partial x}\right)_{i,j}=&\frac{u_{i+\frac{1}{2},j}+u_{i-\frac{1}{2},j}}{2\delta x_a'}\left[\delta x_{i+\frac{1}{2}}\left(\frac{\partial k}{\partial x}\right)_{i-\frac{1}{2},j}+\delta x_{i-\frac{1}{2},j}\left(\frac{\partial k}{\partial x}\right)_{i+\frac{1}{2},j}\right]\\&+\alpha\cdot\mathrm{sgn}\left(\frac{u_{i+\frac{1}{2},j}+u_{i-\frac{1}{2},j}}{2\delta x_a'}\right)\left[\delta x_{i+\frac{1}{2}}\left(\frac{\partial k}{\partial x}\right)_{i-\frac{1}{2},j}-\delta x_{i-\frac{1}{2},j}\left(\frac{\partial k}{\partial x}\right)_{i+\frac{1}{2},j}\right]\end{aligned} \tag{1.6.6.14}$$

其中，$\delta x_a'=\delta x_{i-\frac{1}{2}}+\delta x_{i+\frac{1}{2}}+\alpha\cdot\mathrm{sgn}\left(\dfrac{u_{i+\frac{1}{2},j}+u_{i-\frac{1}{2},j}}{2}\right)\left(\delta x_{i+\frac{1}{2}}-\delta x_{i-\frac{1}{2}}\right)$，$\left(\dfrac{\partial k}{\partial x}\right)_{i+\frac{1}{2},j}=\dfrac{k_{i+1,j}-k_{i,j}}{\delta x_{i+\frac{1}{2}}}$，

类似可写出 $\mathrm{FKY}_{i,j}$。

$$\begin{aligned}\mathrm{VISK}&=\left[\left(\nu+\frac{\nu_t}{\sigma_k}\right)\left(\frac{\partial^2 k}{\partial x^2}+\frac{\partial^2 k}{\partial y^2}\right)\right]_{i,j}\\&=\left[\nu+\frac{(\nu_t)_{i,j}}{\sigma_k}\right]\left[\frac{\left(\dfrac{\partial k}{\partial x}\right)_{i+\frac{1}{2},j}-\left(\dfrac{\partial k}{\partial x}\right)_{i-\frac{1}{2},j}}{\delta x_i}+\frac{\left(\dfrac{\partial k}{\partial y}\right)_{i,j+\frac{1}{2}}-\left(\dfrac{\partial k}{\partial y}\right)_{i,j-\frac{1}{2}}}{\delta y_i}\right]\end{aligned} \tag{1.6.6.15}$$

$$\mathrm{SOUK}_{i,j}=\left\{\frac{1}{\sigma_k}\left(\frac{\partial\nu_t}{\partial x}\frac{\partial k}{\partial x}+\frac{\partial\nu_t}{\partial y}\frac{\partial k}{\partial y}\right)+2\nu_t\left[\left(\frac{\partial u}{\partial x}\right)^2+\left(\frac{\partial v}{\partial y}\right)^2\right]+\nu_t\left[\left(\frac{\partial u}{\partial y}+\frac{\partial v}{\partial x}\right)^2\right]+\varepsilon\right\}_{i,j} \tag{1.6.6.16}$$

对 ε 方程进行隐式线性化处理的结果为

$$\varepsilon_{i,j}^{n+1}=\frac{1}{1+\dfrac{2C_{\varepsilon 2}\varepsilon_{i,j}\delta t}{k_{i,j}}}\left[\varepsilon_{i,j}+\delta t\left(-\mathrm{F\varepsilon X}-\mathrm{F\varepsilon Y}+\mathrm{VIS\varepsilon}+\mathrm{SOU\varepsilon}\right)\right]_{i,j} \tag{1.6.6.17}$$

式中

$$\mathrm{F\varepsilon X}_{i,j}=\left(u\frac{\partial\varepsilon}{\partial x}\right)_{i,j}$$

$$\mathrm{F\varepsilon Y}_{i,j}=\left(v\frac{\partial\varepsilon}{\partial y}\right)_{i,j}$$

$$\mathrm{VIS}\varepsilon_{i,j}=\left[\left(\nu+\frac{\nu_t}{\sigma_\varepsilon}\right)\left(\frac{\partial^2\varepsilon}{\partial x^2}+\frac{\partial^2\varepsilon}{\partial y^2}\right)\right]_{i,j}$$

$$\mathrm{SOU}\varepsilon_{i,j}=\left\{\frac{1}{\sigma_\varepsilon}\left(\frac{\partial\nu_t}{\partial x}\frac{\partial\varepsilon}{\partial x}+\frac{\partial\nu_t}{\partial y}\frac{\partial\varepsilon}{\partial y}\right)+2C_{\varepsilon1}\frac{\varepsilon}{k}\nu_t\left[\left(\frac{\partial u}{\partial x}\right)^2+\left(\frac{\partial v}{\partial y}\right)^2\right]\right.$$
$$\left.+C_{\varepsilon1}\frac{\varepsilon}{k}\nu_t\left(\frac{\partial u}{\partial y}+\frac{\partial v}{\partial x}\right)^2+C_{\varepsilon2}\frac{\varepsilon^2}{k}\right\}_{i,j}$$

3. 壁函数技术

由于动量方程、动能方程和耗散率方程对近壁区网格细密程度的要求不同，耗散率方程的要求最严，动量和动能方程的要求基本一致，因而为了既顾及方程解的精度又不使网格划分太密，对于固壁区网格的 k 值和 ε 值，一般采用壁函数技术来求。本节采用张长高（1989）的混合长壁函数：

$$\begin{cases}l_{\mathrm{m}}=\beta_0L\left(\exp\left(\dfrac{ku}{u_*}\right)-1\right)\\ k=\dfrac{u_*^2}{\sqrt{C_u}}\\ \varepsilon=\dfrac{u_*^3}{l_{\mathrm{m}}}\\ \nu_t=C_u\dfrac{k^2}{\varepsilon}\end{cases}\tag{1.6.6.18}$$

式中，β_0 是常数，与壁面粗糙度有关，本节中取 0.0005；l_{m} 为混合长度；u_* 为切应力流速；L 是特征长度，本节中取近壁区网格中心到壁面的距离。

4. 边界条件

考虑到 VOF 方法的特点，本节提出利用结构物周围相邻单元(i,j)内的流体体积函数 $F(i,j)$的大小来判别波浪冲击的条件。也就是说，当波浪冲击作用发生时，水体应充满与结构物相邻的单元，使这些单元成为内部流体单元，其内垂直于结构物单元方向的速度设置为 0。而当波浪未冲击到结构物时，这些单元是自由表面单元。一般地，当 $F(i,j)\geqslant 0.96$ 时，流体冲击到结构物；当 $F(i,j)<0.96$ 时，流体不冲击结构物。

理论上讲，当波浪冲击结构物时，应有 $F(i,j)=1$。但数值计算表明，当 $F(i,j)\geqslant 0.96$ 时，将单位(i,j)作为内部流体单元可以满足计算精度要求且可显著减少计算工作量。

其他边界条件的设置参考 1.6.3 节。

5. 规则波对浪溅区结构物的冲击过程

应用本节基于 VOF 方法建立的数值波浪水槽，对位于浪溅区的结构物所受的波浪冲击过程的流场变化特性进行了数值模拟（王永学和任冰，1999；任冰和王永学，1999）。数值计算的计算域如图 1.6.33 所示，x 方向长度为 13.8m，y 方向长度为 0.98m，水深 $d = 0.6$m。结构物模型置于 $x = 9$m 处，结构物距离静水面有一定的净空 S，结构物长度为 L。为了既考虑计算精度，又节约计算时间，并且合理安置模型，整个计算域划分为 230×28 个网格，其中 x 方向的网格步长 $\Delta x = 6$cm，y 方向为不均匀网格，远离静水面的下部网格步长 $\Delta y = 5$cm，上部网格步长 $\Delta y = 3$cm。

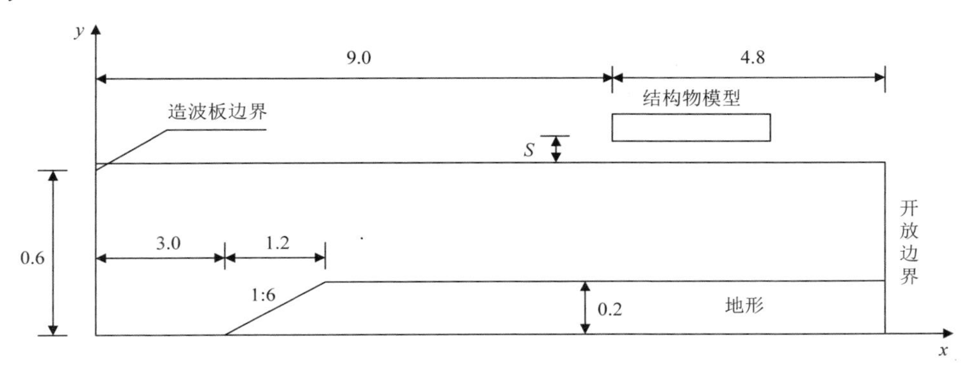

图 1.6.33　数值计算域示意图（单位：m）

图 1.6.34 给出了结构物长度 $L = 60$cm、入射波高 $H = 12$cm、周期 $T = 1.5$s、净空 $S = 2$cm 时，数值计算得到的不同时刻的波浪冲击过程流场示意图，图中箭头表示水质点的速度方向。图 1.6.34 中也显示出从波浪接触结构物底部到波浪脱离结构物的过程及对应时刻的流场分布。波浪冲击结构物时，首先波峰从结构物的下方冲到结构物底面上，水质点速度方向斜向上，然后水体沿着结构物底部向前方推进，水质点速度方向水平，最后随着波谷的到来，波浪与结构物底部脱离，水质点速度方向斜向下。

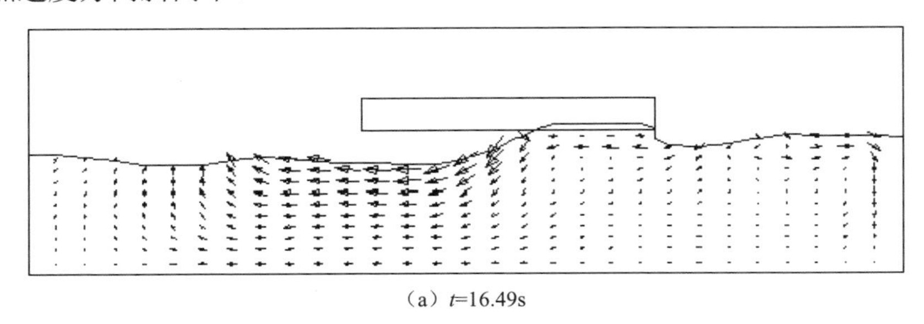

（a）t=16.49s

图 1.6.34　冲击过程的流场示意图

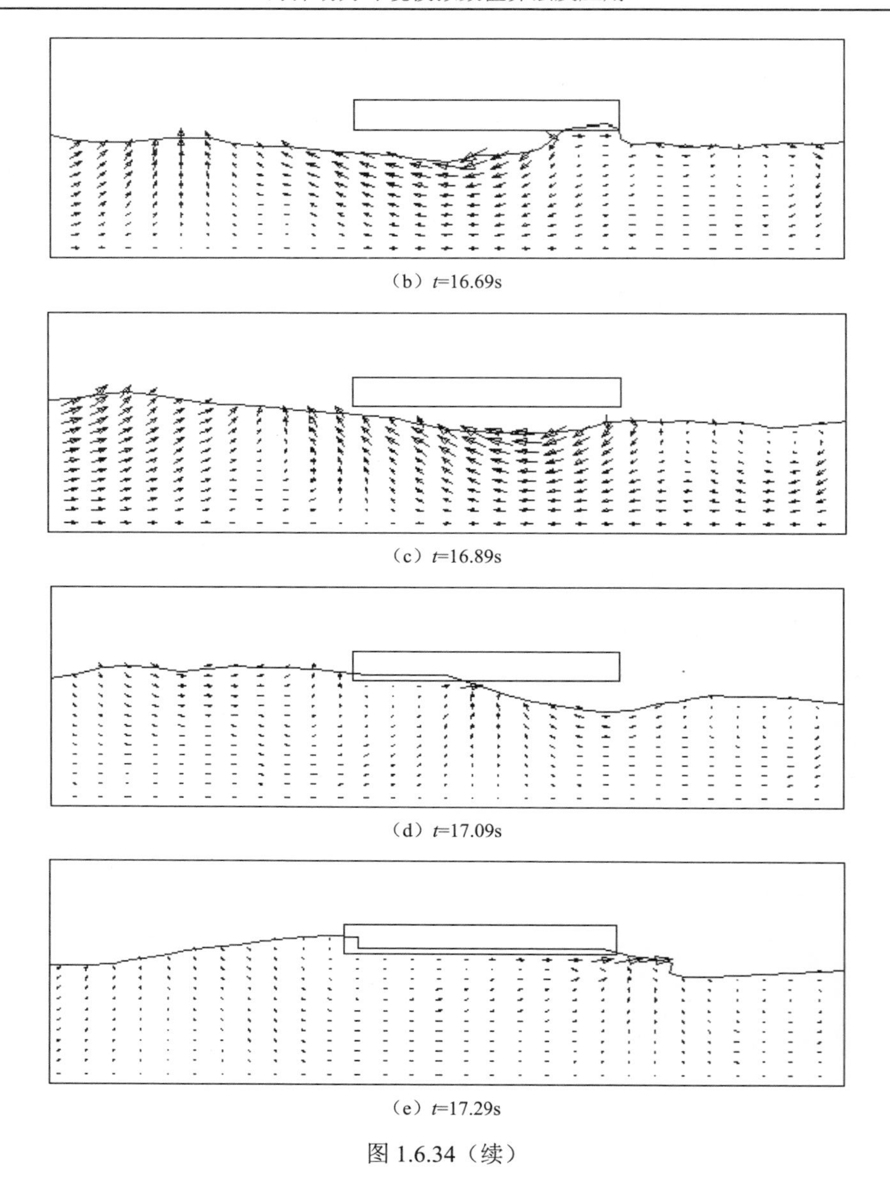

（b）t=16.69s

（c）t=16.89s

（d）t=17.09s

（e）t=17.29s

图 1.6.34（续）

$L = 60\text{cm}$，$H = 12\text{cm}$，$T = 1.5\text{s}$，$S = 2\text{cm}$

图 1.6.35 给出了结构物底面等距离布置的 10 个测点的冲击压力历时曲线，1 号测点布置在结构物底面迎浪面一侧，图中横坐标为时间 t，单位为 s，纵坐标为冲压力 P，单位为 Pa。从冲击压力历时曲线可以看出，各测点的冲击压力具有周期性，其周期与入射波的周期相同。在一个波浪周期内，在波浪未接触结构物时，冲击压力为零，当波浪接触结构物底部的瞬间，由于水质点竖向运动突然受阻而形成对结构物的冲击作用，从而产生一个很大的冲击压力峰值，之后在波浪脱离

结构物底面时，对结构物底面又产生一个负压。最后，当波浪彻底脱离结构物时，冲击压力值又恢复为零。虽然入射波列为规则波，但是各个周期内的冲击压力峰值大小参差不齐，具有很强的随机性。

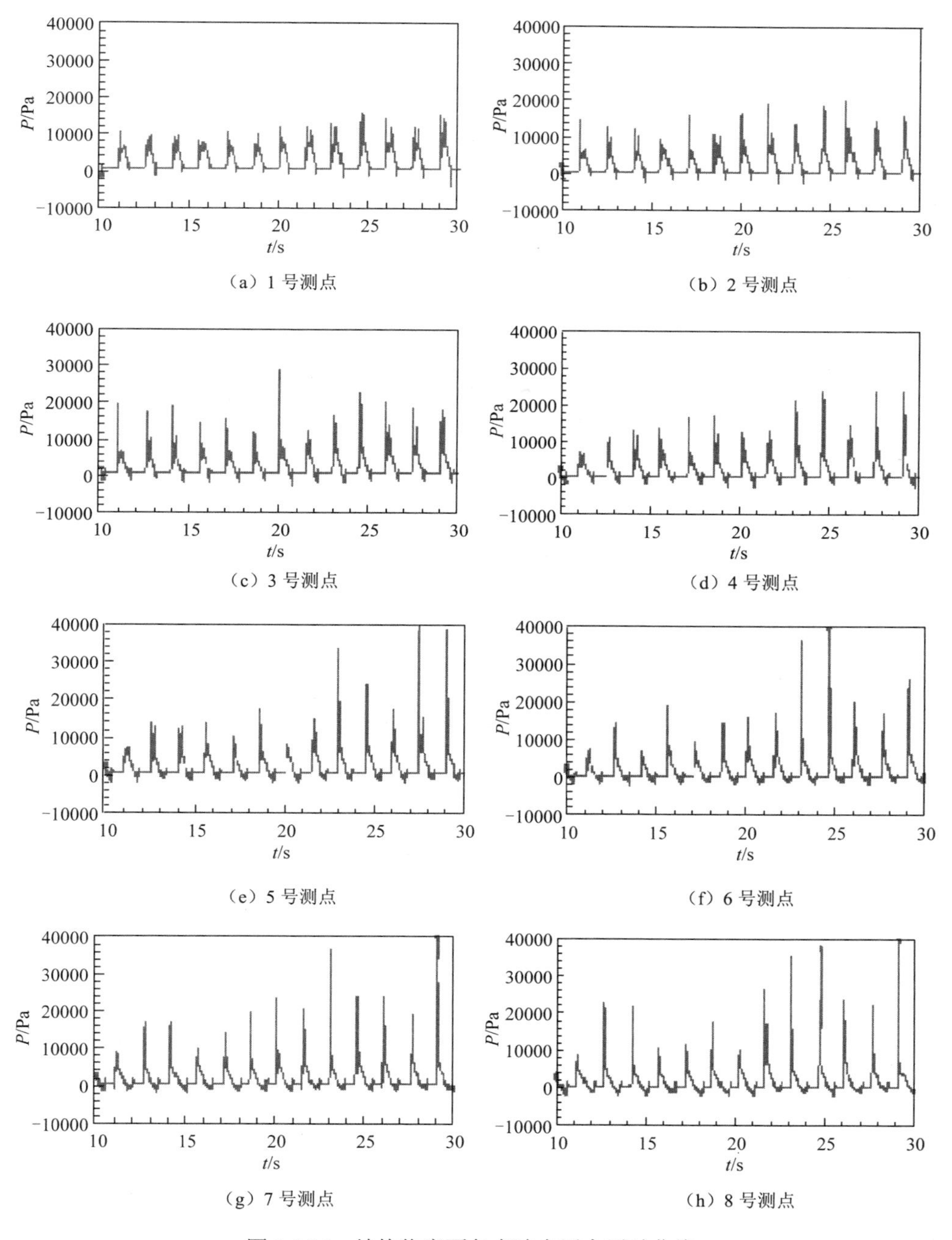

（a）1 号测点　（b）2 号测点

（c）3 号测点　（d）4 号测点

（e）5 号测点　（f）6 号测点

（g）7 号测点　（h）8 号测点

图 1.6.35　结构物底面各点冲击压力历时曲线

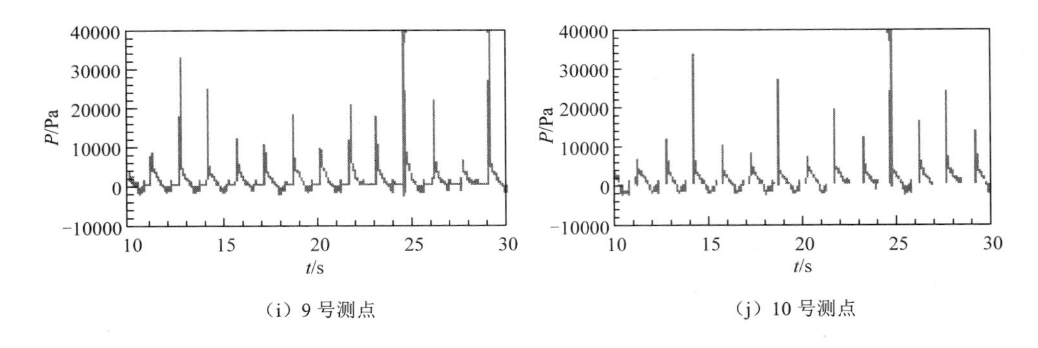

（i）9 号测点　　（j）10 号测点

图 1.6.35（续）

$L = 60\text{cm}$，$T = 1.5\text{s}$，$H = 12\text{cm}$，$S = 2\text{cm}$

图 1.6.36 和图 1.6.37 中分别给出了入射波周期 $T = 1.5\text{s}$ 和 2.0s 时结构物底面各测点的冲击压力峰值的统计值沿结构物底面的分布曲线。图中横坐标是测点号，纵坐标是冲击压力峰值的统计值，其中负压的纵坐标值为 $P_{1/3}$ 的绝对值，单位为 Pa。对于长度 $L = 60\text{cm}$ 的结构物，其底部有 10 个均布压力测点，对于长度 $L = 30\text{cm}$ 的结构物，其底部有 5 个均布压力测点。由于冲击压力峰值具有明显的随机性，所以 $P_{1/3}$ 是一个测点在采样时间内冲击压力峰值按从大到小排列的前 1/3 峰值的平均值。

由图 1.6.36 和图 1.6.37 可以看出，结构物的净空 S 对冲击压力有较大的影响。对于入射波周期 $T = 1.5\text{s}$ 的线性波的情况（包括 60cm 模型和 30cm 模型），当 $S = 0\text{cm}$ 时，即结构物恰好位于静水面时，冲击压力峰值最大。对于入射波为周期 $T = 2.0\text{s}$ 的椭余波的情况，当 $S = 2\text{cm}$ 时冲击压力峰值最大，即最大冲击压力出现在静水面以上 2cm 的位置处。这一现象可解释如下：水质点在向上运动的过程中受到结构物的阻挡作用，其竖向速度突变为零，对结构物产生了很大的冲击压力。由波浪理论可知，对于线性波，波面水质点的竖向速度的最大值出现在静水面处，而对于椭余波，其水质点运动的竖向速度的最大值不是在静水面处，而是在距离静水面有一定的高度处。

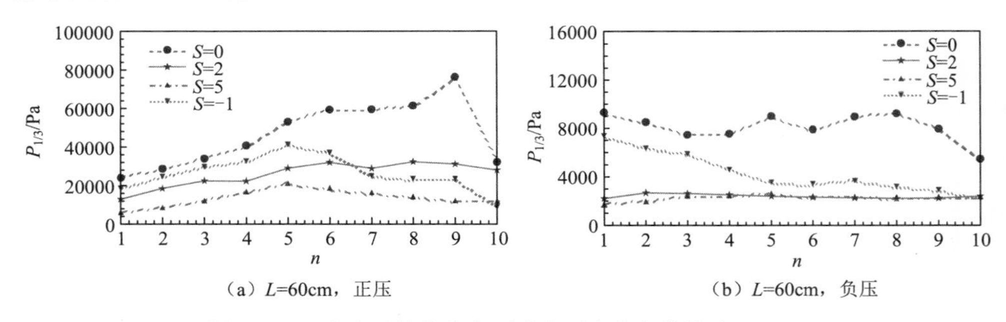

（a）L=60cm，正压　　（b）L=60cm，负压

图 1.6.36　净空对结构物底面冲击压力分布的影响（一）

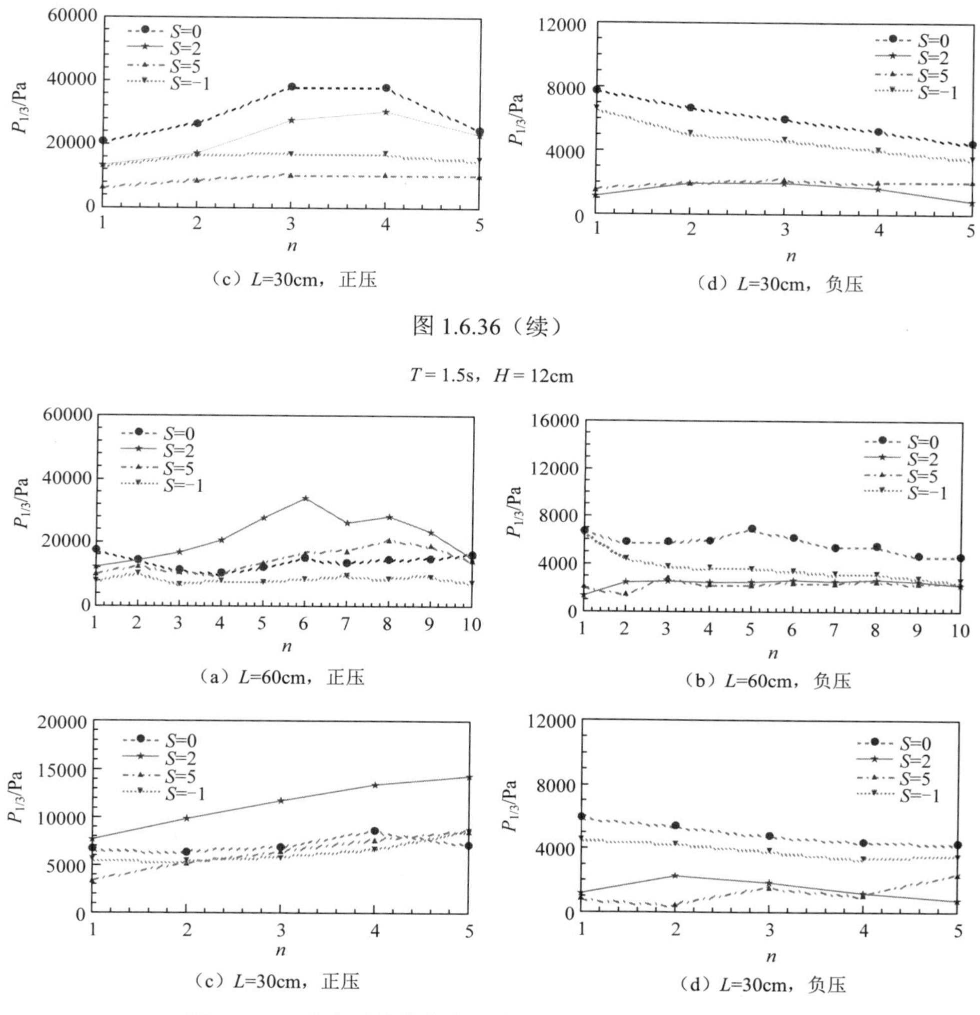

（c）L=30cm，正压　　（d）L=30cm，负压

图 1.6.36（续）

$T = 1.5$s，$H = 12$cm

（a）L=60cm，正压　　（b）L=60cm，负压

（c）L=30cm，正压　　（d）L=30cm，负压

图 1.6.37　净空对结构物底面冲击压力分布的影响（二）

$T = 2.0$s，$H = 12$cm

6. 随机波对浪溅区结构物的冲击过程

应用前节介绍的数值方法对随机波冲击作用进行了数模计算（Ren and Wang，2004）。数值计算域如图 1.6.38 所示，x 方向的网格数为 250 个，网格步长 $\Delta x = 6$cm，y 方向的网格数为 25 个，网格步长为变网格，Δy=5cm 或 3cm。结构物模型放置在 $x = 9.0$m 处，计算水深为 0.6m，结构物长度为 1.0m，在结构物底面布置 11 个压力传感器，其编号自左向右依次为 1 号～11 号。由于波浪传播到结构物处需要一段时间，为保证有足够的冲击压力采样记录，计算时间取为 130s。

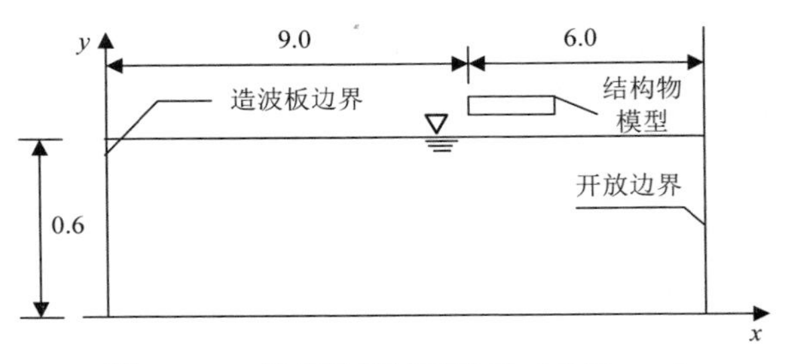

图 1.6.38　数值计算域示意图（单位：m）

计算靶谱为 Jonswap 谱，其表达式见式（1.6.6.19），图 1.6.39 给出了数值计算中得到的水槽中拟放置结构物处的计算波谱与目标波谱的比较。由图 1.6.39 可以看出，所得到的计算波谱与目标波谱吻合很好。

$$S(f)=\alpha H_s^2 T_p^{-4} f^{-5}\exp\left[-\frac{5}{4}(T_p f)^{-4}\right]\gamma^{\exp[-(f/f_p^{-1})^2/2\sigma^2]} \tag{1.6.6.19}$$

式中，

$$\alpha=\frac{0.0624}{0.230+0.0336\gamma-0.185(1.9+\gamma)^{-1}}(1.094-0.0192\ln\gamma)$$

$$\sigma=\begin{cases}0.07 & f\leqslant f_p\\ 0.09 & f>f_p\end{cases}$$

其中，H_s 为有效波高（m）；T_p 为谱峰值周期（s）；f_p 为谱峰值频率（Hz）；γ为谱峰值参数，取 3.3。

图 1.6.40 给出了入射波周期 T_p=1.2s、有效波高 $H_{1/3}$=15cm、结构物相对净空 $S/H_{1/3}$=0.4 时结构物底面的冲击压力历时曲线的数值计算结果和物模试验结果的比较（Ren and Wang，2003，2005）。图 1.6.40 中的左侧图形为数值计算结果，右侧图形为物模试验结果。数值计算结果表明：应用数学模型可以很好地模拟出随机波的冲击压力特征，即在一个冲击周期内，在波浪刚接触到结构物的瞬间，结构物受到一个强度很大但是历时很短的冲击压力峰值，之后为一个与结构物被水体淹没状态有关的动水压力，最后在水体脱离结构物底面时产生一个负压力过程。

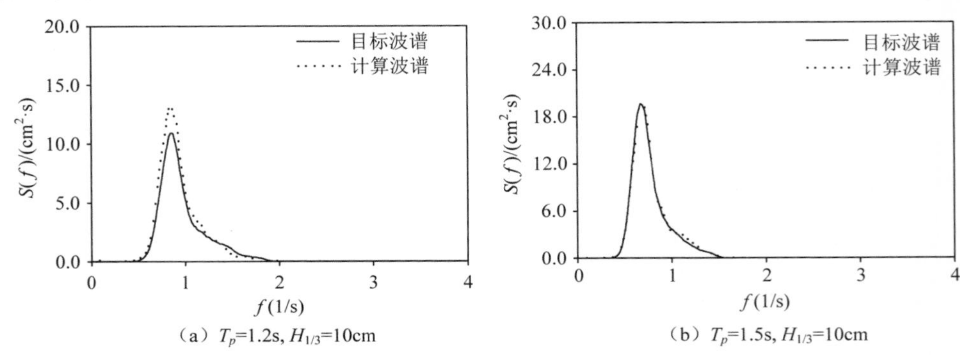

图 1.6.39　水槽中拟放置结构物处的计算波谱与目标波谱比较图

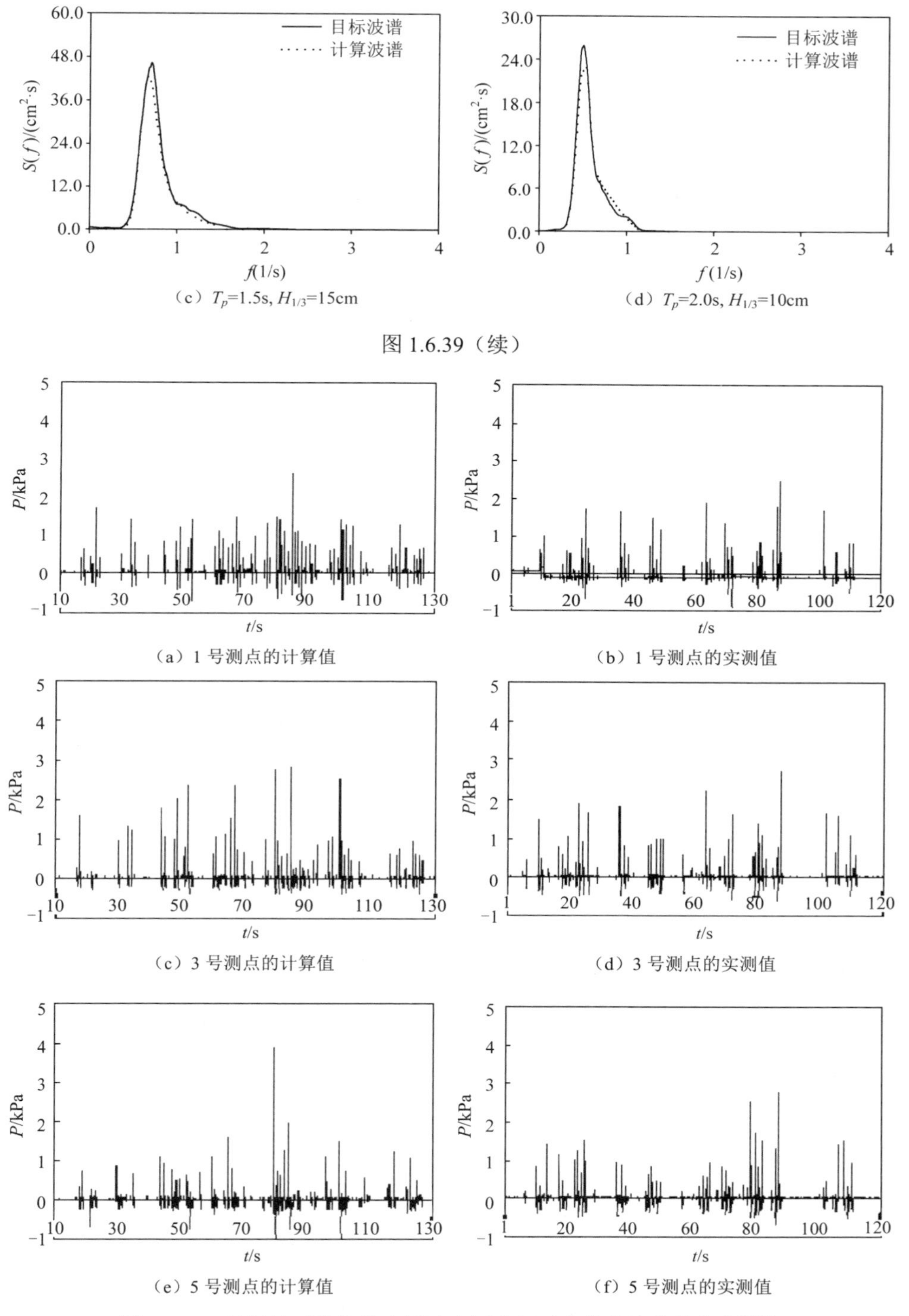

图 1.6.40　随机波对结构物底面冲击压力历时曲线的计算值和实测值

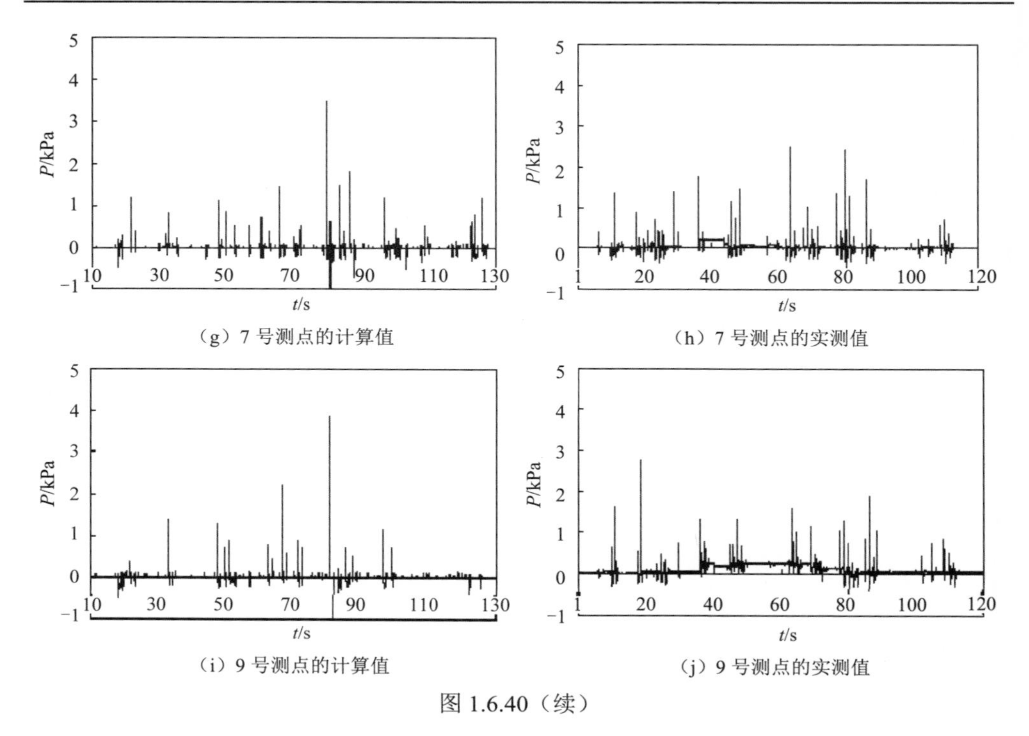

（g）7 号测点的计算值　（h）7 号测点的实测值

（i）9 号测点的计算值　（j）9 号测点的实测值

图 1.6.40（续）

T_p=1.2s，$H_{1/3}$＝15cm，$S/H_{1/3}$=0.3

依据数模计算得到的结构物底面波浪冲击压力历时曲线，取各测点在采样时间内每个周期的冲击压力峰值按从大到小依次排列的前 1/3 个峰值的平均值 P_c^i 值作为各测点的冲击压力峰值，其单位为 kPa。取各测点在采样时间内的每个周期的负冲击压力的最大幅值按从大到小依次排列的前 1/3 个值的平均值 P_t^i 值作为各测点的负冲击压力。图 1.6.41 给出了不同情形时冲击压力的计算值和实测值沿结构物底面的分布比较，其横坐标为结构物底面的测点号，纵坐标为各测点的冲击压力值。由图 1.6.41 可以看出，冲击压力的数模结果沿结构物底面的分布规律和试验结果大致相同。

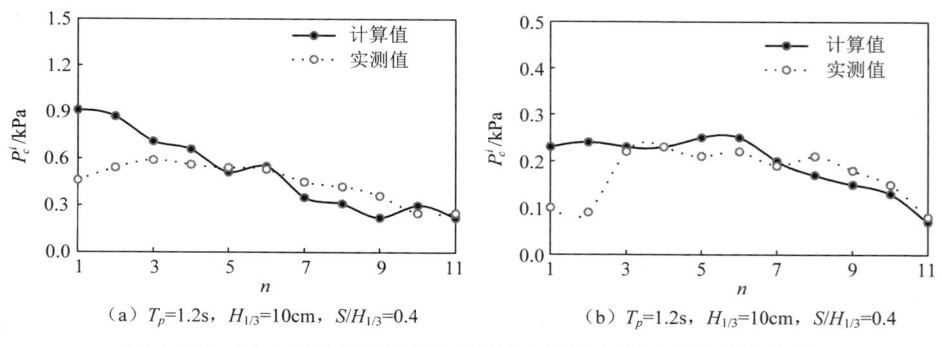

（a）T_p=1.2s，$H_{1/3}$=10cm，$S/H_{1/3}$=0.4　（b）T_p=1.2s，$H_{1/3}$=10cm，$S/H_{1/3}$=0.4

图 1.6.41　冲击压力的计算值和实测值沿码头面板底面的分布比较

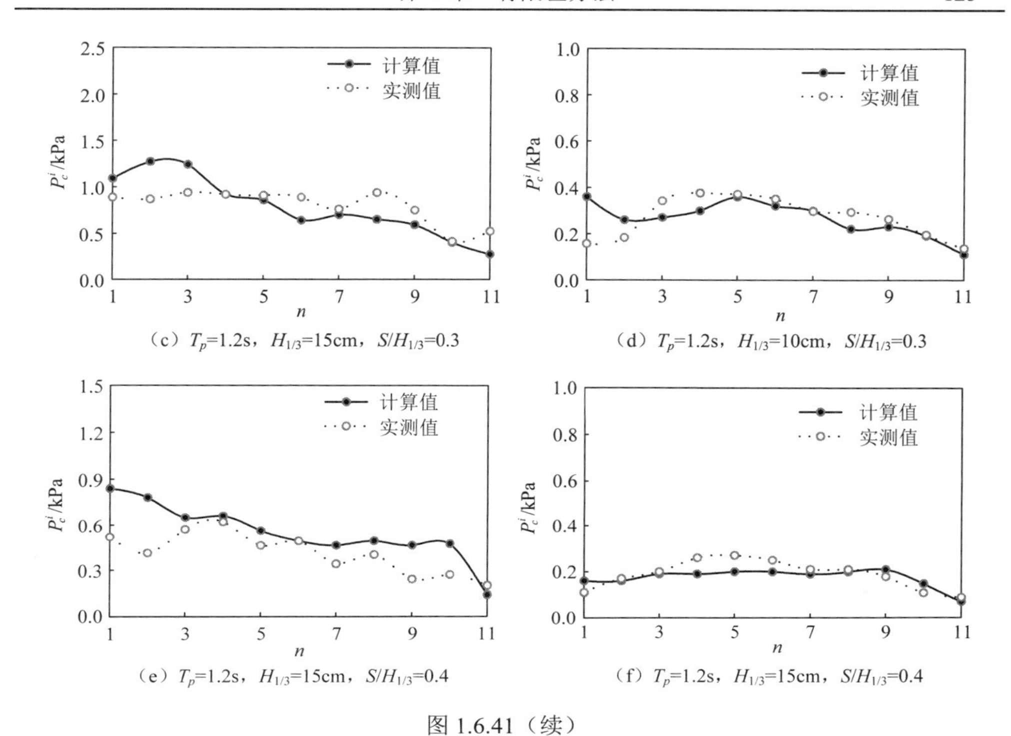

图 1.6.41（续）

表 1.6.8 给出了部分组结构物底面最大冲击压力的数值计算值和实测值。由表中数据可以看出，数值计算值和实测值很接近。

表1.6.8　结构物底面最大冲击压力的计算值和实测值

入射波要素			冲击压力峰值 $P_{c,\max}$/kPa		负冲击压力 $P_{t,\max}$/kPa	
T_p/s	$H_{1/3}$/cm	$S/H_{1/3}$	计算值	实测值	计算值	实测值
1.0	10	0.4	0.21	0.33	0.09	0.18
1.2	10	0.4	0.91	0.59	0.25	0.23
1.2	15	0.3	1.27	0.94	0.36	0.38
1.2	15	0.4	0.84	0.62	0.21	0.27
1.5	10	0.4	1.42	0.78	0.28	0.27
1.5	15	0.3	2.73	1.88	0.59	0.47
2.0	10	0.4	1.66	1. 16	0.27	0.28

由上述分析可见，本节基于差分法和 VOF 方法所建立的数学模型能够很好地模拟波浪对浪溅区结构物底面的冲击过程，所得到的数值计算结果很好地反映了波浪冲击压力沿结构物底面的分布特性，且结构物底面的冲击压力值与试验结果比较接近。

参 考 文 献

陈材侃，1992. 计算流体力学[M]. 重庆：重庆出版社.

李洪声，2006. 河口、海岸泥沙输移数值模拟[D]. 大连：大连理工大学.

刘儒勋，舒其望，2003. 计算流体力学的若干新方法[M]. 北京：科学出版社.

刘儒勋，王志峰，2003. 数值模拟方法和运动界面追踪[M]. 合肥：中国科学技术大学出版社.

陆金甫，顾丽珍，陈景良，1988. 偏微分方程差分方法[M]. 北京：高等教育出版社.

齐鹏，王永学，2003. 三维数值波浪水池技术与应用[J]. 大连理工大学学报，43（6）：825-830.

齐鹏，王永学，邹志利，等，2000. 非线性波浪时域计算的三维耦合模型[J]. 海洋学报，22（6）：102-109.

任冰，王永学，1999. 非线性波浪对结构物的冲击作用[J]. 大连理工大学学报，39（4）：562-566.

任效忠，2011. 准椭圆沉箱波浪力的试验与数值研究[D]. 大连：大连理工大学.

王永学，1993. VOF方法数模直墙式建筑物前的波浪破碎过程[J]. 自然科学进展，3（6）：553-559.

王永学，1994a. 无反射造波数值波浪水槽[J]. 水动力学研究与进展，A辑，9（2）：205-214.

王永学，1994b. 孤立波破碎过程试验与数模结果比较[J]. 大连理工大学学报，34（4）：463-469.

王永学，SU T C，1991. 圆柱容器液体晃动问题的数值计算[J]. 空气动力学学报，9（1）：112-119.

王永学，郭科，1999. 破碎波对直墙建筑物的作用[J]. 大连理工大学学报，39（2）：326-330.

王永学，任冰，1999. 波浪冲击过程的湍流数值模拟[J]. 水动力学研究与进展，A辑，14（4）：409-417.

辛文杰，1997. 潮流、波浪综合作用下河口二维悬沙数学模型[J]. 海洋工程，15（1）：30-47.

张长高，1989. 脉动速度的分解和脉动应力探讨[J]. 河海大学学报，17（5）：1-8.

中华人民共和国交通运输部，2010. 海岸与河口潮流泥沙模拟技术规程：JTS/T 231-2—2010[S]. 北京：人民交通出版社.

邹志利，邱大洪，王永学，1996. VOF方法模拟波浪槽中二维非线性波[J]. 水动力学研究与进展，A辑，11（1）：93-103.

ASHGRIZ N, POO J Y, 1991. Flux Line-segment model for advection and interface reconstruction[J]. Journal of computational physics, 93(2): 449-468.

BULLOCK G N, MURTON G J, 1989. Performance of a wedge type absorbing wave maker[J]. Journal of waterway port coastal and ocean engineering, 115(1):1-17.

CHARNEY J G, FJØRTOFT R, VON NEUMANN J, 1950. Numerical integration of the barotropic vorticity equation[J]. Tellus, 2(4): 237- 254.

COURANT R, FRIEDRICHS K, LEWY, H, 1928. Über die partiellen differenzengleichungen der mathematischen physik[J]. Mathematische annalen,100(1):32-74.

CRANK J , NICOLSON P. 1947. A practical method for numerical evaluation of solutions of partial differential equations of the heat-conduction type[J]. Mathematical proceedings of the cambridge philosophical society, 43: 50-67.

DEAN R G, 1984. DALRYMPLE R A, Water wave mechanics for engineers and scientists[M]. Cliffwood:Prentice Hall, Englewood.

DOUGLAS J, 1962. Alternating direction methods for three space variables[J]. Numerische mathematik, 4(1): 41-63.

DOUGLAS J, RACHFORD H H, 1956. On the numerical solution of heat conduction problems in two and three space variables[J]. Transactions of the American mathematical society, 82(2): 421-439.

GILBERT G, 1978. Absorbing Wave Generators[J]. Hydraulic research station notes, hydraulic research station, wallingford, Oxford, UK, 20:3-4.

GODA Y, 1970. A synthesis of breaker indices[J].Trans Japan society of civil engineers, 2(180):39-49.

HARLOW F H，　WELCH J E，1965. Numerical calculation of time-dependent viscous incompressible flow of fluid with free surface[J]. Physics of fluid, 8(12):2182.

HIRT C W, NICHOLS B D, 1981. Volume of fluid (VOF) method for the dynamics of free boundaries[J]. Journal of computational physics, 39(1):201-225.

KIM C H, CLEMENT A H, TANIZAWA K H, 1999. Recent research and development of numerical wave tanks-a Review[J]. International journal of offshore and polar engineering, 9(4): 241-256.

LAX P D, RICHTMYER R D, 1956. Survey of the stability of linear finite difference equations [J]. Communications on pure and applied mathematics, 9: 267-293.

LEMOS C M, 1992. Wave Breaking : A Numerical Study[M]. Brebbia C A, Orszag S A.Lecture nots in engineering 71. Berlin:Springer-Verlag.

LIEBMANN H, 1910. Aequitangential-und isogonaltransformation der partiellen differentialgleichungen d_{12}[J]. Rendiconti del circolo matematico di palermo, 29(1): 139-154.

MILGRAM J H, 1970. Active Water-wave Absorbers[J]. Journal of fluid mechanics, 43(4): 845-849.

PEACEMAN D W, RACHFORD H H,1955. The numerical solution of parabolic and elliptic differential equations[J]. Journal of the society for industrial and applied mathematics, 3(1): 28-41.

REN B, LI X L, WANG Y X, 2008. An irregular wave maker of active absorption with VOF method[J]. China ocean engineering, 22(4):623-634.

REN B, WANG Y X, 2003. Experimental study of irregular wave impact on structures in splash zone[J]. Ocean engineering, 30(18): 2363-2377.

REN B, WANG Y X, 2004. Numerical simulation of random wave slamming on the structure in the splash zone[J]. Ocean engineering, 31(5-6): 547-560.

REN B, WANG Y X, 2005. Laboratory study of random wave slamming on a piled wharf with different shore connecting structures[J]. Coastal engineering, 52(5): 463-471.

RICHARDSON L F,1910. The approximate arithmetical solution by finite differences of physical problems involving differential equations, with an application to the stresses in a masonry dam[J]. Philosophical transactions of the royal society of London, 210(459-470): 307-357.

RUNGE C,1908. Analytische geometrie der ebene[M]. Leipzig, Berlin:B.C.Teubner.

STREET R L, CAMFIELD F E, 1966. Observations and experiments on solitary wave deformamion[C], Proceedings of 10th inernational conference on coastal engineering, 19: 284-301.

URSELL F, DEAN R G, Yu Y S,1960. Forced small-amplitude water waves: a comparison of theory and experiment[J]. Journal of fluid mechanics, 7(1):33-52.

WANG Y X, 1994. A study on periodic wave breaking by absorbed numerical wave channel[C]. Preceeding of the fourth international offshore and polar engineering conference Vol.III, Osaka, Japan:32-36.

WANG Y X, SU T C, 1992. Numerical simulation of breaking wave against vertical wall[C]. Proceeding of the second international offshore and polar engineering conference, Vol. III, San Francisco, USA: 139-145.

WANG Y X, ZANG J, QIU D H, 1999. Numerical model of cnoidal wave flume[J]. China ocean engineering, 13(4):391-398.

WANG Y X，REN X Z，DONG P, et al., 2011. Three-dimensional numerical simulation of wave interaction with perforated quasi-ellipse caisson[J]. Water science and engineering, 4(1): 46-60.

WIEGEL R L, 1964. Oceanographical Engineering[M].Cliffwood: Prentice Hall Englewood.

YOUNGS D L,1982. Time-dependent multi-material flow with large fluid distortion[M]//MORTON K W, BAINES M J. Numerical methods for fluid dynamics. New York: Academic Press, 273-285.

第 2 章　有限体积法

2.1　引　　言

2.1.1　有限体积法简介

有限体积法（finite volume method，FVM）又称为有限容积法、控制体积法。它是以守恒型的方程为出发点，将所计算的区域划分成一系列控制体积，每个控制体积都有一个节点作代表，通过将守恒型的控制方程对控制体积做积分来导出一组离散方程，其中的未知数是网格点上因变量的数值。为了求出控制体积的积分，需要对界面上的所求函数本身及其一阶导数的构成做出假定，这种构成的方式就是有限体积法中的离散格式。

有限体积法导出的离散方程的显著特点是它能够描述各控制体积物理量的守恒性，所以有限体积法是守恒定律的一种最自然的表现形式。该方法适用于任意类型的单元网格，便于模拟具有复杂边界形状区域的流体运动。只要单元边上相邻单元估计的通量是一致的，就能保证方法的守恒性。有限体积法各项含有明确的物理意义，可方便地利用多种类型的网格（结构化网格和非结构化网格），因此成为工程界流行的流体问题数值计算手段。

有限体积法既具备有限元方法网格剖分的灵活性，能逼近几何形状复杂的区域；又具备有限差分方法在格式构造上多样性的优点。有限单元法需要假定值在网格点之间的变化规律（即插值函数），并将其作为近似解。有限体积法在寻求控制体积的积分时，也需要假定值在网格点之间的分布，这与有限单元法类似。但有限体积法中的插值函数只用于计算控制体积的积分，得出离散方程之后，便不再需要插值函数。有限体积法在求解时只寻求节点值，这与有限差分法只考虑网格点上的数值而不考虑值在网格点之间如何变化类似。

有限体积法由 McDonald（1971）提出并率先应用于二维非定常欧拉方程中，但有限体积法最早的有效而实际的应用，是 Patankar 和 Spalding 等（1972）将其用于传热和流体流动的计算，读者可以参阅 Patankar 著作的中译本（帕坦卡，1984）。并且他们根据自己的思想方法建立了一整套的数值方法和计算软件，其中较著名的是混合格式、乘方格式、QUICK 和 SIMPLE 等格式。van Leer（1977a，1977b，1979）提出了保守恒单调迎风格式（monotonic upwind scheme for conservation laws，MUSCL）；Roe（1981）提出了通量差分裂（flux difference splitting，FDS）格式；Harten 等（1986，1987）提出了本质无振荡（essentially non-oscillatory，ENO）格式，并提出了对界面处的变量或通量进行限制，以防止数值振荡的方法。这些新思想和新方法使有限体积法取得了长足的进步。到 20 世纪 90 年代，有限体积法因其兼备几何灵活性、迎风特性、能处理间断水流，以及物理意义明确、守恒性良好等优点，而在水流、泥沙、水质等方面的数值模拟问题中得到了越来越广泛的应用。

2.1.2　流体动力学通用变量方程

描述可压缩黏性流体流动问题的 Navier-Stokes 方程组由质量守恒方程、动量守恒方程、能量守恒方程组成。方程的表达式可分为非守恒形式和守恒形式。守恒型方程（equation in conservation form）定义为以散度形式表示的满足物理上守恒律的方程。非守恒型方程（equation in non-conservation form）定义为以非散度形式表示的满足物理上守恒律的方程。在 FVM 中常用守恒形式，以保证物理量守恒。式（2.1.2.1）为质量守恒方程的非守恒形式：

$$\frac{\mathrm{d}\rho}{\mathrm{d}t}+\rho\mathrm{div}\boldsymbol{V}=0 \tag{2.1.2.1}$$

式中，ρ为流体密度；$\boldsymbol{V}=(u,v,w)$为流场速度矢量。由

$$\frac{\mathrm{d}\rho}{\mathrm{d}t}=\left(\frac{\partial}{\partial t}+u\frac{\partial}{\partial x}+v\frac{\partial}{\partial y}+w\frac{\partial}{\partial z}\right)\rho\text{，}\quad \rho\mathrm{div}\boldsymbol{V}=\rho\left(\frac{\partial u}{\partial x}+\frac{\partial v}{\partial y}+\frac{\partial w}{\partial z}\right)$$

可得到守恒形式的质量守恒方程为

$$\frac{\partial\rho}{\partial t}+\mathrm{div}(\rho\boldsymbol{V})=0 \tag{2.1.2.2}$$

动量守恒方程的非守恒形式为

$$\rho\frac{\mathrm{d}\boldsymbol{V}}{\mathrm{d}t}=\rho\boldsymbol{F}+\nabla\boldsymbol{P} \tag{2.1.2.3}$$

式中，$\boldsymbol{F}=\left(F_x,F_y,F_z\right)$为体积力矢量；$\nabla=\left(\frac{\partial}{\partial x},\frac{\partial}{\partial y},\frac{\partial}{\partial z}\right)$为梯度算子；$\boldsymbol{P}$ 为应力张量，其本构关系为

$$\boldsymbol{P}=-p\boldsymbol{I}+2\mu\boldsymbol{S}-\frac{2}{3}\mu\boldsymbol{I}\cdot\mathrm{div}\boldsymbol{V} \tag{2.1.2.4}$$

式中，p 为流体压强；$\boldsymbol{I}$ 为单位张量；$\boldsymbol{S}=\left\{S_{ij}\right\}=\left\{\frac{1}{2}\left(\frac{\partial v_i}{\partial x_j}+\frac{\partial v_j}{\partial x_i}\right)\right\}$为变形速度张量；$\mu$ 为流体动力黏性系数。由

$$\rho\frac{\mathrm{d}\boldsymbol{V}}{\mathrm{d}t}=\rho\frac{\partial\boldsymbol{V}}{\partial t}+(\rho\boldsymbol{V}\cdot\nabla)\boldsymbol{V}=\frac{\partial(\rho\boldsymbol{V})}{\partial t}+\boldsymbol{V}\cdot\nabla(\rho\boldsymbol{V})+(\rho\boldsymbol{V}\cdot\nabla)\boldsymbol{V}=\rho\boldsymbol{F}+\nabla\boldsymbol{P}$$

并应用张量的散度公式：

$$\mathrm{div}\left(\rho \boldsymbol{V}\boldsymbol{V}\right)=(\nabla\cdot\rho\boldsymbol{V})\boldsymbol{V}+(\rho\boldsymbol{V}\cdot\nabla)\boldsymbol{V}=\boldsymbol{V}\cdot\nabla(\rho\boldsymbol{V})+(\rho\boldsymbol{V}\cdot\nabla)\boldsymbol{V}$$

可得到守恒形式的动量守恒方程为

$$\frac{\partial}{\partial t}(\rho\boldsymbol{V})+\mathrm{div}(\rho\boldsymbol{V}\boldsymbol{V})=\rho\boldsymbol{F}+\nabla\boldsymbol{P} \tag{2.1.2.5}$$

式中，并矢$\boldsymbol{V}\boldsymbol{V}$为二阶张量（设二阶张量$\boldsymbol{t}=\boldsymbol{ab}$，则$t_{ij}=a_ib_j$）。

能量守恒方程的非守恒形式的表达式为

$$\rho\frac{\mathrm{d}U}{\mathrm{d}t}=-p\cdot\mathrm{div}\boldsymbol{V}+\varPhi+\mathrm{div}\left(k\cdot\mathrm{grad}T\right)+\rho q \tag{2.1.2.6}$$

$$p=p(\rho,T) \tag{2.1.2.7}$$

$$\varPhi=-\frac{2}{3}\mu\left(\mathrm{div}\boldsymbol{V}\right)^2+2\mu\boldsymbol{S}:\boldsymbol{S} \tag{2.1.2.8}$$

式中，U为单位质量的流体内能；p为流体压强；k为热传导系数；T为温度；q为单位质量流体的热源（热汇）在单位时间内释放（吸收）的热量。

能量守恒方程的守恒形式为

$$\frac{\partial}{\partial t}(\rho U)+\mathrm{div}(\rho U\boldsymbol{V})=-p\cdot\mathrm{div}\boldsymbol{V}+\varPhi+\mathrm{div}\left(k\cdot\mathrm{grad}T\right)+\rho q \tag{2.1.2.9}$$

从可压缩黏性流体流动的 Navier-Stokes 方程组的一般表达式可以看出，无论是连续性方程、动量方程，还是能量方程，它们都有非常相似的形式。为了数学描述及数值计算方便，我们引入一个通用变量（或特征变量）ϕ，则这些微分方程都可写成如下的通用形式：

$$\frac{\partial}{\partial t}(\rho\phi)+\mathrm{div}(\rho\boldsymbol{V}\phi)=\mathrm{div}(\varGamma\cdot\mathrm{grad}\phi)+S_\phi \tag{2.1.2.10}$$

在二维直角坐标系下，式（2.1.2.10）可写成

$$\frac{\partial}{\partial t}(\rho\phi)+\frac{\partial}{\partial x}(\rho u\phi)+\frac{\partial}{\partial y}(\rho v\phi)=\frac{\partial}{\partial x}\left(\varGamma\frac{\partial\phi}{\partial x}\right)+\frac{\partial}{\partial y}\left(\varGamma\frac{\partial\phi}{\partial y}\right)+S_\phi \tag{2.1.2.11}$$

式中，ϕ为所求问题的通用变量；$\varGamma$为广义扩散系数；S_ϕ为源项。当ϕ表示某一特定量时，$\varGamma$, S_ϕ对此特定量有特定的意义和表达式，这时方程亦赋予特定的意义，如表 2.1.1 所示。

表2.1.1　通用变量方程与各特定方程式参数的对照关系

方程名称	ϕ	$\varGamma$	S_ϕ
连续方程	1	0	0
x-动量方程	u	μ	$-\frac{\partial p}{\partial x}+S_x$
y-动量方程	v	μ	$-\frac{\partial p}{\partial y}+S_y$
能量方程	U	k	$-p\cdot\mathrm{div}(\boldsymbol{V})+\varPhi+S_i$

浅水方程是水动力学计算上常用的控制方程。式（2.1.2.12）～式（2.1.2.14）为一组常用的沿水深平均的平面二维水流运动的非守恒型方程（参见第 1 章 1.5.1 节）：

$$\frac{\partial \zeta}{\partial t}+\frac{\partial\left[(\zeta+h)u\right]}{\partial x}+\frac{\partial\left[(\zeta+h)v\right]}{\partial y}=0 \qquad (2.1.2.12)$$

$$\frac{\partial u}{\partial t}+u\frac{\partial u}{\partial x}+v\frac{\partial u}{\partial y}-fv=-g\frac{\partial \zeta}{\partial x}-\tau_b u\frac{\sqrt{u^2+v^2}}{\zeta+h}+\frac{\partial}{\partial x}\left(N_x\frac{\partial u}{\partial x}\right)+\frac{\partial}{\partial y}\left(N_y\frac{\partial u}{\partial y}\right) \qquad (2.1.2.13)$$

$$\frac{\partial v}{\partial t}+u\frac{\partial v}{\partial x}+v\frac{\partial v}{\partial y}+fu=-g\frac{\partial \zeta}{\partial y}-\tau_b v\frac{\sqrt{u^2+v^2}}{\zeta+h}+\frac{\partial}{\partial x}\left(N_x\frac{\partial v}{\partial x}\right)+\frac{\partial}{\partial y}\left(N_y\frac{\partial v}{\partial y}\right) \qquad (2.1.2.14)$$

式中，ζ 为相对于某一基准面的水位（m）；h 为相对于某一基准面的水深（m）；u 与 v 分别为 x 和 y 方向的深度平均流速分量（m/s）；$f=2\varpi\sin\phi$ 为科氏力参数（ϖ 为地球自转速度，$\varpi=\dfrac{4\pi}{86400}$，$\phi$ 为北半球纬度）；g 为重力加速度（$\mathrm{m/s^2}$）；N_x 与 N_y 分别为 x 和 y 方向的水流紊动黏性系数（$\mathrm{m^2/s}$）；τ_b 为底部摩阻系数。

若采用海底到水面的总水深 H（$H=h+\zeta$）替代水位 ζ，式（2.1.2.12）可写成

$$\frac{\partial H}{\partial t}+\frac{\partial (Hu)}{\partial x}+\frac{\partial (Hv)}{\partial y}=0 \qquad (2.1.2.15)$$

式（2.1.2.15）乘 u 与式（2.1.2.13）乘 H 后相加，得

$$\frac{\partial (Hu)}{\partial t}+\frac{\partial (Hu^2)}{\partial x}+\frac{\partial (Huv)}{\partial y}-fvH=-gH\frac{\partial \zeta}{\partial x}-\tau_b u\sqrt{u^2+v^2}+H\frac{\partial}{\partial x}\left(N_x\frac{\partial u}{\partial x}\right)+H\frac{\partial}{\partial y}\left(N_y\frac{\partial u}{\partial y}\right) \qquad (2.1.2.16)$$

式（2.1.2.15）乘 v 与式（2.1.2.14）乘 H 后相加，得

$$\frac{\partial (Hv)}{\partial t}+\frac{\partial (Huv)}{\partial x}+\frac{\partial (Hv^2)}{\partial y}+fuH=-gH\frac{\partial \zeta}{\partial y}-\tau_b v\sqrt{u^2+v^2}+H\frac{\partial}{\partial x}\left(N_x\frac{\partial v}{\partial x}\right)+H\frac{\partial}{\partial y}\left(N_y\frac{\partial v}{\partial y}\right) \qquad (2.1.2.17)$$

由 $gH\dfrac{\partial \zeta}{\partial x}=gH\dfrac{\partial H}{\partial x}-gH\dfrac{\partial h}{\partial x}$，$gH\dfrac{\partial \zeta}{\partial y}=gH\dfrac{\partial H}{\partial y}-gH\dfrac{\partial h}{\partial y}$，方程（2.1.2.15）～式（2.1.2.17）可写为

$$\frac{\partial H}{\partial t}+\frac{\partial (Hu)}{\partial x}+\frac{\partial (Hv)}{\partial y}=0 \qquad (2.1.2.18)$$

$$\begin{aligned}&\frac{\partial (Hu)}{\partial t}+\frac{\partial}{\partial x}\left(Hu^2+\frac{1}{2}gH^2\right)+\frac{\partial (Huv)}{\partial y}\\&=gH\frac{\partial h}{\partial x}+fvH-\tau_b u\sqrt{u^2+v^2}+H\frac{\partial}{\partial x}\left(N_x\frac{\partial u}{\partial x}\right)+H\frac{\partial}{\partial y}\left(N_y\frac{\partial u}{\partial y}\right)\end{aligned} \qquad (2.1.2.19)$$

$$\frac{\partial(Hv)}{\partial t}+\frac{\partial(Huv)}{\partial x}+\frac{\partial}{\partial y}\left(Hv^2+\frac{1}{2}gH^2\right)$$
$$=gH\frac{\partial h}{\partial y}-fuH-\tau_b v\sqrt{u^2+v^2}+H\frac{\partial}{\partial x}\left(N_x\frac{\partial v}{\partial x}\right)+H\frac{\partial}{\partial y}\left(N_y\frac{\partial v}{\partial y}\right)\quad(2.1.2.20)$$

式（2.1.2.18）～式（2.1.2.20）可写成为如下向量形式的守恒型方程：

$$\frac{\partial \boldsymbol{U}}{\partial t}+\nabla\cdot\boldsymbol{F}(\boldsymbol{U})=\boldsymbol{S}\quad(2.1.2.21)$$

$$\boldsymbol{U}=\begin{pmatrix}H\\Hu\\Hv\end{pmatrix},\quad \boldsymbol{f}(\boldsymbol{U})=\begin{pmatrix}Hu\\Hu^2+\frac{1}{2}gH^2\\Huv\end{pmatrix},\quad \mathbf{g}(\boldsymbol{U})=\begin{pmatrix}Hv\\Huv\\Hv^2+\frac{1}{2}gH^2\end{pmatrix},\quad \boldsymbol{S}=\begin{pmatrix}s_1\\s_2\\s_3\end{pmatrix}$$

式中，$\boldsymbol{U}$为守恒量向量；$\boldsymbol{F}=(\boldsymbol{f},\mathbf{g})^{\mathrm{T}}$为通量向量；$\boldsymbol{f}(\boldsymbol{U})$为$x$向通量向量；$\mathbf{g}(\boldsymbol{U})$为$y$向通量向量；$\boldsymbol{S}$为源项向量，其各分量为

$s_1=0$（若计算区域内有质量源q，则有$s_1=q$）

$$s_2=H\frac{\partial}{\partial x}\left(N_x\frac{\partial u}{\partial x}\right)+H\frac{\partial}{\partial y}\left(N_y\frac{\partial u}{\partial y}\right)+gH\frac{\partial h}{\partial x}+f\,vH-\tau_b u\sqrt{u^2+v^2}$$

$$s_3=H\frac{\partial}{\partial x}\left(N_x\frac{\partial v}{\partial x}\right)+H\frac{\partial}{\partial y}\left(N_y\frac{\partial v}{\partial y}\right)+gH\frac{\partial h}{\partial y}-fuH-\tau_b v\sqrt{u^2+v^2}$$

2.1.3　非结构化网格

矩形网格与曲线网格都属于结构化网格，即网格结构具有一定的分布特征，是可以用相应的行列关系来顺序描述的网格。矩形网格是有限差分法最为常用的网格系统。它不对原始的控制方程（直角坐标）做任何坐标变换，且在边界处采用简单的阶梯形网格近似复杂的边界。或者，用规则矩形网格覆盖整个包括陆边界在内的计算区域，对陆边界及陆域处的网格做特殊的技术处理，如所谓的冻结法，即令某些控制网格“冻结”，则剩下的“活动”的控制网格可形成所需要的不规则区域。“冻结”亦即令该控制网格中的因变量在运算过程中始终保持不变，常采用大数值源项和大黏性系数法实现冻结区内流速恒为零。这类方法对规则网格所做的特殊处理导致边界计算值过于粗糙，使陆边界附近形成虚假的曲折水流。但网格生成方便、计算方法简单等优点使该方法得到了大量的应用。

曲线坐标变换方法是在物理计算区域内构筑曲线网格，使网格曲线与所求解区域的边界重合，而后利用坐标变换将复杂的物理区域变换到规则的计算区域内。在规则计算区域上离散求解变换后的控制方程，将得到的解映射至原物理区域得到数值解，或者在曲线网格上直接应用原始因变量求解。图 2.1.1 为曲线坐标变换方法示意图。

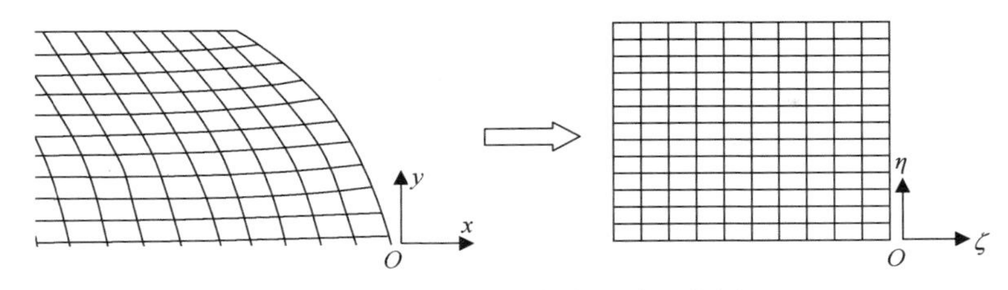

图 2.1.1　曲线坐标变换方法示意图

目前常用的生成曲线网格的方法有代数方法和微分方法。代数方法主要应用参数化和插值的方法，对处理简单的求解区域十分有效。微分方法常用于求解椭圆型方程或双曲型方程，其中以 Thompson 为代表提出的利用 Poisson 方程生成贴体曲线网格的方法最为著名和流行（Thompson et al., 1985）。该类型方法可通过调整源项控制网格的分布，在梯度大的区域人工或自动加密网格。在曲线网格中，满足正交性的网格具有优良的特性。因为在正交曲线坐标系下，变换后的某些项消失，控制方程更为简洁，数值稳定性和解的精度高，计算量和收敛速度也有了很大的改善。但正交曲线网格极大地受制于边界的几何形状，对于天然水域，由于边界极其复杂，很难生成完全正交的曲线网格。因此在实际工程水流计算上，通常是放弃完全正交性的要求，生成边界正交曲线网格，或生成尽量接近正交的曲线网格。结构化网格的最主要缺点是适用的范围比较窄，不能很好地拟合复杂的自然边界问题。

20 世纪 80 年代以来，基于 FVM 的非结构网格技术在空气动力学方面得到了广泛的发展和应用。非结构化网格是指网格区域内的内部点不具有相同的毗邻单元，即与网格剖分区域内的不同内点相连的网格数目不同。图 2.1.2 为非结构网格示意图，从图中可以看出，非结构网格中单元分布不再规则一致，其位置很难凭借行列索引关系确定。非结构网格可以采用任意形状的单元，单元边的数目也无限制，弥补了结构化网格不能够解决任意形状和任意连通区域的网格剖分的不足。实用上，为简化编程及拟合边界的要求，一般应用三角形、四边形（三维为四面体、六面体）网格就足够拟合天然水域边界。

非结构网格的最大优势在于适应性强，能很好地模拟自然边界及水下地形，利于边界调节的实现；便于控制网格密度，易做修改和适应性调整；网格生成有众多富有成效的方法和自适应技术，更易得到高质量的网格。但是非结构网格的应用也存在需要解决的问题。例如，网格单元排列不规则，需建立相应的数据结构存储单元信息；控制方程离散得到的代数方程的系数矩阵不再是结构网格下有规律的对角结构，需要寻求合适的存储方式及解法；隐格式较难实现，黏性项处理困难，数值解后处理工作量大等。

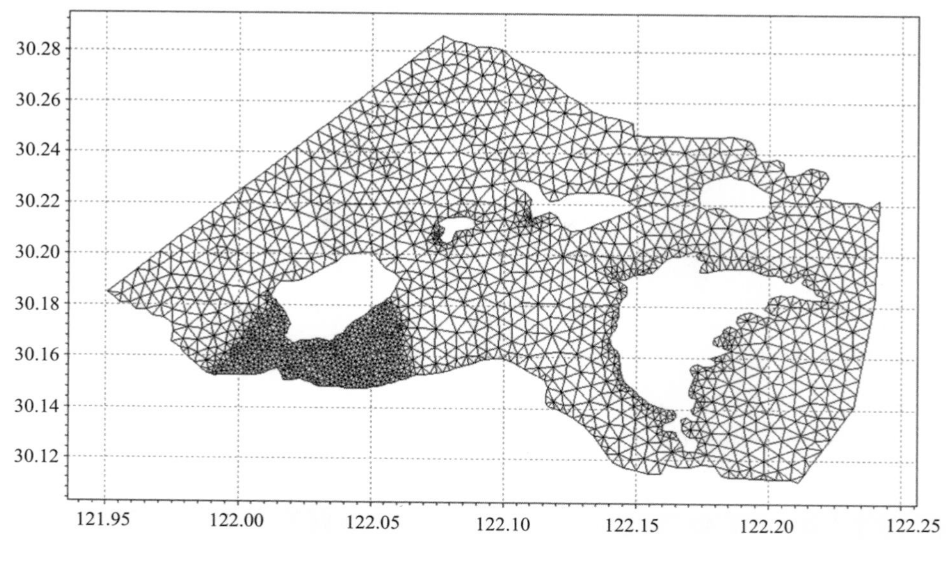

图 2.1.2　非结构网格示意图

平面三角形网格生成方法，比较成熟的是基于 Delaunay（德洛奈）准则的一类网格生成方法和波前法。基于 Delaunay 准则的网格生成方法的优点是速度快、网格的尺寸比较容易控制；缺点是对边界的恢复比较困难，很可能造成网格生成的失败。波前法的优点是对区域边界拟合得比较好，所以在流体力学等对区域边界要求比较高的情况下，常常采用这种方法。它的缺点是对区域内部的网格生成的质量比较差，生成的速度比较慢。

平面四边形网格的生成方法有两类主要的方法。一类是间接法，即在区域内部首先生成三角形网格，然后分别将两个相邻的三角形合并成一个四边形网格。这种方法的优点是可以先获得区域内整体的网格尺寸的信息；缺点是生成的网格质量相对比较差，需要多次修正，同时需要首先生成三角形网格，生成的速度也比较慢，程序的工作量大。另一类是直接法，即采用从区域的边界到区域的内部逐层剖分的方法，这种方法已逐渐成为四边形网格的主要生成方法。它的优点是生成的四边形的网格质量好，对区域边界的拟合比较好，较适合流体力学的计算；缺点是生成的速度慢，程序设计复杂。

2.2　有限体积法的构造

2.2.1　计算区域的离散化

应用有限体积法进行数值计算时，要把计算区域划分成一系列互不重叠的离散小区域（sub-domain），确定每个小区域中的节点位置及该节点所代表的控制体积，然后在该小区域上离散控制方程求解待求物理量。有限差分法中只涉及网格节点的概念，而有限体积法因为物理解释需要，涉及多个常用几何要素的相关名词。

图 2.2.1 所示为单元中心格式（cell-centered scheme）有限体积法中典型的矩形网格关系，其包含以下几个要素。

1）控制体积（control volume）：方程积分离散时的小体积单元（图中阴影部分）。

2）单元（cell）：控制体积的中心，常用形心来表示，为待求物理量的几何位置（图中用空心圆来表示），如点 P，E，N，W，S 等。常用单元来代表整个控制体积。

3）网格线（grid line）：用来分割计算区域内各控制体积的交错曲线族，如图中折线 N_1N_2，N_2N_3，N_3N_4，N_4N_1 等。

4）网格节点（node）：网格线之间的交点（图中用黑圆点来表示），如 N_1，N_2，N_3，N_4 等。

5）单元界面（cell face）：相邻两个控制体积间的公共面（二维可以认为是公共边，虽然看起来和网格线一致，但不是同一个概念），图中用小写字母 e，n，w，s 表示。通常定义 e，n，w，s 的几何位置位于交界面的形心点，二维则认为在公共边的中心点。

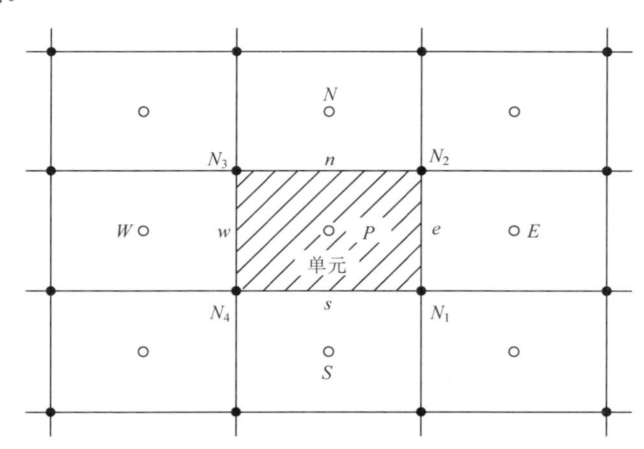

图 2.2.1　单元中心格式有限体积法中典型的矩形网格

有限体积法计算区域的离散网格有两类：结构化网格和非结构化网格。节点排列有序，即当给出了一个节点的编号后，立即可以得出其相邻节点的编号，且所有内部节点周围的网格数目相同，这种网格称为结构化网格。结构化网格具有实现容易、生成速度快、网格质量好、数据结构简单的优点，但不能实现复杂边界区域的离散。

非结构化网格的内部节点以一种不规则的方式布置在流场中，各节点周围的网格数目不尽相同。这种网格虽然生成过程比较复杂，但有极大的适应性，对复杂边界的流场计算问题特别有效。

将有限体积法计算区域的网格划分完成后，必须选定控制体积的形成方式。目前，常用的有两种方法：顶点中心（vertex-centered，VC）方式和单元中心（cell-centered，CC）方式。图 2.2.2 为二维结构化网格两种控制体积选择方式示意图，图 2.2.3 为二维非结构化网格两种控制体积选择方式示意图。其中，阴影部分表示单元的控制体积。

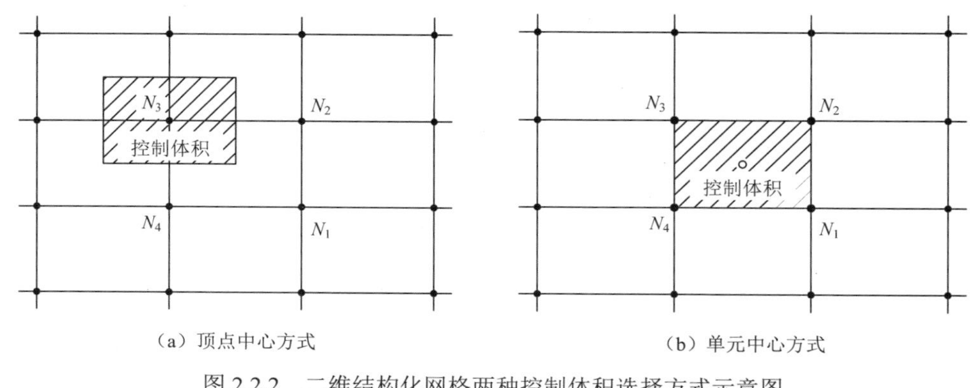

图 2.2.2　二维结构化网格两种控制体积选择方式示意图

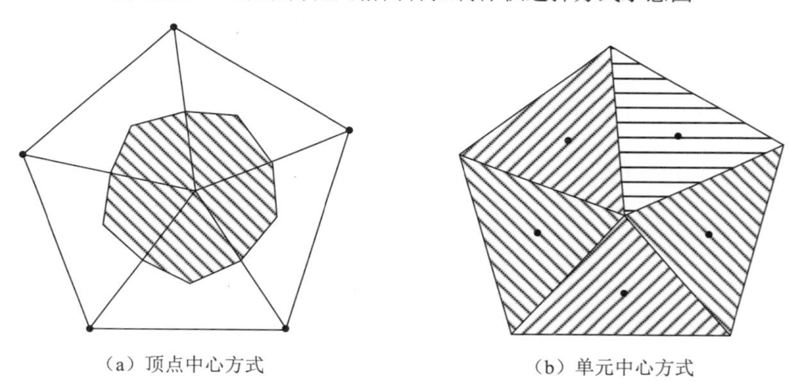

图 2.2.3　二维非结构化网格两种控制体积选择方式示意图

（1）顶点中心方式

顶点中心方式以网格节点为中心，其控制体有多种定义，最常用的是以某个顶点为中心，由交会于该顶点的各网格形心及交会于该顶点的各边中点通过直线连接成一个控制体。控制体是一个多边形，如果某个顶点周围有 n 个网格，则控制体的边数为 $2n$。顶点中心方式的 FVM 节点联系密切，即使网格不均匀，光滑解仍可达空间二阶精度，其计算稳定性也比单元中心方式要好。但顶点中心方式的 FVM 算法复杂，计算量大，在二维浅水计算中，底坡项的处理尤为困难。

（2）单元中心方式

单元中心方式将单一的网格单元作为控制体积，网格单元互不重叠，即单元中心方式以网格的形心为中心，物理变量在中心点上的值具有网格平均的含义。当求解的变量数目相同时，单元中心方式的变量布置简单直观，易于处理边界条件和保持离散的守恒性，而且需要的网格数要比单元顶点方式少得多，可节省计算时间。因此单元中心方式目前应用较广。但单元中心方式的 FVM 格式常为一阶，只有在网格均匀规则或适当处理情况下才能建立二阶格式，而且数值解容易产生振荡。

2.2.2 Riemann 问题

考虑在 $x=0$ 的左、右两侧有不同常数态初值条件的一维对流问题的守恒型方程：

$$\frac{\partial u}{\partial t}+\frac{\partial f(u)}{\partial x}=0 \tag{2.2.2.1}$$

$$u(x,0)=\begin{cases}u_{\mathrm{L}}, & x\leqslant 0\\ u_{\mathrm{R}}, & x>0\end{cases} \tag{2.2.2.2}$$

对于这种左、右不同常数态的守恒律初值问题称为 Riemann（黎曼）问题，这显然是一种间断分解问题。若该间断线的斜率或激波的传播速度为 s，则有

$$s(u_{\mathrm{R}},u_{\mathrm{L}})=f(u_{\mathrm{R}})-f(u_{\mathrm{L}}) \tag{2.2.2.3}$$

对这种 Riemann 间断分解问题，Riemann 构造出它的四类解，它们分别由前、后向稀疏波和前、后向激波组合而成，并利用相平面分析方法给出此四类解的判别条件。如图 2.2.4 所示，首先判断间断分解的结构，如果是激波结构，则可先找到激波位置及发展方向，而后确定左、右状态。如果是稀疏波结构，则在稀疏波内先采用相似的解形式给出解析解，而后确定左、右状态。在通常情况下，左、右状态的确定可简单地以 u_{L}，u_{R} 给出，或以某种平均形式给出（刘儒勋和王志峰，2003）。

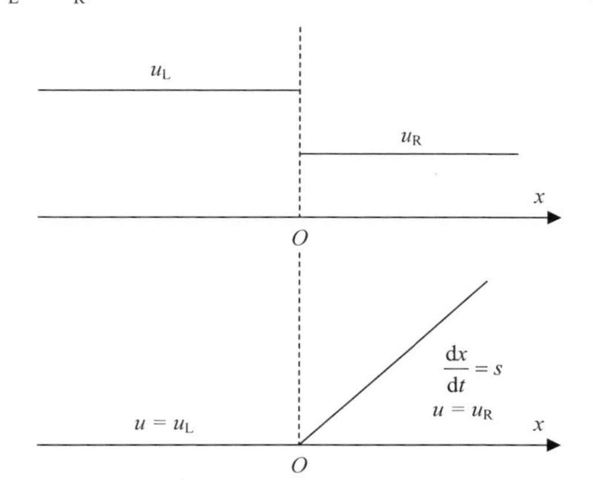

图 2.2.4　Riemann 问题

目前已有多种有效的 Riemann 问题解法，其中最直接的解法是 Roe 的参向量

解算子法（Roe，1981；刘儒勋和舒其望，2003）。该方法的基本思想是通过某种适当的线性化方法，将通量函数 $f(u)$的 Jacobian（雅可比）矩阵线性化或局部的近似常数化。即将如下问题：

$$\frac{\partial u}{\partial t}+a(u)\frac{\partial u}{\partial x}=0 \tag{2.2.2.4}$$

简化为

$$\frac{\partial u}{\partial t}+\tilde{a}(u_{\mathrm{L}},u_{\mathrm{R}})\frac{\partial u}{\partial x}=0 \tag{2.2.2.5}$$

从而构成了近似线性方程的 Riemann 问题。式（2.2.2.5）中，$\tilde{a}(u_{\mathrm{L}},u_{\mathrm{R}})$ 显然应该是与左、右局部常数态相关连的。确定这种线性化的 Jacobian 矩阵（单一变量问题是特例）首先需要规定几项原则，以避免违背问题的实际背景和意义。Roe 提出了如下的三个条件：①实值的常线性；②通量的相容性；③间断条件的相容性。为此，Riemann 问题的式（2.2.2.1）和式（2.2.2.2），可以写成如下表达式：

$$\frac{\partial u}{\partial t}+a(u)\frac{\partial u}{\partial x}=0,\ \ a(u)=\frac{\partial f(u)}{\partial u} \tag{2.2.2.6}$$

$$u(x,0)=\begin{cases}u_{\mathrm{L}}, & x\leqslant 0\\ u_{\mathrm{R}}, & x>0\end{cases}$$

对式（2.2.2.6）的 Riemann 问题可简化为求解其线性化的近似方程式（2.2.2.5），其中 $\tilde{a}(u_{\mathrm{L}},u_{\mathrm{R}})$ 应满足：

1）$\tilde{a}(u_{\mathrm{L}},u_{\mathrm{R}})=a(u)$，当 $u_{\mathrm{L}}=u_{\mathrm{R}}=u$ 时；

2）$f(u_{\mathrm{R}})-f(u_{\mathrm{L}})=\tilde{a}(u_{\mathrm{L}},u_{\mathrm{R}})u_{\mathrm{R}}-\tilde{a}(u_{\mathrm{L}},u_{\mathrm{R}})u_{\mathrm{L}}$。

同样对如下的一维对流问题的守恒型方程组，在 $x=0$ 的左、右两侧也有不同的常数态初值条件：

$$\frac{\partial \boldsymbol{U}}{\partial t}+\frac{\partial \boldsymbol{F}(\boldsymbol{U})}{\partial x}=\boldsymbol{0} \tag{2.2.2.7}$$

$$\boldsymbol{U}(x,0)=\begin{cases}U_{\mathrm{L}}, & x\leqslant 0\\ U_{\mathrm{R}}, & x>0\end{cases}$$

如果能找到一个矩阵 $\tilde{\boldsymbol{A}}=\tilde{\boldsymbol{A}}(\boldsymbol{U}_{\mathrm{L}},\boldsymbol{U}_{\mathrm{R}})$，其中 $\boldsymbol{U}_{\mathrm{L}}$ 和 $\boldsymbol{U}_{\mathrm{R}}$ 为任意的变量，使关系式

$$\boldsymbol{F}_{\mathrm{R}}-\boldsymbol{F}_{\mathrm{L}}=\tilde{\boldsymbol{A}}(\boldsymbol{U}_{\mathrm{R}}-\boldsymbol{U}_{\mathrm{L}}) \tag{2.2.2.8}$$

成立，即可构成近似线性方程组的 Riemann 问题。Roe 分析出矩阵 $\tilde{\boldsymbol{A}}$ 应该具有如下几条性质（称为 U 性质）：

1）$\tilde{\boldsymbol{A}}$ 有实的特征值 $\tilde{\lambda}_1,\tilde{\lambda}_2,\cdots,\tilde{\lambda}_m$ 和完备的线性无关的特征向量组；

2）$\tilde{\boldsymbol{A}}(\boldsymbol{U}_{\mathrm{L}},\boldsymbol{U}_{\mathrm{R}})=\boldsymbol{A}(\boldsymbol{U})$，当 $\boldsymbol{U}_{\mathrm{L}}=\boldsymbol{U}_{\mathrm{R}}=\boldsymbol{U}$ 时；

3）$\boldsymbol{F}_{\mathrm{R}}-\boldsymbol{F}_{\mathrm{L}}=\tilde{\boldsymbol{A}}(\boldsymbol{U}_{\mathrm{R}}-\boldsymbol{U}_{\mathrm{L}})$。

式中，$\boldsymbol{A}(\boldsymbol{U})=\dfrac{\partial \boldsymbol{F}(\boldsymbol{U})}{\partial \boldsymbol{U}}$ 为通量函数 $\boldsymbol{F}$ 的 Jacobian 矩阵。上述 U 性质中的第一条性

质是为了保证问题的双曲性不变；第二条性质属于一种相容性要求，即如果空间分布为常数，线性方程组完全等价于 $\Delta \boldsymbol{F}_{\mathrm{e}} = \tilde{\boldsymbol{A}} \Delta \boldsymbol{U}_{\mathrm{e}}$；第三条性质针对的是满足 Rankine- Hugoniot（兰金–于戈尼奥）条件的间断解。

2.2.3 有限体积法离散的基本思想

有限体积法是基于守恒型的控制方程，其离散方程是通过将守恒型的控制方程对控制体积积分来建立的，是积分形式的格式。

考虑如下常系数的一维对流方程

$$\frac{\partial u}{\partial t} + a\frac{\partial u}{\partial x} = 0，a \text{ 为常数} \tag{2.2.3.1}$$

将式（2.2.3.1）写成如下的守恒型对流方程：

$$\frac{\partial u}{\partial t} + \frac{\partial f(u)}{\partial x} = 0，\quad f(u) = au \tag{2.2.3.2}$$

式中，$f(u)$为流通量。

为推导离散化的方程，首先需对计算区域进行网格划分，然后在各个单元上进行积分平均。假设对一维计算域划分得到一个网格系统，该网格系统中某单元邻接关系如图 2.2.5 所示。重点考查单元 P，单元 E（右邻单元）和单元 W（左邻单元）分别为它的两个相邻单元。图中虚线为单元界面，用小写字母 e，w 表示，由界面 e，w 包围形成的阴影部分即为单元 P 的控制体积。

控制体积实际是三维体的概念，在考虑一维控制体积时，实际上是把 y，z 两个坐标方向假设成单位厚度，这样在一维问题中可直观地理解为线的概念。

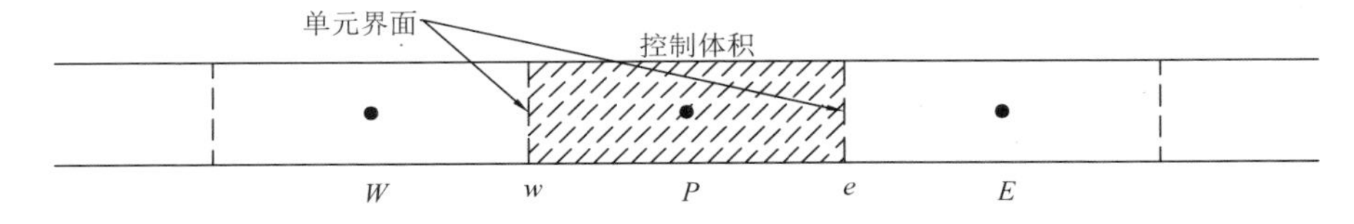

图 2.2.5 一维单元邻接关系示意图

如果在单元 P 所在的控制体积上对控制方程（2.2.3.2）做积分，积分时间间隔从 t_n 到 $t_n + \Delta t$，则可以得到

$$\int_{t_n}^{t_n+\Delta t}\int_w^e \frac{\partial u}{\partial t}\mathrm{d}t\mathrm{d}x + \int_{t_n}^{t_n+\Delta t}\int_w^e \frac{\partial f(u)}{\partial x}\mathrm{d}x\mathrm{d}t = 0 \tag{2.2.3.3}$$

式中左边项的积分顺序按照各项的特性选择。在离散时间导数项时，假设用单元 P 的平均值代表整个控制体积的值，即

$$u_P = \frac{1}{\Delta V}\int_V u\mathrm{d}V$$

相应于该一维问题，有 $u_P = \frac{1}{\Delta x}\int_w^e u\mathrm{d}x$，故式（2.2.3.3）中时间导数项的积分

可以表示成

$$\int_{t_n}^{t_n+\Delta t}\int_{w}^{e}\frac{\partial u}{\partial t}\mathrm{d}t\mathrm{d}x=\int_{t_n}^{t_n+\Delta t}\frac{\partial}{\partial t}\left(\int_{w}^{e}u\mathrm{d}x\right)\mathrm{d}t=\Delta x\int_{t_n}^{t_n+\Delta t}\frac{\partial}{\partial t}u_P\mathrm{d}t=\left(u_P^{n+1}-u_P^n\right)\Delta x \quad (2.2.3.4)$$

在对流项积分时，需要假定通量或者因变量从 t_n 过渡到 $t_n+\Delta t$ 时间段内的变化关系，这里可写出一般的时间加权平均的通用表达式：

$$\int_{t_n}^{t_n+\Delta t}\phi\mathrm{d}t=\left[(1-\theta)\phi^n+\theta\phi^{n+1}\right]\Delta t \quad (2.2.3.5)$$

式中，加权系数 $0\leqslant\theta\leqslant1$。利用式（2.2.3.5）的时间加权平均公式，对流项积分的离散形式可以写成

$$\int_{t_n}^{t_n+\Delta t}\int_{w}^{e}\frac{\partial f(u)}{\partial x}\mathrm{d}x\mathrm{d}t=\left[f_e^*(u)-f_w^*(u)\right]\Delta t \quad (2.2.3.6)$$

$$f_e^*(u)=(1-\theta)f_e^n+\theta f_e^{n+1} \quad (2.2.3.7)$$

$$f_w^*(u)=(1-\theta)f_w^n+\theta f_w^{n+1} \quad (2.2.3.8)$$

式中，$f_e^*(u)$，$f_w^*(u)$ 为数值通量。

将时间导数项积分的离散形式[式（2.2.3.4）]与对流项积分的离散形式[式（2.2.3.6）]代入式（2.2.3.3），整理后可得如下的有限体积法离散格式：

$$u_P^{n+1}=u_P^n-\frac{\Delta t}{\Delta x}\left(f_e^*-f_w^*\right) \quad (2.2.3.9)$$

由数值通量 $f_e^*(u)$，$f_w^*(u)$ 的表达式可知，对于式（2.2.3.9），当加权系数 $\theta=0$ 时，为显格式；当 $0<\theta\leqslant1$ 时，为加权隐格式，其中，$\theta=1/2$ 时，为 Crank-Nicolson 格式，$\theta=1$ 时为全隐格式。

在有限体积法中，目前估算界面处数值通量 $f_e^*(u)$ 和 $f_w^*(u)$ 的方法主要有两种。一种是传统的思想，即先假设变量的分布曲线，再插值求得界面的变量值，并把该值代入通量表达式求得数值通量。另外一种是基于间断的思想，认为函数值在所有单元界面处都是间断的，即在每个单元界面处都是一个 Riemann 问题，然后求解该 Riemann 问题得到单元界面的数值通量。

1. 传统方法（界面状态变量分布法）

用传统方法推导离散方程时，必须先确定界面状态变量值与单元变量值之间的关系，即界面状态变量的分布。阶梯型（常数）（stepwise or piecewise constant）分布和分段线性（piecewise-linear）分布是较为简单的两种分布，如图 2.2.6 所示。

（1）阶梯型分布

对阶梯型分布近似参照图 2.2.6（a）的阶梯型分布曲线，单元界面 e 处的左（内）、右（外）侧状态变量可以定义如下：

$$u_{e,\mathrm{L}}=u_P，\quad u_{e,\mathrm{R}}=u_E \quad (2.2.3.10)$$

式中，下标 L 与 R 分别代表单元界面的左（内）侧和右（外）侧。

单元界面 w 处的左（外）、右（内）侧状态变量可以定义如下：

$$u_{w,\mathrm{L}} = u_W, \quad u_{w,\mathrm{R}} = u_P \tag{2.2.3.11}$$

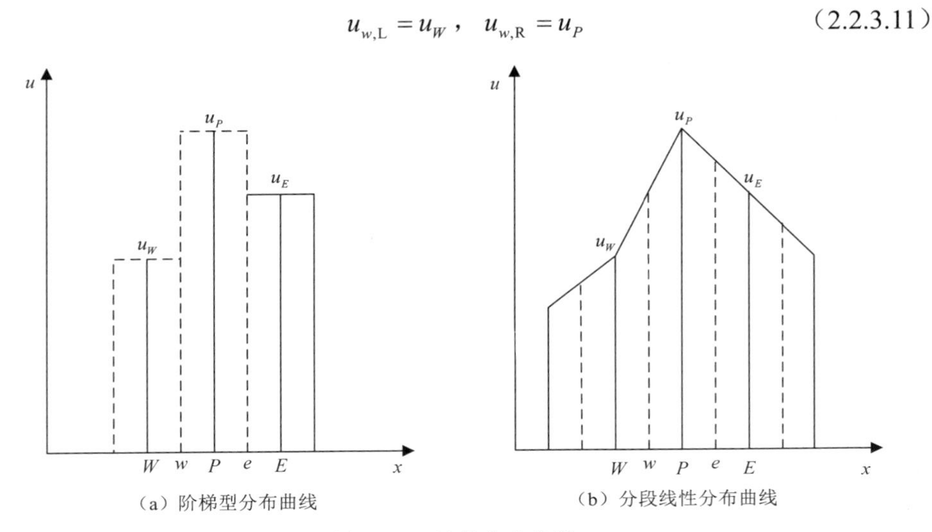

（a）阶梯型分布曲线　（b）分段线性分布曲线

图 2.2.6　简单分布曲线

对一维守恒型对流方程的离散方程（2.2.3.9），取$\theta=0$，有 $f_e^* = f_e^n$，$f_w^* = f_w^n$，则有显式格式：

$$u_P^{n+1} = u_P^n - \frac{\Delta t}{\Delta x}(f_e^n - f_w^n) \tag{2.2.3.12}$$

由 $f(u) = au$，得 $f_e^n - f_w^n = au_e^n - au_w^n$，所以式（2.2.3.12）可表示为

$$u_P^{n+1} = u_P^n - \frac{\Delta t}{\Delta x}(au_e^n - au_w^n) \tag{2.2.3.13}$$

由有限差分法的稳定性分析可知，如果 $a>0$，稳定性要求对空间导数项采用向后差分格式（取 $a_e^n = a_{e,L}^n$，$a_w^n = a_{w,L}^n$）；如果 $a<0$，稳定性要求对空间导数项采用向前差分格式（取 $a_e^n = a_{e,R}^n$，$a_w^n = a_{w,R}^n$）。

由式（2.2.3.10）与式（2.2.3.11），可得出

$$u_P^{n+1} = u_P^n - \frac{\Delta t}{\Delta x}(au_P^n - au_W^n), \quad a>0 \tag{2.2.3.14}$$

$$u_P^{n+1} = u_P^n - \frac{\Delta t}{\Delta x}(au_E^n - au_P^n), \quad a<0 \tag{2.2.3.15}$$

式（2.2.3.14）和式（2.2.3.15）的形式与有限差分格式是相同的，但两种方法在推导过程中变量的定义是不同的。有限体积法的推导过程中变量的定义是单元的平均值，有限差分法的推导过程中变量的定义是单元节点处的值。

另外，对一维守恒型对流方程的离散方程式（2.2.3.9），若取$\theta=1$，$f_e^* = f_e^{n+1}$，$f_w^* = f_w^{n+1}$，则有全隐格式：

$$u_P^{n+1} = u_P^n - \frac{\Delta t}{\Delta x}(f_e^{n+1} - f_w^{n+1}) \tag{2.2.3.16}$$

同样由 $f(u) = au$，得 $f_e^{n+1} - f_w^{n+1} = au_e^{n+1} - au_w^{n+1}$，所以式（2.2.3.16）可表示为

$$u_P^{n+1} = u_P^n - \frac{\Delta t}{\Delta x}(au_e^{n+1} - au_w^{n+1}) \tag{2.2.3.17}$$

由式（2.2.3.17）可以看出，新时刻 P 点的未知因变量值 u_P^{n+1} 和相邻单元新时刻的未知量值 u_W^{n+1} 和 u_E^{n+1} 有关。代入界面状态变量值的表达式，可将离散方程式（2.2.3.17）归纳成以单元变量值作为未知量的代数方程形式：

$$\alpha_P u_P^{n+1} = \alpha_E u_E^{n+1} + \alpha_W u_W^{n+1} + b \tag{2.2.3.18}$$

对每个单元积分可得到相应的离散形式的代数方程，最终可以得到代数方程组。对最靠近边界处的单元，因只留下半个单元，这时格式的离散应与边界条件相结合。联立求解代数方程组，可得到新时刻的微分方程数值解。

（2）分段线性分布

对分段线性分布近似，参照图 2.2.6（b）的分段线性分布曲线，单元界面 e，w 处的左、右侧状态可写成

$$u_{e,\mathrm{L}} = u_P + \frac{1}{2}(u_E - u_P), \quad u_{e,\mathrm{R}} = u_E - \frac{1}{2}(u_E - u_P) \tag{2.2.3.19}$$

$$u_{w,\mathrm{L}} = u_P - \frac{1}{2}(u_P - u_W), \quad u_{w,\mathrm{R}} = u_W + \frac{1}{2}(u_P - u_W) \tag{2.2.3.20}$$

对单元界面 e，w 处的变量值取其左、右侧状态的平均值，可以得到如下的界面取值公式：

$$u_e = \frac{1}{2}(u_{e,\mathrm{L}} + u_{e,\mathrm{R}}) = \frac{1}{2}(u_P + u_E) \tag{2.2.3.21}$$

$$u_w = \frac{1}{2}(u_{w,\mathrm{L}} + u_{w,\mathrm{R}}) = \frac{1}{2}(u_P + u_W) \tag{2.2.3.22}$$

取显式格式，将式（2.2.3.21）与式（2.2.3.22）代入式（2.2.3.13），得

$$u_P^{n+1} = u_P^n - \frac{\Delta t}{2\Delta x}(au_E^n - au_W^n) \tag{2.2.3.23}$$

在有限体积法离散时，可根据数值模拟的需要，采用不同的分布曲线来近似不同单元界面上的状态变量，不必追求近似假设的一致性。分布曲线近似关系到算法的精度，有限体积法中每一种不同的状态变量分布近似，体现了不同的离散格式的几何构造方法（Versteeg and Malalasekera，2007）。例如，对流问题中，一阶迎风格式为阶梯型分布，中心格式采用分段线性分布，更为高阶的格式则需要更多的单元加入，形成复杂的状态变量分布近似关系。

2. 解 Riemann 问题法

用解 Riemann 问题推导离散方程时，是把单元界面两侧状态按间断思想来处理，使有限体积法的适用性和有效性大为增强。仍以一维无源项守恒型对流方程的离散格式（2.2.3.9）为例：

$$u_P^{n+1} = u_P^n - \frac{\Delta t}{\Delta x}(f_e^* - f_w^*)$$

对有限体积法而言，数值流通量的构造依赖于单元界面两侧的值，其一般形式为 $f_e^* = f^*(u_{e,\mathrm{L}}, u_{e,\mathrm{R}})$ 与 $f_w^* = f^*(u_{w,\mathrm{L}}, u_{w,\mathrm{R}})$。

在 2.2.2 节 Riemann 问题解法的介绍中，得知 $\tilde{a}(u_\mathrm{L}, u_\mathrm{R})$ [$a(u) = \partial f(u)/\partial u$]满足 Roe 提出的条件，将其中第 2 个条件 $f_e^* - f_w^* = a_e u_e - a_w u_w$ 代入式（2.2.3.9），得到离散方程为

$$u_P^{n+1} = u_P^n - \frac{\Delta t}{\Delta x}(a_e u_e - a_w u_w) \tag{2.2.3.24}$$

由 $a(u) = \dfrac{\partial f(u)}{\partial u} = \dfrac{\partial (au)}{\partial u} = a$ ，得 $\tilde{a} = a$ ，所以式（2.2.3.24）可写为

$$u_P^{n+1} = u_P^n - \frac{\Delta t}{\Delta x}(a u_e - a u_w) \tag{2.2.3.25}$$

对式（2.2.3.25）的求解，需根据控制体节点上物理量的平均值，重构单元界面 e 处两侧的物理量 $u_{e,\mathrm{L}}, u_{e,\mathrm{R}}$ 和单元界面 w 处两侧的物理量 $u_{w,\mathrm{L}}, u_{w,\mathrm{R}}$。其中，下标 L 与 R 分别代表单元界面的左侧和右侧。

根据有限差分法中的迎风格式物理机制，可以给出如下的界面取值公式。对单元界面 e，有

$$u_e = \begin{cases} u_{e,\mathrm{L}} = u_P, & a_e > 0 \\ u_{e,\mathrm{R}} = u_E, & a_e < 0 \end{cases} \tag{2.2.3.26}$$

同样对单元界面 w 的状态变量，有

$$u_w = \begin{cases} u_{w,\mathrm{L}} = u_W, & a_w > 0 \\ u_{w,\mathrm{R}} = u_P, & a_w < 0 \end{cases} \tag{2.2.3.27}$$

将式（2.2.3.26）与式（2.2.3.27）代入式（2.2.3.25）中，取显式格式有

$$u_P^{n+1} = u_P^n - \frac{\Delta t}{\Delta x}(a u_P^n - a u_W^n), \quad a > 0 \tag{2.2.3.28}$$

$$u_P^{n+1} = u_P^n - \frac{\Delta t}{\Delta x}(a u_E^n - a u_P^n), \quad a < 0 \tag{2.2.3.29}$$

若不考虑对流过程的物理机制，可采用单元界面两侧物理量的算术平均，其单元界面 e，w 的物理量表达式可以写成

$$u_e = \frac{1}{2}(u_{e,\mathrm{L}} + u_{e,\mathrm{R}}) = \frac{1}{2}(u_P + u_E) \tag{2.2.3.30}$$

$$u_w = \frac{1}{2}(u_{w,\mathrm{L}} + u_{w,\mathrm{R}}) = \frac{1}{2}(u_P + u_W) \tag{2.2.3.31}$$

将式（2.2.3.30）与式（2.2.3.31）代入式（2.2.3.25）中，取显式格式有

$$u_P^{n+1} = u_P^n - \frac{\Delta t}{2\Delta x}(a u_E^n - a u_W^n) \tag{2.2.3.32}$$

有限体积法一阶迎风格式与中心格式的特点和有限差分法一致。有限体积法一阶迎风格式稳定性好，但是数值耗散大，其离散思想中蕴含的物理本质，即波动传播的信息来自上游方向，是构造高分辨率格式的基础。有限体积法中心格式具有二阶精度，但是不能反映对流传输机制，且对于非线性问题，常会出现非线性不稳定的情况，需要添加人工黏性。

2.2.4　一维对流扩散方程的离散格式

1. 二阶迎风格式

考虑如下守恒型的一维对流扩散方程：

$$\frac{\partial u}{\partial t}+\frac{\partial}{\partial x}(au)=\frac{\partial}{\partial x}\left(\nu\frac{\partial u}{\partial x}\right) \tag{2.2.4.1}$$

对二阶迎风分布近似，参照图 2.2.7 的单元邻接关系示意图，单元界面 e，w 处的界面状态变量分布为

$$\begin{cases}u_e=1.5u_P-0.5u_W\\u_w=1.5u_W-0.5u_{WW}\end{cases},\quad a_w>0,\ a_e>0 \tag{2.2.4.2}$$

$$\begin{cases}u_e=1.5u_E-0.5u_{EE}\\u_w=1.5u_P-0.5u_E\end{cases},\quad a_w<0,\ a_e<0 \tag{2.2.4.3}$$

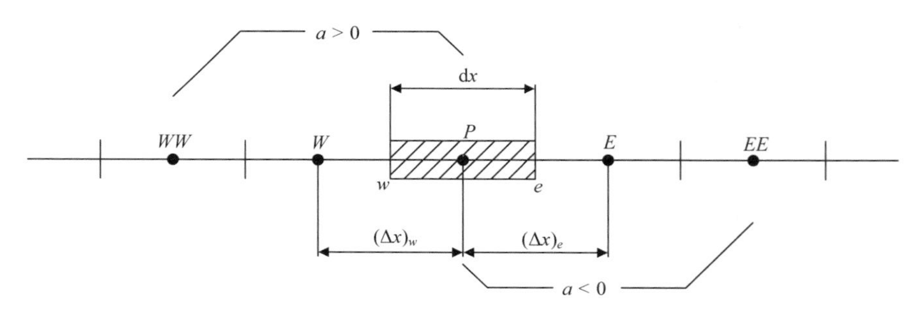

图 2.2.7　二阶迎风格式单元邻接关系示意图

由控制元积分式（2.2.4.1），得

$$\Delta x(u_P^{n+1}-u_P^n)+\Delta t\left[(au)_e^*-(au)_w^*\right]=\int_{t_n}^{t_n+\Delta t}\left[\left(\nu\frac{\partial u}{\partial x}\right)_e-\left(\nu\frac{\partial u}{\partial x}\right)_w\right]\mathrm{d}t \tag{2.2.4.4}$$

（1）无时间依赖的情况

考虑无时间依赖的情况，由式（2.2.4.4），有

$$\left(a_e u_e-a_w u_w\right)=\nu_e\left(\frac{u_E-u_P}{\Delta x}\right)-\nu_w\left(\frac{u_P-u_W}{\Delta x}\right) \tag{2.2.4.5}$$

当流动沿着正方向，即 $a_w>0, a_e>0$ 时，式（2.2.4.5）可表示为

$$a_e(1.5u_P-0.5u_W)-a_w(1.5u_W-0.5u_{WW})=\frac{\nu_e}{\Delta x}(u_E-u_P)-\frac{\nu_w}{\Delta x}(u_P-u_W) \tag{2.2.4.6}$$

整理后，得

$$\left[\frac{\nu_e}{(\Delta x)_e}+\frac{3}{2}a_e+\frac{\nu_w}{(\Delta x)_w}\right]u_P=\left[\frac{\nu_w}{(\Delta x)_w}+\frac{3}{2}a_w+\frac{1}{2}a_e\right]u_W+\frac{\nu_e}{(\Delta x)_e}u_E-\frac{1}{2}a_wu_{WW} \tag{2.2.4.7}$$

从而可得到在 $a_w>0$，$a_e>0$ 的情形下，无时间依赖问题二阶迎风格式的通用离散形式为

$$a_Pu_P=a_Wu_W+a_{WW}u_{WW}+a_Eu_E+a_{EE}u_{EE} \tag{2.2.4.8}$$

令 $\alpha=1\ (a_w>0,\ a_e>0)$，则式（2.2.4.8）中的各系数为

$$a_P=a_E+a_W+a_{EE}+a_{WW}+(a_e-a_w)$$

$$a_W=\frac{\nu_w}{(\Delta x)_w}+\frac{3}{2}a_w+\frac{1}{2}a_e=\frac{\nu_w}{(\Delta x)_w}+\frac{3}{2}\alpha a_w+\frac{1}{2}\alpha a_e$$

$$a_E=\frac{\nu_e}{(\Delta x)_e}=\frac{\nu_e}{(\Delta x)_e}-\frac{3}{2}(1-\alpha)a_e-\frac{1}{2}(1-\alpha)a_w$$

$$a_{WW}=-\frac{1}{2}a_w=-\frac{1}{2}\alpha a_w$$

$$a_{EE}=0=\frac{1}{2}(1-\alpha)a_e$$

当流动沿着负方向，即 $a_w<0$，$a_e<0$ 时，式（2.2.4.5）可表示为

$$a_e(1.5u_E-0.5u_{EE})-a_w(1.5u_P-0.5u_E)=\frac{\nu_e}{\Delta x}(u_E-u_P)-\frac{\nu_w}{\Delta x}(u_P-u_W) \tag{2.2.4.9}$$

整理后，得

$$\left[\frac{\nu_e}{(\Delta x)_e}-\frac{3}{2}a_e+\frac{\nu_w}{(\Delta x)_w}\right]u_P$$

$$=\frac{\nu_w}{(\Delta x)_w}u_W+\left[\frac{\nu_e}{(\Delta x)_e}-\frac{3}{2}a_e-\frac{1}{2}a_w\right]u_E+\frac{1}{2}a_eu_{EE} \tag{2.2.4.10}$$

从而可得到与流动沿着正方向情形相同的通用离散格式（2.2.4.8）。令 $\alpha=0$ $(a_w<0,\ a_e<0)$，则式（2.2.4.8）中的各系数为

$$a_P=a_E+a_W+a_{EE}+a_{WW}+(a_e-a_w)$$

$$a_W=\frac{\nu_w}{(\Delta x)_w}=\frac{\nu_w}{(\Delta x)_w}+\frac{3}{2}\alpha a_w+\frac{1}{2}\alpha a_e$$

$$a_E=\frac{\nu_e}{(\Delta x)_e}-\frac{3}{2}a_e-\frac{1}{2}a_w=\frac{\nu_e}{(\Delta x)_e}-\frac{3}{2}(1-\alpha)a_e-\frac{1}{2}(1-\alpha)a_w$$

$$a_{WW}=0=-\frac{1}{2}\alpha a_w$$

$$a_{EE}=\frac{1}{2}a_e=\frac{1}{2}(1-\alpha)a_e$$

沿着正方向流动与沿着负方向流动的表达式，可统一表示为如下的无时间依赖问题二阶迎风格式的通用离散形式：

$$a_P u_P = a_W u_W + a_{WW} u_{WW} + a_E u_E + a_{EE} u_{EE} \tag{2.2.4.11}$$

式中，

$$\begin{cases} a_P = a_E + a_W + a_{EE} + a_{WW} + (a_e - a_w) \\ a_W = \dfrac{\nu_w}{(\Delta x)_w} + \dfrac{3}{2}\alpha a_w + \dfrac{1}{2}\alpha a_e \\ a_E = \dfrac{\nu_e}{(\Delta x)_e} - \dfrac{3}{2}(1-\alpha) a_e - \dfrac{1}{2}(1-\alpha) a_w \\ a_{WW} = -\dfrac{1}{2}\alpha a_w \\ a_{EE} = \dfrac{1}{2}(1-\alpha) a_e \end{cases} \tag{2.2.4.12}$$

式（2.2.4.12）中，当 $a_w > 0$，$a_e > 0$ 时，取 $\alpha = 1$；当 $a_w < 0$，$a_e < 0$ 时，取 $\alpha = 0$。

（2）有时间依赖的情况

对于时间依赖问题，取全隐式积分方案，由式（2.2.4.4），有

$$\Delta x(u_P^{n+1} - u_P^n) + \Delta t\left(a_e u_e^{n+1} - a_w u_w^{n+1}\right) = \Delta t\left[\nu_e\left(\frac{u_E^{n+1} - u_P^{n+1}}{\Delta x}\right) - \nu_w\left(\frac{u_P^{n+1} - u_W^{n+1}}{\Delta x}\right)\right]$$

即

$$\frac{\Delta x}{\Delta t}(u_P^{n+1} - u_P^n) + \left(a_e u_e^{n+1} - a_w u_w^{n+1}\right) = \nu_e\left(\frac{u_E^{n+1} - u_P^{n+1}}{\Delta x}\right) - \nu_w\left(\frac{u_P^{n+1} - u_W^{n+1}}{\Delta x}\right) \tag{2.2.4.13}$$

当流动沿着正方向，即 $a_w > 0$，$a_e > 0$ 时，式（2.2.4.13）可表示为

$$\begin{aligned} &\frac{\Delta x}{\Delta t} u_P^{n+1} + \left[\frac{\nu_e}{(\Delta x)_e} + \frac{3}{2} a_e + \frac{\nu_w}{(\Delta x)_w}\right] u_P^{n+1} \\ &= \frac{\Delta x}{\Delta t} u_P^n + \left[\frac{\nu_w}{(\Delta x)_w} + \frac{3}{2} a_w + \frac{1}{2} a_e\right] u_W^{n+1} + \frac{\nu_e}{(\Delta x)_e} u_E^{n+1} - \frac{1}{2} a_w u_{WW}^{n+1} \end{aligned} \tag{2.2.4.14}$$

从而可得到在 $a_w > 0$，$a_e > 0$ 的情形下，时间依赖问题二阶迎风格式的通用离散形式为

$$a_P u_P^{n+1} = a_W u_W^{n+1} + a_{WW} u_{WW}^{n+1} + a_E u_E^{n+1} + a_{EE} u_{EE}^{n+1} + b$$

令 $\alpha = 1$ $(a_w > 0$，$a_e > 0)$，则上式中各系数为

$$a_P = \frac{\Delta x}{\Delta t} + a_E + a_W + a_{EE} + a_{WW} + (a_e - a_w)$$

$$a_W = \frac{\nu_w}{(\Delta x)_w} + \frac{3}{2} a_w + \frac{1}{2} a_e = \frac{\nu_w}{(\Delta x)_w} + \frac{3}{2}\alpha a_w + \frac{1}{2}\alpha a_e$$

$$a_E = \frac{\nu_e}{(\Delta x)_e} = \frac{\nu_e}{(\Delta x)_e} - \frac{3}{2}(1-\alpha) a_e - \frac{1}{2}(1-\alpha) a_w$$

$$a_{WW} = -\frac{1}{2}a_w = -\frac{1}{2}\alpha a_w$$

$$a_{EE} = 0 = \frac{1}{2}(1-\alpha)a_e$$

$$b = \frac{\Delta x}{\Delta t}u_P^n$$

当流动沿着负方向，即 $a_w < 0$，$a_e < 0$ 时，可得到类似的表达式。将沿着正方向的流动与沿着负方向的流动写成统一表达式，有

$$a_P u_P^{n+1} = a_W u_W^{n+1} + a_{WW} u_{WW}^{n+1} + a_E u_E^{n+1} + a_{EE} u_{EE}^{n+1} + b \quad (2.2.4.15)$$

式中，

$$\begin{cases} a_P = \dfrac{\Delta x}{\Delta t} + a_E + a_W + a_{EE} + a_{WW} + (a_e - a_w) \\ a_W = \dfrac{\nu_w}{(\Delta x)_w} + \dfrac{3}{2}\alpha a_w + \dfrac{1}{2}\alpha a_e \\ a_E = \dfrac{\nu_e}{(\Delta x)_e} - \dfrac{3}{2}(1-\alpha)a_e - \dfrac{1}{2}(1-\alpha)a_w \\ a_{WW} = -\dfrac{1}{2}\alpha a_w \\ a_{EE} = \dfrac{1}{2}(1-\alpha)a_e \\ b = \dfrac{\Delta x}{\Delta t}u_P^n \end{cases} \quad (2.2.4.16)$$

式（2.2.4.16）中，当 $a_w > 0$，$a_e > 0$ 时，取 $\alpha = 1$；当 $a_w < 0$，$a_e < 0$ 时，取 $\alpha = 0$。

2. 指数格式

同样对式（2.2.4.1）的守恒型一维对流扩散方程 $\dfrac{\partial u}{\partial t} + \dfrac{\partial}{\partial x}(au) = \dfrac{\partial}{\partial x}\left(\nu\dfrac{\partial u}{\partial x}\right)$，在控制元上积分，得

$$u_P^{n+1} = u_P^n - \frac{\Delta t}{\Delta x}\left[(au)_e^* - (au)_w^*\right] + \frac{1}{\Delta x}\int_{t_n}^{t_n+\Delta t}\left[\left(\nu\frac{\partial u}{\partial x}\right)_e - \left(\nu\frac{\partial u}{\partial x}\right)_w\right]\mathrm{d}t \quad (2.2.4.17)$$

式中，$(au)_e^*$ 与 $(au)_w^*$ 表示时间加权项。如果只考虑一阶迎风设计，即为

$$u_P^{n+1} = u_P^n - \frac{\Delta t}{\Delta x}\left(a_e u_e^n - a_w u_w^n\right) + \frac{\Delta t}{\Delta x}\left[\nu_e\left(\frac{u_E^n - u_P^n}{\Delta x}\right) - \nu_w\left(\frac{u_P^n - u_W^n}{\Delta x}\right)\right] \quad (2.2.4.18)$$

式中，

$$u_e^n = \begin{cases} u_{e,\mathrm{L}}^n = u_P^n, & a_e > 0 \\ u_{e,\mathrm{R}}^n = u_E^n, & a_e < 0 \end{cases}, \quad u_w^n = \begin{cases} u_{w,\mathrm{L}}^n = u_W^n, & a_w > 0 \\ u_{w,\mathrm{R}}^n = u_P^n, & a_w < 0 \end{cases}$$

所谓指数格式是 Patankar 等（Patankar and Spalding，1972；Patankar，1980）提出

的局部逼近。

（1）无时间依赖的情况

考虑无时间依赖的情况：

$$\frac{\mathrm{d}}{\mathrm{d}x}(au)=\frac{\mathrm{d}}{\mathrm{d}x}\left(\nu\frac{\mathrm{d}u}{\mathrm{d}x}\right)$$

若令 $f(u)=au-\nu\frac{\mathrm{d}u}{\mathrm{d}x}$，则有

$$\frac{\mathrm{d}f(u)}{\mathrm{d}x}=\frac{\mathrm{d}}{\mathrm{d}x}\left(au-\nu\frac{\mathrm{d}u}{\mathrm{d}x}\right)=0 \tag{2.2.4.19}$$

由控制元积分，得

$$f_e^*=f_w^* \tag{2.2.4.20}$$

通过局部的指数逼近，即网格交界面的函数值由指数给出。其中

$$f_e^*=a_e\left(u_P+\frac{u_P-u_E}{\mathrm{e}^{(Pe)_e}-1}\right) \tag{2.2.4.21}$$

$$(Pe)_e=\frac{a_e\Delta x}{\nu_e},\ \ \Delta x=\frac{1}{2}(\Delta x_P+\Delta x_E)$$

通常称 Pe 为网格局部 Peclet（贝克来）数。同样，f_w^* 的表达式为

$$f_w^*=a_w\left(u_W+\frac{u_W-u_P}{\mathrm{e}^{(Pe)_w}-1}\right) \tag{2.2.4.22}$$

$$(Pe)_w=\frac{a_w\Delta x}{\nu_w},\ \ \Delta x=\frac{1}{2}(\Delta x_P+\Delta x_W)$$

由式（2.2.4.20），有

$$a_eu_P+a_e\frac{u_P-u_E}{\mathrm{e}^{(Pe)_e}-1}=a_wu_W+a_w\frac{u_W-u_P}{\mathrm{e}^{(Pe)_w}-1}$$

即

$$u_P\left(a_e+\frac{a_e}{\mathrm{e}^{(Pe)_e}-1}\right)-u_E\frac{a_e}{\mathrm{e}^{(Pe)_e}-1}=u_W\left(a_w+\frac{a_w}{\mathrm{e}^{(Pe)_w}-1}\right)-u_P\frac{a_w}{\mathrm{e}^{(Pe)_w}-1}$$

从而可得到无时间依赖问题的近似指数格式的通用离散形式：

$$a_Pu_P=a_Eu_E+a_Wu_W \tag{2.2.4.23}$$

式中，

$$\begin{cases} a_P=a_E+a_W+(a_e-a_w) \\ a_E=\dfrac{a_e}{\mathrm{e}^{(Pe)_e}-1} \\ a_W=\dfrac{a_w\mathrm{e}^{(Pe)_w}}{\mathrm{e}^{(Pe)_w}-1} \end{cases}$$

（2）有时间依赖的情况

对于时间依赖问题式（2.2.4.1），在控制元积分，得

$$\int_{t_n}^{t_n+\Delta t}\left(\frac{\partial}{\partial t}\int_w^e u\mathrm{d}x\right)\mathrm{d}t+\int_{t_n}^{t_n+\Delta t}\int_w^e\frac{\partial}{\partial x}\left(au-\nu\frac{\partial u}{\partial x}\right)\mathrm{d}x\mathrm{d}t=0 \tag{2.2.4.24}$$

所以

$$\left(u_P^{n+1}-u_P^n\right)\frac{\Delta x}{\Delta t}+\left(f_e^*-f_w^*\right)=0 \tag{2.2.4.25}$$

取全隐式积分方案，将式（2.2.4.21）和式（2.2.4.22）的数值通量表达式代入式（2.2.4.25）中，得

$$\begin{aligned}u_P^{n+1}\frac{\Delta x}{\Delta t}&=u_P^n\frac{\Delta x}{\Delta t}-\left(a_e u_P^{n+1}+a_e\frac{u_P^{n+1}-u_E^{n+1}}{\mathrm{e}^{(Pe)_e}-1}-a_w u_W^{n+1}-a_w\frac{u_W^{n+1}-u_P^{n+1}}{\mathrm{e}^{(Pe)_w}-1}\right)\\&=u_P^n\frac{\Delta x}{\Delta t}-\left(a_e+\frac{a_e}{\mathrm{e}^{(Pe)_e}-1}+\frac{a_w}{\mathrm{e}^{(Pe)_w}-1}\right)u_P^{n+1}+\frac{a_e}{\mathrm{e}^{(Pe)_e}-1}u_E^{n+1}+\frac{a_w\mathrm{e}^{(Pe)_w}}{\mathrm{e}^{(Pe)_w}-1}u_W^{n+1}\end{aligned} \tag{2.2.4.26}$$

从而可得出时间依赖问题近似指数格式的通用离散形式：

$$a_P u_P^{n+1}=a_E u_E^{n+1}+a_W u_W^{n+1}+b \tag{2.2.4.27}$$

式中，

$$a_P=\frac{\Delta x}{\Delta t}+a_E+a_W+(a_e-a_w)$$

$$a_E=\frac{a_e}{\mathrm{e}^{(Pe)_e}-1}$$

$$a_W=\frac{a_w\mathrm{e}^{(Pe)_w}}{\mathrm{e}^{(Pe)_w}-1}$$

$$b=\frac{\Delta x}{\Delta t}u_P^n$$

2.2.5　一维双曲型方程组的 Roe 格式

1. 双曲型单方程的 Roe 格式

考虑如下常系数的一维非守恒型对流方程：

$$\frac{\partial u}{\partial t}+a\frac{\partial u}{\partial x}=0\text{，}a\text{ 为常数} \tag{2.2.5.1}$$

由有限差分法的稳定性分析可知，如果 $a>0$，则稳定性要求对空间导数项采用后差格式[式（2.2.5.2）]；如果 $a<0$，则对空间导数项采用前差格式[式（2.2.5.3）]。图 2.2.8 为一维差分网格的示意图。

$$\frac{u_j^{n+1}-u_j^n}{\Delta t}+a\frac{u_j-u_{j-1}}{\Delta x}=0,\ a>0 \tag{2.2.5.2}$$

$$\frac{u_j^{n+1}-u_j^n}{\Delta t}+a\frac{u_{j+1}-u_j}{\Delta x}=0,\ a<0 \tag{2.2.5.3}$$

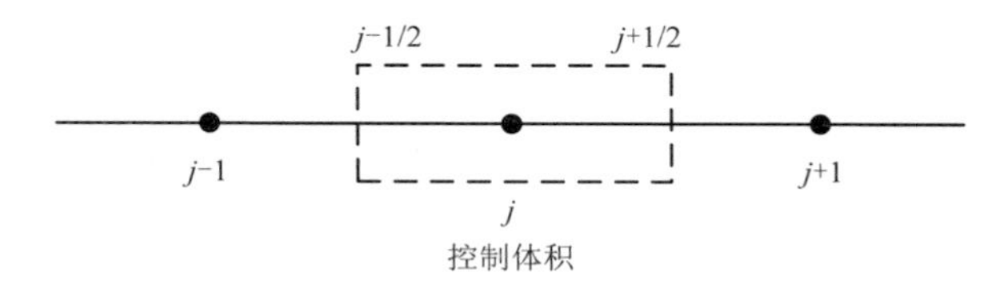

图 2.2.8　一维差分网格示意图

如果 a 是可正可负的值，可将 a 进行分裂，即将 a 分解成“正”和“负”两个部分：

$$a = a^{+} + a^{-} \tag{2.2.5.4}$$

式中，

$$a^{+} = \frac{a+|a|}{2} \geqslant 0, \quad a^{-} = \frac{a-|a|}{2} \leqslant 0 \tag{2.2.5.5}$$

那么对流方程可写为

$$\frac{\partial u}{\partial t} + a^{+}\frac{\partial u}{\partial x} + a^{-}\frac{\partial u}{\partial x} = 0 \tag{2.2.5.6}$$

由式（2.2.5.6）可见，对流项也相应地分裂成两项。根据迎风原则，对 $a^{+}\dfrac{\partial u}{\partial x}$ 与 $a^{-}\dfrac{\partial u}{\partial x}$ 项分别采用向后差分和向前差分来近似，可得到如下的稳定差分格式：

$$\frac{u_j^{n+1} - u_j^n}{\Delta t} + a^{+}\frac{u_j^n - u_{j-1}^n}{\Delta x} + a^{-}\frac{u_{j+1}^n - u_j^n}{\Delta x} = 0 \tag{2.2.5.7}$$

当 $a \geqslant 0$ 时，式（2.2.5.7）与式（2.2.5.2）相当，当 $a \leqslant 0$ 时，式（2.2.5.7）与式（2.2.5.3）相当。将式（2.2.5.5）代入式（2.2.5.7），整理后，得

$$\frac{u_j^{n+1} - u_j^n}{\Delta t} + a\frac{\left(u_{j+1}^n - u_j^n\right) + \left(u_j^n - u_{j-1}^n\right)}{2\Delta x} - |a|\frac{\left(u_{j+1}^n - u_j^n\right) - \left(u_j^n - u_{j-1}^n\right)}{2\Delta x} = 0 \tag{2.2.5.8}$$

对如下的守恒型对流方程：

$$\frac{\partial u}{\partial t} + \frac{\partial f(u)}{\partial x} = 0, \quad f(u) = au \tag{2.2.5.9}$$

直接从守恒型方程出发可得到一阶迎风格式[式（2.2.5.10）和式（2.2.5.11）]，图 2.2.9 为一维控制体积示意图。

$$\frac{u_P^{n+1} - u_P^n}{\Delta t} + \frac{f_P^n - f_W^n}{\Delta x} = 0, \quad a > 0 \tag{2.2.5.10}$$

$$\frac{u_P^{n+1} - u_P^n}{\Delta t} + \frac{f_E^n - f_P^n}{\Delta x} = 0, \quad a < 0 \tag{2.2.5.11}$$

对一维双曲型单方程，因为 $\tilde{a} = a$，所以可直接比照对流方程的迎风格式，写出守恒型方程的如下迎风格式：

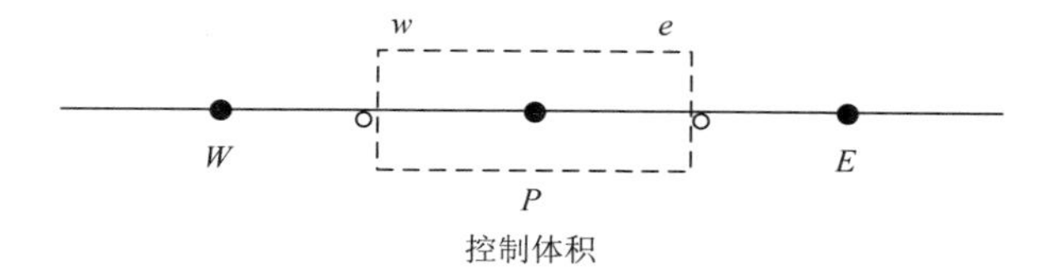

图 2.2.9　一维控制体积示意图

$$\frac{u_P^{n+1}-u_P^n}{\Delta t}+a\frac{\left(u_E^n-u_P^n\right)+\left(u_P^n-u_W^n\right)}{2\Delta x}-|a|\frac{\left(u_E^n-u_P^n\right)-\left(u_P^n-u_W^n\right)}{2\Delta x}=0 \quad (2.2.5.12)$$

式（2.2.5.12）两边同乘Δx，得

$$\frac{u_P^{n+1}-u_P^n}{\Delta t}\cdot\Delta x+\frac{1}{2}\left[a\left(u_E^n-u_P^n\right)+a\left(u_P^n-u_W^n\right)\right]-\frac{1}{2}|a|\left[\left(u_E^n-u_P^n\right)-\left(u_P^n-u_W^n\right)\right]=0 \quad (2.2.5.13)$$

利用等式 $f_{\mathrm{R}}-f_{\mathrm{L}}=\tilde{a}(u_{\mathrm{R}}-u_{\mathrm{L}})$，式（2.2.5.13）可写成如下形式：

$$\frac{u_P^{n+1}-u_P^n}{\Delta t}\cdot\Delta x+\frac{1}{2}\left[\left(f_E^n-f_P^n\right)+\left(f_P^n-f_W^n\right)\right]-\frac{1}{2}|a|\left[\left(u_E^n-u_P^n\right)-\left(u_P^n-u_W^n\right)\right]=0 \quad (2.2.5.14)$$

重新整理式（2.2.5.14）可得到

$$\frac{u_P^{n+1}-u_P^n}{\Delta t}\cdot\Delta x+\frac{1}{2}\left[\left(f_E^n+f_P^n\right)-\left(f_P^n+f_W^n\right)\right]-\frac{1}{2}|a|\left[\left(u_E^n-u_P^n\right)-\left(u_P^n-u_W^n\right)\right]=0$$

即

$$\frac{u_P^{n+1}-u_P^n}{\Delta t}\cdot\Delta x+\left[\frac{1}{2}\left(f_E^n+f_P^n\right)-\frac{1}{2}|a|\left(u_E^n-u_P^n\right)\right]-\left[\frac{1}{2}\left(f_P^n+f_W^n\right)-\frac{1}{2}|a|\left(u_P^n-u_W^n\right)\right]=0 \quad (2.2.5.15)$$

式（2.2.5.15）可表示为

$$\frac{u_P^{n+1}-u_P^n}{\Delta t}\cdot\Delta x+\left(f_e^n-f_w^n\right)=0 \quad (2.2.5.16)$$

式中，

$$f_e^n=\frac{1}{2}\left(f_E^n+f_P^n\right)-\frac{1}{2}|a|\left(u_E^n-u_P^n\right)$$

$$f_w^n=\frac{1}{2}\left(f_P^n+f_W^n\right)-\frac{1}{2}|a|\left(u_P^n-u_W^n\right)$$

基于式（2.2.5.16），可得到一维双曲型单方程的如下 Roe 格式：

$$u_P^{n+1}=u_P^n-\frac{\Delta t}{\Delta x}(f_e^*-f_w^*) \quad (2.2.5.17)$$

$$f^*=f(u_{\mathrm{R}},u_{\mathrm{L}})=\frac{1}{2}(f_{\mathrm{L}}+f_{\mathrm{R}})-\frac{1}{2}\left|\tilde{a}(u_{\mathrm{R}},u_{\mathrm{L}})\right|(u_{\mathrm{R}}-u_{\mathrm{L}}) \quad (2.2.5.18)$$

式中，$\tilde{a}(u_{\mathrm{R}},u_{\mathrm{L}})$ 需满足如下条件：

$$\begin{cases}\tilde{a}(u_{\mathrm{R}},u_{\mathrm{L}})=a(u),u_{\mathrm{R}}=u_{\mathrm{L}}=u\\ f(u_{\mathrm{R}})-f(u_{\mathrm{L}})=\tilde{a}(u_{\mathrm{R}},u_{\mathrm{L}})\cdot u_{\mathrm{R}}-\tilde{a}(u_{\mathrm{R}},u_{\mathrm{L}})\cdot u_{\mathrm{L}}\end{cases} \tag{2.2.5.19}$$

其中，$a(u)=\dfrac{\partial f(u)}{\partial u}$。

2. 双曲型方程组的 Roe 格式

对于双曲型方程组，不同特征分量传播的方向不同。基于从物理分析上考虑传播方向影响更为合理的思想，在 20 世纪 80 年代发展了将通量函数按不同特征方向进行分裂的通量向量分裂（flux vector splitting，FVS）格式，以及对通量函数的差进行分裂的通量差分裂（flux difference splitting，FDS）格式等。一维双曲型方程组的 Roe 格式属于通量差分裂格式。

考虑一维双曲型方程组：

$$\frac{\partial \boldsymbol{U}}{\partial t}+\frac{\partial \boldsymbol{F}(\boldsymbol{U})}{\partial x}=0 \tag{2.2.5.20}$$

式中，$\boldsymbol{U}$ 为守恒型的物理量；$\boldsymbol{F}(\boldsymbol{U})$为物理通量。$\boldsymbol{A}(\boldsymbol{U})=\dfrac{\partial \boldsymbol{F}(\boldsymbol{U})}{\partial \boldsymbol{U}}$ 为通量函数 $\boldsymbol{F}$ 的 Jacobian 矩阵。由于方程组的双曲性，$\boldsymbol{A}(\boldsymbol{U})$的特征值均为实数，且具有线性无关的特征向量完备集。将一维双曲型方程组改写成如下形式：

$$\frac{\partial \boldsymbol{U}}{\partial t}+\boldsymbol{A}(\boldsymbol{U})\frac{\partial \boldsymbol{U}}{\partial x}=0,\ \ \boldsymbol{A}(\boldsymbol{U})=\frac{\partial \boldsymbol{F}(\boldsymbol{U})}{\partial \boldsymbol{U}} \tag{2.2.5.21}$$

引入矩阵 $\boldsymbol{A}(\boldsymbol{U})$的目的是让原来的非线性偏微分方程，对于简单的间断等价于下面的可以直接求解的线性方程：

$$\frac{\partial \boldsymbol{U}}{\partial t}+\tilde{\boldsymbol{A}}\frac{\partial \boldsymbol{U}}{\partial x}=0 \tag{2.2.5.22}$$

在通量差分裂中，主要是寻找矩阵 $\tilde{\boldsymbol{A}}(\boldsymbol{U}_{\mathrm{L}},\boldsymbol{U}_{\mathrm{R}})$，使在交界面处守恒物理量的差 $\Delta\boldsymbol{U}_e=\boldsymbol{U}_{\mathrm{R}}-\boldsymbol{U}_{\mathrm{L}}$ 和通量差 $\Delta\boldsymbol{F}_e=\boldsymbol{F}_{\mathrm{R}}-\boldsymbol{F}_{\mathrm{L}}$ 之间拥有一个满足守恒条件的线性关系式，即

$$\Delta\boldsymbol{F}_e=\tilde{\boldsymbol{A}}\cdot\Delta\boldsymbol{U}_e$$

式中，$\tilde{\boldsymbol{A}}=\tilde{\boldsymbol{A}}(\boldsymbol{U}_{\mathrm{L}},\boldsymbol{U}_{\mathrm{R}})$ 为常数矩阵，称为 Jacobian 矩阵 $\boldsymbol{A}$ 的 Roe 平均矩阵。矩阵 $\tilde{\boldsymbol{A}}=\tilde{\boldsymbol{A}}(\boldsymbol{U}_{\mathrm{L}},\boldsymbol{U}_{\mathrm{R}})$ 具有以下 U 性质：

1）$\tilde{\boldsymbol{A}}$ 有实的特征值和完备的线性无关的特征向量组；矩阵 $\tilde{\boldsymbol{A}}$ 相似于一个对角矩阵$\boldsymbol{\varLambda}$，即存在可逆矩阵 $\boldsymbol{S}$，使

$$\boldsymbol{\varLambda}=\boldsymbol{S}^{-1}\tilde{\boldsymbol{A}}\boldsymbol{S}=\begin{pmatrix}\tilde{\lambda}_1 & & & \\ & \tilde{\lambda}_2 & & \\ & & \ddots & \\ & & & \tilde{\lambda}_m\end{pmatrix}$$

2）$\tilde{A}(U_L, U_R) = A(U)$，当 $U_L = U_R = U$ 时。

3）$F_R - F_L = \tilde{A} \cdot (U_R - U_L)$。

设间断的移动速度为 s，则 Rankine-Hugoniot 条件可以表示为

$$F_R - F_L = s(U_R - U_L) \tag{2.2.5.23}$$

由 $F_R - F_L = \tilde{A} \cdot (U_R - U_L)$，有

$$\tilde{A} \cdot (U_R - U_L) = s(U_R - U_L) \tag{2.2.5.24}$$

因此，原非线性偏微分方程的精确解确实是 $\tilde{A}$ 的特征向量；s 为 $\tilde{A}$ 的特征值，也就是说，原方程的简单间断解与线性方程（2.2.5.22）的解是等价的。

将 $\tilde{A}$ 分裂成正部和负部，有

$$\tilde{A} = \tilde{A}^+ + \tilde{A}^- \tag{2.2.5.25}$$

式中，$\tilde{A}^+ = \frac{1}{2}\left(\tilde{A} + |\tilde{A}|\right)$，$\tilde{A}^- = \frac{1}{2}\left(\tilde{A} - |\tilde{A}|\right)$。

$$\Delta F = \tilde{A} \cdot \Delta U = \tilde{A}^+ \cdot \Delta U + \tilde{A}^- \cdot \Delta U \tag{2.2.5.26}$$

式（2.2.5.26）右边第一项代表向右传播的扰动，只对右边的点发生影响；右边第二项代表向左传播的扰动，只对左边的点发生影响。以此构造的 Roe 格式为

$$U_P^{n+1} = U_P^n - \frac{\Delta t}{\Delta x}\left[(\tilde{A}^+ \cdot \Delta U)_e^n + (\tilde{A}^- \cdot \Delta U)_e^n\right] \tag{2.2.5.27}$$

式中，$\Delta U_e = U_R - U_L$。

因为 $\tilde{A}^+ = \frac{1}{2}\left(\tilde{A} + |\tilde{A}|\right)$，$\tilde{A}^- = \frac{1}{2}\left(\tilde{A} - |\tilde{A}|\right)$，所以式（2.2.5.27）可以直接比照标量方程（对流方程）的迎风格式（2.2.5.12），写出守恒律方程组的迎风格式：

$$\frac{U_P^{n+1} - U_P^n}{\Delta t} + \frac{\tilde{A}_e^n\left(U_E^n - U_P^n\right) + \tilde{A}_w^n\left(U_P^n - U_W^n\right)}{2\Delta x} - \frac{\left|\tilde{A}\right|_e^n\left(U_E^n - U_W^n\right) - \left|\tilde{A}\right|_w^n\left(U_P^n - U_W^n\right)}{2\Delta x} = 0 \tag{2.2.5.28}$$

式中，$\tilde{A}_e^n = \tilde{A}\left(U_P^n, U_E^n\right)$，$\tilde{A}_w^n = \tilde{A}\left(U_W^n, U_P^n\right)$。

利用 U 特性 $\tilde{A}_e(U_E - U_P) = F_E - F_P$，$\tilde{A}_w(U_P - U_W) = F_P - F_W$，重新整理式（2.2.5.28），得到

$$\frac{U_P^{n+1} - U_P^n}{\Delta t} + \frac{1}{2\Delta x}(F_E^n - F_P^n + F_P^n - F_W^n) - \frac{1}{2\Delta x}\left[\left|\tilde{A}\right|_e (U_E^n - U_P^n) - \left|\tilde{A}\right|_w (U_P^n - U_W^n)\right] = 0$$

即

$$\frac{U_P^{n+1} - U_P^n}{\Delta t} + \frac{1}{\Delta x}\left[\frac{1}{2}(F_E^n + F_P^n) - \frac{1}{2}(F_P^n + F_W^n) - \frac{1}{2}\left|\tilde{A}\right|_e (U_E^n - U_P^n) + \frac{1}{2}\left|\tilde{A}\right|_w (U_P^n - U_W^n)\right] = 0 \tag{2.2.5.29}$$

将式（2.2.5.29）表示成如下的守恒形式：

$$\frac{U_P^{n+1} - U_P^n}{\Delta t} + \frac{1}{\Delta x}\left(F_e^* - F_w^*\right) = 0 \tag{2.2.5.30}$$

相应的数值通量为

$$\boldsymbol{F}_e^* = \frac{1}{2}(\boldsymbol{F}_E + \boldsymbol{F}_P) - \frac{1}{2}\left|\tilde{\boldsymbol{A}}\right|_e (\boldsymbol{U}_E - \boldsymbol{U}_P) \tag{2.2.5.31}$$

$$\boldsymbol{F}_w^* = \frac{1}{2}(\boldsymbol{F}_P + \boldsymbol{F}_W) - \frac{1}{2}\left|\tilde{\boldsymbol{A}}\right|_w (\boldsymbol{U}_P - \boldsymbol{U}_W) \tag{2.2.5.32}$$

基于式（2.2.5.30），可得到双曲型方程组的如下 Roe 格式：

$$\boldsymbol{U}_P^{n+1} = \boldsymbol{U}_P^n - \frac{\Delta t}{\Delta x}(\boldsymbol{F}_e^* - \boldsymbol{F}_w^*) \tag{2.2.5.33}$$

$$\boldsymbol{F}^*(\boldsymbol{U}_\mathrm{R}, \boldsymbol{U}_\mathrm{L}) = \frac{1}{2}\left[\boldsymbol{F}(\boldsymbol{U}_\mathrm{R}) + \boldsymbol{F}(\boldsymbol{U}_\mathrm{L})\right] - \frac{1}{2}\left|\tilde{\boldsymbol{A}}(\boldsymbol{U}_\mathrm{R}, \boldsymbol{U}_\mathrm{L})\right| \cdot (\boldsymbol{U}_\mathrm{R} - \boldsymbol{U}_\mathrm{L}) \tag{2.2.5.34}$$

其中，$\tilde{\boldsymbol{A}}(\boldsymbol{U}_\mathrm{R}, \boldsymbol{U}_\mathrm{L})$ 为常数矩阵[Jacobian 矩阵 $\boldsymbol{A}(\boldsymbol{U})$的 Roe 平均矩阵]，需满足如下条件：

1） $\tilde{\boldsymbol{A}}(\boldsymbol{U}_\mathrm{R}, \boldsymbol{U}_\mathrm{L})$ 可通过相似变换对角化，即 $\boldsymbol{\Lambda} = \boldsymbol{S}^{-1}\tilde{\boldsymbol{A}}\boldsymbol{S}$ 。

2） $\tilde{\boldsymbol{A}}(\boldsymbol{U}_\mathrm{R}, \boldsymbol{U}_\mathrm{L}) = \boldsymbol{A}(\boldsymbol{U})$，当 $\boldsymbol{U}_\mathrm{L} = \boldsymbol{U}_\mathrm{R} = \boldsymbol{U}$ 时。

3） $\boldsymbol{F}(\boldsymbol{U}_\mathrm{R}) - \boldsymbol{F}(\boldsymbol{U}_\mathrm{L}) = \tilde{\boldsymbol{A}} \cdot (\boldsymbol{U}_\mathrm{R} - \boldsymbol{U}_\mathrm{L})$ 。

2.2.6　TVD 格式

1. TVD 性

对于双曲守恒律方程 $\frac{\partial u}{\partial t} + \frac{\partial f(u)}{\partial x} = 0$ ，已知其初始值，可以求出该方程初值问题的解 u 及其导数 $\frac{\partial u}{\partial x}$ 。该方程具有一个非常重要的性质：$\left|\frac{\partial u}{\partial x}\right|$ 在整个 x 轴上的积分不随时间演进而增大，该积分量被称为总变差（total variation，TV），Lax 给出了它的定义：

$$\mathrm{TV} = \int\left|\frac{\partial u}{\partial x}\right|\mathrm{d}x \tag{2.2.6.1}$$

对一个物理上有意义的解，TV 不随时间的演进而增加。

在进行数值计算时，TV 可以写成：

$$\mathrm{TV} = \sum_i \left|u_{i+1} - u_i\right| \tag{2.2.6.2}$$

对任意 $n+1$ 时刻，若 TV 均满足以下关系式：

$$\mathrm{TV}(u^{n+1}) \leqslant \mathrm{TV}(u^n) \tag{2.2.6.3}$$

则该数值格式满足总变差减小的特性，称为 TVD（total variation diminishing）格式。 如果数值解能够逼真地描述给定流场的物理特性，该格式就应当满足 TVD 性。TVD 性和守恒性、迎风性都是属于物理特性上的要求。

TVD 性能保证格式是单调的，像激波等具有间断的实际流动问题，在间断附近能够抑制不合理的振荡和保持比较好的锐利形态。许多数值格式求得的数值解会在间断处产生波动，这些波动是由数学处理不当而产生的。根据前面的讨论，我们可以直观地判断那些产生数值波动的数值格式都不具有 TVD 性，因此也不是 TVD 格式。

下面给出准确判断一个离散格式是否是 TVD 格式的一个充分条件。仍以双曲守恒律方程 $\frac{\partial u}{\partial t}+\frac{\partial f(u)}{\partial x}=0$ 为例，利用有限体积法，在控制单元(e, w)上建立显示 Roe 格式的一般形式：

$$u_P^{n+1}=u_P^n-\frac{\Delta t}{\Delta x}(f_e^*-f_w^*) \tag{2.2.6.4}$$

式中，$f_e^*=f^*(u_{e,\mathrm{L}},u_{e,\mathrm{R}})$为格式的数值流通量。要求满足如下的相容性条件：

$$f_e^*(u)=f(u) \tag{2.2.6.5}$$

将式（2.2.6.4）表示为如下的变差形式：

$$u_P^{n+1}=u_P^n-C_w\Delta u_w+D_e\Delta u_e \tag{2.2.6.6}$$

式中，$\Delta u_w=u_P-u_W$，$\Delta u_e=u_E-u_P$。

Harten（1983）证明了计算格式具有 TVD 性的充分条件为

$$\begin{cases}C_w\geqslant 0\\ D_e\geqslant 0\\ 0\leqslant C_w+D_e\leqslant 1\end{cases} \tag{2.2.6.7}$$

对于双曲守恒律方程 $\frac{\partial u}{\partial t}+\frac{\partial f(u)}{\partial x}=0$，为简单起见，假设 $f(u)=au$（$a>0$ 为常数），其一阶迎风格式为

$$u_P^{n+1}=u_P^n-\lambda(u_P^n-u_W^n),\ \lambda=a\frac{\Delta t}{\Delta x} \tag{2.2.6.8}$$

写成如下的 Roe 格式：

$$u_P^{n+1}=u_P^n-\frac{\Delta t}{\Delta x}(f_e^*-f_w^*)$$

$$f_e^n=f(u_\mathrm{R},u_\mathrm{L})=\frac{1}{2}(f_\mathrm{L}^n+f_\mathrm{R}^n)-\frac{1}{2}\left|a_e^n\right|(u_\mathrm{R}^n-u_\mathrm{L}^n)$$

其数值通量为

$$f_e^*=\frac{1}{2}\left[f(u_E^n)+f(u_P^n)\right]-\frac{1}{2}a\left(u_E^n-u_P^n\right) \tag{2.2.6.9}$$

满足相容性条件[即 $f_e^*(u)=f(u)$]。

令 $\Delta u_w=u_P^n-u_W^n$，则式（2.2.6.8）可写成变差形式：

$$u_P^{n+1}=u_P^n-\lambda\cdot\Delta u_w,\ \lambda=a\frac{\Delta t}{\Delta x} \tag{2.2.6.10}$$

所以系数 $C_w=\lambda>0$（$a>0$），$D_e=0$，$0\leqslant C_w+D_e=\lambda\leqslant 1$（在 CFL 条件下，$\lambda=a\dfrac{\Delta t}{\Delta x}\leqslant 1$）。根据 TVD 格式的充分条件，可以得出一阶迎风格式具有 TVD 性，是 TVD 格式。

对于一维双曲守恒律方程的如下 Lax-Wendroff 格式：

$$u_P^{n+1}=u_P^n-\frac{\lambda}{2}(u_E^n-u_W^n)+\frac{\lambda^2}{2}(u_E^n-2u_P^n+u_W^n),\ \lambda=a\frac{\Delta t}{\Delta x} \tag{2.2.6.11}$$

$$\begin{aligned}u_P^{n+1}&=u_P^n-\frac{\Delta t}{\Delta x}\left\{\frac{1}{2}\left[a_e^n(u_E^n+u_P^n)-a_e^n(u_P^n+u_W^n)\right]-\frac{1}{2}\left[\lambda a_e^n(u_E^n-u_P^n)-\lambda a_e^n(u_P^n-u_W^n)\right]\right\}\\&=u_P^n-\frac{\Delta t}{\Delta x}\left\{\frac{1}{2}\left[a_e^n(u_E^n+u_P^n)-\lambda a_e^n(u_E^n-u_P^n)\right]-\frac{1}{2}\left[a_e^n(u_P^n+u_W^n)-\lambda a_e^n(u_P^n-u_W^n)\right]\right\}\end{aligned}$$

写成如下的 Roe 格式：

$$u_P^{n+1}=u_P^n-\frac{\Delta t}{\Delta x}(f_e^*-f_w^*)$$

其数值通量

$$f_e^*=\frac{1}{2}\left[f(u_E^n)+f(u_P^n)\right]-\frac{1}{2}\lambda\,|a|\left(u_E^n-u_P^n\right) \tag{2.2.6.12}$$

满足相容性条件[即 $f_e^*(u)=f(u)$]。由式（2.2.6.11），得

$$\begin{aligned}u_P^{n+1}&=u_P^n-\frac{\lambda}{2}(u_E^n-u_P^n+u_P^n-u_W^n)+\frac{\lambda^2}{2}(u_E^n-u_P^n-u_P^n+u_W^n)\\&=u_P^n-\frac{\lambda}{2}(u_E^n-u_P^n)-\frac{\lambda}{2}(u_P^n-u_W^n)+\frac{\lambda^2}{2}(u_E^n-u_P^n)-\frac{\lambda^2}{2}(u_P^n-u_W^n)\\&=u_P^n-\frac{\lambda}{2}(u_P^n-u_W^n)-\frac{\lambda^2}{2}(u_P^n-u_W^n)-\frac{\lambda}{2}(u_E^n-u_P^n)+\frac{\lambda^2}{2}(u_E^n-u_P^n)\end{aligned} \tag{2.2.6.13}$$

式（2.2.6.13）可写成如下的变差形式：

$$u_P^{n+1}=u_P^n-\frac{1}{2}(\lambda+\lambda^2)\Delta u_w^n+\frac{1}{2}(\lambda^2-\lambda)\Delta u_e^n \tag{2.2.6.14}$$

在 CFL 条件下，$C_w=\dfrac{1}{2}(\lambda+\lambda^2)\geqslant 0$，$D_e=\dfrac{1}{2}(\lambda^2-\lambda)\leqslant 0$，不满足 TVD 条件。这说明 Lax-Wendroff 格式在间断点处会产生虚假的数值波动，因而不具有 TVD 性，即不是 TVD 格式。

2. 高阶 TVD 格式的构造

根据有限体积法离散格式的形式，可把 TVD 格式分成两大类：一类是迎风型 TVD 格式，它由迎风格式加带限制器的修正项构成，而且数值耗散项用迎风加权形式来构造；另一类是对称 TVD 格式，它由中心格式[如 Lax-Wendroff 格式、McCormack（麦科马克）格式]加带限制器的修正项构成，其数值耗散项是中心加权形式。

仍以双曲型守恒律方程 $\dfrac{\partial u}{\partial t}+\dfrac{\partial f(u)}{\partial x}=0$ 为例，我们可以得到具有守恒形式的显格式离散方程（2.2.6.4）。对一阶迎风格式，假设 $f(u)=au$（$a>0$ 为常数），其数值通量为

$$f_e^*=\frac{1}{2}\left[f(u_E^n)+f(u_P^n)\right]-\frac{1}{2}a\left(u_E^n-u_P^n\right) \tag{2.2.6.15}$$

对 Lax-Wendroff 中心格式，其数值通量为

$$f_e^*=\frac{1}{2}\left[f(u_E^n)+f(u_P^n)\right]-\frac{1}{2}\lambda\,|\,a\,|\left(u_E^n-u_P^n\right) \tag{2.2.6.16}$$

一阶迎风格式内含的数值黏性（又称耗散）很大，激波分辨率差，在物理解连续的区域精度低，而 Lax-Wendroff 中心格式在物理解连续的区域精度高，但在间断附近出现伪振荡。结合两者的优点可构造出具有高分辨率的 TVD 格式。

由有限差分法的数值效应分析，一阶精度的迎风格式（2.2.6.4）实际上等价于如下相容方程的二阶精度离散：

$$\frac{\partial u}{\partial t}+\frac{\partial f(u)}{\partial x}=\Delta x\frac{\partial}{\partial x}\left(\nu\frac{\partial u}{\partial x}\right) \tag{2.2.6.17}$$

引入反扩散通量 $g(u)$来修正通量项 $f(u)$，令

$$\tilde{f}=f+g \tag{2.2.6.18}$$

$$g(u)=\Delta x\frac{\partial}{\partial x}\left(\nu\frac{\partial u}{\partial x}\right)+O\left((\Delta x)^2\right) \tag{2.2.6.19}$$

若采用一阶迎风格式离散下的方程，实际上相当于消去了式（2.2.6.4）用一阶迎风格式离散引入的人工黏性项，从而可实现对一阶迎风格式（2.2.6.4）的二阶精度离散，即

$$\frac{\partial u}{\partial t}+\frac{\partial \tilde{f}(u)}{\partial x}=\frac{\partial u}{\partial t}+\frac{\partial\left[f(u)+g(u)\right]}{\partial x} \tag{2.2.6.20}$$

为达到获取高分辨率物理解的目的，通常要求构造的通量函数 g 能使修正通量后的方程的一阶迎风格式是 TVD 的，而且除在极值点外，格式应该有二阶精度。

Harten（1983）根据上述思想，提出了如下修正通量法的 TVD 格式，将数值通量表示为如下形式：

$$f_e^*=\frac{1}{2}\left[\tilde{f}_P+\tilde{f}_E\right]-\frac{1}{2}Q(\tilde{a}_e)\cdot\Delta u_e \tag{2.2.6.21}$$

式中，$\tilde{f}_P=f_P+g_P$，$\tilde{f}_E=f_E+g_E$ 为修正后的数值通量。Harten 经过推导给出了 g 的具体计算公式。以 g_P 为例，其计算如下：

$$g_P=\min\bmod\left\{\gamma(\alpha_e)\Delta u_e,\gamma(\alpha_w)\Delta u_w\right\} \tag{2.2.6.22}$$

$$\gamma(\alpha)=\frac{1}{2}\left[Q(\alpha)-\frac{\Delta t}{\Delta x}\alpha^2\right] \tag{2.2.6.23}$$

式中， $\min\text{mod}(x,y)=\left\{\frac{1}{2}\left[\text{sign}(x)+\text{sign}(y)\right]\right\}\cdot\min\{|x|,|y|\}$ ，其中，$\text{mod}(x,y)$是求余函数，即两个数值表达式做除法运算后的余数；sign(x)是符号函数，即把函数的符号析离出来。

推广到隐式格式，得

$$\gamma(\alpha)=\frac{1}{2}\left[Q(\alpha)-(1-\theta)\frac{\Delta t}{\Delta x}\alpha^2\right] \tag{2.2.6.24}$$

$$Q(\alpha)=\begin{cases}|\alpha|, & |\alpha|\geqslant\varepsilon\\ \frac{1}{2\varepsilon}\left(\alpha^2+\varepsilon^2\right), & |\alpha|<\varepsilon\end{cases} \tag{2.2.6.25}$$

对于定常问题，式（2.2.6.23）与式（2.2.6.24）中不需要第二项。式（2.2.6.22）中α_e的表达式为

$$\alpha_e=\begin{cases}\frac{\Delta g_e}{\Delta u_e}=\frac{g_E-g_P}{u_E-u_P}, & u_E\neq u_P\\ 0, & u_E=u_P\end{cases} \tag{2.2.6.26}$$

式（2.2.6.21）中第二项$Q(\tilde{a}_e)$的计算式同式（2.2.6.25），变量$\tilde{a}_e=a_e+\alpha_e$，其中α_e采用式（2.2.6.26）计算，a_e采用下式计算：

$$a_e=\frac{\Delta f_e}{\Delta u_e}=\frac{f_E-f_P}{u_E-u_P} \tag{2.2.6.27}$$

Harten 的 TVD 格式是空间二阶精度的，而且能在极值点处自动退化为一阶精度，以准确地捕捉间断。

2.3 结构化网格的 FVM 算法

2.3.1 通用变量方程的离散格式

流体流动问题的控制方程，无论是连续性方程、动量方程，还是能量方程，都可写成如下的通用形式：

$$\frac{\partial(\rho\phi)}{\partial t}+\text{div}(\rho V\phi)=\text{div}(\varGamma\,\text{grad}\phi)+S \tag{2.3.1.1}$$

式中，从左到右的各项分别为瞬态项、对流项、扩散项和源项。方程中的ϕ是广义变量，可表示速度、温度或浓度等一些待求的物理量；$\varGamma$是相应于ϕ的广义扩散系数；S是广义源项。

1. 一维稳态问题

首先考虑一维稳态问题，其通用变量方程为

$$\frac{\mathrm{d}(\rho u\phi)}{\mathrm{d}x}=\frac{\mathrm{d}}{\mathrm{d}x}\left(\Gamma\frac{\mathrm{d}\phi}{\mathrm{d}x}\right)+S \tag{2.3.1.2}$$

其中，广义变量 ϕ 在端点 A 和 B 的边界值为已知。

利用有限体积法，首先在控制体积上积分控制方程，在控制体积节点上产生离散的方程。对于控制方程（2.3.1.2），在图 2.3.1 所示的控制体积 P 上做积分，有

$$\int_{\Delta V}\frac{\mathrm{d}(\rho u\phi)}{\mathrm{d}x}\mathrm{d}V=\int_{\Delta V}\frac{\mathrm{d}}{\mathrm{d}x}\left(\Gamma\frac{\mathrm{d}\phi}{\mathrm{d}x}\right)\mathrm{d}V+\int_{\Delta V}S\mathrm{d}V \tag{2.3.1.3}$$

式中，ΔV 为控制体积的体积值。当控制体积很小时，ΔV 可以表示为 $\Delta x\cdot A$，这里的 Δx 为控制体积的长度值，A 为控制体积界面的面积。从而有

$$(\rho u\phi A)_e-(\rho u\phi A)_w=\left(\Gamma A\frac{\mathrm{d}\phi}{\mathrm{d}x}\right)_e-\left(\Gamma A\frac{\mathrm{d}\phi}{\mathrm{d}x}\right)_w+\bar{S}\Delta V \tag{2.3.1.4}$$

式中，$\bar{S}=\frac{1}{\Delta V}\int_{\Delta V}S\mathrm{d}V$ 为广义源项 S 在控制体积内的平均值。

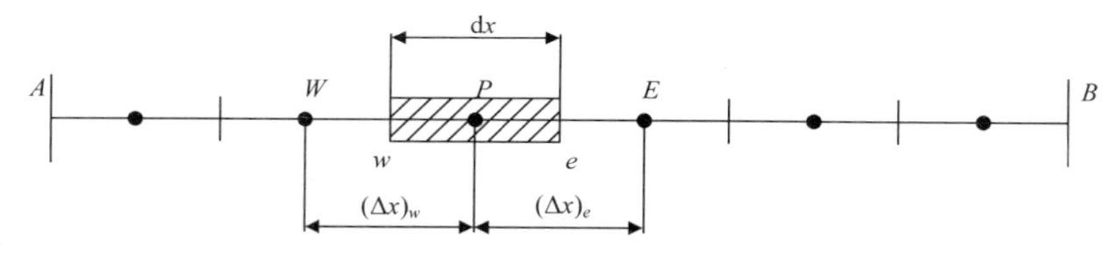

图 2.3.1　一维的有限体积法网格

从式（2.3.1.4）可以看出，对流项和扩散项均已转化为控制体积界面上的值。为建立所需要的离散方程，需要找出式（2.3.1.4）中界面 e 和 w 处的 ρ，u，Γ，ϕ 和 $\frac{\mathrm{d}\phi}{\mathrm{d}x}$ 的表达式。因为有限体积法中的 ρ，u，Γ，ϕ 和 $\frac{\mathrm{d}\phi}{\mathrm{d}x}$ 等物理量均是在节点处定义和计算的，为了计算界面上的这些物理参数（包括其导数），需要假定这些物理参数在节点间的近似分布。如采用线性近似来计算界面处的变量值，称为中心差分。以均匀网格为例，单个物理参数（以扩散系数 Γ 为例）的线性插值结果为

$$\begin{cases}\Gamma_e=\dfrac{\Gamma_P+\Gamma_E}{2}\\[2mm]\Gamma_w=\dfrac{\Gamma_W+\Gamma_P}{2}\end{cases} \tag{2.3.1.5}$$

对流项 $(\rho u\phi A)$ 的线性插值结果为

$$\begin{cases}(\rho u\phi A)_e=(\rho u)_e A_e\dfrac{\phi_P+\phi_E}{2}\\[2mm](\rho u\phi A)_w=(\rho u)_w A_w\dfrac{\phi_W+\phi_P}{2}\end{cases} \tag{2.3.1.6}$$

扩散项$\left(\Gamma A\dfrac{\mathrm{d}\phi}{\mathrm{d}x}\right)$的线性插值结果为

$$\begin{cases}\left(\Gamma A\dfrac{\mathrm{d}\phi}{\mathrm{d}x}\right)_e=\Gamma_e A_e\left[\dfrac{\phi_E-\phi_P}{(\Delta x)_e}\right]\\ \left(\Gamma A\dfrac{\mathrm{d}\phi}{\mathrm{d}x}\right)_w=\Gamma_w A_w\left[\dfrac{\phi_P-\phi_W}{(\Delta x)_w}\right]\end{cases}\tag{2.3.1.7}$$

考虑到源项S通常是时间和物理量ϕ的函数，为简化处理，将式（2.3.1.4）中的源项平均值$\overline{S}$简化为如下线性关系：

$$\overline{S}=S_C+S_P\phi_P\tag{2.3.1.8}$$

式中，S_C是常数；S_P是随时间和物理量ϕ变化的项。将式（2.3.1.5）～式（2.3.1.8）代入方程（2.3.1.4），得

$$\begin{aligned}&(\rho u)_e A_e\frac{\phi_P+\phi_E}{2}-(\rho u)_w A_w\frac{\phi_W+\phi_P}{2}\\&=\Gamma_e A_e\left[\frac{\phi_E-\phi_P}{(\Delta x)_e}\right]-\Gamma_w A_w\left[\frac{\phi_P-\phi_W}{(\Delta x)_w}\right]+(S_C+S_P\phi_P)\Delta V\end{aligned}\tag{2.3.1.9}$$

整理后，得

$$\begin{aligned}&\left[\frac{\Gamma_e}{(\Delta x)_e}A_e+\frac{(\rho u)_e}{2}A_e+\frac{\Gamma_w}{(\Delta x)_w}A_w-\frac{(\rho u)_w}{2}A_w-S_P\Delta V\right]\phi_P\\&=\left[\frac{\Gamma_w}{(\Delta x)_w}A_w+\frac{(\rho u)_w}{2}A_w\right]\phi_W+\left[\frac{\Gamma_e}{(\Delta x)_e}A_e-\frac{(\rho u)_e}{2}A_e\right]\phi_E+S_C\Delta V\end{aligned}\tag{2.3.1.10}$$

将式（2.3.1.10）记为

$$a_P\phi_P=a_W\phi_W+a_E\phi_E+b\tag{2.3.1.11}$$

即为一维稳态问题控制方程（2.3.1.2）的通用离散形式，式中各系数如下：

$$\begin{cases}a_P=\dfrac{\Gamma_e}{(\Delta x)_e}A_e+\dfrac{(\rho u)_e}{2}A_e+\dfrac{\Gamma_w}{(\Delta x)_w}A_w-\dfrac{(\rho u)_w}{2}A_w-S_P\Delta V\\ a_W=\dfrac{\Gamma_w}{(\Delta x)_w}A_w+\dfrac{(\rho u)_w}{2}A_w\\ a_E=\dfrac{\Gamma_e}{(\Delta x)_e}A_e-\dfrac{(\rho u)_e}{2}A_e\\ b=S_C\Delta V\end{cases}\tag{2.3.1.12}$$

对于一维问题，控制体积界面e和w处的面积A_e和A_w均为1，即单位面积。这样$\Delta V=\Delta x$，式（2.3.1.12）中各系数可转化为

$$\begin{cases} a_P = a_E + a_W + (\rho u)_e - (\rho u)_w - S_P\Delta x \\ a_W = \dfrac{\Gamma_w}{(\Delta x)_w} + \dfrac{(\rho u)_w}{2} \\ a_E = \dfrac{\Gamma_e}{(\Delta x)_e} - \dfrac{(\rho u)_e}{2} \\ b = S_C\Delta x \end{cases} \tag{2.3.1.13}$$

应用式（2.3.1.11），在每个节点上都可建立此离散方程，通过求解方程组，就可得到各物理量在各节点处的值。

定义两个新的物理量 F 和 D，其中，F 表示通过界面上单位面积的对流质量通量（convective mass flux），简称对流质量流量，D 表示界面的扩散传导量（diffusion conductance）。F 和 D 的定义表达式如下：

$$\begin{cases} F = \rho u \\ D = \dfrac{\Gamma}{\Delta x} \end{cases} \tag{2.3.1.14}$$

这样，F 和 D 在控制界面上的值分别为

$$\begin{cases} F_w = (\rho u)_w \\ D_w = \dfrac{\Gamma_w}{(\Delta x)_w} \end{cases},\quad \begin{cases} F_e = (\rho u)_e \\ D_e = \dfrac{\Gamma_e}{(\Delta x)_e} \end{cases} \tag{2.3.1.15}$$

将式（2.3.1.15）代入方程（2.3.1.13），有

$$\begin{cases} a_P = a_W + a_E + F_e - F_w - S_P\Delta x \\ a_W = D_w + \dfrac{F_w}{2} \\ a_E = D_e - \dfrac{F_e}{2} \\ b = S_C\Delta x \end{cases} \tag{2.3.1.16}$$

定义一维单元的 Peclet 数 Pe 如下：

$$Pe = \frac{F}{D} = \frac{\rho u}{\Gamma/\Delta x} \tag{2.3.1.17}$$

式中，Pe 为对流与扩散的强度之比。当 Pe 为 0 时，对流-扩散问题演变为纯扩散问题；当 $Pe>0$ 时，流体沿 x 方向流动；当 Pe 很大时，对流-扩散问题演变为纯对流问题。一般在中心差分格式中，有 $Pe<2$ 的要求。

对一维稳态无源项的对流-扩散问题的通用变量方程：

$$\frac{\mathrm{d}(\rho u\phi)}{\mathrm{d}x} = \frac{\mathrm{d}}{\mathrm{d}x}\left(\Gamma\frac{\mathrm{d}\phi}{\mathrm{d}x}\right) \tag{2.3.1.18}$$

若采用有限体积法常用的一阶离散格式均能得到如下的形式：

$$a_P\phi_P = a_W\phi_W + a_E\phi_E \tag{2.3.1.19}$$

对于二阶情况，则如下所示：

$$a_P\phi_P = a_W\phi_W + a_{WW}\phi_{WW} + a_E\phi_E + a_{EE}\phi_{EE} \tag{2.3.1.20}$$

式中，对于一阶情况，$a_P = a_W + a_E + (F_e - F_w)$；对于二阶情况，$a_P = a_W + a_E + a_{WW} + a_{EE} + (F_e - F_w)$，系数 a_W 和 a_E（高阶的还有 a_{WW} 和 a_{EE}）取决于所使用的离散格式。部分离散格式的系数如表 2.3.1 所示。

表2.3.1　部分离散格式的系数 a_W 和 a_E 的计算公式

离散格式	系数 a_W	系数 a_E
中心差分格式	$D_w + \frac{F_w}{2}$	$D_e - \frac{F_e}{2}$
一阶迎风格式	$D_w + \max(F_w, 0)$	$D_e + \max(0, -F_e)$
指数格式	$\frac{F_w \exp(F_w/D_w)}{\exp(F_w/D_w)-1}$	$\frac{F_e}{\exp(F_e/D_e)-1}$
二阶迎风格式	$D_w + \frac{3}{2}\alpha F_w + \frac{1}{2}\alpha F_e$ $a_{WW} = -\frac{1}{2}\alpha F_w$	$D_e - \frac{3}{2}(1-\alpha)F_e - \frac{1}{2}(1-\alpha)F_w$ $a_{EE} = \frac{1}{2}(1-\alpha)F_e$
QUICK 格式	$D_w + \frac{3}{4}\alpha F_w + \frac{1}{8}\alpha F_e + \frac{3}{8}(1-\alpha)F_w$ $a_{WW} = -\frac{1}{8}\alpha F_w$	$D_w - \frac{3}{8}\alpha F_e - \frac{3}{4}(1-\alpha)F_e - \frac{1}{8}(1-\alpha)F_w$ $a_{EE} = \frac{1}{8}(1-\alpha)F_e$

注：取 α=1，当 F_w>0，F_e>0 时；取 α=0，当 F_w<0，F_e<0 时。

2. 一维瞬态问题

一维瞬态问题的通用变量方程如下：

$$\frac{\partial(\rho\phi)}{\partial t} + \frac{\partial(\rho u\phi)}{\partial x} = \frac{\partial}{\partial x}\left(\Gamma\frac{\partial\phi}{\partial x}\right) + S \tag{2.3.1.21}$$

该方程是一个包含瞬态项及源项的一维对流–扩散方程。对于瞬态问题主要是瞬态项的离散。

用有限体积法求解瞬态问题时，将控制方程对控制体积做空间积分（对控制体积所做的空间积分与稳态问题相同）的同时，还需要对时间间隔 Δt 做时间积分。将方程（2.3.1.21）在一维计算网格上对时间及控制体积进行积分，有

$$\int_t^{t+\Delta t}\int_{\Delta V}\frac{\partial(\rho\phi)}{\partial t}\mathrm{d}V\mathrm{d}t + \int_t^{t+\Delta t}\int_{\Delta V}\frac{\partial(\rho u\phi)}{\partial x}\mathrm{d}V\mathrm{d}t = \int_t^{t+\Delta t}\int_{\Delta V}\frac{\partial}{\partial x}\left(\Gamma\frac{\partial\phi}{\partial x}\right)\mathrm{d}V\mathrm{d}t + \int_t^{t+\Delta t}\int_{\Delta V}S\mathrm{d}V\mathrm{d}t \tag{2.3.1.22}$$

$$\int_{\Delta V}\left[\int_t^{t+\Delta t}\frac{\partial(\rho\phi)}{\partial t}\mathrm{d}t\right]\mathrm{d}V + \int_t^{t+\Delta t}[(\rho u\phi A)_e - (\rho u\phi A)_w]\,\mathrm{d}t = \int_t^{t+\Delta t}\left[\left(\Gamma A\frac{\mathrm{d}\phi}{\mathrm{d}x}\right)_e - \left(\Gamma A\frac{\mathrm{d}\phi}{\mathrm{d}x}\right)_w\right]\mathrm{d}t + \int_t^{t+\Delta t}\bar{S}\Delta V\mathrm{d}t \tag{2.3.1.23}$$

式中，A 为控制体积 P 的界面处的面积。

在处理瞬态项时，假定物理量 ϕ 在整个控制体积 P 上均具有节点处的值 ϕ_P，$\partial\phi/\partial t$ 用线性插值 $(\phi_P^{n+1}-\phi_P^n)/\Delta t$ 来表示，源项平均值 $\overline{S}$ 仍简化为 $\overline{S}=S_C+S_P\phi_P$，对流项和扩散项的值按中心差分格式通过节点处的值来表示，则有

$$\rho(\phi_P^{n+1}-\phi_P^n)\Delta V+\int_t^{t+\Delta t}\left[(\rho u)_e A_e\frac{\phi_P+\phi_E}{2}-(\rho u)_w A_w\frac{\phi_W+\phi_P}{2}\right]\mathrm{d}t$$

$$=\int_t^{t+\Delta t}\left\{\Gamma_e A_e\left[\frac{\phi_E-\phi_P}{(\Delta x)_e}\right]-\Gamma_w A_w\left[\frac{\phi_P-\phi_W}{(\Delta x)_W}\right]\right\}\mathrm{d}t+\int_t^{t+\Delta t}(S_C+S_P\phi_P)\Delta V\mathrm{d}t \quad (2.3.1.24)$$

假定变量 ϕ_P 对时间的积分为

$$\int_t^{t+\Delta t}\phi_P\mathrm{d}t=\left[(1-\theta)\phi_P^n+\theta\phi_P^{n+1}\right]\Delta t \quad (2.3.1.25)$$

式中，上标 n 代表 t 时刻；ϕ_P^{n+1} 是新时刻 $t+\Delta t$ 的值；θ 为 0 与 1 之间的加权系数，当 $\theta=0$ 时，变量取 n 时刻的值进行时间积分，当 $\theta=1$ 时，变量取 $n+1$ 时刻的值进行时间积分。

将 ϕ_P，ϕ_E，ϕ_W 及 $\overline{S}=S_c+S_P\phi_P$ 采用类似式（2.3.1.25）进行时间积分，则式（2.3.1.24）可写为

$$\rho(\phi_P^{n+1}-\phi_P^n)\frac{\Delta V}{\Delta t}+\theta\left[(\rho u)_e A_e\frac{\phi_P^{n+1}+\phi_E^{n+1}}{2}-(\rho u)_w A_w\frac{\phi_W^{n+1}+\phi_P^{n+1}}{2}\right]$$

$$+(1-\theta)\left[(\rho u)_e A_e\frac{\phi_P^n+\phi_E^n}{2}-(\rho u)_w A_w\frac{\phi_W^n+\phi_P^n}{2}\right]$$

$$=\theta\left\{\Gamma_e A_e\left[\frac{\phi_E^{n+1}-\phi_P^{n+1}}{(\Delta x)_e}\right]-\Gamma_w A_w\left[\frac{\phi_P^{n+1}-\phi_W^{n+1}}{(\Delta x)_W}\right]\right\}$$

$$+(1-\theta)\left\{\Gamma_e A_e\left[\frac{\phi_E^n-\phi_P^n}{(\Delta x)_e}\right]-\Gamma_w A_w\left[\frac{\phi_P^n-\phi_W^n}{(\Delta x)_W}\right]\right\}$$

$$+\theta(S_C+S_P\phi_P^{n+1})\Delta V+(1-\theta)(S_C+S_P\phi_P^n)\Delta V \quad (2.3.1.26)$$

整理后，得

$$\left\{\rho\frac{\Delta V}{\Delta t}+\theta\left[\frac{(\rho u)_e A_e}{2}-\frac{(\rho u)_w A_w}{2}\right]+\theta\left[\frac{\Gamma_e A_e}{(\Delta x)_e}+\frac{\Gamma_w A_w}{(\Delta x)_W}\right]-\theta S_P\Delta V\right\}\phi_P^{n+1}$$

$$=\left[\frac{(\rho u)_w A_w}{2}+\frac{\Gamma_w A_w}{(\Delta x)_W}\right]\left[\theta\phi_W^{n+1}+(1-\theta)\phi_W^n\right]+\left[\frac{\Gamma_e A_e}{(\Delta x)_e}-\frac{(\rho u)_e A_e}{2}\right]\left[\theta\phi_E^{n+1}+(1-\theta)\phi_E^n\right]$$

$$+\left\{\rho\frac{\Delta V}{\Delta t}-(1-\theta)\left[\frac{\Gamma_e A_e}{(\Delta x)_e}+\frac{(\rho u)_e A_e}{2}\right]-(1-\theta)\left[\frac{\Gamma_w A_w}{(\Delta x)_w}-\frac{(\rho u)_w A_w}{2}\right]+(1-\theta)S_P\Delta V\right\}\phi_P^n$$

$$+S_C\Delta V \quad (2.3.1.27)$$

将稳态中关于 F 和 D 的定义做一定扩展，即乘面积 A，有

$$\begin{cases} F_w = (\rho u)_w A_w, F_e = (\rho u)_e A_e \\ D_w = \dfrac{\Gamma_w A_w}{(\Delta x)_w}, D_e = \dfrac{\Gamma_e A_e}{(\Delta x)_e} \end{cases} \tag{2.3.1.28}$$

将式（2.3.1.28）代入方程（2.3.1.27），得

$$\begin{aligned} &\left[\rho\frac{\Delta V}{\Delta t} + \theta(D_e + D_w) + \theta\left(\frac{F_e}{2} - \frac{F_w}{2}\right) - \theta S_P \Delta V\right]\phi_P^{n+1} \\ =&\left(D_w + \frac{F_w}{2}\right)\left[\theta\phi_W^{n+1} + (1-\theta)\phi_W^n\right] + \left(D_e - \frac{F_e}{2}\right)\left[\theta\phi_E^{n+1} + (1-\theta)\phi_E^n\right] \\ &+\left[\rho\frac{\Delta V}{\Delta t} - (1-\theta)\left(D_e + \frac{F_e}{2}\right) - (1-\theta)\left(D_w - \frac{F_w}{2}\right) + (1-\theta)S_P\Delta V\right]\phi_P^n + S_C\Delta V \end{aligned} \tag{2.3.1.29}$$

同样也类似于稳态问题，引入a_P，a_W，a_E和b，将式（2.3.1.29）记为

$$a_P\phi_P^{n+1} = a_W\theta\phi_W^{n+1} + a_E\theta\phi_E^{n+1} + a_W(1-\theta)\phi_W^n + a_E(1-\theta)\phi_E^n + b \tag{2.3.1.30}$$

该式即为一维瞬态问题控制方程（2.3.1.21）的通用离散形式，式中各系数如下：

$$\begin{cases} a_P = a_P{}^n + \theta(a_E + a_W) + \theta(F_e - F_w) - \theta S_P \Delta V \\ a_W = D_w + \dfrac{F_w}{2} \\ a_E = D_e - \dfrac{F_e}{2} \\ a_P{}^n = \rho\dfrac{\Delta V}{\Delta t} \\ b = \left[a_P^n - (1-\theta)\left(D_e + \dfrac{F_e}{2}\right) - (1-\theta)\left(D_w - \dfrac{F_w}{2}\right) + (1-\theta)S_P\right]\phi_P^n + S_C\Delta V \end{cases} \tag{2.3.1.31}$$

根据加权系数θ的取值，方程（2.3.1.30）对时间的积分有几种方案。当$\theta=0$时，为显式时间积分方案，变量的初值出现在方程（2.3.1.30）的右端，从而可直接求出当前时刻的未知变量值；当$0<\theta<1$时，为隐式时间积分方案，当前时刻的未知变量出现在方程（2.3.1.30）的两端，需要解若干个方程组成的方程组才能求出现时刻的变量值；当$\theta=1$时，方程（2.3.1.30）为如下全隐时间积分方案：

$$a_P\phi_P^{n+1} = a_W\phi_W^{n+1} + a_E\phi_E^{n+1} + b \tag{2.3.1.32}$$

式中，

$$\begin{cases} a_P = a_W + a_E + a_P^n + F_e - F_w - S_P\Delta V \\ a_W = D_w + \dfrac{F_w}{2} \\ a_E = D_e - \dfrac{F_e}{2} \\ a_P{}^n = \rho\dfrac{\Delta V}{\Delta t} \\ b = a_P^n\phi_P^n + S_C\Delta V \end{cases} \tag{2.3.1.33}$$

与一维稳态问题的通用离散式中各系数表达式（2.3.1.16）相比，一维瞬态问题全隐时间积分方案（$\theta=1$）的通用离散式中各系数表达式（2.3.1.33）中，系数 a_P 增加一项 $a_P^n=\rho\dfrac{\Delta V}{\Delta t}$，系数 b 增加一项 $a_P^n\phi_P^n$。

3. 二维稳态问题

二维稳态问题的计算区域离散如图 2.3.2 所示。控制体积增加了上、下界面，分别用 n 和 s 表示，相应的两个邻点记为 N 和 S。

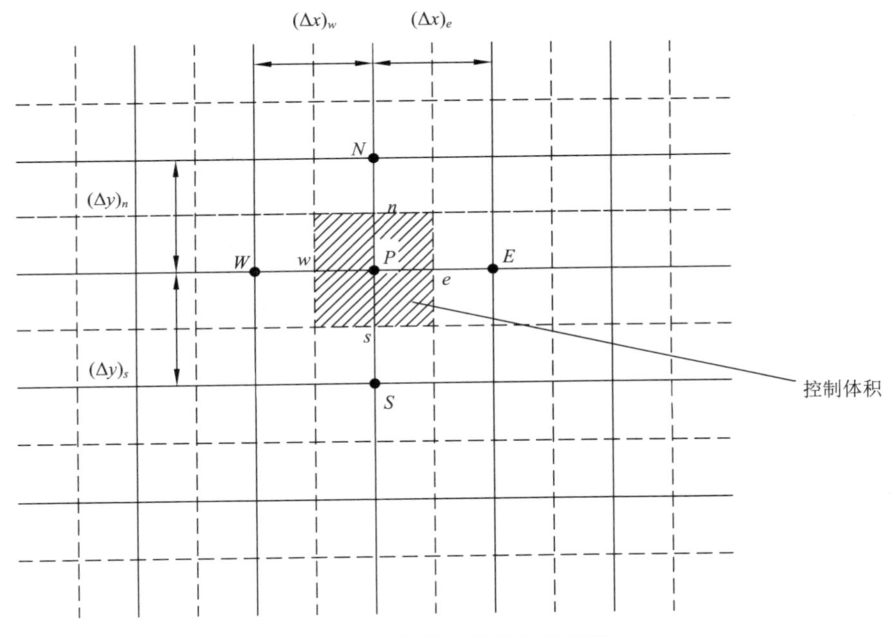

图 2.3.2　二维的有限体积法网格

仍先考虑二维稳态问题，其通用变量方程如下：

$$\frac{\partial(\rho u\phi)}{\partial x}+\frac{\partial(\rho v\phi)}{\partial y}=\frac{\partial}{\partial x}\left(\Gamma\frac{\partial\phi}{\partial x}\right)+\frac{\partial}{\partial y}\left(\Gamma\frac{\partial\phi}{\partial y}\right)+S \tag{2.3.1.34}$$

其中，广义变量ϕ在边界上的值为已知。

对二维稳态问题控制方程（2.3.1.34），在图 2.3.2 所示的控制体积上进行积分，有

$$\int_{\Delta V}\frac{\partial(\rho u\phi)}{\partial x}\mathrm{d}V+\int_{\Delta V}\frac{\partial(\rho v\phi)}{\partial y}\mathrm{d}V=\int_{\Delta V}\frac{\partial}{\partial x}\left(\Gamma\frac{\partial\phi}{\partial x}\right)\mathrm{d}V+\int_{\Delta V}\frac{\partial}{\partial y}\left(\Gamma\frac{\partial\phi}{\partial y}\right)\mathrm{d}V+\int_{\Delta V}S\mathrm{d}V$$

所以

$$\left[(\rho u\phi A)_e-(\rho u\phi A)_w\right]+\left[(\rho v\phi A)_n-(\rho v\phi A)_s\right]$$
$$=\left(\varGamma A\frac{\partial\phi}{\partial x}\right)_e-\left(\varGamma A\frac{\partial\phi}{\partial x}\right)_w+\left(\varGamma A\frac{\partial\phi}{\partial y}\right)_n-\left(\varGamma A\frac{\partial\phi}{\partial y}\right)_s+\overline{S}\Delta V \quad (2.3.1.35)$$

式中，ΔV 为控制体积的体积值；A 为控制体积界面的面积；$\overline{S}=\frac{1}{\Delta V}\int_{\Delta V}S\mathrm{d}V$。

类似于一维问题的近似方法，为计算界面上的物理参数（包括其导数），需要假定物理参数在节点间的近似分布。如采用线性近似来计算界面的变量值，可计算通过控制体积界面的场变量或其导数值。

通过控制体积 e 界面的对流量与扩散量为

$$\begin{cases}(\rho u\phi A)_e=(\rho u)_e A_e\dfrac{\phi_E+\phi_P}{2}\\(\varGamma A\dfrac{\partial\phi}{\partial x})_e=\varGamma_e A_e\dfrac{\phi_E-\phi_P}{\Delta x_{PE}}\end{cases}\quad (2.3.1.36)$$

通过控制体积 w 界面的对流量与扩散量为

$$\begin{cases}(\rho u\phi A)_w=(\rho u)_w A_w\dfrac{\phi_P+\phi_W}{2}\\(\varGamma A\dfrac{\partial\phi}{\partial x})_w=\varGamma_w A_w\dfrac{\phi_P-\phi_W}{\Delta x_{WP}}\end{cases}\quad (2.3.1.37)$$

通过控制体积 n 界面的对流量与扩散量为

$$\begin{cases}(\rho v\phi A)_n=(\rho v)_n A_n\dfrac{\phi_N+\phi_P}{2}\\(\varGamma A\dfrac{\partial\phi}{\partial x})_n=\varGamma_n A_n\dfrac{\phi_N-\phi_P}{\Delta y_{PN}}\end{cases}\quad (2.3.1.38)$$

通过控制体积 s 界面的对流量与扩散量为

$$\begin{cases}(\rho v\phi A)_s=(\rho v)_s A_s\dfrac{\phi_P+\phi_S}{2}\\(\varGamma A\dfrac{\partial\phi}{\partial x})_s=\varGamma_s A_s\dfrac{\phi_P-\phi_S}{\Delta y_{SP}}\end{cases}\quad (2.3.1.39)$$

类似于一维问题，将式（2.3.1.35）中的源项简化为如下线性方式：

$$\overline{S}=S_C+S_P\phi_P \quad (2.3.1.40)$$

式中，S_C 为常数；S_P 为随时间和物理量 ϕ_P 变化的项。

类似于一维问题计算格式的推导，令 $F=\rho uA$（或 $F=\rho vA$），$D=\varGamma\cdot A/\Delta x$（或 $D=\varGamma\cdot A/\Delta y$），则有

$$\begin{cases}F_e=(\rho u)_e A_e\\D_e=\dfrac{\varGamma_e A_e}{\Delta x_{PE}}\end{cases},\quad\begin{cases}F_w=(\rho u)_w A_w\\D_w=\dfrac{\varGamma_w A_w}{\Delta x_{WP}}\end{cases},\quad\begin{cases}F_n=(\rho v)_n A_n\\D_n=\dfrac{\varGamma_n A_n}{\Delta y_{PN}}\end{cases},\quad\begin{cases}F_s=(\rho v)_s A_s\\D_s=\dfrac{\varGamma_s A_s}{\Delta y_{SP}}\end{cases}\quad (2.3.1.41)$$

将式（2.3.1.41）代入式（2.3.1.35）中，得

$$\frac{F_e}{2}(\phi_E+\phi_P)-\frac{F_w}{2}(\phi_P+\phi_W)+\frac{F_n}{2}(\phi_N+\phi_P)-\frac{F_s}{2}(\phi_P+\phi_S)$$
$$=D_e(\phi_E-\phi_P)-D_w(\phi_P-\phi_W)+D_n(\phi_N-\phi_P)-D_s(\phi_P-\phi_S)+(S_C+S_P\phi_P)\Delta V \quad (2.3.1.42)$$

按节点场变量整理，式（2.3.1.42）可写成

$$\left[\left(D_w-\frac{F_w}{2}\right)+\left(D_e+\frac{F_e}{2}\right)+\left(D_s-\frac{F_s}{2}\right)+\left(D_n+\frac{F_n}{2}\right)-S_P\cdot\Delta V\right]\phi_P$$
$$=\left(D_w+\frac{F_w}{2}\right)\phi_W+\left(D_e-\frac{F_e}{2}\right)\phi_E+\left(D_s+\frac{F_s}{2}\right)\phi_S+\left(D_n-\frac{F_n}{2}\right)\phi_N+S_C\Delta V \quad (2.3.1.43)$$

在式（2.3.1.43）中 ϕ_P 的系数中加入 $F_e-F_e+F_w-F_w+F_s-F_s+F_n-F_n$，进一步整理后，得

$$\left[\left(D_w+\frac{F_w}{2}\right)+\left(D_e-\frac{F_e}{2}\right)+\left(D_s+\frac{F_s}{2}\right)+\left(D_n-\frac{F_n}{2}\right)+(F_e-F_w)+(F_n-F_s)-S_P\Delta V\right]\phi_P$$
$$=\left(D_w+\frac{F_w}{2}\right)\phi_W+\left(D_e-\frac{F_e}{2}\right)\phi_E+\left(D_s+\frac{F_s}{2}\right)\phi_S+\left(D_n-\frac{F_n}{2}\right)\phi_N+S_C\Delta V \quad (2.3.1.44)$$

将式（2.3.1.44）记为

$$a_P\phi_P=a_W\phi_W+a_E\phi_E+a_S\phi_S+a_N\phi_N+b \quad (2.3.1.45)$$

即为二维稳态问题控制方程（2.3.1.34）的通用离散形式，式中各系数如下：

$$\begin{cases}a_P=a_E+a_W+a_S+a_N+(F_e-F_w)+(F_n-F_s)-S_P\Delta V\\ a_W=D_w+\dfrac{F_w}{2},\quad a_E=D_e-\dfrac{F_e}{2}\\ a_S=D_s+\dfrac{F_s}{2},\quad a_N=D_n-\dfrac{F_n}{2}\\ b=S_C\Delta V\end{cases} \quad (2.3.1.46)$$

4. 多维瞬态问题

多维瞬态问题的通用控制方程为

$$\frac{\partial(\rho\phi)}{\partial t}+\mathrm{div}(\rho\boldsymbol{V}\phi)=\mathrm{div}(\Gamma\,\mathrm{grad}\phi)+S \quad (2.3.1.47)$$

对方程（2.3.1.47）在控制体积 ΔV 和时间间隔 Δt 进行积分，得

$$\int_t^{t+\Delta t}\left[\int_{\Delta V}\frac{\partial}{\partial t}(\rho\phi)\mathrm{d}V\right]\mathrm{d}t+\int_t^{t+\Delta t}\left[\int_{\Delta V}\mathrm{div}(\rho\boldsymbol{V}\phi)\mathrm{d}V\right]\mathrm{d}t$$
$$=\int_t^{t+\Delta t}\left[\int_{\Delta V}\mathrm{div}(\Gamma\,\mathrm{grad}\phi)\mathrm{d}V\right]\mathrm{d}t+\int_t^{t+\Delta t}\left(\int_{\Delta V}S\mathrm{d}V\right)\mathrm{d}t \quad (2.3.1.48)$$

将式（2.3.1.48）中对流项和扩散项的体积分转换为控制体积边界 S 上的积分，并将式中第一项的时间积分与空间积分的顺序对调，有

$$\int_{\Delta V}\left[\int_t^{t+\Delta t}\frac{\partial}{\partial t}(\rho\phi)\mathrm{d}t\right]\mathrm{d}V+\int_t^{t+\Delta t}\left[\int_S \boldsymbol{n}\cdot(\rho\boldsymbol{V}\phi)\mathrm{d}S\right]\mathrm{d}t$$

$$=\int_t^{t+\Delta t}\left[\int_S \boldsymbol{n}\cdot(\Gamma\,\mathrm{grad}\phi)\mathrm{d}S\right]\mathrm{d}t+\int_t^{t+\Delta t}\left[\int_{\Delta V} S\mathrm{d}V\right]\mathrm{d}t \qquad (2.3.1.49)$$

式（2.3.1.49）中瞬态项的时间离散采用向前差分格式，密度ρ取 t 时刻的值，可得到其离散格式为

$$\int_{\Delta V}\left[\int_t^{t+\Delta t}\frac{\partial}{\partial t}(\rho\phi)\mathrm{d}t\right]\mathrm{d}V=\int_{\Delta V}\left(\rho_P^n\frac{\phi_P^{n+1}-\phi_P^n}{\Delta t}\cdot\Delta t\right)\mathrm{d}V=\rho_P^n(\phi_P^{n+1}-\phi_P^n)\Delta V \quad (2.3.1.50)$$

式中，ϕ_P^{n+1}为新时刻$t+\Delta t$的值；ϕ_P^n为 t 时刻的值。

对式（2.3.1.49）中的对流项、扩散项和源项在时间间隔Δt积分，需要假定变量ϕ_P对时间的积分可用ϕ_P^{n+1}和ϕ_P^n的加权表示，即

$$\int_t^{t+\Delta t}\phi_P\mathrm{d}t=\left[(1-\theta)\phi_P^n+\theta\phi_P^{n+1}\right]\Delta t$$

式中，θ为 0 与 1 之间的加权系数，当$\theta=0$时，为显式时间积分方案；当$\theta=1$时，为全隐时间积分方案。

若取全隐时间积分方案，式（2.3.1.49）中的对流项、扩散项和源项在时间间隔Δt的积分为

$$\int_S\left[-\int_t^{t+\Delta t}\boldsymbol{n}\cdot(\rho\boldsymbol{V}\phi)\mathrm{d}t+\int_t^{t+\Delta t}\boldsymbol{n}\cdot(\Gamma\cdot\mathrm{grad}\phi)\mathrm{d}t\right]\mathrm{d}S+\Delta V\int_t^{t+\Delta t}\overline{S}\mathrm{d}t$$

$$=\Delta t\int_S\left[-\boldsymbol{n}\cdot(\rho\boldsymbol{V}\phi^{n+1})+\boldsymbol{n}\cdot(\Gamma\cdot\mathrm{grad}\phi^{n+1})\right]\mathrm{d}S+\overline{S}\Delta V\Delta t \qquad (2.3.1.51)$$

将式(2.3.1.50)和式(2.3.1.51)代入式(2.3.1.49)，源项$\overline{S}$简化为$\overline{S}=S_C+S_P\phi_P$，有

$$\rho_P^n(\phi_P^{n+1}-\phi_P^n)\frac{\Delta V}{\Delta t}$$

$$=\int_S\left[-\boldsymbol{n}\cdot(\rho\boldsymbol{V}\phi^{n+1})+\boldsymbol{n}\cdot(\Gamma\cdot\mathrm{grad}\phi^{n+1})\right]\mathrm{d}S+S_C\Delta V+S_P\phi_P^{n+1}\Delta V \qquad (2.3.1.52)$$

令$a_P^n=\rho_P^n\dfrac{\Delta V}{\Delta t}$，则式（2.3.1.52）的左端项为

$$\rho_P^n(\phi_P^{n+1}-\phi_P^n)\frac{\Delta V}{\Delta t}=a_P^n(\phi_P^{n+1}-\phi_P^n)=a_P^n\phi_P^{n+1}-a_P^n\phi_P^n \qquad (2.3.1.53)$$

式（2.3.1.53）右端项沿控制体边界积分可得

$$\int_S\left[-\boldsymbol{n}\cdot(\rho\boldsymbol{V}\phi^{n+1})+\boldsymbol{n}\cdot(\Gamma\cdot\mathrm{grad}\phi^{n+1})\right]\mathrm{d}S+S_C\Delta V+S_P\phi_P^{n+1}\Delta V$$

$$=S_P\Delta V\phi_P^{n+1}+C_P\phi_P^{n+1}+\sum_{\mathrm{nb}}a_{\mathrm{nb}}\phi_{\mathrm{nb}}^{n+1}+S_C\Delta V \qquad (2.3.1.54)$$

式中，nb 表示离散点相邻的节点。对二维矩形网格 nb=4，求和记号$\sum\limits_{\mathrm{nb}}a_{\mathrm{nb}}\phi_{\mathrm{nb}}^{n+1}$包

含 E, W, N 和 S 共四个相邻的节点；对三维长方体网格 nb=6，求和记号 $\sum_{\text{nb}} a_{\text{nb}}\phi_{\text{nb}}^{n+1}$ 包含 E，W，N，S，T，B 共六个相邻的节点。

由式（2.3.1.53）与式（2.3.1.54）相等，得

$$a_P^n\phi_P^{n+1} - a_P^n\phi_P^n = S_P\Delta V\phi_P^{n+1} + C_P\phi_P^{n+1} + \sum_{\text{nb}} a_{\text{nb}}\phi_{\text{nb}}^{n+1} + S_C\Delta V \quad (2.3.1.55)$$

即

$$(C_P + a_P^n - S_P\Delta V)\phi_P^{n+1} = \sum_{\text{nb}} a_{\text{nb}}\phi_{\text{nb}}^{n+1} + a_P^n\phi_P^n + S_C\Delta V \quad (2.3.1.56)$$

综上，多维瞬态问题通用控制方程（2.3.1.47）的有限体积法全隐时间积分方案的通用离散形式可记为

$$a_P\phi_P^{n+1} = \sum_{\text{nb}} a_{\text{nb}}\phi_{\text{nb}}^{n+1} + b \quad (2.3.1.57)$$

其中的部分系数如下：

$$\begin{cases} a_P = a_E + a_W + a_S + a_N + a_P^n + (F_e - F_w) + (F_n - F_s) - S_P\Delta V \\ a_P^n = \rho_P^n \dfrac{\Delta V}{\Delta t} \\ b = a_P^n\phi_P^n + S_C\Delta V \end{cases} \quad (2.3.1.58)$$

式（2.3.1.57）中的离散点相邻的节点系数 a_{nb} 取决于计算控制体积各界面处场变量值时采用的差分格式。通过上述离散过程建立的代数方程组，常规解法只能应付已知速度场求温度场分布这类简单的问题。如果所生成的离散方程存在速度、压力未知量的耦合，那么需要对求解顺序及方式进行特殊处理。

2.3.2　交错网格算法

描述对流扩散问题的通用变量方程中没有压力（梯度）项，虽然可认为是把压力项归入源项中处理，但实际的流场分析中压力场是未知的，且与速度分布密切相关，即相互耦合与相互影响（李人宪，2008）。以二维稳态压力-速度耦合问题最典型的不可压缩流体的流动方程（2.3.2.1）～方程（2.3.2.3）为例：

$$\frac{\partial}{\partial x}(\rho u) + \frac{\partial}{\partial y}(\rho v) = 0 \quad (2.3.2.1)$$

$$\frac{\partial}{\partial x}(\rho uu) + \frac{\partial}{\partial y}(\rho uv) = -\frac{\partial p}{\partial x} + \frac{\partial}{\partial x}\left(\mu\frac{\partial u}{\partial x}\right) + \frac{\partial}{\partial y}\left(\mu\frac{\partial u}{\partial y}\right) + S_u \quad (2.3.2.2)$$

$$\frac{\partial}{\partial x}(\rho uv) + \frac{\partial}{\partial y}(\rho vv) = -\frac{\partial p}{\partial y} + \frac{\partial}{\partial x}\left(\mu\frac{\partial v}{\partial x}\right) + \frac{\partial}{\partial y}\left(\mu\frac{\partial v}{\partial y}\right) + S_v \quad (2.3.2.3)$$

x 方向动量方程式（2.3.2.2）和 y 方向动量方程式（2.3.2.3）可以看成在对流扩散通用方程中，将场变量 ϕ 换成 u 或 v，再加入压力梯度项 $-\partial p/\partial x$ 和 $-\partial p/\partial y$ 得

到的。x 方向、y 方向的动量方程和连续性方程互相耦合，速度场要满足连续性方程，压力场会影响速度分布。

利用有限体积法求解压力-速度耦合问题时，若遇到要计算控制体积界面上压强值的问题，不可避免地还要采用邻近节点值近似计算。若计算区域离散成均匀网格，同时压力梯度项在控制体积界面处的近似值采用中心差分格式计算，则有

$$\frac{\partial p}{\partial x}=\frac{p_e-p_w}{\Delta x}=\frac{\left(\dfrac{p_E+p_P}{2}\right)-\left(\dfrac{p_P+p_W}{2}\right)}{\Delta x}=\frac{p_E-p_W}{2\Delta x} \tag{2.3.2.4}$$

$$\frac{\partial p}{\partial y}=\frac{p_n-p_s}{\Delta y}=\frac{\left(\dfrac{p_N+p_P}{2}\right)-\left(\dfrac{p_P+p_S}{2}\right)}{\Delta y}=\frac{p_N-p_S}{2\Delta y} \tag{2.3.2.5}$$

从式（2.3.2.4）和式（2.3.2.5）可看出，关于节点 P 的压强梯度离散式与节点 P 处的压强无关。流体流动的动量源在离散方程中没有体现，易造成压力交错现象。

目前，求解不可压缩流体流动的压力-速度耦合问题，较多采用的是分离式求解法（或顺序求解法），即将 u，v，p 分别独立求解。求 u 时认为 v 和 p 的分布为已知，求 v 时认为 u 和 p 的分布为已知，同理求解压力场 p 时认为速度场 u，v 为已知。经过一次求解不能得到正确结果，因此需要反复迭代。不可压缩问题求解的困难在于压力场的求解，主要原因是不可压缩流体流动方程式中没有关于描述压力 p 的独立方程，压力是作为动量源项出现在动量方程中的，而压力和速度的耦合关系隐含在连续性方程中。

采用 Harlow 和 Welch（1965；1966）提出的交错网格算法，与 Patankar 和 Spalding（1972）提出的压力耦合方程的半隐计算格式（semi-implicit method for pressure-linked equation），即所谓 SIMPLE 算法，可用来解决上述问题。交错网格算法，即采用不同的网格系统来描述不同的变量（速度保有一套网格系统，其他因变量如压力、温度等共用主网格系统）。该方法主要是为了解决在普通网格上离散控制方程时不能检测有问题的压力场的问题，同时交错网格也是 SIMPLE 算法实现的基础。

1. 交错网格布置方式

二维交错网格布置方式分为向前错位（图 2.3.3）和向后错位（图 2.3.4）两种。图 2.3.3（a）和图 2.3.4（a）中的阴影区域为主控制体积或 p 控制体积，是求解压力 p 的控制体积，主控制体积的节点 P 称为主节点或标量节点。

速度 u 在主控制体积的 e 界面和 w 界面上定义和存储，速度 v 在主控制体积的 s 界面和 n 界面上定义和存储。对向前错位的交错网格布置方式（图 2.3.3），u 控制体积是以界面 e 为中心的，如图 2.3.3（b）所示；v 控制体积是以界面 n 为中

心的，如图 2.3.3（c）所示。对向后错位的交错网格布置方式（图 2.3.4），u 控制体积是以界面 w 为中心的，如图 2.3.4（b）所示；v 控制体积是以界面 s 为中心的，如图 2.3.4（c）所示。可以看到，向前错位布置方式的 u 控制体积的网格和 v 控制体积的网格都相对于主控制体积的网格在各自的方向上向前错了半个步长；向后错位布置方式的 u 控制体积的网格和 v 控制体积的网格都相对于主控制体积的网格在各自的方向上向后错了半个步长。在数值计算中，向前错位与向后错位的两种交错网格布置形式都可以采用，其效果是一样的。

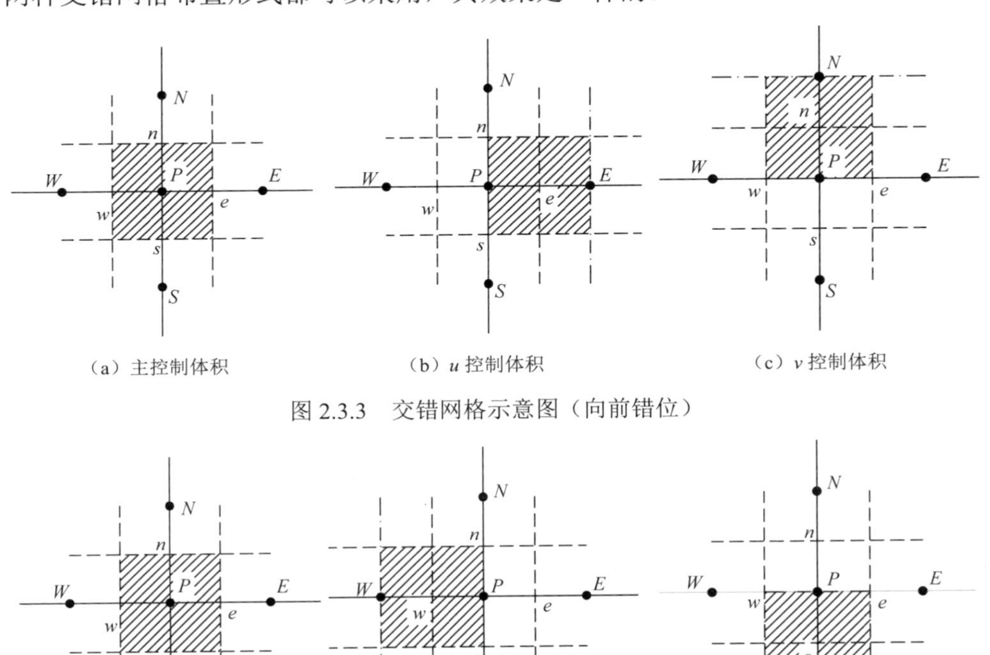

（a）主控制体积　　（b）u 控制体积　　（c）v 控制体积

图 2.3.3　交错网格示意图（向前错位）

（a）主控制体积　　（b）u 控制体积　　（c）v 控制体积

图 2.3.4　交错网格示意图（向后错位）

采用交错网格布置，二维问题网格系统中会出现三套网格，各自的节点编号及其相互之间的协调问题比较复杂（李人宪，2008）。以图 2.3.5 的均匀网格向后错位布置方式为例，采用大写的$(I-1)$，I，$(I+1)$，…和$(J-1)$，J，$(J+1)$，…来表示主控制体积网格 x 方向和 y 方向的节点；采用小写的$(i-1)$，i，$(i+1)$，…来表示 x 方向 u 控制体积网格的节点位置；采用小写的$(j-1)$，j，$(j+1)$，…来表示 y 方向 v 控制体积网格的节点位置。因此，大写的 I，J 序列表示主控制体积的节点位置（如 $p_{I,J}$）；小写的 i 序列和大写的 J 序列的组合表示 u 控制体积网格的节点位置（如 $u_{i,J}$）；大写的 I 序列和小写的 j 序列的组合表示 v 控制体积网格的节点位置（如 $v_{I,j}$）。虽然采用交错网格布置在编程和离散方程系数的计算中，复杂网格编号系统的寻址和插值计算增加了计算工作量，但交错网格布置可以解决压力梯度项离散时遇到的难题，因而也获得了广泛的应用。

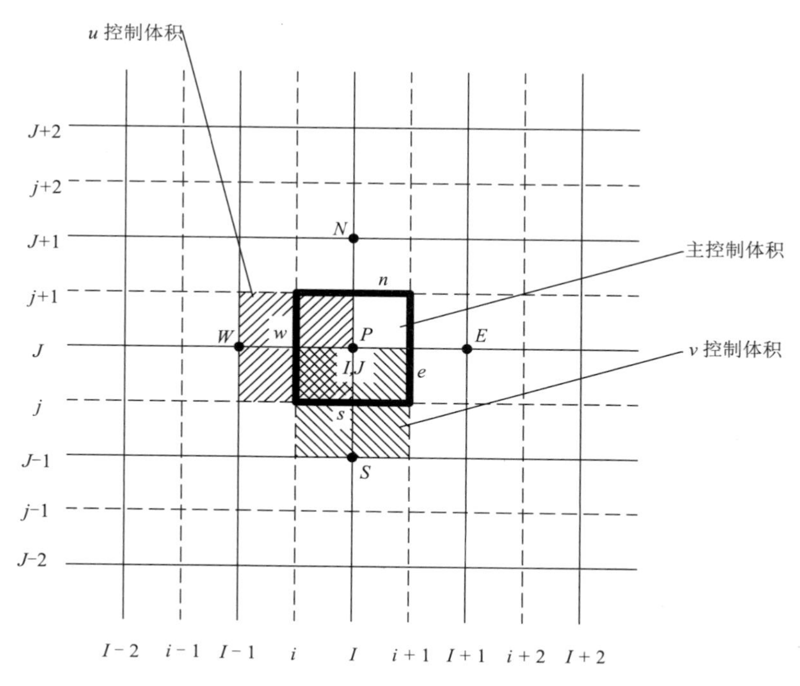

图 2.3.5　交错网格示意图（向后错位、均匀网格）

2. 动量方程的离散

在交错网格中，生成离散方程的方法和过程与基于普通网格的方法和过程是一样的，只需要注意所使用的控制体积有所变化。所有标量（如压力、温度、密度等）在交错网格中仍然在主控制体积上存储，以这些标量为因变量的输运方程的离散过程及离散结果与普通网格一样。在交错网格中生成 u 和 v 两个动量方程的离散方程时，积分用的控制体积不再是原来的主控制体积，而是 u 和 v 各自的控制体积，同时将压力梯度项从源项中分离出来。

对二维稳态压力-速度耦合问题的 u 方向动量方程（2.3.2.2），采用图 2.3.6 中的 u 控制体积（向后错位），其压力梯度项积分按线性插值的方式进行离散，线性插值时使用 u 控制体积边界上的两个节点的压力差，即

$$\int_{y_j}^{y_{j+1}}\int_{x_{i-1}}^{x_i}\left(-\frac{\partial p}{\partial x}\right)\mathrm{d}x\mathrm{d}y=(p_{I-1,J}-p_{I,J})A_{i,J} \tag{2.3.2.6}$$

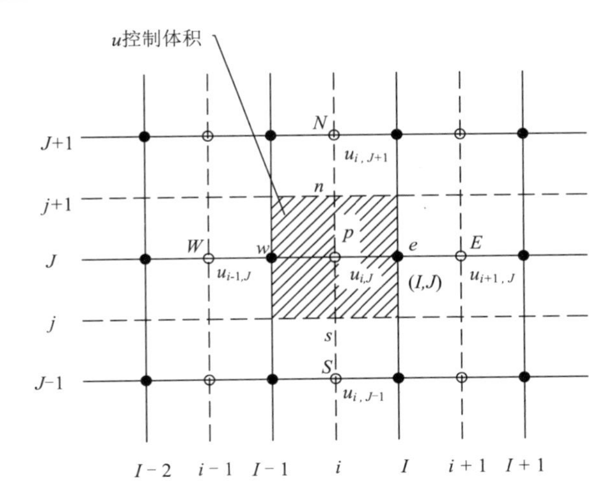

图 2.3.6　u 控制体积及邻点的速度分量（向后错位）

参照 2.3.1 节的通用变量方程在全隐式时间积分方案下离散方程的通用形式（2.3.1.46），可写出在位置(i, J)处关于速度$u_{i,J}$的动量方程离散形式：

$$a_{i,J}u_{i,J} = \sum_{\mathrm{nb}} a_{\mathrm{nb}}u_{\mathrm{nb}} + (p_{I-1,J} - p_{I,J})A_{i,J} + b_{i,J} \tag{2.3.2.7}$$

$$a_{i,J} = \sum_{\mathrm{nb}} a_{\mathrm{nb}} + \Delta F - S_{uP}\Delta V_u \tag{2.3.2.8}$$

$$b_{i,J} = S_{uC}\Delta V_u \tag{2.3.2.9}$$

式中，$A_{i,J}$ 为 u 控制体积的 e 界面或 w 界面的面积，在二维均匀网格中为Δy，即 $A_{i,J}=\Delta y = y_{j+1} - y_j$；$S_{uC}$ 和 S_{uP} 为对 u 动量方程中不包括压力项的源项在控制体积内的平均值 $\overline{S}_{uC} = \dfrac{1}{\Delta V_u}\int_{\Delta V_u} S_u \mathrm{d}V$ 做线性化分解的系数；ΔV_u 为 u 控制体积的体积。

在求和记号 $\sum_{\mathrm{nb}} a_{\mathrm{nb}}u_{\mathrm{nb}}$ 中所包含的E, W, N和S四个邻点分别是$(i+1, J)$，$(i-1, J)$，$(i, J+1)$和$(i, J-1)$，它们的位置在图 2.3.6 中标出。图 2.3.6 中的阴影部分是 u 控制体积，与图 2.3.5 中的节点编号是一致的。为便于理解，图 2.3.6 中 u 控制体积的中心也用 P 来标记，其界面点也用 e，w，n 和 s 来标记。

位置(i, J)处的相邻节点系数a_{nb}取决于所采用的离散格式。如采用线性近似来计算界面的变量值，计算式中含有 u 控制体积界面上的对流质量流量 F 与扩散传导量 D，在图 2.3.6 中的编号系统下的计算公式为

$$\begin{cases} F_w = (\rho u)_w = \dfrac{F_{i,J} + F_{i-1,J}}{2} = \dfrac{1}{2}\left(\dfrac{\rho_{I,J} + \rho_{I-1,J}}{2}u_{i,J} + \dfrac{\rho_{I-1,J} + \rho_{I-2,J}}{2}u_{i-1,J}\right) \\ D_w = \dfrac{\Gamma_{I-1,J}}{x_i - x_{i-1}} \end{cases} \tag{2.3.2.10}$$

$$\begin{cases} F_e = (\rho u)_e = \dfrac{F_{i+1,J} + F_{i,J}}{2} = \dfrac{1}{2}\left(\dfrac{\rho_{I+1,J} + \rho_{I,J}}{2} u_{i+1,J} + \dfrac{\rho_{I,J} + \rho_{I-1,J}}{2} u_{i,J} \right) \\ D_e = \dfrac{\Gamma_{I,J}}{x_{i+1} - x_i} \end{cases} \tag{2.3.2.11}$$

$$\begin{cases} F_s = (\rho u)_s = \dfrac{F_{I,j} + F_{I-1,j}}{2} = \dfrac{1}{2}\left(\dfrac{\rho_{I,J} + \rho_{I,J-1}}{2} v_{I,j} + \dfrac{\rho_{I-1,J} + \rho_{I-1,J-1}}{2} v_{I-1,j} \right) \\ D_s = \dfrac{\Gamma_{I-1,J} + \Gamma_{I,J} + \Gamma_{I-1,J-1} + \Gamma_{I,J-1}}{4(y_J - y_{J-1})} \end{cases} \tag{2.3.2.12}$$

$$\begin{cases} F_n = (\rho u)_n = \dfrac{F_{I,j+1} + F_{I-1,j+1}}{2} = \dfrac{1}{2}\left(\dfrac{\rho_{I,J+1} + \rho_{I,J}}{2} v_{I,j+1} + \dfrac{\rho_{I-1,J+1} + \rho_{I-1,J}}{2} v_{I-1,j+1} \right) \\ D_n = \dfrac{\Gamma_{I-1,J+1} + \Gamma_{I,J+1} + \Gamma_{I-1,J} + \Gamma_{I,J}}{4(y_{J+1} - y_J)} \end{cases} \tag{2.3.2.13}$$

采用交错网格对动量方程离散时，涉及不同类别的控制体积，不同的物理量分别在各自相应的控制体积的节点上定义和存储。例如，密度是在主控制体积的节点上存储的，如图 2.3.6 中的标量节点(I, J)；而速度分量是在错位后的速度控制体积的节点上存储的，如图 2.3.6 中的速度节点(i, J)。这样就会出现这种情况：在速度节点处找不到密度值，而在标量节点处找不到速度值，这需要在计算过程中通过插值来解决。

可按上述同样的方式，对二维稳态压力-速度耦合问题的 v 方向动量方程（2.3.2.3），采用图 2.3.7 中的 v 控制体积（向后错位），可写出位置(I, j)处的关于速度 $v_{I,j}$ 的动量方程离散形式（2.3.2.14）：

$$a_{I,j} v_{I,j} = \sum_{\text{nb}} a_{\text{nb}} v_{\text{nb}} + (p_{I,J-1} - p_{I,J}) A_{I,j} + b_{I,j} \tag{2.3.2.14}$$

$$a_{I,j} = \sum_{\text{nb}} a_{\text{nb}} + \Delta F - S_{vP} \Delta V_v \tag{2.3.2.15}$$

$$b_{I,j} = S_{vC} \Delta V_v \tag{2.3.2.16}$$

在求和记号 $\sum_{\text{nb}} a_{\text{nb}} v_{\text{nb}}$ 中所包含的 E，W，N 和 S 四个邻点分别是$(I+1, j)$，$(I-1, j)$，$(I, j+1)$和$(I, j-1)$，它们的位置在图 2.3.7 中标出。在系数 $a_{I,j}$ 和 a_{nb} 中，同样包含在 v 控制体积界面上的对流质量流量 F 与扩散传导量 D。若采用线性近似来计算界面的变量值，则在图 2.3.6 中的编号系统下的计算公式如下：

$$\begin{cases} F_w = (\rho u)_w = \dfrac{F_{i,J} + F_{i,J-1}}{2} = \dfrac{1}{2}\left(\dfrac{\rho_{I,J} + \rho_{I-1,J}}{2} u_{i,J} + \dfrac{\rho_{I-1,J-1} + \rho_{I,J-1}}{2} u_{i,J-1} \right) \\ D_w = \dfrac{\Gamma_{I-1,J-1} + \Gamma_{I,J-1} + \Gamma_{I-1,J} + \Gamma_{I,J}}{4(x_I - x_{I-1})} \end{cases} \tag{2.3.2.17}$$

$$\begin{cases} F_e = (\rho u)_e = \dfrac{F_{i+1,J} + F_{i+1,J-1}}{2} = \dfrac{1}{2}\left(\dfrac{\rho_{I+1,J} + \rho_{I,J}}{2} u_{i+1,J} + \dfrac{\rho_{I,J-1} + \rho_{I+1,J-1}}{2} u_{i+1,J+1}\right) \\ D_e = \dfrac{\Gamma_{I,J-1} + \Gamma_{I+1,J-1} + \Gamma_{I,J} + \Gamma_{I+1,J}}{4(x_{I+1} - x_I)} \end{cases} \quad (2.3.2.18)$$

$$\begin{cases} F_s = (\rho v)_s = \dfrac{F_{I,j-1} + F_{I,j}}{2} = \dfrac{1}{2}\left(\dfrac{\rho_{I,J-1} + \rho_{I,J-2}}{2} v_{I,j-1} + \dfrac{\rho_{I,J} + \rho_{I,J-1}}{2} v_{I-1,j}\right) \\ D_s = \dfrac{\Gamma_{I,J-1}}{y_j - y_{j-1}} \end{cases} \quad (2.3.2.19)$$

$$\begin{cases} F_n = (\rho v)_n = \dfrac{F_{I,j} + F_{I,j+1}}{2} = \dfrac{1}{2}\left(\dfrac{\rho_{I,J} + \rho_{I,J-1}}{2} v_{I,j} + \dfrac{\rho_{I,J+1} + \rho_{I,J}}{2} v_{I,j+1}\right) \\ D_n = \dfrac{\Gamma_{I,J}}{y_{j+1} - y_j} \end{cases} \quad (2.3.2.20)$$

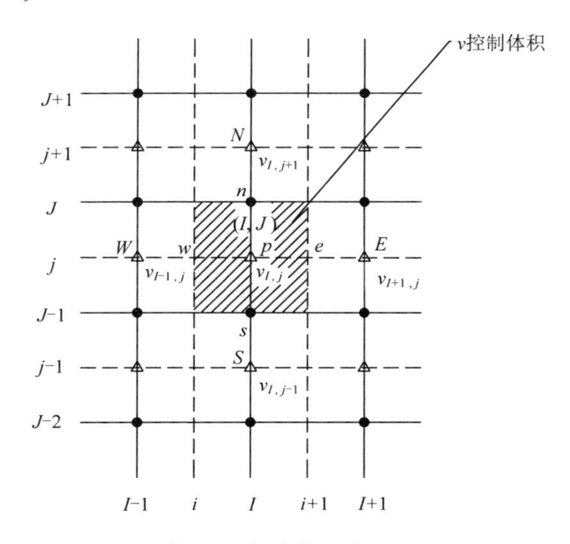

图 2.3.7　v 控制体积及邻点的速度分量（向后错位）

3. 连续性方程的离散

稳态问题的连续方程（2.3.2.1）是在主控制体积中积分离散的，与对流扩散方程的离散过程类似。针对如图 2.3.8 所示的主控制体积，可写出位置(I, J)处的连续方程离散形式：

$$\left[(\rho uA)_{i+1,J} - (\rho uA)_{i,J}\right] + \left[(\rho vA)_{I,j+1} - (\rho vA)_{I,j}\right] = 0 \quad (2.3.2.21)$$

综合式（2.3.2.7）、式（2.3.2.14）和式（2.3.2.21），可得到交错网格下的二维稳态压力-速度耦合问题的有限体积法的离散方程组：

$$\begin{cases} \left[(\rho uA)_{i+1,J}-(\rho uA)_{i,J}\right]+\left[(\rho vA)_{I,j+1}-(\rho vA)_{I,j}\right]=0 \\ a_{i,J}u_{i,J}=\sum_{\mathrm{nb}}a_{\mathrm{nb}}u_{\mathrm{nb}}+(p_{I-1,J}-p_{I,J})A_{i,J}+b_{i,J} \\ a_{I,j}v_{I,j}=\sum_{\mathrm{nb}}a_{\mathrm{nb}}v_{\mathrm{nb}}+(p_{I,J-1}-p_{I,J})A_{I,j}+b_{I,j} \end{cases} \tag{2.3.2.22}$$

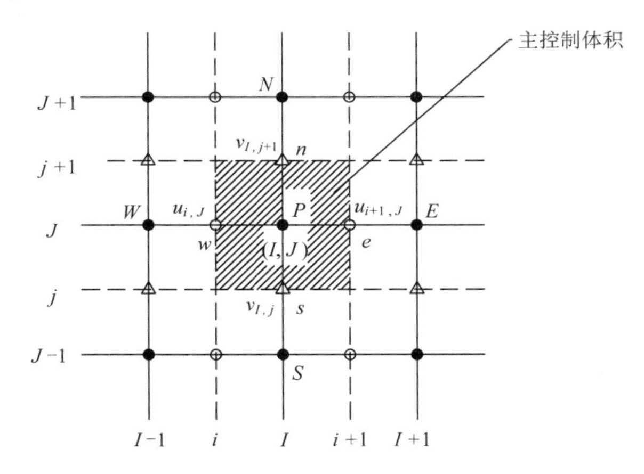

图 2.3.8　主控制体积及邻点的速度分量（向后错位）

当压力分布 $p_{I,J}$ 为已知时，可通过方程组（2.3.2.22）中的两个动量方程离散式分别求出 x 方向速度分布 $u_{i,J}$ 和 y 方向速度分布 $v_{I,j}$ 。如果压力分布是正确的，那么解出的 $u_{i,J}$ ， $v_{I,j}$ 应满足连续性方程。但是一般来讲，压力分布是未知的，因此需要求解方程组（2.3.2.22）。

2.3.3　SIMPLE 算法

SIMPLE 算法是目前广泛应用于求解不可压流场（也可用于求解可压流场）的一种数值计算方法，该方法的核心是“猜测-修正”的过程，在交错网格的基础上通过反复迭代不断地修正计算结果，最后求出收敛解。

SIMPLE 算法的基本思想可描述如下：

1）给一个猜测的压力场（可以是上一次迭代计算所得到的结果），求解离散形式的动量方程，得出速度场。

2）因为压力场是假定的或不精确的，由此得到的速度场一般不满足连续方程，因而必须对给定的压力场加以修正，使修正后的速度场能满足这一迭代层上的连续方程。

3）将由动量方程的离散形式所规定的压力与速度的关系代入连续方程的离散形式得到压力修正方程，由该方程得出压力修正值。根据修正后的压力场，求得新的速度场。

4）检查速度场是否收敛，若不收敛，则用修正后的压强值作为给定的压力场，开始下一层的迭代计算；如此反复，直到获得收敛的解。

1. 速度修正方程

根据 2.3.2 节的内容，若正确的压力场 p 已知，将其代入交错网格条件下二维稳态压力-速度耦合问题的有限体积法离散方程组（2.3.2.22），可得到正确的速度场(u,v)，即有

$$\begin{cases} a_{i,J}u_{i,J} = \sum_{\text{nb}} a_{\text{nb}}u_{\text{nb}} + (p_{I-1,J} - p_{I,J})A_{i,J} + b_{i,J} \\ a_{I,j}v_{I,j} = \sum_{\text{nb}} a_{\text{nb}}v_{\text{nb}} + (p_{I,J-1} - p_{I,J})A_{I,j} + b_{I,j} \end{cases} \tag{2.3.3.1}$$

当压力分布 p 未知时，若设有初始的猜测压力场 p^*，同样代入离散方程组（2.3.2.22）中，可得到相应的速度分量 u^* 和 v^* 为

$$\begin{cases} a_{i,J}u^*_{i,J} = \sum_{\text{nb}} a_{\text{nb}}u^*_{\text{nb}} + (p^*_{I-1,J} - p^*_{I,J})A_{i,J} + b_{i,J} \\ a_{I,j}v^*_{I,j} = \sum_{\text{nb}} a_{\text{nb}}v^*_{\text{nb}} + (p^*_{I,J-1} - p^*_{I,J})A_{I,j} + b_{I,j} \end{cases} \tag{2.3.3.2}$$

式（2.3.3.1）与式（2.3.3.2）相减，并假定源项 b 不变，则有

$$\begin{cases} a_{i,J}(u_{i,J} - u^*_{i,J}) = \sum_{\text{nb}} a_{\text{nb}}(u_{\text{nb}} - u^*_{\text{nb}}) + \left[(p_{I-1,J} - p^*_{I-1,J}) - (p_{I,J} - p^*_{I,J})\right]A_{i,J} \\ a_{I,j}(v_{I,j} - v^*_{I,j}) = \sum_{\text{nb}} a_{\text{nb}}(v_{\text{nb}} - v^*_{\text{nb}}) + \left[(p_{I,J-1} - p^*_{I,J-1}) - (p_{I,J} - p^*_{I,J})\right]A_{I,j} \end{cases} \tag{2.3.3.3}$$

定义压力修正值 p' 为正确的压力场 p 与猜测的压力场 p^* 之差，即有

$$p' = p - p^* \tag{2.3.3.4}$$

同样地，定义速度修正值 u' 和 v' 为正确的速度场(u,v)与猜测的速度场 (u^*,v^*) 之差，即有

$$\begin{cases} u' = u - u^* \\ v' = v - v^* \end{cases} \tag{2.3.3.5}$$

将式（2.3.3.4）和式（2.3.3.5）代入式（2.3.3.3）中，得

$$\begin{cases} a_{i,J}u'_{i,J} = \sum_{\text{nb}} a_{\text{nb}}u'_{\text{nb}} + (p'_{I-1,J} - p'_{I,J})A_{i,J} \\ a_{I,j}v'_{I,j} = \sum_{\text{nb}} a_{\text{nb}}v'_{\text{nb}} + (p'_{I,J-1} - p'_{I,J})A_{I,j} \end{cases} \tag{2.3.3.6}$$

式（2.3.3.6）给出了压力修正值 p' 与速度修正值 (u',v') 之间的关系。由式（2.3.3.6）可见，流场中任一点的速度修正值由两部分组成：一部分是与该速度在同一方向上的相邻两节点间的压力修正值之差，这是产生速度修正值的直接动力；另一部分是由邻点速度的修正值引起的，可视为该点四周邻点压力的修正值对该点速度修正值的间接影响。

根据 SIMPLE 算法中略去邻点速度修正值的方法，为了简化求解过程，略去

式（2.3.3.6）中的$\sum_{\text{nb}} a_{\text{nb}} u'_{\text{nb}}$和$\sum_{\text{nb}} a_{\text{nb}} v'_{\text{nb}}$，于是有

$$\begin{cases} u'_{i,J} = d_{i,J}(p'_{I-1,J} - p'_{I,J}) \\ v'_{I,j} = d_{I,j}(p'_{I,J-1} - p'_{I,J}) \end{cases} \tag{2.3.3.7}$$

式中，$d_{i,J} = \dfrac{A_{i,J}}{a_{i,J}}$，$d_{I,j} = \dfrac{A_{I,j}}{a_{I,j}}$。

式（2.3.3.7）为速度修正值(u',v')的离散方程。将式（2.3.3.7）所描述的速度修正值代入式（2.3.3.5），有

$$\begin{cases} u_{i,J} = u^*_{i,J} + d_{i,J}(p'_{I-1,J} - p'_{I,J}) \\ v_{I,j} = v^*_{I,j} + d_{I,j}(p'_{I,J-1} - p'_{I,J}) \end{cases} \tag{2.3.3.8}$$

对于$u_{i+1,J}$和$v_{I,j+1}$，可得到类似的表达式：

$$\begin{cases} u_{i+1,J} = u^*_{i+1,J} + d_{i+1,J}(p'_{I,J} - p'_{I+1,J}) \\ v_{I,j+1} = v^*_{I,j+1} + d_{I,j+1}(p'_{I,J} - p'_{I,J+1}) \end{cases} \tag{2.3.3.9}$$

式中，$d_{i+1,J} = \dfrac{A_{i+1,J}}{a_{i+1,J}}$，$d_{I,j+1} = \dfrac{A_{I,j+1}}{a_{I,j+1}}$。

如果已知压力修正值p'，便可对猜测的速度场(u^*,v^*)做出相应的速度修正，正确的速度场(u,v)可由式（2.3.3.8）和式（2.3.3.9）得到。

2. 压力修正方程

若将正确的速度值即式（2.3.3.8）和式（2.3.3.9）代入离散方程组（2.3.2.22）中的连续方程离散形式：

$$\left[(\rho uA)_{i+1,J} - (\rho uA)_{i,J}\right] + \left[(\rho vA)_{I,j+1} - (\rho vA)_{I,j}\right] = 0 \tag{2.3.3.10}$$

则有

$$\begin{aligned} &\left\{\rho_{i+1,J}A_{i+1,J}\left[u^*_{i+1,J} + d_{i+1,J}(p'_{I,J} - p'_{I+1,J})\right] - \rho_{i,J}A_{i,J}\left[u^*_{i,J} + d_{i,J}(p'_{I-1,J} - p'_{I,J})\right]\right\} \\ &+\left\{\rho_{I,j+1}A_{I,j+1}\left[v^*_{I,j+1} + d_{I,j+1}(p'_{I,J} - p'_{I,J+1})\right] - \rho_{I,j}A_{I,j}\left[v^*_{I,j} + d_{I,j}(p'_{I,J-1} - p'_{I,J})\right]\right\} = 0 \end{aligned} \tag{2.3.3.11}$$

整理后，得

$$\begin{aligned} &\left[(\rho dA)_{i+1,J} + (\rho dA)_{i,J} + (\rho dA)_{I,j+1} + (\rho dA)_{I,j}\right] p'_{I,J} \\ &= (\rho dA)_{i+1,J}\, p'_{I+1,J} + (\rho dA)_{i,J}\, p'_{I-1,J} + (\rho dA)_{I,j+1}\, p'_{I,J+1} + (\rho dA)_{I,j}\, p'_{I,J-1} \\ &\quad + \left[(\rho u^* A)_{i,J} - (\rho u^* A)_{i+1,J} + (\rho v^* A)_{I,j} - (\rho v^* A)_{I,j+1}\right] \end{aligned} \tag{2.3.3.12}$$

式（2.3.3.12）可简记为

$$a_{I,J}p'_{I,J} = a_{I+1,J}p'_{I+1,J} + a_{I-1,J}p'_{I-1,J} + a_{I,J+1}p'_{I,J+1} + a_{I,J-1}p'_{I,J-1} + b'_{I,J} \tag{2.3.3.13}$$

式中，

$$
\begin{cases}
a_{I,J} = a_{I+1,J} + a_{I-1,J} + a_{I,J+1} + a_{I,J-1} \\
a_{I+1,J} = (\rho \mathrm{d}A)_{i+1,J} \\
a_{I-1,J} = (\rho \mathrm{d}A)_{i,J} \\
a_{I,J+1} = (\rho \mathrm{d}A)_{I,j+1} \\
a_{I,J-1} = (\rho \mathrm{d}A)_{I,j} \\
b'_{I,J} = (\rho u^* A)_{i,J} - (\rho u^* A)_{i+1,J} + (\rho v^* A)_{I,j} - (\rho v^* A)_{I,j+1}
\end{cases}
\tag{2.3.3.14}
$$

式（2.3.3.13）为压力修正值 p' 的离散方程。方程中的源项 b' 是由不正确的速度场 (u^*,v^*) 所导致的不平衡量。通过求解方程（2.3.3.13），可得到空间所有位置的压力修正值 p'。式中的ρ是主控制体积界面上的密度值，同样需要通过插值得到，这是因为密度ρ是在主控制体积中的节点（即控制体积的中心）定义和存储的，在主控制体积界面上不存储可直接引用的值。无论采用何种插值方法，对于交界面所属的两个控制体积，都必须采用同样的ρ值。

为求解方程（2.3.3.13），还必须对压力修正值的边界条件做出说明。实际上，压力修正方程是动量方程和连续方程的派生物，不是基本方程，故其边界条件也与动量方程的边界条件相联系。在一般的流场计算中，动量方程的边界条件通常有两类：一类是已知边界上的压力（速度未知）；另一类是已知沿边界法向的速度分量。若已知边界压力 $\bar{p}$，可在该段边界上令 $p^* = \bar{p}$，则该段边界上的压力修正值 p' 应为零。若已知边界上的法向速度，则在设计网格时，可令控制体积的界面与边界相一致。

2.3.4 PISO 算法

PISO 算法是 Issa 于 1986 年提出的，起初是针对非稳态可压流动计算建立的一种压力速度计算方法，后来在稳态问题的迭代计算中也较广泛地使用了该算法。PISO 是英文 pressure implicit with splitting of operators 的缩写，意为“压力的隐式算子分割”算法。

PISO 算法与 SIMPLE 算法的不同之处在于，SIMPLE 算法是两步算法，即一步预测和一步修正；而 PISO 算法增加了一个修正步，包含一个预测步和两个修正步，在完成了第一步修正得到(u^{**}, v^{**}, p^{**})后寻求二次改进值，目的是使它们更好地同时满足动量方程和连续方程。PISO 算法由于使用了预测、修正、再修正三步，从而可加快单个迭代步中的收敛速度。

1. 预测步

使用与 SIMPLE 算法相同的方法，利用猜测的压力场 p^*，求解动量离散方程（2.3.3.2），得到相应的速度分量 u^* 与 v^*。

2. 第一步修正

所得到的速度场(u^*, v^*)一般不满足连续方程，除非压力场p^*是准确的。现引入对 SIMPLE 的第一个修正步。该修正步给出一个速度场(u^{**}, v^{**})，使其满足连续方程。此处的修正公式与 SIMPLE 算法完全一致，考虑到在 PISO 算法还有第二个修正步，因此使用了不同的记法：

$$p^{**} = p^* + p' \tag{2.3.4.1}$$

$$\begin{cases} u^{**} = u^* + u' \\ v^{**} = v^* + v' \end{cases} \tag{2.3.4.2}$$

第一步修正后的速度u^{**}与v^{**}的表达式为

$$\begin{cases} u_{i,J}^{**} = u_{i,J}^* + d_{i,J}(p'_{I-1,J} - p'_{I,J}) \\ v_{I,j}^{**} = v_{I,j}^* + d_{I,j}(p'_{I,J-1} - p'_{I,J}) \end{cases} \tag{2.3.4.3}$$

将式（2.3.4.3）代入连续方程的离散方程（2.3.3.10），产生与 SIMPLE 算法中的式（2.3.3.13）具有相同系数和源项的一次压力修正方程。求解该方程，可得到第一步压力修正值p'。将已知的压力修正值p'代入式（2.3.4.3），可获得修正后的速度u^{**}与v^{**}。

3. 第二步修正

PISO 算法第一步修正完成后得到的压力p^{**}、速度u^{**}和速度v^{**}满足如下动量离散方程：

$$\begin{cases} a_{i,J}u_{i,J}^{**} = \sum a_{\text{nb}}u_{\text{nb}}^* + (p_{I-1,J}^{**} - p_{I,J}^{**})A_{i,J} + b_{i,J} \\ a_{I,j}v_{I,j}^{**} = \sum a_{\text{nb}}v_{\text{nb}}^* + (p_{I,J-1}^{**} - p_{I,J}^{**})A_{I,j} + b_{I,j} \end{cases} \tag{2.3.4.4}$$

该方程实际就是 SIMPLE 算法中的式（2.3.3.2），为引用方便给出了新的编号。

令p和(u,v)为 PISO 算法第二步修正后的压力和速度，则p和(u,v)满足如下离散动量方程：

$$\begin{cases} a_{i,J}u_{i,J} = \sum a_{\text{nb}}u_{\text{nb}}^{**} + (p_{I-1,J} - p_{I,J})A_{i,J} + b_{i,J} \\ a_{I,j}v_{I,j} = \sum a_{\text{nb}}v_{\text{nb}}^{**} + (p_{I,J-1} - p_{I,J})A_{I,j} + b_{I,j} \end{cases} \tag{2.3.4.5}$$

注意式（2.3.4.5）中的求和项是用第一步修正的速度分量u^{**}和v^{**}来计算的。

式（2.3.4.5）与式（2.3.4.4）相减，记$p'' = p - p^{**}$是压力的二次修正值，则有

$$\begin{cases} u_{i,J} = u_{i,J}^{**} + \dfrac{\sum a_{\text{nb}}(u_{\text{nb}}^{**} - u_{\text{nb}}^*)}{a_{i,J}} + d_{i,J}(p''_{I-1,J} - p''_{I,J}) \\ v_{I,j} = v_{I,j}^{**} + \dfrac{\sum a_{\text{nb}}(v_{\text{nb}}^{**} - v_{\text{nb}}^*)}{a_{I,j}} + d_{I,j}(p''_{I,J-1} - p''_{I,J}) \end{cases} \tag{2.3.4.6}$$

将第二次修正后的速度$(u_{i,J},v_{I,j})$的表达式（2.3.4.6）代入连续方程的离散方程（2.3.3.10），可得到二次压力修正方程：

$$a_{I,J}p''_{I,J}=a_{I+1,J}p''_{I+1,J}+a_{I-1,J}p''_{I-1,J}+a_{I,J+1}p''_{I,J+1}+a_{I,J-1}p''_{I,J-1}+b''_{I,J} \quad (2.3.4.7)$$

参考 SIMPLE 算法同样的过程，可写出各系数如下：

$$\begin{cases}a_{I,J}=a_{I+1,J}+a_{I-1,J}+a_{I,J+1}+a_{I,J-1}\\ a_{I+1,J}=(\rho \mathrm{d}A)_{i+1,J}\\ a_{I-1,J}=(\rho \mathrm{d}A)_{i,J}\\ a_{I,J+1}=(\rho \mathrm{d}A)_{I,j+1}\\ a_{I,J-1}=(\rho \mathrm{d}A)_{I,j}\\ b''_{I,J}=\left(\dfrac{\rho A}{a}\right)_{i,J}\sum a_{\mathrm{nb}}(u^{**}_{\mathrm{nb}}-u^{*}_{\mathrm{nb}})-\left(\dfrac{\rho A}{a}\right)_{i+1,J}\sum a_{\mathrm{nb}}(u^{**}_{\mathrm{nb}}-u^{*}_{\mathrm{nb}})\\ \qquad +\left(\dfrac{\rho A}{a}\right)_{I,j}\sum a_{\mathrm{nb}}(v^{**}_{\mathrm{nb}}-v^{*}_{\mathrm{nb}})-\left(\dfrac{\rho A}{a}\right)_{I,j+1}\sum a_{\mathrm{nb}}(v^{**}_{\mathrm{nb}}-v^{*}_{\mathrm{nb}})\end{cases} \quad (2.3.4.8)$$

求解方程（2.3.4.7）可得到二次压力修正值p''。二次修正的压力可采用如下公式计算：

$$p_{I,J}=p^{**}_{I,J}+p''_{I,J}=p^{*}_{I,J}+p'_{I,J}+p''_{I,J} \quad (2.3.4.9)$$

将通过式（2.3.4.9）得到的二次修正的压力代入式（2.3.4.6），可得到二次修正的速度场$(u_{i,J},v_{I,j})$。

对比 SIMPLE 算法中建立的压力修正方程（2.3.3.13）的过程，可以发现，PISO 算法的压力修正方程（2.3.4.7）中的各项是因为在修正 u 和 v 的表达式（2.3.4.6）中存在$\dfrac{\sum a_{\mathrm{nb}}(u^{**}_{\mathrm{nb}}-u^{*}_{\mathrm{nb}})}{a_{i,J}}$和$\dfrac{\sum a_{\mathrm{nb}}(v^{**}_{\mathrm{nb}}-v^{*}_{\mathrm{nb}})}{a_{I,j}}$项，而在 SIMPLE 算法中 u 和 v 的表达式（2.3.3.8）中没有这样的项。因此，SIMPLE 算法中[式（2.3.3.13）]不存在类似式（2.3.4.7）中的各项。但式（2.3.3.13）存在另外一个源项，即

$$b'_{I,J}=(\rho u^{*}A)_{i,J}-(\rho u^{*}A)_{i+1,J}+(\rho v^{*}A)_{I,j}-(\rho v^{*}A)_{I,j+1}$$

这是 SIMPLE 算法中由修正速度 u 和 v 的表达式（2.3.3.8）中的 u^{*} 与 v^{*} 项所导致的。按此推断，在式（2.3.4.9）中也应该存在类似表达式

$$(\rho u^{**}A)_{i,J}-(\rho u^{**}A)_{i+1,J}+(\rho v^{**}A)_{I,j}-(\rho v^{**}A)_{I,j+1}$$

但是，由于 u^{**} 和 v^{**} 满足连续方程，因此

$$(\rho u^{**}A)_{i,J}-(\rho u^{**}A)_{i+1,J}+(\rho v^{**}A)_{I,j}-(\rho v^{**}A)_{I,j+1}=0$$

在瞬态问题的非迭代计算中，压力场 p 与速度场(u,v)被认为是准确的。对于稳态流动的迭代计算，PISO 算法需要迭代。

PISO 算法要两次求解压力修正方程，因此，它需要额外的存储空间来计算二次压力修正方程中的源项。尽管该方法涉及较多的计算，但对比发现，它的

计算速度很快，总体效率比较高。因此，对于瞬态问题，PISO 算法有明显的优势。

2.4 非结构化网格的 FVM 算法

2.4.1 非结构化网格的生成算法

目前较广泛应用的非结构化三角形网格方法，以 Delaunay 法或推进波阵面法为基础，全部采用三角形（四面体）来填充二维（三维）空间，它消除了结构网格中节点的结构性限制，节点和单元的可控性好，因而能较好地处理边界，可用于模拟真实复杂的外形。非结构化网格生成方法在其生成过程中采用一定的准则进行优化判断，因而能生成高质量的网格，很容易控制网格的大小和节点的密度，随机的数据结构有利于进行网格自适应。一旦在边界上指定网格的分布，在边界之间就可以自动生成网格，无需分块或用户的干预，而且不需要在子域之间传递信息。

1. Voronoi 图

Voronoi（沃罗诺伊）图，又称泰森多边形或 Dirichlet 图，它由一组由连接两邻点直线的垂直平分线组成的连续多边形组成。若区域 D 上有 N 个离散点 $P_i(X_i,Y_i)\,(i=1,2,\cdots,N)$，将区域 D 用一组直线段分成 N 个互相邻接的多边形，则泰森多边形（Voronoi 图）为满足下列条件的多边形：

1）每个多边形内含且仅含一个离散点 $P_i(X_i,Y_i)$。

2）若区域 D 中任意一点 $P'(X',Y')$ 位于 P_i 所在的多边形内，则有

$$\sqrt{\left(X'-X_i\right)^2+\left(Y'-Y_i\right)^2}<\sqrt{\left(X'-X_k\right)^2+\left(Y'-Y_k\right)^2} \qquad (k\neq i)$$

式中，$P_k(X_k,Y_k)$ 为 P_i 所在的多边形外的点。若 $P'(X',Y')$ 位于所在的两多边形的公共边上，则有

$$\sqrt{\left(X'-X_i\right)^2+\left(Y'-Y_i\right)^2}=\sqrt{\left(X'-X_k\right)^2+\left(Y'-Y_k\right)^2} \qquad (k\neq i)$$

Delaunay（1934）提出了 Voronoi 图的对偶图，即 Delaunay 三角网（用直线段连接每两个相邻多边形内的离散点而生成的三角网）。对偶图是图论里的概念，假设 S 是一个图，S 的对偶图 S' 构造如下：把 S 中的边对应成 S' 中的顶点，把 S 中的顶点对应成 S' 中的若干条边。只要 S 中两条边通过同一个顶点，那么这个顶点在 S' 中就要提供一条边恰好连接由那两条边对应的顶点。图 2.4.1 为 Voronoi 图与其对偶图的示意图。

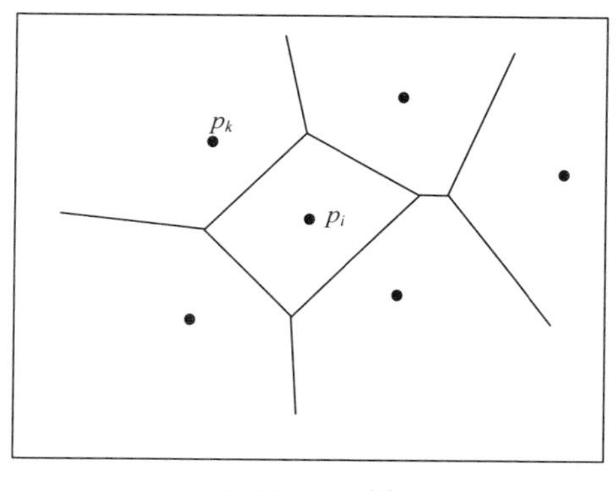

（a）Voronoi 图

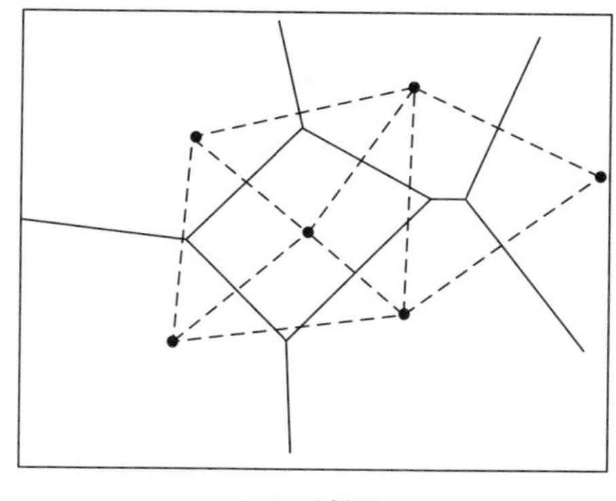

（b）对偶图

图 2.4.1　Voronoi 图及其对偶图

2. Delaunay 三角网

对于给定的初始点集 V，有多种三角网剖分方式。Delaunay 三角网的定义为一系列相连但不重叠的三角形的集合，并且这些三角形的外接圆不包含点集 V 的其余任何点。在空外接圆准则[每个三角形的外接圆均不包含点集的其余任何点，如图 2.4.2（a）所示]和最大最小角准则[两相邻三角形形成的凸四边形中，这两个三角形中的最小内角一定大于交换凸四边形对角线后所形成的两个三角形中的最小内角，如图 2.4.2（b）所示]下进行的三角形剖分称为 Delaunay 三角形剖分（triangulation），简称 DT。空外接圆准则也称为 Delaunay 法则。

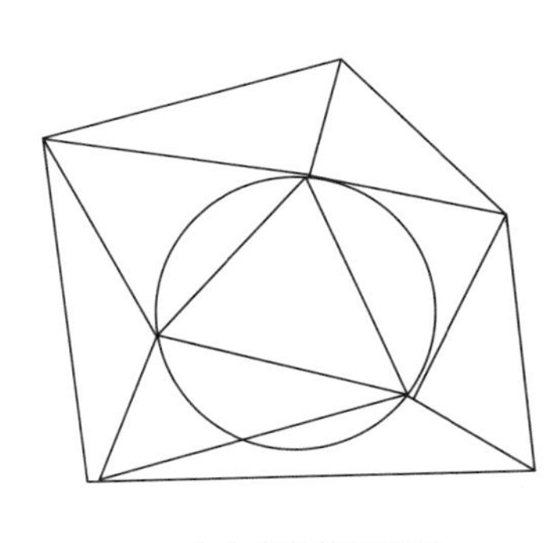

（a）空外接圆准则

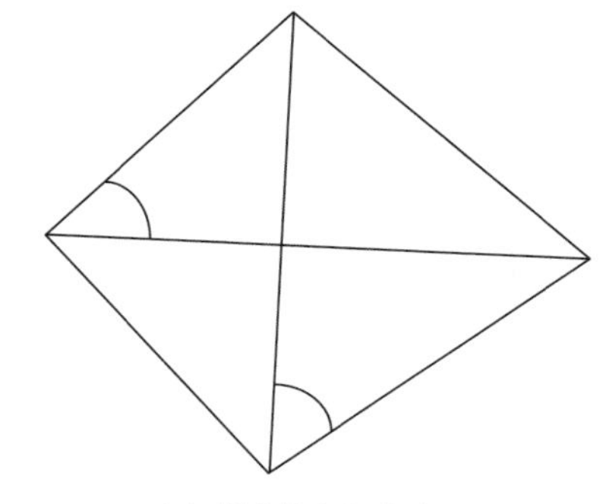

（b）最大最小角准则

图 2.4.2　Delaunay 三角形剖分准则

Delaunay 三角形是由与相邻 Voronoi 多边形共享一条边的相关点连接而成的三角形。Delaunay 三角形的外接圆圆心是与三角形相关的 Voronoi 多边形的一个顶点。

Delaunay 三角网（图 2.4.3）具有以下特征：

1）在 Delaunay 三角网中每个三角形的外接圆内部不会有其他点存在，即

Delaunay 三角网的空外接圆性质。这是创建 Delaunay 三角网的一项判别标准。

2）在构网时，总是选择最邻近的点形成三角形。

3）在由点集 V 中所能形成的三角网中，Delaunay 三角网中三角形的最小角度是最大的。

4）不论从区域何处开始构网，最终都将得到一致的结果，即构网具有唯一性。

Delaunay 三角网具有结构良好、数据结构简单、数据冗余度小、存储效率高、可适应各种分布密度的数据等优点。

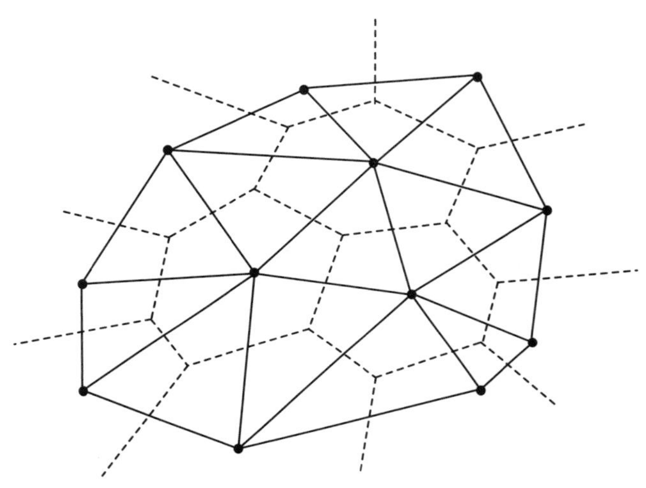

图 2.4.3　Delaunay 三角网

3. Delaunay 三角形网的逐点插入算法

逐点插入算法是采用在 d 维的欧几里得空间 Ed 中构造 Delaunay 三角形网的通用算法，具体算法过程如下：

第 1 步　遍历所有散点，求出包含所有数据点的最小包容盒，得到作为点集凸壳的初始三角形并放入三角形链表。

第 2 步　将点集中的散点依次插入，在三角形链表中找出其外接圆包含插入点的三角形（称为该点的影响三角形），删除影响三角形的公共边，将插入点同影响三角形的全部顶点连接起来，从而完成一个点在 Delaunay 三角形链表中的插入。

第 3 步　根据优化准则对局部新形成的三角形进行优化（如互换对角线等），将形成的三角形放入 Delaunay 三角形链表。

第 4 步　循环执行上述第 2 步，直到所有散点插入完毕，如图 2.4.4 所示。

上述基于散点的构网算法理论严密、唯一性好，网格满足空外接圆特性，较为理想。由逐点插入的构网过程可知，在完成构网后，增加新点时，无须对所有的点进行重新构网，只需对新点影响的三角形范围进行局部联网，且局部联网的方法简单易行。同样，点的删除、移动也可快速动态地进行。但在实际应用当中，当点集较大时这种构网算法的速度较慢，如果点集范围是非凸区域或者存在内环，则会产生非法三角形。

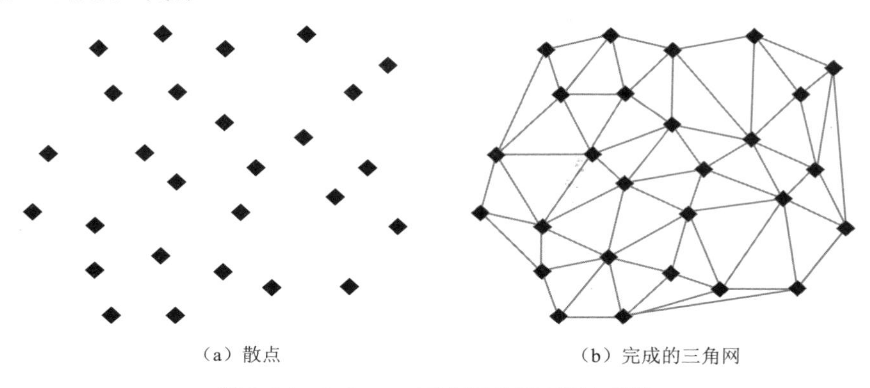

（a）散点　　（b）完成的三角网

图 2.4.4　Delaunay 三角网的逐点插入算法

4. 非结构化网格的前沿推进算法

前沿推进方法（advancing front method 或 front tracing method）（Lo，1985）的实施过程可以简单地叙述如下（刘儒勋和舒其望，2003）：

第 1 步　边界的单元剖分（如图 2.4.5 中的 1，5，6，2，7，8，3，9，10，4，11，12，13 点），形成控制边链表。

第 2 步　开始三角形剖分，记录三角形单元剖分后的最前沿位置。以控制边链表中一线段（如图 2.4.5 中的 5，6 点连线）为基边，从点集中找出同该基边两端点距离和最小的点（如图 2.4.5 中的 14 点），以该点为顶点，以该基边为边，向内扩展一个三角形（满足空外接圆特性）并放入三角形链表。

第 3 步　更新前沿，完成一个三角形剖分后记录新的最前沿位置，再由此前沿向内域作一个三角形（如图 2.4.5 中的 6，2，15 点围成的三角形）。要求生成的是 Delaunay 三角形，有尽可能好的特性（而且不与域内已生成的单元和边界产生矛盾），即参数α尽可能地大，其中，

$$\alpha = \frac{S_{\triangle ABC}}{AB^2 + BC^2 + CA^2}$$

一般地，等边三角形中$\alpha = 0.1443$，60° 直角三角形中$\alpha = 0.1083$，可认为$\alpha > 0.1$为好的网格。

第 4 步　依次将新形成的三角形的边作为基边，形成新的控制边链表，按照上述第 2 步，对控制边链表所有的线段进行循环，再次向外扩展，直到所有三角形不能再向外扩展为止。

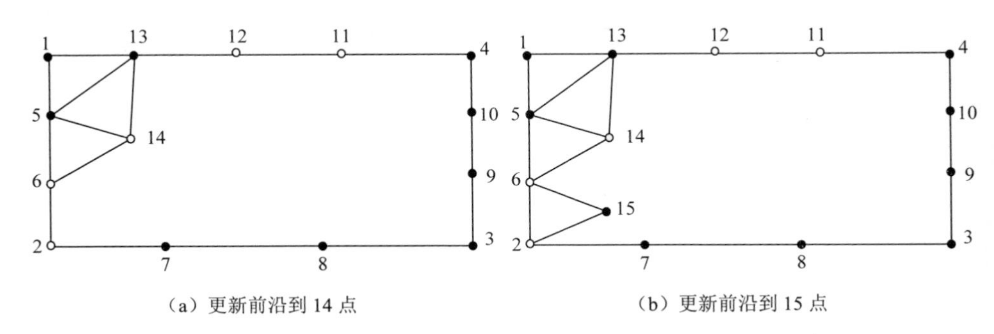

（a）更新前沿到 14 点　　（b）更新前沿到 15 点

图 2.4.5　三角形网格剖分的前沿追踪（advancing front）方法

5. 非结构化网格相关辅助公式

以三角形单元为例，单元顶点以逆时针顺序编号的坐标为(x_1,y_1)，(x_2,y_2)，(x_3,y_3)，若l_{12}为连接顶点(x_1,y_1)与(x_2,y_2)的边，其边长、单位外法向量、单位切向量（$\boldsymbol{n}\times\boldsymbol{t}$构成右手坐标）和面积$A$分别为

$$l_{12}=\sqrt{(x_2-x_1)^2+(y_2-y_1)^2} \tag{2.4.1.1}$$

$$\boldsymbol{n}=\left(\frac{y_2-y_1}{l_{12}},\frac{x_2-x_1}{l_{12}}\right)^{\mathrm{T}} \tag{2.4.1.2}$$

$$\boldsymbol{t}=\left(\frac{x_2-x_1}{l_{12}},\frac{y_1-y_2}{l_{12}}\right)^{\mathrm{T}} \tag{2.4.1.3}$$

$$A=x_1(y_2-y_3)+x_2(y_3-y_1)+x_3(y_1-y_2) \tag{2.4.1.4}$$

已知标量场$f(x,y)$，由顶点的f值估算三角形单元控制体内的偏导数时，可用如下公式（谭维炎，1998）：

$$\frac{\partial f}{\partial x}\approx\frac{1}{\Delta S}\left[f_1(y_2-y_3)+f_2(y_3-y_1)+f_3(y_1-y_2)\right] \tag{2.4.1.5}$$

$$\frac{\partial f}{\partial y}\approx\frac{1}{\Delta S}\left[f_1(x_2-x_3)+f_2(x_3-x_1)+f_3(x_1-x_2)\right] \tag{2.4.1.6}$$

若$f(x,y)$在单元内线性分布时，上式是准确的。一般单元可用 Green（格林）公式计算：

$$\nabla f=\frac{1}{A}\int_{\Omega}\nabla f\mathrm{d}\Omega=\frac{1}{A}\oint_{S}f\boldsymbol{n}\mathrm{d}s\approx\frac{1}{A}\sum_{j}f_j\boldsymbol{n}\Delta s \tag{2.4.1.7}$$

式中，Ω为单元体区域；A为单元体的面积；S为单元体的周长；j为单元体的边的编号。式（2.4.1.7）投影到坐标方向可得$\partial f/\partial x$及$\partial f/\partial y$。

若分别令$f=u$与$f=v$，通过由式(2.4.1.7)计算出四个偏导数$\partial u/\partial x$，$\partial u/\partial y$，$\partial v/\partial x$，$\partial v/\partial y$，从而得到黏应力分量$\tau_{xx}=2\mu(\partial u/\partial x)$，$\tau_{xy}=\mu(\partial v/\partial x+\partial u/\partial y)$等。上述偏导数具有单元平均的含义，可定位在单元形心。

对图 2.4.6 所示的单元顶点方式的非结构三角形网格，其多个三角形单元公共顶点 P 的偏导数也可用 Green 公式来估算（谭维炎，1998）：

$$\nabla f_P = \frac{1}{\sum \Delta_P} \sum_j \frac{1}{2}(f_{jC} + f_{jD})\boldsymbol{n}_j \tag{2.4.1.8}$$

式中，$\sum \Delta_P$ 为环绕 P 点的单元总面积；j 为 P 点对边的编号（其端点为 C 及 D）；$\boldsymbol{n}_j$ 为该边单位外法向量。

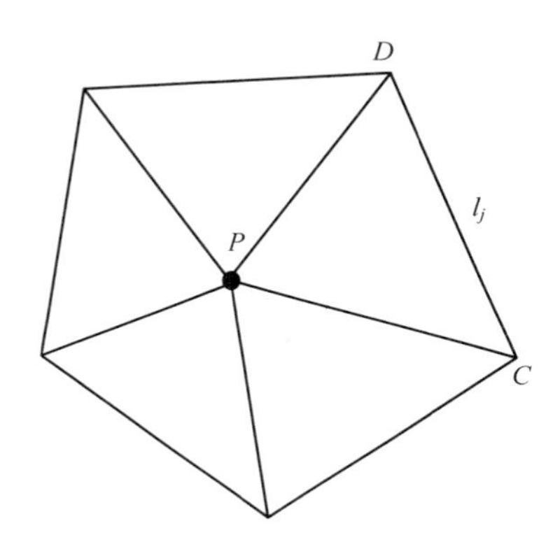

图 2.4.6　三角形单元示意图（单元顶点方式）

如已知相邻单元形心的偏导数，也可按面积加权平均得到顶点处的偏导数。反之，如已知单元顶点的偏导数，由算术平均可得各边及单元的平均偏导数。

对向量场 $\boldsymbol{f}(x,y)$，其散度记为 $\mathrm{div}\boldsymbol{f} = \nabla \cdot \boldsymbol{f}$，由 Green 公式可得

$$\int_{\Omega} (\nabla \cdot \boldsymbol{f})\mathrm{d}\Omega = \oint_S \boldsymbol{f} \cdot \boldsymbol{n}\mathrm{d}s \approx \sum \boldsymbol{f} \cdot \boldsymbol{n}\Delta s \tag{2.4.1.9}$$

式（2.4.1.9）右边求和式中的各项表示沿某边的通量。如方程中含二阶导数项（以黏应力项为例），可写成黏性通量的形式，$\nabla \cdot \boldsymbol{\tau}$（$\boldsymbol{\tau}$ 为二阶张量）。$\nabla \cdot \boldsymbol{\tau}$ 的积分同样可由 Green 公式计算：

$$\begin{aligned}\int_{\Omega} \nabla \cdot \boldsymbol{\tau}\mathrm{d}\Omega &= \oint_S \boldsymbol{\tau} \cdot \boldsymbol{n}\mathrm{d}s \approx \sum_j \tau_j \Delta s_j \\ &= \sum \left[\tau_{\xi\xi}(y_D - y_C) + \tau_{\xi\eta}(x_C - x_D)\right]\end{aligned} \tag{2.4.1.10}$$

$$\boldsymbol{\tau} = (\tau_{\xi\xi}, \tau_{\xi\eta})^{\mathrm{T}} = \left(2\mu\frac{\partial u_\xi}{\partial \xi}, \mu\left(\frac{\partial v_\eta}{\partial \xi} + \frac{\partial u_\xi}{\partial \eta}\right)\right)^{\mathrm{T}} \tag{2.4.1.11}$$

式中，τ_j 为第 j 边 CD 的平均应力，等于在该边的局部坐标系 ξ-η 中的应力的平均值 $(\tau_C + \tau_D)/2$，τ_C，τ_D 为以 C，D 点为中心的控制体上的平均应力，可由该点的流速偏导数求出。

2.4.2　二维对流问题的离散格式

本节中就任意三角形剖分，特别是无结构网格 Delaunay 三角形剖分的情况，介绍二维非结构网格上的有限体积法，以便应用它来模拟自然界中复杂区域内的流动及物质输运现象。

考虑二维对流问题的守恒型方程：

$$\frac{\partial u}{\partial t}+\frac{\partial f(u)}{\partial x}+\frac{\partial g(u)}{\partial y}=0 \tag{2.4.2.1}$$

或写成向量形式：

$$\frac{\partial u}{\partial t}+\nabla\cdot\boldsymbol{F}=0 \tag{2.4.2.2}$$

$$\boldsymbol{F}=(f,g)^{\mathrm{T}},\quad \nabla=\left(\frac{\partial}{\partial x},\frac{\partial}{\partial y}\right)$$

且假定有 Jacobian 矩阵：

$$\frac{\partial f(u)}{\partial u}=a(u),\quad \frac{\partial g(u)}{\partial u}=b(u) \tag{2.4.2.3}$$

相应的实特征值和特征向量：

$$\begin{cases}a(u):\lambda_i,V_i\\ b(u):\mu_i,W_i\end{cases} \tag{2.4.2.4}$$

1. 单元顶点型的控制元

在 Delaunay 三角剖分的网格中，以节点 P 为中心的一种单元顶点型的控制元如图 2.4.7 中虚线所示，控制元由顶点 P 周围所有三角形单元的形心相连接而成。控制元的区域为Ω，边界为 S，面积为 A。

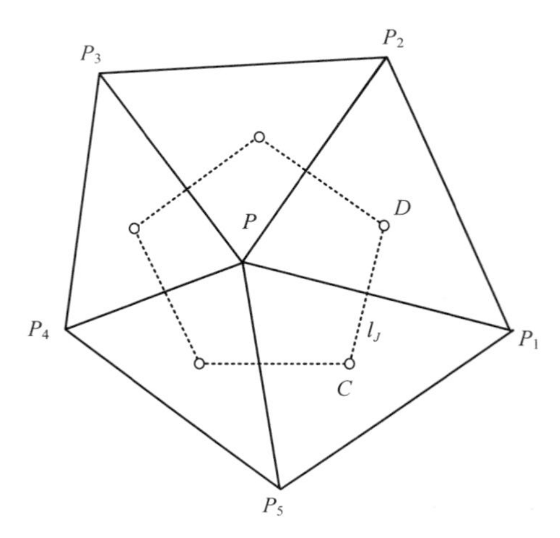

图 2.4.7　单元顶点型的 FVM 控制元

将式（2.4.2.1）在图 2.4.7 中虚线所示的控制元上积分，并利用 Gauss 定理，可得

$$\frac{\partial}{\partial t}\int_{\Omega} u\mathrm{d}x\mathrm{d}y = -\int_{S}(f\cdot n_x + g\cdot n_y)\mathrm{d}s = -\int_{S}(f\mathrm{d}y - g\mathrm{d}x) \tag{2.4.2.5}$$

式中，(n_x, n_y)为控制元的第 l 条边线上的外法向单位向量。

时间导数项采用向前差分离散，式（2.4.2.5）可写成半离散形式为

$$A(u_P^{n+1} - u_P^n) = \Delta t\left[-\int_{S}(f\mathrm{d}y - g\mathrm{d}x)\right] \tag{2.4.2.6}$$

式中，A 为控制元面积。离散化的 FVM 方程为

$$A\ (u_P^{n+1} - u_P^n) = -\Delta t\sum_{j=1}^{M}\left[f_j(y_D - y_C) - g_j(x_D - x_C)\right] \tag{2.4.2.7}$$

式中，M 为控制元的边线总数（对图 2.4.7，$M=5$）；下标 C 和 D 表示第 j 边的起点和终点的位置。记第 j 边起点 C 的坐标为(x_C, y_C)、终点 D 的坐标为(x_D, y_D)，则有

$$A\ (u_P^{n+1} - u_P^n) = -\Delta t\sum_{j=1}^{M}(f_j\Delta y_j - g_j\Delta x_j) \tag{2.4.2.8}$$

式中，$\Delta x_j = x_D - x_C$，$\Delta y_j = y_D - y_C$。

对流项进行离散，关键是计算控制体表面上的数值通量$\boldsymbol{F}_j = (f_j, g_j)^{\mathrm{T}}$。在不同的离散格式中，差别最大的是对流项的处理。最简单的计算方式是以控制体第 j 边中点为代表，由紧邻的两侧状态用中心或迎风格式求出。也可根据控制体第 j 边的起点和终点的通量的算术平均求出。

向波等（2007，2008）给出了如下计算控制体界面上的数值通量的二阶精度的迎风格式的方法。对图 2.4.7 中虚线包含的单元顶点型控制体，控制体边界 CD 边上的数值通量 F_{CD} 为

$$F_{CD} = (f\cdot n_x\Delta l)_{CD} + (g\cdot n_y\Delta l)_{CD} = f_{CD}\Delta y_{CD} - g_{CD}\Delta x_{CD} \tag{2.4.2.9}$$

式中，Δl 是控制体边界 CD 的长度；$\Delta x_{CD} = x_D - x_C$，$\Delta y_{CD} = y_D - y_C$。

为构造一种二阶精度的迎风格式，首先把界面上的数值通量分解成正、负通量之和，即

$$F_{CD} = F^+ - F^- \tag{2.4.2.10}$$

式中，$F^+ = (F_{CD} + |F_{CD}|)/2$，$F^- = (-F_{CD} + |F_{CD}|)/2$。

对于中心差分格式，界面上的 u 值等于界面两边节点上物理量的均值，中心差分格式的精度为二阶，但是不稳定。为了保证格式的迎风特性和格式的精度，在界面 CD 上对 u 作 Taylor 展开，可以得到

$$u^+ = u_P + \left(\frac{\partial u}{\partial x}\right)^+\Delta x_{l,P} + \left(\frac{\partial u}{\partial y}\right)^+\Delta y_{l,P} + \cdots \tag{2.4.2.11}$$

$$u^{-}=u_{P_1}+\left(\frac{\partial u}{\partial x}\right)^{-}\Delta x_{l,P_1}+\left(\frac{\partial u}{\partial y}\right)^{-}\Delta y_{l,P_1}+\cdots \tag{2.4.2.12}$$

式中，$\Delta x_{l,P}=x_l-x_P$，$\Delta y_{l,P}=y_l-y_P$，$\Delta x_{l,P_1}=x_l-x_{P_1}$，$\Delta y_{l,P_1}=y_l-y_{P_1}$，$(x_l,y_l)$为界面 CD 的中心点坐标。

式（2.4.2.11）和式（2.4.2.12）中的梯度可选取一侧梯度与两侧梯度算术平均中的绝对值较小者，这种方法引入 NND（non-oscillatory and non-free-parameters dissipative，非振荡非自由参量耗散）格式的优点。梯度项公式的具体计算为

$$\left(\frac{\partial u}{\partial x}\right)^{+}=\min\bmod\left\{\left(\frac{\partial u}{\partial x}\right)_P,\frac{1}{2}\left[\left(\frac{\partial u}{\partial x}\right)_P+\left(\frac{\partial u}{\partial x}\right)_{P_1}\right]\right\} \tag{2.4.2.13}$$

$$\left(\frac{\partial u}{\partial y}\right)^{+}=\min\bmod\left\{\left(\frac{\partial u}{\partial y}\right)_P,\frac{1}{2}\left[\left(\frac{\partial u}{\partial y}\right)_P+\left(\frac{\partial u}{\partial y}\right)_{P_1}\right]\right\} \tag{2.4.2.14}$$

$$\left(\frac{\partial u}{\partial x}\right)^{-}=\min\bmod\left\{\left(\frac{\partial u}{\partial x}\right)_{P_1},\frac{1}{2}\left[\left(\frac{\partial u}{\partial x}\right)_P+\left(\frac{\partial u}{\partial x}\right)_{P_1}\right]\right\} \tag{2.4.2.15}$$

$$\left(\frac{\partial u}{\partial y}\right)^{-}=\min\bmod\left\{\left(\frac{\partial u}{\partial y}\right)_{P_1},\frac{1}{2}\left[\left(\frac{\partial u}{\partial y}\right)_P+\left(\frac{\partial u}{\partial y}\right)_{P_1}\right]\right\} \tag{2.4.2.16}$$

函数 min mod 的定义为

$$\min\bmod(u_1,u_2)=\left\{\frac{1}{2}\left[\operatorname{sign}(u_1)+\operatorname{sign}(u_2)\right]\right\}\cdot\min\left\{|u_1|,|u_2|\right\} \tag{2.4.2.17}$$

式中，u_1 和 u_2 是任意的两个变量。

将式（2.4.2.11）和式（2.4.2.12）代入式（2.4.2.10）中，可得到二阶迎风的对流项计算公式：

$$F_{CD}=F^{+}\left(u_P+\left(\frac{\partial u}{\partial x}\right)^{+}\Delta x_{l,P}+\left(\frac{\partial u}{\partial y}\right)^{+}\Delta y_{l,P}\right)-F^{-}\left(u_{P_1}+\left(\frac{\partial u}{\partial x}\right)^{-}\Delta x_{l,P_1}+\left(\frac{\partial u}{\partial y}\right)^{-}\Delta y_{l,P_1}\right) \tag{2.4.2.18}$$

对一阶迎风格式，界面上的物理量 u 等于迎风侧节点的值，即取 $u^{+}=u_P$，$u^{-}=u_{P_1}$，可得到一阶迎风的对流项计算公式为

$$F_{CD}=F^{+}(u_P)-F^{-}(u_{P_1}) \tag{2.4.2.19}$$

高煜堃等（2014）给出了如下重构确定物理量的线性最小二乘法方式。仍以图 2.4.7 中虚线所包含的单元顶点型控制体为例，为重构确定物理量 u 的界面值 u^{+} 和 u^{-}，设 j ($j=1,\cdots,M$) 为围绕节点 P 的插值节点，则在节点 P 处附近的函数值 $u=u(x,y)$ 可用节点 P 处的值 $u_P=u(x_P,y_P)$ 通过 Taylor 级数展开逼近，即

$$u = u_P + a_1\Delta x + a_2\Delta y + \frac{1}{2}a_3\Delta x^2 + \frac{1}{2}a_4\Delta y^2 + a_5\Delta x\Delta y + \cdots + \frac{1}{n!}\left(\Delta x\frac{\partial u}{\partial x} + \Delta y\frac{\partial u}{\partial y}\right)_P^n + O(\Delta x^{n+1}, \Delta y^{n+1}) \tag{2.4.2.20}$$

式中，$\Delta x = x - x_P$，$\Delta y = y - y_P$，$a_i (i = 1,2,\cdots,5)$ 为重构系数，表示在节点 P 处相应的各阶偏导数。

对于线性逼近，式（2.4.2.20）函数的近似值 u^* 可写为

$$u^* = u_P + a_1\Delta x + a_2\Delta y \tag{2.4.2.21}$$

对于二次逼近，式（2.4.2.20）函数的近似值 u^* 可写为

$$u^* = u_P + a_1\Delta x + a_2\Delta y + \frac{1}{2}a_3\Delta x^2 + \frac{1}{2}a_4\Delta y^2 + a_5\Delta x\Delta y \tag{2.4.2.22}$$

采用基于非结构网格节点的 FVTD（finite-volume time-domain，时域有限体积）算法，插值模板中节点 j 处的函数值为已知，记为 u_j，那么模板中 M 个点的总体误差 G 可用误差向量 $\boldsymbol{e}$ 的 L_2 范数写为

$$G = \frac{1}{2}\left(\|\boldsymbol{e}\|_2\right)^2 = \frac{1}{2}\sum_{j=1}^{M} e_j^2 = \frac{1}{2}\sum_{j=1}^{M}(u_j - u_j^*)^2 \tag{2.4.2.23}$$

对于线性近似，基于总体误差 G 极小，得到的重构系数满足

$$\begin{bmatrix} \sum \Delta x_j^2 & \sum \Delta x_j \Delta y_j \\ \sum \Delta x_j \Delta y_j & \sum \Delta y_j^2 \end{bmatrix} \cdot \begin{bmatrix} a_1 \\ a_2 \end{bmatrix} = \begin{bmatrix} \sum \Delta x_j (u_j - u_P) \\ \sum \Delta y_j (u_j - u_P) \end{bmatrix} \tag{2.4.2.24}$$

逼近函数可整理为

$$u(x, y) = u_P + \sum \alpha_j (u_j - u_P)\Delta x + \sum \beta_j (u_j - u_P)\Delta y \tag{2.4.2.25}$$

式中，α_j 和 β_j 仅与节点坐标相关，在时间推进计算前可一次求出。式（2.4.2.25）即为线性逼近，若采用二次逼近，其逼近函数涉及的重构系数可类似确定。

2. 单元中心型的控制元

单元中心型（CC 方式）的控制元是可以选取不同几何形状的控制元。为了编程和计算的方便，以及边条件处理上的考虑，常用单一的三角形单元。各变量的控制体平均值位于形心，各边的外法向单位向量 $\boldsymbol{n} = (n_x, n_y)^{\mathrm{T}}$ 与 x 轴的夹角为 φ，由 x 轴起逆时针度量。如图 2.4.8 所示的三角形顶点为 P_1，P_2，P_3 的单元中心型的三角形单元，O 点为三角形的形心，l_1，l_2，l_3 为三角形单元的边长，O_1，O_2，O_3 为相邻三角形单元的形心。

将式（2.4.2.2）在控制元上积分，对流项的积分应用 Gauss-Green（高斯-格林）公式化为沿其周界的线积分，得

$$\frac{\partial}{\partial t}\int_{\Omega} u \mathrm{d}\Omega + \int_{S} \boldsymbol{F} \cdot \boldsymbol{n} \mathrm{d}s = 0 \tag{2.4.2.26}$$

从而可得到半离散格式为

$$A\ \frac{\partial u}{\partial t}=-\sum_{j=1}^{3}\boldsymbol{F}_j^{*}\cdot\boldsymbol{n}_j\cdot l_j \tag{2.4.2.27}$$

式中，下标 j 表示单元中心型的三角形控制元的三个边；$\boldsymbol{n}_j$ 为控制元的第 j 条边线上的外法向单位向量；$\boldsymbol{F}_j^{*}=\boldsymbol{F}_j^{*}(f(u),g(u))$ 为第 j 条边线上的通量。

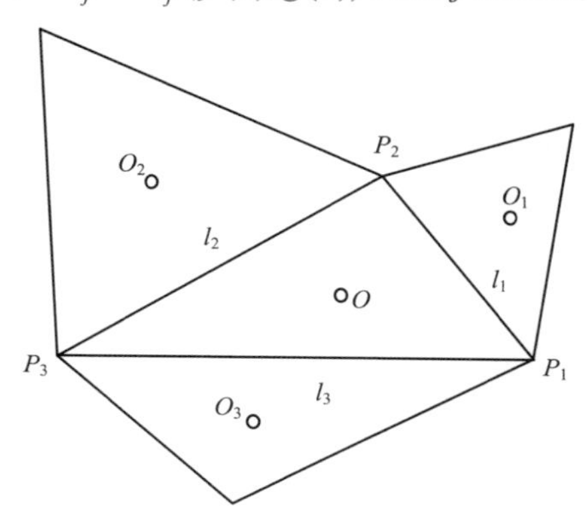

图 2.4.8　单元中心型的三角形控制元

采用图 2.4.8 所示的单元中心型的三角形控制元，$\boldsymbol{F}_j^{*}=\boldsymbol{F}_j^{*}(f(u),g(u))$ 的构造相应地简化，特别是间断解处理。首先可由节点上的平均值给出函数分布（重构），再由左、右重构得到的变量 $u_{\rm L}$ 和 $u_{\rm R}$ 给出通量 $\boldsymbol{F}(u_{\rm L},u_{\rm R})$。例如，对单元中心型的三角形控制元的 l_1 边，最简单的情形有

$$u_{\rm L}=u_O,\quad u_{\rm R}=u_{O_1} \tag{2.4.2.28}$$

变量 $u_{\rm L}$ 和 $u_{\rm R}$ 的重构完成后，可应用通量 $\boldsymbol{F}(u_{\rm L},u_{\rm R})$ 计算格式给出边线上的通量，如算术平均格式（2.4.2.29）与 Lax-Friedrichs 单调流函数格式（2.4.2.30）等。

$$\boldsymbol{F}(u_{\rm L},u_{\rm R})=\frac{1}{2}\left[\boldsymbol{F}(u_{\rm L})+\boldsymbol{F}(u_{\rm R})\right]\ \text{或}\ \boldsymbol{F}(u_{\rm L},u_{\rm R})=\boldsymbol{F}\left(\frac{u_{\rm L}+u_{\rm R}}{2}\right) \tag{2.4.2.29}$$

$$\boldsymbol{F}(u_{\rm L},u_{\rm R})=\frac{1}{2}\left[\boldsymbol{F}(u_{\rm L})+\boldsymbol{F}(u_{\rm R})\right]-\frac{1}{2}\alpha(u_{\rm R}-u_{\rm L}) \tag{2.4.2.30}$$

式中，$\alpha=\max\left(\partial\boldsymbol{F}/\partial u\right)$，其最大值在 u 的相关范围中取。

对于单元中心型的三角形控制元，变量 $u_{\rm L}$ 和 $u_{\rm R}$ 的 MUSCL（monotonic upwind scheme for conservation laws，保守恒单调迎风格式）与 Upwind 重构格式及通量 $\boldsymbol{F}(u_{\rm L},u_{\rm R})$ 计算的 Roe 格式，可参考 2.4.3 的内容，其他的变量重构格式及通量计算格式可参见有关文献（谭维炎，1998；刘儒勋和舒其望，2003）。

2.4.3　二维守恒型方程组的离散格式

以向量形式的守恒型二维浅水方程组为例：

$$\frac{\partial \boldsymbol{U}}{\partial t}+\nabla\cdot\boldsymbol{F}(\boldsymbol{U})=\boldsymbol{S} \qquad (2.4.3.1)$$

式中，守恒量向量 $\boldsymbol{U}$、通量向量 $\boldsymbol{F}=(\boldsymbol{f},\boldsymbol{g})^{\mathrm{T}}$ 和源项向量 $\boldsymbol{S}$ 分别如下所示：

$$\boldsymbol{U}=\begin{pmatrix}H\\Hu\\Hv\end{pmatrix},\quad \boldsymbol{f}(\boldsymbol{U})=\begin{pmatrix}Hu\\Hu^2+\frac{1}{2}gH^2\\Huv\end{pmatrix},\quad \boldsymbol{g}(\boldsymbol{U})=\begin{pmatrix}Hv\\Huv\\Hv^2+\frac{1}{2}gH^2\end{pmatrix},\quad \boldsymbol{S}=\begin{pmatrix}s_1\\s_2\\s_3\end{pmatrix}$$

其中，H 为从水底到水面的高度；u，v 分别为 x 方向和 y 方向的平均流速；$\boldsymbol{f}(\boldsymbol{U})$ 为 x 向通量向量；$\boldsymbol{g}(\boldsymbol{U})$为 y 向通量向量。

1. 空间离散

采用图 2.4.9 所示的三角形控制体，控制元的区域为 Ω，边界为 S，面积为 A。对向量形式的守恒型方程组（2.4.3.1）在控制体 Ω 上做积分，利用 Gauss 定理将体积分化为沿其周界的线积分，可得到有限体积法的基本方程：

$$\frac{\partial}{\partial t}\int_{\Omega}\boldsymbol{U}\mathrm{d}V=-\int_{S}\boldsymbol{F}(\boldsymbol{U})\cdot\boldsymbol{n}\mathrm{d}s+\int_{\Omega}\boldsymbol{S}\mathrm{d}V \qquad (2.4.3.2)$$

式中，$\boldsymbol{n}(n_x,n_y)$ 为单元边界面的外法向单位向量；$\mathrm{d}V$ 为体积分微元；$\mathrm{d}s$ 为线积分微元；$\boldsymbol{F}(\boldsymbol{U})\cdot\boldsymbol{n}$ 为法向数值通量。

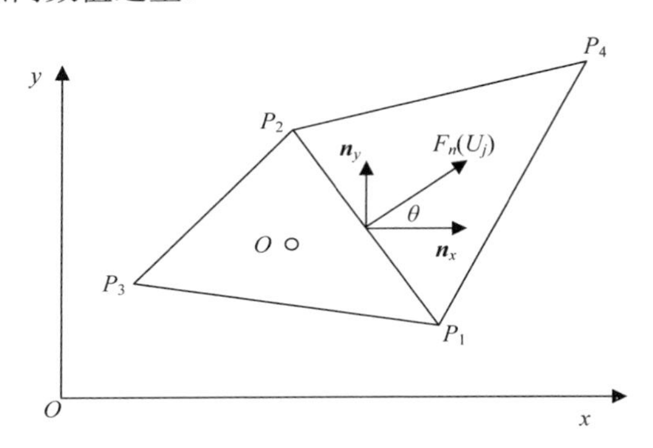

图 2.4.9　控制体第 j 边的全局坐标系(x, y)

对三角形控制体单元取平均后，可得到有限体积法的半离散格式为

$$A\ \frac{\partial\bar{U}}{\partial t}=-\sum_{j=1}^{3}F_{n,j}\cdot l_j+A\ \bar{S} \qquad (2.4.3.3)$$

式中，$\bar{U}=\frac{1}{A}\int_{\Omega}U\mathrm{d}A$ 为守恒物理量在控制体内的平均值；$\bar{S}=\frac{1}{A}\int_{\Omega}S\mathrm{d}A$ 为源项在控制体内的平均值，对单元中心方式，当精度小于或等于二阶时，可取变量和源项在三角形形心处的值，即 $\bar{U}=U_O$，$\bar{S}=S_O$；l_j 为单元第 j 条边线的长度；

$F_{n,j}=F_n(U_j)=\boldsymbol{F}(U_j)\cdot\boldsymbol{n}=\boldsymbol{f}(U_j)\cdot\boldsymbol{n}_x+\boldsymbol{g}(U_j)\cdot\boldsymbol{n}_y$ 为第 j 边的平均法向数值通量。

考虑到 $F_n(U_j)$ 沿控制体边界一般为非线性分布，所以用数值求积公式来计算可取得较高的精度。因此式（2.4.3.3）可写为

$$A\ \frac{\partial \bar{U}_O}{\partial t}=-\sum_{j=1}^{3}l_j\sum_{k=1}^{K}F_n\left(U_{j,k}\right)\omega_k+A\ \bar{S}_O \tag{2.4.3.4}$$

式中，$\sum_{k=1}^{K}F_n\left(U_{j,k}\right)\omega_k$ 为数值积分公式计算的第 j 边的平均法向数值通量 $F_n(U_j)$；ω_k 为积分权系数；K 为积分点总数；$U_{j,k}$ 为守恒物理量在第 j 边、第 k 积分点的值。

守恒型二维浅水方程组（2.4.3.1）中 $\boldsymbol{F}=(\boldsymbol{f},\boldsymbol{g})^{\mathrm{T}}$ 的分量 $\boldsymbol{f}(\boldsymbol{U})$及 $\boldsymbol{g}(\boldsymbol{U})$具有旋转不变性，则 $\boldsymbol{F}(\boldsymbol{U})$ 的法向通量 $\boldsymbol{F}_n(\boldsymbol{U})$ 经旋转变换后的结果等于先对 $\boldsymbol{U}$ 进行旋转变换得出 $\boldsymbol{U}_n$ 后的通量 $\boldsymbol{F}(\boldsymbol{U}_n)$，即满足关系：

$$\boldsymbol{T}(\theta)\boldsymbol{F}_n(\boldsymbol{U})=\boldsymbol{F}(\boldsymbol{T}(\theta)\boldsymbol{U})=\boldsymbol{F}(\boldsymbol{U}_n) \tag{2.4.3.5}$$

或

$$\boldsymbol{F}_n(\boldsymbol{U})=\boldsymbol{T}(\theta)^{-1}\boldsymbol{F}(\boldsymbol{U}_n) \tag{2.4.3.6}$$

式中，$\boldsymbol{U}_n=\boldsymbol{T}(\theta)\boldsymbol{U}$ 为图 2.4.10 所示的局部坐标系 ξ-η 下的守恒物理量，即将 $\boldsymbol{U}$ 投影到控制体边界外法向 n 得到的矢量，其分量分别沿控制体边界的法向和切向；$\boldsymbol{T}(\theta)$是坐标旋转角 θ 的变换矩阵，$\boldsymbol{T}(\theta)^{-1}$ 是 $\boldsymbol{T}(\theta)$的逆矩阵，其中，

$$\boldsymbol{T}(\theta)=\begin{bmatrix}1&0&0\\0&\cos\theta&\sin\theta\\0&-\sin\theta&\cos\theta\end{bmatrix} \tag{2.4.3.7}$$

$$\boldsymbol{T}(\theta)^{-1}=\begin{bmatrix}1&0&0\\0&\cos\theta&-\sin\theta\\0&\sin\theta&\cos\theta\end{bmatrix} \tag{2.4.3.8}$$

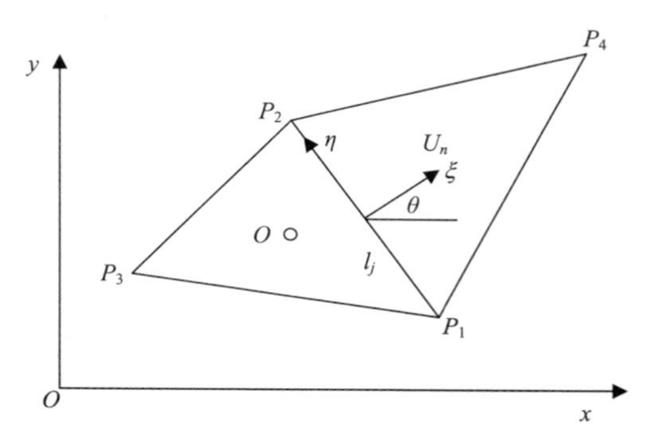

图 2.4.10　控制体第 j 边的局部坐标系 ξ-η

将式（2.4.3.6）代入式（2.4.3.3）就可得到经旋转变换后的有限体积法半离散

格式：

$$A\frac{\partial \bar{U}_O}{\partial t}=-\sum_{j=1}^{3}\boldsymbol{T}(\theta)^{-1}\boldsymbol{F}(U_{n,j})\cdot l_j + A\,\bar{S}_O \tag{2.4.3.9}$$

方程（2.4.3.9）和（2.4.3.3）是等价的，都是有限体积法离散的基本方程，不管方程采用哪种形式，最终都要求估算法向数值通量。方程（2.4.3.9）为我们提供了把二维问题法向通量计算转化为求解一维局部ξ-η坐标系下的 Riemann 问题的变换途径，使确定数值通量更为便捷。在应用方程（2.4.3.9）之前，需要解决通量 $\boldsymbol{F}$ 的计算格式及物理量 $\boldsymbol{U}$ 在界面上的值（又称为物理量 $\boldsymbol{U}$ 的重构），即根据节点处的物理量 $\boldsymbol{U}$ 重构解的表达式，得到控制体边界上通量积分点处的物理量，在间断情况下则为界面两侧的物理量。

对具有旋转不变性的二维浅水方程的有限体积法离散方程（2.4.3.9），计算全局 x–y 坐标系下数值通量 $\boldsymbol{F}(\boldsymbol{U})$的法向通量 $\boldsymbol{F}_n(\boldsymbol{U})$ 可分三步：

第 1 步　将全局 x-y 坐标系下的 $\boldsymbol{U}=(H,Hu,Hv)$，通过坐标旋转变换公式 $\boldsymbol{U}_n=\boldsymbol{T}(\theta)\boldsymbol{U}$，得到局部$\xi$-$\eta$坐标系下的 $\boldsymbol{U}_n=(H,Hu_\xi,Hv_\eta)$，$u_\xi,v_\eta$ 分别为局部ξ-η坐标系下中点的法向、切向流速。

第 2 步　将 $\boldsymbol{U}_n=(H,Hu_\xi,Hv_\eta)$ 代入 $\boldsymbol{F}(\boldsymbol{U})$，得局部$\xi$-$\eta$坐标系下的法向数值通量 $\boldsymbol{F}(\boldsymbol{U}_n)$（质量及$\xi$，$\eta$向动量）。

第 3 步　应用逆旋转变换公式 $\boldsymbol{F}_n(\boldsymbol{U})=\boldsymbol{T}(\theta)^{-1}\boldsymbol{F}(\boldsymbol{U}_n)$，将 $\boldsymbol{F}(\boldsymbol{U}_n)$ 投影到全局 x-y 坐标系中，得到法向输出的通量 $\boldsymbol{F}_n(\boldsymbol{U})$（质量及 x，y 向动量）。

2. 时间离散

基于间断的有限体积法，一般采用复杂的 Riemann 解算器计算跨越控制体边界的物质通量，采用隐式格式还面临着很多困难。方程（2.4.3.9）的时间离散目前主要采用显式格式。显式格式可由已知的 t_n 时刻的值直接计算 t_{n+1} 时刻的未知值，不必求解方程组。以下是几种常用的时间离散格式。

将式（2.4.3.9）写为如下形式：

$$A\frac{\partial \bar{\boldsymbol{U}}}{\partial t}=-AW(\boldsymbol{U})+A\bar{\boldsymbol{S}} \tag{2.4.3.10}$$

$$W(\boldsymbol{U})=-\frac{1}{A}\sum_{j=1}^{3}\boldsymbol{T}(\theta)^{-1}\boldsymbol{F}(U_{n,j})l_j$$

式中，$\bar{\boldsymbol{U}}$ 为控制体内守恒物理量的平均值；$\boldsymbol{U}$ 为由 $\bar{\boldsymbol{U}}$ 重构的控制体内的守恒物理量。

1）一阶显式格式（显式 Euler 格式）：

$$\bar{\boldsymbol{U}}^{n+1}=\bar{\boldsymbol{U}}^{n}+\Delta t(\boldsymbol{S}^n-\boldsymbol{W}^n) \tag{2.4.3.11}$$

2）二阶 Runge-Kutta（龙格–库塔）格式：

$$\begin{cases}\boldsymbol{U}^* = \bar{\boldsymbol{U}}^n + \Delta t(\boldsymbol{S}^n - \boldsymbol{W}^n) \\ \bar{\boldsymbol{U}}^{n+1} = \dfrac{1}{2}\bar{\boldsymbol{U}}^n + \dfrac{1}{2}\left[\boldsymbol{U}^* + \Delta t(\boldsymbol{S}^* - \boldsymbol{W}^*)\right]\end{cases} \tag{2.4.3.12}$$

预测步可采用显式 Euler 格式计算 t_{n+1} 时的解 $\boldsymbol{U}^*$，校正步采用 $\bar{\boldsymbol{U}}^n$ 和 $\boldsymbol{U}^*$ 计算 $\bar{\boldsymbol{U}}^{n+1}$。

3）二阶预测、校正二步格式：

$$\begin{cases}\boldsymbol{U}^* = \bar{\boldsymbol{U}}^n + \Delta t(\boldsymbol{S}^n - \boldsymbol{W}^n) \\ \bar{\boldsymbol{U}}^{n+1} = \bar{\boldsymbol{U}}^{n+1/2} + \Delta t(\boldsymbol{S}^{n+1/2} - \boldsymbol{W}^{n+1/2})\end{cases} \tag{2.4.3.13}$$

式中，

$$\bar{\boldsymbol{U}}^{n+1/2} = \frac{1}{2}(\bar{\boldsymbol{U}}^n + \boldsymbol{U}^*)$$

$$\boldsymbol{W}^{n+1/2} = \boldsymbol{W}(\bar{\boldsymbol{U}}^{n+1/2})$$

$$\boldsymbol{S}^{n+1/2} = \boldsymbol{S}(\bar{\boldsymbol{U}}^{n+1/2})$$

方程（2.4.3.13）的右边也可取 t_n 及 t_{n+1} 时的平均值，如 $W^{n+1/2} = (W^n + W^*)/2$。在预测步及校正步中，$W$（即界面数值通量）可以采用不同的空间离散式。但不论采用哪种方式，守恒性完全由校正步决定，而精度亦受校正步影响最大。预测步求解界面数值通量可采用较简单的格式，而校正步采用精度高的复杂格式。

3. 通量 $\boldsymbol{F}(U_\mathrm{L},U_\mathrm{R})$ 计算格式

通过坐标旋转变换，控制体界面法向通量 $\boldsymbol{F}_n(\boldsymbol{U})$ 的计算可由原来的二维问题简化为一维问题来处理。局部 ξ-η 坐标系的法向数值通量 $\boldsymbol{F}(U_n)$，可取图 2.4.11 所示的一维 Riemann 问题的解。

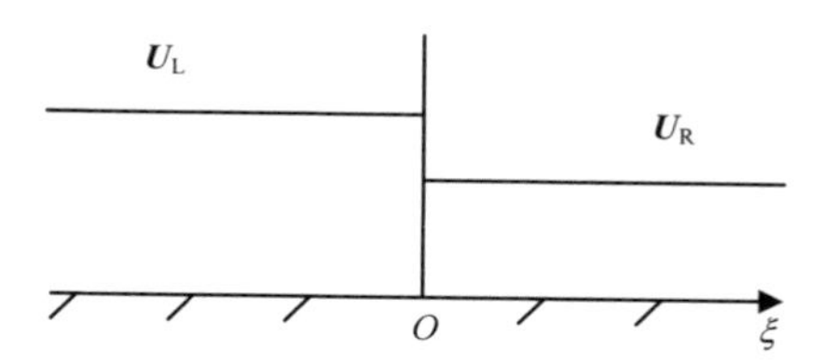

图 2.4.11　一维 Riemann 问题示意图

图 2.4.1 所示的一维 Riemann 问题可表示为

$$\frac{\partial U_n}{\partial t} + \frac{\boldsymbol{F}(U_n)}{\partial \xi} = 0 \tag{2.4.3.14}$$

式中，$\begin{cases}U_n = U_\mathrm{L}, & \xi < 0 \\ U_n = U_\mathrm{R}, & \xi > 0\end{cases}$，其中，$U_\mathrm{L}$ 和 U_R 分别为间断点左、右的物理量。

求解以上 Riemann 问题，便可得到 $\xi = 0$ 时坐标原点处沿边界外法向的通量在 ξ-η 坐标系内的表达式 $\boldsymbol{F}(U_n)$。因 $\boldsymbol{F}(U_n)$ 考虑了间断两侧的物理量，所以 $\boldsymbol{F}(U_n)$ 可

写为 $\boldsymbol{F}(U_{\mathrm{L}},U_{\mathrm{R}})$ 的形式，以下是部分计算 $\boldsymbol{F}(U_{\mathrm{L}},U_{\mathrm{R}})$ 的格式。

1）算术平均：

$$\boldsymbol{F}(U_{\mathrm{L}},U_{\mathrm{R}})=\frac{1}{2}\left[\boldsymbol{F}(U_{\mathrm{L}})+\boldsymbol{F}(U_{\mathrm{R}})\right] \quad 或 \quad \boldsymbol{F}(U_{\mathrm{L}},U_{\mathrm{R}})=\boldsymbol{F}\left(\frac{U_{\mathrm{L}}+U_{\mathrm{R}}}{2}\right) \tag{2.4.3.15}$$

算术平均形式是一种最简单的格式，但效果相对较差。

2）Lax-Friedrichs 单调流函数：

$$\boldsymbol{F}(U_{\mathrm{L}},U_{\mathrm{R}})=\frac{1}{2}\left[\boldsymbol{F}(U_{\mathrm{L}})+\boldsymbol{F}(U_{\mathrm{R}})\right]-\frac{1}{2}\alpha(U_{\mathrm{R}}-U_{\mathrm{L}}) \tag{2.4.3.16}$$

式中，$\alpha=\max\left(\partial\boldsymbol{F}/\partial\boldsymbol{U}\right)$，其最大值在 $\boldsymbol{U}$ 的相关范围中取。

3）Roe 格式：

Roe 方法利用间断左、右的物理量 U_{L}，U_{R} 去构造一个常数矩阵 $\tilde{\boldsymbol{A}}(U_{\mathrm{L}},U_{\mathrm{R}})$ 来代替 $\boldsymbol{A}(U_n)$［$\boldsymbol{A}(U_n)=\partial\boldsymbol{F}(U_n)/\partial U_n$，为通量函数 $\boldsymbol{F}(U_n)$ 的 Jacobian 矩阵］，从而将非线性问题线性化，即将一维 Riemann 问题简化为

$$\frac{\partial U_n}{\partial t}+\tilde{\boldsymbol{A}}(U_{\mathrm{L}},U_{\mathrm{R}})\frac{\partial U_n}{\partial\xi}=0 \tag{2.4.3.17}$$

对于如何确定线性化的 Jacobian 矩阵 $\tilde{\boldsymbol{A}}(U_{\mathrm{L}},U_{\mathrm{R}})$，Roe 提出了应遵循的三个原则，即所谓的 U 性质。

根据 U 性质的双曲性，$\tilde{\boldsymbol{A}}(U_{\mathrm{L}},U_{\mathrm{R}})$ 可以进行对角化，即存在相似变换矩阵 $\boldsymbol{S}$，使 $\boldsymbol{\Lambda}=\boldsymbol{S}^{-1}\tilde{\boldsymbol{A}}(U_{\mathrm{L}},U_{\mathrm{R}})\boldsymbol{S}=\mathrm{diag}(\lambda_1,\lambda_2,\cdots,\lambda_m)$，$\boldsymbol{S}$ 的各列由 $\tilde{\boldsymbol{A}}(U_{\mathrm{L}},U_{\mathrm{R}})$ 的右特征向量组成。若设

$$\lambda_i^+=\max(\lambda_i,0)=\frac{1}{2}\left(\lambda_i+|\lambda_i|\right),\quad \lambda_i^-=\min(\lambda_i,0)=\frac{1}{2}\left(\lambda_i-|\lambda_i|\right),\quad i=1,2,\cdots,m$$

则根据特征值的符号，可将 $\tilde{\boldsymbol{A}}(U_{\mathrm{L}},U_{\mathrm{R}})$ 分裂为 $\tilde{\boldsymbol{A}}^+(U_{\mathrm{L}},U_{\mathrm{R}})$ 和 $\tilde{\boldsymbol{A}}^-(U_{\mathrm{L}},U_{\mathrm{R}})$，即

$$\tilde{\boldsymbol{A}}(U_{\mathrm{L}},U_{\mathrm{R}})=\tilde{\boldsymbol{A}}^+(U_{\mathrm{L}},U_{\mathrm{R}})+\tilde{\boldsymbol{A}}^-(U_{\mathrm{L}},U_{\mathrm{R}})$$

$$\tilde{\boldsymbol{A}}^\pm(U_{\mathrm{L}},U_{\mathrm{R}})=\boldsymbol{S}\boldsymbol{\Lambda}^\pm\boldsymbol{S}^{-1},\quad \boldsymbol{\Lambda}^\pm=\mathrm{diag}(\lambda_1^\pm,\lambda_2^\pm,\cdots,\lambda_m^\pm)$$

方程（2.4.3.17）可写为

$$\frac{\partial U_n}{\partial t}+\tilde{\boldsymbol{A}}^+(U_{\mathrm{L}},U_{\mathrm{R}})\frac{\partial U_n}{\partial\xi}+\tilde{\boldsymbol{A}}^-(U_{\mathrm{L}},U_{\mathrm{R}})\frac{\partial U_n}{\partial\xi}=0 \tag{2.4.3.18}$$

根据迎风性，式（2.4.3.18）中左边第二项代表向右传播的扰动，只对右边的点发生影响，空间离散应使用向后差分格式；左边第三项代表向左传播的扰动，只对左边的点发生影响，空间离散应使用向前差分格式。从而得半离散 Roe 格式：

$$\frac{\partial U_n}{\partial t}+\tilde{\boldsymbol{A}}^+(U_P,U_W)\frac{\partial U_n}{\partial\xi}+\tilde{\boldsymbol{A}}^-(U_E,U_P)\frac{\partial U_n}{\partial\xi}=0 \tag{2.4.3.19}$$

式中，

$$\tilde{\boldsymbol{A}}^+(U_P,U_W)=\frac{1}{2}\left[(\tilde{\boldsymbol{A}}+|\tilde{\boldsymbol{A}}|)(U_P-U_W)\right]=\frac{1}{2}\left[(F_P-F_W)+|\tilde{\boldsymbol{A}}|(U_P-U_W)\right]$$

$$\tilde{\boldsymbol{A}}^{-}(U_E,U_P)=\frac{1}{2}\left[(\tilde{\boldsymbol{A}}-|\tilde{\boldsymbol{A}}|)(U_E-U_P)\right]=\frac{1}{2}\left[(F_E-F_P)-|\tilde{\boldsymbol{A}}|(U_E-U_P)\right]$$

将（2.4.3.19）写为 Roe 格式为

$$\frac{\partial U_n}{\partial t}+\frac{1}{\Delta x}(F_e-F_w)=0$$

$$F_e=\frac{1}{2}\left[F_E+F_P-|\tilde{\boldsymbol{A}}|(U_E-U_P)\right],\quad F_w=\frac{1}{2}\left[F_P+F_W-|\tilde{\boldsymbol{A}}|(U_P-U_W)\right]$$

数值通量可表示为

$$\boldsymbol{F}(U_\mathrm{L},U_\mathrm{R})=\frac{1}{2}\left[F_\mathrm{R}+F_\mathrm{L}-|\tilde{\boldsymbol{A}}|(U_\mathrm{R}-U_\mathrm{L})\right] \tag{2.4.3.20}$$

Roe（1981）通过引入参向量$\boldsymbol{\omega}$，给出了一种构造式（2.4.3.20）中$\tilde{\boldsymbol{A}}(U_\mathrm{L},U_\mathrm{R})$的方法。仍以具有旋转不变性的二维浅水方程为例，选取参向量$\boldsymbol{\omega}=\sqrt{H}\left(1,u,v\right)^\mathrm{T}$，可以求得与矩阵 $\boldsymbol{A}$ 相同形式的线性化 Jacobian 矩阵 $\tilde{\boldsymbol{A}}(U_\mathrm{L},U_\mathrm{R})$（不同的是 $\boldsymbol{A}$ 中的 H, c, u, v 用下列相应的 Roe 平均量 $\bar{H},\bar{c},\bar{u},\bar{v}$ 代替）：

$$\tilde{\boldsymbol{A}}(U_\mathrm{L},U_\mathrm{R})=\begin{bmatrix}0 & 1 & 0\\ \bar{c}^2-\bar{u}^2 & 2\bar{u} & 0\\ -\overline{uv} & \bar{v} & \bar{u}\end{bmatrix}$$

式中，

$$\bar{c}=\sqrt{\frac{g(H_\mathrm{L}+H_\mathrm{R})}{2}},\quad \bar{u}=\frac{\sqrt{H_\mathrm{L}}u_\mathrm{L}+\sqrt{H_\mathrm{R}}u_\mathrm{R}}{\sqrt{H_\mathrm{L}}+\sqrt{H_\mathrm{R}}},\quad \bar{v}=\frac{\sqrt{H_\mathrm{L}}v_\mathrm{L}+\sqrt{H_\mathrm{R}}v_\mathrm{R}}{\sqrt{H_\mathrm{L}}+\sqrt{H_\mathrm{R}}}$$

$\tilde{\boldsymbol{A}}(U_\mathrm{L},U_\mathrm{R})$的特征值$\lambda_j$及右特征向量$\boldsymbol{\gamma}_j$ $(j=1, 2, 3)$分别为

$$\lambda_1=\bar{u}-\bar{c},\quad \lambda_2=\bar{u},\quad \lambda_3=\bar{u}+\bar{c}$$

$$\boldsymbol{\gamma}_1=\begin{bmatrix}1\\ \bar{u}-\bar{c}\\ \bar{v}\end{bmatrix},\quad \boldsymbol{\gamma}_2=\begin{bmatrix}0\\ -\bar{c}\\ 0\end{bmatrix},\quad \boldsymbol{\gamma}_3=\begin{bmatrix}1\\ \bar{u}+\bar{c}\\ \bar{v}\end{bmatrix}$$

将间断跳跃量$U_\mathrm{R}-U_\mathrm{L}$表示为右特征向量的组合：

$$U_\mathrm{R}-U_\mathrm{L}=\sum_{j=1}^{3}\alpha_j\gamma_j \tag{2.4.3.21}$$

式中，系数α_j如下：

$$\begin{cases}\alpha_1=\dfrac{1}{2}(H_\mathrm{R}-H_\mathrm{L})+\dfrac{1}{2\bar{c}}\left[(H_\mathrm{R}u_\mathrm{R}-H_\mathrm{L}u_\mathrm{L})-\bar{u}(H_\mathrm{R}-H_\mathrm{L})\right]\\ \alpha_2=\dfrac{1}{\bar{c}}\left[H_\mathrm{R}v_\mathrm{R}-H_\mathrm{L}v_\mathrm{L}-\bar{v}(H_\mathrm{R}-H_\mathrm{L})\right]\\ \alpha_3=\dfrac{1}{2}(H_\mathrm{R}-H_\mathrm{L})-\dfrac{1}{2\bar{c}}\left[(H_\mathrm{R}u_\mathrm{R}-H_\mathrm{L}u_\mathrm{L})-\bar{u}(H_\mathrm{R}-H_\mathrm{L})\right]\end{cases} \tag{2.4.3.22}$$

由式（2.4.3.20）和式（2.4.3.21）可得 Roe 格式的数值通量$\boldsymbol{F}(U_\mathrm{L},U_\mathrm{R})$为

$$\begin{aligned}\boldsymbol{F}(U_{\mathrm{L}},U_{\mathrm{R}})&=\frac{1}{2}\left[F_{\mathrm{R}}+F_{\mathrm{L}}-\left|\tilde{\boldsymbol{A}}\right|\sum_{j=1}^{3}\alpha_j\boldsymbol{\gamma}_j\right]=\frac{1}{2}\left[F_{\mathrm{R}}+F_{\mathrm{L}}-\sum_{j=1}^{3}\alpha_j\left|\tilde{\boldsymbol{A}}\right|\boldsymbol{\gamma}_j\right]\\&=\frac{1}{2}\left[F_{\mathrm{R}}+F_{\mathrm{L}}-\sum_{j=1}^{3}\alpha_j\left|\lambda_j\right|\boldsymbol{\gamma}_j\right]\end{aligned}\tag{2.4.3.23}$$

4. 界面物理量U_{L}，U_{R}的重构

为求解界面通量$\boldsymbol{F}(U_{\mathrm{L}},U_{\mathrm{R}})$，还需根据控制体节点上物理量的平均值$\overline{U}$（或近似取控制体形心处的值$U_O$），求得控制体界面两侧的物理量$U_{\mathrm{L}}$，$U_{\mathrm{R}}$。$U_{\mathrm{L}}$为相应于界面左侧（内侧）的变量值，$U_{\mathrm{R}}$为相应于界面右侧（外侧）的变量值。以下是部分重构$U_{\mathrm{L}}$，$U_{\mathrm{R}}$的方法。

（1）常数逼近

利用常数逼近时

$$U_{\mathrm{L}}=U_O,\quad U_{\mathrm{R}}=U_{O_j}\tag{2.4.3.24}$$

这是一阶精度方法，稳定性较好，但精度不高。

（2）MUSCL 格式

为了准确地估算跨越控制体界面的通量，需要更准确地估算控制体界面处的物理量U_{L}，U_{R}。van Leer（1977a，1977b，1979）提出的 MUSCL 格式计算量适中，具有空间二阶精度；但对网格质量要求较高，在网格高度奇异时精度会大大降低（汪继文和刘儒勋，2001）。

假定物理量在控制体内符合线性分布，以分片线性分布代替分片常数分布。如对图 2.4.12 所示的 MUSCL 格式示意图，U_{L}，U_{R}由控制体中心的物理量U_O，U_{O_1}及控制体顶点的物理量U_{P_3}，U_{P_4}通过线性插值求得，即

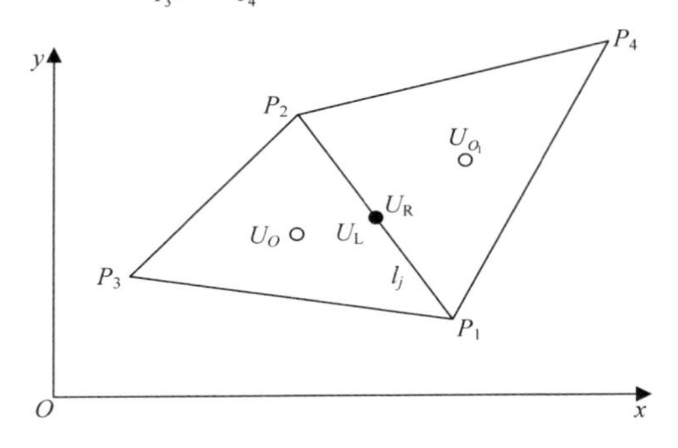

图 2.4.12　MUSCL 格式示意图

$$\begin{cases}U_{\mathrm{L}}=U_O+\dfrac{1}{2}\varphi(r_{\mathrm{L}})\cdot(U_O-U_{P_3})\\U_{\mathrm{R}}=U_{O_1}-\dfrac{1}{2}\varphi(r_{\mathrm{R}})\cdot(U_{O_1}-U_O)\end{cases}\tag{2.4.3.25}$$

式中，$\varphi(r)$是限制器函数；$r_{\mathrm{L}}=\dfrac{U_{O_1}-U_O}{U_O-U_{P_3}}$，$r_{\mathrm{R}}=\dfrac{U_{P_4}-U_{O_1}}{U_{O_1}-U_O}$；控制体顶点的守恒物理量$U_{P_3}$，$U_{P_4}$可由相邻控制体中心的物理量按距离倒数加权平均求得。

（3）Upwind 格式

Upwind 格式具有空间二阶精度，计算结果比 MUSCL 格式好，但计算量较大。对给定的中心点为 O 的控制体Ω，对任意$(x,y)\in\Omega$，将$U(x,y)$在 O 点做 Taylor 展开，舍去二阶以上的项，得

$$U(x,y)=U(x_O,y_O)+\frac{\partial U(x_O,y_O)}{\partial x}(x-x_O)+\frac{\partial U(x_O,y_O)}{\partial y}(y-y_O) \quad (2.4.3.26)$$

式中，$\dfrac{\partial U(x_O,y_O)}{\partial x}$和$\dfrac{\partial U(x_O,y_O)}{\partial y}$为物理量在 O 点的 x 向和 y 向梯度，可采用 Green 公式法与线性最小二乘法计算。

采用 Green 公式法时，由 Gauss 公式得

$$\left(\frac{\partial \boldsymbol{U}(x_O,y_O)}{\partial x},\frac{\partial \boldsymbol{U}(x_O,y_O)}{\partial y}\right)=\frac{1}{A}\oint_{\Gamma}\boldsymbol{U}\cdot\boldsymbol{n}\mathrm{d}\Gamma \quad (2.4.3.27)$$

式中，A 是积分路径Γ所围区域的面积。Γ由点 O 周围已知其 U 值的点的连线组成，可由控制体Ω的三边组成，也可由相邻控制体中心的连线组成，如图 2.4.13 虚线所示。

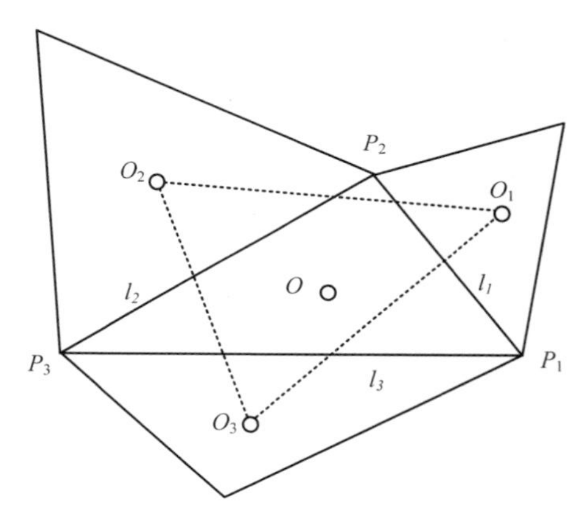

图 2.4.13　Green 公式法积分路径示意图

若采用相邻控制体中心的连线作为积分路径，由 Gauss-Green 公式可得

$$\begin{cases}\dfrac{\partial U(x_O,y_O)}{\partial x}=\dfrac{1}{2A}\left[U_1(y_2-y_3)+U_2(y_3-y_1)+U_3(y_1-y_2)\right]\\[2ex]\dfrac{\partial U(x_O,y_O)}{\partial y}=\dfrac{1}{2A}\left[U_1(x_3-x_2)+U_2(x_1-x_3)+U_3(x_2-x_1)\right]\end{cases} \quad (2.4.3.28)$$

式中，

$$A = \frac{1}{2}(x_1 y_2 - x_2 y_1 + x_2 y_3 - x_3 y_2 + x_3 y_1 - x_1 y_3)$$

采用线性最小二乘法时，假定式（2.4.3.26）在区域 $\Omega \bigcup \Omega_j (j=1,2,3)$ 内均成立，则对 $O_j(x_{O_j}, y_{O_j})(j=1,2,3)$ 可得方程组：

$$\begin{cases} U(x_{O_1}, y_{O_1}) = U(x_O, y_O) + \dfrac{\partial U(x_O, y_O)}{\partial x}(x_{O_1} - x_O) + \dfrac{\partial U(x_O, y_O)}{\partial y}(y_{O_1} - y_O) \\ U(x_{O_2}, y_{O_2}) = U(x_O, y_O) + \dfrac{\partial U(x_O, y_O)}{\partial x}(x_{O_2} - x_O) + \dfrac{\partial U(x_O, y_O)}{\partial y}(y_{O_2} - y_O) \\ U(x_{O_3}, y_{O_3}) = U(x_O, y_O) + \dfrac{\partial U(x_O, y_O)}{\partial x}(x_{O_3} - x_O) + \dfrac{\partial U(x_O, y_O)}{\partial y}(y_{O_3} - y_O) \end{cases} \quad (2.4.3.29)$$

式（2.4.3.29）是以 $\dfrac{\partial U(x_O, y_O)}{\partial x}$ 和 $\dfrac{\partial U(x_O, y_O)}{\partial y}$ 为未知量的超定方程组。记 $\Delta x_j = (x_{O_j} - x_O)$， $\Delta y_j = (y_{O_j} - y_O)$， $\Delta U_j = U(x_{O_j}, y_{O_j}) - U(x_O, y_O)$(j=1,2,3)，并对各式取不同权重，则式（2.4.3.29）可写为

$$\begin{pmatrix} w_1 \Delta x_1 & w_1 \Delta y_1 \\ w_2 \Delta x_2 & w_2 \Delta y_2 \\ w_3 \Delta x_3 & w_3 \Delta y_3 \end{pmatrix} \begin{pmatrix} \dfrac{\partial U(x_O, y_O)}{\partial x} \\ \dfrac{\partial U(x_O, y_O)}{\partial y} \end{pmatrix} = \begin{pmatrix} w_1 \Delta U_1 \\ w_2 \Delta U_2 \\ w_3 \Delta U_3 \end{pmatrix} \quad (2.4.3.30)$$

式中，w_j(j=1,2,3)为权重因子，可取 $w_j = \left[(x_{O_j} - x_O)^2 + (y_{O_j} - y_O)^2\right]^{-\frac{1}{2}}$（距离的倒数）。式（2.4.3.30）采用最小二乘法求解，其正则方程为

$$\begin{pmatrix} \sum\limits_{j=1}^{3} w_j^2 \Delta x_j^2 & \sum\limits_{j=1}^{3} w_j^2 \Delta x_j \Delta y_j \\ \sum\limits_{j=1}^{3} w_j^2 \Delta x_j \Delta y_j & \sum\limits_{j=1}^{3} w_j^2 \Delta y_j^2 \end{pmatrix} \begin{pmatrix} \dfrac{\partial U(x_O, y_O)}{\partial x} \\ \dfrac{\partial U(x_O, y_O)}{\partial y} \end{pmatrix} = \begin{pmatrix} \sum\limits_{j=1}^{3} w_j^2 \Delta x_j \Delta U_j \\ \sum\limits_{j=1}^{3} w_j^2 \Delta y_j \Delta U_j \end{pmatrix} \quad (2.4.3.31)$$

求得 $\dfrac{\partial U(x_O, y_O)}{\partial x}$ 和 $\dfrac{\partial U(x_O, y_O)}{\partial y}$ 后便可用式（2.4.3.26）计算 U_{L}，在 Ω_j 上进行同样的计算便可求得 U_{R}。

采用 Upwind 型格式进行重构时，应确保重构的单调性，即控制体内计算的 U 值不能超过周围控制体上的最大值与最小值，为此实际计算中通常对重构的梯度加以限制，即采用式（2.4.3.32）代替式（2.4.3.26）。

$$U(x,y) = U(x_O, y_O) + \varphi(r)\left[\frac{\partial U(x_O, y_O)}{\partial x}(x - x_O) + \frac{\partial U(x_O, y_O)}{\partial y}(y - y_O)\right] \quad (2.4.3.32)$$

式中，函数 $\varphi(r)$ 为梯度限制因子，或称为通量限制器（flux limiter）。对 $\varphi(r)$ 的基本要求为

$$\varphi(r)=\begin{cases}\geqslant 0, & r\geqslant 0\\ 0, & r<0\\ 1, & r=1\end{cases}\tag{2.4.3.33}$$

为了保持单调和 TVD 性，要求满足

$$\begin{cases}0\leqslant \varphi(r)\leqslant 2\\ 0<\dfrac{\varphi(r)}{r}\leqslant 2\end{cases}\tag{2.4.3.34}$$

同时为了对向前、向后梯度同等处理，常要求 $\varphi(r)$ 具有对称性，即

$$\frac{\varphi(r)}{r}=\varphi\left(\frac{1}{r}\right)\tag{2.4.3.35}$$

选取不同的 $\varphi(r)$ 可建立不同性能的格式。以下是式（2.4.3.32)中常用的几种限制因子 $\varphi(r)$：

1）Roe's min mod（罗的下界）限制因子：

$$\varphi(r)=\min\bmod\left[0,\min(1,r)\right]=\begin{cases}0, & r\leqslant 0\\ r, & 0<r<1\\ 1, & r\geqslant 1\end{cases}$$

2）Roe's superbee（罗的上界）限制因子：

$$\varphi(r)=\max\left[0,\min(2r,1),\min(r,2)\right]$$

$$=\begin{cases}0, & r\leqslant 0\\ 2r, & 0<r\leqslant\dfrac{1}{2}\\ 1, & \dfrac{1}{2}<r\leqslant 1\\ r, & 1<r\leqslant 2\\ 2, & r>2\end{cases}$$

3）van Leer（范拉尔）限制因子：

$$\varphi(r)=\frac{|r|+r}{|r|+1}=\begin{cases}0, & r\leqslant 0\\ \dfrac{2r}{r+1}, & r>0\end{cases}$$

4）van Albada（范阿尔巴达）限制因子：

$$\varphi(r)=\frac{r^2+r}{r^2+1}$$

限制因子 $\varphi(r)$ 中的变量 r 可由下式计算：

$$r=\begin{cases}(U_i^{\max}-U_i)/[U(x,y)-U_i], & U(x,y)>U_i\\ 1, & U(x,y)=U_i\\ (U_i^{\min}-U_i)/[U(x,y)-U_i], & U(x,y)<U_i\end{cases}\tag{2.4.3.36}$$

式中，$U_i^{\max} = \max(U_i, U_j)$，$U_i^{\min} = \min(U_i, U_j)$，其中，$U_j$ 代表所有与 U_i 相邻的控制体守恒物理量的平均值。

2.5　台风浪场数值模型

我国漫长的海岸线大多位于台风多发的西太平洋海域，台风引起的风暴潮灾害和海浪灾害是我国沿海地区的主要海洋灾害。台风浪预报和分析主要是基于能量守恒理论，通过在方程中引入源项来描述各种复杂的物理过程的第三代波谱作用平衡方程的计算模型，这也是认识风浪生成、传播和发展机制的有力工具。

在波谱作用平衡方程中，以不规则波的方向谱形式来表示随机海浪，使对海浪的描述更加接近于真实海浪。同时，它较为合理地考虑了底摩阻、波浪折射、白浪破碎、风能输入及非线性波与波的相互作用等物理过程。第一代海浪谱模型于 20 世纪 40～50 年代提出，到 20 世纪末已发展到第三代海浪谱模型。最早的第三代海浪谱模型 WAM（wave modeling）由 WAMDI（wave model development and implementation，波浪模型的开发与实施）研发小组于 1988 年（The WAMDI Group，1988）研发成功，并在此基础上进一步发展了 WAVEWATCH-III（Tolman，1991；Tolman et al., 2002）和 SWAN（simulating wave nearshore，波浪近岸模拟）（Booij et al., 1999；Ris et al., 1999）等模型。波动谱平衡方程的发展主要是对物理源项进行相关的改进。第三代海浪模型对于水深的变化、洋流及障碍物等对波浪传播的影响作了充分考虑，从方程对物理过程的处理及模型的计算量来看，该模型比较适合较大范围海域的风浪成长演变的数值模拟。第三代海浪模型能较好地模拟台风过程中的风浪演变，因此在很多实际风浪数值模拟中得到了较为充分的应用。

丹麦水力研究所（DHI Water & Environment）开发的 MIKE21 SW（spectral waves，波谱）模型，是采用非结构化网格的第三代海浪谱的全谱风浪数学模型（Warren and Bach, 1992；DHI group，2009）。MIKE21 SW 模型的源项中考虑了风输入的能量、白帽的能量耗散、底摩阻的能量耗散、水深变化引起波浪破碎的能量耗散，与 SWAN 模型基本上是相同的。不同的是 SWAN 模型的源项中直接给出三相波-波非线性相互作用与四相波-波非线性相互作用的能量耗散项，而 MIKE21 SW 模型的源项中给出的是综合非线性波-波相互作用引起的能量耗散项。MIKE21 SW 模型和 SWAN 模型是广泛使用并得到很好效果的海浪谱模型。

本节以对我国沿海影响较大、路径比较特殊的强台风“珍珠”为例，运用 MIKE21 SW 模块进行数值模拟，在与现场实测结果进行比较的基础上，对“珍珠”引起的台风浪特征进行分析。

2.5.1　基本方程

SW 模型基于波谱作用守恒方程（Holthuijsen et al., 1989），采用波作用密度

谱 $N(t,P,\sigma,\theta)$ 来描述波浪。波作用密度谱 $N(t,P,\sigma,\theta)$ 是五维空间，模型的自变量为相对波频率 σ 和波向θ，t 为时间，P 为二维水平空间。在有流的情况下，波流之间存在着能量交换，波能谱密度 $E(t,P,\sigma,\theta)$ 不再守恒，而波作用密度谱 $N(t,P,\sigma,\theta)$ 守恒。波作用密度谱 $N(t,P,\sigma,\theta)$ 与波能谱密度 $E(t,P,\sigma,\theta)$ 的关系为

$$N(t,P,\sigma,\theta)=E(t,P,\sigma,\theta)/\sigma \tag{2.5.1.1}$$

式中，t 为时间；P 为二维水平空间；σ 为相对波频率；θ 为波向。

在笛卡儿坐标系下，波谱作用守恒方程为

$$\frac{\partial N}{\partial t}+\frac{\partial}{\partial x}(c_x N)+\frac{\partial}{\partial y}(c_y N)+\frac{\partial}{\partial \sigma}(c_\sigma N)+\frac{\partial}{\partial \theta}(c_\theta N)=\frac{S}{\sigma} \tag{2.5.1.2}$$

式中，c_x，c_y 为 x 方向和 y 方向的波群速度，表示波作用在地理空间 (x,y) 中传播时的变化；c_σ 为 σ 向的速度，表示由于水深和水流变化引起的相对频率的变化；c_θ 为 θ 向的速度，表示由水深和水流引起的相对波向的变化；右端源项 S 为能量平衡方程中以谱密度表示的源函数，代表由波浪产生、耗散及波-波相互作用等相关的能谱。

MIKE21 SW 模型采用非结构化网格，其控制方程采用如下向量形式表示的守恒型波作用守恒方程：

$$\frac{\partial N}{\partial t}+\nabla\cdot(\boldsymbol{V}N)=\frac{S}{\sigma} \tag{2.5.1.3}$$

式中，$\boldsymbol{V}=(c_x,c_y,c_\sigma,c_\theta)$ 为波群速度向量，其各分量均采用线性波理论计算：

$$c_x=\frac{\mathrm{d}x}{\mathrm{d}t}=\frac{1}{2}\left[1+\frac{2kd}{\sinh(2kd)}\right]\frac{\sigma k_x}{k^2}+U_x \tag{2.5.1.4}$$

$$c_y=\frac{\mathrm{d}y}{\mathrm{d}t}=\frac{1}{2}\left[1+\frac{2kd}{\sinh(2kd)}\right]\frac{\sigma k_y}{k^2}+U_y \tag{2.5.1.5}$$

$$c_\sigma=\frac{\mathrm{d}\sigma}{\mathrm{d}t}=\frac{\partial \sigma}{\partial d}\left[\frac{\partial d}{\partial t}+\boldsymbol{U}\nabla d\right]-c_g\boldsymbol{k}\frac{\partial \boldsymbol{U}}{\partial s} \tag{2.5.1.6}$$

$$c_\theta=\frac{\mathrm{d}\theta}{\mathrm{d}t}=\frac{1}{k}\left[\frac{\partial \sigma}{\partial d}\frac{\partial d}{\partial m}+\boldsymbol{k}\frac{\partial \boldsymbol{U}}{\partial m}\right] \tag{2.5.1.7}$$

式中，d 为水深；$\boldsymbol{U}=(U_x,U_y)$ 为流速；$\boldsymbol{k}=(k_x,k_y)$ 为波数；s 为 θ 方向的空间坐标；m 为垂直于 s 的坐标。

在 MIKE21 SW 模型中，源项 S 包含五个部分：

$$S=S_{\mathrm{in}}+S_{\mathrm{nl}}+S_{\mathrm{ds}}+S_{\mathrm{bot}}+S_{\mathrm{surf}} \tag{2.5.1.8}$$

式中，S_{in} 表示风输入的能量；S_{nl} 表示波与波之间的非线性作用引起的能量耗散；S_{ds} 表示白帽引起的能量耗散；S_{bot} 表示底摩阻引起的能量耗散；S_{surf} 表示水深变化引起的波浪破碎产生的能量耗散。

目前计算源项 S 所包含的上述各分量有不同的计算模式，读者可参见文献（Komen et al., 1994；Holthuijsen，2007）。

2.5.2　数值算法

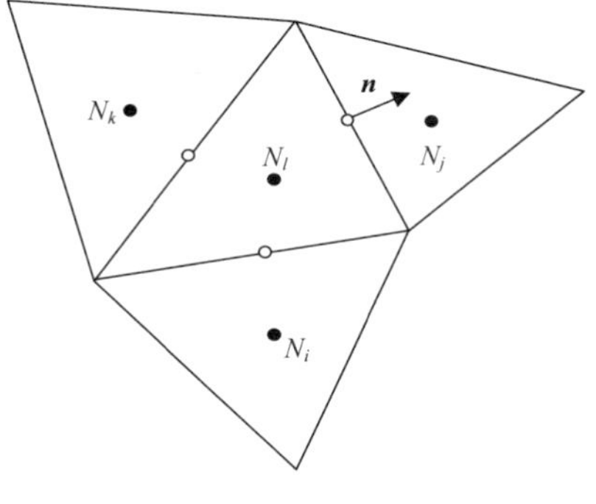

图 2.5.1　单元变量空间位置

● 为中心点；○ 为边线的中点

1. 空间离散

地理空间和谱空间离散的控制体采用单元中心方式。地理空间采用非结构化网格，一般采用三角网格将地理空间细分为互不重叠的小单元（图 2.5.1）。波作用谱密度 $N(\boldsymbol{x},\sigma,\theta)$ 在每个小单元内为常数，设置在单元中心。

在频率空间采用对数离散：

$$\sigma_1=\sigma_{\min},\ \ \sigma_l=f_\sigma\sigma_{l-1},\ \ \Delta\sigma_l=\sigma_{l+1}-\sigma_{l-1},\ \ l=2,\cdots,N_\sigma \tag{2.5.2.1}$$

式中，f_σ 是给定的要素；$\sigma_{\min}$ 为最小离散角频率；N_σ 为频率离散的数目。

在方向空间采用等角度离散：

$$\theta_m=(m-1)\Delta\theta,\ \ \Delta\theta_m=2\pi/N_\theta,\ \ m=1,\cdots,N_\theta \tag{2.5.2.2}$$

在编号为 i 的单元（面积 A_i）上积分波作用守恒方程式（2.5.1.3），得

$$\begin{aligned}&\frac{\partial}{\partial t}\int_{\Delta\theta_m}\int_{\Delta\sigma_l}\int_{A_i}N\mathrm{d}\Omega\mathrm{d}\sigma\mathrm{d}\theta\\&=-\int_{\Delta\theta_m}\int_{\Delta\sigma_l}\int_{A_i}\nabla\cdot(\boldsymbol{V}\cdot N)\mathrm{d}\Omega\mathrm{d}\sigma\mathrm{d}\theta+\int_{\Delta\theta_m}\int_{\Delta\sigma_l}\int_{A_i}\frac{S}{\sigma}\mathrm{d}\Omega\mathrm{d}\sigma\mathrm{d}\theta\end{aligned} \tag{2.5.2.3}$$

式中，$\boldsymbol{V}\cdot N=\boldsymbol{F}=(F_x,F_y,F_\sigma,F_\theta)$ 为净通量，i 和 m 分别为 σ 方向和 θ 方向上的离散编号。式（2.5.2.3）左边的体积分可用中心点的 Gauss 积分近似，式（2.5.2.3）右边对流项的体积分根据 Green 公式可用边界上的积分替代，则式（2.5.2.3）可改写为

$$\begin{aligned}\frac{\partial N_{i,l,m}}{\partial t}=&-\frac{1}{A_i}\left[\sum_{p=1}^{\mathrm{NE}}\left(F_n\right)_{p,l,m}\Delta l_p\right]-\frac{1}{\Delta\sigma_l}\left[\left(F_\sigma\right)_{i,l+1/2,m}-\left(F_\sigma\right)_{i,l-1/2,m}\right]\\&-\frac{1}{\Delta\theta_m}\left[\left(F_\theta\right)_{i,l,m+1/2}-\left(F_\theta\right)_{i,l,m-1/2}\right]+\frac{S_{i,l,m}}{\sigma_l}\end{aligned} \tag{2.5.2.4}$$

式中，NE 为多边形单元的总边数（对三角形单元 NE=3）；$\left(F_n\right)_{p,l,m}=\left(F_xn_x+F_yn_y\right)_{p,l,m}$ 是通过第 i 个单元、编号为 p 的边（边长为 Δl_p）的法向通量，其中 n_x，n_y 是该边的外法向矢量分量；F_σ，F_θ 分别表示频率和方向坐标上的通量。

单元间的数值通量表达式可采用一阶迎风格式或高阶格式。采用一阶迎风格式时，编号为 i 和 j 的两个单元公共边上的数值通量可表示为

$$F_n=c_nN_p=c_n\left[\frac{1}{2}\left(N_i+N_j\right)-\frac{1}{2}\frac{c_n}{|c_n|}\left(N_i-N_j\right)\right] \tag{2.5.2.5}$$

$$c_n = \frac{1}{2}\left(\boldsymbol{c}_i + \boldsymbol{c}_j\right)\cdot \boldsymbol{n} \tag{2.5.2.6}$$

式中，N_i 和 N_j 分别为公共边 p 左右两侧的谱密度；c_n 是正交于单元面的传播速率。

2. 时间离散

时间的离散采用分步的方法。将式（2.5.2.4）分成如下的式（2.5.2.7）与式（2.5.2.8），其中，Δt 为时间步长。

$$\frac{1}{2}\frac{\partial N_{i,l,m}}{\partial t} = -\frac{1}{A_i}\left[\sum_{p=1}^{\mathrm{NE}}\left(F_n\right)_{p,l,m}\Delta l_p\right] - \frac{1}{\Delta\sigma_l}\left[\left(F_\sigma\right)_{i,l+1/2,m} - \left(F_\sigma\right)_{i,l-1/2,m}\right] - \frac{1}{\Delta\theta_m}\left[\left(F_\theta\right)_{i,l,m+1/2} - \left(F_\theta\right)_{i,l,m-1/2}\right] \tag{2.5.2.7}$$

$$\frac{1}{2}\frac{\partial N_{i,l,m}}{\partial t} = \frac{S_{i,l,m}}{\sigma_l} \tag{2.5.2.8}$$

首先是传播步（显式 Euler 方法）。采用 t_n 时刻的值求解不考虑波谱作用守恒方程中源函数项的式（2.5.2.7），得到在新的 $t_{n+1/2}$ 时刻波作用谱密度的近似值 N^*：

$$N^*_{i,l,m} = N^n_{i,l,m} + \Delta t\left\{-\frac{1}{A_i}\left[\sum_{p=1}^{\mathrm{NE}}\left(F_n\right)_{p,l,m}\Delta l_p\right] - \frac{1}{\Delta\sigma_l}\left[\left(F_\sigma\right)_{i,l+1/2,m} - \left(F_\sigma\right)_{i,l-1/2,m}\right] - \frac{1}{\Delta\theta_m}\left[\left(F_\theta\right)_{i,l,m+1/2} - \left(F_\theta\right)_{i,l,m-1/2}\right]\right\} \tag{2.5.2.9}$$

时间步长 Δt 的取值由式（2.5.2.10）所示的 CFL 条件控制：

$$\mathrm{Cr}_{i,l,m} = \left|c_x\frac{\Delta t}{\Delta x_i}\right| + \left|c_y\frac{\Delta t}{\Delta y_i}\right| + \left|c_\sigma\frac{\Delta t}{\Delta\sigma_l}\right| + \left|c_\theta\frac{\Delta t}{\Delta\theta_m}\right| < 1 \tag{2.5.2.10}$$

式中，$\mathrm{Cr}_{i,l,m}$ 为克朗数（Courant number）；Δx_i 和 Δy_i 分别为第 i 个小单元在 x 方向和 y 方向上的特征长度。在第 i 个小单元，克朗数 $\mathrm{Cr}_{i,l,m}$ 取决于地理空间的范围。

为了使模型计算稳定，引入最大时间步长 $\Delta t_{\max}$：

$$\Delta t_{\max,i} = \Delta t / \mathrm{Cr}_{\max,i} \tag{2.5.2.11}$$

式中，Δt 为全局积分步长；$\Delta t_{\max,i}$ 为每个网格单元的当地最大积分时间步长。

然后是源函数步（隐式 Euler 法）。在估算出的 N^* 上加上源函数的影响，隐式求解式（2.5.2.8），计算出新的结果 N^{n+1}：

$$N^{n+1}_{i,l,m} = N^*_{i,l,m} + \Delta t\left[\frac{(1-a)S^*_{i,l,m} + \alpha S^{n+1}_{i,l,m}}{\sigma_l}\right] \tag{2.5.2.12}$$

式中，α 是权重系数。用 Taylor 级数来逼近 S^{n+1}，并忽略偏导数 $\partial S/\partial E$ 的非对角项，设对角项 $\partial S_{i,l,m}/\partial E_{i,l,m} = \gamma$，则式（2.5.2.12）可写为

$$N_{i,j,m}^{n+1}=N_{i,j,m}^{*}+\frac{S_{i,j,m}^{*}/\sigma_1}{1-\alpha\gamma\Delta t} \tag{2.5.2.13}$$

对于成长波浪（$\gamma>0$），采用显式向前差分方法，即$\alpha=0$；对于衰减波浪（$\gamma<0$），则采用隐式向后差分方法，即$\alpha=1$。

为了使模型计算稳定，对两个连续的时间步间的波谱能量的增量最大值有一个限制条件，可采用 Hersbach 和 Janssen（1999）的式（2.5.2.14）进行限制：

$$\Delta N_{\max}=\frac{3\times10^{7}}{(2\pi)^{3}}g\tilde{u}\cdot\sigma_{l}^{-4}\sigma_{\max}\Delta t \tag{2.5.2.14}$$

式中，$\sigma_{\max}$ 为最大离散频率；$\tilde{u}$ 的定义为 $\tilde{u}=\max(u_{*},\sigma_{\mathrm{PM}}/\sigma)$，其中，$u_{*}$ 为风摩擦速度，σ_{PM} 是 Pierson-Moskowits 谱的谱峰频率。

3. 风场模型

台风路径对海面波浪状况有十分显著的影响。在北半球，一般情况下位于台风移动路径右侧的海区风浪大，左侧的海区风浪相对较小。

应用 SW 模块进行台风浪场数值计算时，需要输入的台风参数有台风中心的经纬度、最大风速半径、最大风速、中心气压和标准气压。台风中心经过的路径和时间、经纬度坐标、最大风速、中心气压和标准气压可从相关气象台站的台风网数据库中的台风基本参数资料中获得。需要确定模型风场的参数有最大风速半径 R 与 R 处的最大风速 V_R。

有多种计算最大风速半径 R 与最大风速 V_R 的模型，Graham 和 Nunn（1959）提出的计算最大风速半径 R 的经验公式为

$$R=28.52\tanh\left[0.0873(\varphi-28^{\circ})\right]+12.22\cdot\exp\left[(P_0-1013.2)/33.86\right]+0.2V_F+37.22 \tag{2.5.2.15}$$

式中，V_F 为台风中心移动的速度（km/h）；φ为地理纬度；P_0 为台风中心气压（hPa）。该式除了考虑台风中心气压以外，还考虑了地理纬度和台风中心移动速度的影响。

Atkinson 和 Holliday（1977）基于西北太平洋大量的热带气旋分析所构造的风速-气压关系，提出了计算台风区域内 R 处的最大风速 V_R 的经验公式：

$$V_{\mathrm{R}}=3.44(P_{\infty}-P_0)^{0.644} \tag{2.5.2.16}$$

式中，V_R 为台风区域内 R 处的最大风速（m/s）；P_0 为台风中心气压（hPa）；P_{∞} 为无穷远处的大气压（hPa）。风速已换算到 1min 的平均风速，P_{∞} 计算中取 1010hPa。

4. 初始条件

在海浪数值模拟中，经过足够长的时间后，初始值的选取对结果已没有影响。为了减少迭代次数和提高运算效率，在定常和非定常模式下均以一个初估波浪场开始计算。在非定常模式下，每个时间步的初估波浪值都可以从前一个时间

步中获得。

5. 边界条件

SW 模块要求有边界条件输入，如果没有边界条件输入，模式会自动假定计算网格边界周围的区域为陆地点，从而成为封闭区域。

在地理空间的陆地边界采用全吸收边界，在开边界处需要指定能量谱。在频率空间，所有的边界都为全吸收边界；在方向空间不需要设置边界条件。

2.5.3　数值模型算例

强台风“珍珠”（0601 号）于 2006 年 5 月 9 日 20 时在西北太平洋帕劳群岛附近（8.3° N，132.1° E）发展成热带风暴，之后在移动过程中不断加强。2006 年 5 月 11 日 2 时～13 日 2 时，“珍珠”以较稳定的 20km/h 左右的速度向 WNW（西西北）方向移动，穿过菲律宾群岛，进入南海后迅速加强为台风。15 日 2 时近中心风速增强到 45m/s，发展成强台风等级，7 级风圈半径达到 540km，10 级风圈半径 160km。15 日 8 时～17 日 2 时，“珍珠”在其东侧的副热带高压的引导下稳定向正北方向移动。17 日 2 时，“珍珠”中心位于 19.8° N，115.1° E，越过了副热带高压脊线，迅速向东北偏北方向移动，并于 18 日 2 时 15 分在广东饶平和汕头澄海之间登陆。登陆时近中心最大风力 12 级（35m/s），中心气压 960hPa，7 级风圈半径 500km，10 级风圈半径 150km。“珍珠”登陆后，沿着福建沿岸向东北方向快速移动，中心强度逐渐减弱，于 18 日 17 时在福建宁德附近减弱为低气压（邓文君 等，2007）。

赵凯等（2011）选取 2006 年 5 月 17 日 8 时至 2006 年 5 月 18 日 15 时的风场资料，运用 MIKE21 SW 模块进行了台风浪数值模拟。数值计算输入的台风“珍珠”的参数有台风中心的经纬度、最大风速半径、最大风速、中心气压和标准气压，详见表 2.5.1。

表2.5.1　台风“珍珠”风场参数

时间	东经	北纬	R/km	最大风速/(m/s)	中心气压/hPa	标准气压/hPa
2006-5-17 8:00	115.6	20.5	45	45	945	1013
2006-5-17 9:00	115.6	20.6	45	45	945	1013
2006-5-17 10:00	115.6	20.7	45	45	945	1013
2006-5-17 11:00	115.7	20.9	45	45	945	1013
2006-5-17 12:00	115.8	21	45	45	945	1013
2006-5-17 13:00	115.9	21.1	45	45	945	1013
2006-5-17 14:00	116	21.2	45	45	945	1013

续表

时间	东经	北纬	R/km	最大风速/(m/s)	中心气压/hPa	标准气压/hPa
2006-5-17 15:00	116.2	21.4	45	45	945	1013
2006-5-17 16:00	116.3	21.7	45	45	945	1013
2006-5-17 17:00	116.4	21.9	42	40	955	1013
2006-5-17 18:00	116.5	22	42	40	955	1013
2006-5-17 19:00	116.6	22.2	42	40	955	1013
2006-5-17 20:00	116.7	22.4	42	40	955	1013
2006-5-17 21:00	116.7	22.6	42	40	955	1013
2006-5-17 22:00	116.8	22.8	42	40	955	1013
2006-5-17 23:00	116.8	23	42	40	955	1013
2006-5-18 0:00	116.9	23.2	42	40	955	1013
2006-5-18 1:00	116.9	23.3	42	40	955	1013
2006-5-18 2:00	116.9	23.5	40	35	960	1013
2006-5-18 3:00	117.2	23:7	40	35	960	1013
2006-5-18 4:00	117.3	23.8	38	30	970	1013
2006-5-18 5:00	117.4	23.9	35	25	980	1013
2006-5-18 6:00	117.6	24.1	33	23	985	1015
2006-5-18 7:00	117.7	24.2	33	23	985	1015
2006-5-18 8:00	117.9	24.4	30	20	990	1015
2006-5-18 9:00	118	24.6	30	20	990	1015
2006-5-18 10:00	118.3	24.8	30	20	990	1015
2006-5-18 11:00	118.5	24.9	30	20	990	1015
2006-5-18 12:00	118.9	25.3	25	18	995	1015
2006-5-18 13:00	119.1	25.7	25	18	995	1015
2006-5-18 14:00	119.2	25.9	25	18	995	1015
2006-5-18 15:00	119.3	26.2	25	18	995	1015

在 2006 年 5 月 17 日 8 时，台风中心越过 20° N 接近广东沿海，粤东沿海一带深水波高在 8m 浪圈范围内，在珠江口以西的粤西海域观测到有 6m 的有效波高。云澳海洋站（117° 5.959′E，23° 23.78′N）和遮浪海洋站（115° 34.2′E，22° 39′N）都观测到有效波高在 3m 以上的大浪。云澳、遮浪海洋站在珍珠台风期间观测到的最大波高 $H_{\max}$、有效波高 H_s 和平均周期值列于表 2.5.2。

表2.5.2　云澳、遮浪海洋站实测波要素

时间	云澳海洋站			遮浪海洋站		
	H_{max}/m	H_s/m	平均周期/s	H_{max}/m	H_s/m	平均周期/s
2006-5-17 8:00	2.9	1.9	5.4	5.5	3.5	9.4
2006-5-17 9:00	—	—	—	6.0	3.9	9.0
2006-5-17 10:00	—	—	—	7.0	4.7	9.4
2006-5-17 11:00	4.0	2.5	5.4	6.0	3.9	9.2
2006-5-17 12:00	4.5	2.5	5.4	6.5	4.3	9.1
2006-5-17 13:00	3.5	2.4	5.6	7.5	4.7	9.2
2006-5-17 14:00	4.5	3.0	5.8	7.0	4.7	9.3
2006-5-17 15:00	4.5	3.0	5.8	6.5	4.3	9.5
2006-5-17 16:00	5.0	3.1	5.8	6.5	4.3	9.4
2006-5-17 17:00	5.0	3.3	6.1	7.0	4.3	9.1
2006-5-17 18:00	—	—	—	7.0	4.3	9.3
2006-5-18 8:00	3.0	2.0	5.4	—	—	—
2006-5-18 9:00	2.8	2.0	5.5	—	—	—
2006-5-18 11:00	2.3	1.8	5.6	—	—	—
2006-5-18 14:00	2.5	1.8	5.8	—	—	—
2006-5-18 17:00	1.7	1.2	4.5	—	—	—

为检验“珍珠”台风浪的数值模拟效果，将“珍珠”台风浪的数值模拟结果与台风期间云澳海洋站和遮浪海洋站的观测资料进行比较，结果如表 2.5.3 和表 2.5.4 所示。从表 2.5.3 中可以看出，云澳海洋站观测的有效波高值和计算的有效波高值吻合得较好，大部分时刻的实测值与计算值的差值在 0.5m 以下。从表 2.5.4 中可以看出，遮浪海洋站观测的有效波高值和计算的有效波高值吻合得也较好，除开始模拟的前 3 个时刻的实测有效波高值与计算值的差值为 1.04～2.18m 外，其他时刻实测值与计算值的差值不超过 0.65m。

表2.5.3　SW模块计算结果与云澳海洋站的观测值比较

时间	SW 模块计算值		实测值	
	H_s/m	平均周期/s	H_s/m	平均周期/s
2006-5-17 8:00	0.99	3.46	1.9	5.4
2006-5-17 9:00	1.67	4.06	—	—
2006-5-17 10:00	1.89	4.42	—	—
2006-5-17 11:00	2.00	4.73	2.5	5.4
2006-5-17 12:00	2.16	4.90	2.5	5.4

续表

时间	SW 模块计算值		实测值	
	H_s/m	平均周期/s	H_s/m	平均周期/s
2006-5-17 13:00	2.34	5.14	2.4	5.6
2006-5-17 14:00	2.55	5.34	3.0	5.8
2006-5-17 15:00	2.68	5.61	3.0	5.8
2006-5-17 16:00	3.15	5.87	3.1	5.8
2006-5-17 17:00	3.21	6.47	3.3	6.1
2006-5-17 18:00	3.27	6.55	—	—
2006-5-18 7:00	1.60	4.16	—	—
2006-5-18 8:00	1.39	4.23	2.0	5.4
2006-5-18 9:00	1.23	4.29	2.0	5.5
2006-5-18 10:00	1.15	4.13	—	—
2006-5-18 11:00	1.08	4.14	1.8	5.6
2006-5-18 12:00	0.99	4.26	—	—
2006-5-18 13:00	0.91	4.57	—	—
2006-5-18 14:00	0.85	4.65	1.8	5.8

表2.5.4　SW模块计算结果与遮浪海洋站的观测值比较

时间	SW 模块计算值		实测值	
	H_s/m	平均周期/s	H_s/m	平均周期/s
2006-5-17 8:00	1.33	3.56	3.5	9.4
2006-5-17 9:00	2.86	4.88	3.9	9.0
2006-5-17 10:00	3.35	5.53	4.7	9.4
2006-5-17 11:00	3.65	6.00	3.9	9.2
2006-5-17 12:00	3.93	6.54	4.3	9.1
2006-5-17 13:00	4.27	7.16	4.7	9.2
2006-5-17 14:00	4.59	7.80	4.7	9.3
2006-5-17 15:00	4.85	8.11	4.3	9.5
2006-5-17 16:00	4.94	8.43	4.3	9.4
2006-5-17 17:00	4.92	8.37	4.3	9.1
2006-5-17 18:00	4.79	8.25	4.3	9.3
2006-5-18 14:00	1.15	5.17	—	—
2006-5-18 15:00	1.09	5.13	—	—

在广东汕尾至福建厦门近岸区域−30 m 等深线上，分别选取 14 个观测点

（图 2.5.2）。其中 1 点位于汕头市近岸区域，是台风路径上的点；2～6 点位于汕尾至汕头之间的沿海区域，在台风移动路径的左边，两点之间的距离为 30km；7～14 点位于汕头至厦门之间的近岸区域，在台风移动路径的右边，两点之间的距离也为 30km。

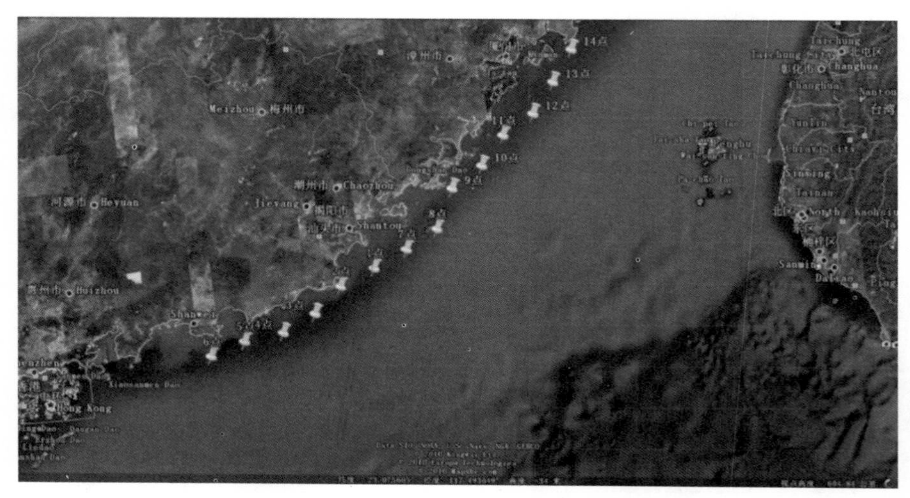

图 2.5.2　选取的观测点位置图

图 2.5.3 为台风移动路径左边 1～6 点的有效波高 H_s 历时曲线图。图 2.5.4 为台风移动路径右边 7～14 点的有效波高 H_s 历时曲线图。根据台风移动过程中各观测点的有效波高随时间变化的演变特征，可将数值模拟的台风“珍珠”过程分成四个阶段。

第一阶段从模拟的开始时刻至 5 月 17 日 21 时。在此期间台风逐渐从外海深水向近岸 1 点的位置移动，台风在海上聚集了大量能量，从图 2.5.4 中可以看出 1 点的有效波高 H_s 从 5 月 17 日 8 时的 1.98m 逐渐增加，5 月 17 日 21 时的台风中心距 1 点的距离为 43km，此时 1 点在台风眼壁附近的风速最大值范围内，这时有效波高 H_s 达到最大值 7.58m。

第二阶段从 5 月 17 日 21 时至 5 月 18 日 0 时。这个阶段随着台风的移动，1 点从台风眼壁的风速极大值范围内逐渐趋近于台风眼中心位置，有效波高 H_s 从 21 时的最大值 7.58m，逐渐降低到 18 日 0 时的 5.23m，此时台风中心超过 1 点的距离为 27km。在这段时间内 1 点在台风眼中心范围内，风速迅速减小，从而波高也迅速减小。但由于台风中心的气压和周边气压相比降得更低，加之外围涌浪的影响，所以有效波高不会降到很低，海况仍十分恶劣。

第三阶段从 5 月 18 日 0 时至 1 时。这个阶段台风继续移动，1 点又从台风眼中心范围逐渐回到台风眼壁风速极大值范围内。所以有效波高 H_s 从 0 时的 5.23m，迅速增大到 1 时的 6.02m。

第四阶段从5月18日1时至台风消失。“珍珠”于18日2时15分在广东饶平和汕头澄海之间登陆。“珍珠”登陆后，沿着福建沿岸向东北方向快速移动，中心强度逐渐减弱，于18日17时在福建宁德附近减弱为低气压。这个阶段台风等级逐渐降低，并且随着台风的移动距离与1点越来越远。1点的有效波高 H_s 从1时的6.02m迅速降低。

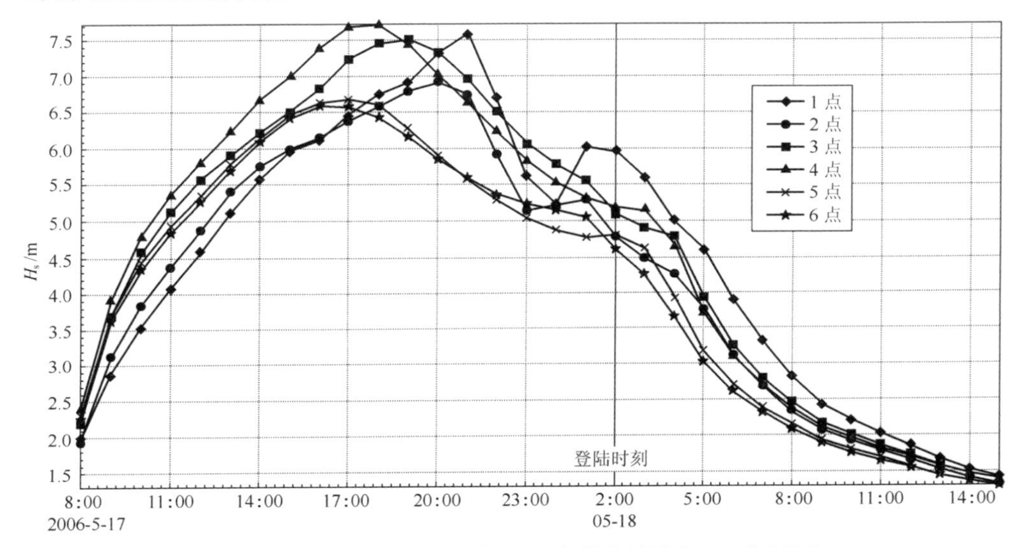

图2.5.3　台风移动路径左边1～6点的有效波高 H_s 历时曲线

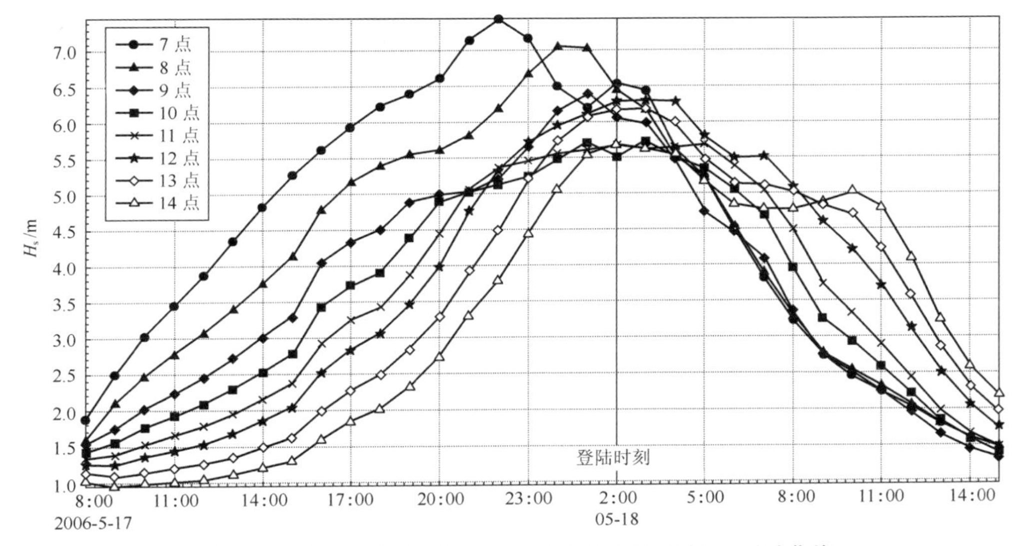

图2.5.4　台风移动路径右边7～14点的有效波高 H_s 历时曲线

综合上述数模结果分析，台风“珍珠”在登陆前5小时，由于其特殊的移动路径，移动路径左边近岸-30m等深线附近区域离台风中心的距离较近。随着台风的临近，移动路径左边的有效波高值要比移动路径右边近岸-30m 等深线附近区域大。从台风登陆前 5 小时到台风登陆以后，移动路径右边的有效波高值要比移动路径左边近岸-30m 等深线附近区域的有效波高值大。台风登陆后沿福建沿岸向东北方向移动，到 18 日 5 时后移动路径左边近岸沿海-30m 等深线附近区域基本上不受热带气旋的影响。

图 2.5.5 为计算出的台风“珍珠”登陆前后福建沿海海面的波高和波向的演变过程，图中箭头方向代表波的传播方向。图 2.5.5 中的等波高线可以反映出其最大波高中心在台风中心的西侧，说明该台风中心的西侧是大风中心区。由图 2.5.5 中的波向分布可知，整个区域的波向也是逆时针旋转的，即台风浪的传播方向和风场方向基本一致。2016 年 5 月 18 日 2 时台风登陆后，登陆地点出现回南风，由图 2.5.5（c）可以看出，出现回南风的海域也出现了向南传播的波浪。

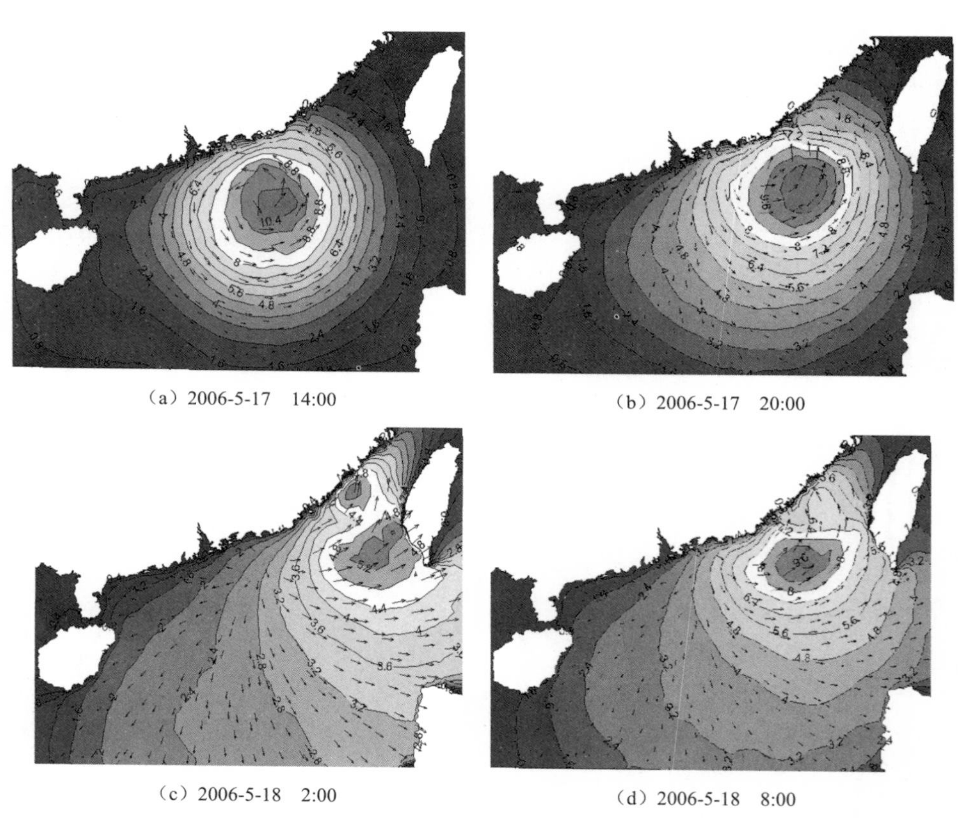

（a）2006-5-17　14:00　　（b）2006-5-17　20:00

（c）2006-5-18　2:00　　（d）2006-5-18　8:00

图 2.5.5　台风“珍珠”的波高、波向分布图

2.6　离岸挡板式透空堤后波高分布数值模拟

离岸挡板式透空堤属于新型水工结构形式，它根据波能主要集中在水体表面的特点来实现挡浪的功能。与传统实体防波堤相比，挡板透空式防波堤具有结构简单、适于软基、施工方便、造价较低、对水动力环境及生态环境的影响有所减少，以及有利于港内水体交换等明显优点。

国内外学者多将离岸挡板式透空堤简化为二维半淹没竖直薄板进行堤后波浪特性的研究。基于线性波理论，对于无限水深下具有自由表面的半淹没竖直薄板的二维水波散射问题，Ursell 和 Dean（1947）采用傅里叶分析将其简化为求解柯西核奇异积分方程，给出了闭合形式的速度势和反射、透射系数。Wiegel（1960）假定透射能量等于竖板下入射波能量，由微幅波理论推导出有限水深情况透射系数的近似解析解。Kriebel 和 Bollmann（1996）在 Wiegel 的理论基础上进一步考虑竖板的反射，依据微幅波理论，推导出透射系数。琚烈红（2008）、王文鼎（2008）、陈德春（2012）等在 Wiegel、Kriebel 等学者理论分析的基础上，结合具体工程实例和水槽物理试验，对透射系数的计算做了进一步的理论推导。

本节基于有限体积法开源软件 OpenFOAM，求解不可压缩流体的连续方程和 Navier-Stokes 方程，建立了离岸挡板式透空堤的波浪透射和绕射的三维数值波浪水池模型，对离岸挡板式透空堤后的波高分布进行了数值计算（蔡丽，2017）。

2.6.1　数值模型

1. 基本方程

三维数值波浪水池模型的流体控制方程为不可压缩流体的连续方程和 Navier-Stokes 方程：

$$\frac{\partial u}{\partial x}+\frac{\partial v}{\partial y}+\frac{\partial w}{\partial z}=0 \tag{2.6.1.1}$$

$$\rho\left(\frac{\partial u}{\partial t}+u\frac{\partial u}{\partial x}+v\frac{\partial u}{\partial y}+w\frac{\partial u}{\partial z}\right)=-\frac{\partial p}{\partial x}+\mu\left(\frac{\partial^2 u}{\partial x^2}+\frac{\partial^2 u}{\partial y^2}+\frac{\partial^2 u}{\partial z^2}\right) \tag{2.6.1.2}$$

$$\rho\left(\frac{\partial v}{\partial t}+u\frac{\partial v}{\partial x}+v\frac{\partial v}{\partial y}+w\frac{\partial v}{\partial z}\right)=-\frac{\partial p}{\partial y}+\mu\left(\frac{\partial^2 v}{\partial x^2}+\frac{\partial^2 v}{\partial y^2}+\frac{\partial^2 v}{\partial z^2}\right) \tag{2.6.1.3}$$

$$\rho\left(\frac{\partial w}{\partial t}+u\frac{\partial w}{\partial x}+v\frac{\partial w}{\partial y}+w\frac{\partial w}{\partial z}\right)=-\frac{\partial p}{\partial z}+\mu\left(\frac{\partial^2 w}{\partial x^2}+\frac{\partial^2 w}{\partial y^2}+\frac{\partial^2 w}{\partial z^2}\right)+\rho gz \tag{2.6.1.4}$$

式中，u，v，w 分别代表 x 方向、y 方向、z 方向上的速度分量（m/s）；ρ 为流体密度（kg/m^3）；t 为时间（s）；p 为压强（Pa）；g 为重力加速度（m/s^2）；μ 为流体动力黏度（Pa·s）。

2. 数值算法

控制方程的数值求解采用有限体积法。若设空间项为$L(\phi)$（L为空间算子），流体控制方程（2.6.1.1）～方程（2.6.1.4）可表示为如下的通用变量方程：

$$\frac{\partial(\rho\phi)}{\partial t}+L(\phi)=S \tag{2.6.1.5}$$

控制体采用图 2.6.1 所示的三维长方体单元，当前节点P的相邻节点为W，E，S，N，B，T。

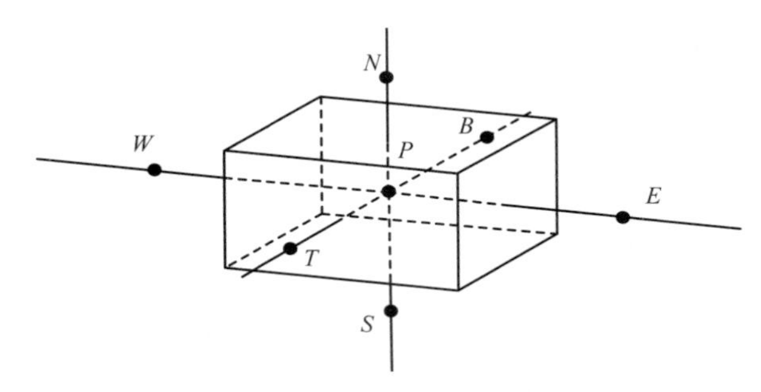

图 2.6.1　三维长方体单元示意图

将瞬态方程（2.6.1.5）同时进行对控制体积ΔV的空间积分和时间间隔Δt的时间积分：

$$\int_t^{t+\Delta t}\left[\int_{\Delta V}\frac{\partial}{\partial t}(\rho\phi)\mathrm{d}V+\int_{\Delta V}L(\phi)\mathrm{d}V\right]\mathrm{d}t=\int_t^{t+\Delta t}\left(\int_{\Delta V}S\mathrm{d}V\right)\mathrm{d}t \tag{2.6.1.6}$$

式（2.6.1.16）左端的第一项和第二项积分为

$$\begin{aligned}\int_t^{t+\Delta t}\left[\frac{\partial}{\partial t}\int_{\Delta V}(\rho\phi)\mathrm{d}V\right]\mathrm{d}t&=\int_t^{t+\Delta t}\left[\frac{\partial}{\partial t}(\rho_P\phi_P)\Delta V\right]\mathrm{d}t\\&=\int_t^{t+\Delta t}\left[\frac{(\rho_P\phi_P)^{n+1}-(\rho_P\phi_P)^n}{\Delta t}\Delta V\right]\mathrm{d}t=\rho_P^n(\phi_P^{n+1}-\phi_P^n)\Delta V\end{aligned} \tag{2.6.1.7}$$

$$\begin{aligned}\int_t^{t+\Delta t}\left[\int_{\Delta V}L(\phi)\mathrm{d}V\right]\mathrm{d}t&=\int_t^{t+\Delta t}\left[\theta L(\phi^{n+1})+(1-\theta)L(\phi^n)\right]\mathrm{d}t\\&=\left[\theta L(\phi^{n+1})+(1-\theta)L(\phi^n)\right]\Delta t\end{aligned} \tag{2.6.1.8}$$

式中，θ为 0 与 1 之间的加权系数。

式（2.6.1.6）右端的源项积分为

$$\int_t^{t+\Delta t}\left(\int_{\Delta V}S\mathrm{d}V\right)\mathrm{d}t=\int_t^{t+\Delta t}\left(\overline{S}\Delta V\right)\mathrm{d}t=\overline{S}\Delta V\Delta t \tag{2.6.1.9}$$

式中，$\overline{S}=\frac{1}{\Delta V}\int_{\Delta V}S\mathrm{d}V$为源项$S$在控制体积内的平均值，可简化为$\overline{S}=S_C+S_P\phi_P$。

将式（2.6.1.7）～式（2.6.1.9）代入式（2.6.1.6），取θ=1 的全隐式积分方案，可得到如下的通用形式的离散方程：

$$a_P\phi_P = \sum_{\mathrm{nb}} a_{\mathrm{nb}}\phi_{\mathrm{nb}} + b \tag{2.6.1.10}$$

式中，nb 表示离散点相邻的节点；系数 a_P 和 b 的表达式分别为

$$a_p = \sum_{\mathrm{nb}} a_{\mathrm{nb}} + a_p^n + \Delta F - S_P\Delta V \tag{2.6.1.11}$$

$$b = a_p^n\phi_p^n + S_C\Delta V \tag{2.6.1.12}$$

其中，

$$a_p^n = \rho_p^n\frac{\Delta V}{\Delta t} \tag{2.6.1.13}$$

$$\Delta F = F_e - F_w + F_n - F_s + F_t - F_b \tag{2.6.1.14}$$

式（2.6.1.10）中相邻节点的系数 a_{nb} 取决于计算控制体积各界面处场变量值时采用的状态分布函数，OpenFOAM 提供了多种插值格式用于计算各积分项的系数，可由用户自定义选取，本节采用中心差分格式。压力-速度耦合求解采用之前介绍的 PISO 算法。

时间步长的主要控制因素是 Courant 数，在 x 方向上 Courant 数的表达形式如下：

$$\mathrm{Cr} = \frac{\Delta t|u|}{\Delta x} \tag{2.6.1.15}$$

式中，Δt 是最大时间步长；Δx 是速度方向上的网格大小；u 是该位置处 x 方向的速度。为了提高模型的稳定性和准确性，限定整个域内的 Courant 数最大不超过 0.25。

3. 自由表面追踪

自由表面的追踪与重构采用流体体积（VOF）法。将空气和水组成的两相流体看作混合流体，定义一个体积分数α来表示。当单元中没有水而充满空气时，体积分数 α 为 0；当单元中充满水时，体积分数 α 为 1；若交界面穿过单元，则体积分数 α 在 0 和 1 之间，即

$$\alpha(x,t) = \begin{cases} 1, & \text{水} \\ 0, & \text{空气} \\ (0,1), & \text{自由表面} \end{cases} \tag{2.6.1.16}$$

体积分数方程为

$$\frac{\partial\alpha}{\partial t} + \nabla\cdot(\alpha\boldsymbol{U}) = 0 \tag{2.6.1.17}$$

式中，t 表示时间；$\boldsymbol{U}$ 表示速度向量（u, v, w）。

每个单元的混合流体的等效密度和等效动力黏度分别为

$$\rho = \alpha\rho_w + (1-\alpha)\rho_a \tag{2.6.1.18}$$

$$\mu = \alpha\mu_w + (1-\alpha)\mu_a \tag{2.6.1.19}$$

体积分数α可通过求解如下对流方程解出：

$$\frac{\partial\alpha}{\partial t} + \nabla\cdot(\alpha\boldsymbol{U}) + \nabla\cdot\left[\alpha(1-\alpha)\boldsymbol{U}_\alpha\right] = 0 \tag{2.6.1.20}$$

式中，左端最后一项为人工压缩项，用来限制数值扩散，$\boldsymbol{U}_\alpha$是相对压缩速度。

4. 造波边界条件

造波边界设置为线性波条件，波浪由垂直壁产生继而进入计算域，即在造波边界面上规定了体积分数、水平速度和垂直速度。

首先采用一个简单的限制函数来转换自由表面的水体体积：

$$\alpha(x,z,t) = \left[\max\left(\min\left\{\left[\eta\ (x,z,t)-z\right],\frac{\Delta z}{2}\right\},\frac{-\Delta z}{2}\right)+\frac{\Delta z}{2}\right]\Big/\Delta z \tag{2.6.1.21}$$

式中，Δz为自由表面的小参数；η为波面，$\eta = A\cos(kx-\omega t)$，其中，A 为波幅，$k$为波数，$\omega$为波频率。

数值模型中所使用的速度边界条件是基于线性波浪理论，如下所示：

$$u(x,z,t) = \frac{gkA}{\omega}\frac{\cosh k(z+d)}{\cosh kd}\sin(kx-\omega t) \tag{2.6.1.22}$$

$$w(x,z,t) = \frac{gkA}{\omega}\frac{\sinh k(z+d)}{\cosh kd}\cos(kx-\omega t) \tag{2.6.1.23}$$

式中，d为水深；若入口边界面为造波边界，则取$x=0$。

5. 消波边界条件

数值波浪水池消波基于 Jacobsen 等（2012）提出的在模型中设置数值海绵层以避免在出口边界处产生波浪反射的方法。在该方法中，基于松弛函数，每个时间步长处的体积分数和流体速度向目标值α_{target}和U_{target}松弛。如消波区中$U_{\text{target}}=0$，则α_{target}根据单元相对于静水面的位置而定。松弛函数从阻尼区开始处的 1 减小到区域结束处的 0。其消波区方程为

$$\phi = \alpha_R\phi_{\text{computed}} + (1-\alpha_R)\phi_{\text{target}} \tag{2.6.1.24}$$

式中，ϕ为U或α，且

$$\alpha_R(\chi_R) = 1-\frac{\exp(\chi_R^{3.5})-1}{\exp(1)-1},\quad \chi_R\in(0,1) \tag{2.6.1.25}$$

式（2.6.1.25）中，χ_R的定义如图 2.6.2 所示。在计算域的非消波区和消波区交界面，α_R总是 1。消波区中α_R需满足$\alpha_R(0)=1$和$\alpha_R^{(n)}(0)=0$，即α_R的n阶导数在$\chi_R=0$处均为 0。

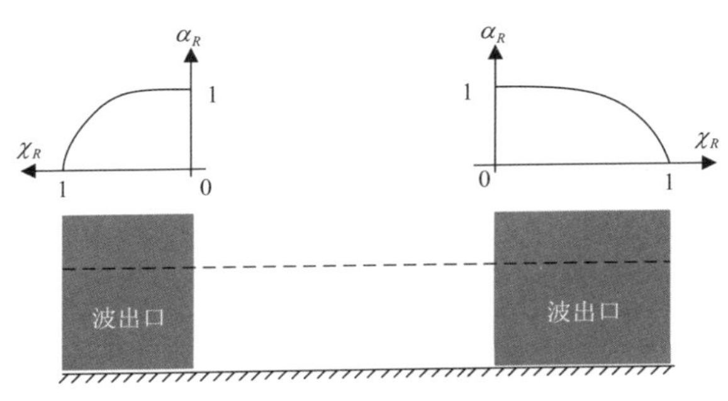

图 2.6.2　消波区 $\alpha_R(\chi_R)$ 变化示意图

2.6.2　数值方法的验证

我们基于开源软件 OpenFOAM，建立了三维数值波浪水池模型，并对离岸挡板式透空堤后的波高分布进行了数值计算。三维数值波浪水池长 16m、宽 11m、高 0.8m。长方体网格尺度为长 4cm、宽 4cm、高 2cm；计算区域沿长度方向划分 400 个网格，沿宽度方向划分 275 个网格，沿高度方向划分 40 个网格，共 4400000 个网格。三维数值波浪水池和竖板模型布置如图 2.6.3 所示，竖板厚度相对于波长忽略不计。图 2.6.4 是图 2.6.3（a）中粗实线围成的竖板周围区域的网格划分情况。

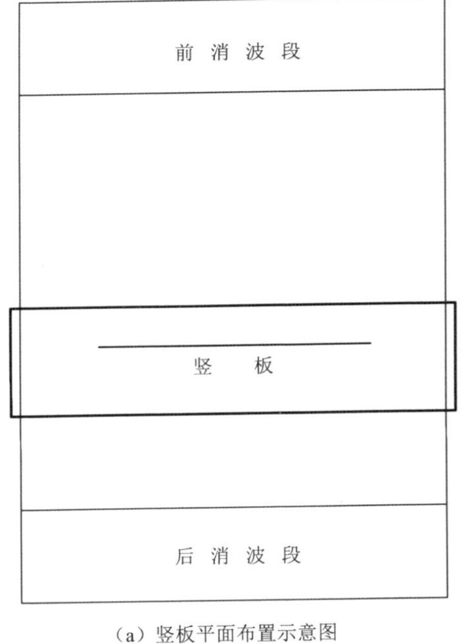

（a）竖板平面布置示意图

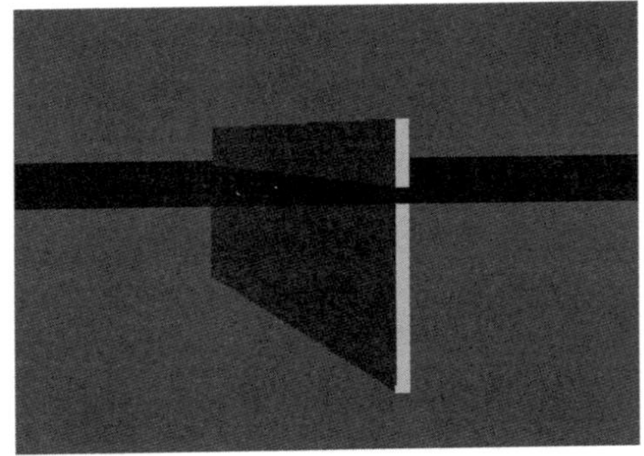

（b）竖板三维效果图

图 2.6.3　挡板式透空堤结构布置示意图

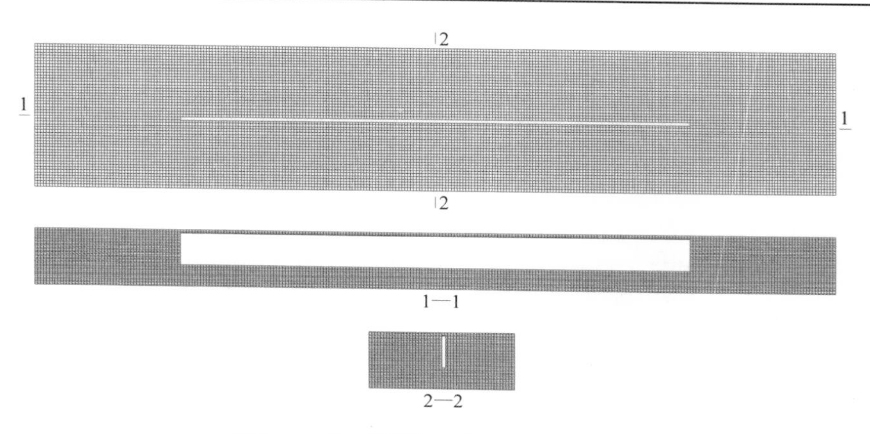

图 2.6.4　竖板周围区域网格划分三视图

图 2.6.5 是在相对波高 $H/d = 0.12$ 和相对水深 $d/L = 0.39$ 的情形下，放置竖板之前的三维数值波浪水池在计算时间 $t = 20\text{s}$ 时的三维瞬态波面图。等波高线分布反映出波浪水池中波高沿程衰减在±5%以内，除水池两侧靠近边界的局部区域外波峰线分布较均匀。

图 2.6.5　$t = 20\text{s}$ 时数值波浪水池的瞬态波面图

$H/d = 0.12,\ d/L = 0.39$

应用所建立的三维数值波浪水池模型，选择与 Kriebel 试验相同的流场条件，对竖向二维情形进行计算，并与 Kriebel 的试验值和理论值进行比较。图 2.6.6 为

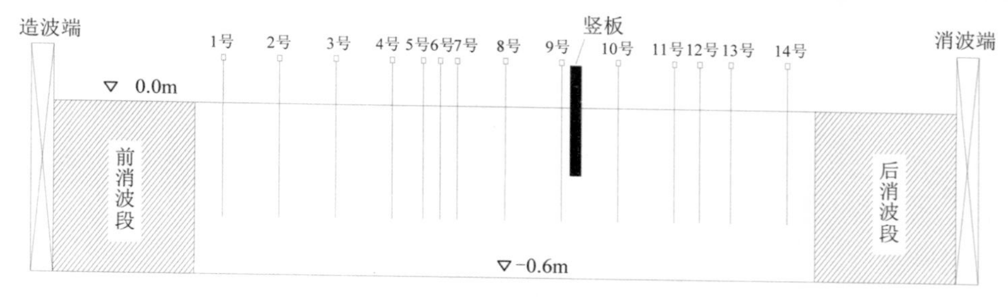

图 2.6.6　竖板及浪高仪布置示意图

模型布置示意图，取波陡 $H/L = 0.045$，竖板相对入水深度 $t/d = 0.2$，0.3，0.4，0.5，0.6，0.7，相对水深 $d/L = 0.27$，0.33，0.39，0.48。在竖板的前后共布置了 14 个浪高监测点，其位置如表 2.6.1 所示。

表2.6.1　浪高仪布置位置表　（单位：m）

点号	1 号	2 号	3 号	4 号	5 号	6 号	7 号	8 号	9 号	10 号	11 号	12 号	13 号	14 号
与竖板距离 y/m	−6.15	−5.15	−4.15	−3.15	−2.6	−2.3	−2	−1.15	−0.15	0.85	1.85	2.3	2.85	3.85

注：表示浪高仪与竖板距离时取竖板与静水面的交点为原点，取波浪传播方向为正方向，即竖板前面的浪高仪与竖板的距离为负，竖板后面的浪高仪与竖板的距离为正。

图 2.6.7 是竖向二维情形下，取 12 号测点在不同竖板相对入水深度 t/d 及不同相对水深 d/L 的情形下计算出的透射系数与 Kriebel 的试验值及理论值的比较。从图中可以看出，所建立的数值模型应用于竖向二维情形得到的挡板式透空堤后的透射系数与 Kriebel 的理论值及试验值吻合得较好。

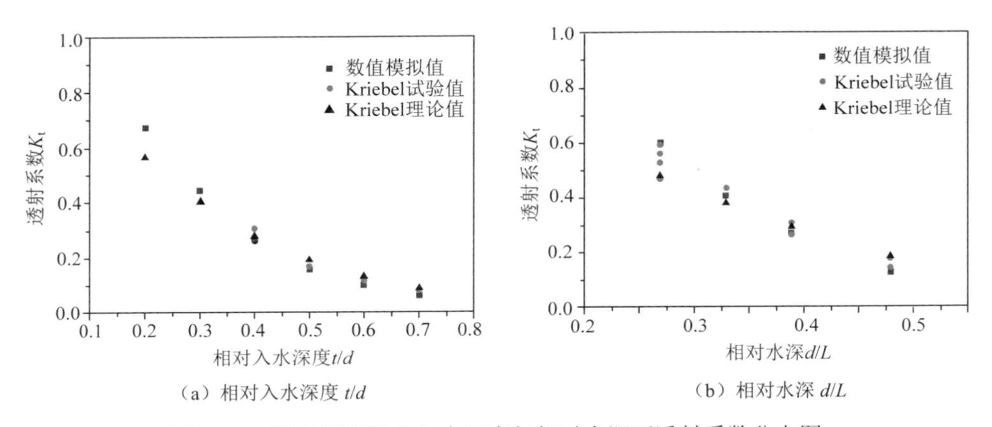

（a）相对入水深度 t/d　（b）相对水深 d/L

图 2.6.7　不同竖板相对入水深度与相对水深下透射系数分布图

在与 Kriebel 的试验值和理论值进行比较的基础上，对三维数值波浪水池中加入与水池宽度相同的竖板这一工况进行了数值计算，该工况等效于竖向二维情形。定义计算域内任一点的比波高 K_H 为该点处数值计算的波高 H_C 与入射波高 H 的比值。图 2.6.8 为相对波高 $H/d = 0.12$，相对水深 $d/L = 0.39$，竖板相对入水深度 $t/d = 0.6$ 的情形下，整个水池的比波高分布数值计算结果。图中可反映出水池中的比波高等值线几乎与竖板平行，很好地模拟出三维水池中正向传播波浪作用于透空竖板情形的波高分布。图 2.6.9 为取三维数值水池中心线（$x/L = 0$）上竖板前后不同位置处的比波高计算结果与竖向二维数值计算结果的对比。由图可知，三维数值水池模型的比波高计算结果与竖向二维数值计算结果吻合较好，表明该三维水池模型模拟离岸挡板式透空堤后的波高分布具有较高的精度。

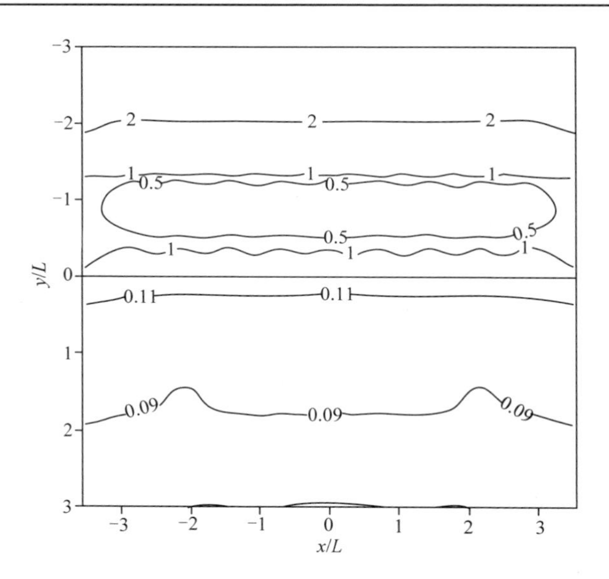

图 2.6.8　触边竖板堤前堤后比波高分布图

$H/d = 0.12$，$d/L = 0.39$，$t/d = 0.6$

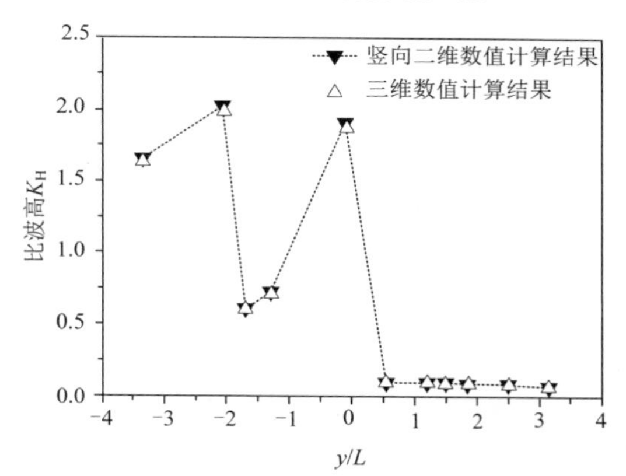

图 2.6.9　竖向二维与三维数值计算的比波高值对比图

$H/d = 0.12$，$d/L = 0.39$，$t/d = 0.6$

2.6.3　离岸挡板式透空堤后的波高分布

1. 竖板相对入水深度对堤后波高分布的影响

取相对波高 $H/d = 0.12$ 和相对堤长 $s/L = 4.58$ 的情形，对不同竖板相对入水深度 t/d（$t/d = 0.2$，0.4，0.5，0.6，0.7，1.0）时离岸挡板式透空堤周围的波高分布进行了数值计算，具体工况参数如表 2.6.2 所示。表 2.6.3 为三维水池中心线剖面上不同测点的数值计算结果与竖向二维数值计算结果的对比。

表2.6.2　不同竖板入水深度时各工况的具体参数

组别	竖板长度 s/m	水深 d/m	竖板入水深度 t/m	竖板相对入水深度 t/d	波浪要素（正向规则波）	
					波高 H/m	周期 T/s
1	7	0.6	0.12	0.2	0.069	1
2	7	0.6	0.24	0.4	0.069	1
3	7	0.6	0.30	0.5	0.069	1
4	7	0.6	0.36	0.6	0.069	1
5	7	0.6	0.42	0.7	0.069	1
6	7	0.6	0.60	1.0	0.069	1

表2.6.3　离岸挡板式透空堤（沿水池中心线剖面）与竖向二维数值计算的比波高值对比

组别 \ y/L		堤前				堤后				
		−3.85 (2 号)	−2.05 (4 号)	−1.50 (6 号)	−0.10 (9 号)	0.55 (10 号)	1.20 (11 号)	1.50 (12 号)	1.85 (13 号)	2.50 (14 号)
$t/d=0.2$	二维	1.29	1.66	1.79	1.84	0.72	0.69	0.68	0.68	0.63
	三维	1.33	1.58	1.74	1.83	0.74	0.65	0.72	0.77	0.65
$t/d=0.4$	二维	1.56	1.97	2.26	1.97	0.28	0.26	0.26	0.25	0.24
	三维	1.62	1.74	2.17	1.93	0.26	0.35	0.44	0.48	0.33
$t/d=0.5$	二维	1.62	2.00	2.31	1.92	0.16	0.16	0.16	0.15	0.15
	三维	1.71	1.72	2.25	1.88	0.19	0.32	0.38	0.42	0.29
$t/d=0.6$	二维	1.65	2.01	2.34	1.90	0.10	0.10	0.10	0.09	0.09
	三维	1.72	1.71	2.26	1.86	0.19	0.28	0.35	0.38	0.28
$t/d=0.7$	二维	1.68	2.00	2.35	1.85	0.07	0.06	0.06	0.06	0.06
	三维	1.77	1.71	2.26	1.84	0.22	0.29	0.32	0.35	0.29
$t/d=1.0$	二维	1.71	1.96	2.34	1.75	0.00	0.00	0.00	0.00	0.00
	三维	1.80	1.67	2.30	1.83	0.29	0.29	0.30	0.30	0.29

图 2.6.10 为在相对波高 $H/d=0.12$ 和相对堤长 $s/L=4.58$ 的情形下，不同的竖板相对入水深度 t/d 时，离岸挡板式透空堤后的比波高分布图。离岸挡板式透空堤后的波高由两部分组成，一部分是通过竖板下部透射的波浪，另一部分是通过竖板两端绕射的波浪。由图 2.6.10（a）与图 2.6.10（b）可见，在 t/d 较小的情形下，因离岸挡板式透空堤的入水深度较小，堤后比波高分布以竖板下部的透射波浪为主，接近于竖向二维情形。在水池中心线剖面上，堤后 10～14 号测点的比波高与竖向二维数值计算结果相比较差别不大（表 2.6.3）。由图 2.6.10（c）～（e）可见，随 t/d 的增大，竖板入水深度增大，堤后的绕射波浪从竖板端部向中部的影响范围增大，待 t/d 达 0.5 后，堤后比波高在竖板端部到中部的分布趋于一致。在水

池中心线剖面上，堤后 10 号测点的比波高与竖向二维数值计算结果相比较差别不大，随着测点与竖板距离的增加，堤后 11 ～14 号测点的比波高与竖向二维数值计算结果的差别增大（表 2.6.3）。由图 2.6.10（f）可见，在 $t/d = 1.0$ 时，堤后比波高分布完全是从竖板两端绕射的波浪。

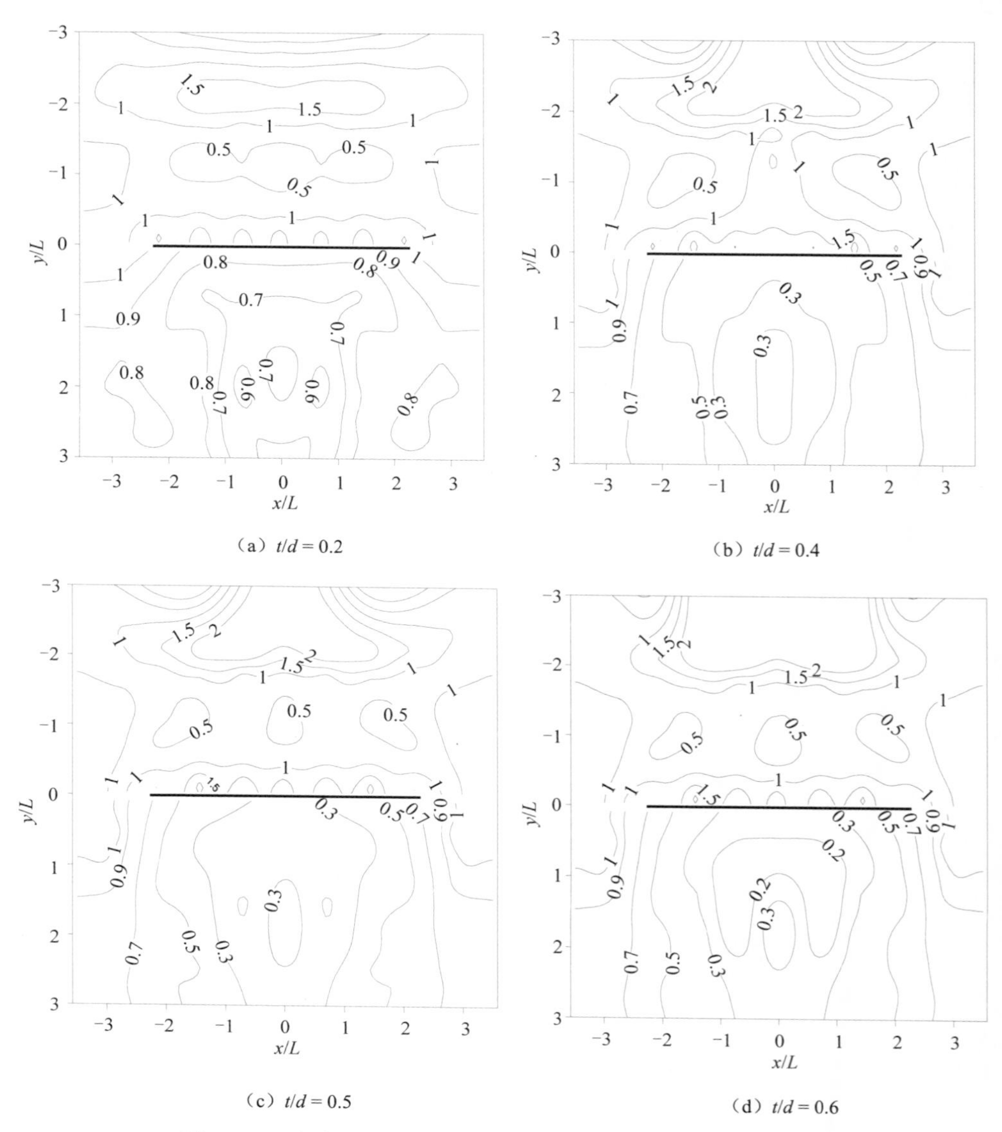

图 2.6.10　竖板相对入水深度对堤后比波高分布的影响对比图

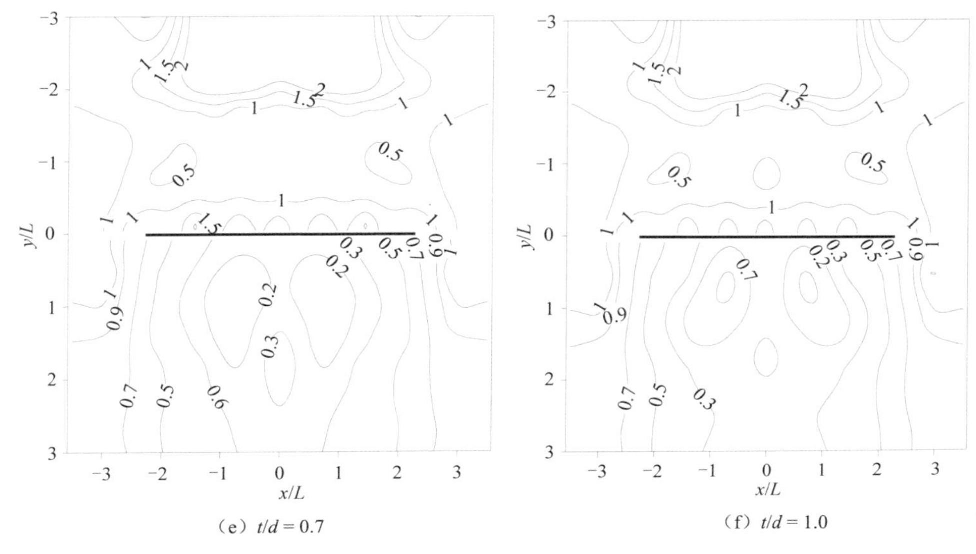

（e）$t/d = 0.7$　　　（f）$t/d = 1.0$

图 2.6.10（续）

竖板相对入水深度对离岸挡板式透空堤的堤后比波高沿水池中心线的分布有很大的影响。对于竖向二维情形，竖板相对入水深度越大，堤后比波高越小。对于离岸挡板式透空堤情形，堤后比波高也是随着竖板相对入水深度增大而减小，但离岸挡板式透空堤的堤后比波高与竖向二维情形下的堤后比波高相比差别在增大。这是因为，竖板相对入水深度 t/d 增大时，对离岸挡板式透空堤来说，透射波浪对堤后比波高的影响逐渐减小，绕射波的影响逐渐增大。由表 2.6.3 分析可得，相对入水深度 t/d 达到 0.6 后，竖向二维情形下堤后沿中心线 10～14 号测点的比波高值小于等于 0.1，这时离岸挡板式透空堤的堤后波高主要受绕射波的影响。

2. 竖板相对长度对堤后波高分布的影响

图 2.6.11 是在相对波高 $H/d = 0.12$ 和相对入水深度 $t/d = 0.4$ 的情形下，不同的竖板相对长度 s/L（$s/L = 3.27$，3.92，4.58，5.22）时，离岸挡板式透空堤后的比波高分布图。由图可见，竖板相对长度 s/L 对离岸挡板式透空堤后的波高分布影响较大，其堤后的比波高分布从竖板端部附近的 0.8 左右向中部逐渐减小到 0.3 左右。图 2.6.11（a）～（c）反映出当 s/L=3.27～4.58 时，堤后比波高小于 0.5 的区域呈明显的倒梯形区域，其中 s/L=3.27 时的堤后比波高小于 0.5 的倒梯形掩护区域的最小宽度约为 1 倍波长；$s/L = 3.92$ 时的堤后比波高小于 0.5 的倒梯形掩护区域的最小宽度约为 1.5 倍波长；$s/L = 4.58$ 时的堤后比波高小于 0.5 的倒梯形掩护区域的最小宽度约为 2.5 倍波长。图 2.6.11（d）反映出当 $s/L = 5.22$ 时的堤后比波高小于 0.5 的掩护区域发展为矩形区域，其矩形掩护区域的最小宽度约为 3.5 倍波长。

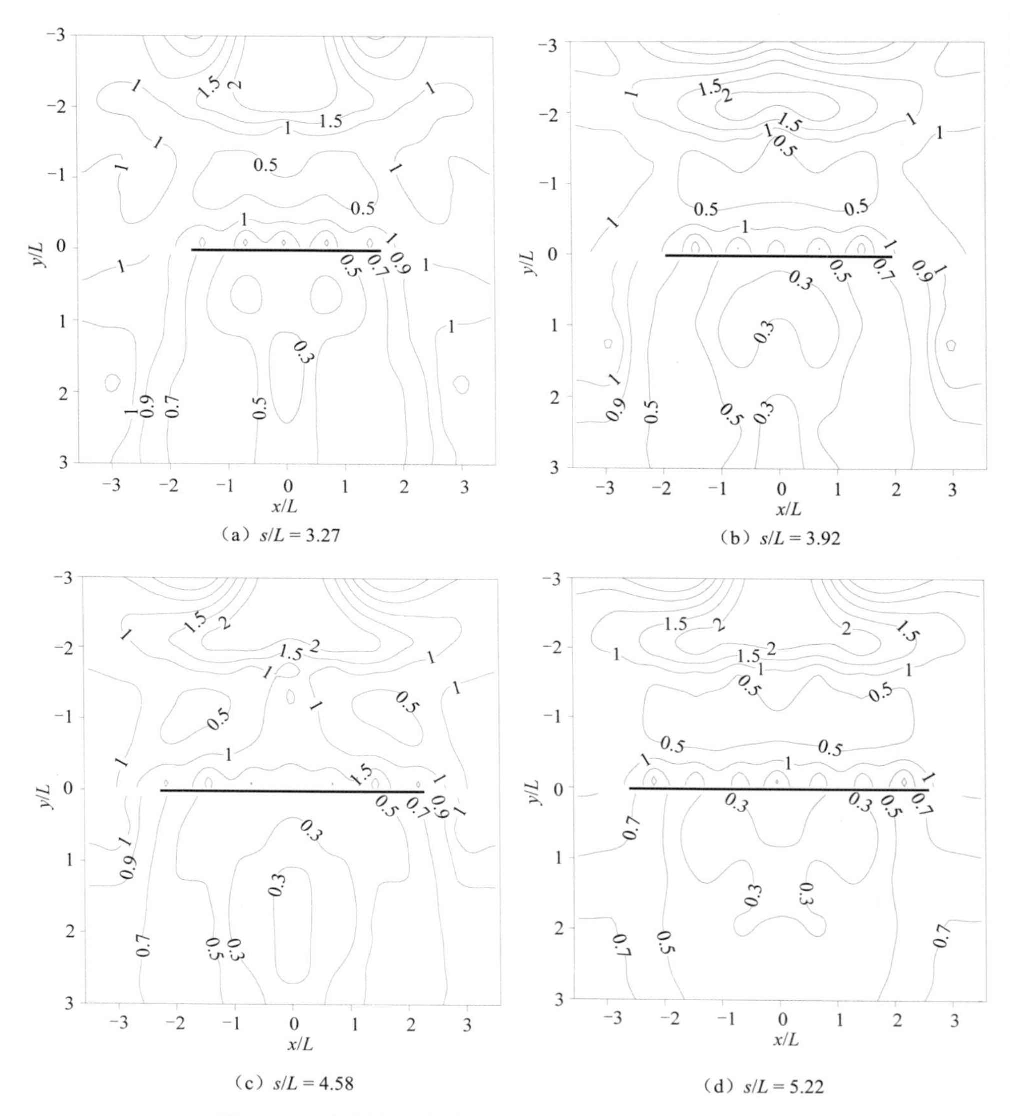

（a）$s/L = 3.27$　（b）$s/L = 3.92$

（c）$s/L = 4.58$　（d）$s/L = 5.22$

图 2.6.11　竖板相对长度对堤后比波高分布的影响对比图

对 $t/d = 0.4$ 的竖向二维情形，堤后的波浪分布完全是入射波浪从竖板下部透射过去的，由表 2.6.3 可知堤后沿中心线 10～14 号测点的比波高值约为 0.26。对同样 $t/d = 0.4$ 的离岸挡板式透空堤情形，堤后波浪的一部分为竖板下部透射过去的透射波，沿竖板轴线方向看其中部的透射波接近竖向二维情形，两端附近的透射波呈现三维特征。堤后波浪的另一部分为竖板两端绕射过去的绕射波，受竖板相对长度 s/L 的影响很大。当 s/L 较小时，绕射波浪在绕过竖板两端的较短距离后就逐渐接近堤后的中心区域；当 s/L 较大时，绕射波需要在离开竖板两端一定的距离后才能接近堤后的中心区域。因而堤后比波高小于 0.5 的掩护区域随着 s/L 的增大逐渐由较小的倒梯形区域发展为较大的矩形区域。

参 考 文 献

蔡丽，2017. 离岸挡板式透空堤后的波高空间分布特性分析[D]. 大连：大连理工大学.

陈德春，茆福文，沈丽宁，等，2012. 桩基挡板式透空堤透浪系数计算及试验研究[J]. 水利水运工程学报，10（5）：83-87.

邓文君，宋萍萍，冯伟忠，等，2007. 强台风“珍珠”引发广东沿岸灾害性海浪调查分析[J]. 海洋预报，24（2）：52-59.

高煜堃，陈红全，蒲赛虎，2014. 基于格点的非结构网格时域有限体积算法及其应用[J]. 南京理工大学学报，38（4）：550-557.

琚烈红，杨正己，2008. 设有挡浪板透空堤波浪透射系数实验研究[J]. 水运工程，4（4）：19-22.

李人宪，2008. 有限体积法基础[M]. 2 版. 北京：国防工业出版社.

刘儒勋，舒其望，2003. 计算流体力学的若干新方法[M]. 北京：科学出版社.

刘儒勋，王志峰，2003. 数值模拟方法和运动界面追踪[M]. 合肥：中国科学技术大学出版社.

帕坦卡，1984. 传热和流体流动的数值方法[M]. 合肥：安徽科学技术出版社.

谭维炎，1998. 计算浅水动力学：有限体积法的应用[M]. 北京：清华大学出版社.

汪继文，刘儒勋，2001. 间断解问题的有限体积法[J]. 计算物理，18（2）：97-105.

王文鼎，常梅，黄晨，等，2008. 透浪系数方法的探讨[J]. 中国港湾建设，2008（6）：1-5.

向波，蓝霄峰，纪昌明，等，2007. 基于二阶差分法和非结构网格的有限体积法的溃坝模拟[J]. 水动力学研究与进展，22（6）：737-743.

向波，米晓，纪昌明，等，2008. 浅水波方程的二维数值模拟[J]. 中国工程科学，10（7）：118-124.

赵凯，栾曙光，张瑞瑾，2011. 强台风“珍珠”引起的近岸波浪场数值分析[J]. 海洋预报，28（4）：35-42.

ATKINSON G D, HOLLIDAY C R, 1977. Tropical cyclone minimum sea level pressure/maximum sustained wind relationship for the western North Pacific[J]. Monthly weather review, 105(4): 421-427.

BOOIJ N, RIS R C, HOLTHUIJSEN L H, 1999. A third-generation wave model for coastal regions, Part I: Model description and validation [J]. Journal of geophysical research, 104(C4): 7649-7666.

DELAUNAY B, 1934. Sur la sphère vide[J]. Bulletin de l' académie des sciences de I'URSS, classe des sciences mathématiques et naturelles(6): 793-800.

DHI GROUP, 2009. MIKE 21 spectral wave module scientific documentation[R]. Denmark: DHI.

GRAHAM H E, NUNN D E, 1959. Meteorological considerations pertinent to standard hurricane, Atlantic and Gulf coasts of the United States [R]. National hurricane research project, report No.3, US weather service.

HARLOW F H, WELCH J E, 1965. Numerical calculation of time-dependent viscous incompressible flow of fluid with free surface [J]. Physics of fluid, 8(12): 2182-2189.

HARLOW F H，WELCH J E，1966. Numerical study of large-amplitude free-surface motions [J]. Physics of fluids, 9(5): 842-851.

HARTEN A, ENGQUIST B, OSHER S, et al., 1987. Uniformly high order accurate essentially non-oscillatory schemes, III [J]. Journal of computational physics, 71(2): 231-303.

HARTEN A, OSHER S, ENGQUIST B, et al., 1986. Some results on uniformly high-order accurate essentially nonoscillatory schemes [J]. Applied numerical mathematics, 2(3-5): 347-377.

HARTEN A, 1983. High resolution schemes for hyperbolic conservation laws [J]. Journal of computational physics, 49(3): 357-393.

HERSBACH H, JANSSEN P A E M, 1999. Improvement of short-fetch behavior in the wave ocean model[J]. Atmospheric and oceanic technology, 16(7): 884-892.

HOLTHUIJSEN L H, 2007. Waves in Oceanic and Coastal Waters[M]. Cambridge:Cambridge University Press.

HOLTHUIJSEN L H, BOOIJ N, HERBERS T H C, 1989. A prediction model for stationary, short-crested waves in shallow water with ambient currents[J]. Coastal engineeing 13(1): 23-54.

ISSA R I, 1986. Solution of the implicitly discretised fluid flow equations by operator-splitting[J]. Journal of computational physics, 62(1):40-65.

JACOBSEN N G , FUHRMAN D R , FREDSØE J, 2012. A wave generation toolbox for the open-source CFD library:OpenFoam® [J]. International journal for numerical methods in fluids, 70(9):1073-1088.

KOMEN G J, CAVALERI L, DONELAN M, et al., 1994. Dynamics and Modelling of Ocean Waves[M]. Cambridge: Cambridge University Press.

KRIEBEL D L, BOLLMANN C A, 1996. Wave transmission past vertical wave barriers[C]//Proceedings of the 25th coastal engineering: 2470-2483.

LO S H, 1985. A new mesh generation scheme for arbitrary planar domains[J]. International journal for numerical method in engineering,21(8): 1403-1426.

MCDONALD P W, 1971. The computation of transonic flow through two-dimensional gas turbine cascades[C]// International gas turbine conference and products show, American society of mechanical engineers: 71-89.

PATANKAR S V, 1980. Numerical Heat Transfer and Fluid Flow[M]. Washington, DC, USA: Hemisphere publishing corporation.

PATANKAR S V, SPALDING D B, 1972. A calculation procedure for heat, mass and momentum transfer in three-dimensional parabolic flows[J]. International journal of heat and mass transfer, 15(10): 1787-1806.

RIS R C, BOOIJ N, HOLTHUIJSEN L, 1999. A third-generation wave model for coastal regions, Part II: Verification[J]. Journal of geophysical research, 104: 7667-7681.

ROE P L, 1981. Approximate Riemann solvers, parameter vectors, and difference schemes [J]. Journal of computation physics, 43(2): 357-372.

THE WAMDI GROUP, 1988. The WAM model-a third generation ocean wave prediction model[J]. Journal of physical oceanography (American meteorological society), 18(12): 1775-1810.

THOMPSON J E, WARSI S, MASTIN C W, 1985. Numerical grid generation-foundations and applications [M]. Amsterdam, Holland:North-Holland.

TOLMAN H L, 1991. A third-generation model for wind waves on slowly varying, unsteady and inhomogeneous depths and currents[J]. Journal of physical oceanography, 21(6): 782-797.

TOLMAN H L, BALASUBRAMANIYAN B, BURROUGHS L D, et al., 2002. Development and implementation of wind generated ocean surface wave models at NCEP[J]. Weather and forecasting, 17(2): 311-333.

URSELL F, DEAN W R, 1947. The effect of a fixed vertical barrier on surface waves in deep water [J]. Proceedings of the Cambridge philosophical society, 43(3): 374-382.

VAN LEER B, 1977a. Towards the ultimate conservative difference scheme III. Upstream-centered finite difference schemes for ideal compressible flow [J]. Journal of computational physics,23(3): 263-275.

VAN LEER B, 1977b. Towards the ultimate conservative difference scheme IV: A new approach to numerical convection[J]. Journal of computational physics, 23(3): 276-299.

VAN LEER B, 1979. Towards the ultimate conservative difference scheme V: A second order sequel to Godunov's method[J]. Journal of computational physics, 32(1): 101-136.

VERSTEEG H K, MALALASEKERA W, 2007. An introduction to computational fluid dynamics:the finite volume method[M]. 2nd ed. London:Longman Group Ltd.

WARREN I R, BACH H K, 1992. MIKE 21: A modeling system for estuaries, coastal waters and seas [J
software, 7(4): 229-240.

WIEGEL R L, 1960. Transmission of waves past a rigid vertical thin barrier [J]. Journal of water way an
ASCE, 86:1-12.

第 3 章　光滑粒子流体动力学方法

3.1 引　　言

3.1.1 无网格法

计算流体动力学（computational fluid dynamics，CFD）方法中基于网格的传统数值计算方法，如有限差分法（FDM）、有限体积法（FVM）或者有限元法（FEM）等的一个主要共性是，对控制方程的空间离散化是在一系列计算网格节点上进行的。例如，有限差分法和有限体积法通常在欧拉网格上离散方程组，有限元法通常在拉格朗日网格上离散方程组。当应用这些基于网格的算法模拟大变形问题时会遇到困难，有限元法难以求解大变形的网格畸变问题，有限差分法和有限体积法等在求解具有运动交界面、可变形边界和自由表面的问题时也面临着必须借助复杂网格技术或界面追踪方法等困难。也有尝试通过应用双网格系统（拉格朗日系统和欧拉系统）将 FDM 和 FEM 的优点结合起来的方法，如欧拉-拉格朗日混合（coupled Euler-Lagrange，CEL）法和拉格朗日-欧拉随机（arbitrary Lagrange-Euler，ALE）法。但这些耦合算法中，通过两种不同类型的网格间的数据映射或在交界面上进行特别处理来交换计算信息的算法通常很复杂，在网格映射计算中也有可能产生错误。

近年来，无网格法已被用于模拟计算流体动力学问题。无网格法的主要思想是，通过使用一系列任意分布的节点（或粒子）来求解边界积分方程或者偏微分方程组，节点或粒子之间不需要网格进行连接。无网格粒子法广义上来说也是无网格方法中的一类，即通过使用一系列有限数量的粒子来描述系统的状态和记录系统的运动，流体运动的控制方程通过这些粒子来求解，粒子之间不需要网格进行连接。粒子的尺寸范围从极小（纳米或微米）尺度到中尺度、大尺度以至于天文尺度。根据粒子尺度，无网格粒子法大概可以分为三类：原子或微观尺度无网格粒子法、中尺度无网格粒子法和宏观无网格粒子法。典型的微观无网格粒子法是分子动力学（molecular dynamics，MD）法；中尺度无网格法如耗散粒子动力学（dissipative particle dynamics，DPD）法；宏观无网格粒子法包括光滑粒子流体动力学（smoothed particle hydrodynamics，SPH）法、离散单元法（discrete element method，DEM）和移动粒子半隐式（moving particle semi-implicit，MPS）法等（Liu and Liu，2003）。

与网格法相比，无网格粒子法具有一系列的优点。首先问题域的离散化是由没有固定连接的粒子形成的，没有网格依赖性，减少了计算中因网格畸变而引起的困难，适用于处理高速碰撞、冲击、自由表面、运动交界面以及流固耦合等大变形和需要动态调整粒子位置的各类问题。其次在求解问题时只需对问题域进行初始离散化。因此应用无网格粒子法对于形状复杂的结构物进行离散化相对比较简单。此外，由于粒子的自适应性很强，在计算过程中不需要重新划分网格。还有粒子的细化也比网格的细化容易操作得多。

基于无网格粒子法的数学模型，控制方程中的函数、导数和积分用粒子来近似而不是使用网格近似。典型的无网格粒子法模拟包括：①具有适当的边界条件和/或初始条件的控制方程；②生成粒子的离散区域化方法；③数值离散化方法；④求解常微分方程（ordinary differential equation，ODE）或总代数方程的数值方法等过程。

求解流体动力学问题的一个典型无网格粒子法的模拟过程可以概括如下：

第 1 步　用粒子描述问题域，再对边界条件进行适当的处理，得到初始瞬时离散粒子上的计算信息。

第 2 步　用适当的粒子近似法来离散控制方程的导数或积分。

第 3 步　从得到的速度和/或位置坐标计算每个离散粒子在瞬时 t 的应力。

第 4 步　用计算出来的应力计算每个离散粒子的加速度。

第 5 步　用瞬时 t 的加速度计算 $t+\Delta t$ 时刻的速度和新的位置坐标。

第 6 步　重复第 3～5 步直到计算结束。

3.1.2　光滑粒子流体动力学法

光滑粒子流体动力学法（SPH）是一种拉格朗日形式的无网格粒子法。它最早由 Lucy（1977）、Gingold 和 Monaghan（1977）提出并被成功地应用于天体物理学领域。近年来，随着 SPH 方法在核函数连续性和边界处理等方面的改进，其在计算流体力学和固体力学领域得到了广泛的应用。SPH 方法的核心思想是用一系列任意分布的粒子来表示问题域，粒子之间不需要网格连接。用积分表示法来近似场函数，在 SPH 方法中称为核近似；应用粒子求和对核近似方程进行离散，即粒子近似法。对偏微分方程的场函数及其相关项进行粒子近似后，就可得到一系列只与时间相关的离散化形式的常微分方程。

由上述 SPH 方法的基本思想可知，相对于传统网格法，SPH 方法具有以下一系列优点。

1）由于控制方程为拉格朗日形式，在计算流体运动控制方程（N-S 方程）中的物质导数项时，没有欧拉形式方程中对流项的数值耗散效应。

2）粒子的自适应性质使其在构造函数时不受粒子分布的随意性影响，可以很自然地处理一些具有极大变形的问题；SPH 粒子作为插值点的同时还携带着介质性质，对于两种或者多种介质，每种介质由一种粒子描述，其介质间界面也容易处理。

3）SPH 粒子既可以通过连续近似模拟连续体，也可以很自然地模拟离散体，因此，SPH 方法是目前模拟连续固体断裂破坏和破坏后碎片运动比较好的方法，是连通连续体和离散体模拟的桥梁。

近 20 年来，SPH 方法的应用范围不断扩大，为使 SPH 方法适用于计算水动力学领域，Monaghan 和 Liu 等学者针对原方法存在的动量不守恒、边界粒子缺陷、非黏性局限和计算压力振荡等问题，对 SPH 算法相继进行了一系列的修正。

Gingold 和 Monaghan（1982）最先发现原 SPH 近似形式不满足线动量和角动量守恒，为解决这一问题，Monaghan（1992）、Johnson 和 Beissel（1996）分别给出对称形式和反对称形式的 SPH 近似式。为解决边界粒子积分域被截断问题，Randles 和 Libersky（1996）推导出核函数及其导数的正则化改进形式。Chen（1999）等基于 Taylor 展开并保留一阶导数项推导出修正光滑粒子法（corrective smoothed partical method，CSPM），这一方法后经 Liu 等（2003）改进用于求解诸如冲击波等不连续问题。如果将 Taylor 展开式保留到二阶导数项，则可以推出有限粒子法（finite particle method，FPM）（Liu and Liu，2006）。

其他比较重要的修正方法有移动最小二乘粒子流体动力学法（Dilts，1999；Dilts，2000）、再生核粒子法（Chen et al., 1996；Liu et al., 1996）及其他恢复粒子一致性的近似法（Zhang and Batra, 2004）。为解决 SPH 方法的非黏性限制，Monaghan 先后将人工黏性引入该方法中，使之可以求解具有冲击波效应的耗散问题，拓展了 SPH 方法的应用范围（Monaghan and Gingold, 1983；Monaghan，1997）。

经过上述针对 SPH 方法的核函数连续性、边界缺陷问题和黏性限制等进行的一系列修正，目前 SPH 方法已被广泛应用在多个研究领域，如多相流、环境流、热传导、水下爆炸及磁流体力学等。计算水动力学问题常隐含着移动边界、复杂几何物面边界、自由液面大变形等传统基于网格的数值方法不易解决的问题。SPH 方法的拉格朗日特性、自适应和粒子特性，使其在解决上述问题时体现出传统网格法所不具备的优越性。因此，近年来 SPH 方法在计算水动力学领域得到了广泛的关注，已成为该领域的一个研究热点。已有学者就物体入水、波浪破碎、波浪冲击、液体晃荡、波浪与结构物的相互作用等问题建立起相应的 SPH 数学模型。需要指出的是，虽然针对 SPH 方法的边界缺陷已经发展了如斥力边界、镜像粒子和耦合动力边界等固壁边界修正算法，但是目前应用 SPH 方法模拟的固壁附近的压力场仍然存在不同程度的振荡现象，还没有解决边界缺陷的本质问题。计算效率低下也是制约 SPH 算法发展的主要瓶颈问题，对于大范围三维问题的 SPH 模拟，必须发展基于集群计算的并行算法。目前关于 SPH 方法的开源并行计算程序有基于 GPU（graphics processing unit，图形处理器）并行的 DualSPHysics（Crespo et al., 2007）和基于 MPI（message passing interface，消息传递接口）并行的 Parallel

SPHysics（Gomez-Gesteira et al., 2011）。

据其压力计算模式不同，现有 SPH 模型可分为微可压缩（weakly compressible smoothed particle hydrodynamics，WCSPH）模型和不可压缩（incompressible smoothed particle hydrodynamics，ISPH）模型。WCSPH 方法求解的是（弱）可压缩流体问题，流体粒子的压力通过状态方程由粒子的密度变化率求解。该方法可通过合理选择状态方程，将不可压缩流动转化为弱可压缩流动，避免了求解压力泊松方程的复杂性。ISPH 方法则求解不可压缩流体问题，粒子的压力可通过求解压力泊松方程得到。目前国际上 WCSPH 方法以英国 Manchester（曼彻斯特）大学和西班牙 de Vigo（维戈）大学的研究团队的研究工作为代表，ISPH 方法以日本 Kyoto（京都）大学的 Khayyer 和英国 Sheffield（谢菲尔德）的 Shao 的研究工作为代表。

3.2　SPH 的基本理论

3.2.1　SPH 的概念

1. 函数的积分表示法

场函数的 SPH 近似通常按两个关键步进行。第一步为积分近似，也称为核近似；第二步为粒子近似。通过积分近似和粒子近似两个过程将任意函数及其空间导数离散成一系列具有独立质量和体积的粒子间的相互作用。其中，积分近似是 SPH 名称中“光滑”概念的具体表现，粒子近似是 SPH 名称中“粒子”概念的具体表现（Liu and Liu，2003）。

函数 $f(\boldsymbol{r})$ 的积分表示式可以表达为

$$f(\boldsymbol{r})=\int_{\Omega} f(\boldsymbol{r}')\delta(\boldsymbol{r}-\boldsymbol{r}')\mathrm{d}\boldsymbol{r}' \tag{3.2.1.1}$$

式中，$f(\boldsymbol{r})$ 为三维坐标向量 $\boldsymbol{r}$ 的函数；Ω 为包含 $\boldsymbol{r}$ 的积分体积；$\mathrm{d}\boldsymbol{r}'$ 是体积微元；δ 为狄拉克 δ（Dirac delta）函数，其定义为

$$\delta(\boldsymbol{r}-\boldsymbol{r}')=\begin{cases}\infty, & \boldsymbol{r}=\boldsymbol{r}' \\ 0, & \boldsymbol{r}\neq\boldsymbol{r}'\end{cases} \tag{3.2.1.2}$$

由式（3.2.1.1）可见，由于应用了狄拉克 δ 函数，故一旦在 Ω 内 $f(\boldsymbol{r})$ 是已定义的和连续的，则式（3.2.1.1）所使用的积分表示式就是精确的或者严密的。

若用光滑函数 $W(\boldsymbol{r}-\boldsymbol{r}',h)$ 来取代 δ 函数 $\delta(\boldsymbol{r}-\boldsymbol{r}')$，则 $f(\boldsymbol{r})$ 的积分表示式可写为

$$f(\boldsymbol{r})\approx\int_{\Omega} f(\boldsymbol{r}')W(\boldsymbol{r}-\boldsymbol{r}',h)\mathrm{d}\boldsymbol{r}' \tag{3.2.1.3}$$

式中，$W(\boldsymbol{r}-\boldsymbol{r}',h)$ 称为光滑函数，h 为光滑函数 W 的光滑长度。由于 W 不是狄

拉克函数，故式（3.2.1.3）的积分表示式只能是近似式，因此等式左侧用角括弧标记：

$$\langle f(\boldsymbol{r})\rangle=\int_{\Omega} f(\boldsymbol{r}')W(\boldsymbol{r}-\boldsymbol{r}',h)\mathrm{d}\boldsymbol{r}' \tag{3.2.1.4}$$

光滑函数 W 满足条件：当$|\boldsymbol{r}-\boldsymbol{r}'|>\kappa h$时，$W(\boldsymbol{r}-\boldsymbol{r}',h)=0$，其中$\kappa$是常数，确定光滑函数的有效范围，此有效范围称为点 $\boldsymbol{r}$ 处光滑函数的支持域（或点 $\boldsymbol{r}$ 的支持域）。该条件称为紧支性条件，应用该条件，在整个问题域内的积分即转换为在光滑函数的支持域内的积分。因此，一般来说积分域就是支持域。除紧支性条件，光滑函数还需满足以下两个基本条件：

第一个条件是正则化条件，如式（3.2.1.5）所示，也称为归一化条件。

$$\int_{\Omega} W(\boldsymbol{r}-\boldsymbol{r}',h)\mathrm{d}\boldsymbol{r}'=1 \tag{3.2.1.5}$$

第二个条件是当光滑长度趋向于零时具有δ函数的性质。

$$\lim_{h\to 0} W(\boldsymbol{r}-\boldsymbol{r}',h)=\delta(\boldsymbol{r}-\boldsymbol{r}') \tag{3.2.1.6}$$

2. 函数导数的积分表示法

场函数 $f(\boldsymbol{r})$ 的空间导数 $\nabla\cdot f(\boldsymbol{r})$ 的积分近似式可根据式（3.2.1.4）得到，用 $\nabla\cdot f(\boldsymbol{r})$ 代替 $f(\boldsymbol{r})$ 可得

$$\langle\nabla\cdot f(\boldsymbol{r})\rangle=\int_{\Omega}[\nabla\cdot f(\boldsymbol{r}')]W(\boldsymbol{r}-\boldsymbol{r}',h)\mathrm{d}\boldsymbol{r}' \tag{3.2.1.7}$$

对上述积分的被积函数应用散度运算法则进行变换，得

$$[\nabla\cdot f(\boldsymbol{r}')]W(\boldsymbol{r}-\boldsymbol{r}',h)=\nabla\cdot[f(\boldsymbol{r}')W(\boldsymbol{r}-\boldsymbol{r}',h)]-f(\boldsymbol{r}')\cdot\nabla W(\boldsymbol{r}-\boldsymbol{r}',h) \tag{3.2.1.8}$$

代入式（3.2.1.7）中，可得以下方程：

$$\langle\nabla\cdot f(\boldsymbol{r})\rangle=\int_{\Omega}\nabla\cdot[f(\boldsymbol{r}')W(\boldsymbol{r}-\boldsymbol{r}',h)]\mathrm{d}\boldsymbol{r}'-\int_{\Omega} f(\boldsymbol{r}')\cdot\nabla W(\boldsymbol{r}-\boldsymbol{r}',h)\mathrm{d}\boldsymbol{r}' \tag{3.2.1.9}$$

方程（3.2.1.9）等号右边的第一项可应用高斯定理将在体域Ω上的积分变换为在面域S上的积分

$$\langle\nabla\cdot f(\boldsymbol{r})\rangle=\int_{S} f(\boldsymbol{r}')W(\boldsymbol{r}-\boldsymbol{r}',h)\cdot\boldsymbol{n}\mathrm{d}s-\int_{\Omega} f(\boldsymbol{r}')\cdot\nabla W(\boldsymbol{r}-\boldsymbol{r}',h)\mathrm{d}\boldsymbol{r}' \tag{3.2.1.10}$$

这里$\boldsymbol{n}$是面域S的法向量。

当支持域位于问题域内部时，如图 3.2.1 所示，由于光滑函数 W 是定义在支持域内的，当$|\boldsymbol{r}-\boldsymbol{r}'|>\kappa h$时，$W(\boldsymbol{r}-\boldsymbol{r}',h)=0$，在式（3.2.1.10）等号右边的面积项积分为零，因此，对于支持域在问题域内的点，式（3.2.1.10）可简写为

$$\langle\nabla\cdot f(\boldsymbol{r})\rangle=-\int_{\Omega} f(\boldsymbol{r}')\cdot\nabla W(\boldsymbol{r}-\boldsymbol{r}',h)\mathrm{d}\boldsymbol{r}' \tag{3.2.1.11}$$

由上述方程可知，对函数进行微分可转换为对光滑函数进行微分，即场函数的散度由场函数的值和光滑函数 W 的导数来确定。

需要说明的是，如果支持域与问题域边界相交，如图 3.2.2 所示，则 $\boldsymbol{W}(\boldsymbol{r})$ 的支持域被问题域边界截断，此时光滑函数在边界处的值不等于零，式（3.2.1.10）的面积分项不等于零。在上述情况下，应对方程进行修正以减小边界效应的影响。

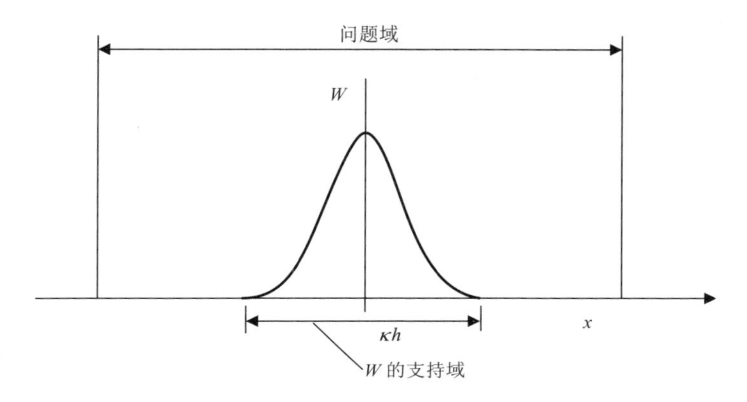

图 3.2.1　光滑函数 $\boldsymbol{W}$ 的支持域位于问题域内

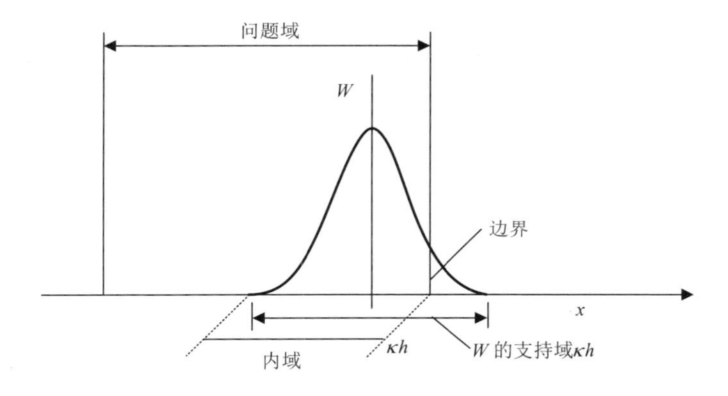

图 3.2.2　光滑函数 $\boldsymbol{W}$ 的支持域和问题域边界相交

3. 粒子近似法

在 SPH 方法中，整个系统是由具有独立的质量和体积的有限个粒子表示的。粒子近似法是将与SPH核近似法相关的连续积分表达式转化为支持域内所有粒子叠加求和的离散化形式。如图 3.2.3 所示，目标粒子 i 位于积分域的中心，其周围分布着一系列粒子 j。粒子 i 的支持域半径为κh，即仅考虑粒子 i 和与其直线距离小于κh 的粒子 j 间的相互作用。

若使用粒子的体积 ΔV_j 来取代在前面积分中粒子 j 处的积分微元 $\mathrm{d}r'$，则粒子的质量 m_j 可表示为

$$m_j = \Delta V_j \rho_j \tag{3.2.1.12}$$

式中，ρ_j 为粒子 j 的密度（$j=1,2,\cdots,N$），其中 N 为在粒子 i 的支持域内的粒子总量。

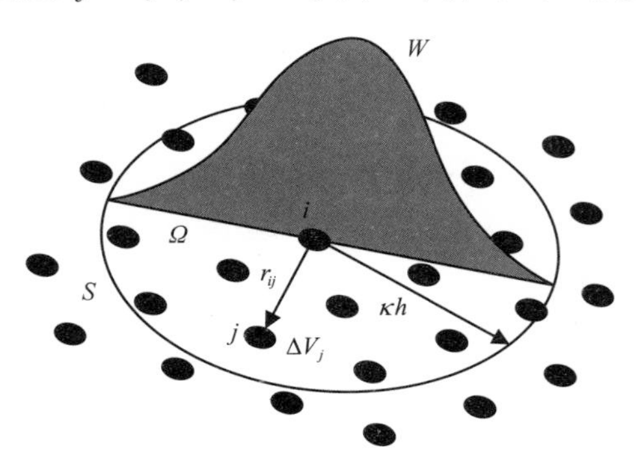

图 3.2.3　粒子近似法

$f(\boldsymbol{r})$ 的连续 SPH 积分表示式（3.2.1.10）可写为以下离散化的粒子近似式：

$$\begin{aligned}\langle f(\boldsymbol{r})\rangle &= \int_{\Omega} f(\boldsymbol{r}')W(\boldsymbol{r}-\boldsymbol{r}',h)\mathrm{d}\boldsymbol{r}' \approx \sum_{j=1}^{N} f(\boldsymbol{r}_j)W(\boldsymbol{r}-\boldsymbol{r}_j,h)\Delta V_j \\ &= \sum_{j=1}^{N} f(\boldsymbol{r}_j)W(\boldsymbol{r}-\boldsymbol{r}_j,h)\frac{1}{\rho_j}(\rho_j\Delta V) = \sum_{j=1}^{N} f(\boldsymbol{r}_j)W(\boldsymbol{r}-\boldsymbol{r}_j,h)\frac{1}{\rho_j}m_j \end{aligned} \quad (3.2.1.13)$$

即

$$\langle f(\boldsymbol{r})\rangle = \sum_{j=1}^{N} \frac{m_j}{\rho_j} f(\boldsymbol{r}_j)W(\boldsymbol{r}-\boldsymbol{r}_j,h) \quad (3.2.1.14)$$

在粒子 i 处的函数的粒子近似式最终可写为

$$\langle f(\boldsymbol{r}_i)\rangle = \sum_{j=1}^{N} \frac{m_j}{\rho_j} f(\boldsymbol{r}_j)W_{ij} \quad (3.2.1.15)$$

式中，

$$W_{ij} = W(\boldsymbol{r}_i-\boldsymbol{r}_j,h) \quad (3.2.1.16)$$

式（3.2.1.15）说明粒子 i 处的任一函数值可通过应用光滑函数对其支持域内所有粒子的函数值进行加权平均近似。同理可得，函数空间导数的粒子近似式为

$$\langle \nabla\cdot f(\boldsymbol{r}_i)\rangle = -\sum_{j=1}^{N} \frac{m_j}{\rho_j} f(\boldsymbol{r}_j)\cdot\nabla W(\boldsymbol{r}_i-\boldsymbol{r}_j,h) \quad (3.2.1.17)$$

在上述方程中，梯度 ∇W_{ij} 指 W 函数对粒子 j 求导数，故在粒子 i 处的函数空间导数的粒子近似式可写为

$$\langle \nabla\cdot f(\boldsymbol{r}_i)\rangle = -\sum_{j=1}^{N} \frac{m_j}{\rho_j} f(\boldsymbol{r}_j)\cdot\nabla_j W_{ij} \quad (3.2.1.18)$$

式中，

$$\nabla_j W_{ij} = \frac{\boldsymbol{r}_j - \boldsymbol{r}_i}{\boldsymbol{r}_{ij}} \frac{\partial W_{i,j}}{\partial \boldsymbol{r}_{ij}} \tag{3.2.1.19}$$

其中，$\boldsymbol{r}_{ij}$ 为粒子 i 和粒子 j 之间的距离。此处求导粒子 j 为变量，如果对粒子 i 求导，则

$$\nabla_i W_{ij} = -\nabla_j W_{ij} = \frac{\boldsymbol{r}_i - \boldsymbol{r}_j}{\boldsymbol{r}_{ij}} \frac{\partial W_{i,j}}{\partial \boldsymbol{r}_{ij}}$$

以一维问题为例，$\boldsymbol{r}_{ij} = \left|\boldsymbol{r}_i - \boldsymbol{r}_j\right| = \left|x_i - x_j\right|$，则

$$\nabla_j W_{i,j} = \frac{\partial W_{i,j}}{\partial x_j} = \frac{\partial W_{i,j}}{\partial r_{i,j}} \frac{x_i - x_j}{\left|x_i - x_j\right|}(x_i - x_j)'_{x_j} = \frac{\partial W_{i,j}}{\partial r_{i,j}} \frac{x_j - x_i}{\left|x_i - x_j\right|}$$

$$\nabla_i W_{i,j} = \frac{\partial W_{i,j}}{\partial x_i} = \frac{\partial W_{i,j}}{\partial r_{i,j}} \frac{x_i - x_j}{\left|x_i - x_j\right|}(x_i - x_j)'_{x_i} = \frac{\partial W_{i,j}}{\partial r_{i,j}} \frac{x_i - x_j}{\left|x_i - x_j\right|}$$

式（3.2.1.18）说明粒子 i 处的函数空间导数值可通过应用光滑函数的梯度对粒子 i 的支持域内所有粒子函数值进行加权平均近似，即将函数导数的连续积分表示式转换成在任意排列的粒子上的离散化求和形式。

综上所述，对于给定的粒子 i，其函数及导数的粒子近似式为

$$\langle f(\boldsymbol{r}_i)\rangle = \sum_{j=1}^{N} \frac{m_j}{\rho_j} f(\boldsymbol{r}_j) W(\boldsymbol{r}_i - \boldsymbol{r}_j, h) \tag{3.2.1.20}$$

$$\langle \nabla \cdot f(\boldsymbol{r}_i)\rangle = \sum_{j=1}^{N} \frac{m_j}{\rho_j} f(\boldsymbol{r}_j) \cdot \nabla_i W_{ij} \tag{3.2.1.21}$$

$$W_{ij} = W(\boldsymbol{r}_i - \boldsymbol{r}_j, h) \tag{3.2.1.22}$$

$$\nabla_i W_{ij} = \frac{\boldsymbol{r}_i - \boldsymbol{r}_j}{\boldsymbol{r}_{ij}} \frac{\partial W_{i,j}}{\partial \boldsymbol{r}_{ij}} \tag{3.2.1.23}$$

如果函数 $f(r)$ 为一常量，当粒子支持域与问题域边界相交时，式（3.2.1.21）不成立，因为方程的右端项不会等于 0。为此，将式（3.2.1.21）进行下列变换：

$$\nabla \cdot f(\boldsymbol{r}) = \frac{1}{\phi}\left\{\nabla \cdot \left[\phi f\ (\boldsymbol{r})\right] - f(\boldsymbol{r}) \cdot \nabla \phi\right\} \tag{3.2.1.24}$$

这里 ϕ 是任一可微函数，所以

$$\nabla \cdot f(\boldsymbol{r}_i) = \frac{1}{\phi_i} \sum_{j=1}^{N} \frac{m_j}{\rho_j} \phi_j \left[f(\boldsymbol{r}_j) - f(\boldsymbol{r}_i)\right] \cdot \nabla_i W_{ij} \tag{3.2.1.25}$$

取 ϕ=1，得

$$\nabla \cdot f(\boldsymbol{r}_i) = \sum_{j=1}^{N} \frac{m_j}{\rho_j} \left[f(\boldsymbol{r}_j) - f(\boldsymbol{r}_i)\right] \cdot \nabla_i W_{ij} \tag{3.2.1.26}$$

如果取 $\phi = \rho$，则

$$\nabla \cdot f(\boldsymbol{r}_i) = \frac{1}{\rho_i}\sum_{j=1}^{N} m_j \left[f(\boldsymbol{r}_j) - f(\boldsymbol{r}_i) \right] \cdot \nabla_i W_{ij} \tag{3.2.1.27}$$

3.2.2 光滑函数的主要特征

SPH 方法通过使用光滑函数引进函数的积分近似式。光滑函数决定了函数的积分近似式的精度和形式，定义了粒子支持域的尺寸。光滑函数的所有主要特征总结归纳如下：

1）归一性。光滑函数在支持域上必须满足正则化条件：

$$\int_{\Omega} W(\boldsymbol{r} - \boldsymbol{r}', h)\mathrm{d}\boldsymbol{r}' = 1 \tag{3.2.2.1}$$

正则化性质确保了光滑函数在粒子支持域上的积分是归一的。

2）紧支性。光滑函数必须满足紧支性条件，即当$|\boldsymbol{r} - \boldsymbol{r}'| > \kappa h$时，

$$W(\boldsymbol{r} - \boldsymbol{r}', h) = 0 \tag{3.2.2.2}$$

紧支域的尺寸由光滑长度 h 和比例因子 κ 决定，κ 决定了光滑函数的作用范围。紧支性将 SPH 近似从全局坐标转换到局部坐标。

3）非负性。在点 $\boldsymbol{r}$ 的粒子的支持域内任意一点 $\boldsymbol{r}'$ 处有 $W(\boldsymbol{r} - \boldsymbol{r}', h) \geqslant 0$。该性质表明在支持域中光滑函数应该是非负的。作为收敛条件，其在数学计算上并不是必需的，但是在确保对一些物理现象的物理意义的描述是非常重要的。若在支持域的某些部分上光滑函数是负的，在流体动力学问题的模拟中会导致一些非物理参数的出现，如负密度和负能量。

4）衰减性。当粒子间的距离增大时，粒子的光滑函数值应该是单调递减的。该性质是基于物理意义上考虑的，较近的粒子应该对相关粒子有更大的影响。换句话说，随着两个相互作用的粒子间的距离增大，它们的相互作用力减小。

5）δ 函数性质。当光滑长度趋向于零时，光滑函数应该满足具有 δ 函数性质：

$$\lim_{h \to \infty} W(\boldsymbol{r} - \boldsymbol{r}', h) = \delta(\boldsymbol{r} - \boldsymbol{r}') \tag{3.2.2.3}$$

该性质确保了当光滑长度趋向于零时，近似值应趋近函数值，也就是$\langle f(\boldsymbol{r}) \rangle = f(\boldsymbol{r})$。若光滑函数满足前面的条件 1）～4），在支持域趋向于零时，这个性质就自然满足，即光滑函数会趋近于 δ 函数。

6）对称性。光滑函数应为偶函数。该性质表示与给定粒子距离相同但在不同位置的粒子对给定粒子的影响是相同的。

任何具有以上性质的函数都可以用作 SPH 的光滑函数。许多研究者和专业人员已经尝试了使用不同类型的光滑函数，在相关 SPH 文献中常用的光滑函数主要有钟形函数、高斯型核函数、B-样条函数、四次样条函数、五次样条函数和五次函数等。

1. 钟形函数

Lucy（1977）使用以下钟形函数作为光滑函数：

$$W(\boldsymbol{r}-\boldsymbol{r}',h)=W(R,h)=\alpha_d\times\begin{cases}(1+3R)(1-R)^3, & R\leqslant 1\\ 0, & R>1\end{cases} \tag{3.2.2.4}$$

式中，α_d 的值在一维、二维和三维空间中分别为 $\dfrac{5}{4h}$，$\dfrac{5}{\pi h^2}$ 和 $\dfrac{105}{16\pi h^3}$，这样就能在三个空间中满足归一性条件；R 为两粒子之间的相对距离，$R=\dfrac{|\boldsymbol{r}-\boldsymbol{r}'|}{h}$。

钟形光滑函数及其一阶导数的图像如图 3.2.4 所示。

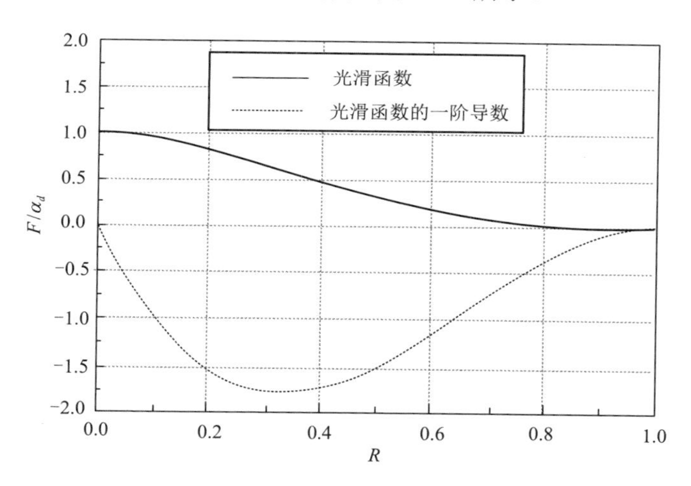

图 3.2.4　钟形光滑函数及其一阶导数

2. 高斯型核函数

Gingold 和 Monaghan 在他们最早的论文中选取了以下高斯型核函数来模拟非球形星体（1977）：

$$W(R,h)=\alpha_d \mathrm{e}^{-R^2} \tag{3.2.2.5}$$

式中，α_d 的值在一维、二维和三维空间中分别为 $\dfrac{1}{\pi^{1/2}h}$，$\dfrac{1}{\pi h^2}$ 和 $\dfrac{1}{\pi^{3/2}h^3}$。

高斯型核光滑函数及其一阶导数的图像如图 3.2.5 所示。

高斯型核函数是充分光滑的，即使对于高阶导数，它也被认为是一种极好的选择，因为它很稳定且精度很高，特别是对于不规则粒子分布的情况。然而，高斯型核函数并不是真正严密的，因为理论上它是不可能为零的，除非 R 趋向于无穷大。应注意的是，高斯型核函数的计算量很大，因为核函数趋向零时要经历相对长的距离，这样就会产生一个很大的支持域，导致支持域内粒子数目增多，降低计算效率。

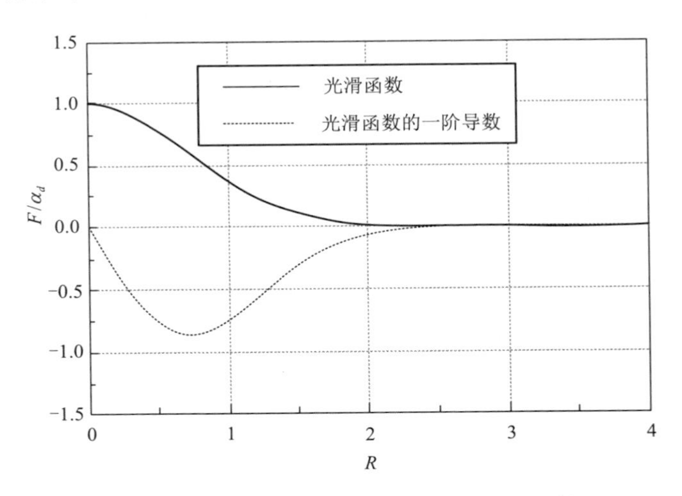

图 3.2.5　高斯型核光滑函数及其一阶导数

3. B-样条函数

Monaghan（1985）在三次样条函数的基础上提出了称为 B-样条函数的光滑函数：

$$W(\boldsymbol{r}-\boldsymbol{r}',h)=W(R,h)=\alpha_d\times\begin{cases}\dfrac{2}{3}-R^2+\dfrac{1}{2}R^3, & 0\leqslant R\leqslant 1\\ \dfrac{1}{6}(2-R)^3, & 1\leqslant R\leqslant 2\\ 0, & R>2\end{cases}\tag{3.2.2.6}$$

式中，α_d 的值在一维、二维和三维空间中分别为 $\dfrac{1}{h}$，$\dfrac{15}{7\pi h^2}$ 和 $\dfrac{3}{2\pi h^3}$。三次样条函数是现有 SPH 文献中应用较为广泛的光滑函数，其性质与高斯型核函数类似。然而，三次样条函数的二阶导数是分段线性函数，相应地，其稳定性就会劣于那些较为光滑的核函数。此外，由于光滑函数是分段的，所以其使用就会比那些只有一段的光滑函数更为困难一些。

三次样条函数及其一阶导数的图像如图 3.2.6 所示。

4. 四次样条函数

Morris（1996，1996）提出了更为接近高斯型核函数和更加稳定的高次样条

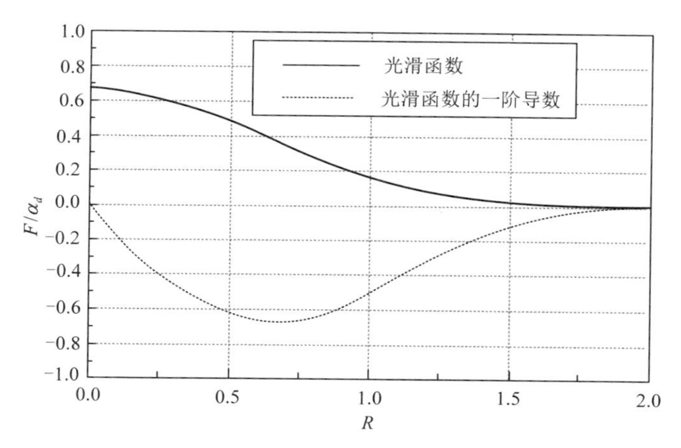

图 3.2.6　三次样条函数及其一阶导数

函数（四次和五次）。四次样条函数为

$$
W(\boldsymbol{r}-\boldsymbol{r}',h)=W(R,h)
$$

$$
=\alpha_d\times\begin{cases}(R+2.5)^4-5(R+1.5)^4+10(R+0.5)^4, & 0\leqslant R<0.5\\(2.5-R)^4-5(1.5-R)^4, & 0.5\leqslant R<1.5\\(2.5-R)^4, & 1.5\leqslant R<2.5\\0, & R>2.5\end{cases} \tag{3.2.2.7}
$$

式中，α_d 的值在一维空间中为 $\dfrac{1}{24h}$ 。

四次样条函数及其一阶导数的图像如图 3.2.7 所示。

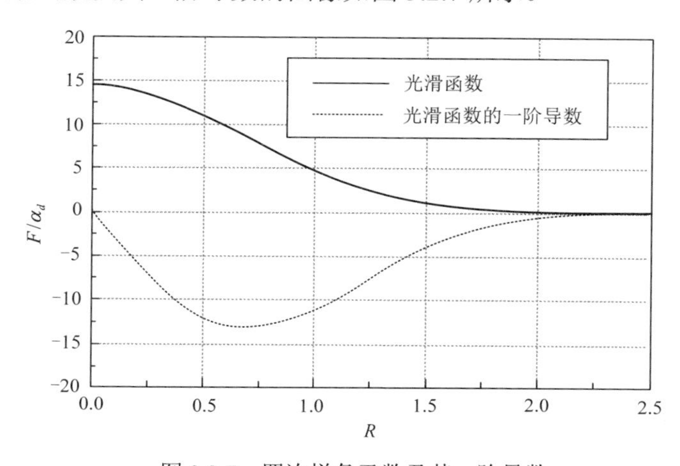

图 3.2.7　四次样条函数及其一阶导数

5. 五次样条函数

五次样条函数为

$$
\begin{aligned}
W(\boldsymbol{r}-\boldsymbol{r}',h) &= W(R,h) \\
&= \alpha_d \times \begin{cases} (3-R)^5 - 6(2-R)^5 + 15(1-R)^5, & 0 \leqslant R < 1 \\ (3-R)^5 - 6(2-R)^5, & 1 \leqslant R < 2 \\ (3-R)^5, & 2 \leqslant R < 3 \\ 0, & R > 3 \end{cases}
\end{aligned}
\tag{3.2.2.8}
$$

式中，α_d 的值在一维、二维和三维空间中分布为 $\dfrac{120}{h}$，$\dfrac{7}{478\pi h^2}$ 和 $\dfrac{3}{359\pi h^3}$。

五次样条函数及其一阶导数的图像如图 3.2.8 所示。

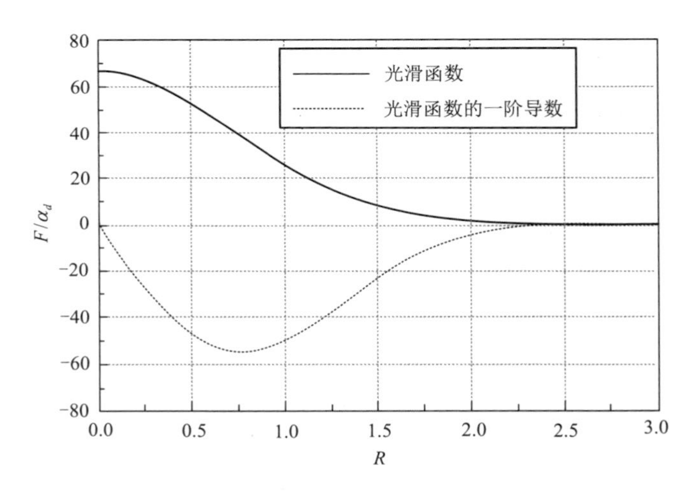

图 3.2.8　五次样条函数及其一阶导数

6. 五次函数

五次函数的具体表达式如下：

$$
W(\boldsymbol{r}-\boldsymbol{r}',h) = W(R,h) = \alpha_d (1-R/2)^4 (2R+1),\ 0 \leqslant R \leqslant 2 \tag{3.2.2.9}
$$

式中，α_d 的值在二维、三维问题中分别为 $\dfrac{7}{4\pi h^2}$，$\dfrac{21}{16\pi h^3}$。

五次函数及其一阶导数的图像如图 3.2.9 所示。

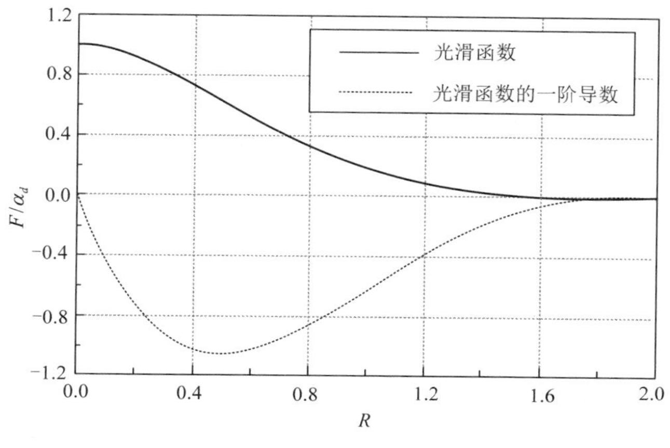

图 3.2.9　五次函数及其一阶导数

3.2.3　SPH 近似式的精度

在 SPH 文献中，核近似式常被认为具有 h^2 精度或二阶精度，其原因如下：SPH 积分表示式的误差可用函数在 $\boldsymbol{r}$ 处的 Taylor 级数展开式来估算。假如 $f(\boldsymbol{r})$ 是可微的，在点 $\boldsymbol{r}$ 附近对 $f(\boldsymbol{r}')$ 进行泰勒级数展开，可得

$$\begin{aligned} f(\boldsymbol{r}') &= f(\boldsymbol{r}) + f'(\boldsymbol{r})(\boldsymbol{r}'-\boldsymbol{r}) + \frac{1}{2}f''(\boldsymbol{r})(\boldsymbol{r}'-\boldsymbol{r})^2 + \cdots \\ &= \sum_{k=0}^{n} \frac{(-1)^k h^k f^{(k)}(\boldsymbol{r})}{k!}\left(\frac{\boldsymbol{r}-\boldsymbol{r}'}{h}\right)^k + o_n\left(\left|\frac{\boldsymbol{r}-\boldsymbol{r}'}{h}\right|^n\right) \end{aligned} \tag{3.2.3.1}$$

式中，$o_n\left(\left|\frac{\boldsymbol{r}-\boldsymbol{r}'}{h}\right|^n\right)$ 是 Taylor 级数展开的余项。将式（3.2.3.1）代入式（3.2.1.4）中，可得

$$f(\boldsymbol{r}) = \int_{\Omega}\left(f(\boldsymbol{r}) + f'(\boldsymbol{r})(\boldsymbol{r}'-\boldsymbol{r}) + \frac{1}{2}f''(\boldsymbol{r})(\boldsymbol{r}'-\boldsymbol{r})^2 + \cdots\right)W(\boldsymbol{r}-\boldsymbol{r}',h)\mathrm{d}\boldsymbol{r}' \tag{3.2.3.2}$$

比较方程（3.2.3.2）中的等式右边和左边可知，由于光滑函数 W 是偶函数，当光滑函数同时满足归一化条件和对称条件时，方程右端第二项的积分值等于 0，第三项的积分值不等于 0。所以该近似式具有二阶精度，其截断误差为 $O(h^2)f''(\boldsymbol{r}')$。

然而，当某个粒子临近计算域边界时，粒子的支持域与计算域边界相交，支持域被边界截断，如图 3.2.2 所示，归一化条件和对称性条件都不满足，因此当粒子邻近计算域边界时，函数的 SPH 核近似式不具有二阶精度。

对于经典 SPH 方法而言，只有在计算区域内部，核近似表达式才具有二阶精度，而在靠近边界区域，其精度低于一阶。

上述关于光滑函数的性质与函数近似精度的关系是由连续形式的积分表达式推导而得的，它们不能确保粒子近似后生成的离散化形式方程的精度。在无网格粒子法中，当光滑函数的归一性条件和对称性条件在离散方程中不能满足时，我们将这种情况称为粒子不连续性。光滑函数的归一性条件的粒子离散式为

$$\sum_{j=1}^{N} W(\boldsymbol{r}-\boldsymbol{r}_j,h)\Delta \boldsymbol{r}_j = 1 \tag{3.2.3.3}$$

对称性条件的粒子离散式为

$$\sum_{j=1}^{N} (\boldsymbol{r}-\boldsymbol{r}_j) W(\boldsymbol{r}-\boldsymbol{r}_j,h)\Delta \boldsymbol{r}_j = 0 \tag{3.2.3.4}$$

式中，N 是在 $\boldsymbol{r}$ 处粒子的支持域上所有粒子的总数。

这些离散化条件在图 3.2.10（a）所示的情况下是满足的，但是，这些离散化连续性条件不能总是满足。一个显而易见的例子是，粒子在问题域的边界上或者问题域边界附近时，将导致支持域与边界相交，如图 3.2.10（b）所示。即使是规则分布的粒子，由于光滑函数被边界截断，在离散求和中也会使方程（3.2.3.3）的左边小于 1，使方程（3.2.3.4）的左边不等于零。

另一个简单的例子就是粒子不规则分布的情况。在这种情况中，由于粒子的不均匀分布，即使内部粒子的支持域没有被截断，方程（3.2.3.3）和方程（3.2.3.4）也不能被满足，如图 3.2.10（c）所示。

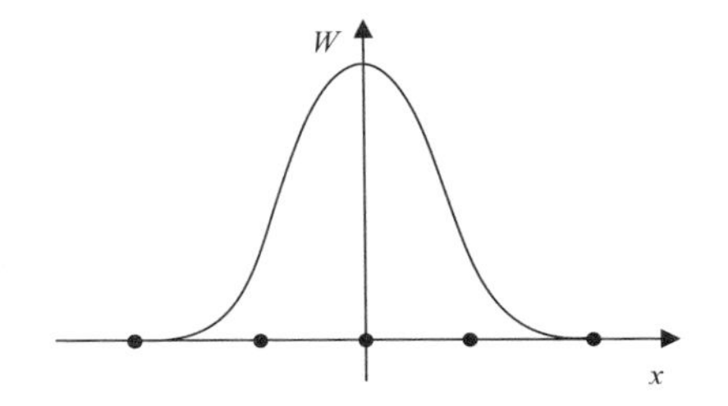

（a）一个内部粒子的粒子近似，其支持域中粒子是规则分布的

（b）粒子的支持域被边界截断的粒子近似

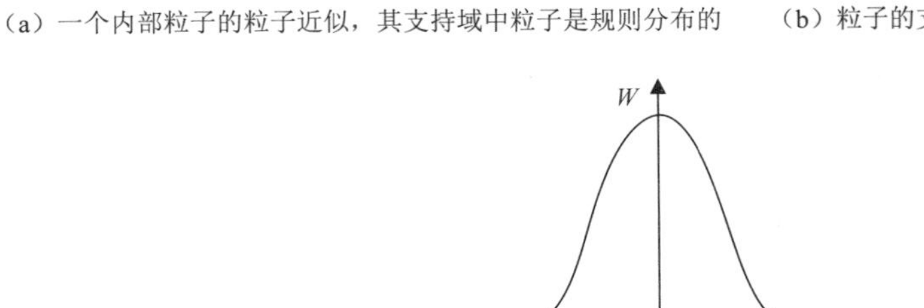

（c）在粒子支持域中有不规则粒子分布的粒子近似

图 3.2.10　一维情况下的 SPH 粒子近似

因此，如果粒子规则分布，粒子支持域和计算域边界不相交，离散形式的归一化条件和对称性条件都满足，那么相关的 SPH 粒子近似式具有二阶精度。相反，

如果粒子不规则分布，或粒子的支持域与计算域边界相交，那么离散形式的正则化条件和对称性条件未必成立，所以此 SPH 粒子近似不具有一阶精度。

3.3　计算流体动力学问题中的 SPH 算法

3.3.1　密度的粒子近似法

在 SPH 方法中有两种方法对密度进行计算。第一种方法是对密度直接应用 SPH 近似法，称为密度求和法。对于任一粒子 i，应用密度求和法，其密度可以写为以下形式：

$$\rho_i = \sum_{j=1}^{N} m_j W_{ij} \tag{3.3.1.1}$$

式中，N 为粒子 i 的支持域中所有粒子的总数；m_j 为粒子 j 的质量。式（3.3.1.1）可简单描述为粒子密度可通过其支持域内所有粒子密度的加权平均近似得到。

第二种方法为连续性密度近似法，这种近似法通过对连续方程进行 SPH 近似而成。

$$\frac{\mathrm{d}\rho}{\mathrm{d}t} = -\rho \nabla \cdot \boldsymbol{u} \tag{3.3.1.2}$$

对式（3.3.1.2）的右端应用 SPH 近似式（3.2.1.26），可得

$$\frac{\mathrm{d}\rho_i}{\mathrm{d}t} = \rho_i \sum_{j=1}^{N} \frac{m_j}{\rho_j} (\boldsymbol{u}_i - \boldsymbol{u}_j) \cdot \nabla_i W_{ij} \tag{3.3.1.3}$$

式（3.3.1.3）将速度差引入离散化的粒子近似式中。此式计算了支持域内粒子间的相对速度，并且可利用相对速度的反对称形式来降低粒子的非连续性产生的误差。显然，粒子的密度变化率和粒子与其支持域内的所有粒子间的相对速度紧密联系，光滑函数的梯度决定了这些相对速度对密度变化率的影响程度。

计算中应用密度求和法求密度时存在着两个缺陷，第一个缺陷是当粒子位于计算区域的边界上时，由于边界缺陷会产生边缘效应，计算结果偏差较大。边界粒子缺陷不仅发生在边界附近，而且发生在不同材料粒子的交界面附近。第二个缺陷是该方法所需要的计算量较大，因为必须在计算其他参数前先进行相邻粒子搜索计算密度。而使用连续性密度近似法不需要先进行粒子搜索计算密度，密度可以根据由连续方程得到的密度变化率积分得到，因此可以提高计算效率，且连续性密度近似法还适用于并行算法。

3.3.2　动量方程的粒子近似法

对于动量方程：

$$\frac{\mathrm{d}\boldsymbol{u}}{\mathrm{d}t}=-\frac{\nabla p}{\rho}+\frac{\mu}{\rho}\nabla^2\boldsymbol{u}+\boldsymbol{F} \tag{3.3.2.1}$$

式中，$\boldsymbol{u}$ 为速度；p 为压力；μ 为水的动力黏性系数；$\boldsymbol{F}$ 为体积力，对流体问题 $\boldsymbol{F}$ 取重力加速度 $\boldsymbol{g}$。

与连续性密度近似法的推导类似，对动量方程（3.3.2.1）的右端压力梯度项直接应用 SPH 粒子近似可以得到以下方程：

$$\frac{\nabla p_i}{\rho_i}=\frac{1}{\rho_i}\sum_{j=1}^{N}\frac{m_j}{\rho_j}p_j\nabla_i W_{ij} \tag{3.3.2.2}$$

式（3.3.2.2）不能保证动量守恒，因为粒子 i 受到粒子 j 的作用力大小不等于粒子 j 受到的粒子 i 的作用力，即

$$\frac{m_i m_j}{\rho_i\rho_j}p_i\nabla_i W_{ij}\neq-\frac{m_j m_i}{\rho_j\rho_i}p_j\nabla_j W_{ij}$$

若将式（3.3.2.1）右端的压力梯度项表示为

$$\frac{\nabla p}{\rho}=\nabla\left(\frac{p}{\rho}\right)+\frac{p}{\rho^2}\nabla\rho \tag{3.3.2.3}$$

则由 SPH 粒子近似法可得压力梯度项的守恒形式的粒子近似表达式：

$$\frac{\nabla p_i}{\rho_i}=\sum_{j=1}^{N}m_j\frac{p_j}{\rho_j^2}\nabla_i W_{ij}+\sum_{j=1}^{N}m_j\frac{p_i}{\rho_i^2}\nabla_i W_{ij} \tag{3.3.2.4}$$

即

$$\frac{\nabla p_i}{\rho_i}=\sum_{j=1}^{N}m_j\left(\frac{p_i}{\rho_i^2}+\frac{p_j}{\rho_j^2}\right)\nabla_i W_{ij} \tag{3.3.2.5}$$

此处将式（3.3.2.5）代入动量方程式（3.3.2.1）中，可以得到 SPH 形式的描述流体运动的动量方程：

$$\frac{\mathrm{d}\boldsymbol{u}_i}{\mathrm{d}t}=-\sum_{j=1}^{N}m_j\left(\frac{p_i}{\rho_i^2}+\frac{p_j}{\rho_j^2}+\phi_{ij}\right)\cdot\nabla_i W_{ij}+\boldsymbol{F} \tag{3.3.2.6}$$

式中，ϕ_{ij} 为黏性力项。

3.3.3　SPH 数值算法

1. 粒子布置

连续区域生成粒子的方法有很多。借鉴二维和三维空间的网格生成算法，可在网格单元的质量中心、几何中心或网格节点上布置粒子，如图 3.3.1 所示。粒子生成可以通过现有的网格方法采用三角形或四面体网格在复杂几何形状区域上自动生成。对于简单的几何形状区域，可以采用四边形或六面体网格来生成粒子。

需要注意的是，当粒子布置在网格单元的中心时，问题域是近似的，其表面将变成粗糙面；当粒子放置在网格节点上时，其表面光滑。目前开源网格生成软件 Blender 可提供简单几何形状结构的可视化建模，但该方法在处理斜面时会产生阶梯状的粒子分布，需要通过增加粒子分布密度来提高粒子描述精度。对于复杂形状结构，开源非结构化网格生成程序 EasyMesh 结合 AutoCAD 软件可用来进行可视化建模。

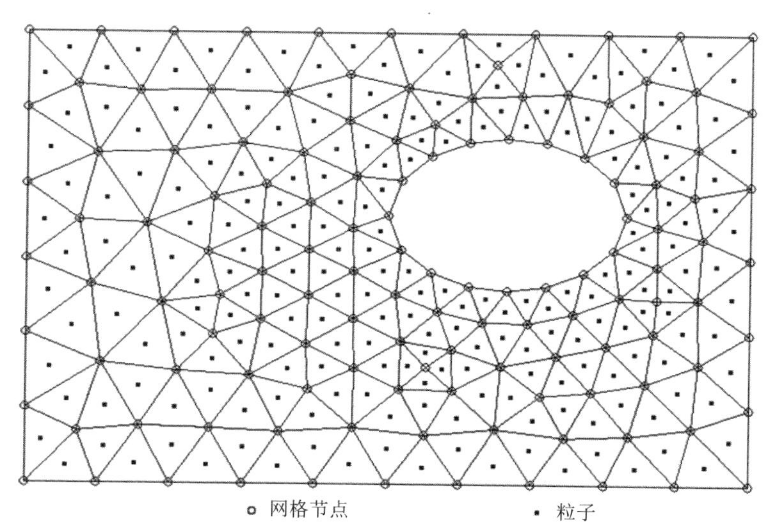

图 3.3.1　在二维空间使用三角形网格生成的初始粒子分布

2. 压力计算

对于大多数计算水动力学问题，水被近似看作不可压缩的流体，但是水体本质上是一种可轻微压缩的流体。在求解可压缩流体问题的 WCSPH 模型中引入了人工压缩率的概念，将水体近似为人工微可压缩流体。该处理需要将声速设置得合理以控制水体的密度变化率，粒子的压力通过水的状态方程由粒子的密度变化率计算。Monaghan（1994）首先应用水的状态方程来计算水体压力：

$$P = B\left[\left(\frac{\rho}{\rho_0}\right)^{\gamma} - 1\right] \tag{3.3.3.1}$$

式中，γ 为常数，在液相中一般取值为 7；ρ_0 是流体参考密度，这里取水的密度 1000kg/m^3；B 由具体问题而定，流体中常取 $B = \frac{c^2\rho_0}{\gamma}$，其中，声速 c 的选取要足够大以限制密度的最大改变量。

若用实际的声速，参照 Monaghan 的相对密度差公式：

$$\delta = \frac{\Delta \rho}{\rho_0} = \frac{|\rho - \rho_0|}{\rho_0} = \frac{V_b^2}{c^2} = M^2 \tag{3.3.3.2}$$

式中，V_b 和 M 分别是流体整体速度和马赫数。由于真实的声速相当大，故相应的马赫数非常小，相对密度差几乎可忽略。因此，为了应用人工可压缩流体近似真实流体，必须使用比真实值小很多的声速。声速 c 的取值要使流体的压缩率在1%以内，同时又要足够小以使时间步的增量在容许范围内，一般可取 $c = 10\sqrt{gd}$，其中 d 为水深。该式要求声速一方面要大于流体最大速度的 10 倍以上，以使密度的变化率控制在 1%以内（Monaghan and Kos，1999），同时又要足够小，以使时间步的增量在容许范围内。

3. 人工黏度

SPH 方法在流体动力学领域的早期应用中，经常用人工黏性来模拟黏性耗散项。目的是通过使用人工黏性项将动能转化为热能耗散掉，从而防止求解结果出现非物理振荡。利用此思想，Monaghan（1992）推导了一种简单形式的人工黏性项，具体表达式如下：

$$\Pi_{ij} = \begin{cases} \dfrac{-\alpha_\Pi \overline{c_{ij}} \phi_{ij} + \beta_\Pi \overline{h_{ij}} \phi_{ij}^2}{\overline{\rho_{ij}}}, & \boldsymbol{u}_{ij} \cdot \boldsymbol{x}_{ij} \leqslant 0 \\ 0, & \boldsymbol{u}_{ij} \cdot \boldsymbol{x}_{ij} > 0 \end{cases} \tag{3.3.3.3}$$

式中，$\phi_{ij} = \dfrac{h_{ij} \boldsymbol{u}_{ij} \cdot \boldsymbol{x}_{ij}}{|\boldsymbol{x}_{ij}|^2 + \phi^2}$，$\overline{h_{ij}} = \dfrac{1}{2}(h_i + h_j)$；$\overline{c_{ij}} = \dfrac{1}{2}(c_i + c_j)$；$\overline{\rho_{ij}} = \dfrac{1}{2}(\rho_i + \rho_j)$；$\boldsymbol{u}_{ij} = \boldsymbol{u}_i - \boldsymbol{u}_j$，$\boldsymbol{x}_{ij} = \boldsymbol{x}_i - \boldsymbol{x}_j$；$\alpha_\Pi$ 和 β_Π 为两个常数，对于流体问题，α_Π 的取值范围一般为 0.002～0.01，β_Π 一般取 0；$\phi = 0.1\overline{h_{ij}}$，用于防止粒子相互靠近时产生的数值发散；$c$ 为声速。

Monaghan 型的人工黏度中，不仅将动能转化为热能，提供了必不可少的耗散，而且防止了粒子之间因过于靠近而产生的非物理穿透，是目前在 SPH 方法中使用最为广泛的一种人工黏度类型。

4. 可变光滑长度

SPH 算法中的光滑长度 h 会直接影响求解的计算效率和精度。若 h 太小，则在以 κh 为半径的支持域中将没有足够多的粒子对给定的粒子施加作用力，从而导致计算结果的精度较低。若 h 太大，则粒子的局部特性会丢失，同样也会影响计算结果的精度。SPH 方法的粒子近似精度和计算效率主要依赖于一个以 κh 为半径的支持域。若粒子分布的栅格的光滑长度为粒子间距的 1.2 倍，且 $\kappa = 2$，则在一维、二维和三维的情况下，栅格内邻近粒子（包括粒子本身）的数量分别为 5，21，57。

在求解流体局部膨胀和局部压缩问题时，或者是对于各向异性问题，需要根据空间位置和时间对光滑长度进行调节。现在有很多方法对光滑长度 h 进行动态调节，并使邻近粒子的数量保持相对稳定。其中最简单的方法即为通过使用平均密度来对光滑长度进行更新变换，即为

$$h = h_0\left(\frac{\rho_0}{\rho}\right)^{1/d} \tag{3.3.3.4}$$

式中，h_0 和 ρ_0 分别是初始光滑长度和密度；d 是维数。

另外一种光滑长度动态变化的方法为在连续性方程中将光滑函数对时间进行求导，得

$$\frac{\mathrm{d}h}{\mathrm{d}t} = -\frac{1}{d}\frac{h}{\rho}\frac{\mathrm{d}\rho}{\mathrm{d}t} \tag{3.3.3.5}$$

上式可以用 SPH 粒子近似式进行近似，也可应用其他差分方程进行计算。

然而，使用变光滑长度技术将不可避免地在控制方程中引入关于光滑长度空间梯度和时间导数的额外项，从而使求解方程更加烦琐，计算量增加。因此，在实际应用变光滑长度技术时，当光滑长度的空间和时间变化量较小时，为了简化计算，一般忽略光滑长度的空间梯度和时间导数项。

5. 粒子间相互作用的对称化

若光滑长度是随着时间和空间的变化而变化的，则每个粒子都具有独立的光滑长度。假设 h_i 和 h_j 不相等，那么粒子 i 的支持域可能包括粒子 j 在内，反之，粒子 j 的支持域不一定包含粒子 i。因此，就会存在这种情况，即粒子 i 对粒子 j 施加作用力，而不受粒子 j 所产生的反作用力，这与牛顿第三定律矛盾。为了解决此问题，必须设法保持粒子间相互作用的对称性。

保持粒子间相互作用对称性的一种可行方法就是对光滑长度进行修正以获取对称光滑长度。现在已有不少用于获取对称光滑长度的修正方法，其中一种是通过求解相互作用粒子对的光滑长度的算术平均值得到，即

$$h_{ij} = \frac{h_i + h_j}{2} \tag{3.3.3.6}$$

或通过求解相互作用粒子对的光滑长度的几何平均值得到，即

$$h_{ij} = \frac{2h_i h_j}{h_i + h_j} \tag{3.3.3.7}$$

或取光滑长度的最小值

$$h_{ij} = \min(h_i, h_j) \tag{3.3.3.8}$$

在求得对称光滑长度后即可求解光滑函数：

$$W_{ij} = W(\boldsymbol{r}_{ij}, h_{ij}) \tag{3.3.3.9}$$

应用算术均值法求光滑长度的最大值时，会使影响域内相邻粒子过多，从而使周边粒子所产生的作用被消除。而应用几何均值法或取光滑长度的最小值时，会使影响域内相邻粒子过少。

保持粒子间相互作用对称性的另一种方法是直接对光滑函数求平均值，而不必用对称光滑长度，即

$$W_{ij}=\frac{1}{2}\left[W(h_i)+W(h_j)\right] \tag{3.3.3.10}$$

6. 最近相邻粒子搜索方式

SPH 方法中，在相关粒子的以 κh 为半径的支持域中包含的粒子称为相关粒子的最近相邻粒子（nearest neighbor particle，NNP）。寻找最近相邻粒子的过程通常称为最近相邻粒子搜索（nearest neighbor particle search，NNPS）。在 SPH 方法中给定粒子的最近相邻粒子是随时间的变化而改变的，因此在每一时间步都必须进行最近相邻粒子搜索，然后才能确定并计算粒子对之间的相互作用。常用的三种 NNPS 方法为全配对搜索法、链表搜索法和树形搜索法。

在最初的 SPH 方法中，全配对搜索法经常用于确定相互作用的粒子对。这种算法程序实现比较容易，然而搜索过程是对计算域内所有粒子进行操作，所消耗的计算时间较长，仅适用于粒子数目较少的问题。

自适应分层树形搜索法的主要思想为将问题域递归分割成一个个卦限，直到每个卦限内只包含一个粒子为止。树形结构构造完成后，即可开始进行最近相邻粒子搜索。给定任一粒子，首先以该粒子为中心用边长为 $2\kappa h$ 的矩形框将粒子包围起来。然后检测该粒子的搜索域是否与并列层次内的其他节点所占空间有重合。若没有，则在该节点终止向下层搜索；若有，则继续在此节点向下一层次搜索，直到所搜索到的当前节点处只有一个粒子为止。最后，检查此粒子是否在给定粒子的支持域内，若是则将其标定为粒子的相邻粒子。当光滑长度变化较大时，如对于可压缩气体问题，该方法是非常高效和健壮的。

目前 SPH 数值计算中使用最多的为链表搜索法，链表搜索法的基本原理如图 3.3.2 所示。该方法将整个计算域划分为一系列背景网格，网格的尺寸由光滑函数的支持域决定。对于给定的粒子，其最近相邻粒子只可能位于同一网格单元或相邻网格内，因此当确定该粒子的相互作用粒子时只需对其所处网格及相邻网格（图 3.3.2 的阴影部分）进行搜索即可。这样就将全局范围内的粒子搜索转化为局部范围内搜索，相比全配对搜索法，链表搜索法显著提高了搜索效率，并适用于固定光滑长度或光滑长度变化不大的问题。

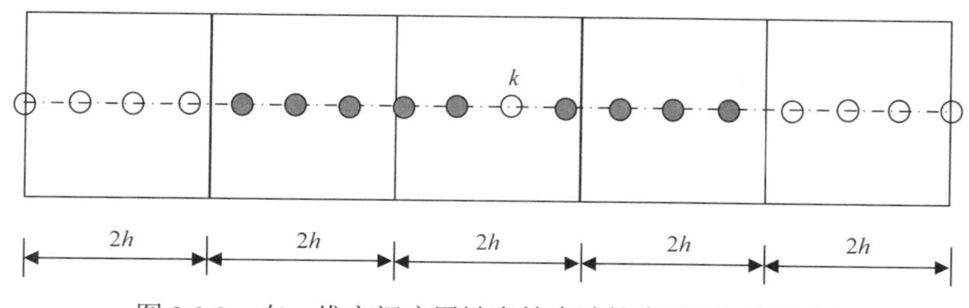

图 3.3.2　在一维空间应用链表搜索法搜索最近相邻粒子

7. 边界处理

计算水动力学的很多问题中涉及固壁边界，这些边界有可能是固定的或移动的，在计算中可能全部或部分浸入水中。在 SPH 方法中通常将这些固壁边界用具有特殊属性的粒子来离散，以处理固壁边界与周围流体的相互作用。由于位于固壁边界上或邻近边界处的粒子的支持域被边界截断，其光滑函数的归一性和对称性条件不能满足，因此使边界附近流场计算精度降低，这通常被称为 SPH 的边界缺陷问题。

目前 SPH 方法中关于边界缺陷问题大致有三种解决方案：镜像粒子法、边界排斥力法和动力边界法。

（1）镜像粒子法

Colagrossi 和 Landrini（2003）提出镜像粒子法来模拟固壁边界。其基本思想是以固壁边界为镜像基准面，在固壁边界外侧布置一系列与计算域内粒子相对称的镜像粒子，如图 3.3.3 所示。这些粒子具有和边界内部与之对应的流体粒子相同的密度、压力、质量、速度大小（速度方向相反），以防止粒子穿透边界，实现不可滑移条件，即

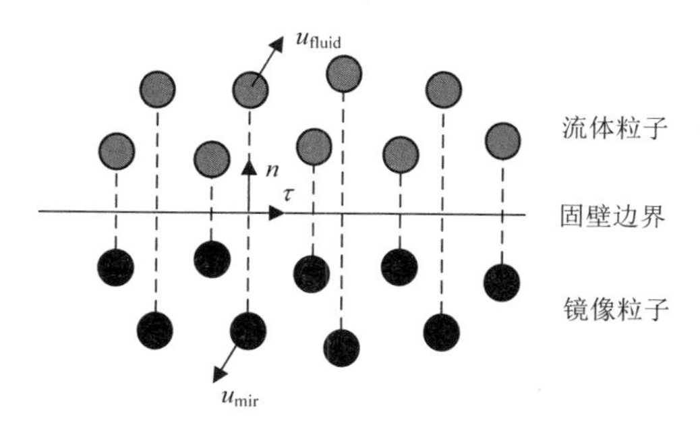

图 3.3.3　镜像粒子固壁边界处理方法示意图

$$\begin{cases}\boldsymbol{r}_{\mathrm{mir}} = 2\boldsymbol{r}_{\mathrm{b}} - \boldsymbol{r}_{\mathrm{fluid}} \\ \rho_{\mathrm{mir}} = \rho_{\mathrm{fluid}} \\ m_{\mathrm{mir}} = m_{\mathrm{fluid}} \\ p_{\mathrm{mir}} = p_{\mathrm{fluid}} \\ \boldsymbol{u}_{\mathrm{mir}} = 2\boldsymbol{u}_{\mathrm{b}} - \boldsymbol{u}_{\mathrm{fluid}}\end{cases} \tag{3.3.3.11}$$

镜像粒子法能够严格保证计算过程中的动量守恒，拥有较高的计算精度。但是由于 SPH 方法的拉格朗日特性，位于固壁边界附近的流体粒子每一时间步都在不断更新，因此在使用镜像粒子法时每一时间步都需要重新生成相当数量的镜像粒子，大大增加了计算量。除此以外，镜像粒子法也难以用于处理复杂形状边界的问题。

（2）边界排斥力法

边界排斥力法将固壁边界用一系列虚粒子来模拟，这些粒子会对靠近固壁边界的流体粒子施加额外的作用力，防止流体粒子穿透边界，如图 3.3.4 所示。

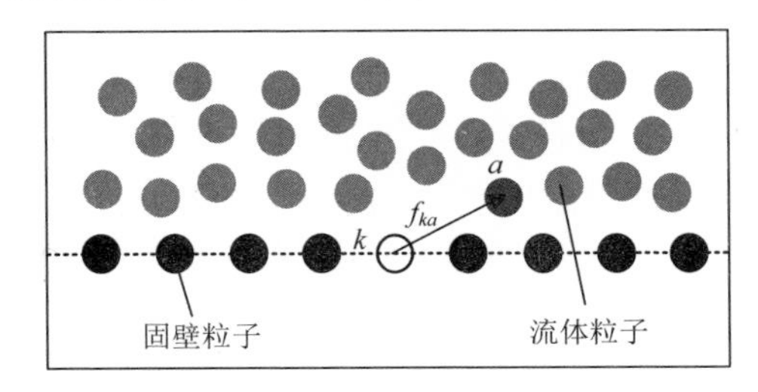

（a）L-J 形式排斥力

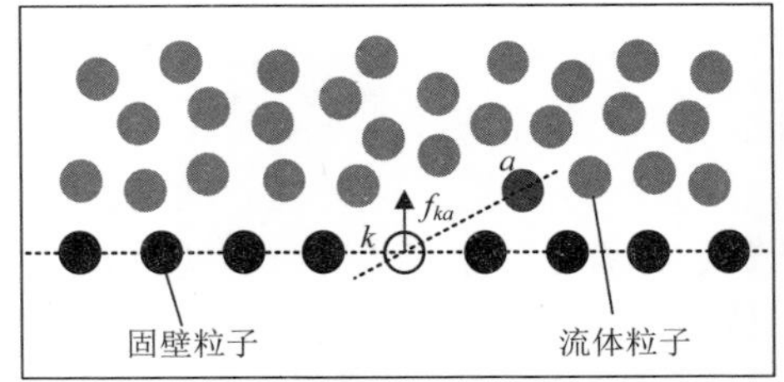

（b）法向排斥力

图 3.3.4　排斥力法固壁粒子布置示意图

Monaghan（1994）对于靠近固壁边界的流体粒子施加 L-J 形式的排斥力，力的方向沿着固壁粒子与流体粒子的中心连线，如图 3.3.4（a）所示，L-J 形式的排斥力表达式如下：

$$f_{ij}=\begin{cases} D\left[\left(\dfrac{r_0}{r_{ij}}\right)^{n_1}-\left(\dfrac{r_0}{r_{ij}}\right)^{n_2}\right]\dfrac{x_{ij}}{r_{ij}^2}, & \dfrac{r_0}{r_{ij}}\geqslant 1 \\ 0, & \dfrac{r_0}{r_{ij}}<1 \end{cases} \tag{3.3.3.12}$$

式中，n_1 和 n_2 一般取值为 12 和 4；D 由具体问题而定，一般取与速度最大值的平方相等的量级；r_0 一般取粒子的初始间距，r_0 的取值很关键，若 r_0 太大，则粒子在初始时刻即受到不必要的干扰，严重时将破坏粒子的初始分布；若 r_0 太小，则固壁粒子提供的排斥力可能不足以阻止流体粒子穿透边界。

Monaghan 和 Kos（1999）指出 Monaghan 提出的 L-J 形式斥力边界容易在边界处形成波纹状的压力振荡现象，随后，Monaghan 提出了另外一种形式的排斥力模型，如图 3.3.4（b）所示。靠近固壁边界的流体粒子将会受到固壁粒子的法向排斥力作用，排斥力表达式为

$$f_{ij}=\boldsymbol{n}R(y)P(x) \tag{3.3.3.13}$$

式中，$\boldsymbol{n}$ 为固壁粒子和流体粒子之间的法向量；$R(y)$ 是流体粒子与固壁粒子之间法向距离的函数；$P(x)$ 是流体粒子与固壁粒子之间切向距离的函数。具体表达式如下：

$$\begin{cases} R(y)=\begin{cases} A\dfrac{1}{\sqrt{q}}(1-q), & q<1 \\ 0, & 其他 \end{cases} \\ P(x)=\begin{cases} \dfrac{1}{2}(1+\cos\pi x/\Delta x), & x<\Delta x \\ 0, & 其他 \end{cases} \end{cases} \tag{3.3.3.14}$$

式中，$q=y/(2\Delta x)$，y 为流体粒子与固壁粒子之间的法向距离，x 为流体粒子与固壁粒子之间的切向距离；$A=\dfrac{1}{h}(0.01c^2+\beta c v_{\text{ab}} n_b)$；$\Delta x$ 为粒子的初始间距。当粒子彼此靠近时 β 等于 1，否则为 0。这样当流体粒子在两个固壁粒子之间运动时受到的边界排斥力不变。

边界排斥力法的优点在于不受固壁边界形状的限制，对于复杂形状的固壁边界，仍可以很方便地形成固壁粒子；缺点在于其表达式形式的确定较为困难，而且采用该处理方法破坏了流体的动量和能量守恒。

（3）动力边界法

动力边界法（dymamic boundary particles，DBPs）最初由 Crespo 等（2007）提出，其核心思想是将固壁边界离散为多层固壁粒子，如图 3.3.5 所示，这些固壁粒子和流体粒子一样具有密度、质量、压力等属性。在求解过程中，固壁粒子与流体粒子一样参与连续性方程和状态方程的计算，其密度和压力随时间步更新，但其位置和速度保持不变或根据外部函数变化。

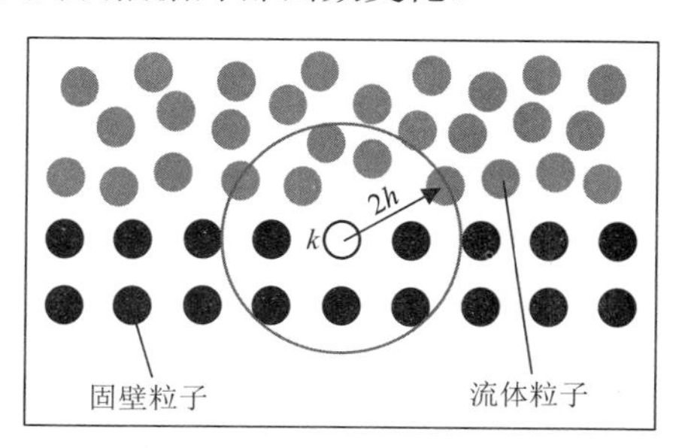

图 3.3.5　动力边界法固壁粒子布置示意图

应用该处理方法,位于固壁边界附近的流体粒子 i 受到固壁粒子 k 的作用力如下：

$$f_{ik}(\boldsymbol{r})=-m_i m_k\left(\frac{p_i}{\rho_i^2}+\frac{p_k}{\rho_k^2}\right)\nabla_i W_{ik} \tag{3.3.3.15}$$

式中，p_i 为流体粒子的压力；p_k 为固壁粒子的压力。该处理方法将固壁粒子耦合到流体域的求解过程中。

动力边界法设置简单，适用于复杂形状固壁边界问题，但由于固壁粒子对流体粒子的作用是通过压力梯度力实现的，而计算得到的固壁粒子压强值通常与周围流体粒子之间的压强值差异较大，因此容易造成边界附近的压力振荡（Gao et al., 2012），甚至使流体粒子远离固壁边界，从而在固壁边界附近形成明显的空隙。

8. 时间积分

与其他显式数值计算方法一样，我们可以应用标准的计算方法对离散化的SPH 方程进行积分，如 Leap-Frog（蛙跳）算法、预报-校正格式算法和 Runge-Kutta(RK)格式算法等。SPH 模型中应用预报-校正格式的积分过程如下文所示。

预报过程：

$$\boldsymbol{u}^{t+\frac{1}{2}\Delta t}=\boldsymbol{u}^{t}+\frac{1}{2}\Delta t\left(\frac{\mathrm{d}\boldsymbol{u}}{\mathrm{d}t}\right)^{t},\quad \rho^{t+\frac{1}{2}\Delta t}=\rho^{t}+\frac{1}{2}\Delta t\left(\frac{\mathrm{d}\rho}{\mathrm{d}t}\right)^{t} \tag{3.3.3.16}$$

$$\boldsymbol{r}^{t+\frac{1}{2}\Delta t}=\boldsymbol{r}^{t}+\frac{1}{2}\Delta t\left(\frac{\mathrm{d}\boldsymbol{r}}{\mathrm{d}t}\right)^{t},\quad e^{t+\frac{1}{2}\Delta t}=e^{t}+\frac{1}{2}\Delta t\left(\frac{\mathrm{d}e}{\mathrm{d}t}\right)^{t} \tag{3.3.3.17}$$

校正过程：

$$\boldsymbol{u}^{t+\frac{1}{2}\Delta t}=\boldsymbol{u}^{t}+\frac{1}{2}\Delta t\left(\frac{\mathrm{d}\boldsymbol{u}}{\mathrm{d}t}\right)^{t+\frac{1}{2}\Delta t},\quad \rho^{t+\frac{1}{2}\Delta t}=\rho^{t}+\frac{1}{2}\Delta t\left(\frac{\mathrm{d}\rho}{\mathrm{d}t}\right)^{t+\frac{1}{2}\Delta t} \tag{3.3.3.18}$$

$$\boldsymbol{r}^{t+\frac{1}{2}\Delta t}=\boldsymbol{r}^{t}+\frac{1}{2}\Delta t\left(\frac{\mathrm{d}\boldsymbol{r}}{\mathrm{d}t}\right)^{t+\frac{1}{2}\Delta t},\quad e^{t+\frac{1}{2}\Delta t}=e^{t}+\frac{1}{2}\Delta t\left(\frac{\mathrm{d}e}{\mathrm{d}t}\right)^{t+\frac{1}{2}\Delta t} \tag{3.3.3.19}$$

最后各个场变量的值为

$$\boldsymbol{u}^{t+\Delta t}=2\boldsymbol{u}^{t+\frac{1}{2}\Delta t}-\boldsymbol{u}^{t},\quad \rho^{t+\Delta t}=2\rho^{t+\frac{1}{2}\Delta t}-\rho^{t} \tag{3.3.3.20}$$

$$\boldsymbol{r}^{t+\Delta t}=2\boldsymbol{r}^{t+\frac{1}{2}\Delta t}-\boldsymbol{r}^{t},\quad e^{t+\Delta t}=2e^{t+\frac{1}{2}\Delta t}-e^{t} \tag{3.3.3.21}$$

此外，在 SPH 时间积分里，时间步长的大小是一个值得考虑的因素，时间步长的选取必须满足 CFL 条件，这样时间积分算法才具有稳定性。CFL 条件要求时间步长要与最小的空间粒子分辨率成正比，在 SPH 方法中时间步长与最小光滑长度成正比，即

$$\Delta t=\min\left(\frac{h_i}{c}\right) \tag{3.3.3.22}$$

式中，c 为人工声速。

Monaghan（1989，1992）分别给出了考虑黏性耗散和外力作用下的时间步长表达式：

$$\Delta t_{\mathrm{cv}}=\min\left(\frac{h_i}{c_i+0.6[\alpha_{\Pi}c_i+\beta_{\Pi}\max(\phi_{ij})]}\right) \tag{3.3.3.23}$$

$$\Delta t_f=\min\left(\frac{h_i}{f_i}\right)^{\frac{1}{2}} \tag{3.3.3.24}$$

式中，f_i 为作用在单位质量上力的大小（即加速度）。式（3.3.3.23）是通过在式（3.3.3.22）中添加了黏性力项而得到的。将式（3.3.3.24）和式（3.3.3.23）合并，并引入相应的安全系数，可得到以下计算标准时间步长的式子：

$$\Delta t=\min\left(\lambda_1\Delta t_{\mathrm{cv}},\lambda_2\Delta t_f\right) \tag{3.3.3.25}$$

式中，λ_1 和 λ_2 为安全系数，Monaghan（1992）建议取值分别为 0.4 和 0.25。

Morris 等（1997）给出了另外一个考虑黏性扩散影响的时间步长的表达式：

$$\Delta t=0.125\frac{h^2}{\nu} \tag{3.3.3.26}$$

式中，$\nu=\dfrac{\mu}{\rho}$，为黏性系数。

为使粒子排列规则有序，Monaghan（1989）提出了 XSPH 方法，对由式（3.3.3.17）和式（3.3.3.18）得到的粒子运动变化率$\left(\dfrac{\mathrm{d}\boldsymbol{r}}{\mathrm{d}t}\right)^t$或$\left(\dfrac{\mathrm{d}\boldsymbol{r}}{\mathrm{d}t}\right)^{t+\frac{1}{2}\Delta t}$进行了修正，如下式所示：

$$\frac{\mathrm{d}\boldsymbol{r}_i}{\mathrm{d}t}=\boldsymbol{u}_i-\varepsilon\sum_{j=1}^{N}\frac{m_j}{\overline{\rho}_{ij}}\boldsymbol{u}_{ij}W_{ij} \tag{3.3.3.27}$$

式中，$\overline{\rho}_{ij}=0.5(\rho_i+\rho_j)$；$\varepsilon$ 取值为 0.3。XSPH 方法使粒子 i 的速度更加接近支持域内相邻粒子的平均速度，可使粒子排列得相对整齐，并能有效地阻止粒子之间的相互穿透。

9. SPH 模拟的数值计算过程

SPH 模拟的一个完整数值计算过程如下：

第 1 步　初始化：针对不同的计算问题，必须进行相应的初始化设置。根据计算区域和模拟精度及计算量要求等，确定适当的粒子初始间距。将计算域离散成粒子形式，并为每个粒子设置初始压力、初始密度、初始速度、粒子质量及粒子类型（如流体粒子或固壁粒子）。其中，初始压力根据粒子所在位置按照静水压力设置，初始密度根据粒子的初始压力由状态方程反算得到：

$$\rho=\rho_0\left(\frac{P}{B}+1\right)^{\frac{1}{\gamma}} \tag{3.3.3.28}$$

粒子质量由粒子初始密度和粒子间距计算得到，并根据最小光滑长度满足 CFL 条件确定时间步长。

第 2 步　粒子搜索：计算过程中，每个计算时间步开始都要重新进行最近相邻粒子搜索，以确定每个粒子的最近相邻粒子。

第 3 步　更新粒子密度和压力：根据相互作用粒子对的相对位置来计算核函数及其导数。利用上一时间步得到的粒子相关信息，根据连续性方程得到粒子密度的变化率。由密度变化率积分求得密度，由状态方程得到相应粒子的压力。

第 4 步　更新粒子速度和位移：利用上一时间步得到的粒子相关信息，根据动量方程得到粒子的加速度。对应的粒子速度由加速度通过时间积分求得，粒子的位置由位移方程确定。

第 5 步　数据输出：所有粒子在每一时间步的位置、速度、压力等参数可根据需要选择性输出。

3.3.4　WCSPH 方法与 ISPH 方法

根据求解问题水体的压缩性质，SPH 水动力学模型分为两个亚类模型，即不可压缩 SPH（ISPH）模型和微可压缩 SPH（WCSPH）模型，分别对应着两种不同的压力求解方式。本章前述的 WCSPH 模型中，流体压力通过求解水的状态方程获得；ISPH 水动力学模型中，流体压力通过求解压力 Poisson 方程获得。

ISPH 求解过程中，每一个时间步分为预测步和校正步。

1）预测步：采用显式积分方法，用动量方程中的非压力项（重力加速度项、黏性项）求出预测步粒子速度及位移：

$$\Delta \boldsymbol{u}_* = (g + \upsilon_0 \nabla^2 \boldsymbol{u})\Delta t \tag{3.3.4.1}$$

$$\boldsymbol{u}_* = \boldsymbol{u}_t + \Delta \boldsymbol{u}_* \tag{3.3.4.2}$$

$$\boldsymbol{r}_* = \boldsymbol{r}_t + \boldsymbol{u}_* \Delta t \tag{3.3.4.3}$$

然后根据连续性方程（3.3.1.2），求出预测步的粒子密度 ρ_*。

2）校正步：用动量方程的压力项更新预测步中得到的粒子速度：

$$\Delta \boldsymbol{u}_{**} = -\frac{1}{\rho_*} \nabla P_{t+1} \Delta t \tag{3.3.4.4}$$

$$\boldsymbol{u}_{t+1} = \boldsymbol{u}_* + \Delta \boldsymbol{u}_{**} \tag{3.3.4.5}$$

然后应用不可压缩连续条件，将连续性方程（3.3.1.2）离散成如下形式：

$$\frac{1}{\rho_0}\frac{\rho_0 - \rho_*}{\Delta t} + \nabla \cdot (\Delta \boldsymbol{u}_{**}) = 0 \tag{3.3.4.6}$$

由式（3.3.4.4）和式（3.3.4.6）得到压力 Poisson 方程：

$$\frac{1}{\rho_0}\frac{\rho_0 - \rho_*}{\Delta t^2} = \nabla\left(\frac{1}{\rho_*}\nabla P_{t+1}\right) \tag{3.3.4.7}$$

此方程的系数矩阵是对称正定的，可利用共轭梯度法求解。利用压力 Poisson 方程求出的压力值 P_{t+1}，由式（3.3.4.4）和式（3.3.4.5）即可求出 $t+1$ 时刻的粒子速度 u_{t+1}，进而根据式（3.3.4.8）求出 $t+1$ 时刻粒子的位置：

$$\boldsymbol{r}_{t+1} = \boldsymbol{r}_t + \frac{u_t + u_{t+1}}{2}\Delta t \tag{3.3.4.8}$$

其中，压力 Poisson 方程右端项离散为

$$\nabla\left(\frac{1}{\rho}\nabla P\right)_a=\sum_b m_b\frac{8}{(\rho_a+\rho_b)^2}\frac{(P_a-P_b)(\boldsymbol{r}_a-\boldsymbol{r}_b)\cdot\nabla_a W_{\mathrm{ab}}}{\left|\boldsymbol{r}_a-\boldsymbol{r}_b\right|^2+0.01h^2} \tag{3.3.4.9}$$

但是，式（3.3.4.9）包含定常密度的约束条件，故而导致方程过于烦琐。特别是应用SPH方法求解三维问题时，粒子的数量会达到数百万甚至上千万个。当计算粒子数量较多时，ISPH方法将不可避免地要去求解一个很大的系数矩阵，并且位于边界附近或边界上的粒子由于其积分域的缺失，很容易使系数矩阵奇异，对于这种病态矩阵的处理是一项很有挑战性的工作。

通常来说，WCSPH方法中的压力通过显式求解状态方程计算，虽然避免了求解压力Poisson方程的困难，但是状态方程中密度的微小波动就会导致计算压力的大幅振荡，从而造成WCSPH方法中压力场振荡的缺陷。同时，由于弱可压缩条件的限制，要求计算时间步长较小，造成WCSPH方法计算效率低下。而ISPH方法中虽然计算时间步长较大，但是计算中还存在着需要确定流体自由表面的位置、求解压力Poisson方程等难题。

目前有学者相继比较了WCSPH方法和ISPH方法的性能（Lee et al., 2008；Hughes and Graham，2010；Shadloo et al., 2011）。由于近年来关于这两种方法相继发展了一些相关的改进算法，如WCSPH方法的密度过滤法，ISPH方法中压力Poisson方程的源项修正等，从而使上述学者应用有限算例对这两种方法进行比较得到的结论不具有普适性。

3.4　修正SPH算法

本节将在3.2节介绍的SPH方法的基本原理与传统SPH水动力学模型的基础上，通过引入核函数连续性的修正算法，提出固壁粒子压力的新型计算模式，发展基于MPI-OpenMP的并行算法，建立高效稳定的并行SPH水动力学模型，以期解决传统SPH方法中存在的下述三个问题：

1）SPH方法由于边界积分域被截断导致的边界处核函数不连续。

2）流体粒子分布不均匀。

3）三维SPH数值计算由于粒子数目众多导致计算效率低下的瓶颈问题。

3.4.1　SPH方法的连续性修正

在应用SPH方法模拟流体动力学问题中，原方法所存在的边界缺陷会导致自由水面附近的粒子分布紊乱和固壁边界附近压力振荡等问题。为处理边界缺陷问题，Chen等（1999）提出了一种修正光滑粒子法（CSPM），CSPM提供了一种对原SPH方法的核近似式和粒子近似式进行正则化修正的方法，以解决边界缺陷问题。

首先对一点的函数进行Taylor级数展开，并将两边同时乘以光滑函数，然后在支持域上进行积分得到核近似式，再通过粒子近似得到这一点上的函数的粒子近似式。类似地，若是在函数泰勒展开式的两端乘以光滑函数的一阶或高阶导数，则可以得到函数一阶或高阶导数的核近似式和粒子近似式。

在多维空间里，假设函数 $f(\boldsymbol{r})$ 在包含点 $\boldsymbol{r}_i$ 的区域内是充分光滑的，则在点 $\boldsymbol{r}_i$ 附近对函数 $f(\boldsymbol{r})$ 进行 Taylor 级数展开可得

$$f(\boldsymbol{r})=f(\boldsymbol{r}_i)+(x^\alpha-x_i^\alpha)\frac{\partial f(\boldsymbol{r}_i)}{\partial x^\alpha}+\frac{1}{2!}(x^\alpha-x_i^\alpha)(x^\beta-x_i^\beta)\frac{\partial^2 f(\boldsymbol{r}_i)}{\partial x^\alpha x^\beta}+\cdots \tag{3.4.1.1}$$

式中，α 和 β 是维数，取值为 1～3。

在方程（3.4.1.1）两端同时乘光滑函数 $W(\boldsymbol{r})$，然后在支持域上积分，忽略导数项就可得到函数 $f(\boldsymbol{r}_i)$ 的修正核近似式：

$$f(\boldsymbol{r}_i)\cong\frac{\int_\Omega f(\boldsymbol{r})W_i\mathrm{d}\boldsymbol{r}}{\int_\Omega W_i\mathrm{d}\boldsymbol{r}} \tag{3.4.1.2}$$

对式（3.4.1.2）进行粒子近似可得

$$f(\boldsymbol{r}_i)=\frac{\sum_{j=1}^N\frac{m_j}{\rho_j}f(\boldsymbol{r}_j)W_{ij}}{\sum_{j=1}^N W_{ij}\frac{m_j}{\rho_j}} \tag{3.4.1.3}$$

同样地，用 $W_{x^\beta}(\boldsymbol{r})$ 代替光滑函数 $W(\boldsymbol{r})$，并且忽略二阶以上的导数项，则可以得到在点 $\boldsymbol{r}_i$ 上的 $f(\boldsymbol{r}_i)$ 的一阶导数的修正核近似式：

$$\int_\Omega\left[f(\boldsymbol{r})-f(\boldsymbol{r}_i)\right]\cdot W_{x^\beta}(\boldsymbol{r})\mathrm{d}\boldsymbol{r}\cong f_{i,\alpha}\int_\Omega(x^\alpha-x_i^\alpha)\cdot W_{x^\beta}(\boldsymbol{r})\mathrm{d}\boldsymbol{r} \tag{3.4.1.4}$$

式（3.4.1.4）实际上是一个方程组。通过在离散粒子上求和来近似方程（3.4.1.4）的积分，可得到以下一系列近似方程：

$$f_{i,\alpha}\sum_{j=1}^N\frac{m_j}{\rho_j}(x_j^\alpha-x_i^\alpha)W_{ij,x^\beta}=\sum_{j=1}^N\frac{m_j}{\rho_j}\left[f(\boldsymbol{r}_j)-f(\boldsymbol{r}_i)\right]W_{ij,x^\beta} \tag{3.4.1.5}$$

对于二维情况，$f(\boldsymbol{r}_i)$ 的一阶导数可写为

$$\begin{bmatrix}\dfrac{\partial f}{\partial x}\\ \dfrac{\partial f}{\partial z}\end{bmatrix}=\begin{bmatrix}\int_\Omega(x_j-x_i)\dfrac{\partial W}{\partial x}\mathrm{d}v & \int_\Omega(z_j-z_i)\dfrac{\partial W}{\partial x}\mathrm{d}v\\ \int_\Omega(x_j-x_i)\dfrac{\partial W}{\partial z}\mathrm{d}v & \int_\Omega(z_j-z_i)\dfrac{\partial W}{\partial z}\mathrm{d}v\end{bmatrix}^{-1}\cdot\begin{bmatrix}\int_\Omega\left[f(\boldsymbol{r}_j)-f(\boldsymbol{r})\right]\dfrac{\partial W}{\partial x}\mathrm{d}v\\ \int_\Omega\left[f(\boldsymbol{r}_j)-f(\boldsymbol{r})\right]\dfrac{\partial W}{\partial z}\mathrm{d}v\end{bmatrix} \tag{3.4.1.6}$$

由式（3.4.1.3）和式（3.4.1.6）可得到修正后粒子形式的核函数及其导数表达式：

$$W'_{ij}=\frac{W_{ij}}{\sum_{j=1}^N W_{ij}\frac{m_j}{\rho_j}} \tag{3.4.1.7}$$

$$\nabla_i W'_{ij} = \frac{\nabla_i W_{ij}}{\sum_{j=1}^{N}(\boldsymbol{r}_j - \boldsymbol{r}_i) \otimes \nabla_i W_{ij} \frac{m_j}{\rho_j}} \tag{3.4.1.8}$$

对于二维情况，式（3.4.1.8）可写为

$$\begin{bmatrix} \frac{\partial W'_{ij}}{\partial x_i} \\ \frac{\partial W'_{ij}}{\partial z_i} \end{bmatrix} = \begin{bmatrix} \sum_{j=1}^{N}(x_j - x_i)\frac{\partial W_{ij}}{\partial x_i}\frac{m_j}{\rho_j} & \sum_{j=1}^{N}(z_j - z_i)\frac{\partial W_{ij}}{\partial x_i}\frac{m_j}{\rho_j} \\ \sum_{j=1}^{N}(x_j - x_i)\frac{\partial W_{ij}}{\partial z_i}\frac{m_j}{\rho_j} & \sum_{j=1}^{N}(z_j - z_i)\frac{\partial W_{ij}}{\partial z_i}\frac{m_j}{\rho_j} \end{bmatrix}^{-1} \begin{bmatrix} \frac{\partial W_{ij}}{\partial x_i} \\ \frac{\partial W_{ij}}{\partial z_i} \end{bmatrix} \tag{3.4.1.9}$$

在式（3.4.1.2）和式（3.4.1.4）中，分子部分实际上是原 SPH 方法中的函数及其一阶导数的核近似式，分母是光滑函数的正则化性质的描述。因此可以说，修正光滑粒子法的修正核近似式是对原 SPH 的核近似式进行正则化处理得到的。应注意的是，当粒子的支持域与边界不相交时，光滑函数的积分值等于 1；当粒子的支持域与边界相交时，光滑函数的积分值不等于 1。显然，对于内部粒子 $f(\boldsymbol{r}_i)$ 和 $f(\boldsymbol{r}_i)$ 的一阶导数的截断误差为二阶，而对于在边界上或边界附近的粒子则是一阶。造成原 SPH 方法边界缺陷的本质原因就是忽略了归一性因素或者假设光滑函数 $\boldsymbol{W}$ 的积分对所有的粒子都满足归一性条件。

式（3.4.1.7）和式（3.4.1.8）则是对场函数及其一阶导数的粒子近似式进行了正则化处理。在传统的 SPH 计算中，初始的粒子一般规则分布、大小一致。随着计算的进行，粒子的分布逐渐变得紊乱不规则，由于每个粒子的密度随着压力变化也逐渐演变，因而每个粒子的大小也逐渐不再一致。因此即使是对内部粒子，也有必要进行上述正则化处理。

3.4.2　SPH 方法的边界处理改进

与网格法类似，除了数值近似格式外，边界条件的处理也直接影响到 SPH 方法模拟实际问题的精度。不同于网格方法，SPH 使用可移动的粒子系统代表所模拟的连续介质，给边界的处理和边界条件的实施带来了困难。固壁边界与物质界面的处理方法已经成为 SPH 方法研究和应用中的难点与热点。

由 Crespo 等（2007）提出的动力边界方法计算得到的固壁粒子压力值通常与其周围流体粒子之间存在较大的压力差，从而导致固壁边界附近的流体粒子产生非物理扰动，使计算精度下降。为克服这一问题，Gao 等（2012）提出了一个新的固壁边界压力计算模式。

如图 3.3.5 所示，在固壁边界处布置两层固壁粒子，并赋予这些粒子具有和流体粒子相同的质量、密度、压力等属性。计算过程中，与流体粒子一样，固壁粒子的密度和压力也根据连续性方程和状态方程随时间不断更新，而其位置和速度保持不变或根据外部函数更新。每一个时间步结束后，固壁粒子的压力 p_k 通过下

述方法进行修正：

$$p'_b = p_b + \rho_b g r_{kb} \tag{3.4.2.1}$$

$$p_{k,f} = \frac{\sum_{b=1}^{N} p'_b W(r_{kb}, h)\Delta v_b}{\sum_{b=1}^{N} W(r_{kb}, h)\Delta v_b} \tag{3.4.2.2}$$

$$p_k = \chi p_{k,f} + (1-\chi)p'_k \tag{3.4.2.3}$$

式中，b 为固壁粒子 k 支持域内的流体粒子；p'_b 为考虑静水压力修正后的流体粒子的压力；$p_{k,f}$ 为由固壁粒子 k 支持域内的流体粒子插值得到的压力；p'_k 为固壁粒子 k 通过状态方程（3.3.3.1）计算得到的压力；χ 为自由参数，其值介于 0 和 1 之间。一般来说，χ 越小，固壁粒子和其周围流体粒子之间的压力梯度越大，压力梯度决定着相互作用的固壁粒子和流体粒子间排斥力的大小。固壁粒子和流体粒子间的压力梯度过大，将导致边界附近的压力场振荡，甚至流体粒子被排开以至于在固壁边界附近形成一个明显的空隙。若压力梯度过小则导致边界排斥力不足，流体粒子会穿透固壁边界。因此需要选取一个合适的 χ 值来调整固壁粒子和其周围流体粒子间的压力梯度值，以确保固壁边界附近的压力场稳定。χ 值的选取和应用本节提出的固壁边界条件的数值计算结果与原动力边界法计算结果的比较见 3.5.3 节中的计算实例。

3.4.3 SPH 方法的计算效率

与分子动力学和耗散动力学等其他粒子方法类似，SPH 算法的每一时间步都要进行粒子搜索以确定粒子间的相互作用关系，因此计算效率是制约其在大范围三维数值计算中应用的瓶颈问题。目前 SPH 算法改进中一个重要的问题就是提高计算效率。改进 SPH 算法的计算效率可以从三方面着手：构造高效的最近相邻粒子搜索算法；构造高效的并行算法；构造高效的 SPH 算法。其中关于最近相邻粒子搜索算法已经在 3.3 节中介绍。

1. 高效的并行算法

即使使用高效的最近相邻粒子搜索算法，如果涉及的粒子数非常庞大，SPH 方法也非常耗时。现在工作站进行的模拟一般局限于百万个粒子左右，且耗时很长。

在 SPH 方法提出后，已有许多不同的并行计算技术用于提高 SPH 方法的计算性能，并行计算的一个重要步骤是在多处理机中使用不同的方法来均分计算资源或分解串行程序。若分解是以粒子为基础的，则在模拟时给一群特定粒子甚至每个粒子分配一个特定的处理器，且与粒子的空间位置无关。这种分配概念简单，但是需要大量的连接来处理分配在每个独立处理器上的粒子间的相互作用。由于在 SPH 方法中相互作用过程的计算很频繁，因此所需要的连接数量非常庞大，有可能成为制约并行计算效率的主要因素。

并行计算的分解算法大多在所模拟的问题域上进行。根据处理器的数量，可以把计算区域分解为若干个子域，每个处理器对应一个子域，分配大致平均数量的粒子。当某粒子临近子域边界时，需要把相邻的子域内的临近粒子信息从与相邻子域对应的处理器复制到本子域的处理器。当一个粒子从一个子域移动到另外一个子域时，粒子的相关信息也应当从一个处理器转移到另外一个处理器。增加处理器的数量，或者减少每个处理器负责的粒子数，会相应降低每个处理器计算所需要的 CPU 时间，但是增加处理器的数量会导致处理器之间信息转移和通信所需要的时间增加。最终并行计算的效率由单个并行处理器的最大 CPU 时间决定。

现在用于 SPH 并行算法的技术有很多，如常用的 OpenMP 和 MPI。OpenMP 是一个基于线程的共享存储系统的并行编程模型，其实施只需在原串行程序中加入一些线程操作指令便能使程序多线程地执行。它为程序员提供了一种简单的并行程序设计方法，可以在串行程序的基础上利用给定的函数库，方便地设计出线程并行程序。由于线程的建立拆除时间比进程少三个数量级，而且线程之间共享内存，因此相对于进程级并行它具有方便灵活、可移植性强、不需要通信时间等优势。但是目前 OpenMP 并行方式仅限于一个节点内并行使用，所以其对于超大型计算并不适用。MPI 应用于分布式存储体系上，用于开发基于消息传递的并行程序，为用户提供一个可移植的、高效和灵活的消息传递接口库，是目前最重要的基于消息传递的并行编程工具。利用 MPI 函数可以实现进程间的通信，包括点对点通信、集群通信等；可以创建 N 个静态进程，也可以根据需要创建动态进程；能够直接对非本地的存储空间进行访问。

综合考虑 SPH 水动力学模型程序结构特征和大型超算集群系统的架构特点，笔者提出使用基于空间域分解的 MPI 技术和基于数据域分解的 OpenMP 技术混合并行算法来制定 SPH 模型的并行策略（Wen et al., 2016）。使用基于分布式内存的 MPI 技术实现进程间的并行，同时使用基于共享式内存的 OpenMP 技术在每一个进程内实现线程间的并行。图 3.4.1 给出了耦合 MPI-OpenMP 并行的分层结构示意图。

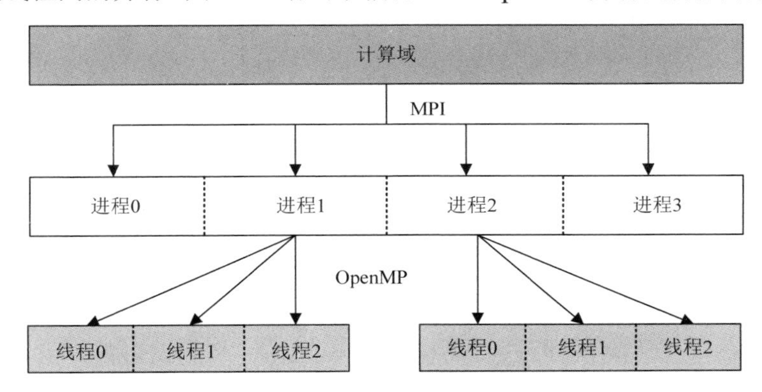

图 3.4.1　耦合 MPI-OpenMP 并行的分层结构示意图

由于 SPH 粒子的拉格朗日特性，在数值模拟过程中粒子的移动将带来各进程的粒子数目的改变，出现各进程间负载不平衡现象。而在并行环境下，程序的运行时间由最迟完成任务的进程决定，这就需要使用动态荷载平衡技术来实时调度和重新分配任务，将超载进程的部分任务划分给空闲进程进行计算，以实现任务的优化分配，从而有效缩短各进程的平均响应时间，提高并行计算效率。动态荷载平衡技术一般可划分为以下几个组成部分：

1）确定需要向其他进程迁移任务的标准以及何时去收集各进程的任务信息。

2）判断需要迁入迁出任务的进程，确定迁移任务的发送者和接受者。

3）选择哪些任务被迁出，一次迁出多少任务量。

2. 高效的 SPH 算法

不同的 SPH 算法对应不同的近似格式，改进型的 SPH 算法一般涉及逐点重新构造光谱函数，或者逐点通过矩阵转换估算近似场函数及其导数，这些改进型的 SPH 算法计算时间相应会大幅度增加。对于串行算法而言，FPM 所需要的 CPU 时间多过 CSPM 所需要的 CPU 时间，而传统的 SPH 算法所需时间最少。因此构造合适的 SPH 算法对提高计算效率是非常重要的。

对于某些特定问题可以有针对性地提出高效的解决方案。例如，对于微管道流动，物理参数在垂直流动方向上的分布和变化规律非常重要，而微管流动中流动方向的尺度远大于垂直流动方向的空间尺度。传统的 SPH 方法粒子在不同空间方向使用相同的光滑长度，每个粒子的支持域为圆形，因此在流动方向上的粒子尺度必须与垂直流动方向上的粒子尺度相同，这样往往导致粒子数量多，计算时间长。对于这类问题，可以使用自适应形式的 SPH 算法（adaptive smoothed particle hydrodynamics，ASPH），在不同的方向上使用不同的光滑长度，粒子的支持域也从圆形变成椭圆形，从而使计算时间大幅减少，计算效率明显提高。

3.5　基于 SPH 方法的数值波浪水槽/水池

SPH 方法是基于拉格朗日思想的无网格粒子法，该方法的拉格朗日本质使其在确定流体的翻卷和破碎等大变形自由表面时无须借助诸如 MAC（marker and cell）、VOF（volume of fluid）或 Level Set 等自由面追踪方法。同时 SPH 粒子的自适应性使其在处理复杂形状结构物的物面边界时，无须使用自适应网格和动网格等复杂的网格技术，因此应用 SPH 方法模拟大变形自由表面流问题或波浪与复杂形式结构物相互作用问题时具有网格法无可比拟的优越性。

建立稳定的数值波浪水槽/水池是开展波浪与结构物相互作用数值模拟的基础，其核心问题在于精确地追踪自由水面，有效地实现无反射数值造波和消波，最大限度地提高计算效率。鉴于 SPH 方法在处理强非线性自由表面流问题方面的优点，本节在修正 WCSPH 方法（CSPM）的基础上，结合改进的动力固壁边界条件处理方法，提出适合 SPH 方法的无反射数值造波边界，发展基于 SPH 方法的数值消波技术，建立起基于 SPH 方法的无反射数值波浪水槽/水池，并通过相关数值计算验证所提出的边界条件和数值波浪水槽/水池的性能。

3.5.1　流体运动控制方程

为考虑波浪破碎中的紊流影响，流体运动采用基于大涡模拟的紊流模型模拟。其控制方程采用可压缩连续性方程和 Favre 过滤、亚粒子模型封闭的 N-S 方程：

$$\frac{\mathrm{d}\rho}{\mathrm{d}t}=-\rho\nabla\cdot\boldsymbol{u} \tag{3.5.1.1}$$

$$\frac{\mathrm{d}\boldsymbol{u}}{\mathrm{d}t}=-\frac{1}{\rho}\nabla P+\boldsymbol{g}+\upsilon\nabla^2\boldsymbol{u}+\frac{1}{\rho}\nabla\cdot\boldsymbol{\tau} \tag{3.5.1.2}$$

式中，密度 ρ、压强 P 和速度 $\boldsymbol{u}$ 均为密度加权过滤后的平均量；$\boldsymbol{\tau}$ 为亚粒子（sub-particle scale，SPS）湍流应力；υ 为流体运动学黏性系数。

上述控制方程的 SPH 离散形式为

$$\frac{\mathrm{d}\rho_a}{\mathrm{d}t}=\rho_a\sum_{b=1}^{N}\frac{m_b}{\rho_b}\boldsymbol{u}_{\mathrm{ab}}\cdot\nabla_a\tilde{W}_{\mathrm{ab}} \tag{3.5.1.3}$$

$$\begin{aligned}\frac{\mathrm{d}\boldsymbol{u}_a}{\mathrm{d}t}=&-\sum_{b=1}^{N}m_b\left(\frac{p_a}{\rho_a^2}+\frac{p_b}{\rho_b^2}\right)\nabla_a\tilde{W}_{\mathrm{ab}}+\boldsymbol{g}+\sum_{b=1}^{N}\frac{4\upsilon m_b r_{\mathrm{ab}}\nabla_a\tilde{W}_{\mathrm{ab}}\cdot\boldsymbol{u}_{\mathrm{ab}}}{(\rho_a+\rho_b)(|\boldsymbol{r}_{\mathrm{ab}}|^2+\varphi^2)}\\&+\sum_{b=1}^{N}m_b\left(\frac{\tau_a}{\rho_a^2}+\frac{\tau_b}{\rho_b^2}\right)\cdot\tilde{\nabla}_a W_{\mathrm{ab}}\end{aligned} \tag{3.5.1.4}$$

式中，$\nabla_a\tilde{W}_{\mathrm{ab}}$ 为 CSPM 修正后的核函数一阶导数表达式，即

$$\nabla_a\tilde{W}_{\mathrm{ab}}=\frac{\nabla_a W_{\mathrm{ab}}}{\sum_{b=1}^{N}\frac{m_b}{\rho_b}(\boldsymbol{r}_b-\boldsymbol{r}_a)\otimes\nabla_a W_{\mathrm{ab}}} \tag{3.5.1.5}$$

3.5.2　边界条件设置

1. 固壁边界

水槽中固壁边界如水槽底边界、造波板边界或直墙边界等采用 3.3.3 节提出的修正动力边界法（DBPs）处理，在固壁边界上布置两层固壁粒子，其密度和压力根据连续性方程和状态方程随时间更新。对于水槽底部和直墙上的固壁粒子，其位置和速度保持不变，而造波板上的固壁粒子的速度根据线性波造波理论公式（3.5.2.1）更新。为改善固壁边界附近的压力振荡现象，固壁粒子的压力采用 3.4.2 节中提出的压力计算模式（3.4.2.3）进行修正。

2. 主动吸收式造波边界

为消除计算域内由结构物反射回的波浪，避免在造波边界处形成二次反射，本节在数值波浪水槽/水池一端采用主动吸收式数值造波技术，根据线性造波理论，推板运动除了产生目标波浪以外还需产生一个额外运动，以消除二次反射波的干扰，如下：

$$U(t)=\frac{\mathrm{d}X_0}{\mathrm{d}t}=\frac{\omega}{W}(2\eta_0-\eta_i) \tag{3.5.2.1}$$

式中，X_0 和 ω 分别为造波板的运动幅值和频率；η_0 和 η_i 分别为目标波面和造波板前的瞬时波面；$W=\dfrac{4\sinh^2 kd}{2kd+\sinh 2kd}$ 为传递函数，其中 k 为波数，d 为造波板前水深。

为检验此主动吸收式造波机吸收二次反射波的性能，在此对长度为 3 倍波长、末端为全反射边界的波浪水槽进行数值计算。已知水槽水深为 0.6m，入射波周期 $T=1.4$s，波高 $H=6$cm 和 9cm，粒子初始间距 d$x=0.01$m，固定光滑长度 $h=1.3$dx。

图 3.5.1 给出了一个周期内水槽中波面沿程分布情况，由图可以看出，由于直墙边界的全反射作用，水槽内形成了明显的驻波。波腹处的波高约为 2 倍入射波高，而波节处的自由波面仅有微小的波动。各腹点处波高沿程分布较为稳定，对于入射波波高较大的情形（$H=9$cm），波腹处波面明显表现出波峰变尖、波谷变平坦的非线性现象。

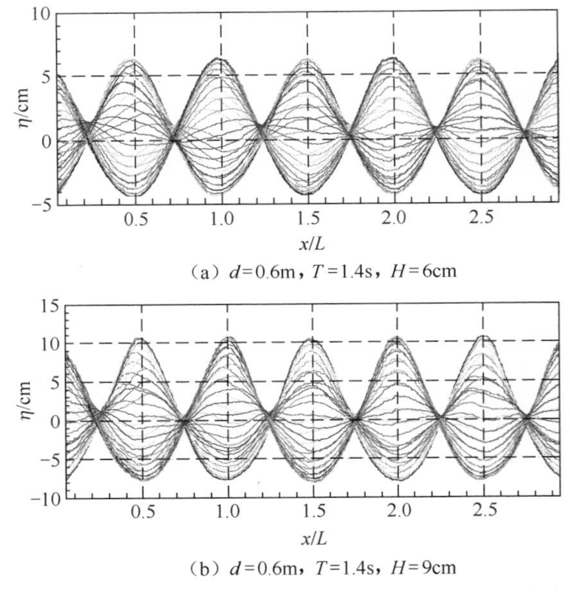

（a）d=0.6m，T=1.4s，H=6cm

（b）d=0.6m，T=1.4s，H=9cm

图 3.5.1　一个周期内波面沿程分布

3. 人工黏性消波边界

为消除行进到水槽末端的行进波，避免其反射回计算域，在水槽末端设置人工黏性消波层，其长度为 1～2 倍波长。在进入黏性消波层内流体粒子的动量方程中增加一个人工黏度消波项，即

$$\frac{\mathrm{d}\boldsymbol{u}}{\mathrm{d}t}=-\frac{1}{\rho}\nabla P+\boldsymbol{g}+\upsilon\nabla^2\boldsymbol{u}+\frac{1}{\rho}\nabla\cdot\boldsymbol{\tau}+\boldsymbol{\psi} \tag{3.5.2.2}$$

式中，υ 为黏性系数；$\boldsymbol{\psi}$ 为人工黏度消波项，其 SPH 离散形式为

$$\psi_{\mathrm{ab}}=\begin{cases}\lambda\dfrac{x_a-x_0}{L_s}\displaystyle\sum_{b=1}^{N}m_b h\dfrac{\overline{c}_{\mathrm{ab}}}{\overline{\rho}_{\mathrm{ab}}}\dfrac{\left|\boldsymbol{u}_{\mathrm{ab}}\cdot\boldsymbol{r}_{\mathrm{ab}}\right|}{r_{\mathrm{ab}}^2+\varphi^2}\tilde{\nabla}_a W_{\mathrm{ab}}, & \boldsymbol{u}_{\mathrm{ab}}\cdot\boldsymbol{r}_{\mathrm{ab}}\leqslant 0\\ 0, & \boldsymbol{u}_{\mathrm{ab}}\cdot\boldsymbol{r}_{\mathrm{ab}}>0\end{cases} \tag{3.5.2.3}$$

式中，x_a 为流体粒子 a 的瞬时横坐标；x_0 为消波层起始处横坐标；λ 为消波调节参数，其值为 0.6～0.7。

4. 侧边界条件

对于三维数值波浪水池的前后侧边界，可以采用周期性边界条件来处理，如图 3.5.2 所示，水池前后侧边界上不布置固壁粒子，位于侧边界附近的流体粒子 a 的支持域被边界截断的部分由对称侧边界附近处的相应区域补充。该处理保证了侧边界条件的连续性，对于对称问题实现了用有限的水池宽度模拟侧方向上无限延伸的数值水池。

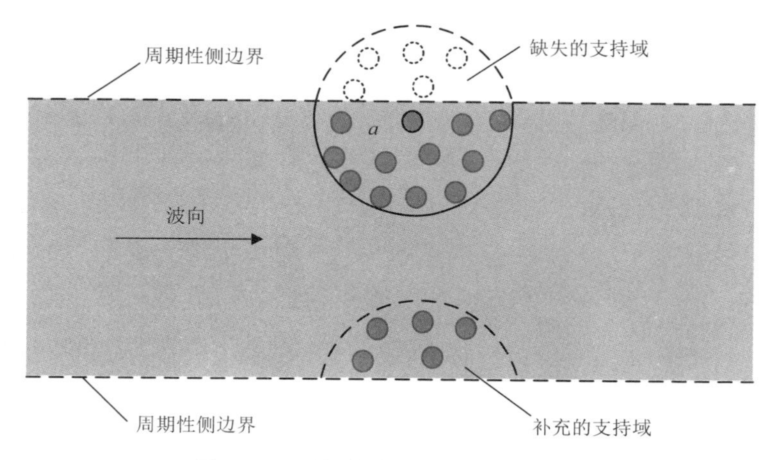

图 3.5.2　周期性边界条件设置示意图

3.5.3　数值波浪水槽

本节给出了温鸿杰（2016）关于数值波浪水槽的计算结果。图 3.5.3 给出了数

值波浪水槽的计算域示意图。其中，水深为0.5m，波浪周期$T = 1.2$s，波高$H = 0.1$m，水槽长度为15m。计算中共用了约75000个粒子，粒子间距$\mathrm{d}x = 0.01$m，固定光滑长度$h = 1.3\mathrm{d}x$。

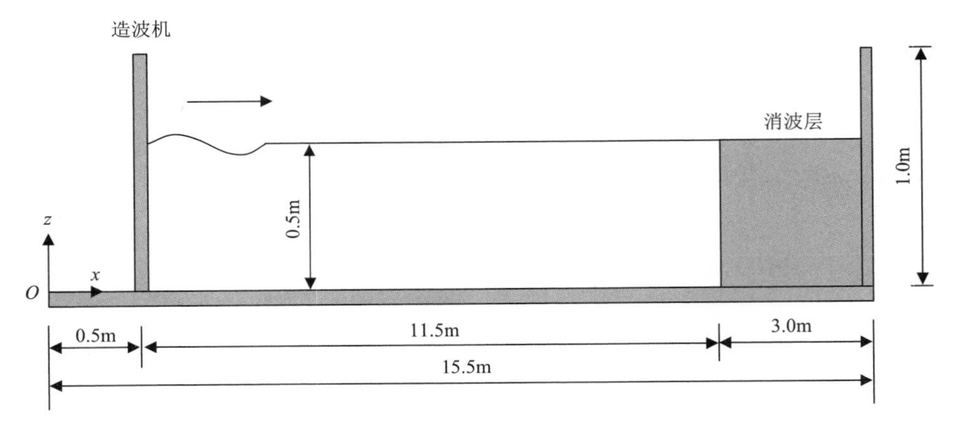

图 3.5.3　数值计算域示意图（单位：m）

图3.5.4给出了应用修正WCSPH模型和原WCSPH模型计算得到的自由水面附近的流体粒子和压力场分布。在原WCSPH模型中，水槽固壁边界采用原动力边界处理，流体的物理黏性采用如式（3.3.3.3）所示的人工黏性来近似，相应参数$\alpha_{\Pi} = 0.03$，$\beta_{\Pi} = 0$。由于自由面附近流体粒子积分域缺失和模拟过程中流体粒子的不规则分布等的影响，原WCSPH模型计算结果的压力场存在振荡现象，在波峰位置处最上层的流体粒子与下层粒子分离，形成明显的空隙。在修正WCSPH模型中，采用了CSPM算法和改进的动力边界条件，使原模型存在的压力振荡和流体分层等现象得到了很好的改进。

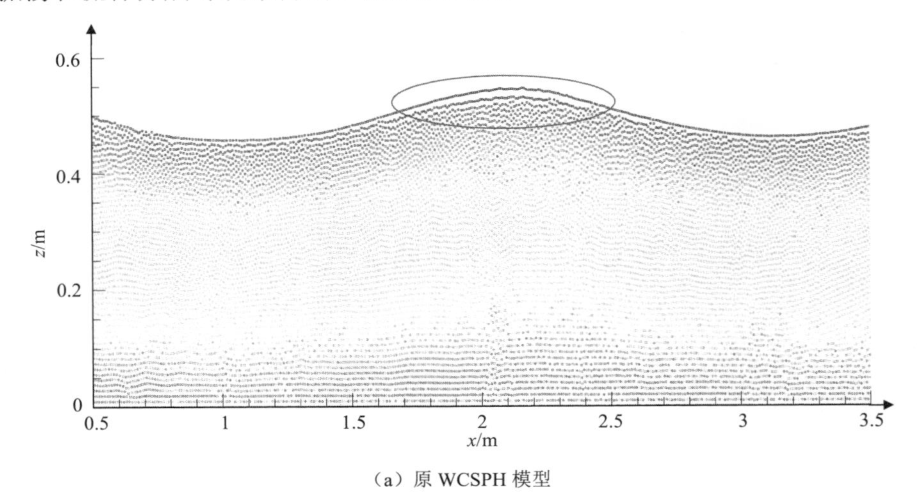

（a）原WCSPH模型

图 3.5.4　自由表面附近粒子分布和压力场

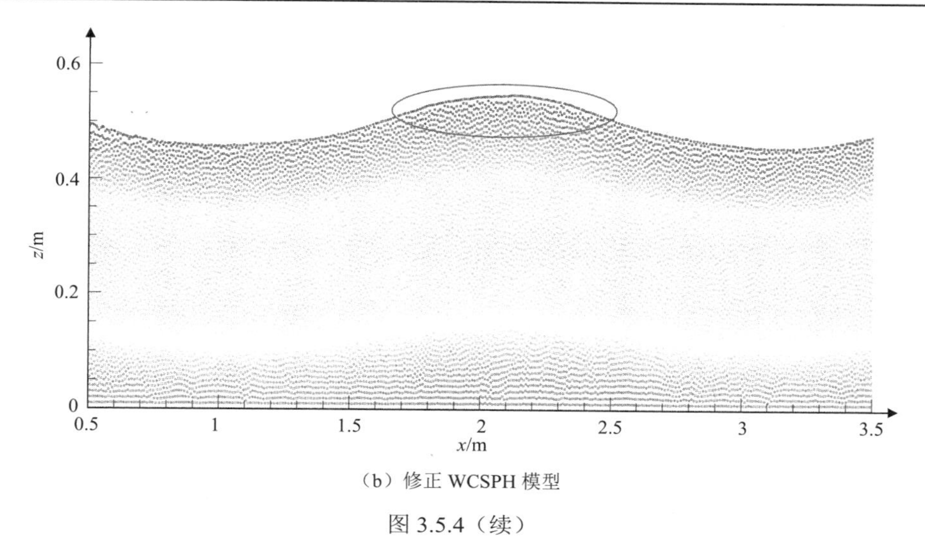

（b）修正 WCSPH 模型

图 3.5.4（续）

图 3.5.5 给出了两种模型计算的自由面处的压力历时曲线，结果显示，由原 WCSPH 模型得到的自由面处的压力均值为 134Pa，而修正后的 WCSPH 模型结果为 26Pa。因此采用 CSPM 修正后的模型可以更好地近似满足自由面处的动力边界条件。

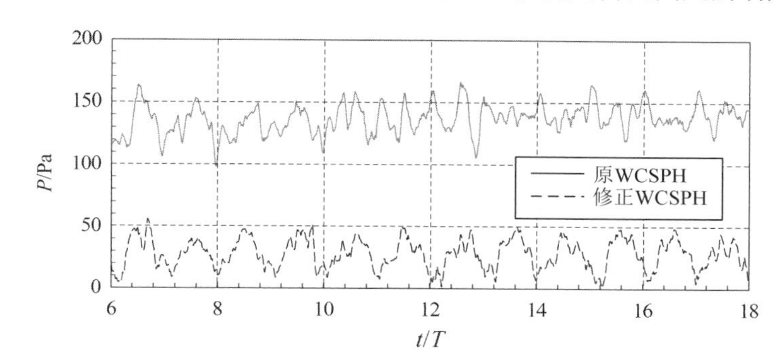

图 3.5.5　自由表面处的压力历时曲线($x = 2$m)

图 3.5.6 给出了两种模型计算得到的造波板附近流体粒子分布和相应的压力场。由该图可以看出，原 WCSPH 模型计算结果在固壁边界附近压力场振荡，尤其是在造波板干湿表面交界处和底部区域，流体粒子与固壁边界分离，形成一个明显的空隙。而由改进的固壁边界压力计算方法得到的固壁边界处压力场稳定，且没有流体粒子与固壁边界分离的现象。

图 3.5.7 给出了修正 WCSPH 模型和原 WCSPH 模型对应的不同测点处的波高历时曲线与二阶 Stokes 理论解的对比。由该图可以看出，本节修正 WCSPH 模型计算的波高历时曲线与理论解吻合较好，沿波浪传播方向基本没有衰减。而原 WCSPH 模型所模拟的波高沿波浪传播方向有明显衰减，在 $x = 7$m 处，波高衰减为 7cm 左右，衰减幅度达到 30%。利用原 WCSPH 模型计算的波高出现严重衰减

现象的主要原因如下：

1）采用人工黏度稳定数值计算和模拟流体黏性耗散时，局部人工黏度过大从而产生数值消耗。

2）原 WCSPH 模型中边界粒子计算精度较低引起了不可忽视的计算误差。

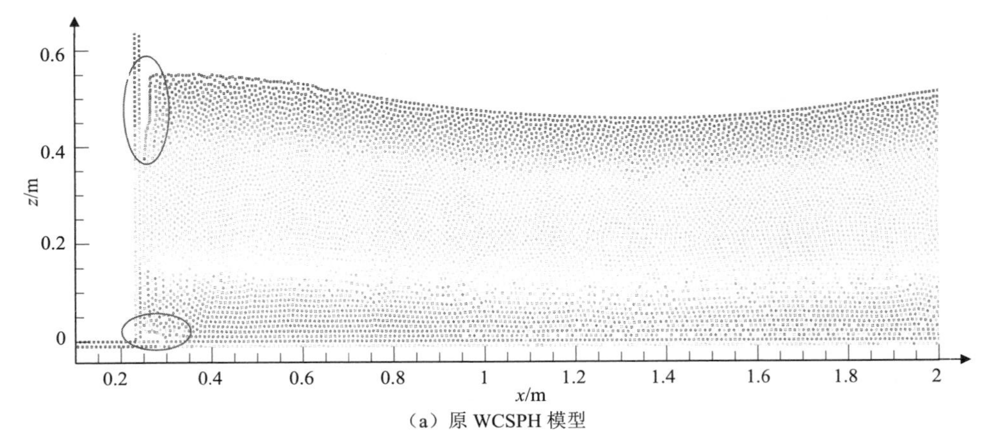

（a）原 WCSPH 模型

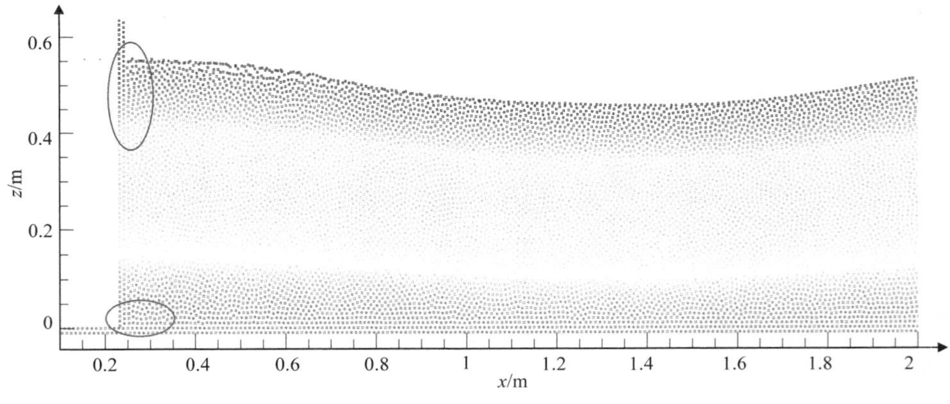

（b）修正 WCSPH 模型

图 3.5.6　造波板附近粒子分布及压力场分布

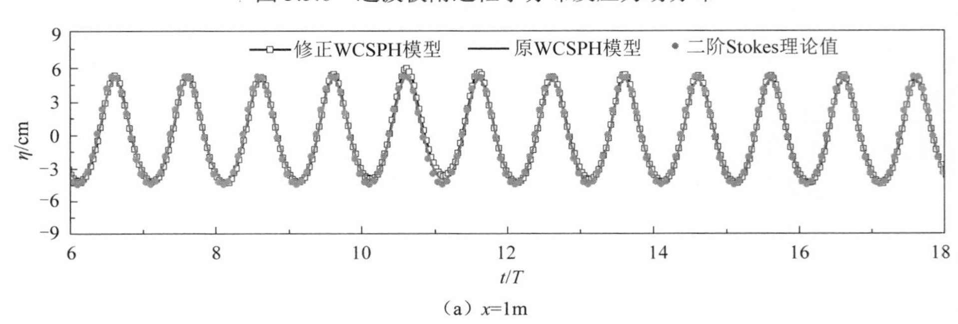

（a）x=1m

图 3.5.7　水槽中不同测点波面历时曲线

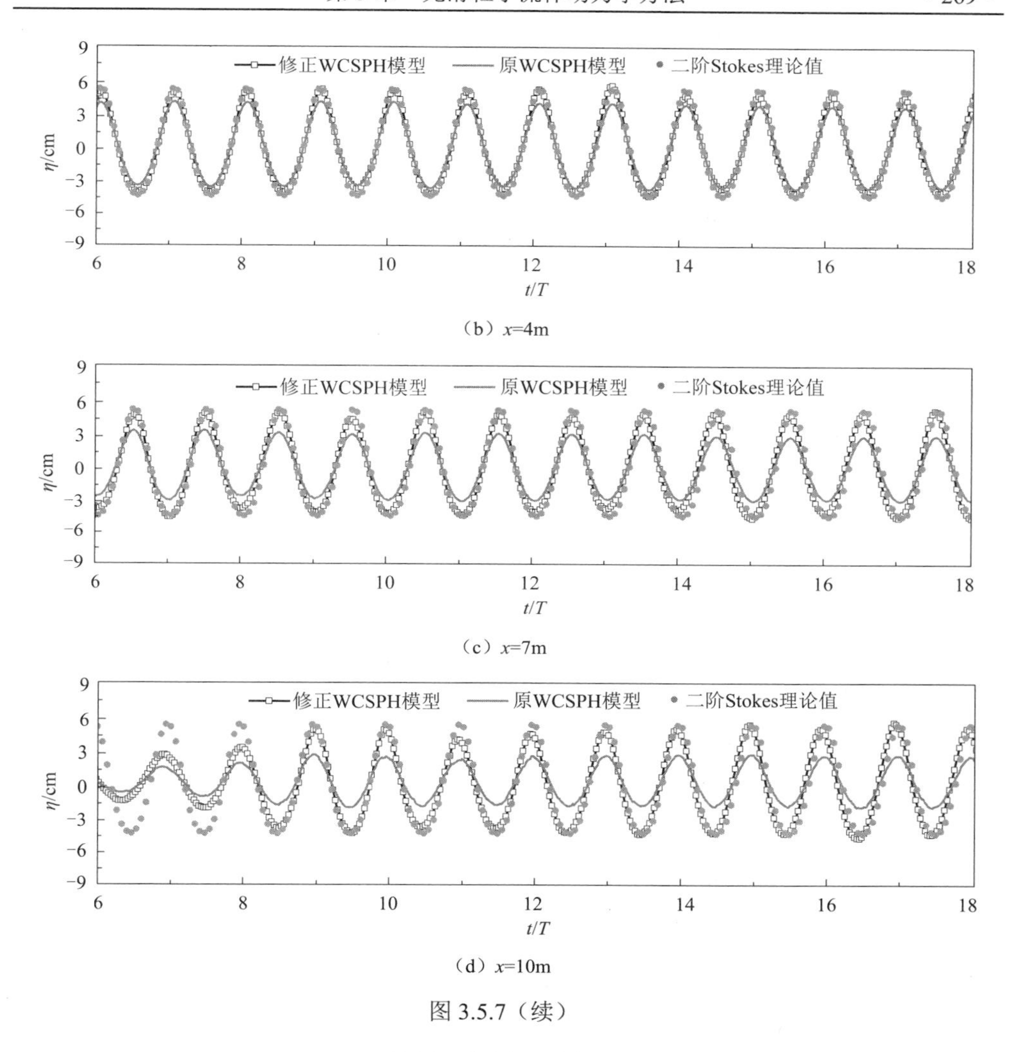

（b）x=4m

（c）x=7m

（d）x=10m

图 3.5.7（续）

T=1.2s，H=0.1m，d=0.5m

3.5.4　数值波浪水池

本节给出了 Wen 等（2016）关于三维数值波浪水池的模拟结果。对于三维问题的模拟，并行程序是必须的，这里采用 3.4.3 节介绍的 MPI-OpenMP 混合并行技术。图 3.5.8 给出了数值波浪水池的计算示意图。在水池左端的造波边界处沿水池宽度方向布置多块造波板。为防止相邻造波板在相位差较大时流体粒子从两者之间溢出，该算例中每块造波板的厚度及宽度均取为 5dx，其中，dx 为粒子初始间距。数值波浪水池右端布置人工黏性消波层以消除行进波，消波层长度取为 1.5L。

数值波浪水池长为 12.0m，宽为 2.0m，水深为 0.5m；波高 $H=0.12$m，周期

T= 1.2s；粒子初始间距 dx = 0.02m，固定光滑长度 h=1.5dx；粒子总数约为 150 万，模拟时间设为 17s，使用 64 个型号为 E5450（主频：3.00GHz，内存：32GB）的 CPU 共计花费约 48h。

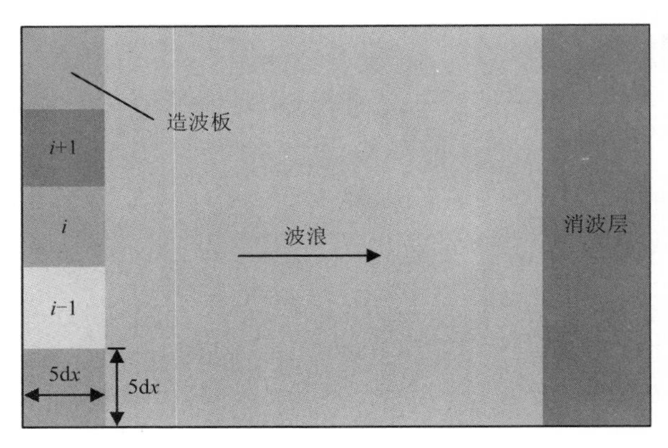

图 3.5.8　数值波浪水池示意图

图 3.5.9 给出了规则波在水池中传播的瞬时波面分布。图 3.5.10 给出了计算波面历时曲线与二阶 Stokes 理论解的比较。由图 3.5.10 可以看出，数学模型的计算结果与理论解吻合很好；所设置的主动吸收式造波边界和侧边界性能稳定，波浪在传播方向上和垂直波浪传播方向上形态稳定；消波层性能良好，图 3.5.10 中最后一个测点位于消波层内，其波高趋近于零。

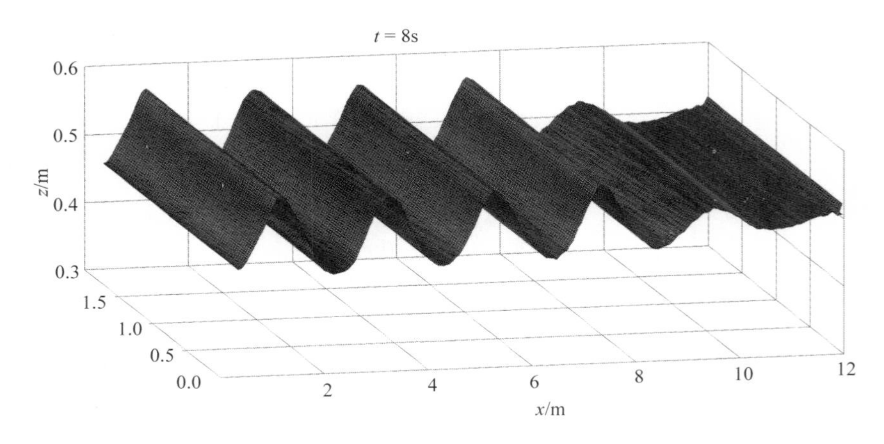

图 3.5.9　规则波在水池中传播的瞬时波面分布

T = 1.2s，H = 0.12m，d = 0.5m

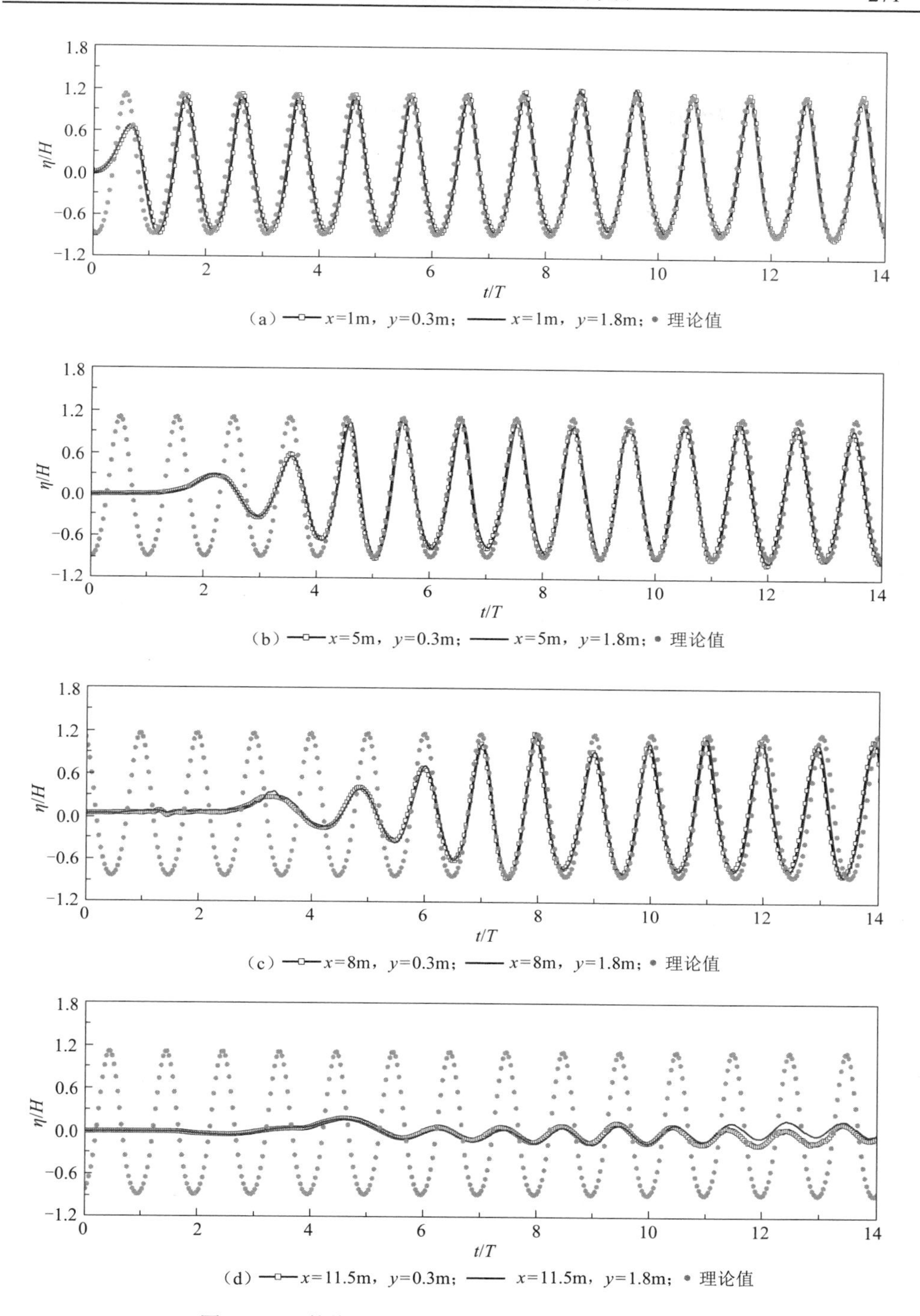

（a）—□— x=1m，y=0.3m；—— x=1m，y=1.8m；• 理论值

（b）—□— x=5m，y=0.3m；—— x=5m，y=1.8m；• 理论值

（c）—□— x=8m，y=0.3m；—— x=8m，y=1.8m；• 理论值

（d）—□— x=11.5m，y=0.3m；—— x=11.5m，y=1.8m；• 理论值

图 3.5.10　数值波浪水池内计算波面与理论值的比较

$T = 1.2\text{s}$，$H = 0.12\text{m}$，$d = 0.5\text{m}$

图 3.5.11 给出了不同测点处数学模型的波压力计算结果与理论解的对比。从图中可以看出，计算得到的波压力历时曲线与理论值吻合较好。需要说明的是，图 3.5.11（c）中所示测点位于静水面处，因此图中只显示正向波压力。

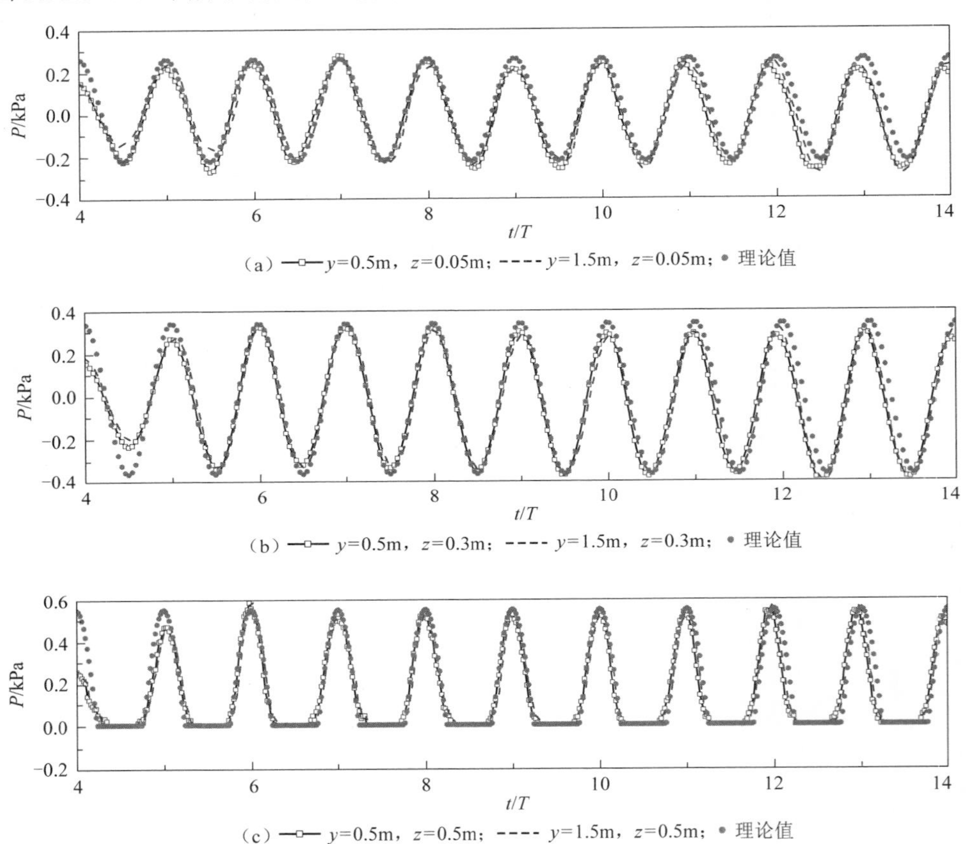

图 3.5.11　不同测点的计算波压力历时曲线与理论值的对比

$T = 1.2$s，$H = 0.12$m

3.5.5　波浪与直立圆柱相互作用

应用 3.5.4 节介绍的数值波浪水池模拟波浪与直立圆柱的相互作用(Wen et al., 2016)，计算域布置如图 3.5.12 所示。水池长为 12.0m，宽为 5.0m，高为 0.7m。半径(a)为 0.23m 的圆柱放置在水池中间，其中心点距水池左边界的距离为 6.6m。水池中水深 d=0.5m，入射波周期 T=1.2s，波高 H=6cm 和 10cm。圆柱直径与入射波波长之比 $2a / L = 0.225 > 0.2$，说明在此算例中波浪绕射现象明显。将初始粒子间距设为 dx =2cm，共使用约 400 万粒子；模拟时间设为 20s，使用 64 个型号为 E5450（主频：3.00GHz，内存：32GB）的 CPU 共计花费约 120h。

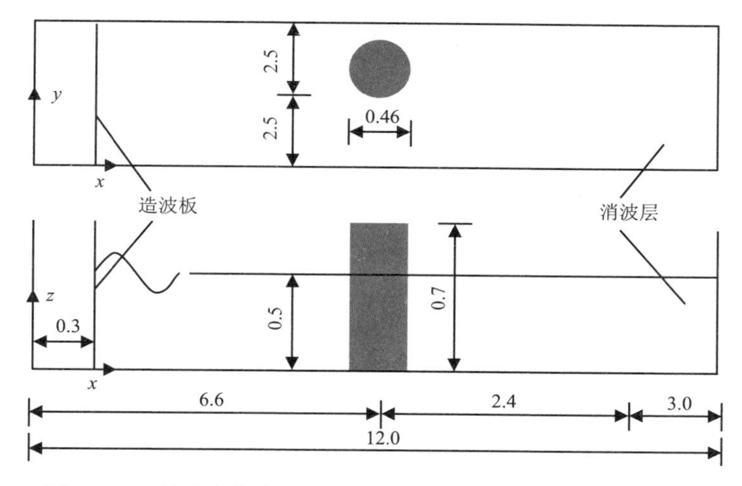

图 3.5.12　波浪与竖直圆柱相互作用的模型示意图（单位：m）

当入射波波高较小，如 $H=6\text{cm}$ 时，参数 $Hk=0.184$，其中 k 为波数。图 3.5.13 给出了波高 $H=6\text{cm}$ 时作用在圆柱上的波浪力和力矩的 SPH 计算结果与 Maccamy 和 Fuchs（1954）的线性绕射理论解的对比。作用在圆柱上波浪力根据动水压力分布沿圆柱表面积分得到。从图 3.5.13 中可以看出，除了在波谷处有轻微的振荡现象，数学模型结果与线性绕射理论的解析解吻合较好。

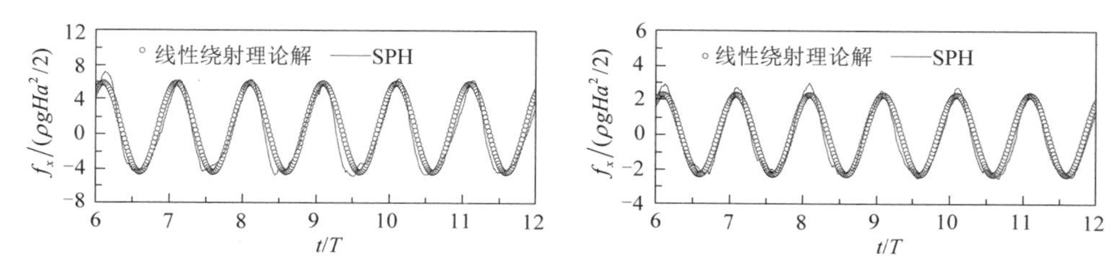

图 3.5.13　作用在圆柱上的波浪力和力矩的 SPH 计算结果与线性绕射理论解的对比

$H=6\text{cm}$，$T=1.2\text{s}$，$d=0.5\text{m}$

当入射波波高较大，如 $H=10\text{cm}$ 时，参数 $Hk=0.307$。图 3.5.14 给出了波高 $H=10\text{cm}$ 时作用在圆柱上的波浪力和力矩的 SPH 计算结果与线性绕射理论解的

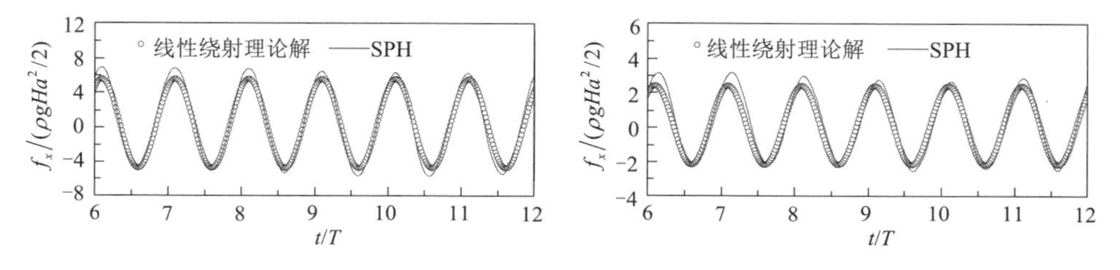

图 3.5.14　作用在圆柱上的力和力矩的 SPH 计算结果与线性绕射理论解的对比

$H=10\text{cm}$，$T=1.2\text{s}$，$d=0.5\text{m}$

对比结果。从图中可以看出 SPH 数学模型计算的最大波浪力和力矩分别较线性绕射理论解大约 12%和 15%，说明在此情形下波浪非线性的影响已不能忽略，线性绕射理论已不再适用。

图 3.5.15 给出了圆柱周围的自由波面和等波高云图，由图可以看出圆柱对波浪的绕射作用明显，波峰线在圆柱附近发生了严重的变形。

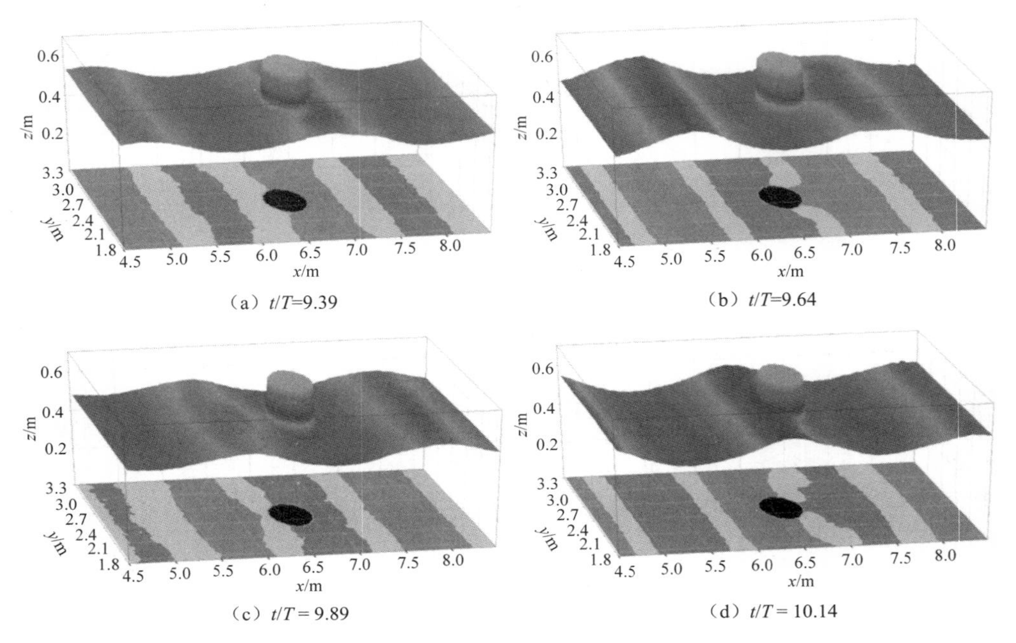

（a）t/T=9.39　（b）t/T=9.64

（c）t/T = 9.89　（d）t/T = 10.14

图 3.5.15　圆柱周围的自由波面和等波高云图

H = 10cm，T = 1.2s，d = 0.5m

图 3.5.16 展示了圆柱周围一个周期内纵截面(y = 2.5m)上的速度分布。为了更清晰地显示速度场，使用 SPH 插值算法将单个粒子的速度映射到 0.04m × 0.02m 的固定网格上，图中所显示的速度均为在固定网格上插值后的速度。由图可以看

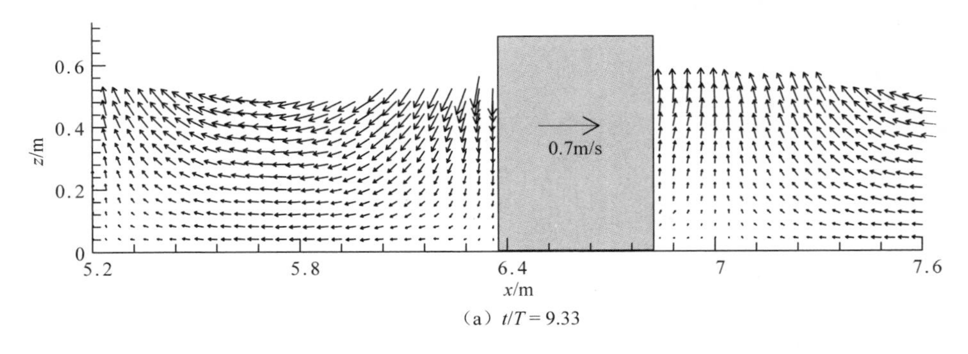

（a）t/T = 9.33

图 3.5.16　圆柱周围一个周期内纵截面(y = 2.5m)上的速度分布

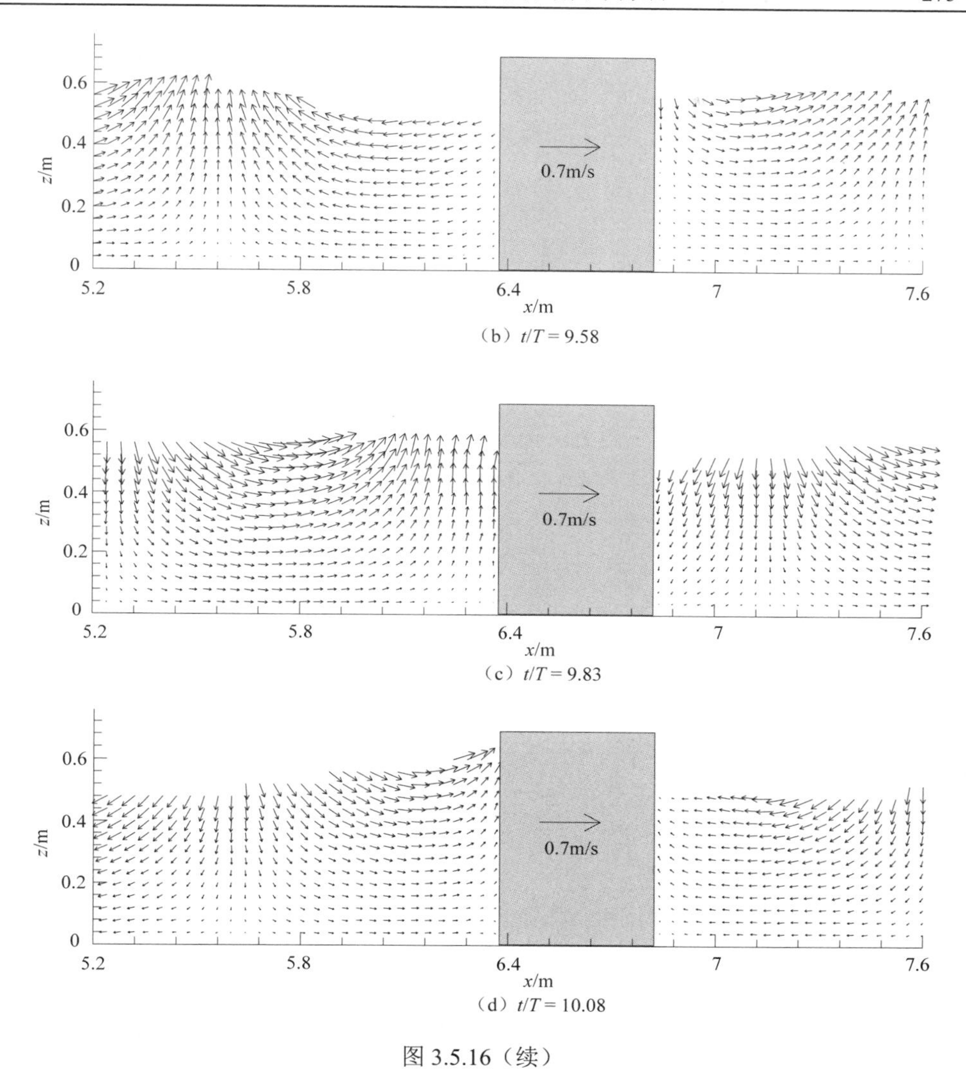

（b）$t/T = 9.58$

（c）$t/T = 9.83$

（d）$t/T = 10.08$

图 3.5.16（续）

$H = 10\text{cm}$，$T = 1.2\text{s}$，$d = 0.5\text{m}$

出在圆柱的两侧面，由于圆柱的阻挡作用，流体沿圆柱表面周期性爬升或下落。另外，由于圆柱的掩护作用，圆柱背浪面的流体速度小于迎浪面。

图 3.5.17 给出了圆柱周围一个周期内横截面（$z = 0.05\text{m}$）上的速度及正则化的涡量黏度分布。由图可以看出，圆柱周围的流场呈现明显的三维特性。由于圆柱的阻挡和掩护作用的影响，圆柱迎浪面和背浪面的流速均小于圆柱侧面的波速。圆柱侧面的水粒子最大速度为 0.165m/s，而无圆柱存在时该处的水粒子最大速度为 0.12m/s。此外，圆柱侧面的涡量黏度也比圆柱迎浪面和背浪面的大。近底水粒子的这种运动形态与圆柱周围的冲刷形态有很大的关系。

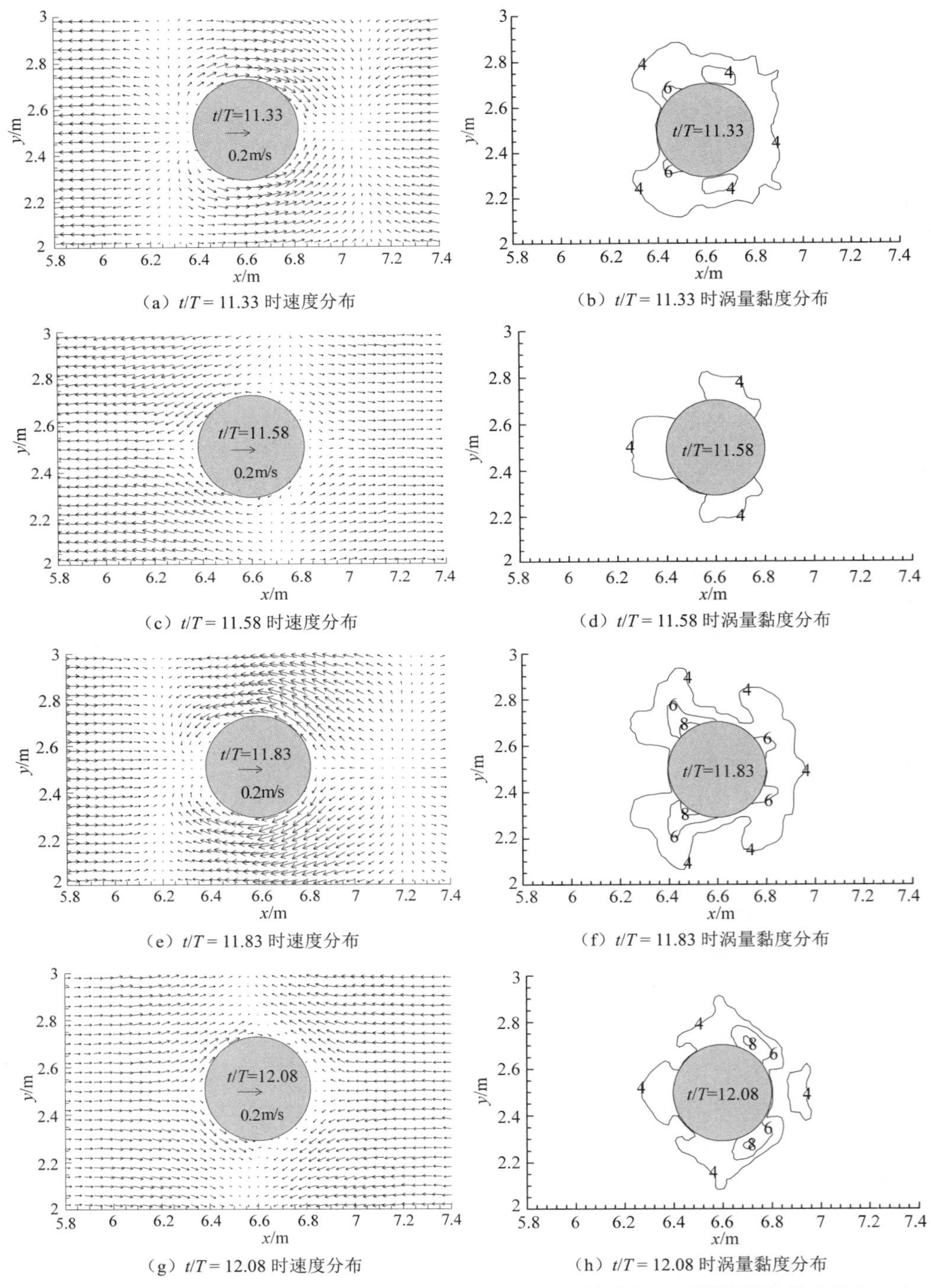

（a）$t/T = 11.33$ 时速度分布　（b）$t/T = 11.33$ 时涡量黏度分布

（c）$t/T = 11.58$ 时速度分布　（d）$t/T = 11.58$ 时涡量黏度分布

（e）$t/T = 11.83$ 时速度分布　（f）$t/T = 11.83$ 时涡量黏度分布

（g）$t/T = 12.08$ 时速度分布　（h）$t/T = 12.08$ 时涡量黏度分布

图 3.5.17　圆柱周围一个周期内横截面（$z = 0.05\text{m}$）上的速度及正则化涡量黏度分布

$H = 10\text{cm}$，$T = 1.2\text{s}$，$d = 0.5\text{m}$

3.6 波浪与浮体的相互作用

基于 N-S 方程类模型模拟流体与浮体的完全非线性相互作用时，网格法往往需要利用诸如动态重叠网格（dynamic overlapping grids）和滑移/变形网格（sliding/deforming meshes）等复杂的网格技术或者 IB（immersed boundary，浸入边界）方法等来处理流体中浮体的瞬时位置变化。而 SPH 方法由于其无网格的自适应性，易于处理流体中的移动固壁边界，特别是对于浮体在计算域内的大幅运动或者涉及结构物越浪等复杂问题，SPH 方法具有很强的灵活性。目前用 SPH 方法处理流体中的固体运动通常有两类方法。一类方法是将浮体视为刚体，浮体运动通过求解刚体运动方程来计算，作用在浮体上的水动力通过边界上的压力积分计算。另一类方法是将浮体处理为可变形的流体，浮体运动通过流体和固体粒子的动量守恒计算。本节将基于 Ren 等（2015，2017）的工作，介绍基于第一类处理方法应用 SPH 水动力模型模拟波浪与自由漂浮浮体和锚固浮体的相互作用。

3.6.1 浮体运动控制方程

SPH 形式的流体运动控制方程如下：

$$\frac{\mathrm{d}\rho_i}{\mathrm{d}t}=\sum_{j=1}^{N}m_j\left(\boldsymbol{v}_i-\boldsymbol{v}_j\right)\nabla_i W_{ij} \tag{3.6.1.1}$$

$$\frac{\mathrm{d}\boldsymbol{v}_i}{\mathrm{d}t}=-\sum_{j=1}^{N}m_j\left(\frac{p_i}{\rho_i^2}+\frac{p_j}{\rho_j^2}+\Pi_{ij}\right)\nabla_i W_{ij}+\boldsymbol{g}_i \tag{3.6.1.2}$$

式中，人工黏性项采用 Monaghan 提出的形式（Monaghan，1992）：

$$\Pi_{ij}=\begin{cases}\dfrac{-\alpha_{\Pi}c_0\mu_{ij}+\beta_{\Pi}\mu_{ij}^2}{\bar{\rho}_{ij}}, & \boldsymbol{v}_{ij}\cdot\boldsymbol{x}_{ij}<0\\ 0, & \boldsymbol{v}_{ij}\cdot\boldsymbol{x}_{ij}\geqslant 0\end{cases} \tag{3.6.1.3}$$

式中，$\mu_{ij}=\left(h\boldsymbol{v}_{ij}\cdot\boldsymbol{x}_{ij}\right)\Big/\left(\left|\boldsymbol{x}_{ij}\right|^2+0.01h^2\right)$；$\bar{\rho}_{ij}=\left(\rho_i+\rho_j\right)/2$；$\boldsymbol{v}_{ij}=\boldsymbol{v}_i-\boldsymbol{v}_j$；$\boldsymbol{x}_{ij}=\boldsymbol{x}_i-\boldsymbol{x}_j$；$\alpha_{\Pi}$ 和 β_{Π} 是人工黏性系数，在本节的数值计算中，$\alpha_{\Pi}=0.01$，$\beta_{\Pi}=0$。

浮体运动模型如图 3.6.1 所示。浮体假设为刚体，根据牛顿运动定律，其运动方程为

$$M\frac{\mathrm{d}\boldsymbol{V}}{\mathrm{d}t}=\sum_{i=1}^{N}\boldsymbol{f}_i+M\boldsymbol{g}+\boldsymbol{F}_t \tag{3.6.1.4}$$

$$I\frac{\mathrm{d}\boldsymbol{\Omega}}{\mathrm{d}t}=\sum_{i=1}^{N}\left(\boldsymbol{r}_i-\boldsymbol{R}_0\right)\times\boldsymbol{f}_i+T_t \tag{3.6.1.5}$$

$$F=\sum_{i=1}^{N}\boldsymbol{f}_i+M\boldsymbol{g}+\boldsymbol{F}_t \tag{3.6.1.6}$$

$$T=\sum_{i=1}^{N}\left(\boldsymbol{r}_i-\boldsymbol{R}_0\right)\times\boldsymbol{f}_i+T_t \tag{3.6.1.7}$$

式中，M，I，$\boldsymbol{V}$ 和 $\boldsymbol{\Omega}$ 分别是浮式结构的质量、转动惯量、线速度和角速度；$\boldsymbol{F}_t$ 为缆力；$\boldsymbol{r}_i$ 是 DBPs 的位置矢量；$\boldsymbol{R}_0$ 是浮式结构质心的位置矢量；$\boldsymbol{f}_i$ 为作用于固壁粒子上的流体作用力；T_t 为缆力对浮体的作用力矩。

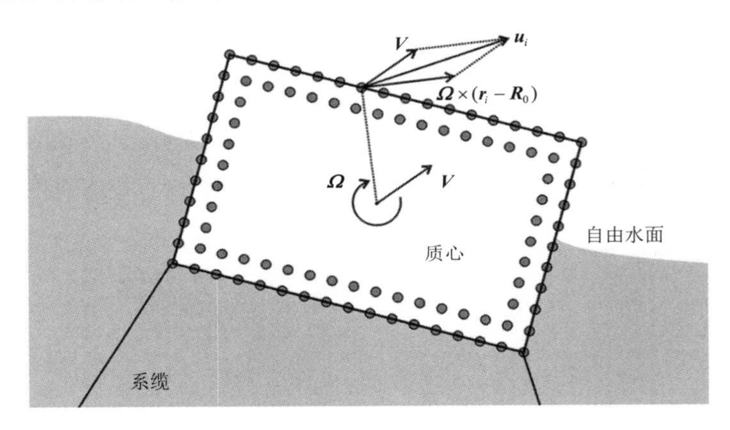

图 3.6.1　浮体运动模型

3.6.2　浮体边界处理

浮体边界采用动力边界方法（DBPs）模拟，如图 3.6.2 所示。由于应用原 DBPs 方法会在固壁边界和流体粒子之间形成一个虚假的较大密度梯度，造成固壁边界附近压力场振荡，导致当结构物出水时会使流体粒子吸附在固壁上或者流体粒子与固壁边界分离等，如图 3.6.3 所示。为改善浮体边界附近的流场和压力场精度，Ren 等（2015）对 DBPs 粒子的密度进行了如式（3.6.2.1）～式（3.6.2.3）所示的修正。图 3.6.4 给出了应用修正后的模型得到的做升沉运动的方箱周围的压力和流体粒子分布示意图。

$$\rho_i'=\chi\rho_i+\left(1-\chi\right)\rho_{j\text{-avg}} \tag{3.6.2.1}$$

$$\rho_{j\text{-avg}}=\frac{1}{N}\sum_{j=1}^{N}\left[\rho_j+\frac{\partial\rho_j}{\partial z}\left(z_j-z_i\right)\right] \tag{3.6.2.2}$$

$$\rho_i'=\chi\rho_i+\left(1-\chi\right)\frac{1}{N}\sum_{j=1}^{N}\left[\rho_j+\frac{\rho_0^2 g}{7B}\left(\frac{\rho}{\rho_0}\right)^{-6}\left(z_j-z_i\right)\right] \tag{3.6.2.3}$$

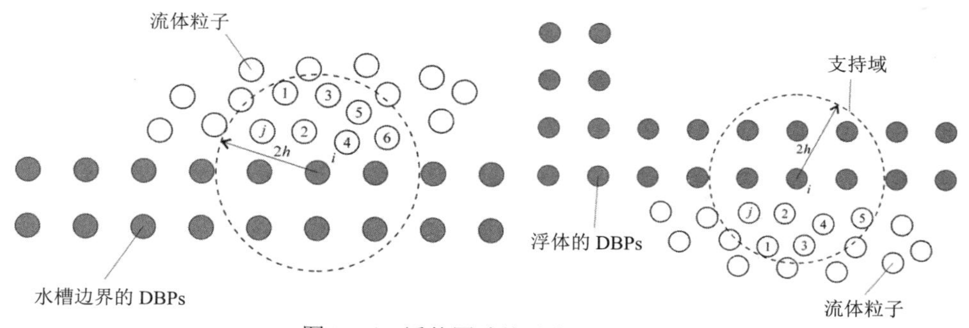

图 3.6.2　浮体固壁粒子布置示意图

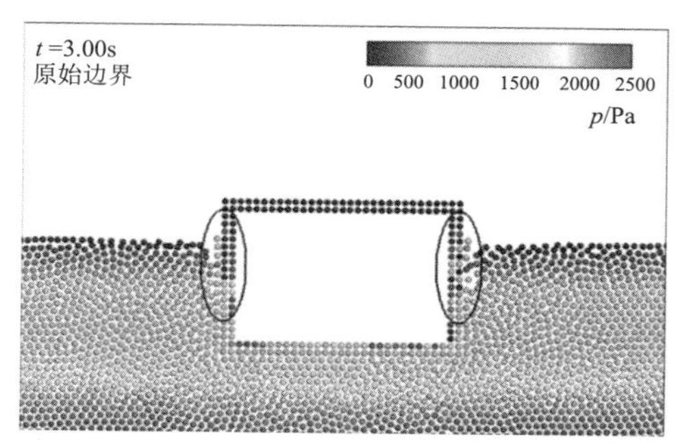

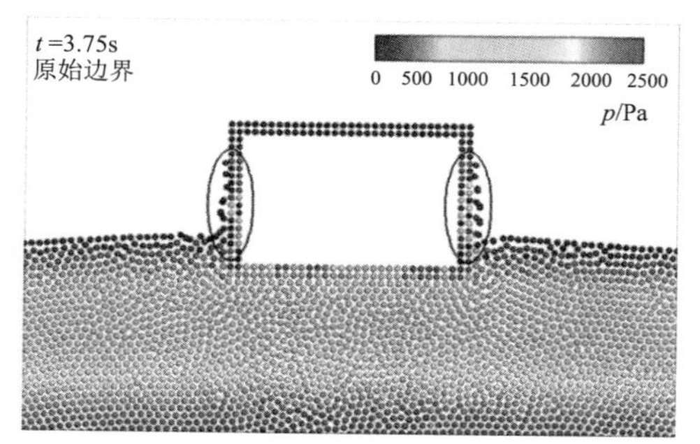

图 3.6.3　原 DBPs 方法模拟的水面升沉方箱周围的压力场和粒子分布

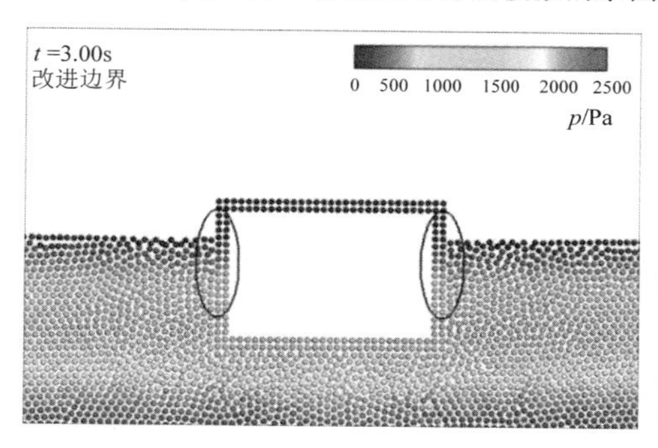

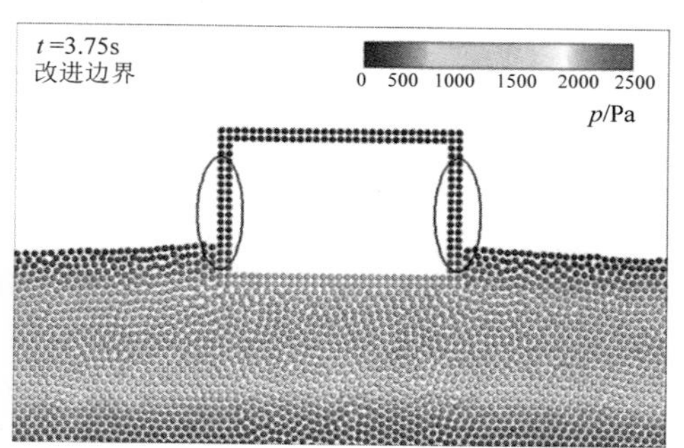

图 3.6.4　修正 DBPs 方法模拟的水面升沉方箱周围的压力场和粒子分布

式中，ρ_i' 为修正后的固壁粒子密度；ρ_j 为 DBPs 粒子附近流体粒子的密度；$\frac{\partial \rho_j}{\partial z}\left(z_j - z_i\right)$用来修正积分域被固壁边界截断对流体压力的影响，如图 3.6.2 所示。

流体与浮体相互作用的数值模拟精度，取决于浮体所受周围流体作用力的计算精度。Ren 等（2015）通过对固壁粒子动量方程中的应力项求和计算了作用于浮体上的流体作用力，即

$$\boldsymbol{f}_i = m_i \frac{\mathrm{d}\boldsymbol{u}_i}{\mathrm{d}t} = m_i \left[-\sum_{j=1}^{N} m_j \left(\frac{p_i'}{\rho_i'^2} + \frac{p_j}{\rho_j^2} + \Pi_{ij} \right) \nabla_i W_{ij} + \boldsymbol{g} \right] \tag{3.6.2.4}$$

式中，ρ_i'为修正后的固壁粒子密度；p_i'为由ρ_i'通过状态方程计算得到的压力。

3.6.3　波浪与自由漂浮浮体的相互作用

对于自由漂浮浮体，其运动控制方程式（3.6.1.4）中的缆力 $\boldsymbol{F}_t$ 等于 0。波浪与自由漂浮浮体的数值计算域如图 3.6.5 所示。浮箱长 0.3m，高 0.2m，质量为 30kg，转动惯量为 0.325kg·m^2，质量均匀，形心位置与质心位置重合。初始时刻浮箱质心位于（2.0m，0.4m）处，在波浪作用下有水平、垂向和旋转三个方向的运动自由度，横荡运动以向右为正，升沉运动以向上为正，横摇运动以顺时针旋转为正。试验水深 $d = 0.4$m，波周期 $T = 1.2$s，波长 $L = 1.94$m，试验波高采用 $H = 0.04$m 和 0.10m，其中，$H = 0.04$m 时 Ursell（乌泽尔）数（HL^2/d^3）等于 2.4，波浪非线性相对较弱，$H = 0.10$m 时 Ursell 数等于 5.9，波浪非线性相对较强。

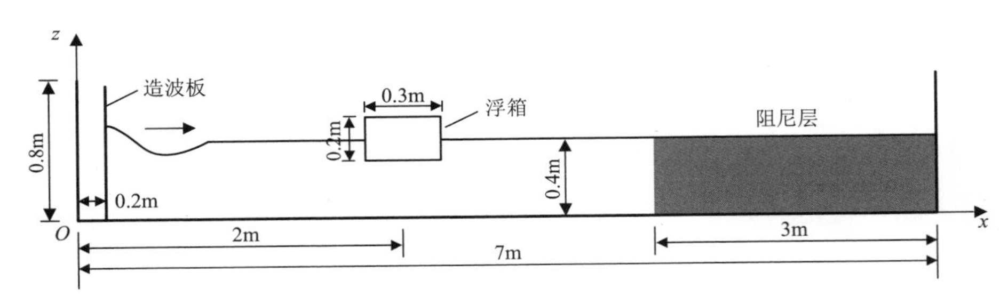

图 3.6.5　波浪与自由漂浮浮体的数值计算域

图 3.6.6 和图 3.6.7 给出了自由漂浮方箱在一个波周期内的运动姿态计算结果。从图中看到，SPH 数值模拟的结果与物理试验结果吻合很好。比较 t_0 和 $t = t_0 + T$ 两个时刻可见，小波高时浮箱经过一个波浪周期后基本回到 t_0 时刻的姿态。而对于大波高情形，当 $t = t_0 + 1.09T$ 时刻时，浮箱才回到 t_0 时刻的姿态，且在水平方向上较 t_0 时刻有 0.14m 的漂移，该种非线性漂移作用从图 3.6.8 所示的方箱质心运动轨迹可以更为明显地看出，此时浮箱运动周期为 1.09 倍的波浪周期。

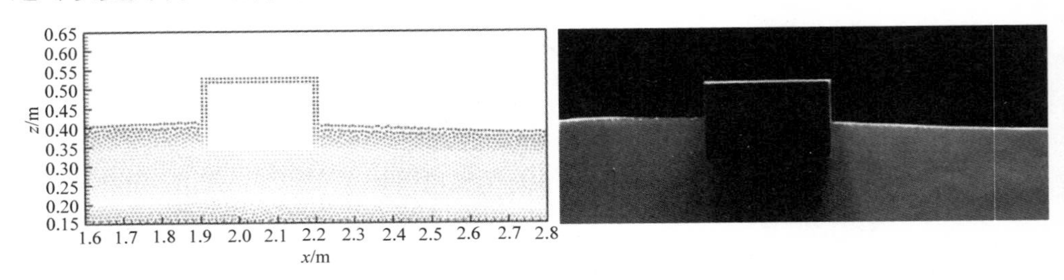

（a）$t = t_0$

图 3.6.6　SPH 计算的浮箱姿态与模型实验中浮箱姿态的对比（一）

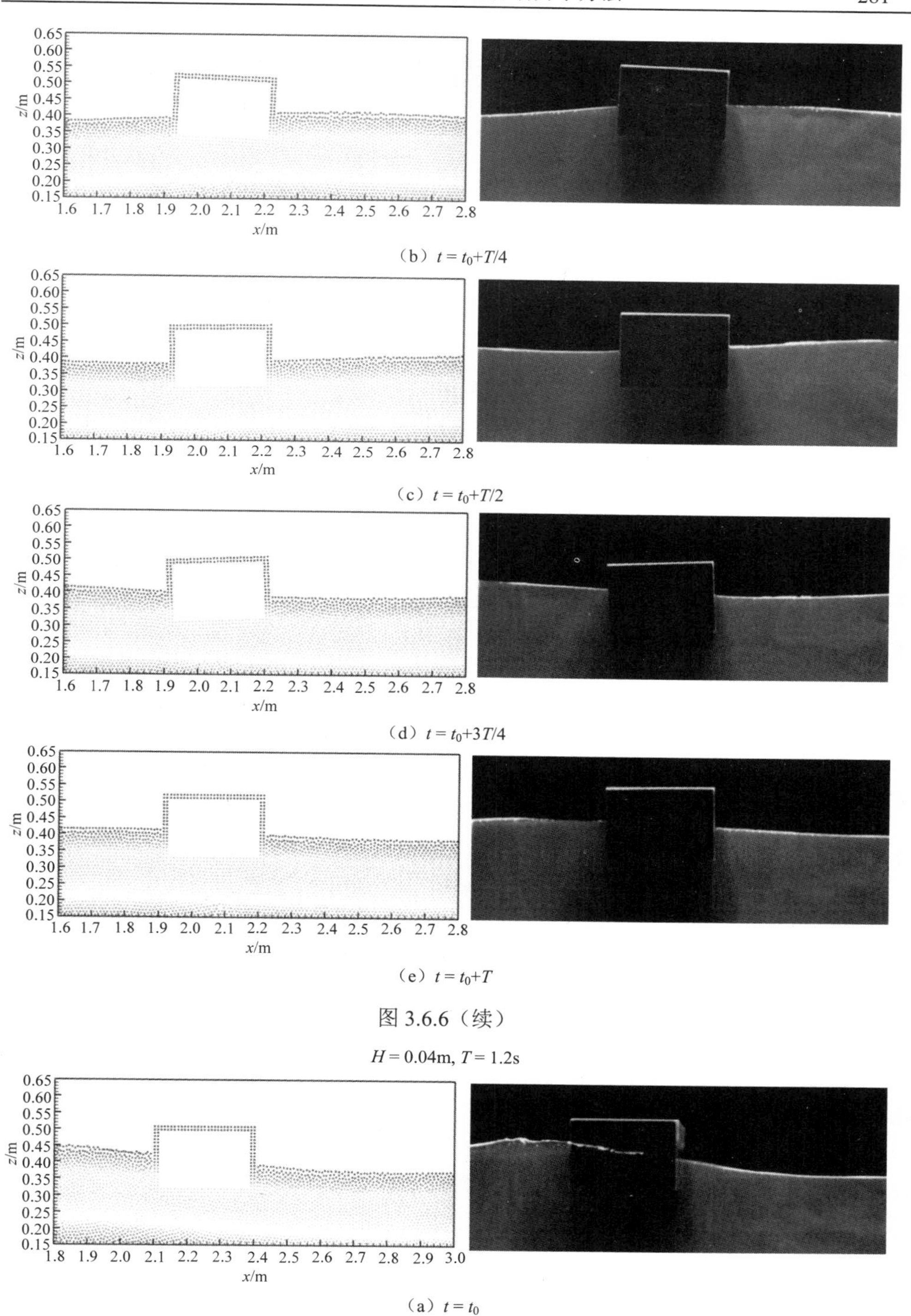

（b）$t = t_0+T/4$

（c）$t = t_0+T/2$

（d）$t = t_0+3T/4$

（e）$t = t_0+T$

图 3.6.6（续）

$H = 0.04\text{m}, T = 1.2\text{s}$

（a）$t = t_0$

图 3.6.7　SPH 计算的浮箱姿态与模型实验中浮箱姿态的对比（二）

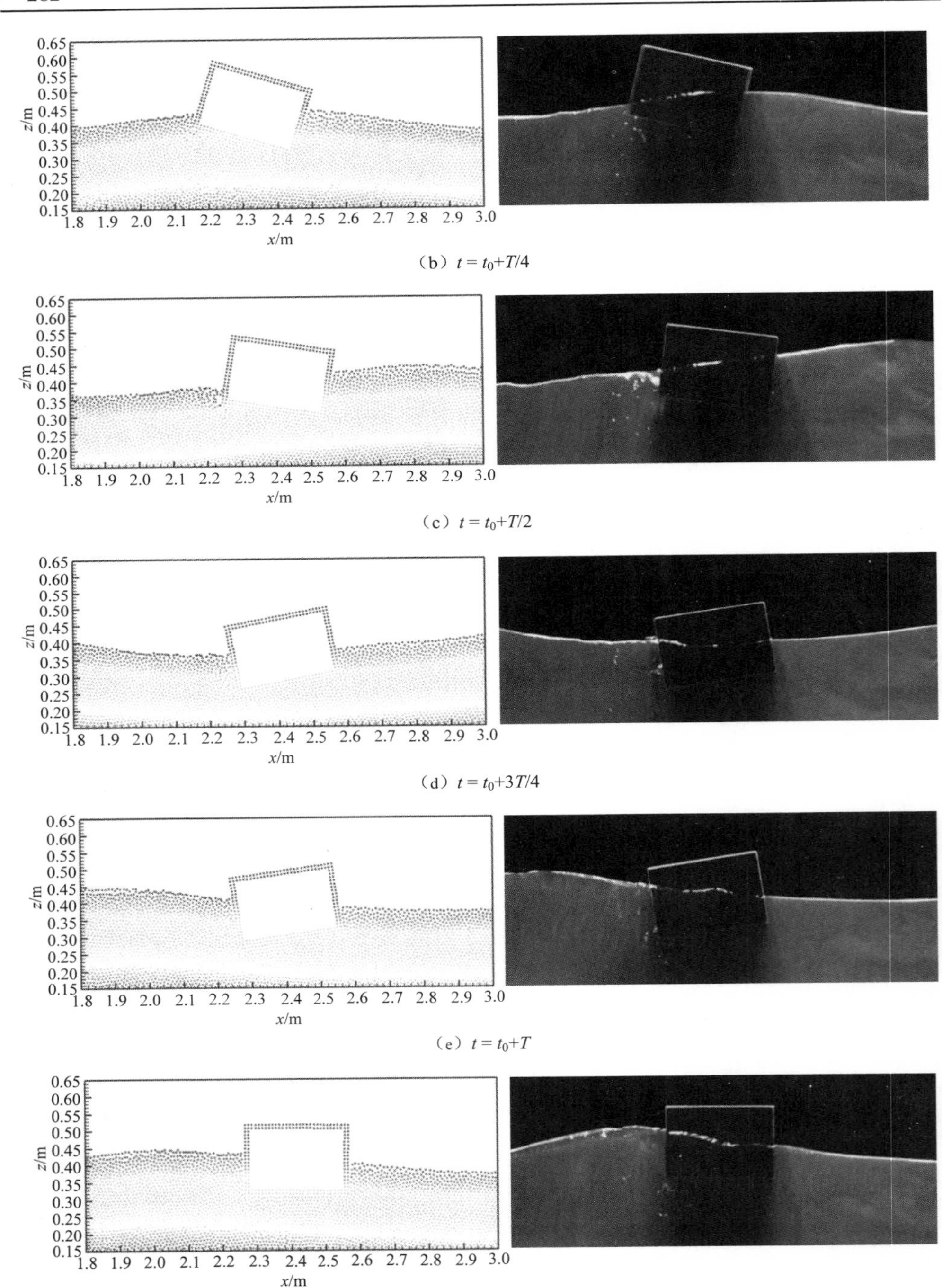

（b）$t = t_0+T/4$

（c）$t = t_0+T/2$

（d）$t = t_0+3T/4$

（e）$t = t_0+T$

（f）$t = t_0+1.09T$

图 3.6.7（续）

$H = 0.10\text{m}$, $T = 1.2\text{s}$

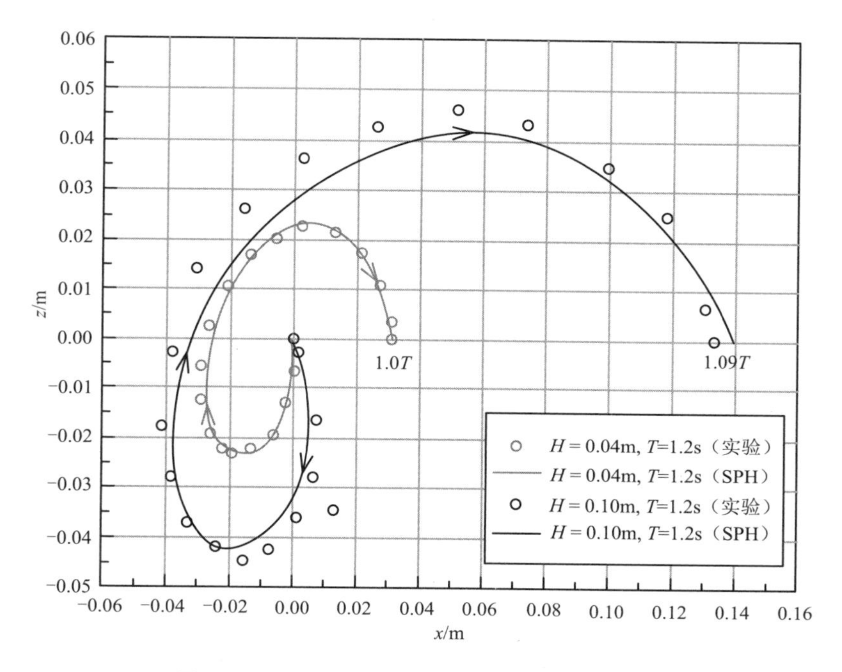

图 3.6.8　一个运动周期内浮箱质心的运动轨迹

采用传统基于线性波假定的势流理论计算浮体的运动时，由于忽略了结构湿表面的瞬时变化和浮体在水平方向上漂移的影响，浮体的运动周期和入射波周期是一致的。但是对于非线性影响明显的入射波，在 t_0+T 时刻，浮体在波浪传播方向上较 t_0 时刻会有一段距离的漂移，此时传播到浮体的波浪相位较 t_0 时刻会有一段滞后，需要经过一个 dt 时间段后，浮箱的运动姿态才能与 t_0 时刻一致，所以浮体的运动周期大于 T。

3.6.4　波浪与锚固浮体的相互作用

图 3.6.9 为波浪与锚固浮体相互作用的计算示意图。浮体均质，长 0.4m，高 0.15m，质量为 28.6kg，绕形心的转动惯量为 0.64kg · m^2。缆绳刚度 $k_t=10^6\,\text{N/m}$，其伸长量可忽略不计，缆绳与水槽底部成 60° 夹角。计算水深 d 为 60cm，堤顶淹没水深 d_1 为 10.2cm。共计 48222 个粒子，包括 1925 个固壁粒子及 212 个移动固壁粒子，粒子间距是 0.01m。

图 3.6.10～图 3.6.12 给出了浮箱周围测点的波面、浮箱 3 个自由度的运动及缆力等的 SPH 数值计算结果和实验结果的比较。由图可知，数值计算结果与 Peng 等（2013）的实验结果吻合良好，这表明所采用的数值模型可以很好地模拟出锚固浮体在波浪作用下的受力和运动。对于波浪经过浮体上的浅水区后产生的

高阶谐波、浮体运动的不对称性以及缆力的不对称性等变化特征也给出了适当的描述。

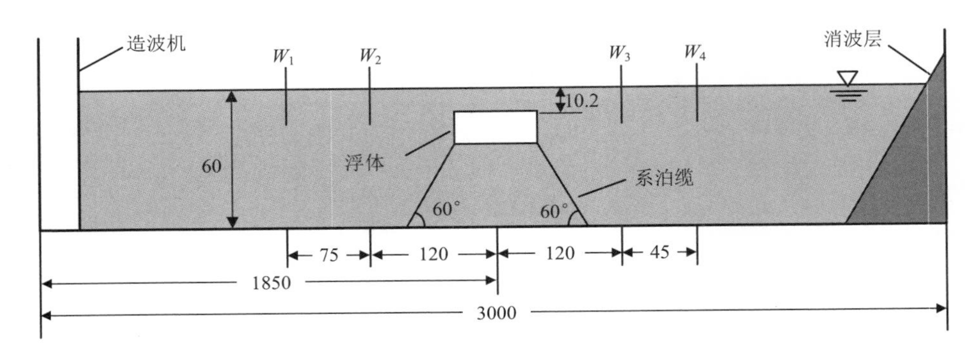

图 3.6.9　波浪与锚固浮体相互作用的计算示意图（单位：cm）

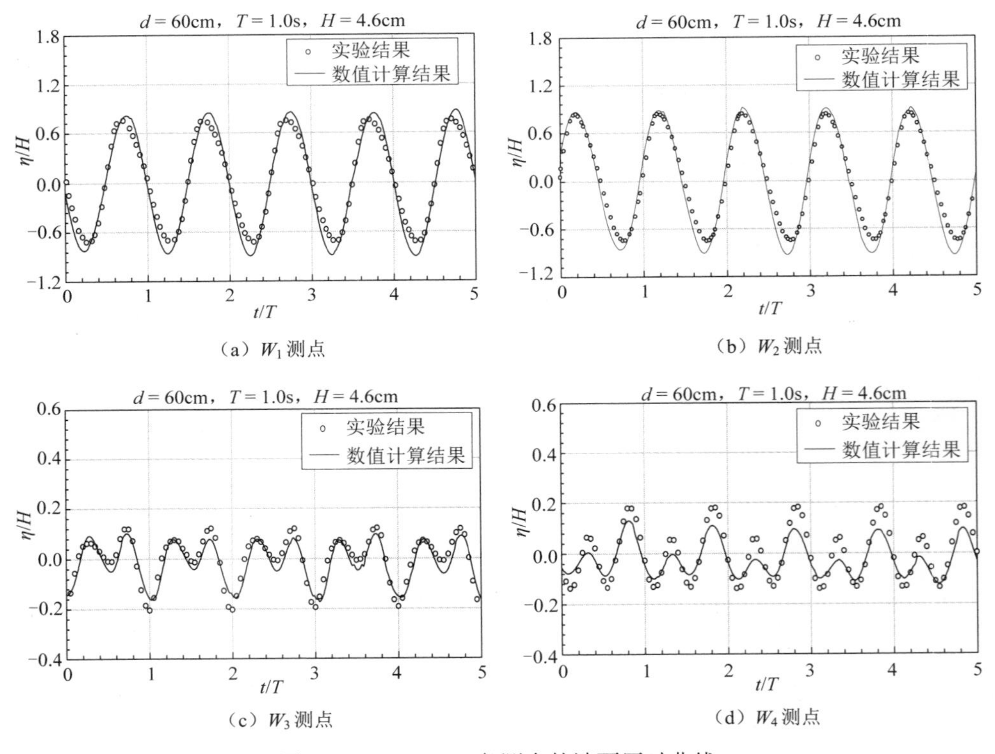

图 3.6.10　W_1～W_4 各测点的波面历时曲线

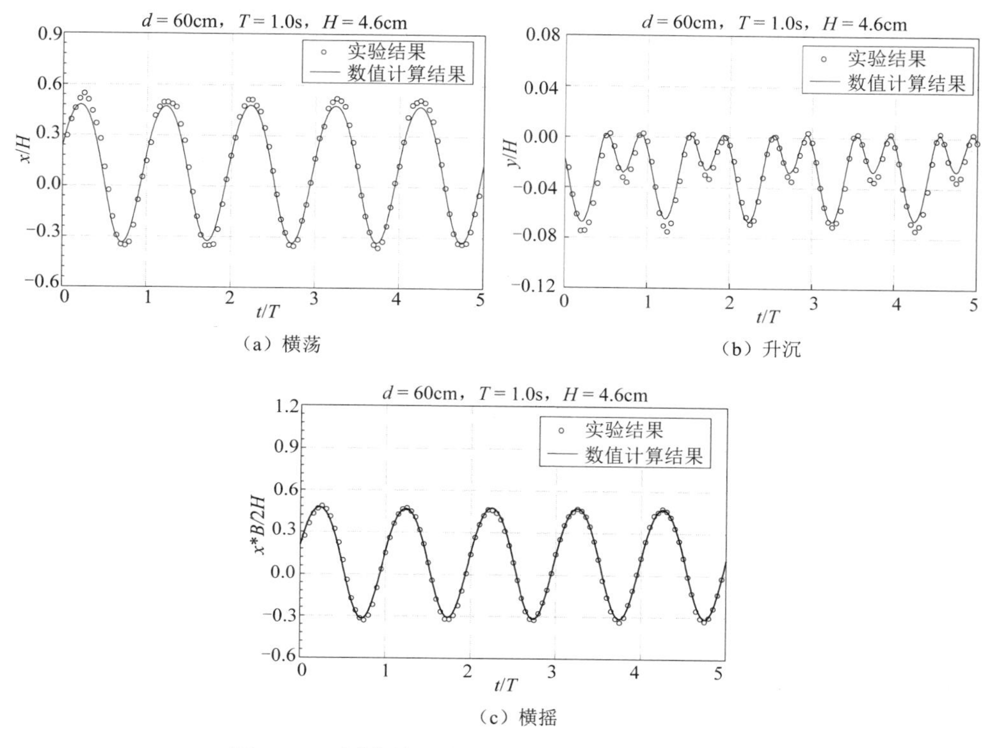

（a）横荡
（b）升沉
（c）横摇

图 3.6.11 浮体的3个自由度运动的历时曲线对比

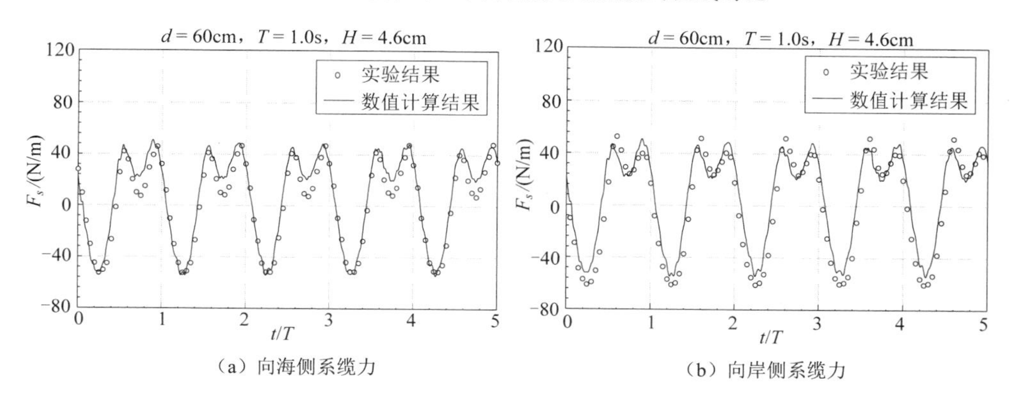

（a）向海侧系缆力
（b）向岸侧系缆力

图 3.6.12 系缆力的历时曲线对比

参考文献

温鸿杰，2016. 非线性波浪与可渗结构相互作用的SPH模型[D]. 大连：大连理工大学.

CHEN J K, BERAUN J E, CARNEY T C, 1999. A corrective smoothed particle method for boundary value problems in heat conduction[J]. International journal for numerical methods in engineering, 46(2): 231-252.

CHEN J S, PAN C, WU C T, et al., 1996. Reproducing kernel particle methods for large deformation analysis of non-linear structures[J]. Computer methods in applied mechanics and engineering, 139(1-4): 195-227.

COLAGROSSI A, LANDRINI M, 2003.Numerical simulation of interfacial flows by smoothed particle hydrodynamics[J]. Journal of computational physics, 191(2): 448-475.

CRESPO A J C, GOMEZ-GESTEIRA M, DALRYMPLE R A, 2007. Boundary conditions generated by dynamic particles in SPH methods[J]. Computers, materials and continua, 5(3): 173-184.

DILTS G A, 1999. Moving-least-squares-particle hydrodynamics:I. Consistency and stability[J]. International journal for numerical methods in engineering, 44(8): 1115-1155.

DILTS G A. 2000. Moving least square particle hydrodynamics:II. Conservation and boundaries[J]. International journal for numerical methods in engineering, 48(10): 1503-1524.

GAO R, REN B, WANG G , et al., 2012. Numerical modelling of regular wave slamming on subface of open-piled structures with the corrected SPH method[J]. Applied ocean research, 34(1): 173-186.

GINGOLD R A, MONAGHAN J J, 1977. Smoothed particle hydrodynamics: theory and application to non-spherical stars[J]. Monthly notices of the royal astronomical society, 181(3): 375-389.

GINGOLD R A, MONAGHAN J J, 1982. Kernel estimates as a basis for general particle methods in hydrodynamics[J]. Journal of computational physics, 46(3):429-453.

GOMEZ-GESTEIRA M, ROGERS B D, CRESPO A J C, et al, 2012. SPHysics–development of a free-surface fluid solver:Part 1: Theory and formulations [J]. Computers and geosciences, 48: 289-299.

HUGHES J P, GRAHAM D I, 2010. Comparison of incompressible and weakly-compressible SPH models for free-surface water flows[J]. Journal of hydraulic research, 48(S1): 105-117.

JOHNSON G R, BEISSEL S R, 1996. Normalized smoothing functions for sph impact computations[J]. International journal for numerical methods in engineering, 39(16): 2725-2741.

LEE E S, MOULINEC C, XU R, et al., 2008. Comparisons of weakly compressible and truly incompressible algorithms for the SPH mesh free particle method[J]. Journal of computational physics, 227(18): 8417-8436.

LIU G R , LIU M B , 2003. Smoothed particle hydrodynamics a meshfree particle method[M]. Singapore: world scientific publishing Co. Pte. Ltd.

LIU M B, LIU G R, 2006. Restoring particle consistency in smoothed particle hydrodynamics[J]. Applied numerical mathematics, 56(1): 19-36.

LIU M B, LIU G R, LAM K Y, 2003. A one-dimensional meshfree particle formulation for simulating shock waves[J]. Shock waves, 13(3): 201-211.

LIU W K, CHEN Y, JUN S, et al., 1996. Overview and applications of the reproducing kernel particle methods[J]. Archives of computational methods in engineering, 3(1): 3-80.

LUCY L B, 1977. A numerical approach to the testing of the fission hypothesis[J]. Astronomical journal, 82(12): 1013-1024.

MACCAMY R C, FUCHS R A, 1954. Wave forces on piles: A diffraction theory[J]. US army beach erosion board, 69:1-17.

MONAGHAN J J, 1985. Particle methods for hydrodynamics[J]. Computer physics reports, 3(2): 71-124.

MONAGHAN J J, 1989. On the problem of penetration in particle methods[J]. Journal of computational physics, 82(1): 1-15.

MONAGHAN J J, 1992. Smoothed particle hydrodynamics[J]. Annual review of astronomy and astrophysics, 30(68): 543-574.

MONAGHAN J J, 1994. Simulating free surface flows with SPH[J]. Journal of computational physics, 110(2): 399-406.

MONAGHAN J J, 1997. SPH and Riemann solvers[J]. Journal of computational physics, 136(2): 298-307.

MONAGHAN J J, GINGOLD R A, 1983. Shock simulation by the particle method SPH[J]. Journal of computational physics, 52(2): 374-389.

MONAGHAN J J, KOS A, 1999. Solitary waves on a cretan beach[J]. Journal of waterway port coastal and ocean engineering, 125(3): 145-155.

MORRIS J P, 1996. A study of the stability properties of smooth particle hydrodynamics[J]. Publications of the astronomical society of Australia, 13(1):97-102.

MORRIS J P, 1996. Analysis of smoothed particle hydrodynamics with applications[M]. Melbourne: Monash University.

MORRIS J P, FOX P J, ZHU, Y, 1997. Modeling low Reynolds number incompressible flows using SPH[J]. Comput. Phys. 136(1), 214-226.

PENG W, LEE K H, SHIN S H, et al., 2013. Numerical simulation of interactions between water waves and inclined-moored submerged floating breakwaters[J]. Coastal engineering, 82(3): 76-87.

RANDLES P W, LIBERSKY L D, 1996. Smoothed particle hydrodynamics: some recent improvements and applications[J]. Computer methods in applied mechanics and engineering, 139(1-4): 375-408.

REN B, HE M, DONG P, et al., 2015. Nonlinear simulations of wave-induced motions of a freely floating body using WCSPH method[J]. Applied ocean research, 50: 1-12.

REN B, HE M, LI Y, et al., 2017. Application of smoothed particle hydrodynamics for modeling the wave-moored floating breakwater interaction[J]. Applied ocean research, 67: 277-290.

SHADLOO M S, ZAINALI A, SADEK S H, et al., 2011. Improved incompressible smoothed particle hydrodynamics method for simulating flow around bluff bodies[J]. Computer methods in applied mechanics and engineering, 200(9-12): 1008-1020.

WEN H, REN B, DONG P, et al., 2016. A SPH numerical wave basin for modeling wave-structure interactions[J]. Applied ocean research, 59: 366-377.

ZHANG G M, BATRA R C, 2004. Modified smoothed particle hydrodynamics method and its application to transient problems[J]. Computational mechanics, 34(2): 137-146.

第 4 章　边界单元法

4.1　引　　言

4.1.1　边界单元法简介

边界单元法（boundary element method，BEM）又称边界积分方程法，是 20 世纪 70 年代兴起的一种求解微分方程的数值方法。边界单元法的主要思想是将区域内的积分转化为区域边界上的积分，以边界积分方程为控制方程，把区域的边界划分为一系列的单元，将边界积分方程化为代数方程组求解。20 世纪 60 年代初，Jaswon（1963）和 Symm（1963）在研究势问题的论文中首先提出边界积分方程法。作为直接边界单元法基础的开创性工作，当推 Jaswon 和 Ponter（1963）将边界单元法应用于求解弹性杆件扭转问题。Rizzo（1967）用直接边界元法求解了二维线弹性问题，Cruse（1968）将此法推广到三维弹性力学问题。1978 年，Brebbia 用加权余量法推导出了边界积分方程，初步形成了边界单元法的理论体系。

边界积分方程的建立有直接法与间接法两种。直接法（direct formulation）是利用 Green 公式或加权余量法建立边界积分方程，其中未知函数就是所求的物理量在边界上的值。在用加权余量法建立积分方程时，所使用的权函数是微分方程的基本解，进行分部积分直到微分算子全部移到权函数上，离散后得到代数方程组。

间接法（indirect formulation）是用物理意义不一定很明确的变量来建立积分方程。如利用流体力学中所说的源或偶极子，求得某一分布密度的源强度或“荷载”在无限域或半无限域中所产生的场函数或应力状态，使它在给定域的边界上符合边界条件，则域内的场函数或应力状态便是所求问题的解。

边界单元法以边界积分方程为基础，不需要对区域内进行离散，只在区域的边界上划分单元，可使求解空间的维数降低一维。即将二维问题转化为边界线上的一维问题（只考虑它的曲线），将三维问题转化为边界面上的二维问题（只考虑围绕它的曲面），从而减少了计算中输入的数据量，节省了计算机的存储容量。由于边界元法所利用的微分方程基本解能自动满足无限远处的边界条件，特别便于处理无限域及半无限域问题，因而在流体力学问题中得到了广泛的应用。但边界单元法也存在一定的缺点。例如，边界单元法需要以存在解析的基本解为先决条件，而许多描述工程问题的微分方程不能找到基本解，或不能建立边界积分方程；

边界单元法得到的代数方程组的系数矩阵是稠密的，会给高效求解带来困难，同时需要采用特殊方法处理计算过程中出现的奇异性。

4.1.2 Laplace 方程的基本解

1. δ函数

为了描述物理学中的质点、点电荷、瞬时力等抽象模型，定义δ函数为

$$\delta\left(X-X_0\right)=\begin{cases}\infty, & X=X_0\\ 0, & X\neq X_0\end{cases} \tag{4.1.2.1}$$

$$\int_a^b \delta\left(X-X_0\right)=\begin{cases}1, & X_0\in[a,b]\\ 0, & X_0\notin[a,b]\end{cases} \tag{4.1.2.2}$$

式中，X 为区间$[a,b]$内的变量；X_0 为定点。

函数 $f(X)$ 与δ函数的内积有以下性质：

$$\left\langle f(X),\delta\left(X-X_0\right)\right\rangle=\begin{cases}f(X_0), & X_0\in[a,b]\\ 0, & X_0\notin[a,b]\end{cases} \tag{4.1.2.3}$$

式（4.1.2.3）可证明如下：

$$\left\langle f(X),\delta(X-X_0)\right\rangle=\int_a^b f(X)\delta(X-X_0)\mathrm{d}X=\int_{X_0-\varepsilon}^{X_0+\varepsilon} f(X_0)\delta(X-X_0)\mathrm{d}X=f(X_0)$$

定义δ函数的 Fourier（傅里叶）积分变换：

$$c(k)=\frac{1}{\sqrt{2\pi}}\int_{-\infty}^{+\infty}\delta(X)\mathrm{e}^{-\mathrm{i}kX}\mathrm{d}X=\frac{1}{\sqrt{2\pi}}\mathrm{e}^{\mathrm{i}kX}\bigg|_{X=0}=\frac{1}{\sqrt{2\pi}} \tag{4.1.2.4}$$

δ函数也可用 Fourier 逆变换表示为

$$\delta(X)=\frac{1}{\sqrt{2\pi}}\int_{-\infty}^{+\infty}c(k)\mathrm{e}^{\mathrm{i}kX}\mathrm{d}k=\frac{1}{2\pi}\int_{-\infty}^{+\infty}\mathrm{e}^{\mathrm{i}kX}\mathrm{d}k \tag{4.1.2.5}$$

可以证明 $\delta(X)$ 函数是偶函数，即 $\delta(-X)=\delta(X)$。

2. Laplace 方程的基本解

对常系数线性微分方程 $L(u)=f(P)$，定义满足 $L(u)=\delta(P-Q)$ 的解 $u^*(P,Q)$ 为原方程的基本解，通常称 P 点为场点、Q 点为动点。u^* 在 $P\neq Q$ 处满足齐次方程 $L(u)=0$，但在 $P=Q$ 这一点，函数本身或者它的某阶导数有奇异性。

已知原方程的基本解 $u^*(P,Q)$，原微分方程 $L(u)=f(P)$的解可表示为

$$u(P)=\int_\Omega u^*(P,Q)f(Q)\mathrm{d}\Omega \tag{4.1.2.6}$$

将式（4.1.2.6）代入微分算子 $L(u)$，有

$$L\left[u(P)\right]=\int_\Omega L\left[u^*(P,Q)\right]f(Q)\mathrm{d}\Omega=\int_\Omega \delta(P-Q)f(Q)\mathrm{d}\Omega=f(P) \tag{4.1.2.7}$$

可见，只要找到微分方程的基本解，就相当于间接地求出了原微分方程的解。

考虑三维 Laplace 方程：

$$\nabla^2\phi = 0 \qquad (4.1.2.8)$$

其基本解 $\phi^*(P,Q)$ 应满足下列方程：

$$\nabla^2\phi^*(P,Q) = \delta(P-Q) \qquad (4.1.2.9)$$

取 P 点为坐标原点，并把 $\phi^*(P,Q)$ 所满足的方程写成如下的球坐标形式：

$$\nabla^2\phi^* = \frac{1}{r^2}\left[\frac{\partial}{\partial r}\left(r^2\frac{\partial\phi^*}{\partial r}\right)\right] = \delta(r) \qquad (4.1.2.10)$$

当 $r \neq 0$ 时，有

$$\frac{1}{r^2}\frac{\partial}{\partial r}\left(r^2\frac{\partial\phi^*}{\partial r}\right) = 0 \qquad (4.1.2.11)$$

式（4.1.2.11）的两边同时取积分，得

$$r^2\frac{\partial\phi^*}{\partial r} = c_1，\ 即\ \frac{\partial\phi^*}{\partial r} = \frac{c_1}{r^2}$$

再次积分上式，可得到 $\phi^*(P,Q)$ 的通解：

$$\phi^* = -\frac{c_1}{r} + c_2 \qquad (4.1.2.12)$$

由于 ϕ^* 是势函数，c_2 可取零，即有

$$\phi^* = -\frac{c_1}{r} \qquad (4.1.2.13)$$

当 $r=0$ 时，因式（4.1.2.13）有奇点，可以 P 点为圆心作一小球，小球的半径设为 r_ε，因

$$\int_\Omega \nabla^2\phi^*\mathrm{d}\Omega = \int_\Omega \nabla\cdot\left(\nabla\phi^*\right)\mathrm{d}\Omega = \int_S n\cdot\left(\nabla\phi^*\right)\mathrm{d}\Omega = \int_S \frac{\partial\phi^*}{\partial n}\mathrm{d}s$$

将解 $\phi^* = -\frac{c_1}{r}$ 代入上式，由δ函数的性质 $\int_\Omega \nabla^2\phi^*\mathrm{d}\Omega = \int_\Omega \delta(r)\mathrm{d}\Omega = 1$，有

$$\begin{aligned}\lim_{r_\varepsilon\to 0}\int_\Omega \nabla^2\phi^*\mathrm{d}\Omega &= \lim_{r_\varepsilon\to 0}\int_{S_\varepsilon}\frac{\partial\phi^*}{\partial n}\mathrm{d}s = \lim_{r_\varepsilon\to 0}\int_{S_\varepsilon}\frac{\partial}{\partial r}\left(-\frac{c_1}{r}\right)\mathrm{d}s = \lim_{r_\varepsilon\to 0}\int_{S_\varepsilon}\frac{c_1}{r^2}\mathrm{d}s \\ &= \lim_{r_\varepsilon\to 0}\left(\frac{c_1}{r_\varepsilon^2}4\pi r_\varepsilon^2\right) = 4\pi c_1 = 1 \end{aligned} \qquad (4.1.2.14)$$

所以

$$c_1 = \frac{1}{4\pi} \qquad (4.1.2.15)$$

将式（4.1.2.15）代入式（4.1.2.13），可得到三维 Laplace 方程的基本解为

$$\phi^*(P,Q) = -\frac{1}{4\pi r(P,Q)} \qquad (4.1.2.16)$$

对二维情形，取 P 点为坐标原点，把 $\phi^*(P,Q)$ 满足的二维 Laplace 方程写成极坐标形式：

$$\frac{\mathrm{d}^2\phi^*}{\mathrm{d}r^2}+\frac{1}{r}\frac{\mathrm{d}\phi^*}{\mathrm{d}r}=\delta(r) \tag{4.1.2.17}$$

当 $r\neq 0$ 时，则为

$$\frac{\mathrm{d}^2\phi^*}{\mathrm{d}r^2}+\frac{1}{r}\frac{\mathrm{d}\phi^*}{\mathrm{d}r}=0$$

其解为

$$\phi^*=c_1\ln r+c_2$$

同样由于 ϕ^* 为势函数，c_2 可取零，即有

$$\phi^*=c_1\ln r \tag{4.1.2.18}$$

当 $r=0$ 时，因式（4.1.2.18）有奇点，同样可以 P 为圆心作一平面小圆，小球的半径设为 r_ε，因

$$\int_S\nabla^2\phi^*\mathrm{d}s=\int_\Gamma\frac{\partial\phi^*}{\partial n}\mathrm{d}\Gamma$$

类似于三维情形，将解 $\phi^*=c_1\ln r$ 代入上式，由δ函数的性质 $\int_\Omega\nabla^2\phi^*\mathrm{d}\Omega=\int_\Omega\delta(r)\mathrm{d}\Omega=1$，有

$$\begin{aligned}\lim_{r_\varepsilon\to 0}\int_{S_\varepsilon}\nabla^2\phi^*\mathrm{d}s&=\lim_{r_\varepsilon\to 0}\int_{\Gamma_\varepsilon}\frac{\partial\phi^*}{\partial n}\mathrm{d}\Gamma=\lim_{r_\varepsilon\to 0}\int_{\Gamma_\varepsilon}\frac{\partial(c_1\ln r)}{\partial r}\mathrm{d}\Gamma\\&=\lim_{r_\varepsilon\to 0}\left(\frac{c_1}{r_\varepsilon}2\pi r_\varepsilon\right)=2\pi c_1=1\end{aligned} \tag{4.1.2.19}$$

所以

$$c_1=\frac{1}{2\pi} \tag{4.1.2.20}$$

将式（4.1.2.20）代入式（4.1.2.18）中，可得到二维 Laplace 方程的基本解为

$$\phi^*(P,Q)=\frac{1}{2\pi}\ln r(P,Q) \tag{4.1.2.21}$$

4.1.3　Bessel 函数

Bessel（贝塞尔）函数是数学上的一类特殊函数的总称。一般 Bessel 函数是如下 Bessel 方程的标准解函数 $y(x)$。

$$x^2\frac{\mathrm{d}^2y}{\mathrm{d}x^2}+x\frac{\mathrm{d}y}{\mathrm{d}x}+(x^2-\nu^2)y=0 \tag{4.1.3.1}$$

当 $x\neq 0$ 时，Bessel 方程（4.1.3.1）常写为

$$\frac{\mathrm{d}^2y}{\mathrm{d}x^2}+\frac{1}{x}\frac{\mathrm{d}y}{\mathrm{d}x}+\left(1-\frac{\nu^2}{x^2}\right)y=0 \tag{4.1.3.2}$$

Bessel 函数的具体形式随上述方程中任意实数ν的变化而变化（相应地，ν被称为 Bessel 函数的阶数）。实际应用中最常见的情形为ν是整数 n，对应解称为 n 阶 Bessel 函数。Bessel 函数的数学推导较为复杂，下面仅给出部分常用的表达式，如需进一步了解可参见相关书籍（王竹溪和郭敦仁，1979）。

1. Bessel 方程及其通解

Bessel 方程是在柱坐标或球坐标下使用分离变量法求解 Laplace 方程和 Helmholtz（亥姆霍兹）方程时得到的（在圆柱域问题中得到的是整阶形式$\nu=n$；在球形域问题中得到的是半奇数阶形式$\nu=n+1/2$），因此 Bessel 函数在波动问题及各种涉及势场的问题中占有非常重要的地位。

当$x\neq 0$时，以 x 为宗量的 n 阶 Bessel 方程（4.1.3.2）常写为

$$\frac{\mathrm{d}^2 y}{\mathrm{d}x^2}+\frac{1}{x}\frac{\mathrm{d}y}{\mathrm{d}x}+\left(1-\frac{n^2}{x^2}\right)y=0 \tag{4.1.3.3}$$

当 n 为整数时，式（4.1.3.3）的通解为

$$y=A\mathrm{J}_n(x)+B\mathrm{N}_n(x) \tag{4.1.3.4}$$

式中，A，B 为任意实数；$\mathrm{J}_n(x)$为 n 阶第一类 Bessel 函数；$\mathrm{N}_n(x)$为 n 阶第二类 Bessel 函数，或称为 Neumann 函数。

另外，Bessel 方程的通解还可以表示为

$$y=A\mathbf{H}_n^{(1)}(x)+B\mathbf{H}_n^{(2)}(x)$$

式中，$\mathbf{H}_n^{(1)}(x)=\mathrm{J}_n(x)+\mathrm{i}\mathrm{N}_n(x)$，称为 n 阶第一类 Hankel（汉开尔）函数；$\mathbf{H}_n^{(2)}(x)=\mathrm{J}_n(x)-\mathrm{i}\mathrm{N}_n(x)$，称为 n 阶第二类 Hankel 函数。

2. Bessel 函数的级数形式

n 阶第一类 Bessel 函数$\mathrm{J}_n(x)$的级数形式为

$$\mathrm{J}_n(x)=\sum_{k=0}^{\infty}\frac{(-1)^k}{k!\Gamma(n+k+1)}\left(\frac{x}{2}\right)^{n+2k}\quad (n,k\text{ 为整数}) \tag{4.1.3.5}$$

式中，Γ 函数的定义为$\Gamma(p)=\int_0^{\infty}\exp(-x)x^{p-1}\mathrm{d}x$。

当 n 为正整数或零时，$\Gamma(n+k+1)=(n+k)!$，整数阶 Bessel 函数$\mathrm{J}_n(x)$的级数表达式为

$$\mathrm{J}_n(x)=\sum_{k=0}^{\infty}\frac{(-1)^k}{k!(n+k)!}\left(\frac{x}{2}\right)^{n+2k},\quad n=0,1,2,3,\cdots \tag{4.1.3.6}$$

第二类 Bessel 函数$\mathrm{N}_n(x)$与$\mathrm{J}_n(x)$的关系式为

$$\mathrm{N}_n(x)=\lim_{\alpha\to n}\frac{\mathrm{J}_\alpha(x)\cos\alpha\pi-\mathrm{J}_{-\alpha}(x)}{\sin\alpha\pi} \tag{4.1.3.7}$$

整数阶第二类 Bessel 函数$\mathrm{N}_n(x)$的级数表达式为

$$\mathrm{N}_n(x)=\frac{2}{\pi}\mathrm{J}_n(x)\left(\ln\frac{x}{2}+0.5772\right)-\frac{1}{\pi}\sum_{m=0}^{n-1}\frac{(n-m-1)!}{m!}\left(\frac{x}{2}\right)^{-n+2m}$$
$$-\frac{1}{\pi}\sum_{m=0}^{\infty}\frac{(-1)^m}{m!(n+m)!}\left(\frac{x}{2}\right)^{n+2m}\left(\sum_{k=0}^{n+m-1}\frac{1}{k+1}+\sum_{k=0}^{m-1}\frac{1}{k+1}\right)\quad(n\neq 0)\quad(4.1.3.8)$$

$$\mathrm{N}_0(x)=\frac{2}{\pi}\mathrm{J}_0(x)\left(\ln\frac{x}{2}+0.5772\right)-\frac{2}{\pi}\sum_{m=0}^{\infty}\frac{(-1)^m}{(m!)^2}\left(\frac{x}{2}\right)^{2m}\sum_{k=0}^{m-1}\frac{1}{k+1}\quad(n=0)\quad(4.1.3.9)$$

3. Bessel 函数的基本性质

1）Bessel 函数的有界性：

$$\left|\mathrm{J}_n(x)\right|<+\infty\,,$$
$$\left|\mathrm{N}_n(x)\right|<+\infty,\ x\neq 0\,;\quad \mathrm{N}_n(0)=-\infty$$

2）Bessel 函数的奇偶性：

$$\mathrm{J}_n(-x)=(-1)^n\mathrm{J}_n(x)$$
$$\mathrm{N}_n(-x)=(-1)^n\mathrm{N}_n(x)$$

以 n 阶第一类 Bessel 函数 $\mathrm{J}_n(x)$ 为例，由 Bessel 函数可知，当 n 为偶数时，有 $\mathrm{J}_n(-x)=\mathrm{J}_n(x)$，因而 $\mathrm{J}_n(x)$ 为偶数；当 n 为奇数时，有 $\mathrm{J}_n(-x)=-\mathrm{J}_n(x)$，因而 $\mathrm{J}_n(x)$ 为奇函数。所以只要知道了 $x>0$ 时的曲线形状，便可知道当 $x<0$ 时的曲线形状。

3）以 $\mathrm{J}_n(x)$ 为例，部分 Bessel 函数的递推公式可表示如下：

$$\frac{\mathrm{d}}{\mathrm{d}x}\left[x^n\mathrm{J}_n(x)\right]=x^n\mathrm{J}_{n-1}(x)\quad(4.1.3.10)$$

$$\frac{\mathrm{d}}{\mathrm{d}x}\left[x^{-n}\mathrm{J}_n(x)\right]=-x^{-n}\mathrm{J}_{n+1}(x)\quad(4.1.3.11)$$

$$\mathrm{J}_{n-1}(x)+\mathrm{J}_{n+1}(x)=\frac{2n}{x}\mathrm{J}_n(x)\quad(4.1.3.12)$$

$$\mathrm{J}_{n-1}(x)-\mathrm{J}_{n+1}(x)=2\frac{\mathrm{d}}{\mathrm{d}x}\mathrm{J}_n(x)\quad(4.1.3.13)$$

由 $\mathrm{J}_n(x)$ 的递推公式（4.1.3.10），取 $n=1$，可得到

$$\frac{\mathrm{d}}{\mathrm{d}x}\left[x\mathrm{J}_1(x)\right]=x\mathrm{J}_0(x)\quad(4.1.3.14)$$

由 $\mathrm{J}_n(x)$ 的递推公式（4.1.3.11），取 $n=0$，可得到

$$\frac{\mathrm{d}}{\mathrm{d}x}\mathrm{J}_0(x)=-\mathrm{J}_1(x)\quad(4.1.3.15)$$

由 $\mathrm{J}_n(x)$ 的递推公式（4.1.3.12），取 $n=1$，可得到

$$\mathrm{J}_2(x)=\frac{2}{x}\mathrm{J}_1(x)-\mathrm{J}_0(x)\quad(4.1.3.16)$$

4）Bessel 函数的初值。

第一类 Bessel 函数及其导数在 x =0 时的值为

$$\begin{cases} J_0(0)=1 \\ J_n(0)=0, \quad n\neq 0 \end{cases} \tag{4.1.3.17}$$

$$\left[\frac{d}{dx}J_1(x)\right]_{x=0}=\frac{1}{2}\left[J_0(0)-J_2(0)\right]=\frac{1}{2} \tag{4.1.3.18}$$

$$\left[\frac{d}{dx}J_n(x)\right]_{x=0}=\frac{1}{2}\left[J_{n-1}(0)-J_{n+1}(0)\right]=0, \quad n\neq 1 \tag{4.1.3.19}$$

第二类 Bessel 函数当 $x=0$ 时，有 $\lim\limits_{x\to 0}N_n(x)=-\infty$，即 n 阶第二类 Bessel 函数 $N_n(x)$ 在 $x=0$ 时有奇异性。图 4.1.1 为 0 阶～3 阶第一类 Bessel 函数 $J_n(x)$ 随 x 变化的示意图，图 4.1.2 为 0 阶～3 阶第二类 Bessel 函数 $N_n(x)$ 随 x 变化的示意图。

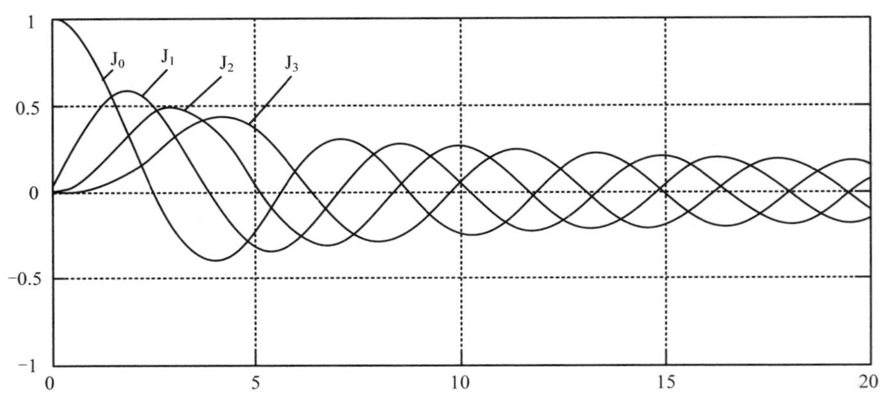

图 4.1.1　第一类 Bessel 函数 $J_n(x)$ ($n=0, 1, 2, 3$)随 x 变化的示意图

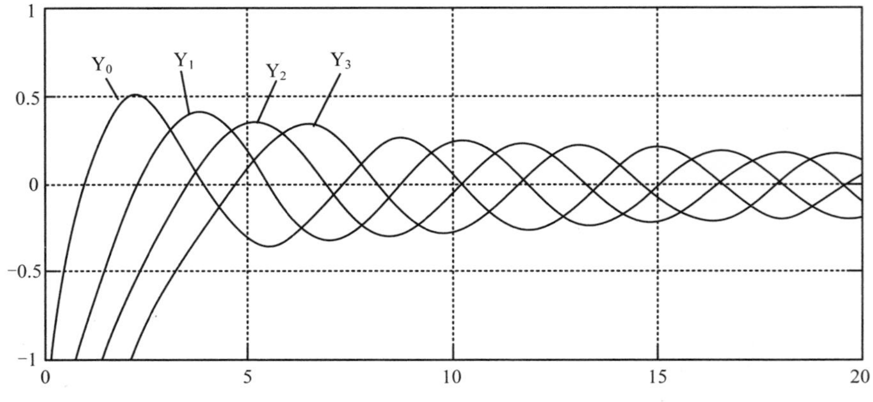

图 4.1.2　第二类 Bessel 函数 $N_n(x)$ ($n=0, 1, 2, 3$)随 x 变化的示意图

以整数阶第一类 Hankel 函数 $\mathbf{H}_n^{(1)}(x)=J_n(x)+iN_n(x)$ 为例，可采用整数阶第一

类 Bessel 函数 $\mathrm{J}_n(x)$ 和整数阶第二类 Bessel 函数 $\mathrm{N}_n(x)$ 的级数表达式进行计算。当 $x=0$ 时，同样因 $\lim\limits_{x\to 0}\mathrm{N}_n(x)=-\infty$，即 n 阶第一类 Hankel 函数 $\mathbf{H}_n^{(1)}(x)$ 存在奇异性。

4. 虚宗量 Bessel 方程及其通解

n 阶修正的 Bessel 方程或 n 阶虚宗量的 Bessel 方程如下：

$$x^2\frac{\mathrm{d}^2 y}{\mathrm{d}x^2}+x\frac{\mathrm{d}y}{\mathrm{d}x}-(x^2+n^2)y=0 \tag{4.1.3.20}$$

当 $x\neq 0$ 时，方程（4.1.3.20）常写为

$$\frac{\mathrm{d}^2 y}{\mathrm{d}x^2}+\frac{1}{x}\frac{\mathrm{d}y}{\mathrm{d}x}-\left(1+\frac{n^2}{x^2}\right)y=0 \tag{4.1.3.21}$$

当 n 为整数时，式（4.1.3.20）的通解为

$$y=A\mathrm{I}_n(x)+B\mathrm{K}_n(x) \tag{4.1.3.22}$$

式中，A，B 为任意实数；$\mathrm{I}_n(x)$ 为 n 阶第一类修正的 Bessel 函数，或称为 n 阶第一类虚宗量 Bessel 函数；$\mathrm{K}_n(x)$ 为 n 阶第二类修正的 Bessel 函数，或称为 n 阶第二类虚宗量 Bessel 函数。

5. 虚宗量 Bessel 函数的级数形式

以第一类虚宗量 Bessel 函数 $\mathrm{I}_n(x)$ 为例，当 n 为正整数或 0 时，其级数形式为

$$\mathrm{I}_n(x)=\mathrm{i}^{-n}\mathrm{J}_n(\mathrm{i}x)=\sum_{k=0}^{\infty}\frac{(x/2)^{n+2k}}{\Gamma(k+1)\Gamma(n+k+1)} \tag{4.1.3.23}$$

$$\mathrm{I}_0(x)=1+\frac{x^2}{2^2}+\frac{x^4}{2^4(2!)^2}+\frac{x^6}{2^6(3!)^2}+\cdots \tag{4.1.3.24}$$

第一类虚宗量 Bessel 函数 $\mathrm{I}_n(x)$ 有如下的奇偶性：

1）$\mathrm{I}_{-n}(x)=\mathrm{I}_n(x)$，$n$ 为非负整数；

2）$\mathrm{I}_n(-x)=(-1)^n\mathrm{I}_n(x)$，$n$ 为非负整数，$x\geqslant 0$。

由式（4.1.3.23）知，对于 n 阶（$n\neq 0$）第一类虚宗量 Bessel 函数，当 $x=0$ 时，有 $\mathrm{I}_n(0)=0$。

由式（4.1.3.24）知，对于零阶第一类虚宗量 Bessel 函数，当 $x=0$，有 $\mathrm{I}_0(0)=1$。

4.2 建立边界积分方程的直接法

4.2.1 Green 公式建立边界积分方程

设 Ω 为三维空间中的有限区域，S 为区域 Ω 的表面边界，它应是充分光滑或分段光滑的。$\boldsymbol{n}$ 为曲面的外法线单位矢量，从域内指向外部。若 $\boldsymbol{A}$ 为在封闭域 $\Omega+S$ 上连续，在 Ω 域内有连续偏导数的任意矢量函数，则有 Gauss 公式（散度公式）：

$$\int_{\Omega} \nabla \cdot \boldsymbol{A} \mathrm{d}\Omega = \int_{S} \boldsymbol{n} \cdot \boldsymbol{A} \mathrm{d}s \tag{4.2.1.1}$$

令 $\boldsymbol{A} = \phi\nabla\varphi$，则式（4.2.1.1）两边的被积函数可表示为

$$\nabla \cdot \boldsymbol{A} = \nabla \cdot (\phi\nabla\varphi) = \nabla\phi \cdot \nabla\varphi + \phi\nabla^2\varphi$$

$$\boldsymbol{n} \cdot \boldsymbol{A} = \boldsymbol{n} \cdot (\phi\nabla\varphi) = \phi(\boldsymbol{n} \cdot \nabla\varphi) = \phi\frac{\partial\varphi}{\partial n}$$

代入散度公式（4.2.1.1）中，得 Green 第一公式：

$$\int_{S} \phi\frac{\partial\varphi}{\partial n}\mathrm{d}s = \int_{\Omega} \nabla\phi \cdot \nabla\varphi \mathrm{d}\Omega + \int_{\Omega} \phi\nabla^2\varphi \mathrm{d}\Omega \tag{4.2.1.2}$$

同理，令 $\boldsymbol{A} = \varphi\nabla\phi$，可得如下公式：

$$\int_{S} \varphi\frac{\partial\phi}{\partial n}\mathrm{d}s = \int_{\Omega} \nabla\phi \cdot \nabla\varphi \mathrm{d}\Omega + \int_{\Omega} \varphi\nabla^2\phi \mathrm{d}\Omega \tag{4.2.1.3}$$

式（4.2.1.2）和式（4.2.1.3）相减后得 Green 第二公式：

$$\int_{S} \left(\phi\frac{\partial\varphi}{\partial n} - \varphi\frac{\partial\phi}{\partial n}\right)\mathrm{d}s = \int_{\Omega} \left(\phi\nabla^2\varphi - \varphi\nabla^2\phi\right)\mathrm{d}\Omega \tag{4.2.1.4}$$

Green 第二公式（4.2.1.4）对在 Ω 内二阶连续可微，在 $\Omega + S$ 上有一阶偏导数的任意函数均成立。若 ϕ 和 φ 在域 Ω 内处处调和($\nabla^2\phi = \nabla^2\varphi = 0$)，则有

$$\int_{S} \left(\phi\frac{\partial\varphi}{\partial n} - \varphi\frac{\partial\phi}{\partial n}\right)\mathrm{d}s = 0 \tag{4.2.1.5}$$

设 $P(x, y, z)$在闭区域 $\Omega + S$ 内，$\varphi(P,Q) = \dfrac{1}{r(P,Q)}$。当 $P = Q$ 时，因 $r(P,Q) = 0$，故 φ 有奇异性。可环绕场点 P 作一半径为 r_ε 的小球，如图 4.2.1 所示，小球的表面为 S_ε（区域为 Ω_ε），于是在 $S + S_\varepsilon$ 所围成的区域($\Omega - \Omega_\varepsilon$)中处处有 $\nabla^2\varphi = 0$。

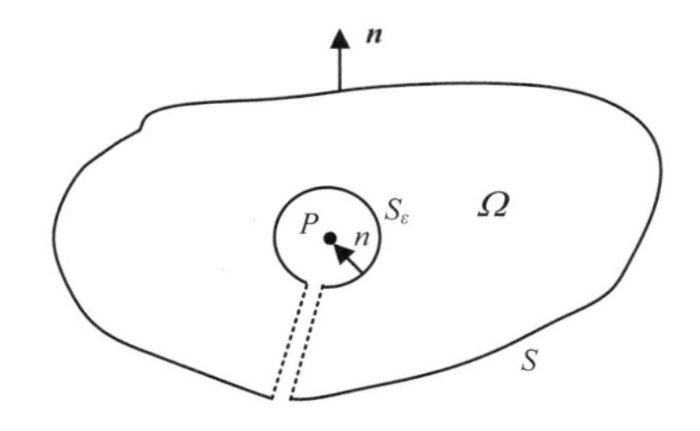

图 4.2.1　P 点在闭区域 $\Omega+S$ 内

此时式（4.2.1.5）可表示为

$$\int_{S} \left(\phi\frac{\partial\varphi}{\partial n} - \varphi\frac{\partial\phi}{\partial n}\right)\mathrm{d}s + \int_{S_\varepsilon} \left(\phi\frac{\partial\varphi}{\partial n} - \varphi\frac{\partial\phi}{\partial n}\right)\mathrm{d}s = 0 \tag{4.2.1.6}$$

在 S_ε 上，因为 $\frac{\partial}{\partial n}=-\frac{\partial}{\partial r_\varepsilon}$，所以有

$$\frac{\partial\varphi}{\partial n}=\frac{\partial}{\partial n}\left(\frac{1}{r}\right)_{r=r_\varepsilon}=-\frac{\partial}{\partial r_\varepsilon}\left(\frac{1}{r_\varepsilon}\right)=\frac{1}{r_\varepsilon^2}$$

因为 $\phi(x,y,z)$ 连续可微，$\frac{\partial\phi}{\partial n}$ 有界，所以利用中值定理，有

$$\lim_{r_\varepsilon\to 0}\int_{S_\varepsilon}\phi\frac{\partial\varphi}{\partial n}\mathrm{d}s=\lim_{r_\varepsilon\to 0}\left(\phi\frac{1}{r_\varepsilon^2}4\pi r_\varepsilon^2\right)=4\pi\phi(P)$$

$$\lim_{r_\varepsilon\to 0}\int_{S_\varepsilon}\varphi\frac{\partial\phi}{\partial n}\mathrm{d}s=\lim_{r_\varepsilon\to 0}\left(\frac{1}{r_\varepsilon}\frac{\partial\phi}{\partial n}4\pi r_\varepsilon^2\right)=4\pi r_\varepsilon\left.\frac{\partial\phi}{\partial n}\right|_{r_\varepsilon\to 0}=0$$

将以上两式代入式（4.2.1.6）中，可得到

$$\phi(P)=-\frac{1}{4\pi}\int_S\left[\phi\frac{\partial}{\partial n}\left(\frac{1}{r}\right)-\frac{1}{r}\frac{\partial\phi}{\partial n}\right]\mathrm{d}s \tag{4.2.1.7}$$

式（4.2.1.7）建立了域内任意一点的函数值与边界的积分关系。

当场点 $P(x,y,z)$ 落在边界上，可绕场点 P 作一半径为 r_ε 的小半球，如图 4.2.2 所示。

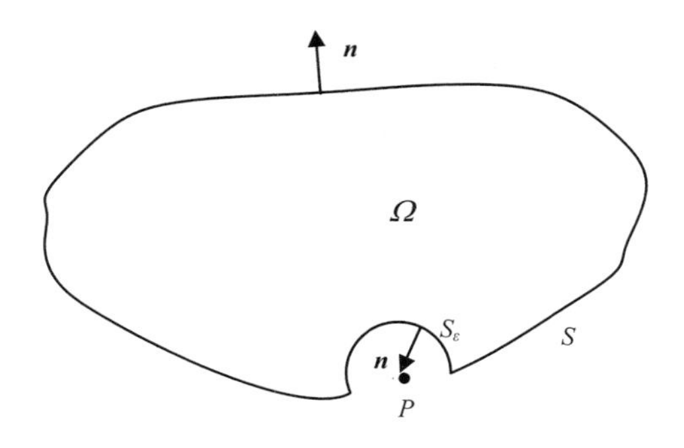

图 4.2.2　P 点在闭区域 Ω 的边界 S 上

采用与式（4.2.1.6）同样的处理方法，考虑到小半球的表面为 $S_\varepsilon=2\pi r_\varepsilon$，可得到 P 点在边界上的边界积分表达式：

$$\phi(P)=-\frac{1}{2\pi}\int_S\left[\phi\frac{\partial}{\partial n}\left(\frac{1}{r}\right)-\frac{1}{r}\frac{\partial\phi}{\partial n}\right]\mathrm{d}s \tag{4.2.1.8}$$

当场点 $P(x,y,z)$ 在区域 $\Omega+S$ 之外，由式（4.2.1.5）可直接得出

$$\int_S\left[\phi\frac{\partial}{\partial n}\left(\frac{1}{r}\right)-\frac{1}{r}\frac{\partial\phi}{\partial n}\right]\mathrm{d}s=0$$

因此，按场点 P 的不同位置，边界积分方程可表示如下：

$$\iint_S \left[\phi \frac{\partial}{\partial n}\left(\frac{1}{r}\right) - \frac{1}{r}\frac{\partial \phi}{\partial n} \right] \mathrm{d}s = \begin{cases} -4\pi\phi(P), & P \in \Omega \\ -2\pi\phi(P), & P \in S \\ 0, & P \notin \Omega + S \end{cases} \quad (4.2.1.9)$$

如果研究的是封闭曲面 S 以外的外域问题，如图 4.2.3 所示，则给定域的边界可认为是 $S+S_\infty$，S_∞ 为外部假想球面($R \to \infty$)。此时，式（4.2.1.5）可表示为

$$\iint_S \left(\phi \frac{\partial \varphi}{\partial n} - \varphi \frac{\partial \phi}{\partial n} \right) \mathrm{d}s + \iint_{S_\infty} \left(\phi \frac{\partial \varphi}{\partial n} - \varphi \frac{\partial \phi}{\partial n} \right) \mathrm{d}s = 0 \quad (4.2.1.10)$$

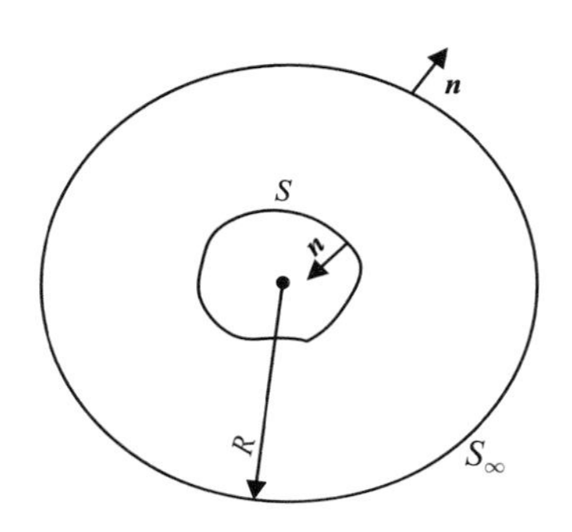

图 4.2.3　封闭曲面 S 的外域问题

在外部假想球面 S_∞ 上，$r=R$，式（4.2.1.10）左端第二项积分为

$$\iint_{S_\infty} \left[\phi \frac{\partial}{\partial n}\left(\frac{1}{r}\right) - \frac{1}{r}\frac{\partial \phi}{\partial n} \right] \mathrm{d}s = -\iint_{S_\infty} \left[\phi \left(\frac{1}{r^2}\right) + \frac{1}{r}\frac{\partial \phi}{\partial r} \right] \mathrm{d}s$$

$$= -\int_0^{2\pi} \mathrm{d}\psi \int_0^{\pi} \sin\theta \mathrm{d}\theta \left[R^2 \left(\phi \frac{1}{R^2} + \frac{1}{R}\frac{\partial \phi}{\partial r} \right)\bigg|_{r=R} \right] \quad (4.2.1.11)$$

当 $R \to \infty$ 时，ϕ 满足

$$\phi \sim O\left(R^{-\alpha}\right),\ \alpha > 0,\ \frac{\partial \phi}{\partial r} \sim O\left(R^{-1}\right)$$

则在 S_∞ 上的积分式（4.2.1.11），当 $R \to \infty$ 时趋于零。这时边界积分方程（4.2.1.9）仍然成立，但 S 上的法线取向与内部问题相反。

若在域中存在其他附加边界条件，可适当地选择

$$\bar{G}(P,Q) = \frac{1}{r(P,Q)} + \bar{H}(P,Q)$$

[其中 $\bar{H}(P,Q)$ 为处处调和函数]，使之不仅满足 Laplace 方程，而且满足附加边界条件。对外域问题（或无限场），当 P 点趋于无穷远处时，函数 $\bar{H}(P,Q)$ 还应满足 $\bar{H} \sim O\left(\frac{1}{r}\right)$。因此 $\bar{H}(P,Q)$ 满足：

$$\int_S \left(\phi \frac{\partial \bar{H}}{\partial n} - \bar{H} \frac{\partial \phi}{\partial n} \right) \mathrm{d}s = 0 \tag{4.2.1.12}$$

将式（4.2.1.9）与式（4.2.1.12）相加后，得式（4.2.1.9）的一般形式为

$$\int_S \left[\phi \frac{\partial \bar{G}}{\partial n} - \bar{G} \frac{\partial \phi}{\partial n} \right] \mathrm{d}s = \begin{cases} -4\pi\phi(P), & P \in \Omega \\ -2\pi\phi(P), & P \in S \\ 0, & P \notin \Omega + S \end{cases} \tag{4.2.1.13}$$

若进一步令

$$G(P,Q) = -\frac{1}{4\pi}\bar{G}(P,Q) = \phi^*(P,Q) + H(P,Q)$$

可得式（4.2.1.13）的推广形式为

$$\int_S \left[\phi \frac{\partial G}{\partial n} - G \frac{\partial \phi}{\partial n} \right] \mathrm{d}s = \begin{cases} \phi(P), & P \in \Omega \\ \dfrac{1}{2}\phi(P), & P \in S \\ 0, & P \notin \Omega + S \end{cases} \tag{4.2.1.14}$$

式中，$\phi^*(P,Q) = -\frac{1}{4\pi} \cdot \frac{1}{r(P,Q)}$；$H(P,Q) = -\frac{1}{4\pi}\bar{H}(P,Q)$。

式（4.2.1.14）中的 $G(P,Q)$ 为有限区域中的基本解，又称为格林函数（Green's Function）。

4.2.2　加权余量法建立边界积分方程

考虑有限区域Ω的 Laplace 方程：

$$\nabla^2 \phi = 0 \tag{4.2.2.1}$$

将式（4.2.2.1）写成以 W 为权函数的加权余量形式，则有

$$\int_\Omega (\nabla^2 \phi) W \mathrm{d}\Omega = 0 \tag{4.2.2.2}$$

首先取 P 点在有限区域Ω内的情形。由 $\nabla(\nabla\phi \cdot W) = \nabla^2\phi \cdot W + \nabla\phi \cdot \nabla W$，有

$$\nabla^2\phi \cdot W = \nabla(\nabla\phi \cdot W) - \nabla\phi \cdot \nabla W$$

代入式（4.2.2.2），得

$$\int_\Omega \nabla^2\phi \cdot W \mathrm{d}\Omega = \int_\Omega \nabla(\nabla\phi \cdot W)\mathrm{d}\Omega - \int_\Omega \nabla\phi \cdot \nabla W \mathrm{d}\Omega \tag{4.2.2.3}$$

将式（4.2.2.3）右端第一项表示为如下的边界积分形式：

$$\int_\Omega \nabla(\nabla\phi \cdot W)\mathrm{d}\Omega = \int_S \boldsymbol{n} \cdot (\nabla\phi \cdot W)\mathrm{d}s = \int_S W \frac{\partial \phi}{\partial n} \mathrm{d}s$$

代入式（4.2.2.3），得

$$\int_{\Omega} \nabla^2 \phi \cdot W \mathrm{d}\Omega = \int_S W \frac{\partial \phi}{\partial n} \mathrm{d}s - \int_{\Omega} \nabla \phi \cdot \nabla W \mathrm{d}\Omega \tag{4.2.2.4}$$

又由 $\nabla(\phi \nabla W) = \nabla \phi \cdot \nabla W + \phi \nabla^2 W$，及

$$\int_{\Omega} \nabla(\phi \nabla W) \mathrm{d}\Omega = \int_S \boldsymbol{n} \cdot (\nabla W) \varphi \mathrm{d}s = \int_S \phi \frac{\partial W}{\partial n} \mathrm{d}s$$

代入式（4.2.2.4），得

$$\int_{\Omega} \nabla^2 \phi \cdot W \mathrm{d}\Omega = \int_S W \frac{\partial \phi}{\partial n} \mathrm{d}s - \int_S \phi \frac{\partial W}{\partial n} \mathrm{d}s + \int_{\Omega} \phi \nabla^2 W \mathrm{d}\Omega \tag{4.2.2.5}$$

将式（4.2.2.5）代入式（4.2.2.2）中，有

$$\int_{\Omega} \phi \nabla^2 W \mathrm{d}\Omega = \int_S \phi \frac{\partial W}{\partial n} \mathrm{d}s - \int_S W \frac{\partial \phi}{\partial n} \mathrm{d}s \tag{4.2.2.6}$$

设 ϕ^* 为 Laplace 方程的基本解，则有

$$\nabla^2 \phi^* = \delta(P - Q)$$

$$\int_{\Omega} \phi \nabla^2 \phi^* \mathrm{d}\Omega = \int_{\Omega} \phi \delta(P - Q) \mathrm{d}\Omega = \phi(P)$$

若以基本解 ϕ^* 作为权函数 W，代入式（4.2.2.6）中，则有

$$\int_{\Omega} \phi \nabla^2 \phi^* \mathrm{d}\Omega = \int_S \phi \frac{\partial \phi^*}{\partial n} \mathrm{d}s - \int_S \phi^* \frac{\partial \phi}{\partial n} \mathrm{d}s$$

从而可得到如下边界积分方程：

$$\phi(P) = \int_S \phi \frac{\partial \phi^*}{\partial n} \mathrm{d}s - \int_S \phi^* \frac{\partial \phi}{\partial n} \mathrm{d}s \tag{4.2.2.7}$$

如果 P 点取到光滑边界上，这时为了避免奇异性，需要在 P 点附近稍加改变，即以 P 点为中心，以 r_ε 为半径作一包含 P 点的小半球，如图 4.2.4 所示，这样 P 点仍为内点。此时把边界分为两部分：一部分是鼓起的小半球部分，用 S_ε 表示，另一部分即 $S - S_\varepsilon$。

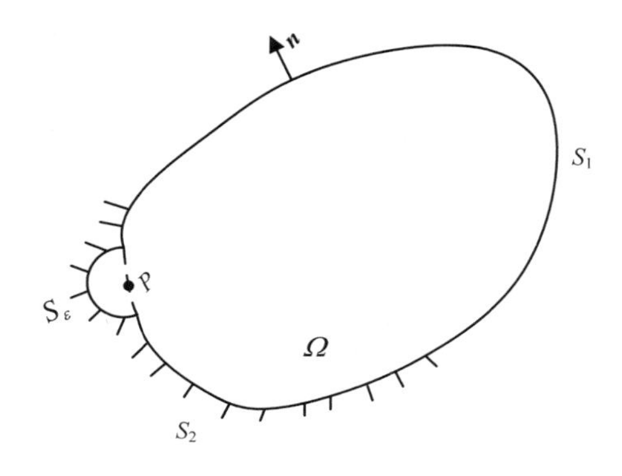

图 4.2.4　P 点在闭区域Ω的边界 S 上

假如点 P 取在 S_2 上（S_1 上分析方法相同），式（4.2.2.7）右端第一项为

$$\int_S \phi \frac{\partial \phi^*}{\partial n} \mathrm{d}s = \int_{S-S_\varepsilon} \phi \frac{\partial \phi^*}{\partial n} \mathrm{d}s + \int_{S_\varepsilon} \phi \frac{\partial \phi^*}{\partial n} \mathrm{d}s \tag{4.2.2.8}$$

由于 r_ε 的方向与 r 一致，S_ε 的法方向与 S 的法方向 n 一致，当 $r_\varepsilon \to 0$ 时取极限，式（4.2.2.8）右端的第一项和第二项分别为

$$\lim_{r_\varepsilon \to 0} \int_{S-S_\varepsilon} \phi \frac{\partial \phi^*}{\partial n} \mathrm{d}s = \int_S \phi \frac{\partial \phi^*}{\partial n} \mathrm{d}s$$

$$\lim_{r_\varepsilon \to 0} \int_{S_\varepsilon} \phi \frac{\partial \phi^*}{\partial n} \mathrm{d}s = \lim_{r_\varepsilon \to 0} \int_{S_\varepsilon} \phi \frac{\partial}{\partial n} \left(-\frac{1}{4\pi r_\varepsilon} \right) \mathrm{d}s = \lim_{r_\varepsilon \to 0} \left(\phi \frac{1}{4\pi r_\varepsilon^2} 2\pi r_\varepsilon^2 \right) = \frac{1}{2} \phi(P)$$

式（4.2.2.7）右端的第二项为

$$\int_S \phi^* \frac{\partial \phi}{\partial n} \mathrm{d}s = \int_{S-S_\varepsilon} \phi^* \frac{\partial \phi}{\partial n} \mathrm{d}s + \int_{S_\varepsilon} \phi^* \frac{\partial \phi}{\partial n} \mathrm{d}s \tag{4.2.2.9}$$

同样，当 $r_\varepsilon \to 0$ 时取极限，式（4.2.2.9）右端的第一项和第二项分别为

$$\lim_{r_\varepsilon \to 0} \int_{S-S_\varepsilon} \phi^* \frac{\partial \phi}{\partial n} \mathrm{d}s = \int_S \phi^* \frac{\partial \phi}{\partial n} \mathrm{d}s$$

$$\lim_{r_\varepsilon \to 0} \int_{S_\varepsilon} \phi^* \frac{\partial \phi}{\partial n} \mathrm{d}s = \lim_{r_\varepsilon \to 0} \int_{S_\varepsilon} \frac{\partial \phi}{\partial n} \left(-\frac{1}{4\pi r_\varepsilon} \right) \mathrm{d}s = \lim_{r_\varepsilon \to 0} \left[\frac{\partial \phi}{\partial n} \left(-\frac{1}{4\pi r_\varepsilon} \right) 2\pi r_\varepsilon^2 \right] = 0$$

因而对光滑边界，有

$$\frac{1}{2} \phi(P) = \int_S \phi \frac{\partial \phi^*}{\partial n} \mathrm{d}s - \int_S \phi^* \frac{\partial \phi}{\partial n} \mathrm{d}s \tag{4.2.2.10}$$

或者写成一般式为

$$c(P)\phi(P) = \int_S \phi(Q) \frac{\partial \phi^*(P,Q)}{\partial n} \mathrm{d}s - \int_S \phi^*(P,Q) \frac{\partial \phi(Q)}{\partial n} \mathrm{d}s \tag{4.2.2.11}$$

式中，P，Q 皆为边界上的点；$c(P)$是与 P 点处的几何边界形状有关的常数。

若 $\theta(P)$为边界点 P 处的边界切线之间的夹角，如图 4.2.5 所示，则有

$$c(P) = \frac{\theta(P)}{2\pi}$$

对光滑边界，$\theta(P) = \pi$，$c(P) = \frac{1}{2}$。

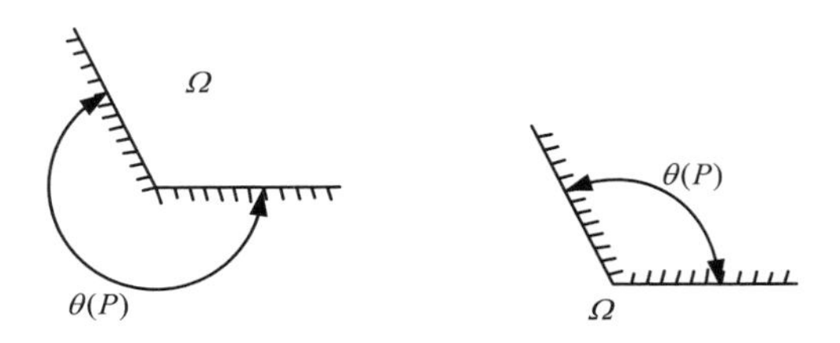

图 4.2.5　边界切线之间的夹角 $\theta(P)$ 示意图

最后，按场点 P 的不同位置，边界积分方程可表示如下：

$$\int_S \phi(Q)\frac{\partial \phi^*(P,Q)}{\partial n}\mathrm{d}s - \int_S \phi^*(P,Q)\frac{\partial \phi(Q)}{\partial n}\mathrm{d}s = \begin{cases} \phi(P), & P \in \Omega \\ \dfrac{1}{2}\phi(P), & P \in S \\ 0, & P \notin \Omega + S \end{cases} \tag{4.2.2.12}$$

对三维 Laplace 方程，其基本解为

$$\phi^*(P,Q) = -\frac{1}{4\pi r(P,Q)}$$

$$r(P,Q) = \sqrt{(x-\xi)^2 + (y-\eta)^2 + (z-\zeta)^2}$$

代入式（4.2.2.12），有

$$\int_S \left[\phi\frac{\partial}{\partial n}\left(\frac{1}{r}\right) - \frac{1}{r}\frac{\partial \phi}{\partial n}\right]\mathrm{d}s = \begin{cases} -4\pi\phi(P), & P \in \Omega \\ -2\pi\phi(P), & P \in S \\ 0, & P \notin \Omega + S \end{cases} \tag{4.2.2.13}$$

式（4.2.2.13）与前面应用 Green 公式法推导的边界积分方程表达式（4.2.1.9）是一致的。

4.3　建立边界积分方程的间接法

4.3.1　面源与面偶

1. 面源

对于流体的三维流动，位于 Q 点以一定体积流量率 q 向四周均匀放射的球对称径向流动称为点源，q 称为点源强度（当 q 为负值时的流动称为点汇）。Q 点处的单位强度点源在 P 点诱导的速度势（或基本解）记为

$$\phi^*(P,Q) = -\frac{1}{4\pi r(P,Q)}$$

式中，Q 点是源点；P 点是场点；r 是矢径 $\boldsymbol{r}(P,Q)$的大小，矢径 $\boldsymbol{r}(P,Q)$的方向是 Q 点指向 P 点。

对二维流动和一维流动，P 点处诱导的速度势分别为

$$\phi^*(P,Q) = \frac{1}{2\pi}\ln r(P,Q)$$

$$\phi^*(P,Q) = \frac{1}{2}r(P,Q)$$

设在空间曲面 S 上布满点源，该曲面称为面源，如图 4.3.1 所示。若 $\sigma(Q)$ 为曲面上任一点 Q 处单位面积的面源分布密度，其对空间点 P 诱导的速度势与速度为

$$\phi(P) = -\frac{1}{4\pi}\int_S \sigma(Q)\frac{1}{r(P,Q)}\mathrm{d}s \tag{4.3.1.1}$$

$$\boldsymbol{V}(P) = -\frac{1}{4\pi}\mathrm{grad}\int_S \sigma(Q)\frac{1}{r(P,Q)}\mathrm{d}s \tag{4.3.1.2}$$

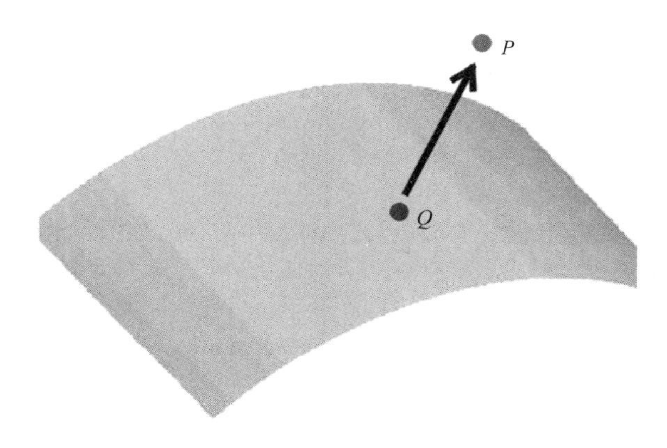

图 4.3.1　面源示意图

在曲面 S 上任意一点 P_0 处取一小邻域 S_ε，则速度势表达式（4.3.1.1）可写成

$$\phi(P) = -\frac{1}{4\pi}\int_{S_\varepsilon} \sigma(Q)\frac{1}{r(P,Q)}\mathrm{d}s - \frac{1}{4\pi}\int_{S-S_\varepsilon} \sigma(Q)\frac{1}{r(P,Q)}\mathrm{d}s \tag{4.3.1.3}$$

如图 4.3.2 所示，当 P 点从 S_ε 的上方或下方趋近于 P_0 时，有

$$\phi_+(P_0) = -\frac{1}{4\pi}\left[\int_{S_\varepsilon^+} \sigma(Q)\frac{1}{r(P,Q)}\mathrm{d}s + \int_S \sigma(Q)\frac{1}{r(P,Q)}\mathrm{d}s\right] \tag{4.3.1.4}$$

$$\phi_-(P_0) = -\frac{1}{4\pi}\left[\int_{S_\varepsilon^-} \sigma(Q)\frac{1}{r(P,Q)}\mathrm{d}s + \int_S \sigma(Q)\frac{1}{r(P,Q)}\mathrm{d}s\right] \tag{4.3.1.5}$$

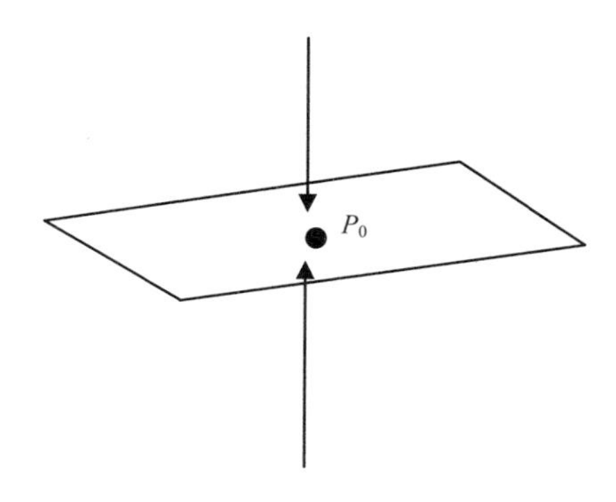

图 4.3.2　P 点趋近于 P_0 示意图

式（4.3.1.4）与式（4.3.1.5）相减后得到曲面 S 上任意一点 P_0 处两侧的速度

势之差为

$$\phi_+(P_0)-\phi_-(P_0)=-\frac{1}{4\pi}\left[\int_{S_\varepsilon^+}\sigma(Q)\frac{1}{r(P,Q)}\mathrm{d}s-\int_{S_\varepsilon^-}\sigma(Q)\frac{1}{r(P,Q)}\mathrm{d}s\right] \tag{4.3.1.6}$$

由式（4.3.1.6）可知，当 $S_\varepsilon \to 0$ 时，$\phi_+(P_0)-\phi_-(P_0)=0$，可得出面源的诱导速度势在其分布曲面上是连续的。

下面考查面源的诱导速度在其分布曲面上的特性。因标量函数 $\varphi=\varphi(r)$ 的等值面是以坐标原点为中心的球面，球面的法线方向为矢径 $\boldsymbol{r}$ 的方向，故 $\mathrm{grad}\varphi(r)$ 的方向就是矢径 $\boldsymbol{r}$ 的方向。其次 $\mathrm{grad}\varphi$的大小是 $\varphi'(r)$，于是有

$$\mathrm{grad}\varphi(r)=\varphi'(r)\frac{\boldsymbol{r}}{r} \tag{4.3.1.7}$$

当 P 点不在曲面 S 上时，可以调换微分与积分次序，因此式（4.3.1.2）经梯度运算后得

$$\boldsymbol{V}(P)=-\frac{1}{4\pi}\mathrm{grad}\int_S\sigma(Q)\frac{1}{r(P,Q)}\mathrm{d}s=\frac{1}{4\pi}\int_S\sigma(Q)\frac{\boldsymbol{r}(P,Q)}{r^3(P,Q)}\mathrm{d}s \tag{4.3.1.8}$$

在曲面 S 上任意一点 P_0 处取一小邻域 S_ε，由式（4.3.1.8）可得

$$\boldsymbol{V}(P)=\frac{1}{4\pi}\int_{S_\varepsilon}\sigma(Q)\frac{\boldsymbol{r}(P,Q)}{r^3(P,Q)}\mathrm{d}s+\frac{1}{4\pi}\int_{S-S_\varepsilon}\sigma(Q)\frac{\boldsymbol{r}(P,Q)}{r^3(P,Q)}\mathrm{d}s \tag{4.3.1.9}$$

式（4.3.1.9）右端第二项积分为

$$\frac{1}{4\pi}\int_{S-S_\varepsilon}\sigma(Q)\frac{\boldsymbol{r}(P,Q)}{r^3(P,Q)}\mathrm{d}s=\frac{1}{4\pi}\int_S\sigma(Q)\frac{\boldsymbol{r}(P,Q)}{r^3(P,Q)}\mathrm{d}s,\quad P\to P_0$$

对式（4.3.1.9）右端第一项积分处理如下：分布在 S_ε 上的源的强度是 $\sigma(Q)S_\varepsilon$，涌出的流体分别向 S_ε 两侧流去的流量为 $2S_\varepsilon\boldsymbol{V}\cdot\boldsymbol{n}_0$（$\boldsymbol{n}_0$ 是曲面上 P_0 处的单位法向量）。按照点源的强度定义，两者应相等，即

$$\boldsymbol{V}\cdot\boldsymbol{n}_0 2S_\varepsilon=\sigma(Q)S_\varepsilon,\ P\to P_0$$

$$\boldsymbol{V}=\frac{1}{2}\sigma(P_0)\boldsymbol{n}_0$$

代入式（4.3.1.9）中，可得到

$$\boldsymbol{V}_\pm(P_0)=\pm\frac{1}{2}\sigma(P_0)\boldsymbol{n}_0+\frac{1}{4\pi}\int_S\sigma(Q)\frac{\boldsymbol{r}(P,Q)}{r^3(P,Q)}\mathrm{d}s \tag{4.3.1.10}$$

式中，$\boldsymbol{V}_+(P_0)$ 和 $\boldsymbol{V}_-(P_0)$ 分别表示 P 点从曲面 S 的内侧和外侧两个方向趋近于 P_0 的诱导速度。

由式（4.3.1.10）可知，当 $S_\varepsilon\to 0$ 时，$\boldsymbol{V}_+(P_0)-\boldsymbol{V}_-(P_0)=\sigma(P_0)\boldsymbol{n}_0$，可得出面源的诱导速度场在其分布曲面上是间断的。诱导速度的法向分量为

$$V_{\pm\boldsymbol{n}_0}(P_0)=\pm\frac{1}{2}\sigma(P_0)+\frac{1}{4\pi}\boldsymbol{n}_0\int_S\sigma(Q)\frac{\boldsymbol{r}(P,Q)}{r^3(P,Q)}\mathrm{d}s \tag{4.3.1.11}$$

由式（4.3.1.11）可知，当 $S_\varepsilon \to 0$ 时，可得出面源的诱导速度在其分布曲面上是间断的，在 S 面任意点 P_0 处两侧的法向速度之差为

$$V_{+\boldsymbol{n}_0}(P_0) - V_{-\boldsymbol{n}_0}(P_0) = \sigma(P_0) \tag{4.3.1.12}$$

2. 面偶

等强度的一对点源和点汇无限靠拢时($\Delta l \to 0$)的极限情况称为偶极子，如图 4.3.3 所示。由汇指向源的方向为偶极子轴的正方向。

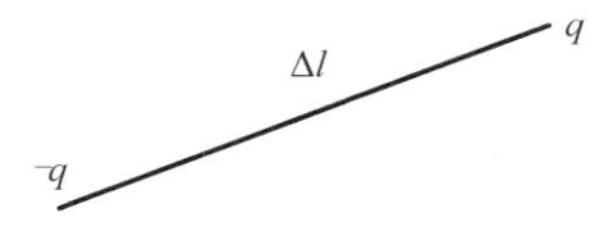

图 4.3.3　偶极子示意图

强度为 m 的偶极子对空间点 P 诱导的速度势为

$$\phi(P) = -\frac{m}{4\pi}\frac{\partial}{\partial l}\frac{1}{r(P,Q)}$$

在曲面 S 上连续分布的偶极子，称为面偶极子，简称面偶。若 $m(Q)$为曲面 S 上单位面积的偶极子分布强度（或称面偶密度），则它对空间点 P 的诱导速度势为

$$\phi(P) = -\frac{1}{4\pi}\int_S m(Q)\frac{\partial}{\partial l}\frac{1}{r(P,Q)}\mathrm{d}s \tag{4.3.1.13}$$

式中，$\dfrac{\partial}{\partial l}$ 表示对偶极子轴向（由汇指向源的方向）$\boldsymbol{l}_0$ 的导数，通常曲面 S 上布置的偶极子轴向 $\boldsymbol{l}_0$ 是任意的。

在不可压缩流体的流动中，常使用偶极子的轴向 $\boldsymbol{l}_0$ 与曲面 S 的法方向 $\boldsymbol{n}_0$ 一致的法向偶极子（图 4.3.4）。由式（4.3.1.13）知，法向面偶对空间点的诱导速度势和诱导速度分别为

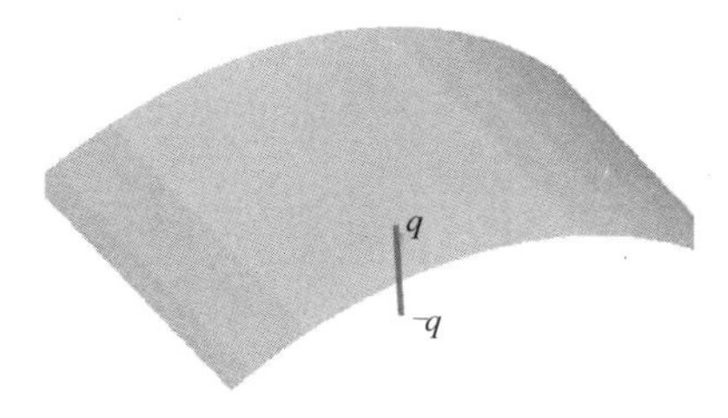

图 4.3.4　法向面偶示意图

$$\phi(P) = -\frac{1}{4\pi}\int_S m(Q)\frac{\partial}{\partial n}\frac{1}{r(P,Q)}\mathrm{d}s \tag{4.3.1.14}$$

$$\boldsymbol{V}(P)=-\frac{1}{4\pi}\operatorname{grad}\int_S m(Q)\frac{\partial}{\partial n}\frac{1}{r(P,Q)}\mathrm{d}s \tag{4.3.1.15}$$

在曲面 S 上任意一点 P_0 处取一小邻域 S_ε，则速度势表达式（4.3.1.14）可写成

$$\phi(P)=-\frac{1}{4\pi}\int_{S_\varepsilon} m(Q)\frac{\partial}{\partial n}\frac{1}{r(P,Q)}\mathrm{d}s-\frac{1}{4\pi}\int_{S-S_\varepsilon} m(Q)\frac{\partial}{\partial n}\frac{1}{r(P,Q)}\mathrm{d}s \tag{4.3.1.16}$$

当 P 点从 S_ε 的上方 S_ε^+ 或下方 S_ε^- 趋近于 P_0 时，有

$$\phi_+(P_0)=-\frac{1}{4\pi}\left[\int_{S_\varepsilon^+} m(Q)\frac{\partial}{\partial n}\frac{1}{r(P,Q)}\mathrm{d}s+\int_S m(Q)\frac{\partial}{\partial n}\frac{1}{r(P,Q)}\mathrm{d}s\right] \tag{4.3.1.17}$$

$$\phi_-(P_0)=-\frac{1}{4\pi}\left[\int_{S_\varepsilon^-} m(Q)\frac{\partial}{\partial n}\frac{1}{r(P,Q)}\mathrm{d}s+\int_S m(Q)\frac{\partial}{\partial n}\frac{1}{r(P,Q)}\mathrm{d}s\right] \tag{4.3.1.18}$$

式（4.3.1.17）与式（4.3.1.18）相减后，得到曲面 S 上任意一点 P_0 处两侧的速度势之差为

$$\phi_+(P_0)-\phi_-(P_0)=-\frac{1}{4\pi}\left[\int_{S_\varepsilon^+} m(Q)\frac{\partial}{\partial n}\frac{1}{r(P,Q)}\mathrm{d}s-\int_{S_\varepsilon^-} m(Q)\frac{\partial}{\partial n}\frac{1}{r(P,Q)}\mathrm{d}s\right] \tag{4.3.1.19}$$

因为 S_ε 很小，可以认为它是一个平面，变换微分和积分次序，有

$$\phi_+(P_0)-\phi_-(P_0)=-\frac{\partial}{\partial n}\left[\frac{1}{4\pi}\int_{S_\varepsilon^+} m(Q)\frac{1}{r(P,Q)}\mathrm{d}s-\frac{1}{4\pi}\int_{S_\varepsilon^-} m(Q)\frac{1}{r(P,Q)}\mathrm{d}s\right] \tag{4.3.1.20}$$

若将式（4.3.1.20）右端括号内的 $\frac{1}{4\pi}\int_{S_\varepsilon^+} m(Q)\frac{1}{r(P,Q)}\mathrm{d}s$ 看作 S_ε^+ 上分布强度为 $m(Q)$的面源所诱导的速度势，则 $\frac{\partial}{\partial n}\left(-\frac{1}{4\pi}\int_{S_\varepsilon^+} m(Q)\frac{1}{r(P,Q)}\mathrm{d}s\right)$ 是该面源在法线方向上的诱导速度。由面源的诱导速度在 S 面任意点 P_0 处两侧的法向速度之差的表达式（4.3.1.12），有

$$\phi_+(P_0)-\phi_-(P_0)=-m(P_0)\,,\quad S_\varepsilon\to 0 \tag{4.3.1.21}$$

由式（4.3.1.21）可得出，面偶的诱导速度势在其分布曲面上是间断的，其间断值的模等于该处面偶的分布强度 $m(P_0)$。

下面考查面偶的诱导速度在其分布曲面上的特性。对式（4.3.1.21）取梯度，可得面偶两侧的速度差：

$$\boldsymbol{V}_+(P_0)-\boldsymbol{V}_-(P_0)=-\operatorname{grad}\left[m(P_0)\right] \tag{4.3.1.22}$$

式中，$\boldsymbol{V}_+(P_0)$ 和 $\boldsymbol{V}_-(P_0)$ 分别表示 P 点从曲面 S 的外侧和内侧两个方向趋近于 P_0 的诱导速度。

当 P 点趋向于 P_0 时，面偶 $m(Q)$对点 P_0 的诱导速度可表达为

$$V(P_0) = \mp\frac{1}{2}\mathrm{grad}\left[m(P_0)\right] - \frac{1}{4\pi}\mathrm{grad}\iint_S m(Q)\frac{\partial}{\partial n}\frac{1}{r(P,Q)}\mathrm{d}s \qquad (4.3.1.23)$$

对 P 点从法向趋向于 P_0 情形，由于 $m(P_0)$ 分布在 S 面上，并沿 S 面变化，故其梯度 $\mathrm{grad}\left[m(Q)\right]$ 必须在 S 面中，它在 S 面法线方向的投影必为零。因而有

$$V_{+\boldsymbol{n}_0}(P_0) - V_{-\boldsymbol{n}_0}(P_0) = 0 \qquad (4.3.1.24)$$

从而可得出面偶的诱导速度在 S 面任意点 P_0 处的法向是连续的。

4.3.2　单层势与第二类边值问题

本节将基于 4.3.1 节介绍的面源特性，对无限域流场中有一结构物其物面上的法向导数为已知的第二类边值问题，建立速度势函数 $\phi(P)$ 的边界积分方程（刘应中和缪国平，1991）。无限域流场中有一物体，如图 4.3.5 所示。物体的物面为 S，外部流域为 Ω_{e}，物面上单位法线矢量为 $\boldsymbol{n}_{\mathrm{e}}$（对流域而言，$\boldsymbol{n}_{\mathrm{e}}$ 为外法线单位矢量）。由 4.2 节内容可知外部流场中的速度势 ϕ_{e} 为

$$\int_S\left(\phi_{\mathrm{e}}\frac{\partial G}{\partial \boldsymbol{n}_{\mathrm{e}}} - G\frac{\partial \phi_{\mathrm{e}}}{\partial \boldsymbol{n}_{\mathrm{e}}}\right)\mathrm{d}s = \begin{cases} -4\pi\phi_{\mathrm{e}}(P), & P\in\Omega_{\mathrm{e}} \\ -2\pi\phi_{\mathrm{e}}(P), & P\in S \\ 0, & P\notin\Omega_{\mathrm{e}}+S \end{cases} \qquad (4.3.2.1)$$

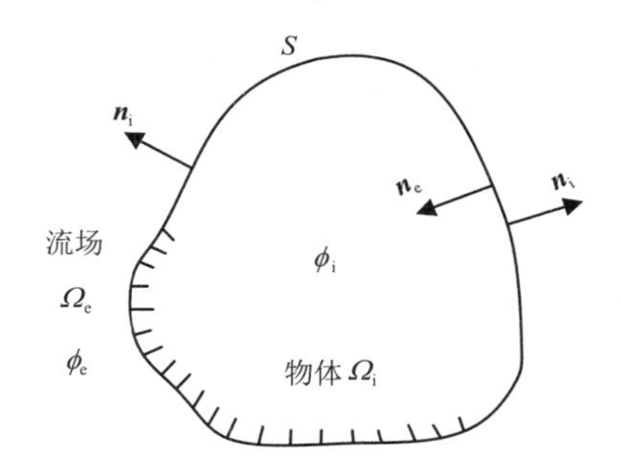

图 4.3.5　外部流场和虚构内流场示意图

若在物体内虚构一个流场 Ω_{i}，如图 4.3.5 所示。物体的物面仍为 S，物面上单位法线矢量为 $\boldsymbol{n}_{\mathrm{i}}$。$\boldsymbol{n}_{\mathrm{i}}$ 方向与 $\boldsymbol{n}_{\mathrm{e}}$ 相反，但对各自的流域而言都是外法线。虚构内部流场的速度势 ϕ_{i} 为

$$\int_S\left(\phi_{\mathrm{i}}\frac{\partial G}{\partial \boldsymbol{n}_{\mathrm{i}}} - G\frac{\partial \phi_{\mathrm{i}}}{\partial \boldsymbol{n}_{\mathrm{i}}}\right)\mathrm{d}s = \begin{cases} -4\pi\phi_{\mathrm{i}}(P), & P\in\Omega_{\mathrm{i}} \\ -2\pi\phi_{\mathrm{i}}(P), & P\in S \\ 0, & P\notin\Omega_{\mathrm{i}}+S \end{cases} \qquad (4.3.2.2)$$

将式（4.3.2.2）的 $\boldsymbol{n}_{\mathrm{i}}$ 用 $\boldsymbol{n}_{\mathrm{e}}$ 表示，有

$$\int_S\left(\phi_{\mathrm{i}}\frac{\partial G}{\partial \boldsymbol{n}_{\mathrm{e}}} - G\frac{\partial \phi_{\mathrm{i}}}{\partial \boldsymbol{n}_{\mathrm{e}}}\right)\mathrm{d}s = \begin{cases} 0, & P\in\Omega_{\mathrm{e}} \\ 2\pi\phi_{\mathrm{i}}(P), & P\in S \\ 4\pi\phi_{\mathrm{i}}(P), & P\notin\Omega_{\mathrm{e}}+S \end{cases} \qquad (4.3.2.3)$$

式（4.3.2.3）与式（4.3.2.1）相减后，得

$$\int_S \left[(\phi_i - \phi_e) \frac{\partial G}{\partial \boldsymbol{n}_e} - G \left(\frac{\partial \phi_i}{\partial \boldsymbol{n}_e} - \frac{\partial \phi_e}{\partial \boldsymbol{n}_e} \right) \right] \mathrm{d}s = \begin{cases} 4\pi \phi_e(P), & P \in \Omega_e \\ 2\pi [\phi_i(P) + \phi_e(P)], & P \in S \\ 4\pi \phi_i(P), & P \in \Omega_i \end{cases} \tag{4.3.2.4}$$

以上做法，在数学上称为“开拓”。既然内域 Ω_i 是虚构的，那么就可以人为规定，使问题在一定程度上得到简化。

在物面 S 上，若令

$$\phi_i = \phi_e \tag{4.3.2.5}$$

$$\sigma(Q) = \frac{\partial \phi_e}{\partial \boldsymbol{n}_e} - \frac{\partial \phi_i}{\partial \boldsymbol{n}_e} \tag{4.3.2.6}$$

则式（4.3.2.4）可简化为

$$\frac{1}{4\pi} \int_S \sigma(Q) G(P,Q) \mathrm{d}s = \begin{cases} \phi_e(P), & P \in \Omega_e \\ \dfrac{1}{2}[\phi_e(P) + \phi_i(P)], & P \in S \\ \phi_i(P), & P \in \Omega_i \end{cases} \tag{4.3.2.7}$$

式（4.3.2.7）左端为含参数 $P(x, y, z)$的积分，它相当于在表面 S 上密度为$\sigma(Q)$的面源分布在场内某点 P 引起的速度势，称为单层势。显然这样的势函数在表面 S 两侧是连续的，其法向导数不连续。若在表面 S 上分布面源，内域、外域的势函数都已确定，且势函数 $\phi_S(P)$ 在界面 S 两侧是连续的，则有

$$\lim_{P \to S^+} \phi_e = \lim_{P \to S^-} \phi_i = \phi_S$$

单层势的法向导数在分布表面上有间断性，这也意味着流体的法向速度不连续，从图 4.3.6 所示的物理直观中很容易理解。在源的面分布中，相邻点产生的切向速度互相抵消，只有法向速度表现出来。而在表面 S 的两侧，法向速度方向相反，因而有

$$\left. \frac{\partial \phi_e}{\partial \boldsymbol{n}_e} \right|_{P \to S^+} - \left. \frac{\partial \phi_i}{\partial \boldsymbol{n}_i} \right|_{P \to S^-} = \left(\frac{\partial \phi_e}{\partial \boldsymbol{n}_e} - \frac{\partial \phi_i}{\partial \boldsymbol{n}_e} \right) = \sigma(Q)$$

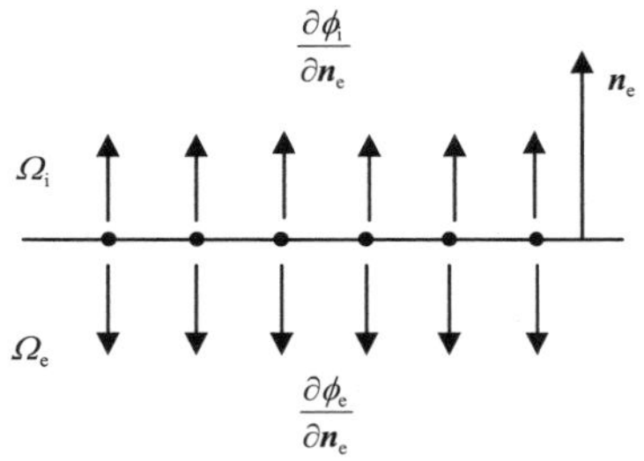

图 4.3.6　单层势的法向导数不连续

对给出了边界上势函数的法向导数值 $\dfrac{\partial \phi_e}{\partial \boldsymbol{n}_e}$ 的第二类边值问题，可以用如下的单层势表达式（4.3.2.8）求解：

$$\phi_e(P) = \frac{1}{4\pi}\int_S \sigma(Q)G(P,Q)\mathrm{d}s, \quad P \in \Omega_e \tag{4.3.2.8}$$

若 P 点位于法线方向上，将式（4.3.2.8）对变量 $\phi_e(P)=\phi_e(x,y,z)$ 沿 $\boldsymbol{n}_e$ 求导，得

$$\frac{\partial \phi_e}{\partial \boldsymbol{n}} = \frac{1}{4\pi}\int_S \sigma(Q)\frac{\partial G(P,Q)}{\partial \boldsymbol{n}_e}\mathrm{d}s \tag{4.3.2.9}$$

由式（4.3.2.6），得

$$\frac{\partial \phi_i}{\partial \boldsymbol{n}_e} = \frac{\partial \phi_e}{\partial \boldsymbol{n}_e} - \sigma(Q) \tag{4.3.2.10}$$

式（4.3.2.10）的两边加上 $\dfrac{\partial \phi_e}{\partial \boldsymbol{n}_e}$，可得到

$$\frac{\partial \phi_i}{\partial \boldsymbol{n}_e} + \frac{\partial \phi_e}{\partial \boldsymbol{n}_e} = 2\frac{\partial \phi_e}{\partial \boldsymbol{n}_e} - \sigma(P) \tag{4.3.2.11}$$

令 P 点沿 $\boldsymbol{n}_e$ 趋于 S，注意到在边界面 S 上有 $\phi_S(P) = \dfrac{1}{2}\left(\phi_i + \phi_e\right)$，则有

$$\frac{1}{4\pi}\int_S \sigma(Q)\frac{\partial G(P,Q)}{\partial \boldsymbol{n}_e}\mathrm{d}s = \frac{1}{2}\left(\frac{\partial \phi_i}{\partial \boldsymbol{n}_e} + \frac{\partial \phi_e}{\partial \boldsymbol{n}_e}\right) = \frac{1}{2}\left[2\frac{\partial \phi_e}{\partial \boldsymbol{n}_e} - \sigma(P)\right] \tag{4.3.2.12}$$

整理后得到第二类 Fredholm（弗雷德霍姆）积分方程：

$$\frac{1}{2}\sigma(P) + \frac{1}{4\pi}\int_S \sigma(Q)\frac{\partial G(P,Q)}{\partial \boldsymbol{n}_e}\mathrm{d}s = \frac{\partial \phi_e(P)}{\partial \boldsymbol{n}_e} \tag{4.3.2.13}$$

式（4.3.2.13）的法方向若用 $\boldsymbol{n}_i$ 来表示，则有

$$\frac{1}{2}\sigma(P) - \frac{1}{4\pi}\int_S \sigma(Q)\frac{\partial G(P,Q)}{\partial \boldsymbol{n}_i}\mathrm{d}s = -\frac{\partial \phi_e(P)}{\partial \boldsymbol{n}_i} \tag{4.3.2.14}$$

由式（4.3.2.14）或式（4.3.2.13），可解出边界面 S 上的面源强度分布 $\sigma(Q)$，外域中任意一点 P 的速度势由下式求出：

$$\phi(P) = \frac{1}{4\pi}\int_S \sigma(Q)G(P,Q)\mathrm{d}s, \quad P \in \Omega_e \tag{4.3.2.15}$$

4.3.3　双层势与第一类边值问题

本节将基于 4.3.1 节介绍的面偶特性，对无限域流场中有一结构物其物面上的函数值为已知的第一类边值问题，建立速度势函数 $\phi(P)$ 的边界积分方程（刘应中和缪国平，1991）。欲得到式（4.3.2.4）的另一个简化方式，可在物面 S 上令

$$m(Q) = \phi_i - \phi_e \tag{4.3.3.1}$$

$$\frac{\partial \phi_{\mathrm{i}}}{\partial \boldsymbol{n}_{\mathrm{e}}} = \frac{\partial \phi_{\mathrm{e}}}{\partial \boldsymbol{n}_{\mathrm{e}}} \tag{4.3.3.2}$$

则式（4.3.2.4）可表示为

$$\frac{1}{4\pi}\int_S m(Q)\frac{\partial G}{\partial \boldsymbol{n}_{\mathrm{e}}}\mathrm{d}s = \begin{cases} \phi_{\mathrm{e}}(P), & P \in \Omega_{\mathrm{e}} \\ \dfrac{1}{2}\left[\phi_{\mathrm{i}}(P)+\phi_{\mathrm{e}}(P)\right], & P \in S \\ \phi_{\mathrm{i}}(P), & P \in \Omega_{\mathrm{i}} \end{cases} \tag{4.3.3.3}$$

式（4.3.3.3）积分核内的 $\dfrac{\partial G}{\partial \boldsymbol{n}_{\mathrm{e}}}$ 可看作一个偶极子，其偶极矩方向为物面 S 的法线方向，$m(Q)$可视作偶极子分布密度。左端的积分即可理解为在 S 上布置密度为 $m(Q)$的偶极子在场内某点 P 产生的速度势。由于偶极子可以认为由放置得极为靠近的点源和点汇组成，面偶相当于在表面 S 上放置一层源分布与一层极为靠近的汇分布组成，故称为双层势。

双层势也是含参变量 $P(x, y, z)$的积分，在 $P = Q$ 点上积分核有 $\dfrac{1}{r^2}$ 的奇异性，比单层势高一阶。尽管如此，还是可以证明在 S 上积分存在，其值等于 $\dfrac{1}{2}(\phi_{\mathrm{i}}+\phi_{\mathrm{e}})$。但势函数不连续，其阶跃值为 $\phi_{\mathrm{i}}-\phi_{\mathrm{e}}=m(P)$，法向速度在越过边界面 S 时是连续的，如图 4.3.7 所示。

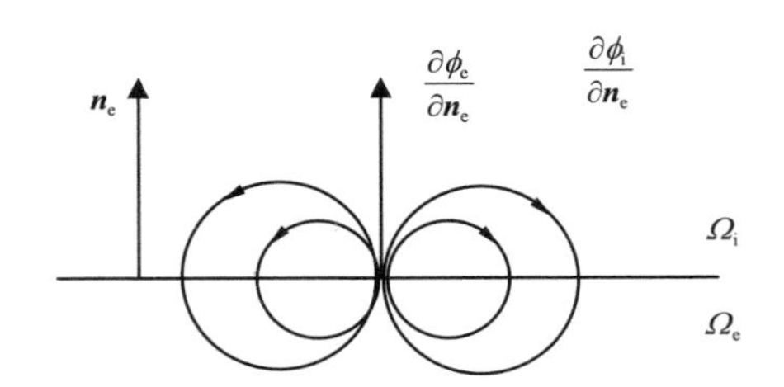

图 4.3.7　双层势的法向导数连续

第一类边值问题给出了边界面上的势函数值 ϕ_{e}，可以用双层势（偶极子分布）来求解。当 $P_0 \in S$ 时，有

$$\frac{1}{4\pi}\iint_S m(Q)\frac{\partial G}{\partial \boldsymbol{n}_{\mathrm{e}}}\mathrm{d}s = \frac{1}{2}\left[\phi_{\mathrm{i}}(P)+\phi_{\mathrm{e}}(P)\right] \tag{4.3.3.4}$$

由式（4.3.3.1），可知

$$\phi_{\mathrm{i}} = m(P) + \phi_{\mathrm{e}} \tag{4.3.3.5}$$

式（4.3.3.5）两边加上 ϕ_{e}，有

$$\frac{1}{2}(\phi_{\mathrm{i}}+\phi_{\mathrm{e}}) = \frac{1}{2}\left[m(P)+2\phi_{\mathrm{e}}\right] \tag{4.3.3.6}$$

式（4.3.3.6）代入式（4.3.3.4）中，可得到

$$\frac{1}{4\pi}\int_S m(Q)\frac{\partial G}{\partial \boldsymbol{n}_{\mathrm{e}}}\mathrm{d}s=\frac{1}{2}\left[m(P)+2\phi_{\mathrm{e}}(P)\right] \tag{4.3.3.7}$$

整理后得到第一类 Fredholm 积分方程：

$$-\frac{1}{2}m(P)+\frac{1}{4\pi}\int_S m(Q)\frac{\partial G}{\partial \boldsymbol{n}_{\mathrm{e}}}\mathrm{d}s=\phi_{\mathrm{e}}(P) \tag{4.3.3.8}$$

若将式（4.3.3.8）的法方向用 $\boldsymbol{n}_{\mathrm{i}}$ 来表示，则有

$$-\frac{1}{2}m(P)-\frac{1}{4\pi}\int_S m(Q)\frac{\partial G}{\partial \boldsymbol{n}_{\mathrm{i}}}\mathrm{d}s=\phi_{\mathrm{e}}(P) \tag{4.3.3.9}$$

由式（4.3.3.9）或式（4.3.3.8），可解出面偶强度分布 $m(Q)$。外域中任意一点 P 的速度势由下式求出：

$$\phi(P)=\frac{1}{4\pi}\int_S m(Q)\frac{\partial G(P,Q)}{\partial \boldsymbol{n}_{\mathrm{e}}}\mathrm{d}s,\quad P\in\Omega_{\mathrm{e}} \tag{4.3.3.10}$$

4.4　Laplace 方程的边界单元法

4.4.1　边界积分方程的离散

考虑图 4.4.1 所示有限区域Ω，边界 S_1 上的函数值 $\overline{\phi}$ 已知，边界 S_2 上的法向导数值 $\overline{q}$ 已知，则 Laplace 方程的边值问题为

$$\begin{cases}\nabla^2\phi=0,\ \text{区域}\Omega\text{内}\\ \phi\big|_{S_1}=\phi\\ \left.\dfrac{\partial\phi}{\partial\boldsymbol{n}}\right|_{S_2}=\overline{q}\end{cases} \tag{4.4.1.1}$$

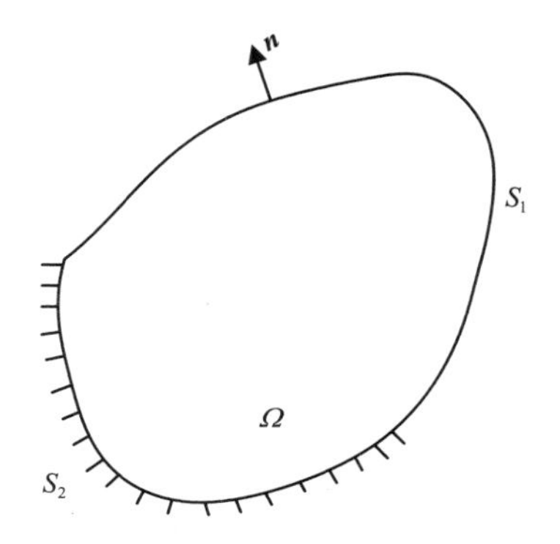

图 4.4.1　Laplace 方程边值问题示意图

考虑光滑边界，P 点在光滑边界上的边界积分方程为

$$\frac{1}{2}\phi(P)=\int_S \phi\frac{\partial G}{\partial n}\mathrm{d}s-\int_S G\frac{\partial \phi}{\partial n}\mathrm{d}s,\quad P\in S \tag{4.4.1.2}$$

$$G(P,Q)=-\frac{1}{4\pi}\frac{1}{r(P,Q)}+H(P,Q)$$

式中，G 为 Green 函数，$H(P, Q)$为满足边界条件且处处调和的函数，若取 $H(P, Q)=0$，则 G 即为基本解 ϕ^*。

现讨论如何用离散的方法求解上面的方程（张涤明 等，1991；陈材侃，1992）。以二维问题为例，图 4.4.2 为一般情况的三种边界离散方案。

1）常值单元[图 4.4.2（a）]：单元中函数值和导数值均为常数，用中间节点值表示。

2）线性单元[图 4.4.2（b）]：单元中函数值和导数值做线性变化，一个单元具有两个节点，用节点值对函数做线性插值。

3）二次单元[图 4.4.2（c）]：每个单元具有三个节点，函数和导数在单元内做二次变化，单元的几何形状适合于曲线边界。

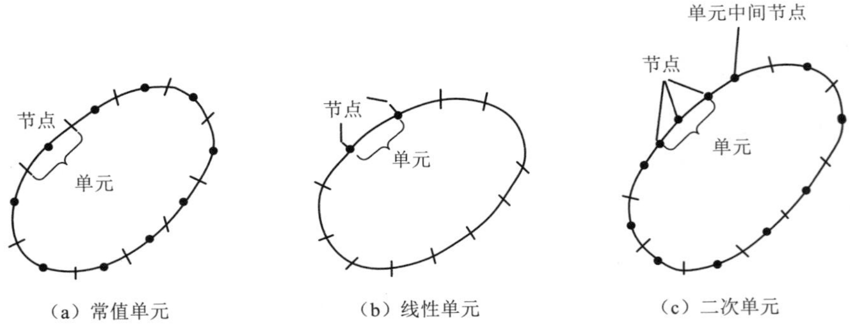

图 4.4.2　离散单元示意图

首先取常值单元离散方案，把边界 S 划分为 N 个边界单元 ΔS_j ($j=1, 2, 3, \cdots, N$)。其中 N_1 个单元属于 S_1 边界，N_2 个单元属于 S_2 边界。对常值单元，认为每个单元上的ϕ与 $\frac{\partial \phi}{\partial \boldsymbol{n}}$ 为常数，并取中点的值。对于给定单元 j，ϕ_j 和 $\frac{\partial \phi_j}{\partial \boldsymbol{n}}$ 是常数，可提到积分号外，边界积分方程（4.4.1.2）中对整个边界 S 的积分可写成对每个离散单元 ΔS_j 的积分和的形式：

$$\frac{1}{2}\phi(P_i)=\sum_{j=1}^{N}\phi_j\int_{\Delta S_j}\frac{\partial G_{ij}}{\partial n}\mathrm{d}s-\sum_{j=1}^{N}\frac{\partial \phi_j}{\partial n}\int_{\Delta S_j}G_{ij}\mathrm{d}s \tag{4.4.1.3}$$

令 $\bar{H}_{ij}=-\int_{\Delta S_j}\frac{\partial G_{ij}}{\partial n}\mathrm{d}s$，$K_{ij}=-\int_{\Delta S_j}G_{ij}\mathrm{d}s$，则有

$$\frac{1}{2}\phi_i + \sum_{j=1}^{N} \bar{H}_{ij}\phi_j = \sum_{j=1}^{N} K_{ij} \frac{\partial \phi_j}{\partial \boldsymbol{n}} \tag{4.4.1.4}$$

式（4.4.1.4）可进一步写成

$$\sum_{j=1}^{N} H_{ij}\phi_j = \sum_{j=1}^{N} K_{ij} \frac{\partial \phi_j}{\partial \boldsymbol{n}} \tag{4.4.1.5}$$

式中，

$$H_{ij} = \bar{H}_{ij} + \frac{1}{2}\delta_{ij} = -\int_{\Delta S_j} \frac{\partial G_{ij}}{\partial \boldsymbol{n}} \mathrm{d}s + \frac{1}{2}\delta_{ij} \tag{4.4.1.6}$$

$$\delta_{ij} = \begin{cases} 1, & i = j \\ 0, & i \neq j \end{cases}$$

$$K_{ij} = -\int_{\Delta S_j} G_{ij} \mathrm{d}s \tag{4.4.1.7}$$

考虑边界条件，在 S_1 上 $\phi = \bar{\phi}$，在 S_2 上 $\dfrac{\partial \phi}{\partial \boldsymbol{n}} = \bar{q}$，可知在 S_1 上有 N_1 个 $\bar{\phi}$ 及在 S_2 上 N_2 个 $\bar{q}$ 已知，待求 N_2 个 ϕ 与 N_1 个 $\dfrac{\partial \phi}{\partial \boldsymbol{n}} = q$，即有

S_1 边界：已知 $\phi_1, \phi_2, \cdots, \phi_{N_1}$，未知 $\phi_{N_1+1}, \phi_{N_1+2}, \cdots, \phi_N$；

S_2 边界：未知 $\dfrac{\partial \phi_1}{\partial \boldsymbol{n}}, \dfrac{\partial \phi_2}{\partial \boldsymbol{n}}, \cdots, \dfrac{\partial \phi_{N_1}}{\partial \boldsymbol{n}}$，已知 $\dfrac{\partial \phi_{N_1+1}}{\partial \boldsymbol{n}}, \dfrac{\partial \phi_{N_1+2}}{\partial \boldsymbol{n}}, \cdots, \dfrac{\partial \phi_N}{\partial \boldsymbol{n}}$。

式（4.4.1.5）可进一步写成如下的矩阵方程：

$$\begin{bmatrix} H_{1,1} & \cdots & H_{1,N_1} & H_{1,N_1+1} & \cdots & H_{1,N} \\ \vdots & & \vdots & \vdots & & \vdots \\ H_{N_1,1} & \cdots & H_{N_1,N_1} & H_{N_1,N_1+1} & \cdots & H_{N_1,N} \\ \vdots & & \vdots & \vdots & & \vdots \\ H_{N,1} & \cdots & H_{N,N_1} & H_{N,N_1+1} & \cdots & H_{N,N} \end{bmatrix} \begin{bmatrix} \bar{\phi}_1 \\ \vdots \\ \bar{\phi}_{N_1} \\ \phi_{N_1+1} \\ \vdots \\ \phi_N \end{bmatrix}$$

$$= \begin{bmatrix} K_{1,1} & \cdots & K_{1,N_1} & K_{1,N_1+1} & \cdots & K_{1,N} \\ \vdots & & \vdots & \vdots & & \vdots \\ K_{N_1,1} & \cdots & K_{N_1,N_1} & K_{N_1,N_1+1} & \cdots & K_{N_1,N} \\ \vdots & & \vdots & \vdots & & \vdots \\ K_{N,1} & \cdots & K_{N,N_1} & K_{N,N_1+1} & \cdots & K_{N,N} \end{bmatrix} \begin{bmatrix} q_1 \\ \vdots \\ q_{N_1} \\ \bar{q}_{N_1+1} \\ \vdots \\ \bar{q}_N \end{bmatrix} \tag{4.4.1.8}$$

或写成

$$\begin{bmatrix} H_1 & H_2 \end{bmatrix} \begin{bmatrix} \bar{\phi} \\ \phi \end{bmatrix} = \begin{bmatrix} K_1 & K_2 \end{bmatrix} \begin{bmatrix} q \\ \bar{q} \end{bmatrix}$$

把矩阵方程的已知值和未知值重新整理后，得

$$\begin{bmatrix}-K_1 & H_2\end{bmatrix}\begin{bmatrix}q\\ \phi\end{bmatrix}=\begin{bmatrix}-H_1 & K_2\end{bmatrix}\begin{bmatrix}\bar{\phi}\\ \bar{q}\end{bmatrix} \tag{4.4.1.9}$$

式（4.4.1.9）可简写成如下形式：

$$\boldsymbol{AX}=\boldsymbol{B} \tag{4.4.1.10}$$

式中，

$$\boldsymbol{A}=\begin{bmatrix}-K_1,\ H_2\end{bmatrix},\ \boldsymbol{X}=\begin{bmatrix}q,\ \phi\end{bmatrix}^{\mathrm{T}},\ \boldsymbol{B}=\begin{bmatrix}-H_1,\ K_2\end{bmatrix}\begin{bmatrix}\bar{\phi}\\ \bar{q}\end{bmatrix}$$

其中，$\boldsymbol{X}$ 为在 S_1 上有 N_1 个未知量 q 与在 S_2 上有 N_2 个未知量ϕ组成的向量。解方程组（4.4.1.10），就可以得到边界上全部的ϕ与 q 的值。

对区域 Ω 内任意 P 点的 ϕ 值，边界积分方程为

$$\phi(P)=\int_S \phi\frac{\partial G}{\partial \boldsymbol{n}}\mathrm{d}s-\int_S G\frac{\partial \phi}{\partial n}\mathrm{d}s,\quad P\in\Omega \tag{4.4.1.11}$$

采用求解 P 点在边界上的边界积分方程（4.4.1.2）同样的离散过程，可得到如下计算任意内点的 ϕ 值公式：

$$\phi_i=\sum_{j=1}^{N}q_iK_{ij}-\sum_{j=1}^{N}\phi_jH_{ij} \tag{4.4.1.12}$$

式中，

$$H_{ij}=-\int_{\Delta S_j}\frac{\partial G_{ij}}{\partial \boldsymbol{n}}\mathrm{d}s \tag{4.4.1.13}$$

$$K_{ij}=-\int_{\Delta S_j}G_{ij}\mathrm{d}s \tag{4.4.1.14}$$

下面将对二维情形的线性单元进行分析，同样将边界 S 分成 N 个单元 $\Delta S_j(j=1,2,\cdots,N)$，节点为 $p_1,p_2,\cdots,p_N$。单元 ΔS_j 的端点为 p_j 与 p_{j+1}，函数ϕ在 p_j 点的值记为 ϕ_j，函数ϕ在 p_j 点的法向导数值 $\dfrac{\partial\phi_j}{\partial n}$ 记为 q_j。假定单元 ΔS_j 内的ϕ与 q 为线性变化，考虑线性单元的节点为两个直线单元的交点，离散后的边界积分方程（4.4.1.2）可以写成

$$C(P_i)\phi(P_i)-\sum_{j=1}^{N}\int_{\Delta S_j}\phi_j\frac{\partial G_{ij}}{\partial \boldsymbol{n}}\mathrm{d}s=-\sum_{j=1}^{N}\int_{\Delta S_j}q_jG_{ij}\mathrm{d}s \tag{4.4.1.15}$$

式中，$C(P_i)$是与点 P_i 处的几何形状有关的系数，其定义可见 4.2.2 节。对于光滑边界，$C(P_i)=\dfrac{1}{2}$。如果在每个单元 ΔS_j 引入局部坐标ξ，如图 4.4.3 所示，则有 $r=\dfrac{1}{2}\xi l$。对应 p_{j+1} 点，$\xi=1$；对应 p_j 点，$\xi=-1$。

在单元 ΔS_j 上，设 ϕ 与 $\partial\phi/\partial\boldsymbol{n}$ 均为局部变量 ξ 的线性函数，则有

$$\begin{cases}\phi(\xi)=N_1\phi_j+N_2\phi_{j+1}=\begin{bmatrix}N_1 & N_2\end{bmatrix}\begin{bmatrix}\phi_j\\ \phi_{j+1}\end{bmatrix}\\ q(\xi)=N_1q_j+N_2q_{j+1}=\begin{bmatrix}N_1 & N_2\end{bmatrix}\begin{bmatrix}q_j\\ q_{j+1}\end{bmatrix}\end{cases}\quad(4.4.1.16)$$

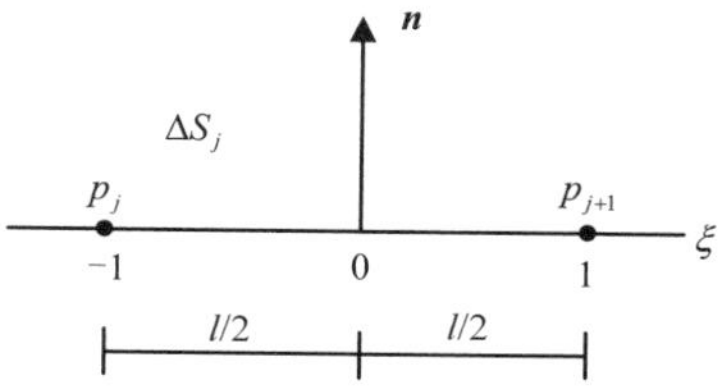

图 4.4.3　线性单元 ΔS_j

式中，$N_1=\dfrac{1}{2}(1-\xi)$，$N_2=\dfrac{1}{2}(1+\xi)(-1\leqslant\xi\leqslant1)$ 为线性插值基函数。

式（4.4.1.15）左端的积分为

$$-\int_{\Delta S_j}\phi_j\frac{\partial G_{ij}}{\partial\boldsymbol{n}}\mathrm{d}s=-\int_{\Delta S_j}\begin{bmatrix}N_1 & N_2\end{bmatrix}\frac{\partial G_{ij}}{\partial\boldsymbol{n}}\mathrm{d}s\cdot\begin{bmatrix}\phi_j\\ \phi_{j+1}\end{bmatrix}=\begin{bmatrix}\bar{H}_{ij}^1 & \bar{H}_{ij}^2\end{bmatrix}\begin{bmatrix}\phi_j\\ \phi_{j+1}\end{bmatrix}\quad(4.4.1.17)$$

式中，

$$\bar{H}_{ij}^1=-\int_{\Delta S_j}N_1\frac{\partial G_{ij}}{\partial\boldsymbol{n}}\mathrm{d}s$$

$$\bar{H}_{ij}^2=-\int_{\Delta S_j}N_2\frac{\partial G_{ij}}{\partial\boldsymbol{n}}\mathrm{d}s$$

同理，式（4.4.1.15）右端的积分为

$$-\int_{\Delta S_j}q_jG_{ij}\mathrm{d}s=-\int_{\Delta S_j}\begin{bmatrix}N_1 & N_2\end{bmatrix}G_{ij}\mathrm{d}s\cdot\begin{bmatrix}q_j\\ q_{j+1}\end{bmatrix}=\begin{bmatrix}K_{ij}^1 & K_{ij}^2\end{bmatrix}\begin{bmatrix}q_j\\ q_{j+1}\end{bmatrix}\quad(4.4.1.18)$$

式中，

$$K_{ij}^1=-\int_{\Delta S_j}N_1G_{ij}\mathrm{d}s$$

$$K_{ij}^2=-\int_{\Delta S_j}N_2G_{ij}\mathrm{d}s$$

把单元 ΔS_j 的积分式（4.4.1.17）和式（4.4.1.18）代入式（4.4.1.15）中，迭加后得到 p_i 点的方程为

$$\begin{aligned}&c_i\phi_i+\bar{H}_{i1}^1\phi_1+\bar{H}_{i1}^2\phi_2+\bar{H}_{i2}^1\phi_2+\cdots+\bar{H}_{ij-1}^2\phi_j+\bar{H}_{ij}^1\phi_j+\cdots+\bar{H}_{iN-1}^2\phi_N+\bar{H}_{iN}^1\phi_N+\bar{H}_{iN}^2\phi_1\\ &=K_{i1}^1q_1+K_{i1}^2q_2+K_{i2}^1q_2+\cdots+K_{ij-1}^2q_j+K_{ij}^1q_j+\cdots+K_{iN-1}^2q_N+K_{iN}^1q_N+K_{iN}^2q_1\end{aligned}$$

上式可写成如下矩阵形式：

$$c_i\phi_i+\begin{bmatrix}\bar{H}_{i1} & \bar{H}_{i2} & \cdots & \bar{H}_{iN}\end{bmatrix}\begin{bmatrix}\phi_1\\ \phi_2\\ \vdots\\ \phi_N\end{bmatrix}=\begin{bmatrix}K_{i1} & K_{i2} & \cdots & K_{iN}\end{bmatrix}\begin{bmatrix}q_1\\ q_2\\ \vdots\\ q_N\end{bmatrix}\quad(4.4.1.19)$$

式中，$\bar{H}_{ij}$ 为单元 ΔS_{j-1} 的 $\bar{H}_{ij-1}^2$ 和单元 ΔS_j 的 $\bar{H}_{i,j}^1$ 两项之和，K_{ij} 为单元 ΔS_{j-1} 的 $K_{i,j-1}^2$

和单元ΔS_j的K_{ij}^1两项之和，即

$$\bar{H}_{ij}=\begin{cases}\bar{H}_{ij-1}^2+\bar{H}_{ij}^1, & j=2,3,\cdots,N\\ \bar{H}_{iN}^2+\bar{H}_{i1}^1, & j=1\end{cases}\qquad(4.4.1.20)$$

$$K_{ij}=\begin{cases}K_{ij-1}^2+K_{ij}^1, & j=2,3,\cdots,N\\ K_{iN}^2+K_{i1}^1, & j=1\end{cases}\qquad(4.4.1.21)$$

若令

$$H_{ij}=\begin{cases}\bar{H}_{ij-1}^2+\bar{H}_{ij}^1+c_i\delta_{ij}, & j=2,3,\cdots,N\\ \bar{H}_{iN}^2+\bar{H}_{i1}^1+c_i\delta_{ij}, & j=1\end{cases}\qquad(4.4.1.22)$$

$$\delta_{ij}=\begin{cases}1, & i=j\\ 0, & i\neq j\end{cases}$$

对每个节点$P_i(i=1,2,\cdots,N)$，应用式（4.4.1.15）可得到如下N个线性方程

$$\sum_{j=1}^{N}H_{ij}\phi_j=\sum_{j=1}^{N}K_{ij}q_j,\quad i=1,2,\cdots,N\qquad(4.4.1.23)$$

式（4.4.1.23）可写成与常值单元的矩阵方程式（4.4.1.10）相同形式的N阶矩阵方程，采用求解常值单元相同的方法得到线性单元各节点的ϕ_i或q_i值。

4.4.2　系数计算

求解由边界积分方程（4.4.1.2）离散后得到的矩阵方程（4.4.1.10）之前，需要计算出矩阵方程的系数H_{ij}和K_{ij}。

首先考虑二维情形的常值单元，取ϕ^*为二维 Laplace 方程的基本解，即

$$\phi^*=\frac{1}{2\pi}\ln r\qquad(4.4.2.1)$$

当$i\neq j$时，由式（4.4.1.6）和式（4.4.1.7）可知，系数H_{ij}和K_{ij}的计算式为

$$H_{ij}=\bar{H}_{ij}=-\int_{\Delta S_j}\frac{\partial\phi_{ij}^*}{\partial\boldsymbol{n}}\mathrm{d}s=-\frac{1}{2\pi}\int_{\Delta S_j}\frac{\partial}{\partial\boldsymbol{n}}(\ln r)\mathrm{d}s\qquad(4.4.2.2)$$

$$K_{ij}=-\int_{\Delta S_j}\phi_{ij}^*\mathrm{d}s=-\frac{1}{2\pi}\int_{\Delta S_j}\ln r\mathrm{d}s\qquad(4.4.2.3)$$

式（4.4.2.2）和式（4.4.2.3）可以用简单的 Gauss 求积公式计算。

当$i=j$时，ϕ^*有奇异性，故需要采用奇异积分的数值计算方法。在单元ΔS_i上建立如图 4.4.4 所示的一维局部坐标ξ，原点在单元的中心，在单元ΔS_i的左端点$\xi=-1$，在单元ΔS_i的右端点$\xi=1$。单元长度为$l=\Delta S_i$。

应用局部坐标变换$r=\dfrac{1}{2}\xi l$，基本解（4.4.2.1）可写成

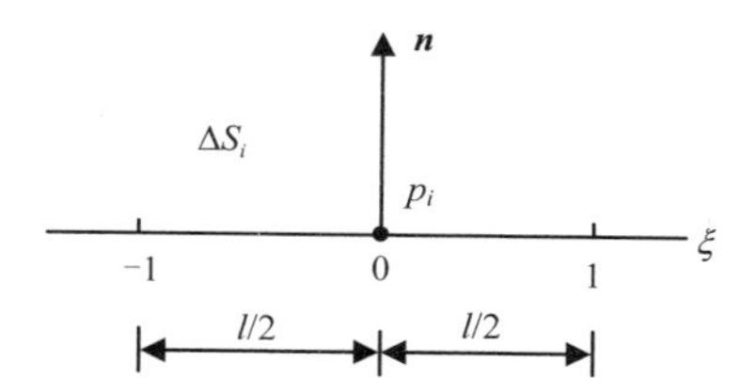

图 4.4.4　$i=j$ 情形的常值单元

$$\phi^*=\frac{1}{2\pi}\ln r=\frac{1}{2\pi}\ln\left(\frac{1}{2}\xi l\right) \tag{4.4.2.4}$$

当 $i=j$ 时，$\boldsymbol{r}\perp\boldsymbol{n}$，基本解 ϕ^* 对单元边界的法向导数 $\left.\frac{\partial\phi^*}{\partial\boldsymbol{n}}\right|_{S_i}=0$，因而有 $\bar{H}_{ii}=0$。由式（4.4.1.6）可得

$$H_{ii}=\bar{H}_{ii}+\frac{1}{2}\delta_{ii}=\frac{1}{2} \tag{4.4.2.5}$$

系数 $K_{ii}\ (i=j)$ 的处理如下：

$$\begin{aligned}K_{ii}&=-\int_{\Delta S_i}\phi^*\mathrm{d}s=-\frac{1}{2\pi}\int_{-l/2}^{l/2}\ln r\mathrm{d}r=-\frac{l}{2\pi}\int_0^1\ln\frac{\xi l}{2}\mathrm{d}\xi=-\frac{l}{2\pi}\int_0^1\left(\ln\frac{l}{2}+\ln\xi\right)\mathrm{d}\xi\\&=-\frac{l}{2\pi}\ln\frac{l}{2}-\frac{l}{2\pi}\int_0^1\ln\xi\,\mathrm{d}\xi\end{aligned}$$

上式右端第二项的奇异积分可计算如下：

$$\begin{aligned}\int_0^1\ln\xi\,\mathrm{d}\xi&=\lim_{\varepsilon\to0}\int_\varepsilon^1\ln\xi\,\mathrm{d}\xi=\lim_{\varepsilon\to0}\left(\xi\ln\xi\Big|_\varepsilon^1-\int_\varepsilon^1\xi\mathrm{d}(\ln\xi)\right)\\&=\lim_{\varepsilon\to0}(\xi\ln\xi-\xi)\Big|_\varepsilon^1=-1-\lim_{\varepsilon\to0}(\varepsilon\ln\varepsilon-\varepsilon)=-1\end{aligned}$$

因而得

$$K_{ii}=-\frac{l}{2\pi}\ln\frac{l}{2}+\frac{l}{2\pi}=\frac{l}{2\pi}\left(1-\ln\frac{l}{2}\right) \tag{4.4.2.6}$$

下面将对二维情形的线性单元进行分析，仍取 ϕ^* 为二维 Laplace 方程的基本解，即

$$\phi^*=\frac{1}{2\pi}\ln r$$

当 $i\neq j$ 时，由式（4.4.1.21）和式（4.4.1.22）得，系数 H_{ij} 和 K_{ij} 的计算式为

$$\begin{aligned}H_{ij}&=H_{ij-1}^2+H_{ij}^1\\&=-\frac{1}{2\pi}\int_{\Delta S_{j-1}}N_2\frac{\partial}{\partial\boldsymbol{n}}(\ln r_{ij})\mathrm{d}s-\frac{1}{2\pi}\int_{\Delta S_j}N_1\frac{\partial}{\partial\boldsymbol{n}}(\ln r_{ij})\mathrm{d}s\end{aligned} \tag{4.4.2.7}$$

$$\begin{aligned} K_{ij} &= K_{ij-1}^2 + K_{ij}^1 \\ &= -\frac{1}{2\pi}\int_{\Delta S_{j-1}} N_2 \ln r_{ij} \mathrm{d}s - \frac{1}{2\pi}\int_{\Delta S_j} N_1 \ln r_{ij} \mathrm{d}s \end{aligned} \tag{4.4.2.8}$$

式中，$N_1 = \frac{1}{2}(1-\xi)$，$N_2 = \frac{1}{2}(1+\xi)$ 为线性插值基函数；r_{ij} 为单元 ΔS_j 上的 j 点到节点 P_i 的距离。

式（4.4.2.7）和式（4.4.2.8）可以用简单的 Gauss 求积公式计算，见 4.4.3 节的算例。

当 $i=j$ 时，ϕ^* 有奇异性需要采用奇异积分的数值计算方法。在单元 ΔS_i 上建立图 4.4.5 所示的一维局部坐标ξ，原点在单元的中心，在单元 ΔS_i 的左端点$\xi=-1$，在单元 ΔS_i 的右端点$\xi=1$，单元长度为 l 。

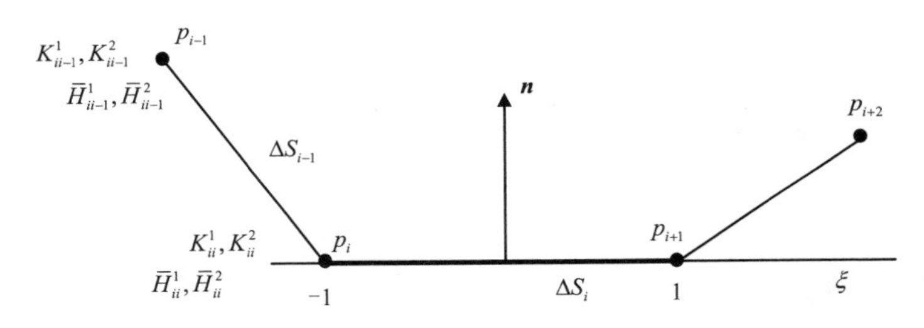

图 4.4.5　$i=j$ 情形的线性单元

因当 $i=j$ 时，$\boldsymbol{r}\perp\boldsymbol{n}$，二维 Laplace 方程的基本解 ϕ^* 对单元边界的法向导数 $\left.\frac{\partial\phi^*}{\partial n}\right|_{\Delta S_i}=0$，对单元 ΔS_i 左端的节点 p_i，有

$$\bar{H}_{ii}^1 = -\frac{1}{2\pi}\int_{\Delta S_i} N_1 \frac{\partial}{\partial n}(\ln r)\mathrm{d}s = 0 \tag{4.4.2.9}$$

$$\bar{H}_{ii}^2 = -\frac{1}{2\pi}\int_{\Delta S_i} N_2 \frac{\partial}{\partial n}(\ln r)\mathrm{d}s = 0 \tag{4.4.2.10}$$

式中，$N_1 = \frac{1}{2}(1-\xi)$，$N_2 = \frac{1}{2}(1+\xi)$ $(-1\leqslant\xi\leqslant1)$为线性插值基函数。因而得单元 ΔS_i 左端的节点 p_i 的两个系数 $\bar{H}_{ii}^1$，$\bar{H}_{ii}^2$ 为

$$\begin{bmatrix}\bar{H}_{ii}^1 & \bar{H}_{ii}^2\end{bmatrix} = \begin{bmatrix}0 & 0\end{bmatrix} \tag{4.4.2.11}$$

同理，可得单元 ΔS_{i-1} 左端的节点 p_{i-1} 的两个系数 $\bar{H}_{ii-1}^1$，$\bar{H}_{ii-1}^2$ 为

$$\begin{bmatrix}\bar{H}_{ii-1}^1 & \bar{H}_{ii-1}^2\end{bmatrix} = \begin{bmatrix}0 & 0\end{bmatrix} \tag{4.4.2.12}$$

由式（4.4.2.11）和式（4.4.2.12），可得系数 H_{ii} 为

$$H_{ii} = \bar{H}_{ii-1}^2 + \bar{H}_{ii}^1 + c_i\delta_{ii} = c_i \tag{4.4.2.13}$$

系数 K_{ii} $(i=j)$ 的推导过程如下。对单元 ΔS_i 左端的节点 p_i，应用局部坐标变

换 $r=\frac{l}{2}(1+\xi)$ ($\xi=-1$，$r=0$；$\xi=1$，$r=1$)，二维 Laplace 方程的基本解可写成

$$\phi^*=\frac{1}{2\pi}\ln r=\frac{1}{2\pi}\ln\left[\frac{l}{2}(1+\xi)\right]$$

单元 ΔS_i（单元长度为 l）左端的节点 p_i 的系数 K_{ii}^1 为

$$K_{ii}^1=-\int_{\Delta S_i}N_1\phi^*\mathrm{d}s=-\frac{1}{2\pi}\int_0^l N_1\ln r\,\mathrm{d}r=-\frac{l}{2\pi}\int_{-1}^1\frac{1}{2}(1-\xi)\ln\left[\frac{l}{2}(1+\xi)\right]\mathrm{d}\left(\frac{1+\xi}{2}\right) \tag{4.4.2.14}$$

令 $\eta=\frac{1}{2}(1+\xi)$ ($\xi=-1$，$\eta=0$；$\xi=1$，$\eta=1$)，代入式（4.4.2.14），有

$$\begin{aligned}K_{ii}^1&=-\frac{l}{2\pi}\int_0^1(1-\eta)\ln(l\eta)\mathrm{d}\eta=-\frac{l}{2\pi}\int_0^1(1-\eta)\ln l\mathrm{d}\eta-\frac{l}{2\pi}\int_0^1(1-\eta)\ln\eta\mathrm{d}\eta\\&=-\frac{l}{2\pi}\ln l\int_0^1(1-\eta)\mathrm{d}\eta-\frac{l}{2\pi}\int_0^1(1-\eta)\ln\eta\mathrm{d}\eta\\&=-\frac{l}{4\pi}\ln l-\frac{l}{2\pi}\int_0^1\ln\eta\mathrm{d}\eta+\frac{l}{2\pi}\int_0^1\eta\ln\eta\mathrm{d}\eta\end{aligned} \tag{4.4.2.15}$$

上式右端第二项和第三项的奇异积分可计算如下：

$$\begin{aligned}\int_0^1\ln\eta\,\mathrm{d}\eta&=\lim_{\varepsilon\to0}\int_\varepsilon^1\ln\eta\,\mathrm{d}\eta=\lim_{\varepsilon\to0}\left(\eta\ln\eta\Big|_\varepsilon^1-\int_\varepsilon^1\eta\mathrm{d}(\ln\eta)\right)\\&=\lim_{\varepsilon\to0}(\eta\ln\eta-\eta)\Big|_\varepsilon^1=-1-\lim_{\varepsilon\to0}(\varepsilon\ln\varepsilon-\varepsilon)\Big|=-1\end{aligned}$$

$$\begin{aligned}\int_0^1\eta\ln\eta\,\mathrm{d}\eta&=\lim_{\varepsilon\to0}\int_\varepsilon^1\eta\ln\eta\,\mathrm{d}\eta=\lim_{\varepsilon\to0}\left(\frac{\eta^2}{2}\ln\eta\Bigg|_\varepsilon^1-\int_\varepsilon^1\frac{\eta^2}{2}\mathrm{d}(\ln\eta)\right)\\&=\lim_{\varepsilon\to0}\left(\frac{\eta^2}{2}\ln\eta-\frac{\eta^2}{4}\right)\Bigg|_\varepsilon^1=-\frac{1}{4}-\frac{1}{2}\lim_{\varepsilon\to0}\left(\varepsilon^2\ln\varepsilon-\frac{\varepsilon^2}{2}\right)=-\frac{1}{4}\end{aligned}$$

因而得

$$K_{ii}^1=-\frac{l}{4\pi}\ln l+\frac{l}{2\pi}-\frac{l}{8\pi}=\frac{l}{4\pi}\left(\frac{3}{2}-\ln l\right) \tag{4.4.2.16}$$

单元 ΔS_i 左端的节点 p_i 的系数 K_{ii}^2 为

$$K_{ii}^2=-\int_{\Delta S_i}N_2\phi^*\mathrm{d}s=-\frac{1}{2\pi}\int_0^l N_2\ln r\,\mathrm{d}r=-\frac{l}{2\pi}\int_{-1}^1\frac{1}{2}(1+\xi)\ln\left[\frac{l}{2}(1+\xi)\right]\mathrm{d}\left(\frac{1+\xi}{2}\right) \tag{4.4.2.17}$$

令 $\eta=\frac{1}{2}(1+\xi)$ ($\xi=-1$，$\eta=0$；$\xi=1$，$\eta=1$)，代入式（4.4.2.17），有

$$K_{ii}^2 = -\frac{l}{2\pi}\int_0^1 \eta \ln(l\eta)\mathrm{d}\eta = -\frac{l}{2\pi}\int_0^1 \eta \ln l \mathrm{d}\eta - \frac{l}{2\pi}\int_0^1 \eta \ln \eta \mathrm{d}\eta$$
$$= -\frac{l}{2\pi}\ln l \int_0^1 \eta \mathrm{d}\eta - \frac{l}{2\pi}\int_0^1 \eta \ln \eta \mathrm{d}\eta$$
$$= -\frac{l}{4\pi}\ln l - \frac{l}{2\pi}\int_0^1 \eta \ln \eta \mathrm{d}\eta \tag{4.4.2.18}$$

上式右端的奇异积分可计算如下：

因为

$$\int_0^1 \eta \ln \eta \,\mathrm{d}\eta = \lim_{\varepsilon \to 0}\int_\varepsilon^1 \eta \ln \eta \,\mathrm{d}\eta = -\frac{1}{4}$$

所以

$$K_{ii}^2 = -\frac{l}{4\pi}\ln l + \frac{l}{8\pi} = \frac{l}{4\pi}\left(\frac{1}{2} - \ln l\right) \tag{4.4.2.19}$$

因而得单元ΔS_i（单元长度为l）左端的节点p_i的两个系数K_{ii}^1，K_{ii}^2为

$$\begin{bmatrix} K_{ii}^1 & K_{ii}^2 \end{bmatrix} = \frac{l}{4\pi}\begin{bmatrix} \frac{3}{2} - \ln l & \frac{1}{2} - \ln l \end{bmatrix} \tag{4.4.2.20}$$

对单元ΔS_{i-1}（单元长度为l_{i-1}），节点p_i为右端的节点，应用局部坐标变换$r = \frac{l}{2}(1-\xi)$ ($\xi = -1$，$r = 1$；$\xi = 1$，$r = 0$)，二维 Laplace 方程的基本解可写成

$$\phi^* = \frac{1}{2\pi}\ln r = \frac{1}{2\pi}\ln \frac{l}{2}(1-\xi)$$

采用与单元ΔS_i左端的节点p_i的系数K_{ii}^1，K_{ii}^2同样的推导过程，可得单元ΔS_{i-1}左端的节点p_{i-1}的两个系数K_{ii-1}^1，K_{ii-1}^2为

$$\begin{bmatrix} K_{ii-1}^1 & K_{ii-1}^2 \end{bmatrix} = \frac{l_{i-1}}{4\pi}\begin{bmatrix} \frac{1}{2} - \ln l_{i-1} & \frac{3}{2} - \ln l_{i-1} \end{bmatrix} \tag{4.4.2.21}$$

由式（4.4.2.20）和式（4.4.2.21），可得

$$K_{ii} = K_{ii-1}^2 + K_{ii}^1 = \frac{l_{i-1}}{4\pi}\left(\frac{3}{2} - \ln l_{i-1}\right) + \frac{l}{4\pi}\left(\frac{3}{2} - \ln l\right) \tag{4.4.2.22}$$

当$l_{i-1} = l$时，有

$$K_{ii} = K_{ii-1}^2 + K_{ii}^1 = \frac{l}{2\pi}\left(\frac{3}{2} - \ln l\right) \tag{4.4.2.23}$$

4.4.3　边界单元法算例

二维方形区域Ω（边长$a = 2$）和边界条件如图 4.4.6 所示。函数ϕ满足 Laplace 方程，求二维方形区域中点的ϕ值。

求解上述 Laplace 方程的边值问题为

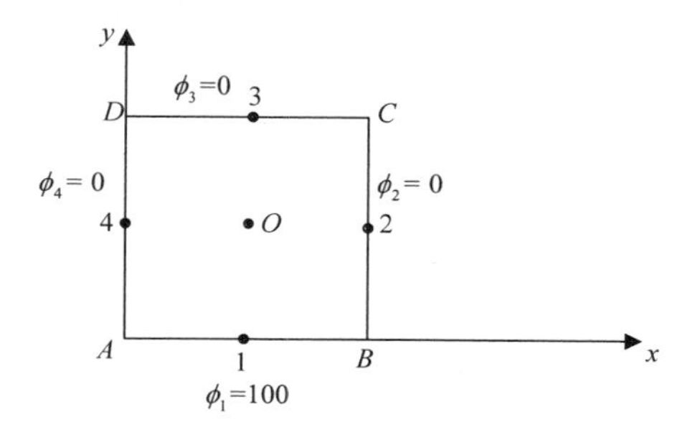

图 4.4.6　二维方形区域的边界条件示意图

$$\begin{cases}\nabla^2\phi=0, & \text{区域}\Omega\text{内}\\ \phi=100, & y=0\\ \phi=0, & \text{其他边界}\end{cases} \tag{4.4.3.1}$$

为简单起见，将方形板的每一个边作为一个常值单元（单元长 $a=2$），共分成 4 个单元。

1）矩阵系数 K_{ij} 的计算如下。

当 $i=j$ 时，将 $l=a=2$ 代入式（4.4.2.6），得

$$K_{11}=K_{22}=K_{33}=K_{44}=\frac{a}{2\pi}\left(1-\ln\frac{a}{2}\right)=\frac{1}{\pi}$$

当 $i\neq j$ 时，由 m 点 Gauss 求积公式，得

$$K_{ij}=-\int_{\Delta S_j}\phi_{ij}^*\mathrm{d}s=-\frac{1}{2\pi}\int_{\Delta S_j}\ln r_{ij}\mathrm{d}s=-\frac{1}{2\pi}\frac{B-A}{2}\sum_m\left(\ln r_{ij}\right)_m W_m \tag{4.4.3.2}$$

式中，B 与 A 为积分的上限与下限；r_{ij} 为边界单元 i 上的中点到边界单元 j 上的点的距离。

现考虑边界单元 1，若取 1 点 Gauss 求积公式($\xi=0$, $W=2$)，则有

$$K_{12}=-\frac{1}{2\pi}\times\ln\sqrt{2}\times 2\approx-\frac{0.347}{\pi}$$

$$K_{13}=-\frac{1}{2\pi}\times\ln 2\times 2\approx-\frac{0.693}{\pi}$$

$$K_{14}=-\frac{1}{2\pi}\times\ln\sqrt{2}\times 2\approx-\frac{0.347}{\pi}$$

其他边界单元的系数 K_{ij} 参照图 4.4.6 都可以用边界单元 1 的系数来表示。

2）矩阵系数 H_{ij} 的计算如下。

当 $i=j$ 时，由式（4.4.2.5），得

$$H_{11}=H_{22}=H_{33}=H_{44}=\frac{1}{2}$$

当 $i\neq j$ 时，

$$H_{ij} = \overline{H}_{ij} = -\int_{\Delta S_j} \frac{\partial \phi_{ij}^*}{\partial \boldsymbol{n}} \mathrm{d}s$$

代入 Laplace 方程的基本解，有

$$H_{ij} = -\frac{1}{2\pi}\int_{\Delta S_j} \frac{\partial}{\partial \boldsymbol{n}}\left(\ln r_{ij}\right)\mathrm{d}s = -\frac{1}{2\pi}\int_{\Delta S_j} \frac{\partial}{\partial r}\left(\ln r_{ij}\right)\frac{\partial r}{\partial \boldsymbol{n}}\mathrm{d}s \tag{4.4.3.3}$$

式（4.4.3.3）中的 $\dfrac{\partial}{\partial r}(\ln r)$ 和 $\dfrac{\partial r}{\partial \boldsymbol{n}}$ 的计算如下：

$$\frac{\partial}{\partial r}(\ln r) = -\frac{1}{r} \tag{4.4.3.4}$$

$$\frac{\partial r}{\partial \boldsymbol{n}} = \frac{\partial r}{\partial x}\frac{\partial x}{\partial \boldsymbol{n}} + \frac{\partial r}{\partial y}\frac{\partial y}{\partial \boldsymbol{n}} = \frac{x-\xi}{r}\cos(n,x) + \frac{y-\eta}{r}\cos(n,y) = \frac{d}{r} \tag{4.4.3.5}$$

式中，d 为 i 单元的中点到 j 单元的距离，如图 4.4.7 所示。

将式（4.4.3.4）和式（4.4.3.5）代入（4.4.3.3）中，由 m 点 Gauss 求积公式，得

$$H_{ij} = -\frac{1}{2\pi}\int_{\Delta S_j} \frac{1}{r_{ij}}\frac{d_{ij}}{r_{ij}}\mathrm{d}s = -\frac{1}{2\pi}\frac{B-A}{2}\sum_m \left(\frac{d_{ij}}{r_{ij}^2}\right)_m W_m \tag{4.4.3.6}$$

对边界单元 1，仍取 1 点 Gauss 求积公式($\xi = 0$，$W = 2$)，有

$$H_{12} = -\frac{1}{2\pi}\cdot\frac{a}{2}\cdot\frac{a/2}{(a\sqrt{2}/2)^2}\cdot 2 = -\frac{1}{2\pi}$$

$$H_{13} = -\frac{1}{2\pi}\cdot\frac{a}{2}\cdot\frac{a}{a^2}\cdot 2 = -\frac{1}{2\pi}$$

$$H_{14} = -\frac{1}{2\pi}\cdot\frac{a}{2}\cdot\frac{a/2}{(a\sqrt{2}/2)^2}\cdot 2 = -\frac{1}{2\pi}$$

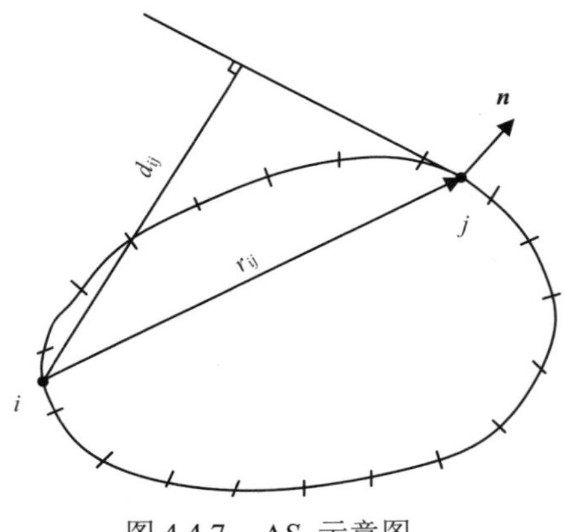

图 4.4.7　ΔS_j 示意图

考虑到在其他边界单元上的 $\phi = 0$，因而不需要计算相应的 H_{ij}，从而可列出

如下的边界元方程：

$$\begin{bmatrix} \frac{1}{\pi} & -\frac{0.347}{\pi} & -\frac{0.693}{\pi} & -\frac{0.347}{\pi} \\ -\frac{0.347}{\pi} & \frac{1}{\pi} & -\frac{0.347}{\pi} & -\frac{0.693}{\pi} \\ -\frac{0.693}{\pi} & -\frac{0.347}{\pi} & \frac{1}{\pi} & -\frac{0.347}{\pi} \\ -\frac{0.347}{\pi} & -\frac{0.693}{\pi} & -\frac{0.347}{\pi} & \frac{1}{\pi} \end{bmatrix} \begin{bmatrix} q_1 \\ q_2 \\ q_3 \\ q_4 \end{bmatrix} = 100 \begin{bmatrix} \frac{1}{2} \\ -\frac{1}{2\pi} \\ -\frac{1}{2\pi} \\ -\frac{1}{2\pi} \end{bmatrix} \tag{4.4.3.7}$$

或写成下面的形式：

$$\begin{cases} q_1 - 0.347q_2 - 0.693q_3 - 0.347q_4 = 50\pi & (4.4.3.8) \\ -0.347q_1 + q_2 - 0.347q_3 - 0.693q_4 = -50 & (4.4.3.9) \\ -0.693q_1 - 0.347q_2 + q_3 - 0.347q_4 = -50 & (4.4.3.10) \\ -0.347q_1 - 0.693q_2 - 0.347q_3 + q_4 = -50 & (4.4.3.11) \end{cases}$$

式（4.4.3.8）与式（4.4.3.10）相减，得

$$1.693q_1 - 1.693q_3 = 50(\pi + 1) \approx 207.080$$

所以

$$q_1 = q_3 + 122.315$$

式（4.4.3.9）与式（4.4.3.11）相减，得

$$1.693q_2 - 1.693q_4 = 0$$

所以

$$q_2 = q_4$$

将 $q_1 = q_3 + 122.315$ 与 $q_2 = q_4$ 代入式（4.4.3.8）与式（4.4.3.9）消去 q_1 与 q_4，有

$$q_3 + 122.315 - 0.694q_2 - 0.693q_3 = 50\pi$$

$$-0.347(q_3 + 122.315) + 0.307q_2 - 0.347q_3 = -50$$

整理后可得到如下方程组：

$$\begin{cases} -0.694q_2 + 0.307q_3 = 50\pi - 122.315 \approx 34.765 & (4.4.3.12) \\ 0.307q_2 - 0.694q_3 = -50 + 0.347 \times 122.315 \approx -7.557 & (4.4.3.13) \end{cases}$$

式（4.4.3.12）×0.694 与式（4.4.3.13）× 0.307 相加，有

$$(-0.694 \times 0.694 + 0.307 \times 0.307)q_2 = 34.765 \times 0.694 - 7.557 \times 0.307$$

解得

$$q_2 \approx -\frac{21.807}{0.387} \approx -56.349 \tag{4.4.3.14}$$

将式（4.4.3.14）代入式（4.4.3.12），得

$$q_3 = \frac{34.765 - 0.694 \times 56.349}{0.307} \approx -\frac{4.341}{0.307} \approx -14.140$$

所以

$$q_1 = q_3 + 122.315 = 108.175$$

$$q_4 = q_2 = -56.349$$

从而方程的解为

$$\begin{cases} q_1 \approx 108.18 \\ q_2 \approx -56.35 \\ q_3 \approx -14.14 \\ q_4 \approx -56.35 \end{cases} \tag{4.4.3.15}$$

3）现利用所得到的边界单元的 q_i 值，代入式（4.4.1.12）计算中点值 ϕ_0，即

$$\phi_0 = \sum_{j=1}^{4}\left(q_j K_{0j} - \phi_j H_{0j}\right)$$

式中，系数 K_{0j} 与 H_{0j} 可应用 Gauss 求积公式计算：

$$K_{0j} = -\frac{1}{2\pi}\frac{B-A}{2}\sum_m \left(\ln r_{0j}\right)_m W_m$$

由 $\ln r_{0j} = \ln 1 = 0$，得

$$K_{0j} = 0$$

$$H_{0j} = -\frac{1}{2\pi}\cdot\frac{B-A}{2}\sum_m \left(\frac{d_{0j}}{r_{0j}^2}\right)_m W_m$$

从已知的边界条件，可知我们只需计算 H_{01} 的值即可。若采用 1 点 Gauss 求积公式，则有

$$H_{01} = -\frac{1}{2\pi}\cdot\frac{d_{01}}{r_{01}^2}\cdot 2 = -\frac{1}{\pi}\times\frac{1}{1^2} = -\frac{1}{\pi}$$

$$\phi_0 = -100\times\left(-\frac{1}{\pi}\right) \approx 31.83$$

下面给出采用 2 点 Gauss 求积公式（$\xi_1 = 1/\sqrt{3}$, $W_1 = 1$，$\xi_2 = -1/\sqrt{3}$, $W_2 = 1$）的求解过程。仍将方形板的每一个边作为一个常值单元（单元长 $l = a = 2$），共分成 4 个单元。

当 $i = j$ 时，由式（4.4.2.5）和式（4.4.2.6），得

$$H_{11} = H_{22} = H_{33} = H_{44} = \frac{1}{2}$$

$$K_{11} = K_{22} = K_{33} = K_{44} = \frac{a}{2\pi}(1 - \ln\frac{a}{2}) = \frac{1}{\pi}$$

当 $i \neq j$ 时，以边界单元 1 为例，应用式（4.4.3.2），取 2 点 Gauss 求积公式，则有

$$K_{12}=-\frac{1}{2\pi}\left[\ln\sqrt{1^2+(1-1/\sqrt{3})^2}+\ln\sqrt{1^2+(1+1/\sqrt{3})^2}\right]=-\frac{1}{2\pi}\ln\frac{\sqrt{37}}{3}\approx-\frac{0.3534}{\pi}$$

$$K_{13}=-\frac{1}{2\pi}\left[\ln\sqrt{2^2+(-1/\sqrt{3})^2}+\ln\sqrt{2^2+(1/\sqrt{3})^2}\right]=-\frac{1}{2\pi}\ln\frac{13}{3}\approx-\frac{0.7332}{\pi}$$

$$K_{14}=-\frac{1}{2\pi}\left[\ln\sqrt{1^2+(1-1/\sqrt{3})^2}+\ln\sqrt{1^2+(1+(1/\sqrt{3})^2}\right]=-\frac{1}{2\pi}\ln\frac{\sqrt{37}}{3}\approx-\frac{0.3534}{\pi}$$

其他边界单元的系数 K_{ij} 都可以用单元 1 的系数来表示。

当 $i\neq j$ 时，仍以边界单元 1 为例，应用式（4.4.3.6），取 2 点 Gauss 求积公式，则有

$$H_{12}=-\frac{1}{2\pi}\cdot\frac{a}{2}\cdot\left[\frac{a/2}{1^2+(1-1/\sqrt{3})^2}+\frac{a/2}{1^2+(1+1/\sqrt{3})^2}\right]=-\frac{1}{2\pi}\times\frac{42}{37}\approx-\frac{0.5676}{\pi}$$

$$H_{13}=-\frac{1}{2\pi}\cdot\frac{a}{2}\cdot\left[\frac{a/2}{2^2+(-1/\sqrt{3})^2}+\frac{a/2}{2^2+(1/\sqrt{3})^2}\right]=-\frac{1}{2\pi}\times\frac{12}{13}=-\frac{0.4615}{\pi}$$

$$H_{14}=-\frac{1}{2\pi}\cdot\frac{a}{2}\cdot\left[\frac{a/2}{1^2+(1-1/\sqrt{3})^2}+\frac{a/2}{1^2+(1+1/\sqrt{3})^2}\right]=-\frac{1}{2\pi}\times\frac{42}{37}=-\frac{0.5676}{\pi}$$

其他边界单元的系数 H_{ij} 也都可以用单元 1 的系数来表示。

考虑到在其他边界单元上的 $\varphi=0$，因而不需要计算相应的 H_{ij}。可列出如下的边界元方程：

$$\begin{bmatrix}\frac{1}{\pi} & -\frac{0.353}{\pi} & -\frac{0.733}{\pi} & -\frac{0.353}{\pi}\\ -\frac{0.353}{\pi} & \frac{1}{\pi} & -\frac{0.353}{\pi} & -\frac{0.733}{\pi}\\ -\frac{0.733}{\pi} & -\frac{0.353}{\pi} & \frac{1}{\pi} & -\frac{0.353}{\pi}\\ -\frac{0.353}{\pi} & -\frac{0.733}{\pi} & -\frac{0.353}{\pi} & \frac{1}{\pi}\end{bmatrix}\begin{bmatrix}q_1\\ q_2\\ q_3\\ q_4\end{bmatrix}=100\cdot\begin{bmatrix}\frac{1}{2}\\ -\frac{0.5676}{\pi}\\ -\frac{0.4615}{\pi}\\ -\frac{0.5676}{\pi}\end{bmatrix}\tag{4.4.3.16}$$

或写成下面的形式

$$\begin{cases}q_1-0.353q_2-0.733q_3-0.353q_4=50\pi & (4.4.3.17)\\ -0.353q_1+q_2-0.353q_3-0.733q_4=-56.76 & (4.4.3.18)\\ -0.733q_1-0.353q_2+q_3-0.353q_4=-46.15 & (4.4.3.19)\\ -0.353q_1-0.733q_2-0.353q_3+q_4=-56.76 & (4.4.3.20)\end{cases}$$

联立求解式（4.4.3.17）～式（4.4.3.20），可得到方程组的解为

$$\begin{cases}q_1\approx117.73\\ q_2\approx-56.16\\ q_3\approx0.47\\ q_4\approx-56.16\end{cases}\tag{4.4.3.21}$$

现利用所得到的边界单元的 q_i 值，代入式（4.4.1.12）中计算中点的值 ϕ_0 。

$$\phi_0 = \sum_{j=1}^{4}\left(q_j K_{0j} - \phi_j H_{0j}\right)$$

式中，

$$K_{0j} = -\frac{1}{2\pi}\frac{B-A}{2}\sum_{m}\left(\ln r_{0j}\right)_m W_m$$

$$H_{0j} = -\frac{1}{2\pi}\frac{B-A}{2}\sum_{m}\left(\frac{d_{0j}}{r_{0j}^2}\right)_m W_m$$

若采用 2 点 Gauss 求积公式计算，有

$$K_{01} = -\frac{1}{2\pi}\left[\ln\sqrt{1+\left(1/\sqrt{3}\right)^2} + \ln\sqrt{1+\left(-1/\sqrt{3}\right)^2}\right]$$

$$= -\frac{1}{2\pi}\left(\ln\sqrt{1+0.5774^2} + \ln\sqrt{1+0.5774^2}\right) \approx -\frac{0.1439}{\pi} \approx -0.0458$$

同理有

$$K_{02} = K_{03} = K_{04} = -0.0458$$

$$H_{01} = -\frac{1}{2\pi}\cdot\left(\frac{1}{1^2+0.5774^2} + \frac{1}{1^2+0.5774^2}\right) \approx -\frac{0.7500}{\pi} \approx -0.2387$$

所以得

$$\phi_0 = K_{01}\sum_{j=1}^{4} q_j - \phi_1 H_{01}$$

$$= -0.0458\times(117.73-56.16\times 2+0.47)-100\times\left(-0.2387\right) \approx 23.60 \quad （4.4.3.22）$$

该算例的精确解 $\phi_0 = 25.00$ ，采用 1 点 Gauss 求积公式得到的 $\phi_0 \approx 31.83$ ，而采用 2 点 Gauss 求积公式得到的 $\phi_0 \approx 23.60$ 与精确解更接近。

4.5　大尺度任意形状结构的波流力

4.5.1　波浪数学模型

假定流体是不可压缩与无旋的，水深为定值，水底与大尺度结构物表面是不可渗透边界，则流场中的总速度势 $\Phi(x,y,z,t)$ 应满足 Laplace 方程：

$$\nabla^2\Phi = 0 \quad （4.5.1.1）$$

在图 4.5.1 所示的坐标系下，其定解条件为

$$
\begin{cases}
g\dfrac{\partial \Phi}{\partial z}+\dfrac{\partial^2 \Phi}{\partial t^2}=0, & z=0 \\
\dfrac{\partial \Phi}{\partial \boldsymbol{n}}=0, & \text{结构表面}S \\
\dfrac{\partial \Phi}{\partial z}=0, & z=-d \\
\lim\limits_{r\to\infty} r^{\frac{1}{2}}\left(\dfrac{\partial \Phi}{\partial r}-\mathrm{i}k\Phi\right)=0, & \text{无穷远处}\ r\to\infty
\end{cases}
\tag{4.5.1.2}
$$

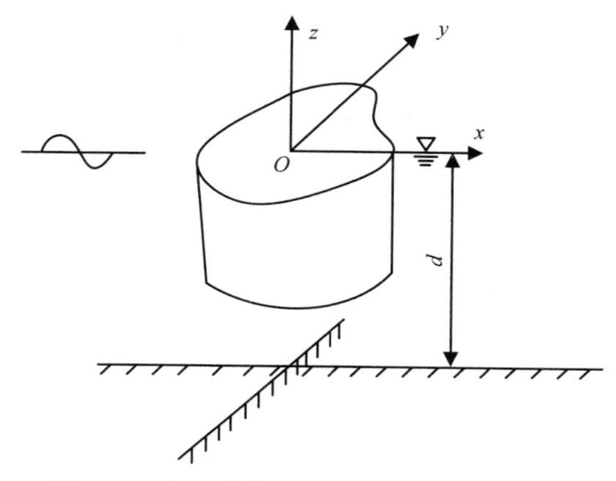

图 4.5.1　大尺度任意形状结构的三维坐标系

令

$$
\Phi(x,y,z,t)=\left[\phi_{\mathrm{i}}(x,y,z)+\phi_{\mathrm{s}}(x,y,z)\right]\mathrm{e}^{-\mathrm{i}\omega t}
$$

由线性波动理论，入射势 $\phi_{\mathrm{i}}(x,y,z)$ 为

$$
\phi_{\mathrm{i}}(x,y,z)=-\mathrm{i}\frac{gH}{2\omega}\frac{\cosh k(z+d)}{\cosh kd}\mathrm{e}^{\mathrm{i}(kx\cos\alpha+ky\sin\alpha)}
\tag{4.5.1.3}
$$

式中，H 为波高；ω 为波频率；d 为水深；k 为波数（可由弥散方程 $\omega^2=kg\tanh kd$ 求出）；α 为波向角（波浪传播方向与 x 轴正向的夹角）。

散射势 $\phi_{\mathrm{s}}(x,y,z)$，满足如下边值问题：

$$
\nabla^2\phi_{\mathrm{s}}=0
\tag{4.5.1.4}
$$

$$
\begin{cases}
\dfrac{\partial \phi_{\mathrm{s}}}{\partial z}-\dfrac{\omega^2}{g}\phi_{\mathrm{s}}=0, & z=0 \\
\dfrac{\partial \phi_{\mathrm{s}}}{\partial \boldsymbol{n}}=-\dfrac{\partial \phi_{\mathrm{i}}}{\partial \boldsymbol{n}}, & \text{结构表面}S \\
\dfrac{\partial \phi_{\mathrm{s}}}{\partial z}=0, & z=-d \\
\lim\limits_{r\to\infty} r^{\frac{1}{2}}\left(\dfrac{\partial \phi_{\mathrm{s}}}{\partial r}-\mathrm{i}k\phi_{\mathrm{s}}\right)=0, & \text{无穷远处}\,r\to\infty
\end{cases}
\tag{4.5.1.5}
$$

假定结构物表面由无数点源组成，应用三维源分布法求解散射势 $\phi_{\mathrm{s}}(x,y,z)$ 的基本思想，流体区域中任意点 $P(x,y,z)$ 处的散射势 ϕ_{s} 可表示为

$$\phi_{\mathrm{s}}(P)=\frac{1}{4\pi}\int_S \sigma(Q)G(P,Q)\mathrm{d}s \tag{4.5.1.6}$$

式中，$\sigma(Q)=\sigma(\xi,\eta,\zeta)$ 为结构物表面点 $Q(\xi,\eta,\zeta)$ 处的源强度函数；$G(P,Q)=G(x,y,z;\xi,\eta,\zeta)$ 为 Green 函数，其物理意义是位于 Q 点处的单位强度点源在 P 点诱导的速度势。Green 函数 $G(P,Q)$ 与基本解的不同之处在于除满足 Laplace 方程之外，还满足水面、水底及无穷远处的边界条件。

当 $P(x,y,z)$ 落在结构物表面 S_{s} 上时，应用结构物表面 S 上的边界条件，可得到

$$\frac{\partial\phi_{\mathrm{s}}}{\partial\boldsymbol{n}_{\mathrm{e}}}=\frac{1}{2}\sigma(P)+\frac{1}{4\pi}\int_S \sigma(Q)\frac{\partial G(P,Q)}{\partial\boldsymbol{n}_{\mathrm{e}}}\mathrm{d}s \tag{4.5.1.7}$$

式中，$\boldsymbol{n}_{\mathrm{e}}$ 为结构物表面的内法线方向。若法方向以结构物的外法线方向 $\boldsymbol{n}$ 表示，则式（4.5.1.7）为

$$-\frac{\partial\phi_{\mathrm{s}}}{\partial\boldsymbol{n}}=\frac{1}{2}\sigma(P)-\frac{1}{4\pi}\int_S \sigma(Q)\frac{\partial G(P,Q)}{\partial\boldsymbol{n}}\mathrm{d}s \tag{4.5.1.8}$$

代入结构物表面条件，得到如下 Fredholm 积分方程：

$$-\sigma(P)+\frac{1}{2\pi}\int_S \sigma(Q)\frac{\partial G(P,Q)}{\partial\boldsymbol{n}}\mathrm{d}s=-2\frac{\partial\phi_{\mathrm{i}}}{\partial\boldsymbol{n}} \tag{4.5.1.9}$$

若结构表面点 $P(x,y,z)$ 的单位法矢量为 (n_x,n_y,n_z)，则式（4.5.1.9）中的法向导数可表示为

$$\frac{\partial G}{\partial\boldsymbol{n}}=\frac{\partial G}{\partial x}\cdot n_x+\frac{\partial G}{\partial y}\cdot n_y+\frac{\partial G}{\partial z}\cdot n_z$$

$$\frac{\partial\phi_{\mathrm{i}}}{\partial\boldsymbol{n}}=\frac{\partial\phi_{\mathrm{i}}}{\partial x}\cdot n_x+\frac{\partial\phi_{\mathrm{i}}}{\partial y}\cdot n_y+\frac{\partial\phi_{\mathrm{i}}}{\partial z}\cdot n_z$$

满足 Laplace 方程、水面、水底及无穷远处的边界条件的 Green 函数 $G(P,Q)$ 有级数形式和积分形式（Wehausen and Laitone，1960；Hogben and Standing，1974）。其中级数形式的 Green 函数为

$$\begin{aligned}G=&\frac{2\pi(\nu^2-k^2)}{k^2d-\nu^2d+\nu}\cosh\left[k(\zeta+d)\right]\cosh\left[k(z+d)\right]\left[\mathrm{N}_0(kr)-\mathrm{i}\mathrm{J}_0(kr)\right]\\&+4\sum_{m=1}^{\infty}\frac{\mu_m^2+\nu^2}{\mu_m^2d+\nu^2d-\nu}\cos\left[\mu_m(\zeta+d)\right]\cos\left[\mu_m(z+d)\right]\mathrm{K}_0(\mu_m r)\end{aligned} \tag{4.5.1.10}$$

积分形式的 Green 函数为

$$\begin{aligned}G=&\frac{1}{R}+\frac{1}{R'}+2P\cdot V\int_0^{\infty}\frac{(\mu+\nu)\mathrm{e}^{-\mu d}\cosh\left[\mu(\zeta+d)\right]\cosh\left[\mu(z+d)\right]}{\mu\sinh kd-\nu\cosh\mu d}\mathrm{J}_0(\mu r)\mathrm{d}\mu\\&+\mathrm{i}\frac{2\pi(k^2-\nu^2)\cosh\left[k(\zeta+d)\right]\cosh\left[k(z+d)\right]}{k^2d-\nu^2d+\nu}\mathrm{J}_0(kr)\end{aligned} \tag{4.5.1.11}$$

$$R=\left[(x-\xi)^2+(y-\eta)^2+(z-\zeta)^2\right]^{\frac{1}{2}}$$

$$R'=\left[(x-\xi)^2+(y-\eta)^2+(z+2d+\zeta)^2\right]^{\frac{1}{2}}$$

$$r=\left[(x-\xi)^2+(y-\eta)^2\right]^{\frac{1}{2}}$$

$$\nu=\frac{\omega^2}{g}$$

式中，k 为方程 $\omega^2=kg\tanh kd$ 的根；μ_m 为方程 $\omega^2=\mu_m g\tan\mu_m d$ 的根；$\mathrm{J}_0(kr)$ 为零阶第一类 Bessel 函数；$\mathrm{N}_0(kr)$ 为零阶第二类 Bessel 函数；$\mathrm{K}_0(\mu_m r)$ 为零阶修正的 Hankle 函数；$\frac{1}{R'}$ 是在水底以下、相对于水底与点 (ξ,η,ζ) 对称点上的一个映象源。

积分方程（4.5.1.9）可通过边界单元法求解。将结构物表面 S 分成 N 个微面元 $\Delta S_j\ (j=1,2,\cdots,N)$，以每个单元面积形心点 (x_i,y_i,z_i) 作为控制点，假定源强度 $\sigma(P_i)$ 在每个单元上是常数，则可得到如下的 N 个方程：

$$-\sigma(P_i)+\frac{1}{2\pi}\sum_{j=1}^{N}\int_{\Delta S_j}\sigma(Q_j)\frac{\partial G(P_i,Q_j)}{\partial\boldsymbol{n}}\mathrm{d}s=-2\left(\frac{\partial\phi_{\mathrm{i}}}{\partial\boldsymbol{n}}\right)_i \tag{4.5.1.12}$$

式（4.5.1.12）可写成如下矩阵方程：

$$\left[a_{ij}\right]\cdot\left[\sigma_j\right]=[b_i] \tag{4.5.1.13}$$

式中，

$$a_{ij}=-\delta_{ij}+\frac{1}{2\pi}\int_{\Delta S_j}\frac{\partial}{\partial n}G(x_i,y_i,z_i;\xi,\eta,\zeta)\mathrm{d}s,\quad \delta_{ij}=\begin{cases}1, & i=j\\0, & i\neq j\end{cases} \tag{4.5.1.14}$$

$$b_i=-2\frac{\partial}{\partial\boldsymbol{n}}\phi_{\mathrm{i}}(x_i,y_i,z_i)=-2\left(\frac{\partial\phi_{\mathrm{i}}}{\partial x}\cdot n_x+\frac{\partial\phi_{\mathrm{i}}}{\partial y}\cdot n_y+\frac{\partial\phi_{\mathrm{i}}}{\partial z}\cdot n_z\right) \tag{4.5.1.15}$$

当 $r=\left[(x-\xi)^2+(y-\eta)^2\right]^{\frac{1}{2}}\neq 0$ 时，矩阵元素 a_{ij} 的计算式（4.5.1.14）中，Green 函数可采用级数形式表达式（4.5.1.10），即

$$a_{ij}=\frac{\Delta S_j}{2\pi}\frac{\partial G(x_i,y_i,z_i;\xi_j,\eta_j,\zeta_j)}{\partial\boldsymbol{n}}=\frac{\Delta S_j}{2\pi}\left(\frac{\partial G_{ij}}{\partial x}\cdot n_x+\frac{\partial G_{ij}}{\partial y}\cdot n_y+\frac{\partial G_{ij}}{\partial z}\cdot n_z\right) \tag{4.5.1.16}$$

当 $r=\left[(x-\xi)^2+(y-\eta)^2\right]^{\frac{1}{2}}=0$ 时，因 $\mathrm{N}_0(kr)$ 和 $\mathrm{K}_0(\mu_m r)$ 趋近于 ∞，矩阵元素 a_{ii} 的计算式（4.5.1.14）中，Green 函数需采用积分形式表达式（4.5.1.11），并在积分过程中要对奇点进行特殊的处理。

通过求解矩阵方程（4.5.1.13），得到结构物表面每一个微面元的源分布强度

函数$\sigma(Q)$后，即可计算作用于结构物表面的动水压强、作用于结构物的波浪力和总波力矩，以及结构物周围的波面等。

作用于结构物表面第 i 单元形心处的动水压强为

$$p_i=-\rho Re\left[\frac{\partial \Phi}{\partial t}\right]=Re\left[\mathrm{i}\rho\omega\left[\phi_i(P_i)+\phi_s(P_i)\right]\mathrm{e}^{-\mathrm{i}\omega t}\right] \quad (4.5.1.17)$$

式中，

$$\begin{cases}\phi_i=\phi_i\left(P_i\right)=-\mathrm{i}\dfrac{gH}{2\omega}\dfrac{\cosh k\left(z+d\right)}{\cosh kd}\mathrm{e}^{\mathrm{i}k\left(x_i\cos\alpha+y_i\sin\alpha\right)}\\ \phi_s=\phi_s\left(P_i\right)=\dfrac{1}{4\pi}\displaystyle\int_S\sigma\left(Q\right)G\left(P_i,Q\right)\mathrm{d}s=\dfrac{1}{4\pi}\sum_{j=1}^{N}\sigma_jG_{ij}\cdot\Delta S_j\end{cases} \quad (4.5.1.18)$$

其中，$G_{ij}=\int_{\Delta S_j}G\left(x_i,y_i,z_i;\xi,\eta,\zeta\right)\mathrm{d}s$。

作用于结构物的总波浪力和总波力矩为

$$\begin{aligned}\boldsymbol{F}&=-\int_S p\cdot\boldsymbol{n}\mathrm{d}s=Re\left\{-\mathrm{i}\rho\omega\mathrm{e}^{-\mathrm{i}\omega t}\int_S\left[\phi_i\left(P_i\right)+\phi_s\left(P_i\right)\right]\cdot\boldsymbol{n}\mathrm{d}s\right\}\\&=Re\left\{-\mathrm{i}\rho\omega\mathrm{e}^{-\mathrm{i}\omega t}\sum_{j=1}^{N}\left[\phi_i\left(P_i\right)+\phi_s\left(P_i\right)\right]\boldsymbol{n}\Delta S_i\right\}\end{aligned} \quad (4.5.1.19)$$

$$\begin{aligned}\boldsymbol{M}&=-\int_S p\cdot(\boldsymbol{r}\times\boldsymbol{n})\mathrm{d}s=Re\left\{-\mathrm{i}\rho\omega\mathrm{e}^{-\mathrm{i}\omega t}\int_S\left[\phi_i\left(P_i\right)+\phi_s\left(P_i\right)\right]\cdot(\boldsymbol{r}\times\boldsymbol{n})\mathrm{d}s\right\}\\&=Re\left\{-\mathrm{i}\rho\omega\mathrm{e}^{-\mathrm{i}\omega t}\sum_{j=1}^{N}\left[\phi_i\left(P_i\right)+\phi_s\left(P_i\right)\right]\cdot(\boldsymbol{r}\times\boldsymbol{n})\Delta S_i\right\}\end{aligned} \quad (4.5.1.20)$$

$$\boldsymbol{r}\times\boldsymbol{n}=\begin{vmatrix}\boldsymbol{i}&\boldsymbol{j}&\boldsymbol{k}\\x_m&y_m&z_m\\n_x&n_y&n_z\end{vmatrix}=\left(y_mn_z-z_mn_y\right)\boldsymbol{i}+\left(z_mn_x-x_mn_z\right)\boldsymbol{j}+\left(x_mn_y-y_mn_x\right)\boldsymbol{k}$$

结构物周围的波面为

$$\begin{aligned}\eta&=-\frac{1}{g}Re\left[\left.\frac{\partial\Phi}{\partial t}\right|_{z=0}\right]=Re\left[\mathrm{i}\frac{\omega}{g}\mathrm{e}^{-\mathrm{i}\omega t}\left.\left(\phi_i+\phi_s\right)\right|_{z=0}\right]\\&=Re\left[\frac{H}{2}\mathrm{e}^{\mathrm{i}k\left(x\cos\alpha+y\sin\alpha\right)}+\frac{\mathrm{i}\omega}{4\pi g}\sum_{j=1}^{N}\sigma_jG_{ij}\cdot\Delta S_j\right]\mathrm{e}^{-\mathrm{i}\omega t}\Bigg|_{z=0}\end{aligned} \quad (4.5.1.21)$$

应用式（4.5.1.17）、式（4.5.1.19）和式（4.5.1.20）可计算作用于结构物表面的动水压强、结构物总波浪力和总波力矩，当$r=\left[\left(x-\xi\right)^2+\left(y-\eta\right)^2\right]^{\frac{1}{2}}=0$时，级数形式的 Green 函数$G\left(x_i,y_i,z_i;\xi_j,\eta_j,\zeta_j\right)$存在奇点，同样需采用积分形式表达式（4.5.1.11），并在积分过程中对奇点进行特殊的处理。

4.5.2　奇点处理

由 4.5.1 小节的内容可知，源分布法求解势流问题是将积分方程离散成矩阵方程求解。矩阵系数 a_{ij} 的计算式为

$$a_{ij}=-\delta_{ij}+\frac{1}{2\pi}\int_{\Delta S_j}\frac{\partial}{\partial \boldsymbol{n}}G\left(x_i,y_i,z_i;\xi,\eta,\zeta\right)\mathrm{d}s$$

当 $r=0$ 时，$\mathrm{N}_0\left(kr\right)\to-\infty$，$\mathrm{K}_0\left(\mu_m r\right)\to\infty$，级数形式的 Green 函数不能使用。此时需利用积分形式的 Green 函数（4.5.1.11）计算如下积分：

$$\int_{\Delta S_j}\frac{\partial}{\partial \boldsymbol{n}}G\left(P_i,Q\right)\mathrm{d}s \tag{4.5.2.1}$$

对于式（4.5.2.1）的积分运算，当 $r=0$ 时存在奇异性，故需要在求积过程中对奇点进行处理。

利用已得到的结构物表面源强度分布函数，以及结构物表面的动水压强 p 的计算式：

$$p_i=-\rho Re\left[\frac{\partial \Phi}{\partial t}\right]=Re\left[\mathrm{i}\rho\omega\left(\phi_{\mathrm{i}}+\phi_{\mathrm{s}}\right)\mathrm{e}^{-\mathrm{i}\omega t}\right]$$

$$\phi_{\mathrm{i}}=\phi_{\mathrm{i}}\left(P_i\right)=-\mathrm{i}\frac{gH}{2\omega}\frac{\cosh k\left(z+d\right)}{\cosh kd}\mathrm{e}^{\mathrm{i}k\left(x_i\cos\alpha+y_i\sin\alpha\right)}$$

$$\phi_{\mathrm{s}}=\phi_{\mathrm{s}}\left(P_i\right)=\frac{1}{4\pi}\sum_{j=1}^{N}\sigma_j\cdot\int_{\Delta S_j}G\left(x_i,y_i,z_i;\xi,\eta,\zeta\right)\mathrm{d}s$$

当 $r=0$ 时，$\mathrm{N}_0\left(kr\right)\to-\infty$，$\mathrm{K}_0\left(\mu_m r\right)\to\infty$，同样级数形式的 Green 函数不能使用，仍需利用积分形式的 Green 函数（4.5.1.11）计算如下积分：

$$\int_{\Delta S_j}G\left(P,Q\right)\mathrm{d}s \tag{4.5.2.2}$$

对于式（4.5.2.2）的积分运算，当 $r=0$ 时也存在奇异性，故需要在求积过程中对奇点进行处理。

将积分形式的 Green 函数（4.5.1.11）代入式（4.5.2.2），有

$$\begin{aligned}&\int_{\Delta S_j}G\left(P,Q\right)\mathrm{d}s\\&=\int_{\Delta S_j}\left\{\frac{1}{R}+\frac{1}{R'}+2P\cdot V\int_0^{\infty}\frac{\left(\mu+\nu\right)\mathrm{e}^{-\mu d}\cosh\left[\mu\left(\zeta+d\right)\right]\cosh\left[\mu\left(z+d\right)\right]}{\mu\sinh kd-\nu\cosh\mu d}\mathrm{J}_0\left(\mu r\right)\mathrm{d}\mu\right.\\&\qquad\left.+\mathrm{i}\frac{2\pi\left(k^2-\nu^2\right)\cosh\left[k\left(\zeta+d\right)\right]\cosh\left[k\left(z+d\right)\right]}{k^2d-\nu^2d+\nu}\mathrm{J}_0\left(kr\right)\right\}\mathrm{d}s\end{aligned} \tag{4.5.2.3}$$

式（4.5.2.3）可表示为如下四项积分之和，同时因 $r=0$ 时，$\mathrm{J}_0(0)=1$，故有

$$\int_{\Delta S_j} G(P,Q)\mathrm{d}s = I_{G_1} + I_{G_2} + I_{G_3} + I_{G_4} \tag{4.5.2.4}$$

式中，

$$I_{G_1} = \int_{\Delta S_j} \frac{1}{R}\mathrm{d}s$$

$$I_{G_2} = \int_{\Delta S_j} \frac{1}{R'}\mathrm{d}s$$

$$I_{G_3} = \int_{\Delta S_j} \left\{ \int_0^{\infty} \frac{(\mu+\nu)\mathrm{e}^{-\mu d}\cosh\left[\mu(\zeta+d)\right]\cosh\left[\mu(z+d)\right]}{\mu\sinh kd - \nu\cosh \mu d}\mathrm{d}\mu \right\}\mathrm{d}s$$

$$I_{G_4} = \int_{\Delta S_j} \left\{ \mathrm{i}\frac{2\pi(k^2-\nu^2)\cosh\left[k(\zeta+d)\right]\cosh\left[k(z+d)\right]}{k^2 d - \nu^2 d + \nu} \right\}\mathrm{d}s$$

将积分形式的 Green 函数（4.5.1.11）代入式（4.5.2.1），有

$$\begin{aligned}
&\int_{\Delta S_j} \frac{\partial}{\partial \boldsymbol{n}} G(P,Q)\mathrm{d}s \\
&= \frac{\partial}{\partial \boldsymbol{n}} \int_{\Delta S_j} \left\{ \frac{1}{R} + \frac{1}{R'} + 2P\cdot V\int_0^{\infty} \frac{(\mu+\nu)\mathrm{e}^{-\mu d}\cosh\left[\mu(\zeta+d)\right]\cosh\left[\mu(z+d)\right]}{\mu\sinh kd - \nu\cosh \mu d}\mathrm{J}_0(\mu r)\mathrm{d}\mu \right. \\
&\left. +\mathrm{i}\frac{2\pi(k^2-\nu^2)\cosh\left[k(\zeta+d)\right]\cosh\left[k(z+d)\right]}{k^2 d - \nu^2 d + \nu}\mathrm{J}_0(kr) \right\}\mathrm{d}s
\end{aligned} \tag{4.5.2.5}$$

因为$r=0$，所以$\frac{\partial}{\partial \boldsymbol{n}}G(P,Q)$只需计算分量$\frac{\partial}{\partial z}G(P,Q)$即可。将式（4.5.2.5）中分量$\frac{\partial}{\partial z}G(P,Q)$表示为四项积分之和，同时代入$\mathrm{J}_0(0)=1$，有

$$\int_{\Delta S_j} \frac{\partial}{\partial z}G(P,Q)\mathrm{d}s = \frac{\partial I_{G_1}}{\partial z} + \frac{\partial I_{G_2}}{\partial z} + \frac{\partial I_{G_3}}{\partial z} + \frac{\partial I_{G_4}}{\partial z} \tag{4.5.2.6}$$

式中，

$$\frac{\partial I_{G_1}}{\partial z} = \frac{\partial}{\partial z}\int_{\Delta S_j} \frac{1}{R}\mathrm{d}s$$

$$\frac{\partial I_{G_2}}{\partial z} = \frac{\partial}{\partial z}\int_{\Delta S_j} \frac{1}{R'}\mathrm{d}s$$

$$\frac{\partial I_{G_3}}{\partial z} = \frac{\partial}{\partial z}\int_{\Delta S_j} \left\{ \int_0^{\infty} \frac{(\mu+\nu)\mathrm{e}^{-\mu d}\cosh\left[\mu(\zeta+d)\right]\cosh\left[\mu(z+d)\right]}{\mu\sinh kd - \nu\cosh \mu d}\mathrm{d}\mu \right\}\mathrm{d}s$$

$$\frac{\partial I_{G_4}}{\partial z}=\frac{\partial}{\partial z}\int_{\Delta S_j}\left\{\mathrm{i}\frac{2\pi\left(k^2-\nu^2\right)\cosh\left[k\left(\zeta+d\right)\right]\cosh\left[k\left(z+d\right)\right]}{k^2d-\nu^2d+\nu}\right\}\mathrm{d}s$$

式（4.5.2.4）和式（4.5.2.6）中的各项积分可采用如下的方法计算（Garrison，1978）。

1）对于式（4.5.2.4）和式（4.5.2.6）中第一项积分 I_{G_1} 和 $\frac{\partial I_{G_1}}{\partial z}$，当 $r=\left[\left(x-\xi\right)^2+\left(y-\eta\right)^2\right]^{\frac{1}{2}}=0$，$z-\zeta\neq 0$ 时，分别为

$$I_{G_1}=\lim_{r\to 0}\int_{\Delta S_j}\frac{1}{R}\mathrm{d}s=\lim_{r\to 0}\int_{\Delta S_j}\left[r^2+\left(z-\zeta\right)^2\right]^{-\frac{1}{2}}\mathrm{d}s$$

$$=\int_{\Delta S_j}\left[\left(z-\zeta\right)^2\right]^{-\frac{1}{2}}\mathrm{d}s=\frac{\Delta S_j}{\left|z-\zeta\right|} \tag{4.5.2.7}$$

$$\frac{\partial I_{G_1}}{\partial z}=-\frac{z-\zeta}{\left|z-\zeta\right|^3}\Delta S_j \tag{4.5.2.8}$$

当 $r=\left[\left(x-\xi\right)^2+\left(y-\eta\right)^2\right]^{\frac{1}{2}}=0$，$z-\zeta=0$ 时，单元 i 与单元 j 重合，式(4.5.2.4)和式（4.5.2.6）中第一项积分 I_{G_1} 和 $\frac{\partial I_{G_1}}{\partial z}$ 分别为

$$I_{G_1}=\lim_{r\to 0}\int_{\Delta S_j}\frac{1}{r}\mathrm{d}s \tag{4.5.2.9}$$

$$\frac{\partial I_{G_1}}{\partial \boldsymbol{n}}=\int_{\Delta S_j}\frac{1}{r}\mathrm{d}s=\lim_{r\to 0}\int_{\Delta S_j}\left(-\frac{1}{r^2}\right)\frac{\partial \boldsymbol{r}}{\partial \boldsymbol{n}}\mathrm{d}s \tag{4.5.2.10}$$

因为 $\frac{\partial r}{\partial \boldsymbol{n}}=0$（$\boldsymbol{r}$ 方向与 $\boldsymbol{n}$ 垂直），所以式(4.5.2.10)的积分 $\frac{\partial I_{G_1}}{\partial \boldsymbol{n}}=0$；而式(4.5.2.9)的积分 I_{G_1} 需要对奇点进行处理。

考虑如图4.5.2所示的任意四边形单元，以单元的中心为原点，建立局部坐标系 $\xi-\eta$，四边形单元各顶点的坐标为 (ξ_i,η_i)。

在局部坐标系 ξ-η 中，四边形的边线可利用节点插值表示为

$$\eta_{ij}=\eta_i+\frac{\eta_j-\eta_i}{\xi_j-\xi_i}\left(\xi-\xi_i\right) \tag{4.5.2.11}$$

考虑到 $\sum_{i=1}^{4}\int_{\xi_i}^{\xi_j}\ln\xi\mathrm{d}\xi=0$，有

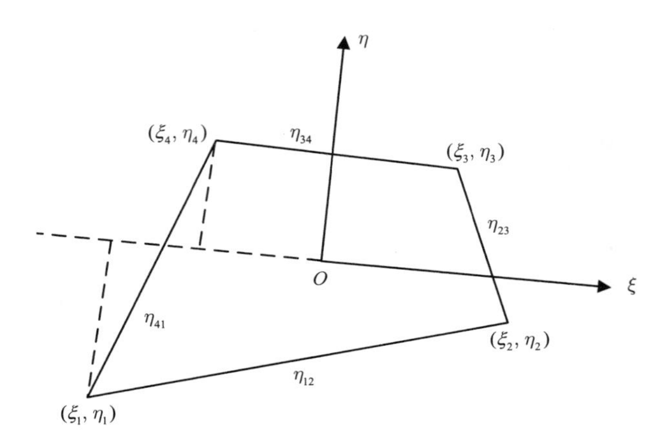

图 4.5.2　局部坐标系

$$
\begin{aligned}
\int_{\Delta S} \frac{1}{r} \mathrm{d}s &= \int_{\Delta S} \frac{\mathrm{d}\xi \mathrm{d}\eta}{\sqrt{\xi^2 + \eta^2}} \\
&= \sum_{i=1}^{4} \int_{\xi_i}^{\xi_j} \mathrm{d}\xi \int_0^{\eta_{ij}} \frac{\mathrm{d}\eta}{\sqrt{\xi^2 + \eta^2}} \\
&= \sum_{i=1}^{4} \int_{\xi_i}^{\xi_j} \mathrm{d}\xi \left[\ln\left(\eta_{ij} + \sqrt{\eta_{ij}^2 + \xi^2}\right) - \ln \xi \right] \\
&= \sum_{i=1}^{4} \int_{\xi_i}^{\xi_j} \ln\left[\eta_{ij} + \sqrt{\eta_{ij}^2 + \xi^2}\right] \mathrm{d}\xi
\end{aligned}
$$

式中，$j = \begin{cases} i+1, & i < 4 \\ 1, & i = 4 \end{cases}$。

令 $\overline{\eta}_{ij} = -\left[\eta_i + \dfrac{\eta_j - \eta_i}{\xi_j - \xi_i}(\xi - \xi_i)\right]$，替代上式中的 η_{ij}，为方便起见，$\overline{\eta}_{ij}$ 仍记为 η_{ij} 得

$$
I_{G_1} = \lim_{r \to 0} \int_{\Delta S_j} \frac{1}{r} \mathrm{d}s = \sum_{i=1}^{4} \int_{\xi_i}^{\xi_j} \ln\left[-\eta_{ij} + \sqrt{\eta_{ij}^2 + \xi^2}\right] \mathrm{d}\xi \tag{4.5.2.12}
$$

当 $\xi \neq 0$ 时，式（4.5.2.12）中的每一项都可以应用 m 点 Gauss 求积公式计算：

$$
\begin{aligned}
&\int_{\xi_i}^{\xi_j} \ln\left[-\eta_{ij} + \sqrt{\eta_{ij}^2 + \xi^2}\right] \mathrm{d}\xi \\
&= \int_{\xi_i}^{\xi_j} f(\xi) \mathrm{d}\xi = \frac{\xi_j - \xi_i}{2} \sum_{k=1}^{m} W_k f\left(\frac{\xi_j - \xi_i}{2} + \frac{\xi_j - \xi_i}{2} t_k\right)
\end{aligned} \tag{4.5.2.13}
$$

例如，若采用三点 Gauss 求积公式，则其系数为

$$
\begin{cases}
W_1 = 0.88888889, & t_1 = 0 \\
W_2 = 0.5555556, & t_2 = 0.774596669 \\
W_3 = 0.5555556, & t_3 = -0.774596669
\end{cases}
$$

当$\xi \to 0$且$-\eta_{ij} < 0$时，对式（4.5.2.12）的积分做如下处理：

$$
\begin{aligned}
&\int_{\xi_i}^{\xi_j} \ln\left(-\eta_{ij} + \sqrt{\eta_{ij}^2 + \xi^2}\right)\mathrm{d}\xi \\
&= \int_{\xi_i}^{\xi_j} \ln \frac{\left(-\eta_{ij} + \sqrt{\eta_{ij}^2 + \xi^2}\right)\left(\eta_{ij} + \sqrt{\eta_{ij}^2 + \xi^2}\right)}{\eta_{ij} + \sqrt{\eta_{ij}^2 + \xi^2}}\mathrm{d}\xi \\
&= \int_{\xi_i}^{\xi_j} \ln \xi^2 \mathrm{d}\xi - \int_{\xi_i}^{\xi_j} \ln\left(\eta_{ij} + \sqrt{\eta_{ij}^2 + \xi^2}\right)\mathrm{d}\xi
\end{aligned}
\tag{4.5.2.14}
$$

式（4.5.2.14）中第一项可解析积出，第二项可应用三点 Gauss 求积公式计算：

$$
\int_{\xi_i}^{\xi_j} \ln \xi^2 \mathrm{d}\xi = \left(\xi \ln \xi^2 - \int 2\mathrm{d}\xi\right)_{\xi_i}^{\xi_j} = \xi\left(\ln \xi^2 - 2\right)\Big|_{\xi_i}^{\xi_j}
$$

2）式（4.5.2.4）和式（4.5.2.6）中的第二项积分I_{G_2}和$\dfrac{\partial I_{G_2}}{\partial z}$没有奇异性，可直接计算，即

$$
I_{G_2} = \lim_{r\to 0} \int_{\Delta S_j} \frac{1}{R'}\mathrm{d}s = \lim_{r\to 0} \int_{\Delta S_j} \frac{\mathrm{d}s}{\left[r^2 + \left(z_i + 2d + \xi_j\right)^2\right]^{\frac{1}{2}}} = \frac{\Delta S_j}{\left|z_i + 2d + \xi_j\right|} \tag{4.5.2.15}
$$

$$
\frac{\partial I_{G_2}}{\partial z} = \lim_{r\to 0} \frac{\partial}{\partial z} \int_{\Delta S_j} \left[r^2 + \left(z_i + 2d + \xi_j\right)^2\right]^{\frac{1}{2}} \mathrm{d}s = -\frac{z_i + 2d + \xi_j}{\left|z_i + 2d + \xi_j\right|^3}\Delta S_j \tag{4.5.2.16}
$$

3）式（4.5.2.4）和式（4.5.2.6）中的第三项积分I_{G_3}和$\dfrac{\partial I_{G_3}}{\partial z}$的分析过程如下：

$$
I_{G_3} = \int_{\Delta S_j} \left\{\int_0^{\infty} \frac{(\mu+\nu)\mathrm{e}^{-\mu d}\cosh\left[\mu(\zeta+d)\right]\cosh\left[\mu(z+d)\right]}{\mu\sinh kd - \nu\cosh \mu d}\mathrm{d}\mu\right\}\mathrm{d}s
$$

$$
\frac{\partial I_{G_3}}{\partial z} = \int_{\Delta S_j} \left\{\int_0^{\infty} \frac{\mu(\mu+\nu)\mathrm{e}^{-\mu d}\cosh\left[\mu(\zeta+d)\right]\sinh\left[\mu(z+d)\right]}{\mu\sinh kd - \nu\cosh \mu d}\mathrm{d}\mu\right\}\mathrm{d}s
$$

因波数k满足方程$\nu = k\tanh kd$ $\left(\nu = \dfrac{\omega^2}{g}\right)$，当$\mu = k$时，积分表达式$I_{G_3}$和$\dfrac{\partial I_{G_3}}{\partial z}$中的分母$k\sinh kd - \nu\cosh kd = 0$，有$(\mu - k)^{-1}$类型的奇点，故需要在求积过程中对奇点进行处理。

积分表达式I_{G_3}和$\dfrac{\partial I_{G_3}}{\partial z}$的奇点处理方法相同，下面以$I_{G_3}$为例介绍其求积方法。

令

$$
F(\mu) = (\mu+\nu)\mathrm{e}^{-\mu d}\cosh\left[\mu(\zeta+d)\right]\frac{\cosh\left[\mu(z+d)\right]}{\cosh \mu d}
$$

则有

$$
\begin{aligned}
&\int_0^{\infty}\frac{F(\mu)}{\mu\tanh\mu d-\nu}\mathrm{d}\mu\\
&=\int_0^{2k}\frac{F(\mu)}{\mu\tanh\mu d-\nu}\mathrm{d}\mu+\int_{2k}^{\infty}\frac{F(\mu)}{\mu\tanh\mu d-\nu}\mathrm{d}\mu
\end{aligned}
\tag{4.5.2.17}
$$

式（4.5.2.17）的前一个积分在 $\mu=k$ 时存在奇点，可取一个很小的量ε，将积分区间（$0, 2k$）分成（$0, k-\varepsilon$）、（$k-\varepsilon, k+\varepsilon$）与（$k+\varepsilon, 2k$）三段，将式（4.5.2.17）的前一个积分写成如下形式：

$$
\begin{aligned}
&\int_0^{2k}\frac{F(\mu)}{\mu\tanh\mu d-\nu}\mathrm{d}\mu\\
&=F(k)\int_0^{2k}\frac{1}{\mu\tanh\mu d-\nu}\mathrm{d}\mu+\int_0^{2k}\frac{F(\mu)-F(k)}{\mu\tanh\mu d-\nu}\mathrm{d}\mu\\
&=F(k)\left(\int_0^{k-\varepsilon}\frac{1}{\mu\tanh\mu d-\nu}\mathrm{d}\mu+\int_{k-\varepsilon}^{k+\varepsilon}\frac{1}{\mu\tanh\mu d-\nu}\mathrm{d}\mu+\int_{k+\varepsilon}^{2k}\frac{1}{\mu\tanh\mu d-\nu}\mathrm{d}\mu\right)\\
&\quad+\int_0^{2k}\frac{F(\mu)-F(k)}{\mu\tanh\mu d-\nu}\mathrm{d}\mu
\end{aligned}
\tag{4.5.2.18}
$$

将式（4.5.2.18）代入式（4.5.2.17），有

$$
\begin{aligned}
&\int_0^{\infty}\frac{F(\mu)}{\mu\tanh\mu d-\nu}\mathrm{d}\mu\\
&=F(k)\left[\int_0^{k-\varepsilon}\frac{1}{\mu\tanh\mu d-\nu}\mathrm{d}\mu+\int_{k-\varepsilon}^{k+\varepsilon}\frac{1}{\mu\tanh\mu d-\nu}\mathrm{d}\mu+\int_{k+\varepsilon}^{2k}\frac{1}{\mu\tanh\mu d-\nu}\mathrm{d}\mu\right]\\
&\quad+\int_0^{2k}\frac{F(\mu)-F(k)}{\mu\tanh\mu d-\nu}\mathrm{d}\mu+\int_{2k}^{\infty}\frac{F(\mu)}{\mu\tanh\mu d-\nu}\mathrm{d}\mu
\end{aligned}
\tag{4.5.2.19}
$$

实际计算时，式（4.5.2.19）中的ε可取 $0.1k$，积分上限可取 $10k$，则有

$$
\begin{aligned}
I_{G_3}&=\Delta S_j\int_0^{\infty}\frac{F(\mu)}{\mu\tanh\mu d-\nu}\mathrm{d}\mu\\
&=F(k)\left(\int_0^{0.9k}\frac{1}{\mu\tanh\mu d-\nu}\mathrm{d}\mu+\int_{0.9k}^{1.1k}\frac{1}{\mu\tanh\mu d-\nu}\mathrm{d}\mu+\int_{1.1k}^{2k}\frac{1}{\mu\tanh\mu d-\nu}\mathrm{d}\mu\right)\cdot\Delta S_j\\
&\quad+\left[\int_0^{2k}\frac{F(\mu)-F(k)}{\mu\tanh\mu d-\nu}\mathrm{d}\mu+\int_{2k}^{10k}\frac{F(\mu)}{\mu\tanh\mu d-\nu}\mathrm{d}\mu\right]\cdot\Delta S_j
\end{aligned}
\tag{4.5.2.20}
$$

式（4.5.2.20）中除积分项 $\int_{0.9k}^{1.1k}\frac{1}{\mu\tanh\mu d-\nu}\mathrm{d}\mu$ 需特殊处理外，其余积分项都可采用 Gauss 求积公式求解。

将如下级数展开式：

$$\frac{1}{\mu\tanh\mu d-\nu}=\frac{a_{-1}}{\mu-k}+a_0+a_1(\mu-k)+a_2(\mu-k)^2+\cdots$$

代入积分 $\int_{0.9k}^{1.1k}\frac{1}{\mu\tanh\mu d-\nu}\mathrm{d}\mu$，整理后可得到

$$\int_{0.9k}^{1.1k}\frac{1}{\mu\tanh\mu d-\nu}\mathrm{d}\mu=-\frac{1}{\cosh^2 kd}\frac{1-kd\tanh kd}{\left(\tanh kd+\dfrac{kd}{\cosh^2 kd}\right)^2}\cdot 0.2k \tag{4.5.2.21}$$

若令 $F_z(\mu)=\mu(\mu+\nu)\mathrm{e}^{-\mu d}\cosh\left[\mu(\xi+d)\right]\frac{\sinh\left[\mu(z+d)\right]}{\cosh\mu d}$，替代式（4.5.2.20）中的 $F(\mu)$，即可得到 $\frac{\partial I_{G_3}}{\partial z}$。

4）式（4.5.2.4）和式（4.5.2.6）中的第四项积分 I_{G_4} 和 $\frac{\partial I_{G_4}}{\partial z}$ 没有奇异性，可直接计算。

$$I_{G_4}=\lim_{r\to 0}\left[\mathrm{i}\frac{2\pi\left(k^2-\nu^2\right)\cosh k(\zeta+d)\cosh k(z+d)}{k^2d-\nu^2d+\nu}\right]\cdot\Delta S_j \tag{4.5.2.22}$$

$$\frac{\partial I_{G_4}}{\partial z}=\lim_{r\to 0}\left[\mathrm{i}\frac{2\pi k\left(k^2-\nu^2\right)\cosh k(\zeta+d)\sinh k(z+d)}{k^2d-\nu^2d+\nu}\right]\cdot\Delta S_j \tag{4.5.2.23}$$

4.5.3　绕流数学模型

假定流体是不可压缩与无旋的，水深为定值，自由表面没有变形，水底与大尺度结构物表面是不可渗透边界。设远处沿 x 方向均匀来流的流速为 u_c，速度势 Φ_c 满足如下边值问题：

$$\begin{cases}\nabla^2\Phi_c=0, & \text{区域}\Omega\text{内}\\ \dfrac{\partial\Phi_c}{\partial z}=0, & z=0\ \text{和}\ z=-d\\ \dfrac{\partial\Phi_c}{\partial \boldsymbol{n}}=0, & \text{结构表面}S\end{cases} \tag{4.5.3.1}$$

同样应用三维布源法，流场中的速度势 $\Phi_c(x,y,z)$ 可表示为

$$\Phi_c(x,y,z)=u_cx+\frac{1}{4\pi}\int_S\sigma_c(Q)G_c(P,Q)\mathrm{d}s \tag{4.5.3.2}$$

式中，$\sigma_c(Q)$ 为结构物表面上的点 $Q(\xi,\eta,\zeta)$ 处的源强度函数；$G_c(P,Q)=G_c(x,y,z;\xi,\eta,\zeta)$ 为 Green 函数。应用结构表面 S 上的边界条件后，得到与波浪问题同样的 Fredholm 积分方程：

$$-\sigma_c\left(P_i\right)+\frac{1}{2\pi}\int_S \sigma_c\left(Q\right)\frac{\partial G_c\left(P_i,Q\right)}{\partial n}\mathrm{d}s=-2u_c\cdot n_x \tag{4.5.3.3}$$

满足 Laplace 方程、水面和水底边界条件的 Green 函数 $G_c(P,Q)$ 为

$$G_c(P,Q)=\frac{1}{R}+\frac{1}{R_1}+\sum_{n=1}^{\infty}\left(\frac{1}{R_{2n}}+\frac{1}{R_{3n}}+\frac{1}{R_{4n}}+\frac{1}{R_{5n}}\right) \tag{4.5.3.4}$$

式中，$R=\left[r^2+\left(z-\zeta\right)^2\right]^{\frac{1}{2}}$ 为场点 $P\left(x,y,z\right)$ 与源点 $Q\left(\xi,\eta,\zeta\right)$ 之间的距离，其他各镜像点如图 4.5.3 所示，计算公式如下：

$$R_1=\left[r^2+\left(z+\zeta\right)^2\right]^{\frac{1}{2}}$$

$$R_{2n}=\left[r^2+\left(z-2nd-\zeta\right)^2\right]^{\frac{1}{2}}$$

$$R_{3n}=\left[r^2+\left(z+2nd+\zeta\right)^2\right]^{\frac{1}{2}}$$

$$R_{4n}=\left[r^2+\left(z+2nd-\zeta\right)^2\right]^{\frac{1}{2}}$$

$$R_{5n}=\left[r^2+\left(z-2nd+\zeta\right)^2\right]^{\frac{1}{2}}$$

$$r=\left[\left(x-\xi\right)^2+\left(y-\eta\right)^2\right]^{\frac{1}{2}}$$

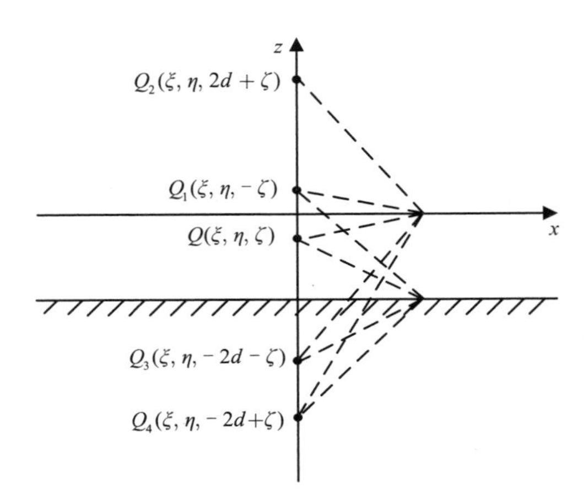

图 4.5.3　镜像点示意图

积分方程（4.5.3.3）可通过边界单元法求解。将结构物表面 S 分成 N 个微面元 $\Delta S_j(j=1,2,\cdots,N)$，以每个单元面积形心点 (x_i,y_i,z_i) 作为控制点，假定源强度 $\sigma_c\left(P_i\right)$ 在每个单元上是常数，则可得到如下的 N 个方程：

$$-\sigma_c\left(P_i\right)+\frac{1}{2\pi}\sum_{j=1}^{N}\int_{\Delta S_j}\sigma_c\left(Q_j\right)\frac{\partial G_c\left(P_i,Q_j\right)}{\partial n}\mathrm{d}s=-2u_c\cdot n_x \qquad (4.5.3.5)$$

式（4.5.3.5）可写成如下形式：

$$\sum_{j=1}^{N}\left(-\delta_{ij}+\frac{1}{2\pi}\int_{\Delta S_j}\sigma_j\left.\frac{\partial G_c}{\partial \boldsymbol{n}}\right|_{ij}\mathrm{d}s\right)\sigma_j=-2u_c\cdot n_x \qquad (4.5.3.6)$$

从而得到矩阵方程：

$$\left[a_{ij}\right]\left[\sigma_j\right]=[b_i] \qquad (4.5.3.7)$$

式中，

$$a_{ij}=-\delta_{ij}+\frac{1}{2\pi}\int_{\Delta S_j}\left.\frac{\partial G_c}{\partial n}\right|_{ij}\mathrm{d}s \qquad (4.5.3.8)$$

$$b_i=-2u_c\cdot n_x \qquad (4.5.3.9)$$

当$i\neq j$时，矩阵元素a_{ij}的计算式为

$$a_{ij}=\frac{\Delta S_j}{2\pi}\frac{\partial G_c\left(x_i,y_i,z_i;\xi_j,\eta_j,\zeta_j\right)}{\partial \boldsymbol{n}}=\frac{\Delta S_j}{2\pi}\left(\left.\frac{\partial G_c}{\partial x}\right|_{ij}\cdot n_x+\left.\frac{\partial G_c}{\partial y}\right|_{ij}\cdot n_y+\left.\frac{\partial G_c}{\partial z}\right|_{ij}\cdot n_z\right) \qquad (4.5.3.10)$$

式中，

$$\frac{\partial G_c}{\partial x}=\frac{\partial G_c}{\partial r}\frac{\partial r}{\partial x}=-(x-\xi)\left[\frac{1}{R^3}+\frac{1}{R_1^3}+\sum_{n=1}^{\infty}\left(\frac{1}{R_{2n}^3}+\frac{1}{R_{3n}^3}+\frac{1}{R_{4n}^3}+\frac{1}{R_{5n}^3}\right)\right]$$

$$\frac{\partial G_c}{\partial y}=\frac{\partial G_c}{\partial r}\frac{\partial r}{\partial y}=-(y-\eta)\left[\frac{1}{R^3}+\frac{1}{R_1^3}+\sum_{n=1}^{\infty}\left(\frac{1}{R_{2n}^3}+\frac{1}{R_{3n}^3}+\frac{1}{R_{4n}^3}+\frac{1}{R_{5n}^3}\right)\right]$$

$$\frac{\partial G_c}{\partial z}=\frac{\partial G_c}{\partial r}\frac{\partial r}{\partial z}$$

$$=-\left[\frac{z-\zeta}{R^3}+\frac{z+\zeta}{R_1^3}+\sum_{n=1}^{\infty}\left(\frac{z-2nd-\zeta}{R_{2n}^3}+\frac{z+2nd+\zeta}{R_{3n}^3}+\frac{z+2nd-\zeta}{R_{4n}^3}+\frac{z-2nd+\zeta}{R_{5n}^3}\right)\right]$$

当$i=j$时，Green 函数的第一项存在奇点，由$\left.\frac{\partial G_c}{\partial \boldsymbol{n}}\right|_{ii}=0$，有

$$a_{ii}=1 \qquad (4.5.3.11)$$

通过求解矩阵方程（4.5.3.7），可得到结构物表面每一个微面元的源分布强度函数$\sigma(Q)$。因在物面上的法向速度$u_n=0$，所以只有切向速度u_τ，由流体力学的均匀流绕流理论：

$$p_\infty+\frac{\rho}{2}u_c^2=p+\frac{\rho}{2}u_\tau^2 \qquad (4.5.3.12)$$

得物面上的压力为

$$P_i = \frac{\rho}{2}\left(u_c^2 - u_\tau^2\right) \tag{4.5.3.13}$$

式中，

$$u_\tau = \frac{\partial \boldsymbol{\Phi}_c}{\partial x}\cdot\tau_x + \frac{\partial \boldsymbol{\Phi}_c}{\partial y}\cdot\tau_y + \frac{\partial \boldsymbol{\Phi}_c}{\partial z}\cdot\tau_z \tag{4.5.3.14}$$

令 $\boldsymbol{n}=(n_x,n_y,n_z)$，$\nabla\boldsymbol{\Phi}_c=(B_x,B_y,B_z)$，则有

$$\boldsymbol{n}\times\nabla\boldsymbol{\Phi}_c = \begin{vmatrix} \boldsymbol{i} & \boldsymbol{j} & \boldsymbol{k} \\ n_x & n_y & n_z \\ B_x & B_y & B_z \end{vmatrix} = \left(n_y B_z - n_z B_y\right)\boldsymbol{i} + \left(n_z B_x - n_x B_z\right)\boldsymbol{j} + \left(n_x B_y - n_y B_x\right)\boldsymbol{k}$$
$$= C_x\boldsymbol{i} + C_y\boldsymbol{j} + C_z\boldsymbol{k}$$

因 $\boldsymbol{n}\times\nabla\boldsymbol{\Phi}_c$ 的方向垂直于 $\boldsymbol{n}$ 与 $\nabla\boldsymbol{\Phi}_c$ 所在的平面，故式（4.5.3.14）中的 $\boldsymbol{\tau}=(\tau_x,\tau_y,\tau_z)$ 可由下式计算：

$$\boldsymbol{\tau} = \left(\boldsymbol{n}\times\nabla\boldsymbol{\Phi}_c\right)\times\boldsymbol{n} = \begin{vmatrix} \boldsymbol{i} & \boldsymbol{j} & \boldsymbol{k} \\ C_x & C_y & C_z \\ n_x & n_y & n_z \end{vmatrix} = \left(C_y n_z - C_z n_y\right)\boldsymbol{i} + \left(C_z n_x - C_x n_z\right)\boldsymbol{j}$$
$$+ \left(C_x n_y - C_y n_x\right)\boldsymbol{k}$$

其方向垂直于 $(\boldsymbol{n}\times\nabla\boldsymbol{\Phi}_c)$ 与 $\boldsymbol{n}$ 所在的平面，且必须在微元上也在 $\nabla\boldsymbol{\Phi}_c$ 与 $\boldsymbol{n}$ 的平面上。

波浪和水流共同作用时，简单的处理方法是首先计算受水流影响后的波浪变形（李玉成和滕斌，2002）。设远处均匀来流的水流速为 u_c（顺流为正，逆流为负），基于线性波理论，波浪相对于水流的波速 C_r 和水流中的波速 C 分别为

$$C_r = \sqrt{\frac{g}{k_r}\tanh k_r d} \tag{4.5.3.15}$$

$$C = u_c + C_r \tag{4.5.3.16}$$

式中，$k_r = 2\pi/L_r = 2\pi/L$，$L_r = L$ 表示水流中的波长。

在水流中所有与波浪理论有关的公式只有在相对静止的坐标系（即在以水流流速 u_c 移动的坐标系）中才可应用，因此可知在水流中，对于实际的观测者来说周期对于静水条件保持不变，但在以水流流速 u_c 移动的坐标系中波周期 T_r 不等于静水中的波周期 T_w。式（4.5.3.16）可改写为

$$\frac{L}{T_w} = u_c + \frac{L}{T_r} \tag{4.5.3.17}$$

由式（4.5.3.15）～式（4.5.3.17），可得

$$\frac{L}{L_w} = \frac{C}{C_w} = \left(1 - \frac{u_c}{C}\right)^2 \frac{\tanh kd}{\tanh k_w d} \tag{4.5.3.18}$$

式中，$C_w = \sqrt{\dfrac{g}{k_w}\tanh kd}$ 为无流条件下的波速；$k_w = 2\pi/L_w$ 为无流条件下的波数；

$k = 2\pi/L$ 为有流条件下的波数。

式（4.5.3.18）可用来计算波长在水流中所产生的变化。当不计损失时，由波浪作用通量的守恒原则（即波流共同作用前后的波浪作用通量保持不变）可得水流中的波高满足如下方程：

$$\frac{H}{H_w} = \left(1 - \frac{u_c}{C}\right)^{\frac{1}{2}} \left(\frac{L_w}{L}\right)^{\frac{1}{2}} \left(\frac{A_w}{A}\right)^{\frac{1}{2}} \left(1 + \frac{u_c}{C}\frac{2-A}{A}\right)^{-\frac{1}{2}} \qquad (4.5.3.19)$$

式中，

$$A = 1 + \frac{2kd}{\sinh 2kd}$$

$$A_w = 1 + \frac{2k_w d}{\sinh 2k_w d}$$

应用式（4.5.3.18）和式（4.5.3.19）计算出受水流影响后的波长 L 与波高 H，代入波浪数学模型计算波浪作用下大尺度结构波浪压强，应用绕流数学模型计算水流作用下的大尺度结构绕流压强。将作用于每个单元的波浪压强和绕流压强叠加得到波流共同作用下的动水压强分布，大尺度结构物的波流力由积分结构物湿表面的动水压强得到。

4.5.4　圆柱形人工岛的波流力算例

1. 大尺度圆柱结构的波浪力

取放置在海床上的大尺度圆柱形人工岛，如图 4.5.4 所示，人工岛直径 $D = 60\text{m}$，圆柱高度 $h = 7.72\text{m}$，水深 $d = 5.15\text{m}$。结构物在水面以下部分划分为两层单元，水上部分划分为一层单元，每个单元高度$\Delta z = 2.57\text{m}$。结构物沿圆周划分成 72 个单元，每个单元长度$\Delta l \approx 2.62\text{m}$。入射波高 $H = 3.3\text{m}$。应用三维源分布法得到不同入射波长的波浪作用下大尺度圆柱形人工岛的波浪力 $F_{\max}$ 和波浪倾覆力

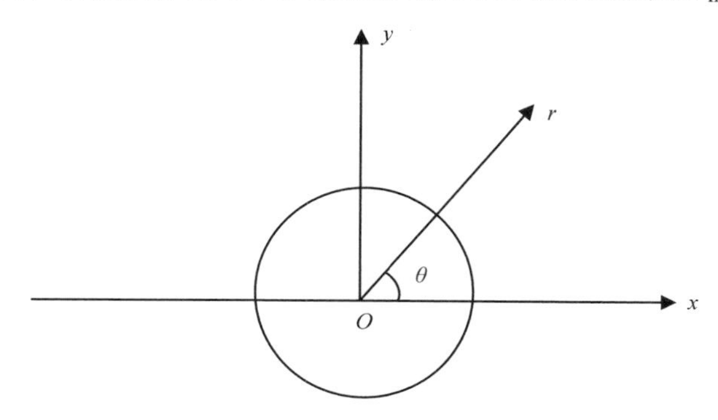

图 4.5.4　圆柱形人工岛示意图

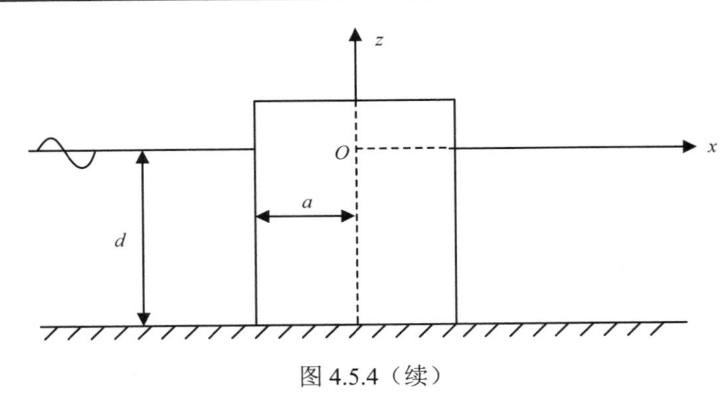

图 4.5.4（续）

矩 M_{max} 与绕射理论结果的比较如表 4.5.1 所示，表中数据可反映出数值计算结果与理论结果符合得较好。

表4.5.1 大尺度圆柱结构的波浪力数值计算结果与理论结果的比较

波长 L/m		26.2	31.44	39.30	52.4	65.5	78.6
绕射理论结果	F_{max}/t	326.08	392.66	480.81	600.50	697.43	781.20
	$M_{max}/t\cdot m$	932.24	1091.89	1303.54	1593.82	1831.76	2039.60
数值解	F_{max}/t	301.20	391.10	474.91	617.48	699.99	781.91
	ε_f/%	7.6	0.40	1.2	2.8	0.37	0.09
	$M_{max}/t\cdot m$	823.39	1068.63	1270.40	1631.97	1830.65	2035.02
	ε_M/%	11.7	2.1	2.5	2.4	0.06	0.20

2. 大尺度圆柱结构的绕流压强

仍取图 4.5.4 所示的大尺度圆柱形人工岛，结构物的几何尺度与单元划分情况同上。远处均匀来流的流速为 U_c=1.0m/s。数值计算得到的在 θ= 0°，θ= 30°，θ= 60°，θ= 90°，θ= 120°，θ= 150°，θ= 180° 时的绕流压强如图 4.5.5 所示，其中括号中的值为大尺度圆柱绕流压强的理论解。由比较可见，数值计算的绕流压强与理论结果符合得较好。

3. 大尺度圆柱结构的波流力

仍取与波浪力计算同样的放置在海床上的人工岛。无流时的波浪参数为波高 H = 2.57m，周期 T = 5.1s，水深 d = 5.15m，取水流速 U_c = −1.0m/s，1.0m/s，2.0m/s。波流力 F_{max} 和倾覆力矩 M_{max} 的数值计算结果与波流联合作用下的理论结果的比较如表 4.5.2 所示，由比较可见，数值计算结果与理论结果符合得较好。

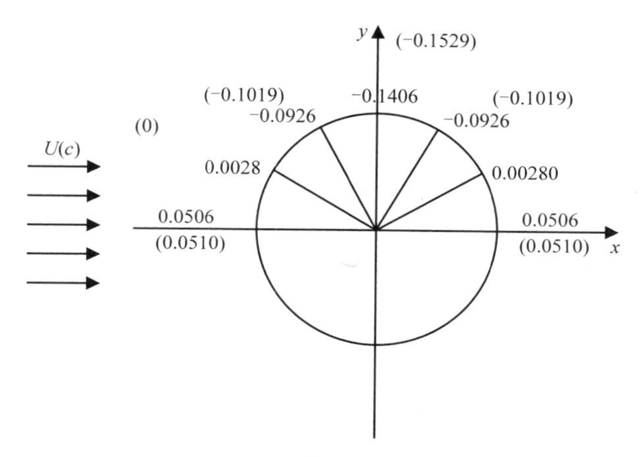

图 4.5.5　圆柱结构物绕流压强分布

表4.5.2　波流联合作用时大尺度圆柱结构的波流荷载的理论解和数值解比较

流速 U_c/(m/s)		-1.0	0	1.0	2.0
理论解	F_{max}/t	324.35	305.80	292.62	281.16
	$M_{max}/t \cdot m$	941.31	850.35	796.49	755.62
数值解	F_{max}/t	315.57	304.59	289.37	275.47
	$\varepsilon_f/\%$	2.7	0.40	1.1	2.0
	$M_{max}/t \cdot m$	886.21	832.23	776.55	731.22
	$\varepsilon_M/\%$	5.9	2.1	2.5	3.2

4.6　大尺度直立墩群结构的波浪力

4.6.1　波浪数学模型

大尺度直立墩群结构由多个横截面沿水深方向不变的大尺度直立墩柱组成，可采用平面二维源分布法模型。图 4.6.1 是大尺度直立墩群结构的平面坐标系示意图。

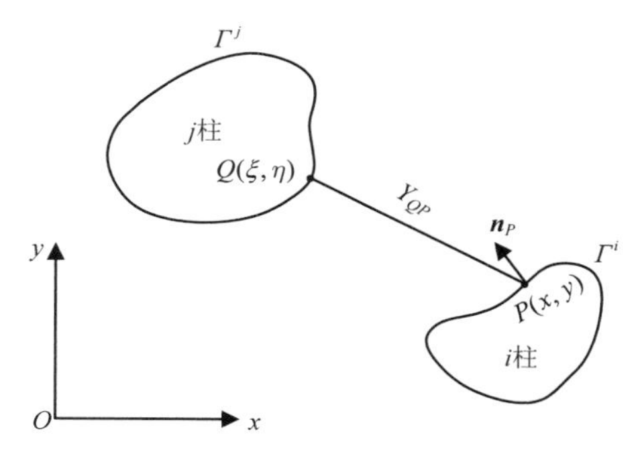

图 4.6.1　大尺度直立墩群结构的平面坐标系

假定流体是不可压缩与无旋的，水深为定值，水底与结构物表面是不可渗透边界。对由 J 个大尺度直立墩柱组成的墩群结构，满足 Laplace 方程的总速度势函数 $\Phi(x,y,z,t)$ 可表示为

$$\Phi(x,y,z,t)=-\mathrm{i}\frac{gH}{2\omega}\frac{\cosh k(z+d)}{\cosh kd}\left[\phi_{\mathrm{i}}(x,y)+\sum_{j=1}^{J}\phi_{\mathrm{s}}^{j}(x,y)\right]\mathrm{e}^{-\mathrm{i}\omega t} \quad (4.6.1.1)$$

式中，H 为入射波高；g 为重力加速度；ω为波浪圆频率；d 为水深；k 为波数（可由弥散方程 $\omega^2=kg\tanh kd$ 求出）；$\phi_{\mathrm{i}}(x,y)$ 为平面二维入射势；$\phi_{\mathrm{s}}^{j}(x,y)$ 为第 j 个墩柱的平面二维散射势。令

$$f(z)=-\mathrm{i}\frac{gH}{2\omega}\frac{\cosh k(z+d)}{\cosh kd} \quad (4.6.1.2)$$

则式（4.6.1.1）可写为

$$\Phi(x,y,z,t)=f(z)\left[\phi_{\mathrm{i}}(x,y)+\sum_{j=1}^{J}\phi_{\mathrm{s}}^{j}(x,y)\right]\mathrm{e}^{-\mathrm{i}\omega t} \quad (4.6.1.3)$$

由线性波理论，平面二维入射势 $\phi_{\mathrm{i}}(x,y)$ 为

$$\phi_{\mathrm{i}}(x,y)=\mathrm{e}^{\mathrm{i}(kx\cos\alpha+ky\sin\alpha)} \quad (4.6.1.4)$$

式中，α 为入射波传播方向与 x 轴正向的夹角。

所有 J 个直立墩柱的总散射势 $\phi_{\mathrm{s}}(x,y,z)$ 为

$$\phi_{\mathrm{s}}(x,y,z)=f(z)\sum_{j=1}^{J}\phi_{\mathrm{s}}^{j}(x,y) \quad (4.6.1.5)$$

将式（4.6.1.5）代入 Laplace 方程，可得到第 j 个墩柱产生的平面二维散射势 $\phi_{\mathrm{s}}^{j}(x,y)$ 满足如下的 Helmholtz 方程：

$$\frac{\partial^2\phi_{\mathrm{s}}^{j}}{\partial x^2}+\frac{\partial^2\phi_{\mathrm{s}}^{j}}{\partial y^2}+k^2\phi_{\mathrm{s}}^{j}=0$$

其中，波数 k 由弥散方程 $\omega^2=kg\tanh kd$ 求出，$f(z)\cdot\phi_{\mathrm{s}}^{j}(x,y)$ 满足自由水面边界条件 $\frac{\partial\phi_{\mathrm{s}}^{j}}{\partial z}-\frac{\omega^2}{g}\phi_{\mathrm{s}}^{j}=0,\quad z=0$ 和水底边界条件 $\frac{\partial\phi_{\mathrm{s}}^{j}}{\partial z}=0,\quad z=-d$ 。

平面二维散射势 $\phi_{\mathrm{s}}^{j}(x,y)$ 的定解问题为

$$\frac{\partial^2\phi_{\mathrm{s}}^{j}}{\partial x^2}+\frac{\partial^2\phi_{\mathrm{s}}^{j}}{\partial y^2}+k^2\phi_{\mathrm{s}}^{j}=0 \quad (4.6.1.6)$$

$$\frac{\partial\phi_{\mathrm{s}}}{\partial \boldsymbol{n}}=-\frac{\partial\phi_{\mathrm{i}}}{\partial \boldsymbol{n}}\text{，结构物表面} \quad (4.6.1.7)$$

$$\lim_{r\to\infty}r^{\frac{1}{2}}\left(\frac{\partial\phi_{\mathrm{s}}^{j}}{\partial r}-ik\phi_{\mathrm{s}}^{j}\right)=0\text{，Sommerfeld 辐射条件} \quad (4.6.1.8)$$

满足 Sommerfeld（索末菲）辐射条件（4.6.1.8)的 Helmholtz 方程的基本解（Green 函数）为

$$G^*(P,Q)=\mathrm{i}\pi\mathbf{H}_0^{(1)}\left(kr_{QP}\right) \tag{4.6.1.9}$$

式中，i 为单位虚数；$\mathbf{H}_0^{(1)}(kr)=\mathrm{J}_0(kr)+\mathrm{i}\mathrm{N}_0(kr)$ 为零阶第一类 Hankel 函数［$\mathrm{J}_0(kr)$，$\mathrm{N}_0(kr)$ 分别为零阶第一类与第二类 Bessel 函数］。

引用 4.3 节的单层势函数理论，令 $\sigma^j(Q)$ 为第 j 个墩柱边界上 Q 点的源分布强度，则第 j 个墩柱对水域中任意点 P 的平面二维散射势函数 $\phi_{\mathrm{s}}^j(P)$ 为

$$\phi_{\mathrm{s}}^j(P)=\frac{1}{4\pi}\int_{\Gamma^j}\sigma^j(Q)\,G^*(P,Q)\mathrm{d}\Gamma \tag{4.6.1.10}$$

所有 J 个墩柱对水域中 P 点的散射势函数 ϕ_{s} 为

$$\phi_{\mathrm{s}}=\frac{1}{4\pi}\sum_{j=1}^{J}\int_{\Gamma^j}\sigma^j(Q)\,G^*(P,Q)\mathrm{d}\Gamma \tag{4.6.1.11}$$

当 P 点位于第 l 个墩柱的边界 Γ^l 上，$\boldsymbol{n}_P$ 为 P 点处的法方向，应用单层势函数外法线方向导数公式，得

$$-\frac{\partial\phi_{\mathrm{s}}}{\partial\boldsymbol{n}_P}=\frac{1}{2}\sigma^l(P)-\frac{1}{4\pi}\sum_{j=1}^{J}\int_{\Gamma^j}\sigma^j(Q)\frac{\partial G^*(P,Q)}{\partial\boldsymbol{n}_P}\mathrm{d}\Gamma \tag{4.6.1.12}$$

令 $\mu^j(Q)=-\dfrac{1}{2}\sigma^j(Q)$，$G(P,Q)=-\dfrac{1}{2\pi}G^*(P,Q)$，则式（4.6.1.10）可写为

$$\begin{aligned}\phi_{\mathrm{s}}^j(P)&=\frac{1}{4\pi}\int_{\Gamma^j}\sigma^j(Q)G^*(P,Q)\mathrm{d}\Gamma\\&=\int_{\Gamma^j}\left[-\frac{1}{2}\sigma^j(Q)\right]\left[-\frac{1}{2\pi}G^*(P,Q)\right]\mathrm{d}\Gamma\\&=\int_{\Gamma^j}\mu^j(Q)G(P,Q)\mathrm{d}\Gamma\end{aligned} \tag{4.6.1.13}$$

式中，$\mu^j(Q)$ 仍称为第 j 个墩柱边界上 Q 点的源分布强度；$G(P,Q)$ 仍称为 Green 函数，且

$$G(P,Q)=-\frac{1}{2\pi}G^*(P,Q)=\frac{1}{2\mathrm{i}}\mathbf{H}_0^{(1)}\left(kr_{QP}\right) \tag{4.6.1.14}$$

以 $\mu^j(Q)$ 和 $G(P,Q)$ 表示的所有 J 个墩柱对水域中 P 点的散射势函数 ϕ_{s} 为

$$\phi_{\mathrm{s}}=\sum_{j=1}^{J}\int_{\Gamma^j}\mu^j(Q)\left[\frac{1}{2\mathrm{i}}\mathbf{H}_0^{(1)}\left(kr_{QP}\right)\right]\mathrm{d}\Gamma \tag{4.6.1.15}$$

当 P 点位于第 l 个墩柱的边界 Γ^l 上时，式（4.6.1.12）可写成

$$\frac{\partial\phi_{\mathrm{s}}}{\partial\boldsymbol{n}_P}=-\frac{1}{2}\sigma^l(P)+\sum_{j=1}^{J}\int_{\Gamma^j}\left(-\frac{1}{2}\sigma^j(Q)\right)\frac{\partial}{\partial\boldsymbol{n}_P}\left(-\frac{1}{2\pi}G^*(P,Q)\right)\mathrm{d}\Gamma$$

进而得到以 $\mu^j(Q)$ 和 $G(P,Q)$ 表示的如下方程：

$$\frac{\partial\phi_{\mathrm{s}}}{\partial\boldsymbol{n}_P}=\mu^l(P)+\sum_{j=1}^{J}\int_{\Gamma^j}\mu^j(Q)\frac{\partial}{\partial\boldsymbol{n}_P}\left[\frac{1}{2\mathrm{i}}\mathbf{H}_0^{(1)}\left(kr_{QP}\right)\right]\mathrm{d}\Gamma \tag{4.6.1.16}$$

将式（4.6.1.16）代入第 l 个墩柱边界 Γ^l 上满足的物面全反射边界条件：

$$\frac{\partial \phi_{\mathrm{s}}}{\partial \boldsymbol{n}_P}=-\frac{\partial \phi_{\mathrm{i}}}{\partial \boldsymbol{n}_P},\ P\in\Gamma^l,\ l=1,2,\cdots,J \tag{4.6.1.17}$$

可得出如下的边界积分方程：

$$\mu^l(P)+\sum_{j=1}^{J}\int_{\Gamma^j}\mu^j(Q)\frac{\partial}{\partial \boldsymbol{n}_P}\left[\frac{1}{2\mathrm{i}}\mathbf{H}_0^{(1)}\left(kr_{QP}\right)\right]\mathrm{d}\Gamma=-\frac{\partial \phi_i}{\partial \boldsymbol{n}_P},\quad l=1,2,\cdots,J \tag{4.6.1.18}$$

采用边界元法求解式（4.6.1.18），求出源分布强度函数 $\mu^j(Q)$ 后就可以求得各墩柱的波浪荷载。

将第 j 墩柱的周边离散成 M_j 个线段，每个线段表示为 $\Delta\Gamma_m^j(m=1,2,\cdots,M_j)$。取常值单元，以各线段的中点为离散点，近似地认为在每一微段内，$\mu^j(Q_m)$ 与 $\frac{\partial}{\partial \boldsymbol{n}_P}\left[\frac{1}{2\mathrm{i}}\mathbf{H}_0^{(1)}\left(kr_{QP}\right)\right]$ 为常数。对 l 墩柱上的离散点 $P_k\,(k=1,2,\cdots,M_l$，$l=1,2,\cdots,J)$，式（4.6.1.18）的离散形式为

$$\mu^l\left(P_k\right)+\sum_{j=1}^{J}\sum_{m=1}^{M_j}\mu^j\left(Q_m\right)\frac{\partial}{\partial \boldsymbol{n}_{P_k}}\left[\frac{1}{2\mathrm{i}}\mathbf{H}_0^{(1)}\left(kr_{Q_mP_k}\right)\right]\Delta\Gamma_m^j=-\frac{\partial \phi_{\mathrm{i}}}{\partial \boldsymbol{n}_{P_k}} \tag{4.6.1.19}$$

式（4.6.1.19）可写成如下 $\sum\limits_{l=1}^{J}M_l$ 阶的矩阵方程形式：

$$\left[a_{km}^l\right]\cdot\left[\mu_m^l\right]=\left[b_k^l\right],\ k=1,2,\cdots,M_l,\ l=1,2,\cdots,J \tag{4.6.1.20}$$

式中，

$$a_{km}^l=\delta_{km}^l+\sum_{j=1}^{J}\sum_{m=1}^{M_j}\frac{\partial}{\partial \boldsymbol{n}_{P_k}}\left[\frac{1}{2\mathrm{i}}\mathbf{H}_0^{(1)}\left(kr_{Q_m^jP_k}\right)\right]\Delta\Gamma_m^j \tag{4.6.1.21}$$

$$\delta_{km}^l=\begin{cases}1, & k=m,l=j\\ 0, & k\neq m\end{cases}$$

$$b_i=-\frac{\partial \phi_{\mathrm{i}}}{\partial \boldsymbol{n}_{P_k}}=-\mathrm{i}k\phi_{\mathrm{i}}\left[\cos\alpha\cos\left(n,x\right)+\sin\alpha\cos\left(n,y\right)\right] \tag{4.6.1.22}$$

式中，$r_{Q_m^jP_k}$ 为 $P_k(x,y)$ 点与 $Q_m^j(\zeta,\eta)$ 点间的距离；$\cos(n,x),\cos(n,y)$ 分别为 P_k 点所在线段对 x 轴和 y 轴的法向方向余弦；$\mathbf{H}_0^{(1)}\left(kr_{Q_m^jP_k}\right)$ 为零阶第一类 Hankel 函数。

当 $k\neq m$ 时，应用 Bessel 函数的递推性质 $\frac{\mathrm{d}}{\mathrm{d}x}\mathbf{H}_0(x)=-\mathbf{H}_1(x)$，有

$$\begin{aligned}\frac{\partial}{\partial \boldsymbol{n}_{P_k}}\left[\frac{1}{2\mathrm{i}}\mathbf{H}_0^{(1)}\left(kr_{Q_m^jP_k}\right)\right]&=\frac{\partial}{\partial r}\left[\frac{1}{2\mathrm{i}}\mathbf{H}_0^{(1)}\left(kr_{Q_m^jP_k}\right)\right]\cdot\frac{\partial r}{\partial \boldsymbol{n}_{P_k}}\\&=\frac{\mathrm{i}}{2}k\mathbf{H}_1^{(1)}\left(kr_{Q_m^jP_k}\right)\left[\frac{x-\zeta}{r_{Q_m^jP_k}}\cos\left(n,x\right)+\frac{y-\eta}{r_{Q_m^jP_k}}\cos\left(n,y\right)\right]\end{aligned} \tag{4.6.1.23}$$

当 $k=m,\ l=j$ 时，$P_k(x,y)$ 点与 $Q_m^j(\zeta,\eta)$ 点在同一个单元内，$r_{Q_m^jP_k}$ 也在该单

元内，因而有 $\dfrac{\partial}{\partial \boldsymbol{n}_{P_k}}\left[\dfrac{1}{2\mathrm{i}}\mathbf{H}_0^{(1)}\left(kr_{Q_m^jP_k}\right)\right]=0$。

则式（4.6.1.21）中的系数 a_{km}^l 为

$$\begin{cases}a_{km}^l=\sum\limits_{j=1}^{J}\sum\limits_{m=1}^{M_j}\dfrac{\mathrm{i}}{2}k\mathbf{H}_1^{(1)}\left(kr_{Q_m^jP_k}\right)\left[\dfrac{x-\zeta}{r_{Q_m^jP_k}}\cos(n,x)+\dfrac{y-\eta}{r_{Q_m^jP_k}}\cos(n,y)\right]\Delta\Gamma_m^j,\ k\neq m\\ a_{km}^l=1,\ k=m,\ l=j\end{cases}\tag{4.6.1.24}$$

求解式（4.6.1.20）的线性方程组，可得到各墩柱周边离散单元各中点上的源分布强度 $\mu_m^j=\mu^j(Q_m)$，从而可计算各墩柱表面的动水压强、各墩柱的波浪力以及各墩柱周围的波面分布等。

作用于各墩柱表面的动水压强 p 为

$$\begin{aligned}p&=-\rho Re\left(\frac{\partial\Phi}{\partial t}\right)=Re\left[\mathrm{i}\omega\rho\Phi(x,y,z,t)\right]\\&=Re\left[\mathrm{i}\omega\rho\left(-\mathrm{i}\frac{gH}{2\omega}\right)\frac{\cosh k(z+d)}{\cosh kd}\mathrm{e}^{-\mathrm{i}\omega t}\left(\phi_{\mathrm{i}}(x,y)+\sum_{j=1}^{J}\phi_{\mathrm{s}}^j(x,y)\right)\right]\\&=Re\left(\frac{\rho gH}{2}\frac{\cosh k(z+d)}{\cosh kd}\mathrm{e}^{-\mathrm{i}\omega t}\left\{\phi_{\mathrm{i}}(x,y)+\sum_{j=1}^{J}\sum_{m=1}^{M_j}\mu^j(Q_m)\left[\frac{1}{2\mathrm{i}}\mathbf{H}_0^{(1)}\left(kr_{Q_mP_k}\right)\right]\Delta\Gamma_m^j\right\}\right)\end{aligned}\tag{4.6.1.25}$$

第 l 个墩柱上的波浪力 F_x^l 与 F_y^l 可以通过积分式（4.6.1.22）得到

$$\begin{aligned}F_x^l&=-\int_{-d}^{0}\mathrm{d}z\int_{\Gamma^l}pn_x\mathrm{d}s\\&=-\frac{\rho gH\tanh kd}{2k}\sum_{k=1}^{M_l}Re\left(\mathrm{e}^{-\mathrm{i}\omega t}\left\{\phi_{\mathrm{i}}(x,y)+\sum_{j=1}^{J}\sum_{m=1}^{M_j}\mu^j(Q_m)\left[\frac{1}{2\mathrm{i}}\mathbf{H}_0^{(1)}\left(kr_{Q_mP_k}\right)\right]\Delta\Gamma_m^j\right\}\right)n_x\Delta\Gamma_k^l\end{aligned}\tag{4.6.1.26}$$

$$\begin{aligned}F_y^l&=-\int_{-d}^{0}\mathrm{d}z\int_{\Gamma^l}pn_y\mathrm{d}s\\&=-\frac{\rho gH\tanh kd}{2k}\sum_{k=1}^{M_l}Re\left(\mathrm{e}^{-\mathrm{i}\omega t}\left\{\phi_{\mathrm{i}}(x,y)+\sum_{j=1}^{J}\sum_{m=1}^{M_j}\mu^j(Q_m)\left[\frac{1}{2\mathrm{i}}\mathbf{H}_0^{(1)}\left(kr_{Q_mP_k}\right)\right]\Delta\Gamma_m^j\right\}\right)n_y\Delta\Gamma_k^l\end{aligned}\tag{4.6.1.27}$$

应用式（4.6.1.25）～式（4.6.1.27）计算作用于各墩柱表面的动水压强和波浪力，需要计算零阶第一类 Hankel 函数 $\mathbf{H}_0^{(1)}\left(kr_{Q_m^jP_k}\right)=\mathrm{J}_0\left(kr_{Q_m^jP_k}\right)+\mathrm{i}\mathrm{N}_0\left(kr_{Q_m^jP_k}\right)$。

当 $k=m,\ l=j\ (r=0)$ 时，零阶第一类 Hankel 函数 $\mathbf{H}_0^{(1)}\left(kr_{Q_m^jP_k}\right)$ 的实部为零阶第一类 Bessel 函数，$\mathrm{J}_0(0)=1$，不存在奇点；虚部为零阶第二类 Bessel 函数，$\mathrm{N}_0(0)\to-\infty$，存在奇点。一种近似的处理方法是将该单元分成两个子单元，取

两个子单元的平均值。设 P_k 点仍在原单元的中心，Q_m 点位于新的子单元中心，P_k 点与 Q_m 点的距离 $r=r_{Q_m^j P_k}/4$ 。零阶第二类 Bessel 函数为偶函数，$\mathrm{N}_0(0)$ 近似取 $\mathrm{N}_0\left(k\Delta\Gamma_k^l/4\right)$，因而得到 $\mathbf{H}_0^{(1)}(0)$ 的如下近似计算公式：

$$\mathbf{H}_0^{(1)}(0)=1+\mathrm{iN}_0\left(k\Delta\Gamma_k^l/4\right),\quad k=m,l=j\ (r=0) \tag{4.6.1.28}$$

由式（4.6.1.26）与式（4.6.1.27）可得到第 l 个墩柱上的总波浪力 F^l：

$$F^l=\sqrt{\left(F_x^l\right)^2+\left(F_y^l\right)^2} \tag{4.6.1.29}$$

$$\beta^l=\arctan\frac{F_x^l}{F_y^l} \tag{4.6.1.30}$$

各墩柱周围的波面 η 为

$$\begin{aligned}\eta&=-\frac{1}{g}Re\left(\frac{\partial\Phi}{\partial t}\right)_{z=0}=Re\left[\frac{\mathrm{i}\omega}{g}\Phi(x,y,z,t)\right]_{z=0}\\&=Re\left\{\frac{\mathrm{i}\omega}{g}\left(-\mathrm{i}\frac{gH}{2\omega}\right)\mathrm{e}^{-\mathrm{i}\omega t}\left[\phi_{\mathrm{i}}(x,y)+\sum_{j=1}^{J}\phi_{\mathrm{s}}^j(x,y)\right]\right\}\\&=\frac{H}{2}Re\left(\mathrm{e}^{-\mathrm{i}\omega t}\left\{\phi_{\mathrm{i}}(x,y)+\sum_{j=1}^{J}\sum_{m=1}^{M_j}\mu^j(Q_m)\left[\frac{1}{2\mathrm{i}}\mathbf{H}_0^{(1)}\left(kr_{Q_mP_k}\right)\right]\Delta\Gamma_m^j\right\}\right)\end{aligned} \tag{4.6.1.31}$$

4.6.2　方形墩群结构的波浪力

王永学（1991）应用二维源分布法对等截面方形墩群在不同相对尺度 kb 情形下的群墩影响系数进行了计算，其中 k 为波数，b 为方形墩柱的边长。图 4.6.2 为大尺度方形群墩结构的平面坐标系统。

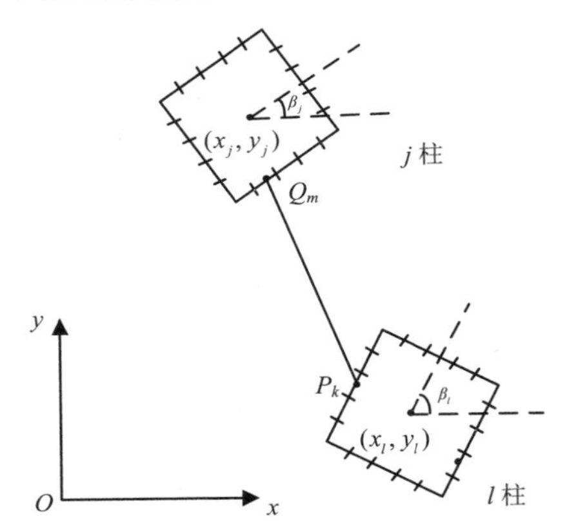

图 4.6.2　大尺度方形群墩结构平面坐标系统

首先应用二维源分布法计算了孤立方墩的波浪力，图 4.6.3 是数值计算结果与 Isaacson 等（1979）的实验结果的比较。图中的横坐标为墩柱相对尺度 kb，纵坐标为无量纲最大波浪力 $\frac{F_{\max}}{\rho gHbd\tanh kd/(kd)}$，入射波向为 $\alpha=0°$ 与 $\alpha=45°$。由图 4.6.3 可见，在考虑的 kb 范围内，计算结果与试验结果吻合得很好。

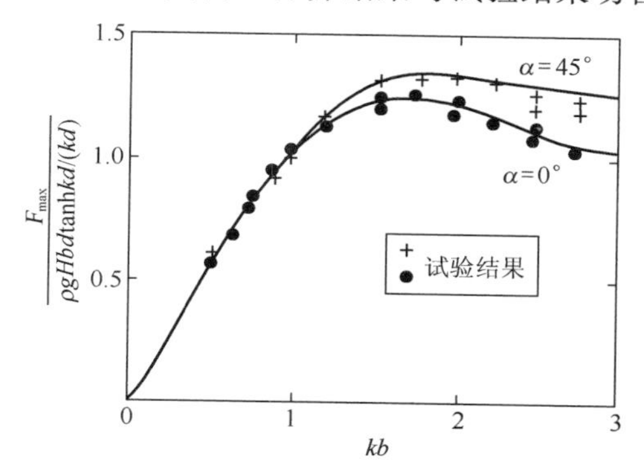

图 4.6.3　孤立方墩波浪力计算结果与试验结果的比较

其次对 $ka=0.4$ 的两个等直径圆墩的情形进行了计算，并与 Spring 和 Monkmeyer（1974）的理论解进行了比较，k 为波数，a 为圆墩半径。数值计算时将圆周分成 36 段。定义 R_x 为沿入射波向各个墩柱的最大波力 $(F_{\max})_{群}$ 与单墩最大波力 $(F_{\max})_{单}$ 的比值，即

$$R_x=\frac{(F_{\max})_{群}}{(F_{\max})_{单}} \tag{4.6.2.1}$$

图 4.6.4 给出了两个等直径圆墩中心线与入射波向成 60° 角、两圆墩中心距为 l 的情形，群墩影响系数 R_x 随 kl 变化的关系曲线，由图可见二维源分布法的计算结果与理论解是一致的。

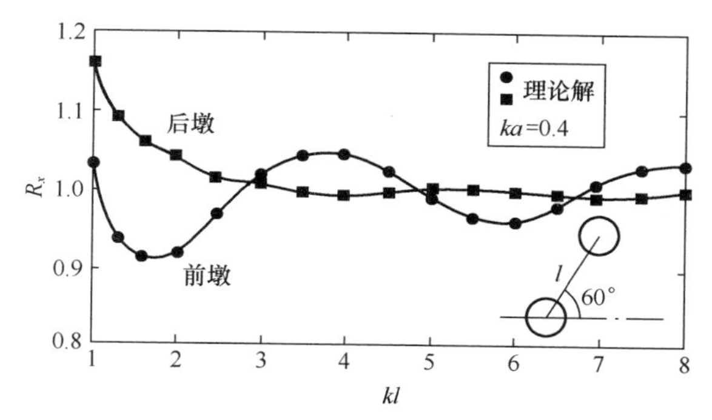

图 4.6.4　两个等直径圆墩波浪力计算与理论结果的比较

为探讨数值计算时离散的边界单元长度 $\Delta\Gamma_m$ 对计算精度的影响，以 kb=3.0，l/b=2.0 的两串列方墩为例进行计算，其中，k 为波数，b 为方墩边长，l 为两方墩的中心距。令 $M=L/\Delta\Gamma_m$（L 为入射波长），以 $M=30$ 时得到的最大波浪力为基数，对应不同 M 时的比值 $F_{\max}/(F_{\max})_{M=30}$ 如表 4.6.1 所示。可认为，选取 $M=10$～15 可

满足计算精度的要求。

表4.6.1 离散单元长度对最大波浪力的影响

$M = L/\Delta\Gamma_m$		4	6	8	10	15	20	25	30
$\frac{F_{max}}{(F_{max})_{M=30}}$	前墩	1.020	1.011	1.007	1.005	1.000	1.001	0.999	1.000
	后墩	0.894	0.940	0.961	0.972	0.995	0.994	1.001	1.000

对于两个方墩并列与串列工况、相对尺度 kb=1.0, 2.0, 3.0 的情形，计算得到的群墩影响系数 R_x 随两墩中心距 l/b 的变化如图 4.6.5～图 4.6.7 所示，同时比较了两折算圆墩的理论结果。令方墩截面面积与折算圆墩截面面积相等，可得折算圆墩的直径为

$$D_e = 2b/\sqrt{\pi} \tag{4.6.2.2}$$

由图 4.6.5～图 4.6.7 可见，当 kb=1.0 时，方墩的群墩影响系数与折算圆墩群墩影响系数很接近，只是当两墩间距较小时才出现差别；kb=2.0 时，方墩与折算圆墩的群墩影响系数的误差在 8%以内；但当 kb=3.0 时，方墩群墩影响系数与折算圆墩群墩影响系数在两墩串列时出现较大的差别，折算圆墩的群墩影响系数偏小很多，群墩影响系数的误差在 $l/b > 2.0$ 时超过 20%。

计算结果表明当墩柱几何尺度较小时，墩柱截面的几何形状对墩柱之间相互作用的影响只在两墩柱较靠近时才能反映出来，而墩柱几何尺度较大时，墩柱截

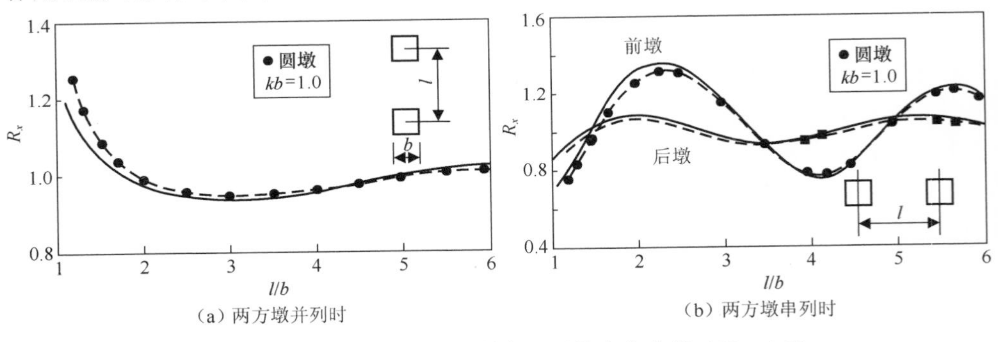

(a) 两方墩并列时　　(b) 两方墩串列时

图 4.6.5 群墩影响系数随两墩中心距的变化曲线（$kb = 1.0$）

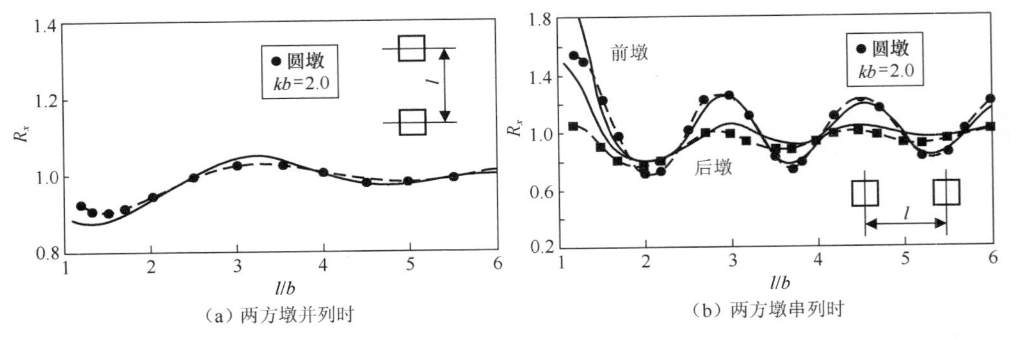

(a) 两方墩并列时　　(b) 两方墩串列时

图 4.6.6 群墩影响系数随两墩中心距的变化曲线（$kb = 2.0$）

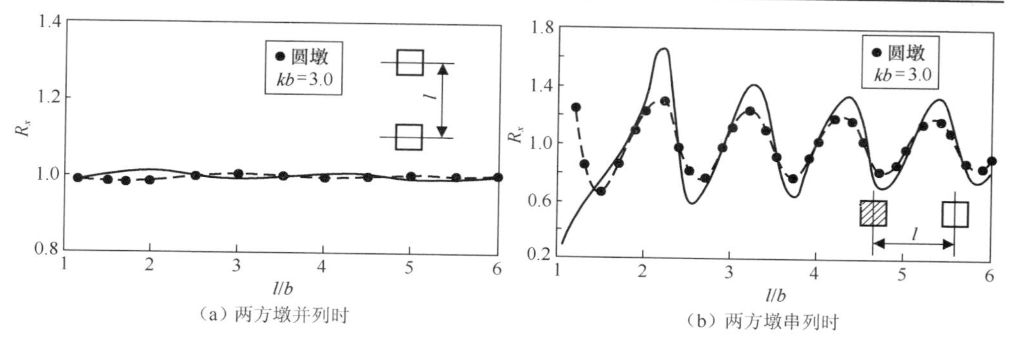

（a）两方墩并列时　　（b）两方墩串列时

图 4.6.7　群墩影响系数随两墩中心距的变化曲线（$kb = 3.0$）

面几何形状的不同对墩柱之间相互作用有较大的影响，尤其是在墩柱串列的情形下。这表明在用等效圆墩的群墩影响系数代替方墩的群墩影响系数时，应注意墩柱相对尺度的大小。

对于随机波作用下方形墩群上的波浪荷载计算，可先对每个组成波应用二维源分布法计算每个墩柱上的规则波波浪力，并将所有组成波的作用叠加即可得到每个墩柱的随机波浪力（王永学，1994）。再按 Rayleigh（瑞利）分布计算出每个墩柱的累积率波力值及群墩影响系数。

首先对孤立圆柱墩上的随机波浪力进行计算并与圆墩的解析解进行比较，入射波谱采用如下布氏（Bretscheider）谱：

$$S_{\eta\eta}(\omega) = 400.55\left(\frac{H_{1/3}}{T_{1/3}^2}\right)^2 \omega^{-5} \exp\left[-1605.32(T_{1/3}\omega)^{-4}\right] m^2 s \qquad (4.6.2.3)$$

其中，波浪参数取有效波高 $H_{1/3} = 6.0\text{m}$，平均波长 $L = 135\text{m}$，水深 $d = 24\text{m}$，圆墩直径 $D = 9\text{m}$。

表 4.6.2 为对每个组成波采用本节的源分布法与解析法（邱大洪和王永学，1988）计算的孤立圆墩上累积频率为 1%的波力值 $F_{1\%}$，表中也列出了取波高 $H_{1\%} = 9.1\text{m}$ 作为特征波高的规则波计算结果。从表 4.6.2 的比较结果可见，采用本节的源分布法和解析法的计算结果是一致的。

表4.6.2　孤立圆墩上的随机波浪力

计算方法	波力值 $F_{1\%}$/t	
	不规则波（布氏谱）	规则波（$H_{1\%}$）
源分布法	493	474
解析法（邱大洪和王永学，1988）	495	476

其次，在此基础上，对两个方墩、3 个方墩呈正三角形排列、4 个方墩呈正方形排列时的群墩影响系数进行计算，同时还对相同条件下随机波浪对折算圆柱墩群的作用进行计算。方墩边长取 b=12m，应用式（4.6.2.2）可以得到折算圆墩直

径 $D_e = 13.54$m。入射波谱仍采用布氏谱。波浪参数为有效波高 $H_{1/3} = 1.0$m，有效周期 $T_{1/3} = 6.5$s，水深 $d = 10$m，方墩边长 $b = 12$m。群墩影响系数 R_j 采用累积率 $P_R = 1\%$ 的波力值计算，整个计算范围内的谱宽参数在 0.35～0.55 范围内。

两方墩和两折算圆墩在随机波浪作用下的最大群墩影响系数 $(R_j)_{max}$（图 4.6.8 中以 R 表示）随墩柱间距 l/b 及入射波向角 α 的变化曲线如图 4.6.8 所示，折算圆墩的群墩影响系数在图中以虚线表示。两墩并列情形的计算结果($\alpha=0°$)如图 4.6.8（a）所示，群墩影响系数变化较小。折算圆墩的群墩影响系数在 l/b 较小时略大于方墩的结果，这主要由两折算圆墩之间缝隙较小所致。例如，在 $l/b = 1.5$ 时，两方柱墩间缝隙为 $0.5b$，而这时两折算圆墩间缝隙为 $0.37b$。

随着波向角 α 的增加，两墩间相互影响增大，前墩（2 号墩）的影响要大于后墩（1 号墩），$\alpha = 90°$ 时（两墩串列情形）的计算结果，如图 4.6.8（d）所示。随着波向角 α 的增加，折算圆墩的群墩影响系数都略小于方墩结果，即方墩几何形状对波浪场的影响要比折算圆墩大。随着 l/b 的增大，无论是方柱墩群还是折算圆柱墩群的群墩影响系数都会逐渐减小，趋近于孤立墩的情形。

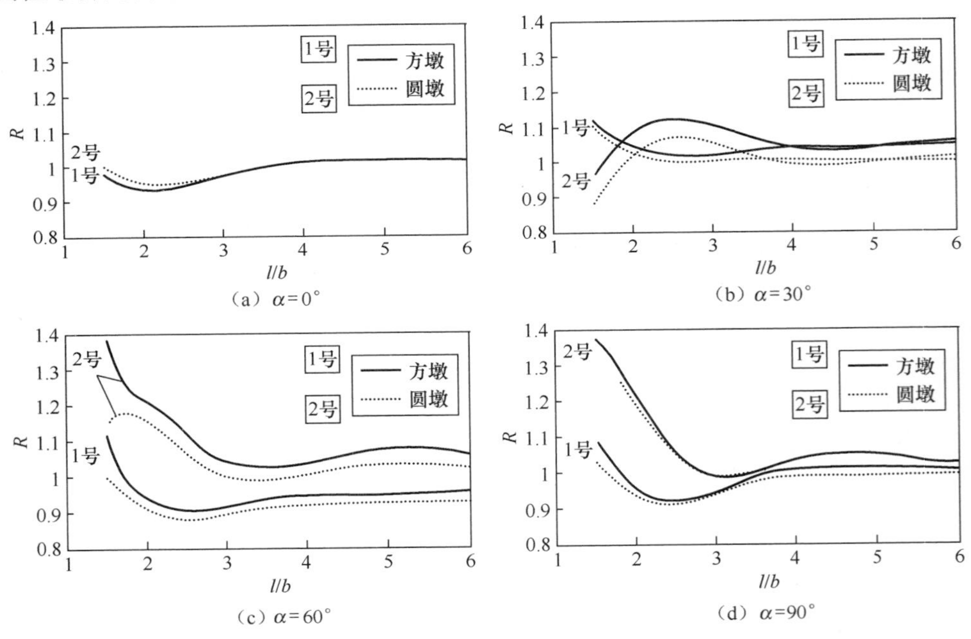

（a）$\alpha = 0°$　（b）$\alpha = 30°$　（c）$\alpha = 60°$　（d）$\alpha = 90°$

图 4.6.8　随机波作用下两个方柱墩的群墩影响系数随 l/b 的变化

图 4.6.9 是 3 个方柱墩呈正三角形排列时的群墩影响系数随墩柱间距 l/b 的变化曲线，折算圆墩的群墩影响系数在图中以虚线表示。虽然随着墩柱数目的增加，墩柱间的相互影响更为复杂，但其群墩影响系数 R 随 l/b 的变化特点与两墩柱情形类似。以图 4.6.9 中所示的 1 号墩柱为例，该墩柱的群墩影响系数在 $\alpha = 0°$ 时变化较大，类似于两墩柱串列，而在 $\alpha = 90°$ 时变化较小，类似于两墩柱并列。

图 4.6.9（c）为波向$\alpha = 60°$ 的情形，该波向对折算圆墩排列的 1 号与 2 号墩是对称的。方墩由于几何形状的影响，2 号墩的群墩影响系数与 1 号墩稍有不同。计算结果表明，群墩间的相互影响主要在墩柱间距 l/b 较小的范围内。随着 l/b 的增大，群墩间的相互影响逐渐减小，趋于孤立墩情形。

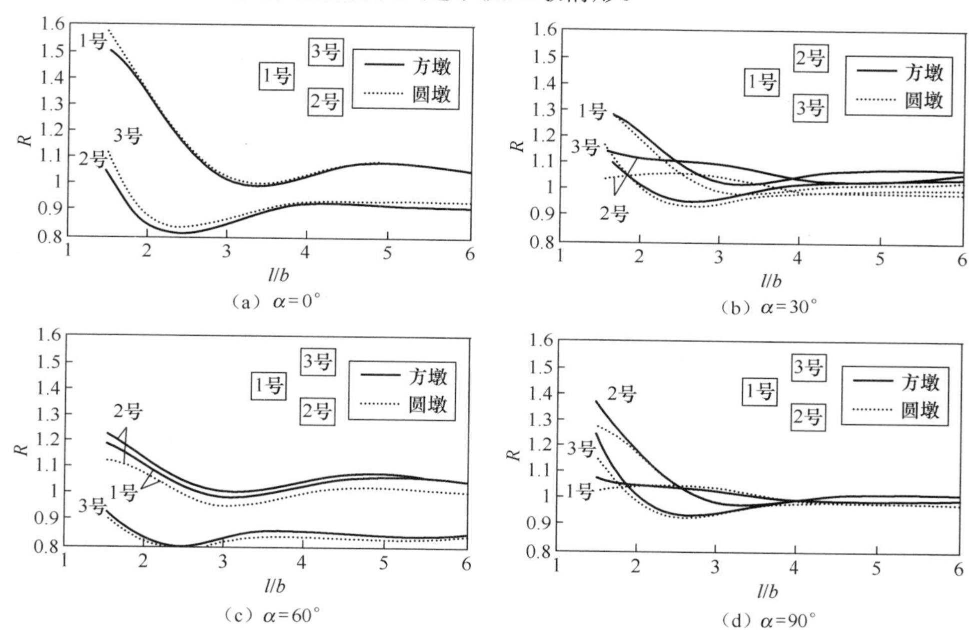

图 4.6.9　随机波作用下 3 个方柱墩的群墩影响系数随 l/b 的变化

4.6.3　异型截面墩柱式透空防波堤透射系数

基于二维源分布法对在矩形截面墩柱两侧开槽的异形截面桩式透空防波堤的透射系数进行计算（高东博，2010），探讨截面开槽为半圆形、矩形和三角形情形对消浪效果的影响。图 4.6.10 为截面开槽为半圆形的桩排结构示意图，其中，a 为异型截面墩柱的长度，b 为异型截面墩柱的宽度，d 为相邻异型截面墩柱之间的间距。定义透空防波堤的透空率为 $\eta = d/(a + d)$。

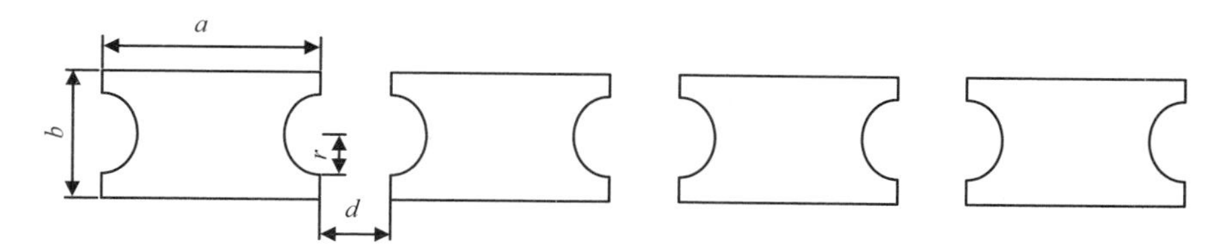

图 4.6.10　截面开槽为半圆形的桩排结构示意图

截面开半圆槽的墩柱边界、截面开矩形槽的墩柱边界、截面开三角形槽的墩柱边界都离散为 20 个单元，图 4.6.11 为离散示意图。

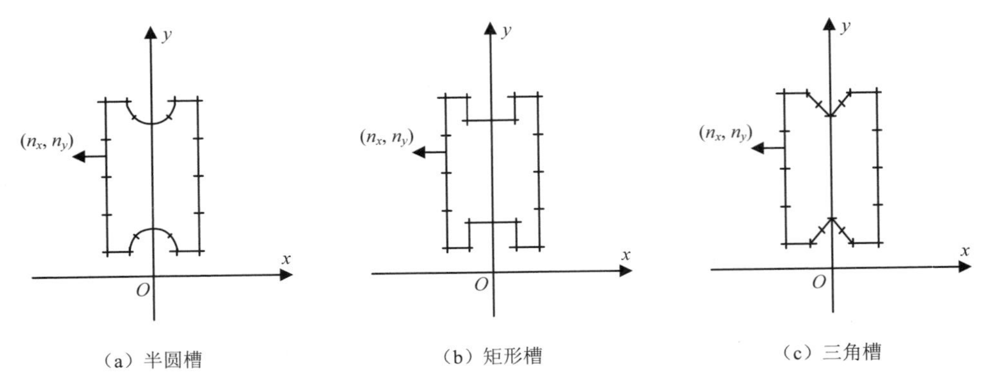

图 4.6.11　不同异型截面离散单元示意图

分别对开槽面积相同或开槽深度相同的异形截面桩式透空防波堤的透射系数进行数值计算。取异型截面墩柱长 a=1.6m，宽 b=0.8m，波浪周期 T=3.58s，4.02s，4.47s，4.92s，5.37s，波高 H=1.6m，水深 h=0.8m，入射波向 α=0°。对于开槽面积相同的情形，取半圆槽的半径 r = 0.2m，可得半圆槽面积 $S_{半圆} \approx 0.0628\text{m}^2$，换算成截面开矩形槽和截面开三角形槽的尺寸如图 4.6.12 所示。矩形槽的长、宽分别为 0.4m 与 0.157m，三角形槽的底、高分别为 0.4m 与 0.314m。对于开槽深度相同的情形，同样取半圆槽的半径 $r = 0.2$m，可得半圆槽深度 $r = 0.2$m，换算成截面开矩形槽和截面开三角形槽的尺寸如图 4.6.13 所示。矩形槽的长、宽分别为 0.4m 与 0.2m，三角形的底、高分别为 0.4m 与 0.2m，所以有 $S_{矩形} > S_{半圆} > S_{三角形}$。

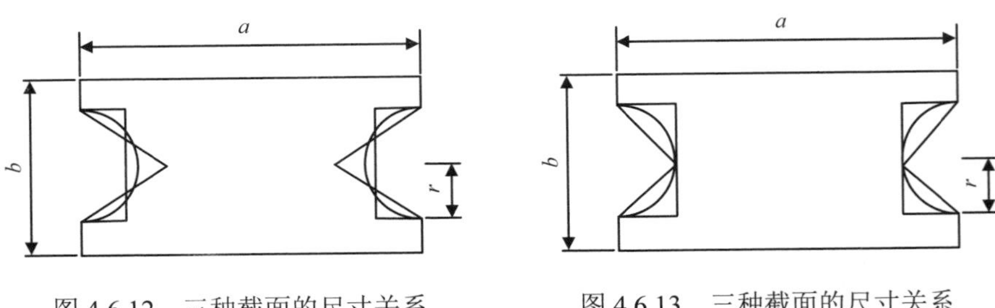

图 4.6.12　三种截面的尺寸关系（开槽面积相同）

图 4.6.13　三种截面的尺寸关系（开槽深度相同）

表 4.6.3 给出了几种不同截面墩柱透射系数的数值计算结果，透射系数 K_t 定义为透射波高 H_t 与入射波高 H_i 的比值。

图 4.6.14 给出了在水深 0.8m、入射波高 1.6m 的条件下，开槽面积相同的三种不同截面墩柱的透射系数 K_t 随波陡 H/L 的变化结果（透空率 $\eta = 0.111$ 和 0.2）。由图可看出对相同的透空率情形，三种不同截面的透射系数差别不明显，这说明开槽面积相同时，开槽的形状对透射系数影响不明显。

表4.6.3　异形截面桩式透空堤的透射系数的数值结果

模型	周期/s	开槽面积相同			开槽深度相同		
		$\eta=0.111$	$\eta=0.200$	$\eta=0.273$	$\eta=0.111$	$\eta=0.200$	$\eta=0.273$
模型 1（截面开矩形槽）	3.58	0.278	0.328	0.376	0.274	0.329	0.376
	4.02	0.321	0.398	0.431	0.305	0.378	0.447
	4.47	0.411	0.410	0.497	0.340	0.407	0.500
	4.92	0.468	0.509	0.575	0.447	0.488	0.567
	5.37	0.517	0.542	0.616	0.478	0.543	0.598
模型 2（截面开半圆槽）	3.58	0.273	0.325	0.382	0.288	0.350	0.382
	4.02	0.316	0.395	0.449	0.319	0.394	0.449
	4.47	0.409	0.408	0.489	0.394	0.438	0.515
	4.92	0.463	0.492	0.578	0.463	0.529	0.578
	5.37	0.484	0.523	0.610	0.484	0.576	0.610
模型 3（截面开三角形槽）	3.58	0.284	0.332	0.377	0.320	0.379	0.404
	4.02	0.330	0.402	0.438	0.353	0.419	0.467
	4.47	0.417	0.415	0.486	0.435	0.474	0.561
	4.92	0.488	0.513	0.589	0.534	0.594	0.628
	5.37	0.526	0.546	0.636	0.566	0.623	0.666

图 4.6.15 给出了在水深 0.8m、入射波高 1.6m 的条件下，开槽深度相同的三种不同截面墩柱的透射系数 K_t 随波陡 H/L 的变化结果（透空率 $\eta=0.111$ 和 0.2）。由图可看出三种不同截面的透射系数 K_t 都随着 H/L 的增大而减小。在其他条件相同时，截面开矩形槽墩柱（模型 1）的透射系数最小，截面开三角形槽墩柱（模型 3）的透射系数最大。截面开矩形槽墩柱的空腔体积最大，流体在空腔中产生更为复杂的水流现象。

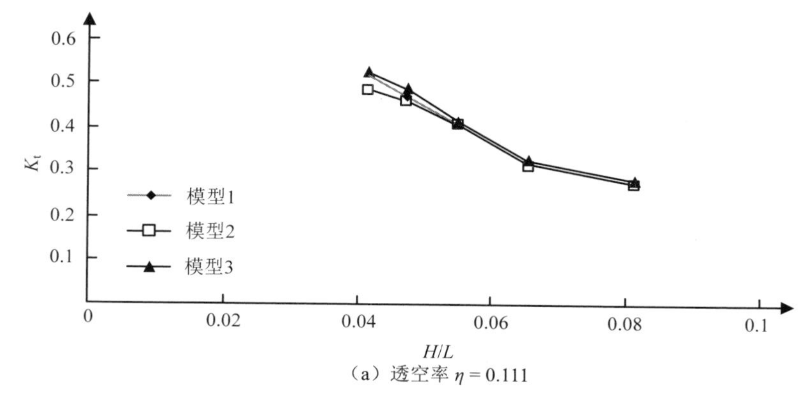

（a）透空率 $\eta=0.111$

图 4.6.14　H/L 对 K_t 的影响（开槽面积相同）

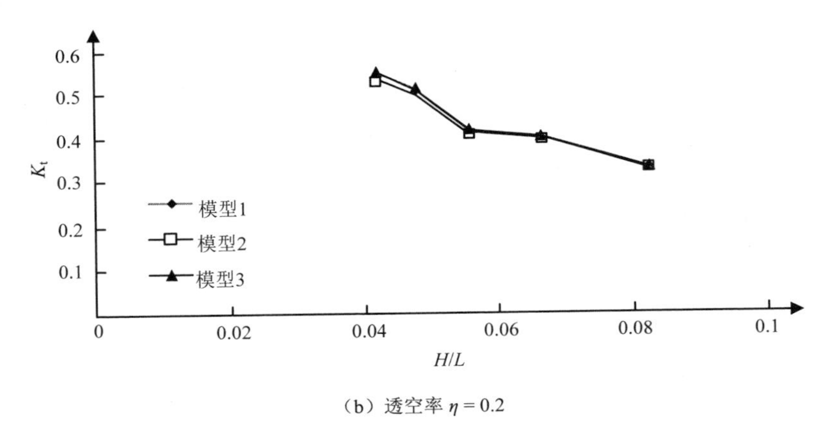

（b）透空率 $\eta = 0.2$

图 4.6.14（续）

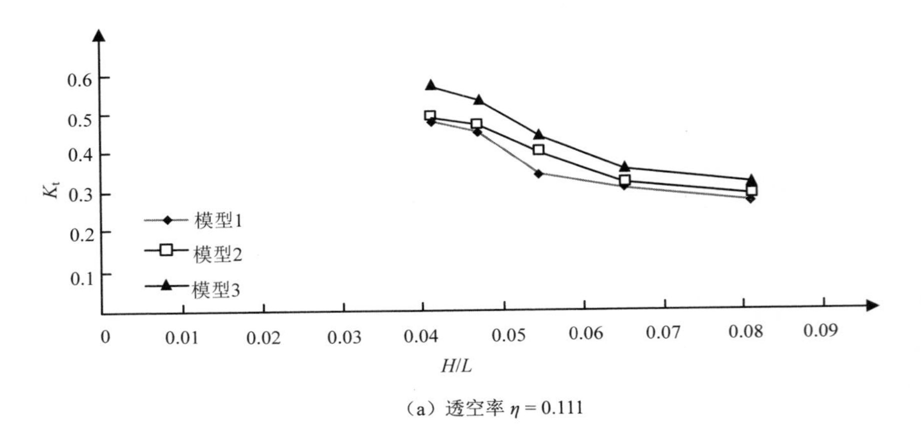

（a）透空率 $\eta = 0.111$

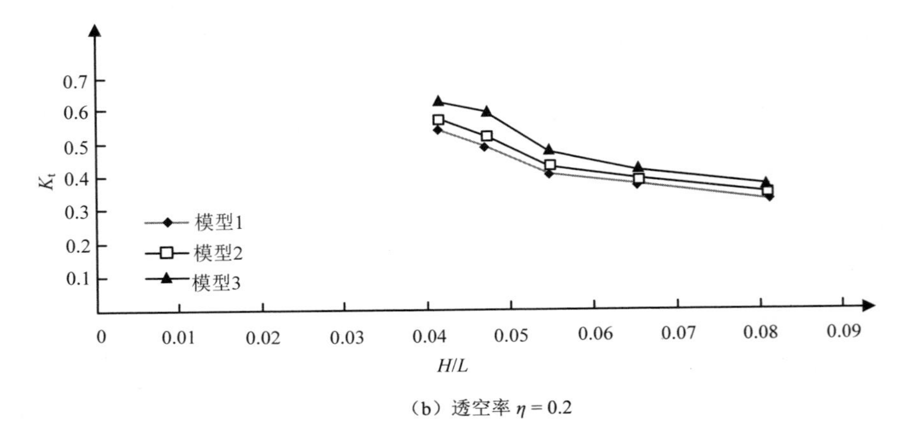

（b）透空率 $\eta = 0.2$

图 4.6.15　H/L 对 K_t 的影响（开槽深度相同）

4.7　浮式防波堤运动响应的时域数值模型

4.7.1　波浪数学模型

浮式防波堤由浮箱和系泊锚链组成，其竖向二维数值波浪水槽模型如图 4.7.1 所示。选取固定的笛卡儿坐标系 xOz ，Ox 轴在静水面处，Oz 轴以竖直向上为正。入射波浪沿 x 轴正向传播，浮堤模型的重心在 z 轴上。图 4.7.1 中，S_F 表示瞬时自由水面，S_B 表示瞬时物体湿表面，S_D 表示海底边界，d 表示水深。假定系泊锚链浮式防波堤的运动幅度较小，在计算域内可用平均物体表面 S_b 代替瞬时物体湿表面 S_B ，用静水面 S_f 代替瞬时自由水面 S_F 。

假定流体是不可压缩的理想流体，其运动为无旋，同时忽略流体表面张力。令 $\boldsymbol{P}(x,z)$ 表示流场中某点的位置矢量，依据势流理论，流场中存在速度势函数 $\Phi(\boldsymbol{P},t)$ 。$\Phi(\boldsymbol{P},t)$ 的控制方程为二维 Laplace 方程：

$$\nabla^2\Phi(\boldsymbol{P},t)=\frac{\partial^2\Phi(\boldsymbol{P},t)}{\partial x^2}+\frac{\partial^2\Phi(\boldsymbol{P},t)}{\partial z^2}=0 \tag{4.7.1.1}$$

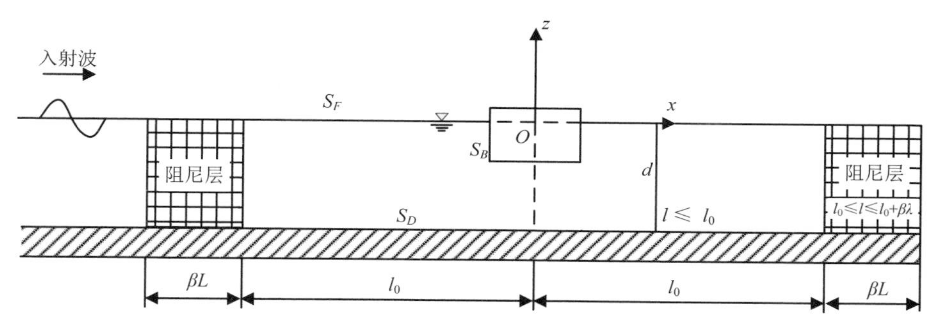

图 4.7.1　浮式防波堤的竖向二维计算模型示意图

将速度势函数分解为入射势 Φ_{I} 和散射势 Φ_{S}，同样将波面函数 η 分解为入射波分量 η_{I} 和散射波分量 η_{S}，即

$$\Phi(\boldsymbol{P},t)=\Phi_{\mathrm{I}}(\boldsymbol{P},t)+\Phi_{\mathrm{S}}(\boldsymbol{P},t) \tag{4.7.1.2}$$

$$\eta(\boldsymbol{P},t)=\eta_{\mathrm{I}}(\boldsymbol{P},t)+\eta_{\mathrm{S}}(\boldsymbol{P},t) \tag{4.7.1.3}$$

式中，下标 I，S 分别表示入射分量和散射分量。

依据线性波浪理论，入射势 Φ_{I} 的表达式为

$$\Phi_{\mathrm{I}}(\boldsymbol{P},t)=\frac{gA}{\omega}\frac{\cosh k(z+d)}{\cosh kd}\sin(kx-\omega t) \tag{4.7.1.4}$$

式中，g 为重力加速度；A 为入射波幅值；d 为水深；ω 为入射波频率；k 为波数。

散射势 Φ_{S} 满足如下初始条件和边界条件。

（1）初始条件

在 $t=0$ 时刻，散射势为零，物体运动速度为零，即

$$\Phi_{\mathrm{S}}\big|_{t=0}=0,\quad \left.\frac{\partial \Phi_{\mathrm{S}}}{\partial t}\right|_{t=0}=0 \tag{4.7.1.5}$$

（2）自由水面边界条件

在自由面的平均位置即静水面上，速度势满足线性运动学和动力学自由水面条件，即

$$\frac{\partial \Phi_{\mathrm{S}}}{\partial z}-\frac{\partial \eta_{\mathrm{S}}}{\partial t}=0 \tag{4.7.1.6}$$

$$\frac{\partial \Phi_{\mathrm{S}}}{\partial t}+g\eta_{S}=0 \tag{4.7.1.7}$$

（3）物面边界条件

在浮箱的物面上，散射势满足如下的线性条件：

$$\frac{\partial \Phi_{\mathrm{S}}}{\partial \boldsymbol{n}}=-\frac{\partial \Phi_{\mathrm{I}}}{\partial \boldsymbol{n}}+\boldsymbol{V}\cdot\boldsymbol{n} \tag{4.7.1.8}$$

式中，$\boldsymbol{n}=\begin{pmatrix} n_x \\ n_z \end{pmatrix}$ 为物面上某点处的外法线单位向量，指向流体为正；$\boldsymbol{V}$ 为物体运动速度 $\boldsymbol{V}=\left[\left(\dot{\xi}_1,\dot{\xi}_2\right)+\dot{\xi}_3\times\boldsymbol{r}\right]$，其中，$\boldsymbol{r}$ 为物面上某点相对于物体重心点的位置矢量，$\dot{\xi}_1$ 为物体沿 x 轴的平动速度，$\dot{\xi}_2$ 为物体沿 z 轴的平动速度，$\dot{\xi}_3$ 为物体的旋转角速度。

（4）海底边界条件

对于有限水深的水平海底边界，流体法向速度为零，即

$$\frac{\partial \Phi_{\mathrm{S}}}{\partial \boldsymbol{n}}=0 \tag{4.7.1.9}$$

（5）远场辐射边界条件

竖向二维数值波浪水槽的右端，需要给出波浪向外传播的辐射条件。对线性频域问题，波浪向外传播的辐射条件为如下的 Sommerfeld 条件：

$$\frac{\partial}{\partial t}(\Phi_{\mathrm{I}}+\Phi_{\mathrm{S}})+c\frac{\partial}{\partial x}(\Phi_{\mathrm{I}}+\Phi_{\mathrm{S}})=0 \tag{4.7.1.10}$$

式中，c 为入射波浪的相速度。

在有限的计算域内进行时域模拟时，为满足散射波向域外传播的条件，引入人工阻尼层进行消波。在数值计算中阻尼层的具体实现方法为，在计算域的外部区域划定一个阻尼层消波区域 $(l_0,l_0+\beta L)$，其中，l_0 为阻尼消波的起点位置，阻尼层长度为 βL，L 为波长，如图 4.7.1 所示。在阻尼消波区内的自由水面边界条件中加入阻尼层来达到消波的效果，加入阻尼层后的运动学和动力学边界条件式（4.7.1.6）和式（4.7.1.7）可写成如下形式：

$$\frac{\partial \eta_S}{\partial t} = \frac{\partial \Phi_S}{\partial z} - \nu(l)\eta_S \tag{4.7.1.11}$$

$$\frac{\partial \Phi_S}{\partial t} = -g\eta_S - \nu(l)\Phi_S \tag{4.7.1.12}$$

式中，阻尼项的形式为

$$\nu(l) = \begin{cases} \alpha\omega\left(\dfrac{l-l_0}{L}\right)^2, & l_0 \leqslant l \leqslant l_0 + \beta L \\ 0, & l \leqslant l_0 \end{cases} \tag{4.7.1.13}$$

其中，α 为阻尼系数；β 为岸滩宽度系数；L 为波长。为提高阻尼区效率，需选取适当的系数以保证散射波浪完全被吸收，本节在计算中 α 和 β 均取 1.0，也就是人工阻尼层区域长度为 1 倍入射波长。

根据初始条件式（4.7.1.5），在 $t=0$ 时刻散射势为零，即物体对流场没有影响。初始条件对应于一个没有被扰动的线性波浪场。在 $t>0$ 时加入物面边界条件后，散射势就随时间和空间进行变化。为避免在以后的数值计算中产生初始效应，保证让散射势逐渐发展，可通过在时间上缓冲物面边界条件来加以控制，即用入射势乘缓冲函数 F_m（modulation function）。缓冲函数的具体形式为

$$F_m = \begin{cases} \dfrac{1}{2}\left[1-\cos\left(\dfrac{\pi t}{T_m}\right)\right], & t < T_m \\ 1, & t \geqslant T_m \end{cases} \tag{4.7.1.14}$$

式中，T_m 为缓冲时间，设定从初始时刻到完全发展阶段之间的缓冲过程，一般取波浪周期的整数倍（如取入射波浪周期的 3 倍）。

4.7.2　时域边界单元法

利用 Green 公式，可得到散射势 Φ_S 的如下边界积分方程：

$$\frac{1}{2}\Phi_S(P,t) = \int_{S=S_b+S_f}\left[\Phi_S(Q,t)\frac{\partial G(P,Q)}{\partial \boldsymbol{n}} - G(P,Q)\frac{\Phi_S(Q,t)}{\partial \boldsymbol{n}}\right]\mathrm{d}s \tag{4.7.2.1}$$

式中，$G(P, Q)$为 Green 函数；计算域边界 S 由从物体到阻尼层外边界的静水面 S_f 和淹没于水下的平均物体表面 S_b 组成。

对水平海底情况，可以选取一个恰当的 Green 函数，它既包含 Laplace 方程的基本解也包含它关于海底的映像，这样就把海底从边界中分离出来。满足这些条件的 Green 函数为

$$G(P,Q) = \frac{1}{2\pi}\left(\ln r + \ln r_2\right) \tag{4.7.2.2}$$

$$r = \sqrt{(x-\xi)^2 + (z-\eta)^2},\ r_2 = \sqrt{(x-\xi)^2 + (z+2d+\eta)^2} \tag{4.7.2.3}$$

式中，$p\,(x,z)$ 为场点坐标；$Q\,(\xi,\eta)$ 为源点坐标；r 为流域中场点 $P(x,z)$ 和源点

$Q(\xi,\eta)$ 的距离。$(x,-(z+2d))$ 为源点 $Q(\xi,\eta)$ 关于海底的镜像点的坐标，三点的关系如图 4.7.2 所示。

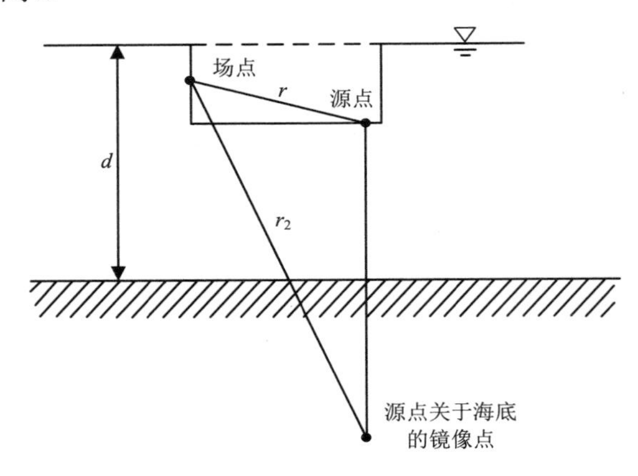

图 4.7.2　场点、源点及源点镜像点的示意图

将计算域边界 $S=S_f+S_b$ 分割成若干个边界单元。具体的离散方法是将自由水面边界 S_f 划分为 l 个单元，物面边界 S_b 划分为 k 个单元。总的计算域边界 S 的边界单元数 $N=l+k$。整个边界上的积分可以由 N 个边界单元上的积分和来表示。取常值单元，节点取为边界单元的中点，单元长度为 ΔS_j，如图 4.7.3 所示。

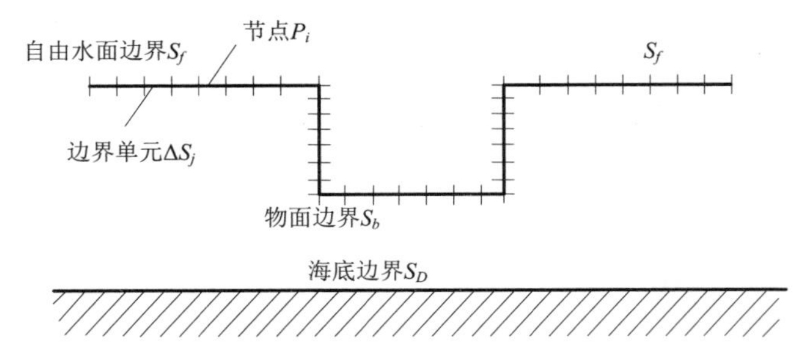

图 4.7.3　固定水面方箱单元划分

对于任一场点 P_i，边界积分方程式（4.7.2.1）可以离散为

$$\frac{1}{2}\Phi_{\mathrm{S}}(P_i,t)-\sum_{j=1}^{N}\Phi_{\mathrm{S}}(Q_j,t)\int_{\Delta S_j}\frac{\partial G(P_i,Q)}{\partial \boldsymbol{n}}\mathrm{d}s=-\sum_{j=1}^{N}\frac{\Phi_{\mathrm{S}}(Q_j,t)}{\partial \boldsymbol{n}}\int_{\Delta S_j}G(P_i,Q)\mathrm{d}s \quad (4.7.2.4)$$

式中，P_i 点为边界单元 ΔS_i 的中点；Q_j 点为边界单元 ΔS_j 的中点。若令

$$\bar{H}_{ij}=-\int_{\Delta S_j}\frac{\partial G(P_i,Q)}{\partial \boldsymbol{n}}\mathrm{d}s \quad (4.7.2.5)$$

$$K_{ij}=-\int_{\Delta S_j}G(P_i,Q)\mathrm{d}s \quad (4.7.2.6)$$

则式（4.7.2.4）可以写为

$$\frac{1}{2}\Phi_{\mathrm{S}}(P_i,t)+\sum_{j=1}^{N}\Phi_{\mathrm{S}}(Q_j,t)\bar{H}_{ij}=\sum_{j=1}^{N}\frac{\Phi_{\mathrm{S}}(Q_j,t)}{\partial \boldsymbol{n}}K_{ij} \tag{4.7.2.7}$$

进一步将左端第一项写入左端第二项中，得

$$\sum_{j=1}^{N}\Phi_{\mathrm{S}}(Q_j,t)H_{ij}=\sum_{j=1}^{N}\frac{\Phi_{\mathrm{S}}(Q_j,t)}{\partial \boldsymbol{n}}K_{ij} \tag{4.7.2.8}$$

式中，

$$H_{ij}=\bar{H}_{ij}+\frac{1}{2}\delta_{ij} \tag{4.7.2.9}$$

其中，δ_{ij} 为 Kronecker（克罗内克）δ 函数，$\delta_{ij}=\begin{cases}0, & i\neq j\\ 1, & i=j\end{cases}$。

对于 N 个边界单元节点，式（4.7.2.8）可以用下列矩阵形式表达：

$$\boldsymbol{HU}=\boldsymbol{KQ} \tag{4.7.2.10}$$

式中，$\boldsymbol{H}$ 和 $\boldsymbol{K}$ 均是 $N\times N$ 阶的系数矩阵；$\boldsymbol{U}$ 和 $\boldsymbol{Q}$ 分别是边界单元节点的散射速度势的值和散射速度势的法向导数值的列向量，即

$$\boldsymbol{U}=\begin{pmatrix}\Phi_{\mathrm{S}_1}\\ \Phi_{\mathrm{S}_2}\\ \vdots\\ \Phi_{\mathrm{S}_N}\end{pmatrix},\quad \boldsymbol{Q}=\begin{pmatrix}\dfrac{\partial\Phi_{\mathrm{S}_1}}{\partial \boldsymbol{n}}\\ \dfrac{\partial\Phi_{\mathrm{S}_2}}{\partial \boldsymbol{n}}\\ \vdots\\ \dfrac{\partial\Phi_{\mathrm{S}_N}}{\partial \boldsymbol{n}}\end{pmatrix}$$

数值计算中，在对应 t 时刻物体表面和自由水面上各单元的速度势法向导数 $\left.\dfrac{\partial\Phi_{\mathrm{S}}(t)}{\partial \boldsymbol{n}}\right|_{S_f+S_b}$ 与速度势 $\Phi_{\mathrm{S}}(t)\big|_{S_f+S_b}$ 都是已知的情况下，求解 $t+\Delta t$ 时刻的物体表面和自由水面上各单元的速度势法向导数 $\left.\dfrac{\partial\Phi_{\mathrm{S}}(t+\Delta t)}{\partial \boldsymbol{n}}\right|_{S_f+S_b}$ 与速度势 $\Phi_{\mathrm{S}}\left(t+\Delta t\right)\big|_{S_f+S_b}$ 的过程如下（董华洋，2009）：

1）依据 t 时刻自由水面边界上已知的 $\eta_{\mathrm{S}}(t)$，$\Phi_{\mathrm{S}}(t)\big|_{S_f}$ 和 $\left.\dfrac{\partial\Phi_{\mathrm{S}}(t)}{\partial \boldsymbol{n}}\right|_{S_f}$，根据自由水面上的运动学和动力学边界条件，应用数值差分计算 $t+\Delta t$ 时刻的波面 $\eta_{\mathrm{S}}(t+\Delta t)$ 和水面散射势 $\Phi_{\mathrm{S}}(t+\Delta t)\big|_{S_f}$。

先将自由表面的运动学和动力学条件式（4.7.1.11）和式（4.7.1.12）写成一般的表达形式：

$$\frac{\partial\eta_{\mathrm{S}}}{\partial t}=\frac{\partial\Phi_{\mathrm{S}}}{\partial z}-\nu(l)\eta_{\mathrm{S}}=g\left(\frac{\partial\Phi_{\mathrm{S}}}{\partial z},\eta_{\mathrm{S}},t\right) \tag{4.7.2.11}$$

$$\frac{\partial \Phi_S}{\partial t} = -g\eta_S - \nu(l)\Phi_S = f(\Phi_S, \eta_S, t) \tag{4.7.2.12}$$

对于自由水面运动学边界条件（4.7.2.11），采用如下的 Adams-Bashforth（亚当斯-巴什福思）四阶格式，可得到$t+\Delta t$时刻的波面为

$$\eta_S(t+\Delta t) = \eta_S(t) + \frac{\Delta t}{24}\left[55g\left(\frac{\partial \Phi_S}{\partial z}, \eta_S, t\right) - 59g\left(\frac{\partial \Phi_S}{\partial z}, \eta_S, t-\Delta t\right)\right.$$
$$\left. +37g\left(\frac{\partial \Phi_S}{\partial z}, \eta_S, t-2\Delta t\right) - 9g\left(\frac{\partial \Phi_S}{\partial z}, \eta_S, t-3\Delta t\right)\right] \tag{4.7.2.13}$$

对于自由水面动力学边界条件（4.7.2.12），采用如下的 Adams-Bashforth-Moulton（亚当斯-巴什福思-莫尔顿）四阶格式，可得到$t+\Delta t$时刻的水面散射速度势为

$$\Phi_S(t+\Delta t) = \Phi_S(t) + \frac{\Delta t}{24}\left[9f(\Phi_S, \eta_S, t+\Delta t) + 19f(\Phi_S, \eta_S, t)\right.$$
$$\left. -5f(\Phi_S, \eta_S, t-\Delta t) + f(\Phi_S, \eta_S, t-2\Delta t)\right] \tag{4.7.2.14}$$

在开始的几个时间步，由于已知的波面高度和散射速度势缺少，可采用如下低阶格式：

$$\eta_S(t+\Delta t) = \eta_S(t) + \frac{\Delta t}{2}\left[3g\left(\frac{\partial \Phi_S}{\partial z}, \eta_S, t\right) - g\left(\frac{\partial \Phi_S}{\partial z}, \eta_S, t-\Delta t\right)\right] \tag{4.7.2.15}$$

$$\Phi_S(t+\Delta t) = \Phi_S(t) + \frac{\Delta t}{2}\left[f\left(\Phi_S, \eta_S, t+\Delta t\right) + f\left(\Phi_S, \eta_S, t\right)\right] \tag{4.7.2.16}$$

2）由$t+\Delta t$时刻的浮体运动速度，根据物面边界条件确定物面上的散射速度势法向导数$\left.\frac{\partial \Phi_S(t+\Delta t)}{\partial \boldsymbol{n}}\right|_{S_b}$。

在t时刻求解时域内的浮体运动方程，得到$t+\Delta t$时刻浮体沿x轴的平动速度$\dot{\xi}_1(t+\Delta t)$、沿z轴的平动速度$\dot{\xi}_2(t+\Delta t)$和浮体旋转角速度$\dot{\xi}_3(t+\Delta t)$，以及$t+\Delta t$时刻浮体沿x轴的平动位移$\xi_1(t+\Delta t)$、沿z轴的平动位移$\xi_2(t+\Delta t)$和浮体旋转角位移$\xi_3(t+\Delta t)$。

将$t+\Delta t$时刻浮体运动速度$\dot{\xi}_j(t+\Delta t)$（$j=1,2,3$）代入式$\boldsymbol{V}=\left[\left(\dot{\xi}_1,\dot{\xi}_2\right)+\dot{\xi}_3\times\boldsymbol{r}\right]$中，可求得浮体的运动速度$\boldsymbol{V}$。根据物面边界条件式（4.7.1.8）可求得$t+\Delta t$时刻浮体上的散射速度势法向导数$\left.\frac{\partial \Phi_S(t+\Delta t)}{\partial \boldsymbol{n}}\right|_{S_b}$。

3）应用边界元方法求解边界积分方程（4.7.2.4），可得到$t+\Delta t$时刻自由水面上的散射速度势法向导数$\left.\frac{\partial \Phi_S(t+\Delta t)}{\partial \boldsymbol{n}}\right|_{S_f}$和物面上的散射速度势$\Phi_S(t+\Delta t)\big|_{S_b}$。

由以上可知，在$t+\Delta t$时刻，离散后的自由水面上的散射速度势$\Phi_{\Delta S_1},\cdots,\Phi_{\Delta S_l}$

和物面上的散射速度势法向导数$\dfrac{\partial \Phi_{\Delta S_{l+1}}}{\partial \boldsymbol{n}},\cdots,\dfrac{\partial \Phi_{\Delta S_N}}{\partial \boldsymbol{n}}$为已知，自由水面上的散射速度势法向导数$\dfrac{\partial \Phi_{\Delta S_1}}{\partial \boldsymbol{n}},\cdots,\dfrac{\partial \Phi_{\Delta S_l}}{\partial \boldsymbol{n}}$和物面上的散射速度势$\Phi_{\Delta S_{l+1}},\cdots,\Phi_{\Delta S_N}$为未知量。从而可得离散后的矩阵方程如下：

$$
\begin{pmatrix} H_{11} & H_{12} & \cdots & H_{1l} & H_{1(l+1)} & \cdots & H_{1N} \\ H_{21} & H_{22} & \cdots & H_{2l} & H_{2(l+1)} & \cdots & H_{2N} \\ \vdots & \vdots & & \vdots & \vdots & & \vdots \\ H_{N1} & H_{N2} & \cdots & H_{Nl} & H_{N(l+1)} & \cdots & H_{NN} \end{pmatrix}
\begin{pmatrix} \overline{\Phi}_{S_1} \\ \overline{\Phi}_{S_2} \\ \vdots \\ \overline{\Phi}_{S_l} \\ \Phi_{S_{l+1}} \\ \vdots \\ \Phi_{S_N} \end{pmatrix}
$$

$$
= \begin{pmatrix} K_{11} & K_{12} & \cdots & K_{1l} & K_{1(l+1)} & \cdots & K_{1N} \\ K_{21} & K_{22} & \cdots & K_{2l} & K_{2(l+1)} & \cdots & K_{2N} \\ \vdots & \vdots & & \vdots & \vdots & & \vdots \\ K_{N1} & K_{N2} & \cdots & K_{Nl} & K_{N(l+1)} & \cdots & K_{NN} \end{pmatrix}
\begin{pmatrix} \dfrac{\partial \Phi_{S_1}}{\partial \boldsymbol{n}} \\ \dfrac{\partial \Phi_{S_2}}{\partial \boldsymbol{n}} \\ \vdots \\ \dfrac{\partial \Phi_{S_l}}{\partial \boldsymbol{n}} \\ \dfrac{\partial \overline{\Phi}_{S_{l+1}}}{\partial \boldsymbol{n}} \\ \vdots \\ \dfrac{\partial \overline{\Phi}_{S_N}}{\partial \boldsymbol{n}} \end{pmatrix} \tag{4.7.2.17}
$$

引入下列部分矩阵：

$$
\boldsymbol{H}_1 = \begin{pmatrix} H_{11} & H_{12} & \cdots & H_{1l} \\ H_{21} & H_{22} & \cdots & H_{2l} \\ \vdots & \vdots & & \vdots \\ H_{N1} & H_{N2} & \cdots & H_{Nl} \end{pmatrix}, \quad \boldsymbol{H}_2 = \begin{pmatrix} H_{1(l+1)} & H_{1(l+2)} & \cdots & H_{1N} \\ H_{2(l+1)} & H_{2(l+2)} & \cdots & H_{2N} \\ \vdots & \vdots & & \vdots \\ H_{N(l+1)} & H_{N(l+2)} & \cdots & H_{NN} \end{pmatrix}
$$

$$\boldsymbol{K}_1=\begin{pmatrix} K_{11} & K_{12} & \cdots & K_{1l} \\ K_{21} & K_{22} & \cdots & K_{2l} \\ \vdots & \vdots & & \vdots \\ K_{N1} & K_{N2} & \cdots & K_{Nl} \end{pmatrix},\quad \boldsymbol{K}_2=\begin{pmatrix} K_{1(l+1)} & K_{1(l+2)} & \cdots & K_{1N} \\ K_{2(l+1)} & K_{2(l+2)} & \cdots & K_{2N} \\ \vdots & \vdots & & \vdots \\ K_{N(l+1)} & K_{N(l+2)} & \cdots & K_{NN} \end{pmatrix},$$

$$\overline{\boldsymbol{U}}_1=\begin{pmatrix} \overline{\Phi}_{\mathrm{S}_1} \\ \overline{\Phi}_{\mathrm{S}_2} \\ \vdots \\ \overline{\Phi}_{\mathrm{S}_l} \end{pmatrix},\quad \boldsymbol{U}_2=\begin{pmatrix} \Phi_{\mathrm{S}_{l+1}} \\ \Phi_{\mathrm{S}_{l+2}} \\ \vdots \\ \Phi_{\mathrm{S}_N} \end{pmatrix},\quad \boldsymbol{Q}_1=\begin{pmatrix} \dfrac{\partial \Phi_{\mathrm{S}_1}}{\partial \boldsymbol{n}} \\ \dfrac{\partial \Phi_{\mathrm{S}_2}}{\partial \boldsymbol{n}} \\ \vdots \\ \dfrac{\partial \Phi_{\mathrm{S}_l}}{\partial \boldsymbol{n}} \end{pmatrix},\quad \overline{\boldsymbol{Q}}_2=\begin{pmatrix} \dfrac{\partial \overline{\Phi}_{\mathrm{S}_{l+1}}}{\partial \boldsymbol{n}} \\ \dfrac{\partial \overline{\Phi}_{\mathrm{S}_{l+2}}}{\partial \boldsymbol{n}} \\ \vdots \\ \dfrac{\partial \overline{\Phi}_{\mathrm{S}_N}}{\partial \boldsymbol{n}} \end{pmatrix}$$

重新整理式（4.7.2.17），可得到如下矩阵方程：

$$[\boldsymbol{H}_1 \quad \boldsymbol{H}_2]\begin{bmatrix} \overline{\boldsymbol{U}}_1 \\ \boldsymbol{U}_2 \end{bmatrix}=[\boldsymbol{K}_1 \quad \boldsymbol{K}_2]\begin{bmatrix} \boldsymbol{Q}_1 \\ \overline{\boldsymbol{Q}}_2 \end{bmatrix}$$

将已知量移到等号右端，未知量移到等号左端，可得

$$[-\boldsymbol{K}_1 \quad \boldsymbol{H}_2]\begin{bmatrix} \boldsymbol{Q}_1 \\ \boldsymbol{U}_2 \end{bmatrix}=[-\boldsymbol{H}_1 \quad \boldsymbol{K}_2]\begin{bmatrix} \overline{\boldsymbol{U}}_1 \\ \overline{\boldsymbol{Q}}_2 \end{bmatrix} \tag{4.7.2.18}$$

若将等号左端的系数矩阵用 $\boldsymbol{A}$ 表示，未知的列向量用 $\boldsymbol{X}$ 表示，等号右端的已知列向量用 $\boldsymbol{B}$ 表示，则式（4.7.2.18）可以写成

$$\boldsymbol{AX}=\boldsymbol{B} \tag{4.7.2.19}$$

由以上推导可知，由于 Green 函数和积分边界均不随时间变化，因此在每个计算时刻，式（4.7.2.19）左端的系数矩阵 $\boldsymbol{A}$ 都是不变的。未知量 $\boldsymbol{X}$ 包括 $t+\Delta t$ 时刻物面 S_b 上的 k 个散射速度势值和自由水面 S_f 上的 l 个散射势的法向导数值。

求解积分方程得到物面散射速度势后，物体表面所受的压强可由线性 Bernoulli（伯努利）方程求得，即

$$p=-\rho\frac{\partial \Phi}{\partial t}=-\rho\frac{\Phi_{\mathrm{I}}(t+\Delta t)+\Phi_{\mathrm{S}}(t+\Delta t)-\Phi_{\mathrm{I}}(t)-\Phi_{\mathrm{S}}(t)}{\Delta t} \tag{4.7.2.20}$$

式中，ρ 为流体密度。作用于物体表面的波浪力（力矩）可由压强沿物体湿表面上积分得到，即

$$\boldsymbol{F}=-\int_{S_b} p\boldsymbol{n}\mathrm{d}s \tag{4.7.2.21}$$

式中，$\boldsymbol{F}=(F_x,F_z,M_y)$ 表示广义波浪力；$\boldsymbol{n}=(n_x,n_z,zn_x-xn_z)$ 为物体表面上点的广义矢量，指向流体为正。

4.7.3 锚链力计算

建立锚链力计算的坐标系如图 4.7.4 所示，定义迎浪面锚链坐标系 $x_1O_1z_1$ 和背浪面锚链的坐标系 $x_2O_2z_2$，布置在迎浪面和背浪面的锚链可在各自的坐标系内求解锚链力，再以锚链力合力（力矩）形式转换到物体的坐标系 xOz 内，并将锚链力（力矩）以外力形式加在物体运动方程中。

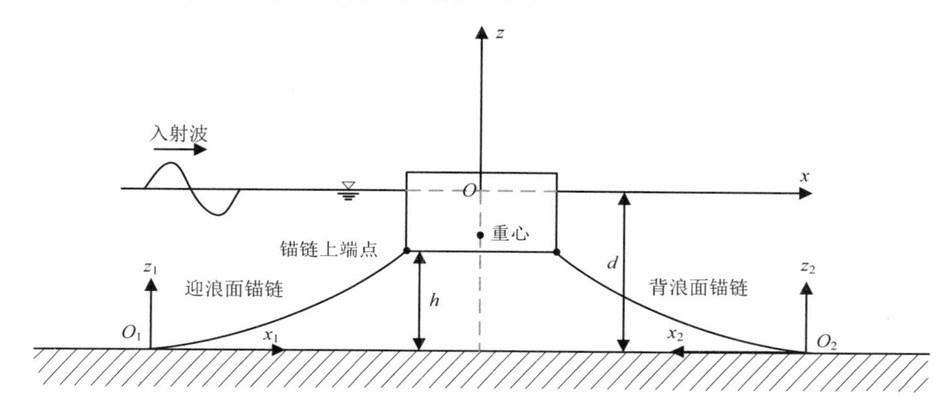

图 4.7.4 锚链锚泊浮箱模型锚链坐标

以下关于锚链力的计算均以迎浪面锚链为例。若浮体在平衡位置静止，锚链由拖地段和悬起段组成。依据浮体在波浪作用下运动时的锚链可能出现的三个状态，分别建立锚链力计算模型（侯勇 等，2008；董华详，2009）。

（1）有拖地状态

第一个状态称为有拖地状态，即上部浮体受波浪作用开始沿 x 轴正向运动，锚链与浮体的连接点即锚链上端点随之开始运动导致迎浪面锚链的拖地段长度减小、悬起段长度增加，这个状态一直持续到锚链拖地段长度为零（锚点处锚链与地面的相切角为 0）。

图 4.7.5 为锚链处于有拖地状态的示意图，图中所示物理量意义如下：L_t 为锚链拖地部分长度，L_s 为锚链悬起部分长度，L 为锚链总长，即 $L = L_t + L_s$；X_s 为锚链悬起部分长度 L_s 在 x 轴的投影长度，X 为锚链总长 L 在 x 轴的投影长度，h 为锚链悬起部分长度 L_s 在 z 轴的投影长度；T_x 为锚链上端点处张力的水平分力，T_z 为锚链上端点处张力的垂向分力，T_x，T_z 的合力即为迎浪面锚链对浮堤的作用力。

有拖地状态锚链受力的求解公式推导如下。

由锚链悬链线理论，从悬链线原点 (x_0, z_0) 至悬链线上任意一点 (x, z) 处的悬链线长度 l_x 和高度 z 的理论解为

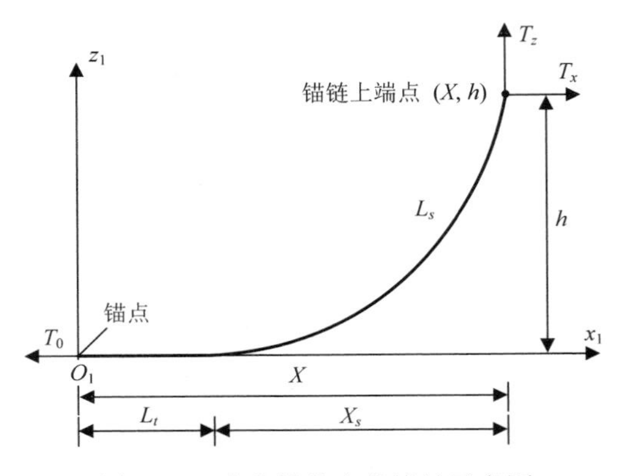

图 4.7.5　有拖地状态的锚链示意图

$$l_x = a\sinh\frac{x}{a} \tag{4.7.3.1}$$

$$z = a\left(\cosh\frac{x}{a} - 1\right) \tag{4.7.3.2}$$

$$T_z = T_x\sinh\frac{x}{a} \tag{4.7.3.3}$$

式中，$a = \dfrac{T_x}{w}$，w 为水中锚链单位长度的质量。

若以锚链悬起的起点为坐标原点，由式（4.7.3.1）～式（4.7.3.3），有

$$L_s = a\sinh\frac{X_s}{a} = \frac{T_x}{w}\sinh\frac{wX_s}{T_x} \tag{4.7.3.4}$$

$$h = a\left(\cosh\frac{X_s}{a} - 1\right) = \frac{T_x}{w}\left(\cosh\frac{wX_s}{T_x} - 1\right) \tag{4.7.3.5}$$

$$T_z = T_x\sinh\frac{X_s}{a} = T_x\sinh\frac{wX_s}{T_x} \tag{4.7.3.6}$$

令 $b = \dfrac{wX_S}{T_x}$，代入式（4.7.3.4），可得到计算锚链悬起部分长度的公式

$$L_s = \frac{T_x}{w}\sinh b \tag{4.7.3.7}$$

由式（4.7.3.7）可得出，$\sinh b = \dfrac{wL_s}{T_x}$，因而有

$$\sinh b - b = \frac{wL_s}{T_x} - \frac{wX_s}{T_x} = \frac{w(L_s - X_s)}{T_x} \tag{4.7.3.8}$$

由图 4.7.5 可知，处于有拖地状态的锚链总长 L 与 L 在 x 轴的投影长度 X 之差，等于锚链悬起部分长度 L_s 与 L_s 在 x 轴的投影长度 X_s 之差，即 $L - X = L_s - X_s$。

因此由式（4.7.3.8），可得 T_x 为

$$T_x = \frac{w\left(L_s - X_s\right)}{\sinh b - b} = \frac{w\left(L - X\right)}{\sinh b - b} \tag{4.7.3.9}$$

将 $b = \dfrac{wX_S}{T_x}$ 代入式（4.7.3.5），可得到如下的 T_x 表达式：

$$T_x = \frac{wh}{\cosh b - 1} \tag{4.7.3.10}$$

联立式（4.7.3.9）和式（4.7.3.10），有

$$\cosh b - 1 = \frac{h\left(\sinh b - b\right)}{L - X} \tag{4.7.3.11}$$

式（4.7.3.11）是以 b 为未知量的非线性方程，可采用牛顿迭代法求解。在求出 b 之后，因 $b = \dfrac{wX_s}{T_x}$，则锚链上端点处的水平分力 T_x 可用下式计算：

$$T_x = \frac{wX_s}{b} \tag{4.7.3.12}$$

将 $b = \dfrac{wX_s}{T_x}$ 代入式（4.7.3.6），可得到锚链上端点处的垂直分力 T_z 为

$$T_z = T_x \sinh b \tag{4.7.3.13}$$

锚链力对浮体重心点的力矩为

$$\boldsymbol{M} = \boldsymbol{T} \cdot \boldsymbol{r} \tag{4.7.3.14}$$

式中，$\boldsymbol{T} = (T_x, T_z)$，$\boldsymbol{r} = (r_x, r_z)$ 为锚链上端点相对于浮体重心点的位置矢量。

锚链力 $\boldsymbol{T} = (T_x, T_z)$ 求出后，锚链悬起部分长度 L_s 在 x 轴的投影长度 X_s 和在 z 轴的投影长度 h 可应用下式求解：

$$\begin{cases} X_s = \dfrac{T_x}{w} b \\ h = \dfrac{T_x}{w}\left(\cosh \dfrac{wX_s}{T_x} - 1\right) \end{cases} \tag{4.7.3.15}$$

（2）锚链处于无拖地长度但锚链尚未伸直状态

第二个状态称为锚链处于无拖地长度但尚未伸直状态，如图 4.7.6 所示。此时若浮体继续向右运动，锚点处锚链与地面的切向角不为 0，锚链成为约束链状态。这种状态的锚链可以看作悬链线的一部分，将一直持续到锚链完全伸直但还未产生弹性变形为止。

对处于第二个状态的锚链，锚链受力可采用如下方法计算。

若已知锚链总长度 L 和锚链与浮体连接点的坐标 (X, h)，则锚链上端点处水平力分量 T_x 和垂向力分量 T_z 可表示为

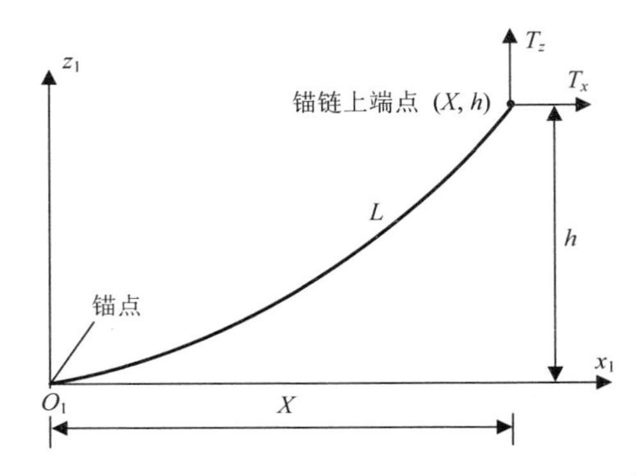

图 4.7.6　无拖地长度但锚链尚未伸直状态锚链示意图

$$\begin{cases} T_x = aw \\ T_z = wL + \dfrac{T_x(m^2-1)}{2m} \end{cases} \tag{4.7.3.16}$$

式中，L 为锚链总长度；w 为锚链在水中单位长度的质量；$a = X/b$；$m = \dfrac{a(1-\mathrm{e}^{-b})}{L-h}$。

式（4.7.3.16）中的系数 a 和 m 与 b 有关，因此在计算锚链上端点处水平力分量 T_x 和垂向力分量 T_z 之前，需要先求解如下以 b 为未知量的非线性方程得到 b 值：

$$b^2\left(L^2-h^2\right) = 2X^2\left(\cosh b - 1\right) \tag{4.7.3.17}$$

式中，X 为锚链在 x 轴的投影长度；h 为锚链在 z 轴的投影长度。

（3）锚链处于拉伸状态

第三个状态称为锚链处于拉伸状态，如图 4.7.7 所示，此时锚链完全伸直且由于弹性变形而产生了张力。若浮体继续向右运动，则锚链受拉而产生了弹性变形，此时锚链受力很大。

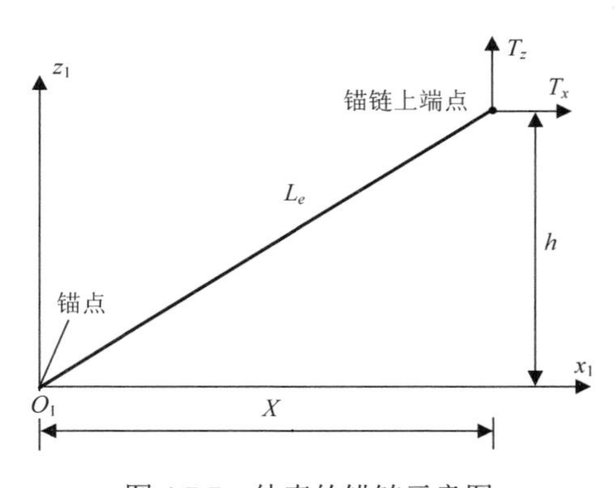

图 4.7.7　伸直的锚链示意图

若 X 表示锚链拉伸后在 x 轴的投影长度，h 表示锚链拉伸后在 z 轴的投影长度，则锚链与浮体连接点的坐标为 (X,h)。根据胡克定律 $F=kx$，得锚链力 T 为

$$T=k(L_e-L) \tag{4.7.3.18}$$

式中，k 为锚链抗拉刚度；L 为锚链尚未拉伸时的总长度；L_e 为锚链拉伸后的长度。

锚链上端点处水平力分量 T_x 和垂向力分量 T_z 可分别表示为

$$\begin{cases} T_x=k(L_e-L)\dfrac{X}{L_e} \\ T_z=k(L_e-L)\dfrac{h}{L_e} \end{cases} \tag{4.7.3.19}$$

锚链某一时刻的状态的判断如下：首先根据已知的锚链上端点的位置 (X,h) 和锚链总长 L 求解式（4.7.3.11）中的未知量 b，进而求得锚链悬起部分长度 L_s。然后用 L_s 与 L 进行比较，若 $L_s \leqslant L$，则这一时刻锚链处于第一个状态即有拖地状态；若 $(X^2+h^2)^{\frac{1}{2}} \leqslant L < L_s$，则这一时刻锚链处于第二个状态即无拖地长度但锚链尚未伸直状态；若 $L<(X^2+h^2)^{\frac{1}{2}}$，则这一时刻锚链处于第三个状态即锚链拉伸状态。

4.7.4 浮体运动方程求解

浮式防波堤在波浪作用下的运动，包括横荡、升沉和横摇。物体在波浪的作用下产生运动，此时物体除受到波浪力和锚链力外，还受到因物体运动偏离平衡位置而产生的恢复力和系统的阻尼力。根据刚体运动理论，可以建立物体在时域内的运动方程为：

$$\sum_{j=1}^{3}\left[M_{kj}\ddot{\xi}_j(t)+B_{kj}\dot{\xi}_j(t)+C_{kj}\xi_j(t)\right]=F_k(t)+T_k(t) \tag{4.7.4.1}$$

式中，$\xi_j(t)$ 为 t 时刻的三个运动分量（$j=1,2,3$ 分别代表横荡、升沉和横摇运动）；M_{kj}，B_{kj} 与 C_{kj} 分别为质量系数、阻尼系数和恢复力系数；$F_k(t)$ 为 t 时刻的广义水动力分量[$k=1,2,3$ 分别代表水平力 $F_x(t)$、垂向力 $F_z(t)$ 和力矩 $M(t)$]；$T_k(t)$ 为 t 时刻所有锚链对物体施加的合力和合力矩（$k=1,2,3$ 分别代表水平合力 T_x、垂向合力 T_z 和合力矩 M）。

物体质量矩阵 $\boldsymbol{M}$ 的具体形式为

$$\boldsymbol{M}=\begin{pmatrix} m & 0 & -mz_G \\ 0 & m & -mx_G \\ mz_G & -mx_G & I_{22} \end{pmatrix} \tag{4.7.4.2}$$

式中，m 为浮体的质量；(x_G,z_G) 为浮式防波堤模型的重心；I_{ij} 为浮体的转动惯量，且

$$I_{ij}=\iint_S \rho\left[\left(x^2+z^2\right)\delta_{ij}-x_ix_j\right]\mathrm{d}s,\quad \delta_{ij}=\begin{cases}0, & i\neq j\\ 1, & i=j\end{cases}$$

考虑浮式防波堤堤体的对称性，恢复力矩阵 $\boldsymbol{C}$ 可表示为

$$\boldsymbol{C}=\begin{pmatrix} 0 & 0 & 0 \\ 0 & \rho g A_{wp} & 0 \\ 0 & 0 & \begin{matrix}\rho g V\left(z_B-z_G\right) \\ +\rho g \int_{wp} x^2 \mathrm{d}x\end{matrix} \end{pmatrix} \tag{4.7.4.3}$$

式中，A_{wp} 为水线长度；V 为排水体积；z_B 为浮心纵坐标。

物体在时域内的运动方程式（4.7.4.1）为三个耦合的二阶微分方程，可采用 Runge-Kutta 数值方法求解。对于二阶微分方程

$$\ddot{\xi}=f[t,\xi,\dot{\xi}] \tag{4.7.4.4}$$

应用四阶 Runge-Kutta 法求解时，物体位移和速度可分别表示为

$$\xi(t+\Delta t)=\xi(t)+\Delta t\dot{\xi}(t)+\Delta t(M_1+M_2+M_3)/6 \tag{4.7.4.5}$$

$$\dot{\xi}(t+\Delta t)=\dot{\xi}(t)+(M_1+2M_2+2M_3+M_4)/6 \tag{4.7.4.6}$$

式中，M_1，M_2，M_3 和 M_4 分别为

$$M_1=\Delta t f\left[t,\xi(t),\dot{\xi}(t)\right]$$

$$M_2=\Delta t f\left[t+\frac{\Delta t}{2},\xi(t)+\frac{\Delta t\dot{\xi}(t)}{2},\dot{\xi}(t)+\frac{M_1}{2}\right]$$

$$M_3=\Delta t f\left[t+\frac{\Delta t}{2},\xi(t)+\frac{\Delta t\dot{\xi}(t)}{2}+\frac{\Delta t M_1}{4},\dot{\xi}(t)+\frac{M_2}{2}\right]$$

$$M_4=\Delta t f\left[t+\Delta t,\xi(t)+\Delta t\dot{\xi}(t)+\frac{\Delta t M_2}{2},\dot{\xi}(t)+M_3\right]$$

首先在 $t=0$ 时刻，由于波浪入射速度势 $\Phi_I(\boldsymbol{P},t)=\dfrac{gA}{\omega}\dfrac{\cosh k(z+d)}{\cosh kd}\sin kx$ 已作用于物体表面，所以作用于物面上的波浪力不为 0。求解物体在时域内的运动方程式（4.7.4.1），可求得 $t=0$ 时刻的物体运动的加速度[包括物体沿 x 轴和 z 轴的平动加速度 $\ddot{\xi}_j(0)$ $(j=1,2)$ 和物体旋转加速度 $\ddot{\xi}_j(0)$ $(j=3)$]。

应用四阶 Runge-Kutta 法，即式（4.7.4.5）和式（4.7.4.6），求得 $0+\Delta t$ 时刻物体运动的速度[包括物体沿 x 轴和 z 轴的平动速度 $\dot{\xi}_j(0+\Delta t)(j=1,2)$ 和物体旋转角速度 $\dot{\xi}_j(0+\Delta t)(j=3)$]和位移[包括物体沿 x 轴和 z 轴的平动位移 $\xi_j(0+\Delta t)(j=1,2)$ 和物体旋转角位移 $\xi_j(0+\Delta t)(j=3)$]。

以此类推，在 t 时刻，可计算出 t 时刻物体的加速度 $\ddot{\xi}_j(t)$，再应用四阶 Runge-

Kutta 法求得 $t+\Delta t$ 时刻物体的位移 $\xi_j(t+\Delta t)$ 和速度 $\dot{\xi}_j(t+\Delta t)$，至此完成当前时刻的计算。

4.7.5　数值模型算例

首先对水面固定浮箱的线性绕射问题建立时域数值计算模型，计算不同吃水工况的水面固定浮箱所受的波浪力，并与文献（李玉成和滕斌，2002）给出的理论结果进行对比。计算条件设置如图 4.7.8 所示，均匀水深设为 0.4m，浮箱吃水 T 分别设为 0.1m，0.2m，0.3m，则浮箱相对吃水 T/d 分别为 0.25，0.50 和 0.75。浮箱宽度 $2B$ 为 0.8m，入射波波幅 A 为 0.01m。

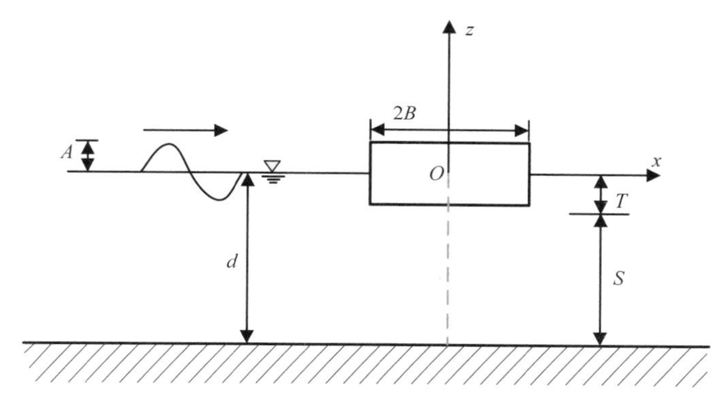

图 4.7.8　水面固定浮箱

对水面固定浮箱，浮箱波浪力计算的边界条件中的物面边界条件式（4.7.1.8）可简化为式（4.7.5.1），其他的边界条件不变。

$$\frac{\partial \Phi_{\mathrm{S}}}{\partial \boldsymbol{n}}=-\frac{\partial \Phi_{\mathrm{I}}}{\partial \boldsymbol{n}} \tag{4.7.5.1}$$

此情形只需建立并求解边界积分方程即可求得每一时刻物体表面的散射势，而不必求解运动方程。求得散射势后可根据式（4.7.2.21）求得固定在水面的浮箱的波浪力。计算单元为常值单元，自由水面共划分 300 个单元，物面共划分 200 个单元。图 4.7.9 为水面和浮箱单元划分示意图。

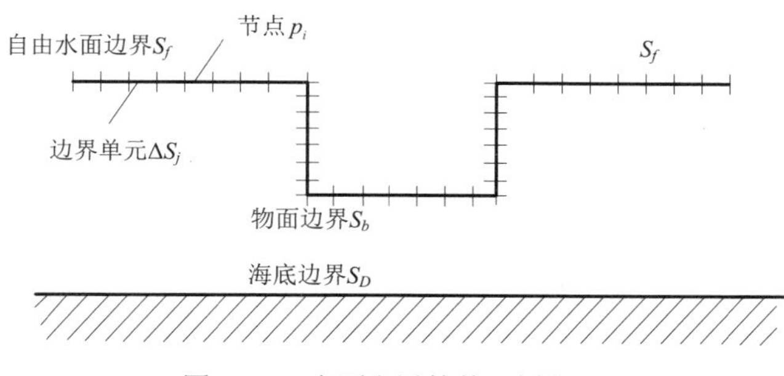

图 4.7.9　水面和浮箱单元划分

图 4.7.10 为数值模型计算得到的水面固定浮箱的水平波浪力、垂向波浪力与文献（李玉成和滕斌，2002）所给的水面浮箱的水平波浪力、垂向波浪力的比较结果。从图 4.7.10 中可以看出计算结果与文献是比较一致的。当 kB 较小时，水平波浪力随 kB 的增加而呈增大趋势，出现峰值之后随 kB 的增加而呈减小趋势；垂向波浪力则是随 kB 的增加而单调递减。

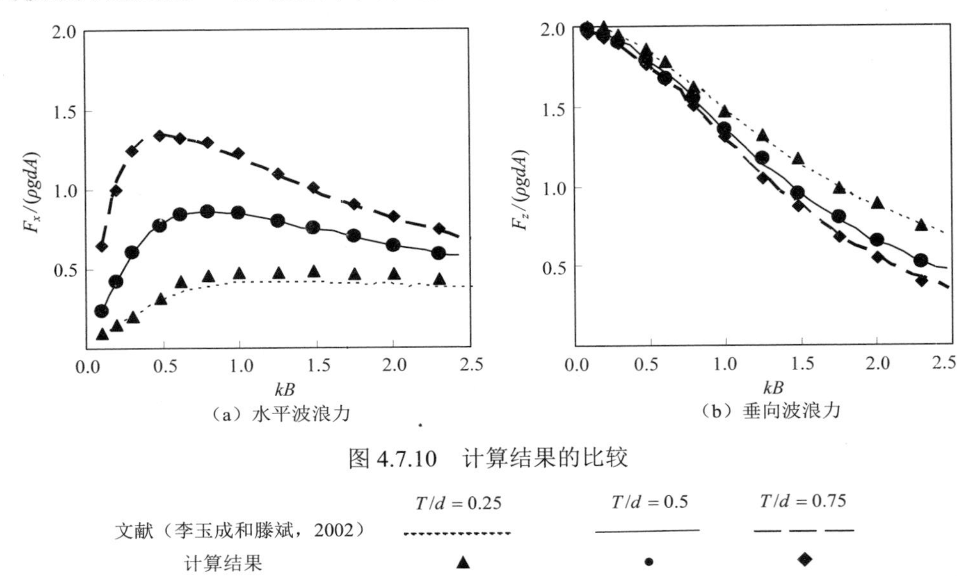

图 4.7.10　计算结果的比较

对图 4.7.11 所示的浮式防波堤模型进行时域数值计算，并与试验结果进行对比。计算条件按照试验条件进行设置：入射波高分别为 7cm 和 10cm，波周期分别为 0.81s，0.91s，1.10s，1.28s，1.46s 和 1.55s，水深 40cm；模型浮箱宽 30cm，高 18cm，浮箱入水深度 13.5cm（浮箱相对吃水为 0.338）；模型锚链的悬起段长度为 $L_s = 45.8\text{cm}$，拖地段长度为 $L_t = 44.9\text{cm}$（相对拖地系数为 0.98）；模型锚链的刚度系数 $k = 17.64\text{N/cm}$，导链孔处倾角 $\alpha = 30°$，导链孔设在浮箱底部。

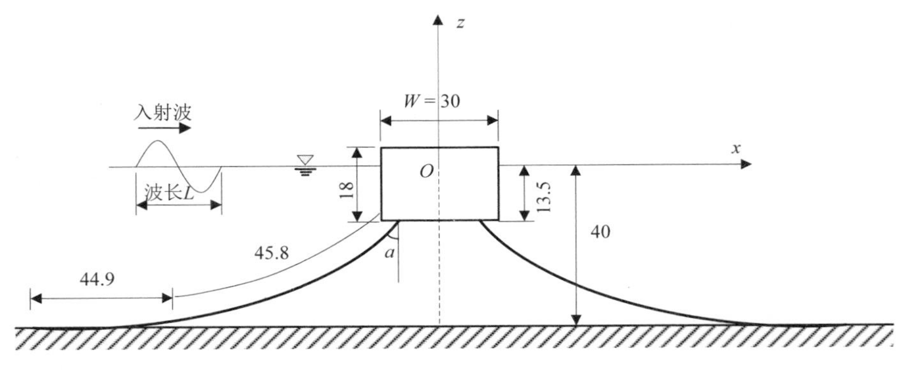

图 4.7.11　浮式防波堤计算模型示意图（单位：cm）

浮式防波堤模型的计算单元取为常值单元，节点取在单元中点。在自由水面边界和物面边界共划分 500 个单元，其中，在自由水面上划分 300 个单元，在物面上划分 200 个单元。

图 4.7.12 为典型工况 $H_i = 7\text{cm}$，$T = 1.1\text{s}$，$L_t/L_s = 0.98$ 的情形下，浮堤模型的运动响应时间过程线的数值计算和试验结果的比较。由图可看出，运动响应数值计算和试验的历时曲线均在平衡位置附近做往复运动，且向上和向下的运动也基本相同。比较运动响应数值计算与试验结果可以看出，横荡运动、升沉运动和横摇运动过程线的试验结果与计算结果在相位上吻合度较高，升沉运动幅值的数值计算结果与试验结果符合，而横荡运动和横摇运动幅值的数值计算结果较试验结果略大。

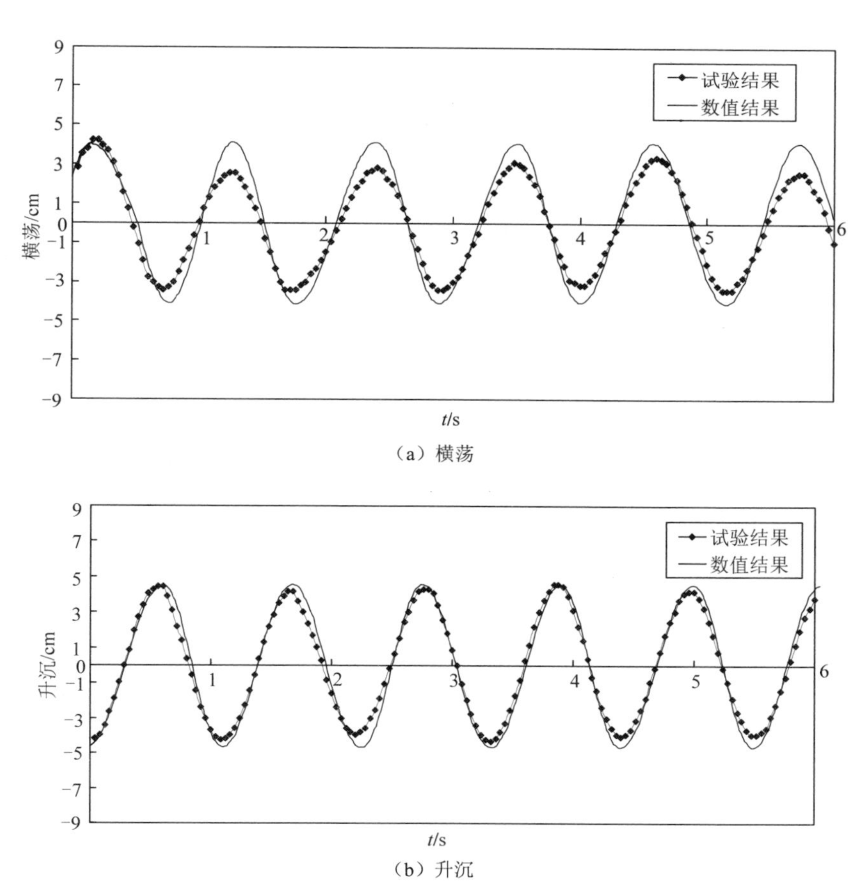

图 4.7.12　浮式防波堤运动响应数值计算与试验结果的比较

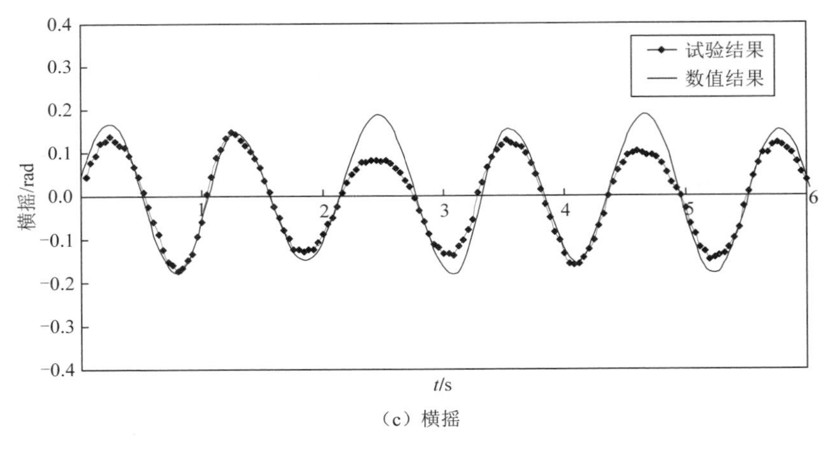

（c）横摇

图 4.7.12（续）

$H_i = 7\text{cm}$， $T = 1.1\text{s}$， $L_t/L_s = 0.98$

图 4.7.13 为典型工况 $H_i = 7\text{cm}$，$T = 1.1\text{s}$，$L_t/L_s = 0.98$ 的情形下，浮堤模型的锚链受力时间过程线的数值计算和试验结果的比较。由图可看出，迎浪面锚链受力历时曲线的计算结果与试验结果均出现周期性的峰值，背浪面锚链受力的峰值不明显。波浪作用下浮堤模型产生漂移运动，使迎浪面锚链处于周期性的拉伸状态而产生了较大的拉力，而背浪面锚链大都处于松弛状态，因此产生的锚链力较小。

图 4.7.14 给出了相对拖地系数 $L_t/L_s = 0.98$ 的情形下，浮堤模型的透射系数随相对宽度 W/L 变化的计算结果和试验结果的比较。由图可看出，计算结果与试验结果的规律是一致的，不同入射波高作用下的透射系数均随着相对宽度的增大而减小，计算结果略大于试验结果。

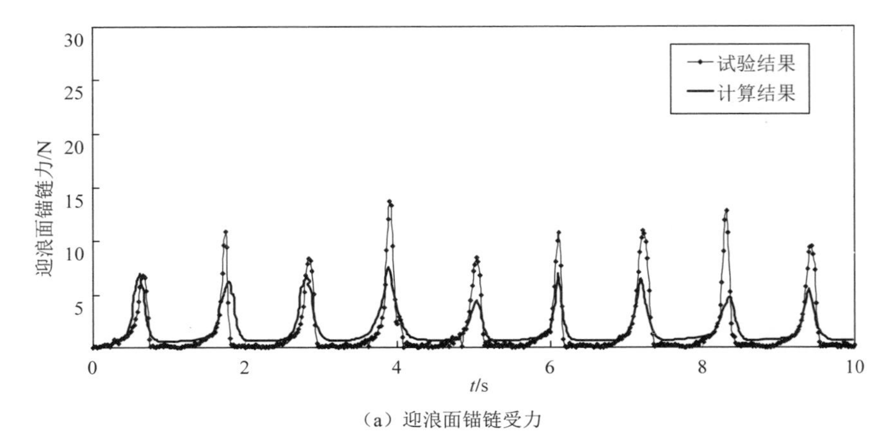

（a）迎浪面锚链受力

图 4.7.13　浮式防波堤锚链受力数值计算与试验结果的比较

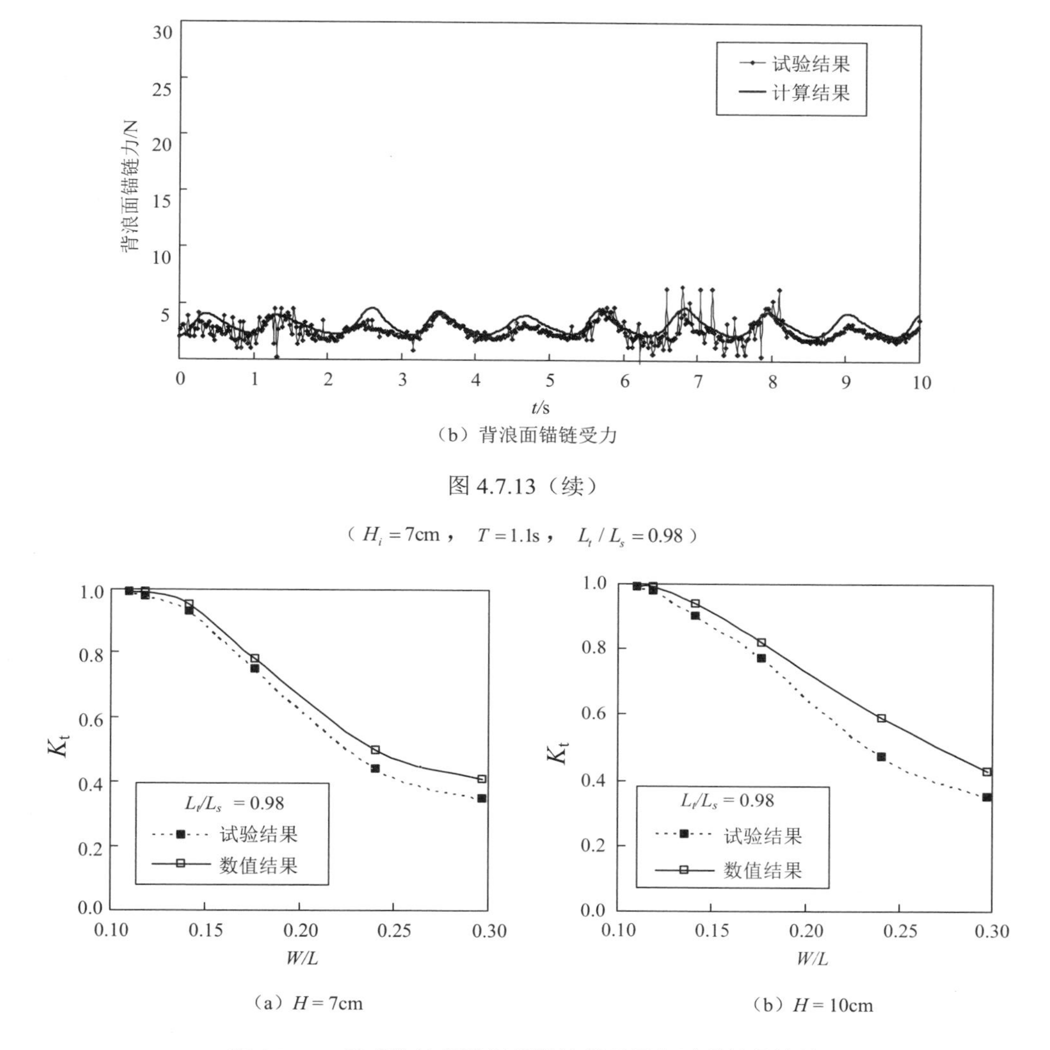

（b）背浪面锚链受力

图 4.7.13（续）

（$H_i = 7\text{cm}$，　$T = 1.1\text{s}$，　$L_t / L_s = 0.98$）

（a）$H = 7\text{cm}$　　　　（b）$H = 10\text{cm}$

图 4.7.14　浮式防波堤透射系数计算结果与试验结果比较

图 4.7.15～图 4.7.17 为相对拖地系数 $L_t/L_s = 0.98$ 的情形下，浮堤模型的横荡运动、升沉运动和横摇运动随相对宽度 W/L 变化的计算结果和试验结果的比较。图 4.7.15 可反映出横荡运动幅值的计算值随相对宽度增大而减小的规律与试验结果是一致的。图 4.7.16 可反映出升沉运动的计算结果与试验结果均符合较好。当 W/L 较小时，升沉运动幅值随 W/L 的增大而增大；出现峰值之后，升沉运动幅值随 W/L 的增加而减小。入射波高较大时其横荡幅值和升沉幅值均增大。图 4.7.17 可反映出横摇运动随相对宽度变化的计算结果与试验结果的规律一致，计算的横摇值总体上略小于试验的横摇值，横摇运动幅值随相对宽度的增大而增大，随入射波高的增大略有增大。

图 4.7.18 和图 4.7.19 为相对拖地系数 $L_t/L_s=0.98$ 的情形下，浮堤模型的迎浪面锚链受力和背浪面锚链受力随相对宽度 W/L 变化的计算结果和试验结果的比较。图中可反映出，在不同入射波高的作用下，迎浪面锚链受力相差较大，这表明迎浪面锚链受力与波高之间呈明显的非线性关系，波高是影响迎浪面锚链受力的重要因素之一；背浪面锚链受力随波高的变化与迎浪面锚链受力规律是一致的，但背浪面锚链受力要小于迎浪面锚链受力。

由比较可见，浮式防波堤的运动响应和锚链受力的时间过程线的计算结果在相位上与试验结果吻合，但幅值的计算结果略大于试验结果。数值模型基于势流理论，而锚链受力采用的是静态方法计算等，与试验条件有一定的差异。

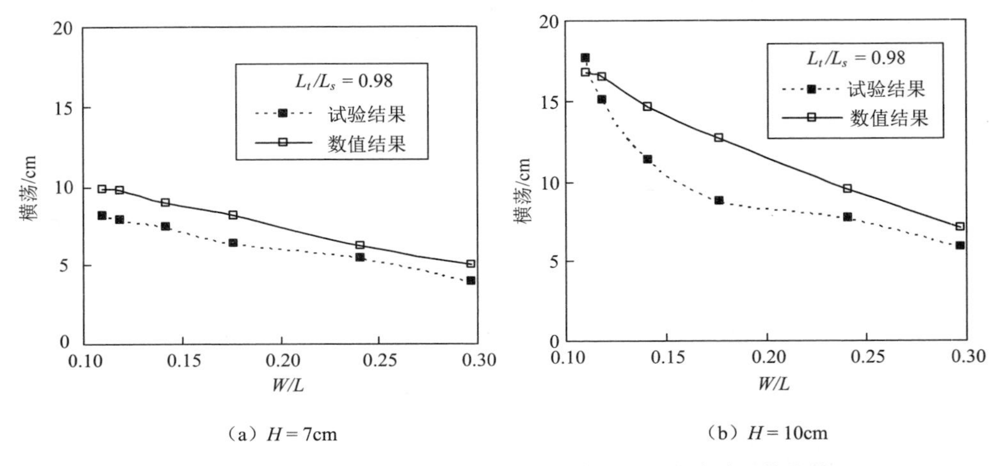

（a）$H=7$cm　　（b）$H=10$cm

图 4.7.15　浮式防波堤横荡运动幅值计算结果与试验结果的比较

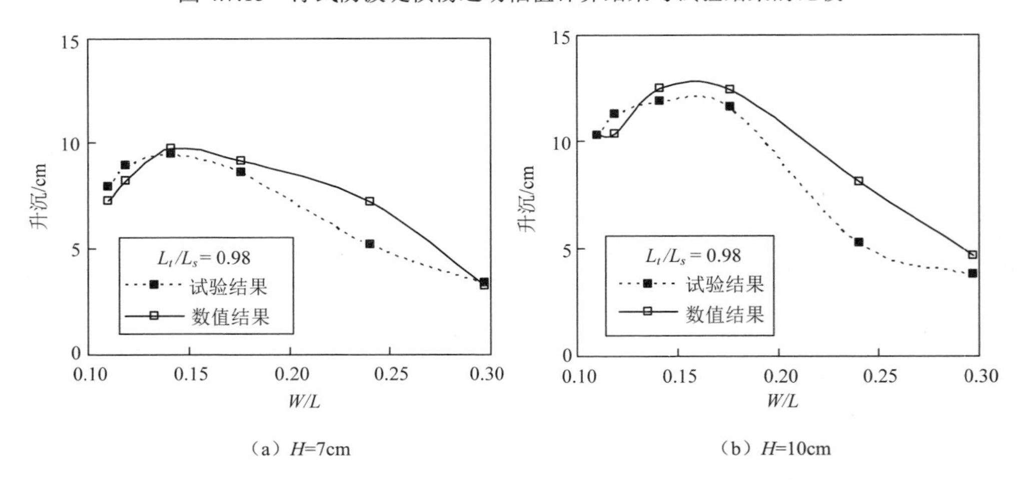

（a）H=7cm　　（b）H=10cm

图 4.7.16　浮式防波堤升沉运动幅值计算结果与试验结果的比较

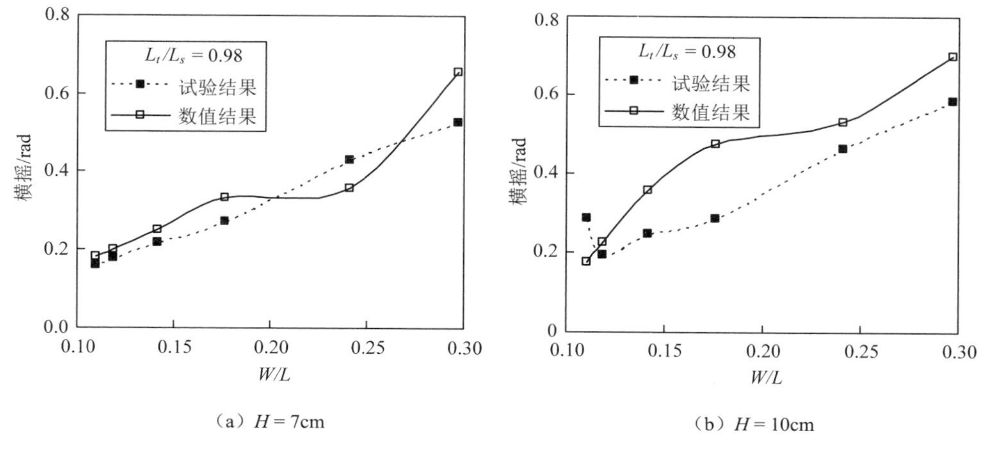

图 4.7.17　浮式防波堤横摇运动计算结果与试验结果的比较

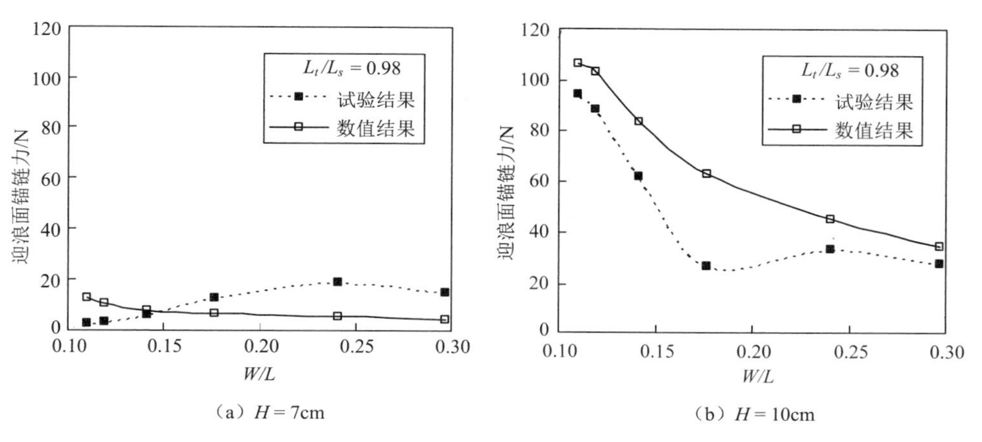

图 4.7.18　浮式防波堤迎浪面锚链受力计算结果与试验结果比较

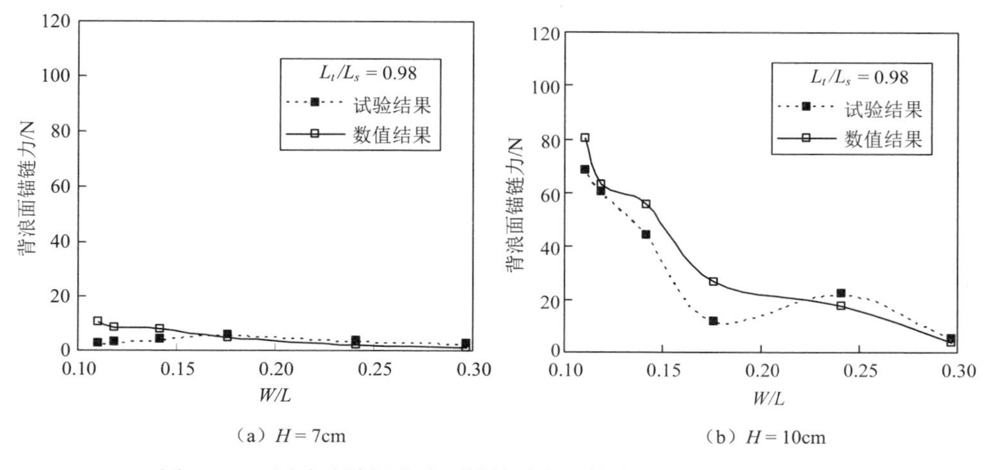

图 4.7.19　浮式防波堤背浪面锚链受力计算结果与试验结果比较

参 考 文 献

陈材侃，1992. 计算流体力学[M]. 重庆：重庆出版社.

董华洋，2009. 浮箱-水平板式浮防波堤水动力特性研究[D]. 大连：大连理工大学.

高东博，2010. 桩式透空防波堤的性能研究[D]. 大连：大连理工大学.

侯勇，王永学，董华洋，等，2008. 浮式防波堤的锚泊系统[J]. 中国海洋平台，23（5）：32-35.

李玉成，滕斌，2002. 波浪对海上建筑物的作用[M]. 2版. 北京：海洋出版社.

刘应中，缪国平，1991. 海洋工程水动力学基础[M]. 北京：海洋出版社.

邱大洪，王永学，1988. 不规则波作用下圆柱墩群上的波浪力[J]. 海洋学报，10（6）：747-756.

王永学，1991. 大尺度方形群墩结构的波浪荷载[J]. 海洋通报，10（4）：66-71.

王永学，1994. 不规则波作用下大尺度方形群墩结构的相互影响[J]. 海洋工程，12（4）：52-58.

王竹溪，郭敦仁，1979. 特殊函数概论[M]. 北京：科学出版社.

张涤明，蔡崇喜，章克本，等，1991. 计算流体力学[M]. 广州：中山大学出版社.

BREBBIA C A, 1980. The Boundary Element Method for Engineers[M]. London:Pentech Press.

CRUSE T A, 1968. A direct formulation and numerical solution of the general transient elastodynamic problem.II[J]. Journal of mathematical analysis and applications, 22(1): 341-355 .

GARRISON C J, 1978. Hydrodynamic loading of large offshore structure: three-dimensional source distribution method[J]. Numerical method in offshore enginering,(3):97-140.

HOGBEN N, STANDING R G, 1974. Wave loads on large bodies[C]//Proceedings of the international symposium on the dynamics and marine, vehicle and structures in waves. London:University College: 258-277.

ISAACSON M. de St Q, 1979. Wave Forces on Large Square Cylinder[M]//SHAW T L. Mechanics of wave induced forces on cylinders. London: Pitman: 609-622.

JASWON M A, 1963. Integral equation methods in potential theory:Part 1[J]. Proceedings of the Royal Society of London, 275(1360): 23-32.

JASWON M A, PONTER A R, 1963. An integral equation solution of the torsion problem[J]. Proceedings of the Royal Society of London, 273(1353): 237-246.

RIZZO F J, 1967. An integral equation approach to boundary value problems of classical elastostatics[J]. Quarterly of applied mathematics, 25(1): 83-95.

SPRING B H, MONKMEYER P L, 1974. Interaction of plane waves with vertical cylinders [C]//Proceeding of 14th coastal engineering conference, copenhagen:1828-1847.

SYMM G T, 1963. integral equation methods in potential theory:part 2[J]. Proceedings of the Royal Society of London, 275(1360): 33-46.

WEHAUSEN J V, LAITONE E V, 1960. Surface Waves[M]//Encyclopaedia of physics. Berlin, Heidelberg:Springer, Vol.9:446-778.